G. Maeß

Vorlesungen über numerische Mathematik II

Mathematische Lehrbücher und Monographien
Herausgegeben von der Akademie der Wissenschaften der DDR
Karl-Weierstraß-Institut für Mathematik

I. Abteilung
Mathematische Lehrbücher
Band 37

Vorlesungen über numerische Mathematik II

von G. Maeß

Vorlesungen über numerische Mathematik II

Analysis

von Gerhard Maeß

Mit 60 Abbildungen und 38 Tabellen

Akademie-Verlag Berlin
1988

Verfasser:

Prof. Dr. sc. nat. Gerhard Maeß
Wilhelm-Pieck-Universität Rostock
Sektion Mathematik

ISBN 3-05-500220-2
ISSN 0076-5422

Erschienen im Akademie-Verlag Berlin, DDR - 1086 Berlin, Leipziger Straße 3—4

Lizenznummer: 202 · 100/534/88
Printed in the German Democratic Republic
Gesamtherstellung: VEB Druckhaus „Maxim Gorki", 7400 Altenburg
Lektor: Dipl.-Math. Gesine Reiher
LSV 1084
Bestellnummer: 763 540 9 (6801/2)

03900

Vorwort

Der zweite Band der Vorlesungen über numerische Mathematik ist der numerischen Analysis gewidmet. Der induktive Aufbau wurde beibehalten: Ausgehend von einführenden Beispielen aus den Technik- oder Naturwissenschaften oder aus nichtnumerischen Teilgebieten der Mathematik, die die Problemstellung rechtfertigen, führt der Weg über elementare, manchmal heuristische Lösungsansätze zu mathematisch begründeten Verfahren und zu numerischen Algorithmen. Diese sind so dargestellt, daß sie vom rechentechnisch orientierten Leser auch ohne tiefere mathematische Vorkenntnisse in eine der üblichen problemorientierten Programmiersprachen oder in einen Assembler übertragen und auf der verfügbaren Rechentechnik erprobt werden können. Konvergenzbeweise, Fehler- und Stabilitätsuntersuchungen sind für den mathematisch orientierten Leser gedacht. Die Bemerkungen am Ende jeder Vorlesung verweisen auf nicht behandelte Details und auf die weiterführende Fachliteratur. Die zahlreichen Übungsaufgaben sollen sowohl zum Testen der behandelten Verfahren als auch zu theoretischen Untersuchungen anregen.

Der Verfasser hofft, auf diese Weise nicht nur Mathematikstudenten und Lehrerstudenten der Fachkombinationen Mathematik/Physik, Chemie, Geographie sowie Studenten der Technik- und Naturwissenschaften, deren Studienplan die numerische Mathematik enthält, anzusprechen. Er möchte vielmehr auch einem durch die schnelle Verbreitung der Kleinrechentechnik stark zunehmenden Kreis von in der Praxis tätigen Mathematikern, Informatikern, Ingenieuren, Ökonomen und Naturwissenschaftlern sowie den Lehrern der Mathematik und Polytechnik den Einstieg in die numerische Mathematik erleichtern.

Das Buch besteht aus vier Kapiteln, die in relativ unabhängige Hauptabschnitte (Vorlesungen) untergliedert sind. Bei allen Numerierungen der Gestalt $i.j.k$ bezeichnen $i.j$ die Vorlesung und k die laufende Nummer. Innerhalb jeder Vorlesung werden die Unterabschnitte, Abbildungen, Tabellen, Formeln, Bemerkungen und Übungsaufgaben individuell gezählt. Definitionen, Sätze, Beispiele und Algorithmen haben dagegen eine gemeinsame Numerierung.

Das Kapitel 5 ist nichtlinearen Gleichungen und Gleichungssystemen gewidmet. Behandelt werden elementare Iterationsverfahren zur Nullstellenbestimmung einer reellen Funktion einer reellen Veränderlichen, Besonderheiten bei der Berechnung reeller und komplexer Nullstellen von Polynomen (die sowohl explizit in der Summendarstellung als auch implizit als charakteristisches Polynom einer Tridiagonalmatrix gegeben sein können) sowie einige wichtige Verfahren für nichtlineare Systeme.

Das Kapitel 6, Interpolation und Approximation, enthält neben der klassischen Polynominterpolation mit Hilfe der Formeln von Lagrange und Newton und der intervallweisen Interpolation einschließlich quadratischer und kubischer Polynomsplines auch einen Abschnitt über stückweise polynomiale Interpolation von Flächen. Ferner werden im Rahmen der besten Quadratmittelapproximation die schnelle Fourier-Transformation und als Verfahren der besten gleichmäßigen Approximation der Remez-Algorithmus behandelt.

Das Kapitel 7, Quadratur und Kubatur, beginnt mit den Newton-Cotes-Formeln und den daraus gebildeten zusammengesetzten Quadraturverfahren. Die Richardson-Extrapolation wird zur Konvergenzbeschleunigung der numerischen Integration und der numerischen Differentiation verwendet. Behandelt werden ferner offene, halboffene und geschlossene Gauß-Formeln sowie in Gestalt von Beispielen einige Methoden der numerischen Kubatur.

Das Kapitel 8 schließlich enthält Methoden zur numerischen Integration gewöhnlicher Differentialgleichungen unter Berücksichtigung von Stabilitätsproblemen und Besonderheiten bei steifen Differentialgleichungen.

Wieder hat eine Reihe von Kollegen das Manuskript oder Teile davon gelesen und dem Autor durch Vorschläge und kritische Hinweise bei der Arbeit geholfen. Dafür sei ihnen allen, namentlich aber L. Berg (Rostock), V. Friedrich (Karl-Marx-Stadt), R. März (Berlin), W. Peters (Rostock), J. W. Schmidt (Dresden), K. Strehmel (Halle) und M. Tasche (Rostock) sehr herzlich gedankt.

Zu danken ist schließlich dem Akademie-Verlag Berlin, insbesondere der Lektorin G. Reiher für die gute Zusammenarbeit und die sorgfältige Manuskriptbearbeitung sowie den Kollegen, die den schwierigen mathematischen Formelsatz bewältigten und für die technische Herstellung verantwortlich waren.

Gerhard Maess

Inhalt

5. Nichtlineare Gleichungen und Gleichungssysteme

5.1. Elementare Iterationsverfahren

5.1.1. Problemstellung

Beispiel 5.1.1. Gesucht sei die Quadratwurzel einer positiven Zahl c, also die positive *Lösung der Gleichung*

$$x^2 = c, \quad c > 0. \tag{1}$$

Bezeichnen wir mit x^* die exakte Lösung und mit x_n eine beliebige Näherung ($x_n > 0$), so gilt stets eine der beiden Ungleichungen

$$x_n \leqq x^* \leqq c/x_n \quad \text{oder} \quad c/x_n \leqq x^* \leqq x_n, \tag{2}$$

das heißt, x_n und c/x_n bilden eine Einschließung der Lösung x^*. Denn wegen (1) ist $x^* = c/x^*$, und daraus ergibt sich mit $x_n \leqq x^*$ sofort die erste und mit $x_n \geqq x^*$ die zweite der Ungleichungen (2). Wenn aber x^* zwischen x_n und c/x_n liegt, kann man erwarten, daß das arithmetische Mittel der beiden Werte

$$x_{n+1} := (x_n + c/x_n)/2 \tag{3}$$

eine bessere Näherung und eine kleinere Einschließung für x^* liefert: $|x_{n-1} - c/x_{n-1}| < |x_n - c/x_n|$. Tatsächlich erhält man für $c := 2$ mit dem Startwert $x_0 := 1.5$ eine (quadratisch) konvergierende Folge von Einschließungen:

n	0	1	2	3
x_n	1.5	1.4166667	1.4142157	1.4142136
c/x_n	$1.\bar{3}$	1.4117647	1.4142114	1.4142136.

Beispiel 5.1.2. Ein Satellit S bewege sich auf einer elliptischen Bahn mit der (der Einfachheit halber auf Eins normierten) großen Halbachse $a := 1$, der kleinen Halbachse $b := 0.6$ und der Exzentrizität $\varepsilon := \sqrt{1 - b^2} = 0.8$. Seine Umlaufzeit betrage 90 Minuten. Zum Zeitpunkt des Periheldurchgangs sei $t_0 := 0$. Gesucht ist die Position P, in der sich der Satellit 9 Minuten später befindet (vgl. Abb. 5.1.1). Man kann sie mit Hilfe der *Keplerschen Gleichung*

$$\beta - \varepsilon \sin \beta = \alpha, \qquad 0 < \varepsilon < 1, \tag{4}$$

bestimmen. Dabei bezeichnet $\alpha := \sphericalangle P'MA$ die *mittlere Anomalie* des Satelliten. Das ist derjenige Winkel, der die Position P' eines fiktiven Satelliten S' beschreibt, der mit der gleichen Umlaufzeit wie S, aber mit konstanter Geschwindigkeit, eine Kreisbahn mit dem Radius $r := a$ durchläuft. Der aus (4) zu bestimmende Winkel $\beta := \sphericalangle QMA$ heißt *exzentrische Anomalie* des Satelliten. Ist er berechnet, so ergibt sich die gesuchte Position als Schnittpunkt der Ellipsenbahn mit dem Lot von Q auf die Abszisse. Wir setzen die Werte $\varepsilon = 0.8$ und $\alpha = \frac{2\pi}{90} \cdot 9 = \frac{\pi}{5}$ in die Gleichung (4) ein, bringen $\varepsilon \sin \beta$ auf die rechte Seite und fügen bei dem links stehenden β den Index $n + 1$ und bei dem rechts stehenden den Index n an. Dadurch wird (4) zur Iterationsvorschrift

$$\beta_{n+1} := \pi/5 + 0.8 \sin \beta_n. \tag{5}$$

Mit dem Startwert $\beta_0 := \pi/5 \approx 0.628319$ ergibt sich hier eine konvergente Folge $\beta_1 = 1.098547$, $\beta_2 = 1.340756$, $\beta_3 = 1.407244, \ldots, \beta_8 = 1.419135$, $\beta_9 = 1.419136$ und damit die gesuchte Abszisse $x := \cos \beta = 0.1510798$. Dazu erhält man aus der Ellipsengleichung $x^2 + y^2/0.36 = 1$ die Ordinate $y = 0.6\sqrt{1 - x^2} = 0.5931129$.

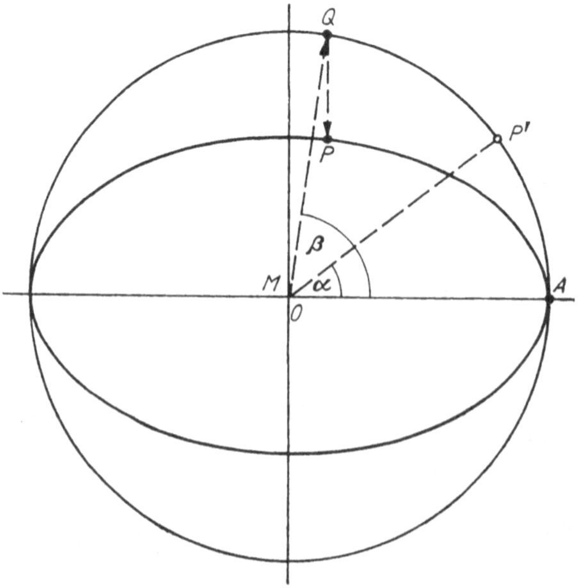

Abb. 5.1.1. Bestimmung der Satellitenposition mit Hilfe der Keplerschen Gleichung

Beispiel 5.1.3. Bei zwei aufeinanderfolgenden chemischen Reaktionen entstehe aus einem Produkt A ein Produkt X und daraus ein Produkt Y. Bezeichnen wir die Menge des Ausgangsprodukts zum Zeitpunkt $t_0 = 0$ mit $a := 1$ und die Mengen der Produkte X und Y zum Zeitpunkt t mit $x(t)$ und $y(t)$, so gilt (für Reaktionen erster Ordnung, vgl. JUST, OELSCHLÄGEL [1], S. 163)

$$\frac{dx}{dt} = h \cdot (1 - x), \qquad \frac{dy}{dt} = k \cdot (x - y), \tag{6}$$

wobei zu Beginn der Reaktionen $x(0) = y(0) = 0$ vorausgesetzt wird. Gesucht sind die Proportionalitätsfaktoren h und k, durch die die Geschwindigkeiten der beiden Reaktionen beschrieben werden. Wir beschränken uns auf eine Messung zum Zeitpunkt $t_1 := 3$, die $x(t_1) = 0.7$ und $y(t_1) = 0.3$ ergeben möge (in der Praxis nimmt man meist mehrere Messungen vor, um die Meßfehler auszugleichen). Die Lösung des linearen Differentialgleichungssystems (6) läßt sich in diesem konkreten Fall geschlossen angeben:

$$x(t) = 1 - e^{-ht}, \quad y(t) = 1 + \frac{k}{h - k} e^{-ht} - \frac{h}{h - k} e^{-kt}. \tag{7}$$

Dabei ist $h \neq k$ vorausgesetzt. Mit den vorgegebenen Randbedingungen ergibt sich für h und k das folgende *System von zwei nichtlinearen Gleichungen*

$$0.3 - e^{-3h} = 0, \qquad 0.7 + \frac{k}{h - k} e^{-3h} - \frac{h}{h - k} e^{-3k} = 0, \tag{8}$$

aus der ersten läßt sich $h = -\frac{1}{3} \ln 0.3$ bestimmen, und die zweite geht damit über in

$$0.7 + \frac{1.2}{\ln 0.3} k - e^{-3k} = 0. \tag{9}$$

Oft kann man sich einen schnellen Überblick über das Lösungsverhalten verschaffen, wenn man die linke Seite der nichtlinearen Gleichung als Differenz zweier einfacherer Funktionen auffaßt und nach Schnittpunkten der zugehörigen Kurven sucht. In Abb. 5.1.2 sind die Gerade $y = 0.7 + \frac{1.2}{\ln 0.3} k$ und die Exponentialfunktion $y = e^{-3k}$ graphisch dargestellt. In der Umgebung von $k = 0.35$ stimmen sie nahezu überein, dort sind also Lösungen der Gleichung (9) zu erwarten.

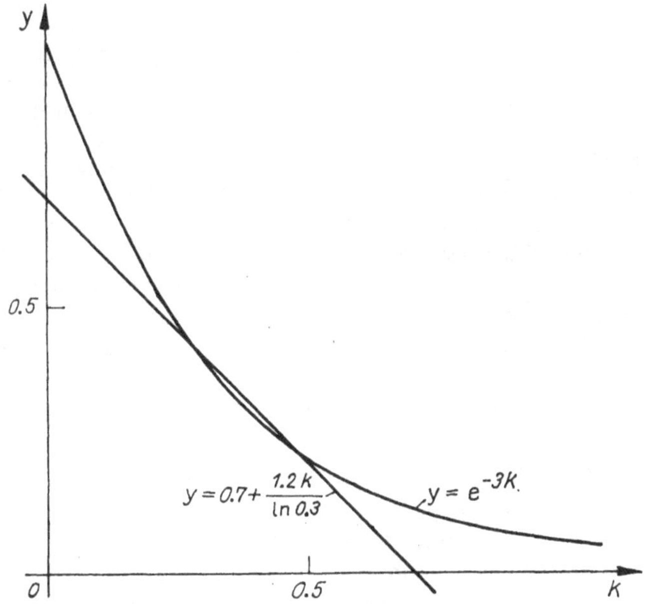

Abb. 5.1.2. Zum Nullstellenproblem aus Beispiel 5.1.3

Durch Umstellen und Anfügen von Indizes wird (9) zur Iterationsvorschrift

$$k_{n+1} = 0.702317 - 1.003311\, e^{-3k_n}. \tag{10}$$

Mit dem Startwert $k_0 := 0.35$ ergibt sich die Folge $k_1 = 0.351221$, $k_2 = 0.352505$, $k_3 = 0.353850$, $k_4 = 0.355253, \ldots$, die anscheinend nicht konvergiert. Die Differenzen aufeinanderfolgender Näherungen nehmen zu. Aus diesem Grund stellen wir (9) nach dem k in der e-Funktion um und erhalten die neue Iterationsvorschrift

$$k_{n+1} = -\frac{1}{3} \ln (0.7 - 0.996700 k_n). \tag{10'}$$

Sie liefert für $k_0 := 0.35$ die Näherungswerte

$$k_1 = 0.348843, \quad k_2 = 0.347749, \quad k_3 = 0.346720, \quad k_4 = 0.345754.$$

Jetzt werden die Differenzen zwar kleiner, die Konvergenz ist aber immer noch unbefriedigend langsam.

Alle drei Beispiele führen auf ein *Nullstellenproblem*, d. h. auf die Aufgabe, Werte zu finden, für die eine nichtlineare Funktion f verschwindet, also

$$f(x) = 0. \tag{11}$$

Dabei ist f im einfachsten Fall eine reellwertige Funktion einer reellen Veränderlichen, z. B. $f(x) := x^2 - c$ im ersten und $f(x) := x - \varepsilon \sin x - \alpha$ im zweiten Beispiel, f kann aber auch ein Vektor von Funktionen mehrerer Veränderlicher sein. Dann stellt (11) ein *nichtlineares Gleichungssystem* der Gestalt

$$\begin{aligned} f_1(x_1, x_2, \ldots, x_N) &= 0, \\ f_2(x_1, x_2, \ldots, x_N) &= 0, \\ &\vdots \\ f_M(x_1, x_2, \ldots, x_N) &= 0 \end{aligned} \tag{11'}$$

dar. Im dritten Beispiel ist $f_1(x_1, x_2) := 0.3 - e^{-3x_1}$, $f_2(x_1, x_2) := 0.7 + \frac{x_2}{x_1 - x_2} e^{-3x_1} - \frac{x_1}{x_1 - x_2} e^{-3x_2}$. Häufig treten nichtlineare Gleichungssysteme als Teilprobleme bei komplizierteren mathematischen Modellen auf, z. B. bei der Diskretisierung von nichtlinearen gewöhnlichen oder partiellen Differentialgleichungen, von Integralgleichungen, von Variationsaufgaben oder von Optimierungs- und Steuerungsproblemen, die in der Mechanik (bei nichtlinearen Stoffgesetzen und großen Deformationen) in der Optik, der Kernphysik, der Chemie (bei Umwandlungsprozessen mit zustandsabhängigen Eigenschaften) in der Elektronik und der Biologie (bei der Beschreibung biologischer oder ökologischer Systeme) zur Modellierung komplexer Zusammenhänge benutzt werden.

Für lineare Gleichungssysteme lassen sich allgemeine Bedingungen angeben, unter denen eine, keine oder unendlich viele Lösungen existieren (vgl. Vorlesung 2.1), für nichtlineare dagegen, bei denen auch noch der Fall endlich vieler voneinander verschiedener Lösungen auftreten kann ($x_1 = \sqrt{c}$ und $x_2 = -\sqrt{c}$ bei der Gleichung (1)), gibt es keine solchen globalen *Existenz- und Eindeutigkeitsaussagen*. Man muß zufrieden sein, wenn man für relativ enge Problemklassen Teilgebiete des $\mathbb{R}^N$ angeben kann, in denen eine eindeutige Lösung existiert. Schon im Eindimensionalen können die Lösungen von Nullstellenproblemen nur in seltenen Fällen in geschlossener Form angegeben werden. Die bereits aus der Schule bekannte quadratische Gleichung

$$p_2(x) := a_0x^2 + a_1x + a_2 = 0, \qquad a_0 \neq 0, \tag{12}$$

mit den beiden Lösungen $x_{1,2} = \left(-a_1 \pm \sqrt{a_1^2 - 4a_0a_2}\right)/(2a_0)$ ist ein solcher Fall. Auch die Polynomgleichungen

$$p_N(x) := a_0x^N + a_1x^{N-1} + \cdots + a_{N-1}x + a_N = 0 \tag{13}$$

mit $N = 3$ und $N = 4$ zählen noch dazu. Allerdings sind die Auflösungsformeln so kompliziert (vgl. Kleine Enzyklopädie Mathematik [1], S. 108—113), daß man sie in der Praxis kaum verwendet. Für $N > 4$ ist, wie man seit den grundlegenden Untersuchungen von Abel und Galois weiß, eine explizite Lösungsdarstellung mit Hilfe von Wurzelausdrücken (Radikalen) nicht mehr möglich. Man ist also auf Näherungsverfahren angewiesen und kann nicht mehr wie im Fall linearer Gleichungssysteme zwischen direkten und iterativen Lösungsmethoden wählen. Das gleiche gilt für die meisten transzendenten Gleichungen, bei denen f wie in den Beispielen 5.1.2 und 5.1.3 Ausdrücke mit transzendenten Funktionen ($\sin x$, e^x, $\ln x$, ...) enthält.

Für die iterative Behandlung ist die Formulierung als Nullstellenproblem unzweckmäßig. Die Gleichung (11) muß in eine *iterierfähige Gestalt* (*Fixpunktgestalt*)

$$x = g(x) \tag{14}$$

transformiert werden, damit aus einem Näherungswert x_n eine neue Näherung x_{n+1} berechnet werden kann. Durch (14) wird die *Iterationsvorschrift*

$$x_{n+1} = g(x_n) \tag{15}$$

nahegelegt. Bei der Transformation von (11) in (14) ist dafür zu sorgen, daß beide Gleichungen, zumindest in einem geeignet eingeschränkten Definitionsgebiet von f und g, ein und dieselbe Lösung x^* besitzen (*Konsistenz*) und daß die von (15) zu einem beliebigen Startwert x_0 (aus einer möglichst großen Teilmenge des Definitionsgebietes) gelieferte Folge von Näherungen $x_1, x_2, \ldots$ gegen diese Lösung x^* strebt (*Konvergenz*).

Eng verwandt mit dem Nullstellenproblem ist die in vielen Problemen der Praxis auftretende Aufgabe, *Extrema einer Funktion* F zu bestimmen. Ist F eine mindestens einmal stetig differenzierbare Funktion einer reellen Veränderlichen, so ist

$$f(x) := F'(x) = 0 \tag{16}$$

notwendig für das Vorliegen eines relativen Extremums im Inneren des Definitionsgebietes. Hängt F von mehreren Veränderlichen ab, so lauten die notwendigen Bedingungen

$$f_n(x_1, x_2, \ldots, x_N) := \frac{\partial F(x_1, x_2, \ldots, x_N)}{\partial x_n} = 0, \qquad n = 1(1)N. \tag{17}$$

In beiden Fällen erhält man also *Nullstellenprobleme*. Umgekehrt kann man (11) oder (11′) auch als *Extremalproblem* formulieren. Das ist insbesondere sinnvoll, wenn die Anzahl der Gleichungen die der Unbekannten übersteigt, (11′) also überbestimmt ist. Dann stellt der Vektor $\boldsymbol{x} := (x_1, x_2, \ldots, x_N)$, für den die Funktion

$$G(\boldsymbol{x}) := \sum_{m=1}^{M} f_m^2(\boldsymbol{x}), \qquad M \geqq N, \tag{18}$$

ein Minimum annimmt, eine „Lösung“ von (11′) im Sinne der *Ausgleichsrechnung* (*Methode der kleinsten Quadrate*) dar. Ist (11′) lösbar, so hat G an der Minimalstelle $\boldsymbol{x}$ den Wert Null.

Im folgenden beschränken wir uns zunächst auf *Funktionen einer reellen Veränderlichen*. Sie haben den Vorteil, daß man sich durch eine Wertetabelle und eine graphische oder Bildschirmdarstellung leicht einen Überblick über das Lösungsverhalten von (11) verschaffen kann.

5.1.2. Bisektionsverfahren

Die Funktion f sei stetig, $f \in \mathrm{C}[a, b]$, und wechsle im Intervall $[a, b]$ ihr Vorzeichen. Solche Intervalle nennen wir Einschließungen.

Definition 5.1.4. Ein Intervall $[a, b]$ heißt *Einschließung* einer Nullstelle x^* von f, $f \in \mathrm{C}[a, b]$, wenn $f(a)\, f(b) < 0$ ist.

Halbiert man eine Einschließung, so ist eines der beiden Teilintervalle wegen der Stetigkeit der Funktion f wieder eine Einschließung, und man kann das Vorgehen wiederholen (Abb. 5.1.3). Diese Methode heißt *Bisektionsverfahren* (*Methode der Intervallhalbierung, Bolzano-Verfahren*). Sie liefert im Fall $a < b$ eine *Intervallschachtelung* der Gestalt

$$a = a_0 \leqq a_1 \leqq \cdots \leqq a_j \leqq \cdots \leqq x^* \leqq \cdots \leqq b_j \leqq \cdots \leqq b_1 \leqq b_0 = b. \tag{19}$$

Im Fall $a > b$ ist die Ungleichungskette umzukehren.

Algorithmus 5.1.5. Bisektionsverfahren BISE (f, a, b, δ)

f		Funktion, muß als Unterprogramm oder als Tabelle vorliegen
a, b		Intervallgrenzen mit $f(a) > 0$, $f(b) < 0$
δ		Genauigkeitsschranke
1	$x := b + (a - b) \cdot 0.5$	Intervallhalbierung
2	falls $f(x) \leqq 0$, dann $b := x$ sonst $a := x$	Auswahl des neuen Intervalls
3	falls $\|b - a\| > \delta$, dann Schritt 1	Rücksprung, falls Intervall noch zu groß
	drucke a, b	

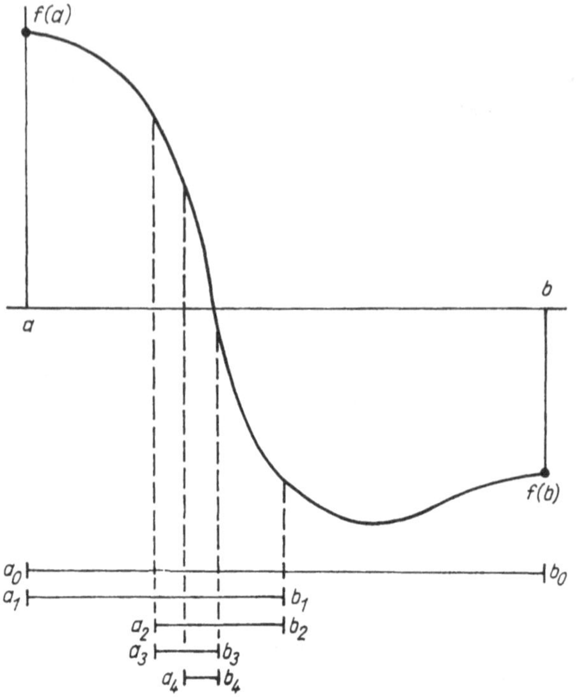

Abb. 5.1.3. Bisektionsverfahren

Das Ergebnis ist eine Einschließung der Lösung, $a \leqq x^* \leqq b$, mit $|b - a| \leqq \delta$. Der *Rechenaufwand*, d. h. die Anzahl der benötigten Funktionsberechnungen (vgl. B 5.1.3), kann von vornherein angegeben werden. Er hängt nur von der Länge d des Startintervalls ($d := |b - a|$) und nicht von der Funktion f ab. Aus der Forderung $2^{-n}d \leqq \delta$ ergibt sich die benötigte Schrittanzahl

$$n := 1 + [-\log_2 (\delta/d)] = 1 + \left[-\frac{\ln \delta/d}{\ln 2}\right].$$

Dabei bezeichnet $[x]$ die größte ganze Zahl, die kleiner oder gleich x ist. Wegen $2^{10} = 1024 \approx 10^3$ gewinnt man in 10 Schritten etwa 3 Dezimalen. Das Bisektionsverfahren konvergiert also nicht sehr schnell. Dafür stellt es aber nur sehr geringe Anforderungen an die Funktion f.

Beispiel 5.1.6. Gegeben seien eine Folge von monoton zunehmend angeordneten Werten x_n, $n = 1(1)N$,

n	1	2	3	4	5	6	7	8	9	10
x_n	0.5	1.1	5.0	6.0	9.0	9.5	9.8	10.0	11.0	11.2

und ein Wert $c := 5.3$, der in diese Folge einsortiert werden soll. Wir definieren eine *diskrete* (nur für ganze Zahlen erklärte) *Funktion*

$$f(n) := \begin{cases} c - x_n, & \text{falls } n \leqq N, \\ c - x_N, & \text{falls } n \geqq N, \end{cases}$$

und wählen b so, daß $b - 1$ die kleinste Zweierpotenz oberhalb von $N - 1$ ist, $2^{k-1} + 1 < N \leqq b := 2^k + 1$, das bedeutet in unserem Beispiel $b := 17$. Rufen wir nun mit $a := 1$, $b := 17$ und $\delta := 1$ den Bisektionsalgorithmus auf, so ergibt sich die Folge der Einschließungen [1, 17], [1, 9], [1, 5], [3, 5], [3, 4]. Aus der letzten Einschließung ist abzulesen, daß $c = 5.3$ zwischen x_3 und x_4 eingeordnet werden muß.

Das Verfahren eignet sich auch als *Such- und Sortieralgorithmus* in der *nichtnumerischen Datenverarbeitung*, zum Beispiel für die alphabetische Anordnung von Stichwörtern, und wird in diesem Zusammenhang *binäres* (*logarithmisches*) *Suchen* genannt (Knuth [1], S. 407).

5.1.3. Einfache Iteration

Das Bisektionsverfahren konvergiert für alle Funktionen gleich langsam. Das liegt daran, daß man als einzige Information das Vorzeichen der Funktion benutzt. Besser angepaßte Iterationsverfahren sind zu erwarten, wenn man die Funktionswerte selbst mit in die Rechnung einbezieht. In den Beispielen 5.1.1, 5.1.2 und 5.1.3 haben wir die Ausgangsgleichungen (1), (4) und (9) durch verschiedene Umformungen auf die Gestalt einer Fixpunktgleichung $x = g(x)$ gebracht und diese als Iterationsvorschrift $x_{n+1} = g(x_n)$ geschrieben. Offen blieb bisher die Frage, unter welchen Voraussetzungen eine solche *einfache Iteration* (sukzessive Approximation, gewöhnliches Iterationsverfahren) eine konvergente Folge von Näherungen liefert.

Beispiel 5.1.7. In den ersten beiden Beispielen ergab sich

$$g(x) := \frac{x}{2} + \frac{1}{x} \quad \text{beziehungsweise} \quad g(x) := \frac{\pi}{5} + 0.8 \sin x, \tag{20}$$

und die Näherungswerte konvergierten gut. In Abb. 5.1.4 a), b) sind die Kurven $y = g(x)$ graphisch dargestellt. Ihr Schnittpunkt mit der Geraden $y = x$ ist der gesuchte Fixpunkt. Die Pfeile deuten den Verlauf der Iteration an. Im dritten Beispiel, in dem wir gleich zwei Möglichkeiten ausprobierten (vgl. (10) und (10′)),

$$\begin{aligned} g(x) &:= 0.702317 - 1.003311\, e^{-3x}, \\ g(x) &:= -\frac{1}{3} \ln (0.7 - 0.996700\, x), \end{aligned} \tag{21}$$

erhielten wir eine divergente und eine extrem langsam konvergierende Folge (Abb. 5.1.4, c), d)).

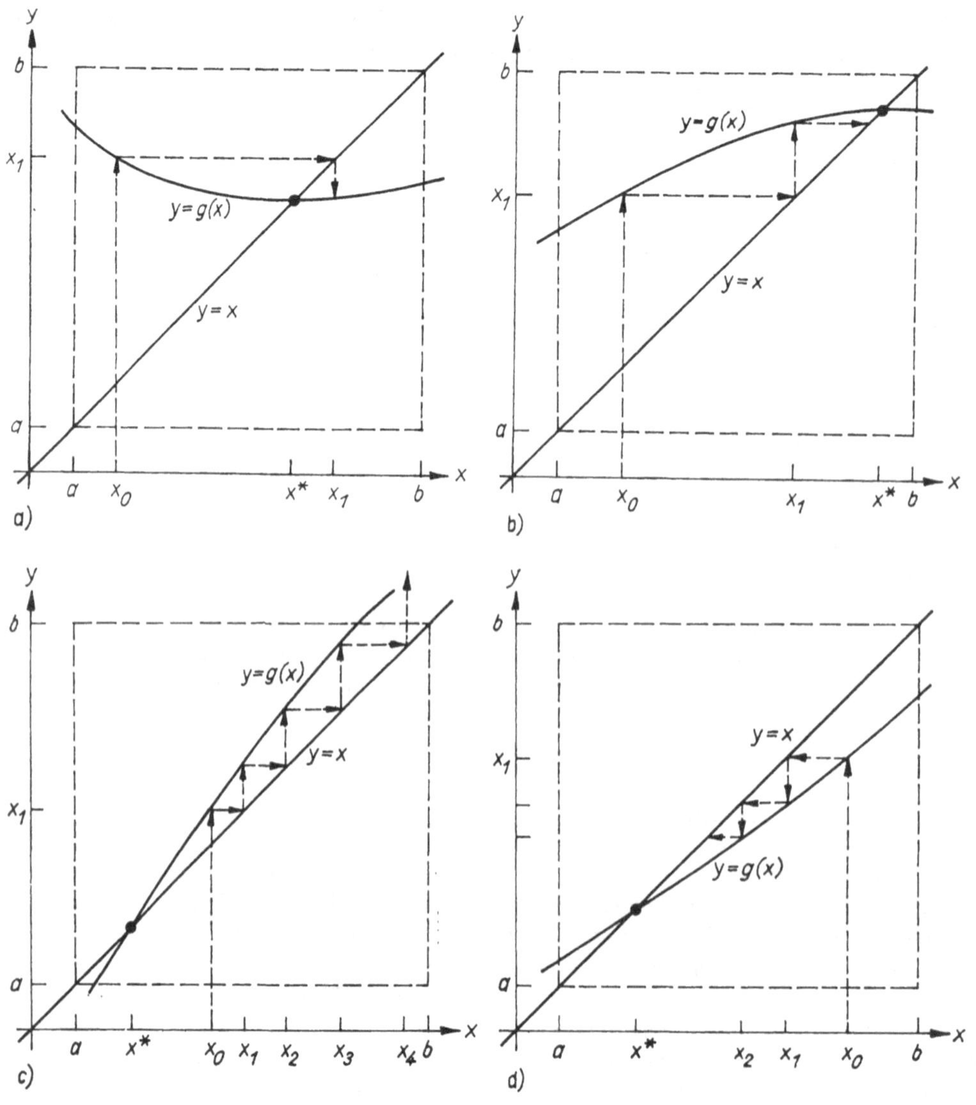

Abb. 5.1.4. Einfache Iteration: a), b), d) konvergent, c) divergent

Eine konvergente Folge von Näherungen ergibt sich offenbar dann, wenn man ein Intervall $[a, b]$ mit der Eigenschaft findet, daß für jedes x aus $[a, b]$ auch $g(x)$ in $[a, b]$ liegt und die Funktion g dort nicht schneller wächst als die Gerade $y = x$. Das heißt, genauer gesagt, alle Sekantenanstiege

$$\left|\frac{g(x) - g(t)}{x - t}\right| \leqq L < 1, \qquad x, t \in [a, b], \tag{22}$$

oder, falls g differenzierbar ist, alle Tangentenanstiege (Ü 5.1.2)

$$|g'(x)| \leqq L < 1, \qquad x \in [a, b], \tag{23}$$

müssen betragsmäßig echt kleiner als Eins bleiben. (Im Fall der Abb. 5.1.4c) sind die Voraussetzungen verletzt.) Daß diese Konvergenzbedingungen auch für allgemeinere Klassen von Iterationsverfahren gelten, zeigt der aus der Analysis bekannte *Kontraktionssatz* (*Banachsche Fixpunktsatz*). Um ihn allgemein formulieren zu können, erinnern wir an die Definition des Banach-Raumes:

Definition 5.1.8. Eine Menge $\mathbb{X}$ von Elementen $x, y, \ldots$ heißt *Banach-Raum* über dem Körper der reellen (komplexen) Zahlen, wenn

a) $\mathbb{X}$ ein linearer Raum ist, das heißt mit x auch $c \cdot x$, c reell (komplex), und mit x, y auch $x + y$ in $\mathbb{X}$ liegt, wobei die üblichen Rechenregeln gelten,

b) $\mathbb{X}$ normiert ist, das heißt für jedes x eine Norm $\|x\|$ mit den üblichen Eigenschaften erklärt ist (vgl. Definition 2.1.10 und Definition 6.4.2), und

c) $\mathbb{X}$ vollständig ist, das heißt zu jeder in sich konvergenten Folge (Cauchy-Folge) (x_n) von Elementen aus $\mathbb{X}$ auch der Grenzwert x^* existiert und in $\mathbb{X}$ liegt.

Einfache Beispiele für Banach-Räume sind der uns hier interessierende Fall der Zahlengeraden $\mathbb{X} := \mathbb{R}^1$, in dem der Betrag als Norm dient, $\|x\| := |x|$, oder der Fall des N-dimensionalen Vektorraums $\mathbb{X} := \mathbb{R}^N$, in dem irgendeine der früher besprochenen Vektornormen (vgl. Abschnitt 2.1.3.) verwendet werden kann. Aber auch die Menge $\mathbb{P}^{N+1}[-1, 1]$ der Polynome von höchstens N-tem Grad über $[-1, 1]$ (vgl. Beispiel 6.4.5) oder die Menge $\mathbb{C}[a, b]$ der über $[a, b]$ stetigen Funktionen bilden Banach-Räume, wenn man geeignete Normen einführt (vgl. (6.4.5.) und (6.4.6)).

Satz 5.1.9 (Kontraktionssatz). *Bezeichnet $\mathbb{X}$ einen Banach-Raum oder eine abgeschlossene Teilmenge eines solchen, und ist $g(x)$ eine Abbildung, die $\mathbb{X}$ in sich abbildet,*

$$g(x) \in \mathbb{X} \text{ für alle } x \text{ aus } \mathbb{X}, \tag{24}$$

und einer Kontraktionsbedingung

$$\|g(x) - g(t)\| \leqq L\,\|x - t\| \qquad \text{für alle } x, t \text{ aus } \mathbb{X} \tag{25}$$

mit einer Zahl L aus dem Intervall $[0, 1)$ *(d. h. einer Lipschitz-Bedingung mit einer Lipschitz-Konstanten, die echt kleiner als Eins ist) genügt, so besitzt g in $\mathbb{X}$ genau einen Fixpunkt x^*, und die Folge der durch* (15) *gelieferten Näherungen x_n konvergiert für jeden Startwert x_0 aus $\mathbb{X}$ gegen x^*.*

Zum Beweis der Konvergenz benutzen wir das *Cauchysche Konvergenzkriterium*, d. h., wir zeigen, daß der *Abstand* (also die Norm der Differenz) zweier Elemente x_n und x_{n+m} der Folge für beliebiges m und hinreichend groß gewähltes n kleiner als jedes positive ε wird. Dazu untersuchen wir zunächst den Abstand zweier aufeinanderfolgender Elemente x_n und x_{n+1}. Wegen (15) und (25) ist

$$\begin{aligned} \|x_{n+1} - x_n\| &= \|g(x_n) - g(x_{n-1})\| \leqq L\,\|x_n - x_{n-1}\| = L\,\|g(x_{n-1}) - g(x_{n-2})\| \\ &\leqq \cdots \leqq L^n\,\|x_1 - x_0\|. \end{aligned} \tag{26}$$

Für die Differenz zweier beliebiger Folgenelemente gilt, wenn wir die dazwischenliegenden Elemente subtrahieren und wieder addieren und die Dreiecksungleichung verwenden

$$\begin{aligned} \|x_{n+m} - x_n\| &= \|x_{n+m} - x_{n+m-1} + x_{n+m-1} - + \cdots - x_{n+1} + x_{n+1} - x_n\| \\ &\leqq \|x_{n+m} - x_{n+m-1}\| + \cdots + \|x_{n+2} - x_{n+1}\| + \|x_{n+1} - x_n\|. \end{aligned}$$

Schätzt man nun jeden der auf der rechten Seite der Ungleichung stehenden Terme nach (26) ab, so folgt

$$\|x_{n+m} - x_n\| \leqq (L^{n+m-1} + \cdots + L^{n+1} + L^n) \|x_1 - x_0\| = L^n \frac{1 - L^m}{1 - L} \|x_1 - x_0\|$$
$$\leqq \frac{L^n}{1 - L} \|x_1 - x_0\|, \tag{27}$$

wobei wir die L-Potenzen mit Hilfe der bekannten Formel für Teilsummen der geometrischen Reihe aufsummiert haben. Damit ist die Konvergenz der Folge (x_n) nachgewiesen, denn L^n strebt wegen $L < 1$ für $n \to \infty$ gegen Null, so daß der rechts stehende Ausdruck durch Wahl eines hinreichend großen n für jedes m und jeden festen Startwert x_0 unter jedes positive ε gedrückt werden kann. Man braucht dazu bloß

$$n \geqq N(\varepsilon) := \ln \left(\frac{\varepsilon(1 - L)}{\|g(x_0) - x_0\|} \right) \Big/ \ln L$$

zu wählen (vgl. (2.7.27)). Bezeichnen wir den Grenzwert der Folge (x_n) mit x^*, so erhalten wir für $m \to \infty$ aus (27) die für lineare Iterationsverfahren (vgl. (2.7.25)) bereits bekannte A-priori-Abschätzung

$$\|\delta_n\| := \|x_n - x^*\| \leqq \frac{L^n}{1 - L} \|x_1 - x_0\|. \tag{28}$$

Mit ihrer Hilfe läßt sich zeigen, daß der Grenzwert x^* Fixpunkt von $g(x)$ ist. Wir ergänzen die Differenz $x^* - g(x^*)$ durch $-x_{n+1} + g(x_n) = 0$ und erhalten unter Verwendung der Dreiecksungleichung

$$\|x^* - g(x^*)\| = \|x^* - x_{n+1} + g(x_n) - g(x^*)\| \leqq \|x^* - x_{n+1}\| + \|g(x_n) - g(x^*)\|$$
$$\leqq 2 \frac{L^{n+1}}{1 - L} \|x_1 - x_0\|.$$

Die rechte Seite der letzten Ungleichung kann kleiner als jedes positive ε gemacht werden. Also ist $\|x^* - g(x^*)\| = 0$ und wegen des ersten Normaxioms $x^* = g(x^*)$. Die Eindeutigkeit von x^* beweisen wir indirekt: Gäbe es noch einen zweiten Fixpunkt x', so gälte $\|x^* - x'\| = \|g(x^*) - g(x')\| \leqq L \|x^* - x'\|$ und folglich $(1 - L) \|x^* - x'\| \leqq 0$. Der Faktor $1 - L$ ist positiv, also muß $\|x^* - x'\|$ gleich Null und damit $x^* = x'$ sein. ∎

Ist $\mathbb{X} := \mathbb{R}^N$, $\boldsymbol{x}$ ein Vektor des $\mathbb{R}^N$ und g eine lineare Abbildung des $\mathbb{R}^N$ auf sich, $g(\boldsymbol{x}) := \boldsymbol{T}\boldsymbol{x} + \boldsymbol{v}$, so erhält man aus (15) das Iterationsverfahren (2.7.16) zur Lösung linearer Gleichungssysteme. Wegen $\|g(\boldsymbol{x}) - g(\boldsymbol{t})\| = \|\boldsymbol{T}\boldsymbol{x} + \boldsymbol{v} - \boldsymbol{T}\boldsymbol{t} - \boldsymbol{v}\| = \|\boldsymbol{T}(\boldsymbol{x} - \boldsymbol{t})\| \leqq \|\boldsymbol{T}\|_M \|\boldsymbol{x} - \boldsymbol{t}\|$, wo $L := \|\boldsymbol{T}\|_M$ eine mit der Vektornorm $\|\boldsymbol{x}\|$ verträgliche Matrixnorm bezeichnet, ist Satz 2.7.10a) als Spezialfall im Kontraktionssatz enthalten. Satz 2.7.11 bleibt auch im allgemeineren Fall der Iteration (15) gültig. Insbesondere gilt also die A-posteriori-Abschätzung (2.7.24)

$$\frac{1}{1 + L} \|x_{n+1} - x_n\| \leqq \|\delta_n\| \leqq \frac{1}{1 - L} \|x_{n+1} - x_n\| \leqq \frac{L}{1 - L} \|x_n - x_{n-1}\|. \tag{29}$$

Für nichtlineare Funktionen g ist es u. U. schwierig, eine für den Kontraktionssatz geeignete Teilmenge des Definitionsgebiets $\mathbb{D}$ der Funktion zu finden. Gelegentlich hilft der folgende

Satz 5.1.10 (Konvergenzkugel). *Enthält das Definitionsgebiet* $\mathbb{D}$ *der Funktion g eine Kugel*

$$\mathbb{K}(t, r) := \{x; \|x - t\| \leqq r, \qquad x, t \in \mathbb{D}\} \tag{30}$$

mit dem Mittelpunkt t aus $\mathbb{D}$ *und dem Radius r, genügt g in* $\mathbb{K}$ *einer Kontraktionsbedingung der Gestalt* (25) *und gilt*

$$\|g(t) - t\| \leqq (1 - L)\, r, \tag{31}$$

so erfüllt g mit $\mathbb{X} := \mathbb{K}(t, r)$ *die Voraussetzungen des Kontraktionssatzes.*

Beweis. Die Kugel ist nach Definition (30) abgeschlossen, die Kontraktionsbedingung ist nach Voraussetzung erfüllt. Es bleibt also lediglich zu zeigen, daß g die Kugel in sich abbildet. Ist x aus $\mathbb{K}$, so gilt für g wegen (25), (30) und (31)

$$\|g(x) - t\| = \|g(x) - g(t) + g(t) - t\| \leqq \|g(x) - g(t)\| + \|g(t) - t\|$$
$$\leqq L\,\|x - t\| + (1 - L)\, r \leqq Lr + (1 - L)\, r = r\,.$$

Das Bildelement liegt also ebenfalls in der Kugel. ∎

Aus dem Satz 5.1.10 ergibt sich die

Folgerung 5.1.11 (Beispiel einer Konvergenzkugel). *Genügt g in* $\mathbb{D}$ *einer Kontraktionsbedingung* (25) *und liegt die Kugel* $\mathbb{K}(t, r)$ *mit dem Mittelpunkt* $t := x_1$ *und dem Radius* $r := \dfrac{L}{1 - L}\,\|x_1 - x_0\|$ *in* $\mathbb{D}$, *so ist* $\mathbb{K}(t, r)$ *eine Konvergenzkugel.*

Beweis. Es ist lediglich zu zeigen, daß (31) erfüllt ist. Aus der Kontraktionsbedingung folgt aber unmittelbar

$$\|g(x_1) - x_1\| = \|g(x_1) - g(x_0)\| \leqq L \cdot \frac{1 - L}{1 - L}\,\|x_1 - x_0\| = (1 - L)\, r\,. \ ∎$$

Wir kehren nun zum Spezialfall *reeller Funktionen* einer reellen Veränderlichen zurück, $\mathbb{X}$ ist dann ein Intervall der Zahlengeraden, und die Norm wird zum Betrag reeller Zahlen. Die Kontraktionsbedingung geht in die Ungleichung (22) über. Die Sekantenanstiege abzuschätzen ist i. allg. sehr aufwendig. Für differenzierbare Funktionen verwendet man deshalb besser die Kontraktionsbedingung (23), bestimmt also das *Betragsmaximum der Ableitung* $g'(x)$.

Beispiel 5.1.12. Für die erste Funktion aus (20), also die Iterationsvorschrift aus Beispiel 5.1.1, ergibt sich $g'(x) = \dfrac{1}{2} - \dfrac{1}{x^2}$ und $g''(x) = 2/x^3$. Über der positiven Halbachse ist $g'(x)$ demnach monoton wachsend. Auf Grund der numerischen Tests in Beispiel 5.1.1 wählen wir $\mathbb{D} := [1.4, 1.5]$. Für dieses Intervall erhält man aus $|g'(x)| \leqq \max\left(|g'(1.4)|, |g'(1.5)|\right) < 0.056$ eine Lipschitz-Konstante $L := 0.056$, die wesentlich kleiner als Eins ist. Das bedeutet schnelle Konvergenz. Nehmen wir $x_0 := 1.5$ als Startwert und die Näherung $x_1 = 1.41\bar{6}$ als Mittelpunkt, so liegt die „Kugel" $\mathbb{K}(x_1, r)$ mit dem aus $0.056 \cdot |1.41\bar{6} - 1.5|/0.944 < 0.005 =: r$ bestimmten Radius in $\mathbb{D}$, ist also nach Folgerung 5.1.11 eine Konvergenzkugel. Für die Näherung x_2 liefert (28) die *A-priori-Abschätzung* $|\delta_2| \leqq 0.056 \cdot r < 2.77 \cdot 10^{-4}$ und (29) die *A-posteriori-Abschätzung* $2.01 \cdot 10^{-6} \leqq |\delta_2| \leqq 2.25 \cdot 10^{-6}$. Der wahre Fehler ist $\delta_2 := x_2 - \sqrt{2} \approx 2.12 \cdot 10^{-6}$.

Für die zweite Funktion aus (21), also die Iterationsvorschrift (10′) aus Beispiel 5.1.3, ergibt sich $g'(x) = 1/(2.106953 - 3x)$. Bis zu ihrer Polstelle $x_\infty \approx 0.7$ ist die Ableitung positiv und monoton wachsend. Über jedem Intervall $[a, b]$ mit $b < 0.7$ wird das Maximum also im rechten Randpunkt angenommen, für $[0, 0.35]$ ergibt sich aus $g'(x) < g'(0.35) < 0.95 =: L$ eine Lipschitz-Konstante, die dicht bei Eins liegt. Das bedeutet schlechte Konvergenz. Nehmen wir $t := 0.34$ als Mittelpunkt, so liefert $|g(t) - t|/(1 - L) < 0.01 =: r$ das Konvergenzintervall $\mathbb{K}(0.34, 0.01) := [0.33, 0.35]$. Die A-priori-Abschätzung hat für den Startwert $x_0 := 0.35$ die Gestalt $|\delta_n| \leqq (0.95)^n \cdot 0.024$. Danach benötigt man etwa 45 Schritte, um die Genauigkeit um eine Dezimale zu verbessern. Die Iterationsvorschrift ist also praktisch unbrauchbar.

Wenn die Iterationsfunktion $g(x)$ in $[a, b]$ monoton ist, kann man mit Hilfe von (15) Intervallschachtelungen der Gestalt (19) konstruieren.

Satz 5.1.13 (Monotone Einschließung). *Die Funktion g sei aus $\mathbf{C}[a, b]$ und genüge über $[a, b]$ den Voraussetzungen des Fixpunktsatzes. Ist g monoton fallend und der Startwert x_0 nicht größer als x^*, so genügen die durch* (15) *gelieferten Näherungen der Ungleichung*

$$a \leqq x_0 \leqq x_2 \leqq \cdots \leqq x_{2n} \leqq \cdots \leqq x^* \leqq \cdots \leqq x_{2n+1} \leqq \cdots \leqq x_3 \leqq x_1 \leqq b. \quad (32)$$

Ist g monoton steigend und startet man zwei Iterationsfolgen (x_n) und (x_n') mit $a \leqq x_0 \leqq x^* \leqq x_0' \leqq b$, so gilt

$$a \leqq x_0 \leqq x_1 \leqq \cdots \leqq x_n \leqq \cdots \leqq x^* \leqq \cdots \leqq x_n' \leqq \cdots \leqq x_1' \leqq x_0' \leqq b. \quad (33)$$

Beweis. Aus $x_0 \leqq x^*$ folgt für monoton fallende Funktionen $x_1 = g(x_0) \geqq g(x^*) = x^*$ und für monoton steigende Funktionen $x_1 = g(x_0) \leqq g(x^*) = x^*$. Wenn man noch die Kontraktionsbedingung berücksichtigt, ergeben sich daraus durch vollständige Induktion die Ungleichungen (32) und (33). ∎

Zum Vergleich von Iterationsverfahren benutzen wir den bereits früher eingeführten Begriff der *Konvergenzordnung* (vgl. Definition 2.7.9). Sie kann, wenn g hinreichend oft differenzierbar ist, mit Hilfe der Taylor-Entwicklung von g an der Stelle $x = x^*$ bestimmt werden:

Satz 5.1.14 (Konvergenzordnung). *Konvergiert die durch* (15) *und einen Startwert x_0 erklärte Folge (x_n) gegen x^*, ist die Funktion g aus $\mathbf{C}^p[a, b]$ und gilt $g^{(k)}(x^*) = 0$ für $k = 1(1)p - 1$ und $g^{(p)}(x^*) \neq 0$, so hat die Folge (x_n) die Konvergenzordnung p und den Konvergenzfaktor (asymptotischen Fehlerkoeffizienten)*

$$q := \frac{1}{p!} \sup_{x \in [a,b]} |g^{(p)}(x)|. \quad (34)$$

Beweis. Wegen $g \in \mathbf{C}^p[a, b]$ gilt für g im Punkt $x = x^*$ die Taylor-Formel

$$g(x) = \sum_{n=0}^{p-1} \frac{1}{n!} (x - x^*)^n g^{(n)}(x^*) + \frac{1}{p!} (x - x^*)^p g^{(p)}\big(x^* + \vartheta(x - x^*)\big),$$
$$0 < \vartheta < 1. \quad (35)$$

Setzt man $x := x_n$ und $\delta_n := x_n - x^*$ und berücksichtigt $x^* = g(x^*)$ und $x_{n+1} = g(x_n)$, so ergibt sich

$$|\delta_{n+1}| = |\delta_n|^p \frac{1}{p!} |g^{(p)}(x^* + \vartheta\delta_n)| \leqq q \cdot |\delta_n|^p. \;∎ \quad (36)$$

Beispiel 5.1.15. Für die erste Funktion aus (20) ist $g'(x^*) = 0$, und $g''(x^*) = 2/x^{*3} \neq 0$. Also besitzt die Iteration (3) die Konvergenzordnung 2 und, wenn man das Intervall $[1.4, 1.5]$ zugrunde legt, den Konvergenzfaktor $\frac{1}{2!} \sup_{x \in [1.4,1.5]} (2/x^3) < 0.37 =: q$. Diese *überlineare Konvergenz* erklärt die bereits in Beispiel 5.1.1 beobachtete schnelle Zunahme der Genauigkeit: Hat δ_n die Größenordnung 10^{-k}, so ist δ_{n+1} bereits von der Größenordnung 10^{-2k}. Abgesehen von einer gewissen Anlaufrechnung verdoppelt sich also bei quadratischer Konvergenz, grob gesprochen, bei jedem Schritt die Anzahl der richtigen Ziffern.

5.1.4. Newton-Verfahren und Regula falsi

Das heuristische Vorgehen des Umstellens der Nullstellengleichung (11) zu einer Fixpunktgleichung (14) kann, wie wir gesehen haben, zu schlecht konvergierenden oder gar divergierenden Näherungsfolgen führen. Systematischer gelangt man von (11) durch *lokale Linearisierung* zu einer iterierfähigen Gestalt (14). Dazu setzen wir zunächst voraus, daß f mindestens einmal stetig differenzierbar ist, bereits eine Einschließung $[a, b]$ für eine Nullstelle x^* gefunden wurde und diese Nullstelle einfach ist, das heißt, daß $f'(x^*) \neq 0$ ist und somit

$$f(x) = (x - x^*) \cdot f'\big(x^* + \vartheta(x - x^*)\big) \text{ mit einem } \vartheta \text{ aus } (0, 1) \tag{37}$$

gilt, wobei die Ableitung $f'(x)$ in der Umgebung von $x = x^*$ nicht verschwindet (vgl. B 5.1.5). Wir bezeichnen nun mit x_n eine beliebige Näherung und mit $f(x_n)$ den zugehörigen Funktionswert und ersetzen die Funktion $y = f(x)$ durch eine Gerade

$$y = \tilde{f}(x) := f(x_n) + \mu(x - x_n) \tag{38}$$

durch den Punkt $\big(x_n, f(x_n)\big)$. Den Anstieg μ legen wir dabei so fest, daß die Gerade in der Umgebung dieses Punktes als Näherung der Funktion angesehen werden kann, z. B. wählen wir den *Anstieg der Sekante* durch die Punkte $\big(a, f(a)\big)$ und $\big(b, f(b)\big)$ (der auch *Steigung erster Ordnung* genannt und durch $f[a, b]$ abgekürzt wird, vgl. (6.1.22))

$$\mu := f[a, b] := \big(f(b) - f(a)\big)/(b - a), \tag{39}$$

oder den *Anstieg der Tangente* im Punkt $\big(x_n, f(x_n)\big)$

$$\mu := f'(x_n), \tag{40}$$

oder den Anstieg der Sekante durch $\big(x_n, f(x_n)\big)$ und einen festen Punkt $\big(x_0, f(x_0)\big)$

$$\mu := f[x_0, x_n], \tag{41}$$

oder den Anstieg der Sekante durch die letzten beiden Näherungen $\big(x_n, f(x_n)\big)$ und $\big(x_{n-1}, f(x_{n-1})\big)$

$$\mu := f[x_n, x_{n-1}]. \tag{42}$$

Wenn die Gerade (38) eine hinreichend gute Näherung für die Funktion $y = f(x)$ darstellt, kann man erwarten, daß die Nullstelle der Geraden (wir bezeichnen sie mit x_{n+1}) eine bessere Näherung für x^* liefert als x_n. Um sie zu erhalten, setzen wir in (38) $y := 0$ und $x := x_{n+1}$ und stellen nach x_{n+1} um:

$$x_{n+1} = x_n - \frac{1}{\mu} f(x_n). \tag{43}$$

Dieses Verfahren heißt *vereinfachtes Newton-Verfahren*, wenn man μ über mehrere Schritte konstant läßt, *(klassisches) Newton-Verfahren (Tangenten-Näherungsverfahren)*, wenn man jeweils den aktuellen Tangentenanstieg (40) wählt, und *Regula falsi (1. Form)* beziehungsweise *Regula falsi (2. Form) (Sekanten-Näherungsverfahren)*, wenn man jeweils den Sekantenanstieg (41) bzw. (42) verwendet. In Abb. 5.1.5 ist das Vorgehen für alle vier Fälle graphisch veranschaulicht. Es zeigt sich, daß man für hinreichend gute Startwerte x_0 (bzw. x_0 und x_1) jeweils konvergente Näherungsfolgen erhält. Bei ungeschickter Wahl der Anfangsnäherung (sie ist in den Abbildungen mit t_0 oder s_0 bezeichnet) können dagegen in allen vier Varianten divergente Folgen auftreten. Um solche Fälle auszuschließen, konstruieren wir wie beim Bisektionsverfahren eine Folge von ineinandergeschachtelten Einschließungen. Dazu benutzen wir abwechselnd die Regula

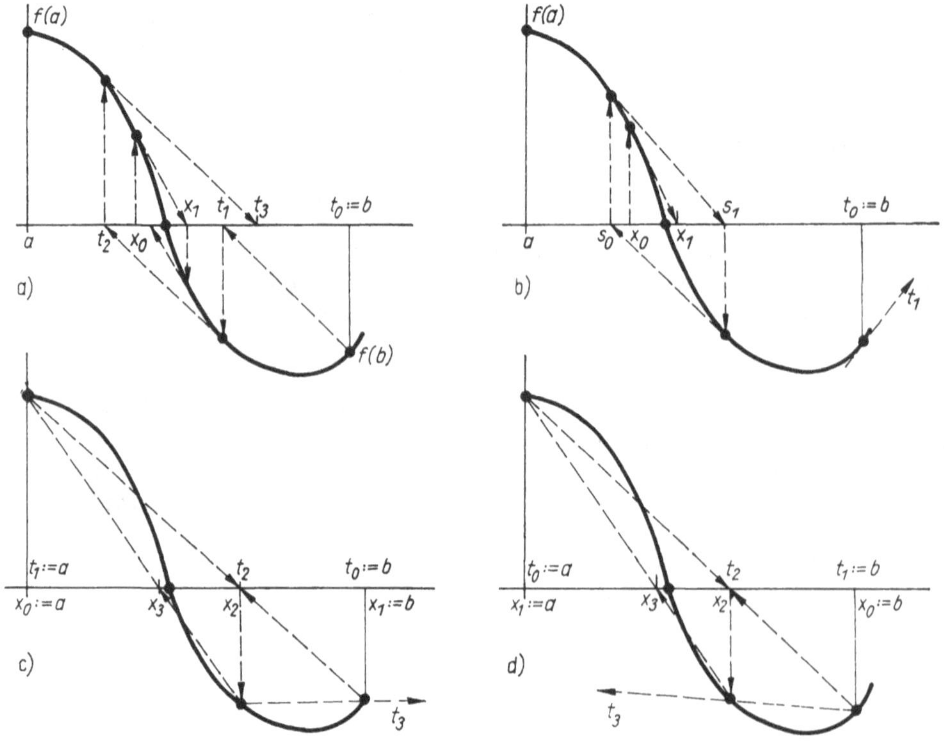

Abb. 5.1.5. Lokale Linearisierung: a) vereinfachtes Newton-Verfahren, b) Newton-Verfahren, c) Regula falsi (1. Form), d) Regula falsi (2. Form)

falsi und das Newton-Verfahren (Abb. 5.1.6): Ausgehend von einer Einschließung $[a, b]$ wird mit Hilfe der Regula falsi ein Zwischenpunkt $x := a - f(a)/f[a, b]$ berechnet und derjenige Randpunkt überspeichert, dessen Funktionswert das gleiche Vorzeichen wie $f(x)$ hat. Anschließend wird mit dem anderen Randpunkt als Startwert (wir bezeichnen ihn mit x) ein Newton-Schritt ausgeführt, $x := x - f(x)/f'(x)$. Liegt die Newton-Näherung außerhalb der Einschließung oder verkleinert sie die Einschließung nur unwesentlich, so verwenden wir an ihrer Stelle die Bisektionsnäherung $x := (a + b)/2$. Als Kriterium wird dabei

$$(x - a)\,(b - x) > \alpha(b - a)^2, \qquad 0 \leqq \alpha < 1/4,$$

verwendet, wo α einen Steuerparameter bezeichnet. Der Newton-Schritt verkleinert die Intervallänge dann mindestens auf $\left(1 + \sqrt{1 - 4\alpha}\right)|b - a|/2$. Im Fall $\alpha = 0$, in dem jede

Newton-Näherung zugelassen ist, die nicht außerhalb von $[a, b]$ liegt, kann die Abnahme beliebig klein werden, im Grenzfall $\alpha = 1/4$ reduziert sich das Verfahren auf eine Kombination der Regula falsi mit dem Bisektionsverfahren (die Berechnung von f_1 und die Schritte 2 und 3 sind dann überflüssig, vgl. Ü 5.1.6).

Algorithmus 5.1.16. Regula-falsi-Newton-Verfahren zur Einschließung von Nullstellen RENE $(f, f', a, b, \delta, \text{MAX}, \alpha)$

---

f	differenzierbare Funktion, muß als Unterprogramm vorliegen
f'	erste Ableitung von f, muß als Unterprogramm vorliegen
a, b	Intervallgrenzen mit $f(a) > 0$, $f(b) \leqq 0$
δ, MAX	Genauigkeitsschranke, maximale Schrittanzahl
α	Steuerparameter, $0 \leqq \alpha < 0.25$

Schritt		
	$f_a := f(a), \quad f_b := f(b)$	Funktionswerte
	$n = 1(1)\text{MAX}$	Schrittzähler
1	$x := a + \dfrac{f_a}{f_a - f_b}(b - a)$	Regula falsi
	$f_x := f(x)$	Funktionswert
	falls $f_x \leqq 0$, dann $b := x$, $f_b := f_x$, $x := a$, $f_x := f_a$, sonst $a := x$, $f_a := f_x$, $x := b$, $f_x := f_b$	
	$f_1 := f'(x)$	Wert der 1. Ableitung
	falls $\lvert f_1 \rvert < \delta$, dann Schritt 4	
2	$x := x - f_x/f_1$	Newton-Schritt
	$q_1 := (x - a)/(b - a)$, $q_2 := (b - x)/(b - a)$	
3	falls $q_1 \cdot q_2 > \alpha$, dann Schritt 5	
4	$x := a + (b - a) \cdot 0.5$	Intervallhalbierung, falls Newton-Näherung ungeeignet
5	$f_x := f(x)$	Funktionswert zur Newton- oder Bisektionsnäherung
	falls $f_x \leqq 0$, dann $b := x$, $f_b := f_x$, sonst $a := x$, $f_a := f_x$	
	drucke n, a, b	
6	falls $\lvert b - a \rvert < \delta$, dann stop	reguläres Ende
	drucke: Geforderte Genauigkeit nicht erreicht.	

Wie das Bisektionsverfahren findet der Algorithmus eine Einschließung für eine Nullstelle aus dem Startintervall. Das gilt auch noch, wenn (37) nicht erfüllt ist oder f in $[a, b]$ mehrere Nullstellen besitzt. Der *Rechenaufwand* besteht aus drei Funktionsauswertungen je Doppelschritt (zweimal $f(x)$ und einmal $f'(x)$).

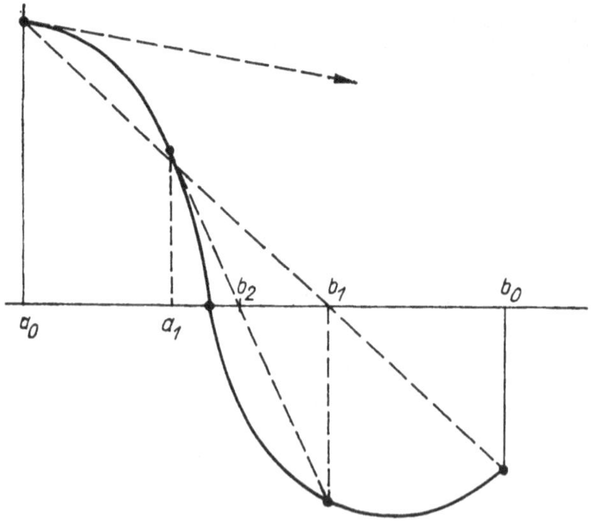

Abb. 5.1.6. Kombination von Regula falsi und Newton-Verfahren

Beispiel 5.1.17. Wir verwenden den Algorithmus zur Lösung des Nullstellenproblems (9) aus Beispiel 5.1.3. Mit $k := x$ ergibt sich

$$f(x) := 0.7 + \frac{1.2}{\ln 0.3}\,x - e^{-3x}, \; f'(x) := \frac{1.2}{\ln 0.3} + 3e^{-3x}. \tag{44}$$

Startet man den Algorithmus mit der Einschließung $a := 0.4$, $b := 0.3$ und den Parametern $\alpha := 0$ und $\delta := 10^{-6}$, so erhält man bei zehnstelliger Gleitpunktrechnung im vierten Doppelschritt die Einschließung

$$b_4 := 0.3344065 \leqq x^* \leqq 0.3344073 =: a_4.$$

Ein mit $x_0 := 0.4$ gestartetes Newton-Verfahren würde aus dem Intervall [0.3, 0.4] herausführen, die Regula falsi (1. Form) konvergiert (wenn auch sehr langsam, Ü 5.1.4), liefert aber keine Einschließungen, die sich auf Null zusammenziehen.

Für eine genauere Analyse des Konvergenzverhaltens der einzelnen Verfahren benutzen wir zunächst den Kontraktionssatz. Im Fall des *vereinfachten Newton-Verfahrens* haben die Iterationsfunktion g und ihre erste Ableitung die Gestalt

$$g(x) := x - \frac{1}{\mu} f(x), \qquad g'(x) = 1 - \frac{1}{\mu} f'(x). \tag{45}$$

Die Ableitung $g'(x)$ bleibt demnach nur dann betragsmäßig unterhalb von Eins, wenn man $\operatorname{sgn} \mu = \operatorname{sgn} f'(x)$ wählt. Ein für das gesamte Intervall verwendbares μ findet sich also nur, wenn f' in diesem Intervall sein Vorzeichen nicht wechselt, das heißt, wenn f dort monoton ist. (In Abb. 5.1.5a) erweist sich das Intervall $[a, b]$ deshalb als ungeeignet, $[a, t_1]$ dagegen ist ein Monotonieintervall.) Im folgenden setzen wir zusätzlich

$$0 < m_1 \leqq |f'(x)| \leqq M_1, \qquad x \in [a, b], \tag{46}$$

voraus und erhalten damit für $g'(x)$ die Abschätzung

$$-1 < 1 - \frac{M_1}{|\mu|} \leqq g'(x) \leqq 1 - \frac{m_1}{|\mu|} < 1.$$

Die rechte Ungleichung ist stets erfüllt, die linke gilt, wenn $|\mu| > M_1/2$ gewählt wird. Die Lipschitz-Konstante wird durch

$$L := \max\left(\left|1 - \frac{M_1}{|\mu|}\right|, \left|1 - \frac{m_1}{|\mu|}\right|\right) \tag{47}$$

bestimmt. Die Ausdrücke $1 - M_1/|\mu|$ und $1 - m_1/|\mu|$ nehmen mit wachsendem $|\mu|$ monoton zu und sind für $0 < |\mu| < m_1$ beide negativ und für $M_1 < |\mu| < \infty$ beide positiv. Im Intervall (m_1, M_1) haben sie entgegengesetztes Vorzeichen. Die kleinste Lipschitz-Konstante ergibt sich also, wenn man μ so wählt, daß $-(1 - M_1/|\mu|) = 1 - m_1/|\mu|$, also $|\mu| := (M_1 + m_1)/2$ ist. Die *Konvergenzordnung* des vereinfachten Newton-Verfahrens ist nach Satz 5.1.14 mindestens gleich Eins, da $g'(x^*) = 1 - f'(x^*)/\mu$ im allgemeinen von Null verschieden sein wird. Für $\mu = f'(x^*)$ ergibt sich sogar quadratische Konvergenz. (Wenn also für den Anstieg $f'(x^*)$ ein Näherungswert bekannt ist, empfiehlt es sich, für μ diesen Wert zu benutzen.) Wir fassen zusammen:

Satz 5.1.18 (Konvergenz des vereinfachten Newton-Verfahrens). *Ist die Funktion f aus $C^1[a, b]$, wobei $[a, b]$ eine Einschließung einer einfachen Nullstelle von f bezeichnet, und genügt f' einer Abschätzung der Gestalt* (46), *so konvergiert die durch* (43) *erklärte Folge von Näherungswerten x_n für jedes μ mit $|\mu| > M_1/2$,* sgn μ = sgn $f'(x)$ *und jeden Startwert x_0 aus $[a, b]$ mit der Konvergenzordnung $p = 1$ und dem durch* (47) *bestimmten Konvergenzfaktor $q := L$ gegen x^*. Für $|\mu| = (M_1 + m_1)/2$ nimmt die Lipschitz-Konstante ihren kleinsten Wert $L_{\min} := (M_1 - m_1)/(M_1 + m_1)$ an.*

Für das *klassische Newton-Verfahren* (43), (40) ist

$$g(x) := x - \frac{f(x)}{f'(x)}, \qquad g'(x) = \frac{f(x)\,f''(x)}{[f'(x)]^2}. \tag{48}$$

Damit ergibt sich im Fall einfacher Nullstellen $g'(x^*) = 0$, so daß man unter der Voraussetzung $f \in C^3[a, b]$ nach Satz 5.1.14 die Konvergenzordnung $p = 2$ und den Konvergenzfaktor $q = \frac{1}{2} \sup_{x \in [a,b]} |g''(x)|$ erhält (vgl. Ü 5.1.7). Der folgende Satz kommt mit einer schwächeren Glattheitsvoraussetzung aus und enthält einen handlicheren Ausdruck für den Konvergenzfaktor und dazu eine A-priori-Abschätzung, die in einer hinreichend kleinen Umgebung von x^* wesentlich bessere Fehlerschranken liefert als (28).

Satz 5.1.19 (Konvergenz des Newton-Verfahrens). *Ist die Funktion f aus $C^2[a, b]$, wobei $[a, b]$ eine Einschließung einer einfachen Nullstelle x^* von f bezeichnet, und genügt die Intervallänge $|b - a|$ der Abschätzung*

$$L := |b - a|\, M_2/(2m_1) < 1 \textit{ mit } 0 < m_1 \leqq |f'(x)| \textit{ und } |f''(x)| \leqq M_2,\ x \in [a, b], \tag{49}$$

so konvergiert die durch (43), (40) *erklärte Folge von Näherungswerten x_n für jeden Startwert x_0 aus $[a, b]$ mit der Konvergenzordnung $p = 2$ und dem Konvergenzfaktor $q := M_2/(2m_1)$ gegen x^*. Für den Fehler der n-ten Näherung gilt die A-priori-Abschätzung*

$$|\delta_n| \leqq \frac{2m_1}{M_2}\left(\frac{|b - a|\, M_2}{2m_1}\right)^{2^n}. \tag{50}$$

Zum Beweis entwickeln wir $f(x)$ an der Stelle $x = x_n$ mit Hilfe der Taylor-Formel

$$f(x^*) = f\big(x_n - (x_n - x^*)\big) = f(x_n) - (x_n - x^*)\,f'(x_n)$$
$$+ \frac{1}{2!}(x_n - x^*)^2\, f''\big(x_n + \vartheta(x_n - x^*)\big), \tag{51}$$

dividieren durch $f'(x_n)$, benutzen $f(x^*) = 0$ und $x_{n+1} = x_n - f(x_n)/f'(x_n)$, und stellen nach $\delta_{n+1} := x_{n+1} - x^*$ um. Dann ergibt sich die Ungleichung

$$|\delta_{n+1}| \leqq \delta_n^2 \frac{M_2}{2f'(x_n)} \leqq \delta_n^2 \cdot \frac{M_2}{2m_1} := \delta_n^2 \cdot q. \tag{52}$$

Konvergenzordnung und Konvergenzfaktor sind damit bestimmt. Ist nun x_0 aus $[a, b]$, so folgt mit (49)

$$|\delta_0| \leqq |b - a| = \frac{L \cdot 2m_1}{M_2} = L/q$$

und mit (52) weiter

$$|\delta_1| \leqq L^2/q, \qquad |\delta_2| \leqq L^4/q, \ldots, \qquad |\delta_n| \leqq L^{2^n}/q.$$

Die letzte Ungleichung ist identisch mit (50). Da $L < 1$ vorausgesetzt wurde, beweist sie die Konvergenz. *A-posteriori-Fehlerabschätzungen* findet man in Ü 5.1.11 und Ü 5.1.12. ∎

Beispiel 5.1.20. Wir benutzen das Newton-Verfahren zur Bestimmung der positiven Nullstelle der Funktion $f(x) := x^2 - c$, $c > 0$. Es ist $f'(x) = 2x$, so daß sich mit $g(x) := x - \frac{f(x)}{f'(x)} = \frac{x}{2} + \frac{c}{2x}$ die in Beispiel 5.1.1 heuristisch gefundene Iteration (3) ergibt. Für $c := 2$ und $[a, b] = [1.4, 1.6]$ ist $m_1 := \inf |f'(x)| = 2.8$ und $M_2 := \sup |f''(x)| = 2$, also $L := 0.2/2.8 \approx 0.07143$, und mit (50) weiter $|\delta_n| < 2.8 \cdot (0.07143)^{(2^n)}$. Wählt man also einen beliebigen Startwert x_0 aus dem Intervall $[1.4, 1.6]$, so gelten für die Fehler der Näherungen x_1, x_2, x_3 (bei rundungsfehlerfreier Rechnung!) die Abschätzungen $|\delta_1| < 0.0143$, $|\delta_2| < 7.29 \cdot 10^{-5}$, $|\delta_3| < 1.90 \cdot 10^{-9}$. Daran ist die quadratische Konvergenz des Newton-Verfahrens gut zu erkennen. Für die zum Startwert $x_0 := 1.5$ in Beispiel 5.1.1 berechneten Näherungen x_1, x_2 und x_3 liefert die A-posteriori-Abschätzung aus Ü 5.1.11 die Fehlereinschließungen $2.17 \cdot 10^{-3} \leqq |\delta_1| \leqq 2.48 \cdot 10^{-3}$, $1.89 \cdot 10^{-6} \leqq |\delta_2| \leqq 2.16 \cdot 10^{-6}$, $3.31 \cdot 10^{-8} \leqq |\delta_3| \leqq 3.79 \cdot 10^{-8}$.

Die *Regula falsi* (*1. Form*) konvergiert in jeder hinreichend kleinen Umgebung einer einfachen Nullstelle von f, $f \in \mathrm{C}^1[a, b]$, wenn f' einer Abschätzung (46) genügt. Ihre Konvergenzordnung ist $p = 1$ (vgl. Ü 5.1.10).

Die *Regula falsi* (*2. Form*) läßt sich nicht in der Form (15) schreiben, da die neue Näherung x_{n+1} nicht nur von x_n, sondern auch noch von x_{n-1} abhängt. Mit (42) wird (43) zu

$$x_{n+1} = g(x_n, x_{n-1}) := x_n - f(x_n)/f[x_n, x_{n-1}]. \tag{53}$$

Das ist ein Beispiel für ein *zweistufiges Iterationsverfahren* (B 5.1.2). Der Kontraktionssatz kann darauf nicht unmittelbar angewendet werden, so daß eine gesonderte Konvergenzuntersuchung notwendig wird.

Satz 5.1.21 (Konvergenz der Regula falsi, 2. Form). *Unter den Voraussetzungen von Satz* 5.1.19 *konvergiert die durch* (53) *erklärte Folge von Näherungswerten für jedes Paar von* (*nicht zusammenfallenden*) *Startwerten* x_0, x_1 *aus* $[a, b]$ *entweder in endlich vielen Schritten oder mit der Konvergenzordnung* $p := \big(1 + \sqrt{5}\big)/2 \approx 1.618$ *und dem Konvergenz-*

faktor $q := (M_2/(2m_1))^{1/p}$ *gegen* x^*. *Für den Fehler der n-ten Näherung gilt die A-priori-Abschätzung*

$$|\delta_n| \leqq \frac{2m_1}{M_2}\left(\frac{|b-a|\,M_2}{2m_1}\right)^{k_{n+1}}, \tag{54}$$

wobei k_{n+1} *die* $(n+1)$*-te der durch*

$$k_0 := 0, \qquad k_1 := 1, \qquad k_{n+1} := k_n + k_{n-1}, \qquad n = 1, 2, \ldots, \tag{55}$$

rekursiv definierten und durch

$$k_n := \frac{1}{\sqrt{5}}\,(t_1^n - t_2^n), \qquad t_{1,2} := \frac{1}{2}\left(1 \pm \sqrt{5}\right) \approx \begin{cases} 1.618 \\ -0.618 \end{cases} \tag{56}$$

explizit darstellbaren Fibonacci-Zahlen bezeichnet.

Beweis. Wenn man in (53) rechts und links x^* und auf dem Bruchstrich zusätzlich $f(x^*) = 0$ subtrahiert, so ergibt sich mit $\delta_n := x_n - x^*$

$$\begin{aligned}\delta_{n+1} &= \delta_n\left(1 - \frac{1}{f[x_{n-1}, x_n]}\cdot\frac{f(x_n) - f(x^*)}{x_n - x^*}\right)\\ &= \delta_n\delta_{n-1}\left(\frac{f[x_{n-1}, x_n] - f[x^*, x_n]}{x_{n-1} - x^*}\right)\cdot\frac{1}{f[x_{n-1}, x_n]}\\ &= \delta_n\delta_{n-1}\cdot f[x^*, x_{n-1}, x_n]/f[x_{n-1}, x_n].\end{aligned} \tag{57}$$

Dabei haben wir den in der vorletzten Zeile auftretenden Differenzenquotienten zweier Differenzenquotienten (Steigungen) als *Steigung zweiter Ordnung* mit $f[x^*, x_{n-1}, x_n]$ abgekürzt (vgl. (6.1.23)). Für $n = 1$ ist die Umformung offenbar zulässig, wenn die Startwerte x_0 und x_1 voneinander und von x^* verschieden sind, denn wegen (46) sind dann auch die zugehörigen Funktionswerte paarweise voneinander verschieden. Das bleibt auch für $n > 1$ richtig, wenn wir den trivialen Fall ausschließen, daß (53) nach n Schritten den exakten Wert $x_{n+1} = x^*$ liefert. Nach dem Mittelwertsatz der Differentialrechnung gibt es zu jeder Steigung erster Ordnung einer Funktion aus $C^1[a, b]$ einen Zwischenwert ξ_1 mit $f[x_{n-1}, x_n] = \frac{1}{1!} f'(\xi_1)$. Entsprechendes gilt für hinreichend glatte Funktionen auch für die Steigungen höherer Ordnung (vgl. (6.1.51)). Wir verwenden hier $f[x^*, x_{n-1}, x_n] = \frac{1}{2!} f''(\xi_2)$ und erhalten damit für die Steigungen in (57) die Abschätzungen

$$m_1 \leqq |f[x_{n-1}, x_n]|, \qquad |f[x^*, x_{n-1}, x_n]| \leqq M_2/2 \tag{58}$$

und weiter

$$|\delta_{n+1}| \leqq |\delta_n|\,|\delta_{n-1}|\cdot\frac{M_2}{2m_1} =: |\delta_n|\,|\delta_{n-1}|\cdot c. \tag{59}$$

Für beliebige Startwerte x_0, x_1 aus $[a, b]$ gilt nun wegen (49)

$$|\delta_0| := |x_0 - x^*| \leqq |b - a| = L/c = L^{k_1}/c, \qquad |\delta_1| \leqq L/c = L^{k_2}/c$$

und mit (59) weiter

$$|\delta_2| \leqq \frac{1}{c} L^{k_1+k_2} = \frac{1}{c} L^{k_3}, \ldots, |\delta_n| \leqq \frac{1}{c} L^{k_{n-1}+k_n} = \frac{1}{c} L^{k_{n+1}}.$$

Damit ist die Ungleichung (54) und wegen $L < 1$ auch die Konvergenz der Folge (x_n) bewiesen. Die Lösung der *homogenen linearen Differenzengleichung* $k_{n+1} = k_n + k_{n-1}$ (vgl. (55)) bestimmt man mit Hilfe eines *Potenzansatzes* $k_n := t^n$. Er führt auf $t^{n+1} = t^n + t^{n-1}$ und damit auf die *charakteristische Gleichung* $t^2 - t - 1 = 0$. Sie hat die beiden in (56) angegebenen Lösungen t_1 und t_2, so daß die allgemeine Lösung von (55) die Gestalt $k_n = c_1 t_1^n + c_2 t_2^n$ erhält. Für die noch unbekannten Koeffizienten c_1 und c_2 ergibt sich aus den Anfangsbedingungen $k_0 = 0$ und $k_1 = 1$ schließlich $c_1 = -c_2 = 1/\sqrt{5}$, womit auch (56) bewiesen ist. Zur Abschätzung der *Konvergenzordnung* schreiben wir die Konstante L aus (49) in der Form β^{t_1}, wo $t_1 := \left(1 + \sqrt{5}\right)/2$ die größere der beiden Wurzeln von $t^2 - t - 1 = 0$ bezeichnet. Da $L < 1$ vorausgesetzt wurde, gilt $L = \beta^{t_1} < \beta = L^{1/t_1} < 1$. Aus den bereits früher benutzten Ungleichungen $|\delta_0| \leqq L/c$ und $|\delta_1| \leqq L/c$ ergibt sich damit $|\delta_0| \leqq \frac{1}{c} \beta^{t_1^0} =: \Delta_0$, $|\delta_1| \leqq \frac{1}{c} \beta^{t_1^1} =: \Delta_1$. Nehmen wir im Sinne einer vollständigen Induktion an, daß

$$|\delta_n| \leqq \frac{1}{c} \beta^{t_1^n} =: \Delta_n \tag{60}$$

gilt, so folgt aus (59) wegen $t_1^2 = t_1 + 1$ sofort $|\delta_{n+1}| \leqq \frac{1}{c} \beta^{t_1^n + t_1^{n-1}} = \frac{1}{c} \beta^{t_1^{n+1}} =: \Delta_{n+1}$, womit (60) für jedes natürliche n bewiesen ist. Für die Folge der Betragsschranken Δ_n der Fehler δ_n ergeben sich wegen $\Delta_{n+1} = c^{t_1-1} \Delta_n^{t_1} = c^{1/t_1} \Delta_n^{t_1}$ schließlich wie behauptet die Konvergenzordnung $p := t_1$ und der Konvergenzfaktor $q := c^{1/p}$ (vgl. B 5.1.6). ∎

Die Regula falsi (53) konvergiert also ebenfalls *überlinear*. Obwohl ihre Konvergenzordnung etwas niedriger ist als die des Newton-Verfahrens, ist sie bezüglich des *Rechenaufwands* vorteilhafter. Bezeichnet nämlich n die Anzahl der Newton-Schritte und r die Anzahl der Regula-falsi-Schritte, die zum Erreichen ein und derselben Genauigkeitsschranke erforderlich sind, so gilt wegen (50) und (54) $2^n \approx k_{r+1} \approx \frac{1}{\sqrt{5}} t_1^{r+1}$, also $r + 1 \approx 1.44n$. Im Vergleich zum Newton-Verfahren benötigt die Regula falsi etwa die $1^1/_2$-fache Schrittanzahl. Da aber beim Newton-Verfahren je Schritt zwei Werte ($f(x_n)$ und $f'(x_n)$), bei der Regula falsi dagegen jeweils nur ein neuer Funktionswert bestimmt werden muß ($f(x_{n-1})$ ist bereits vom vorhergehenden Schritt bekannt), beträgt der Gesamtaufwand der Regula falsi (2. Form) im Vergleich zum Newton-Verfahren nur etwa 75% (vgl. B 5.1.3).

5.1.5. Bemerkungen

B 5.1.1. Ausführlicher wird die Lösung nichtlinearer Gleichungen und Gleichungssysteme in einer Reihe von Numerik-Lehrbüchern (vgl. Bachvalov [1], Beresin, Shidkow [1], Band 2, Collatz [1], Henrici [1], Isaacson, Keller [1], Ralston [1], Schmeisser, Schirmeier [1], Stoer [1], Stummel [1], Werner [1], Zurmühl [1]) und in der Spezialliteratur behandelt. Wir verweisen auf Schwetlick [1] sowie auf Dennis, Schnabel [1], Householder [1], Ortega, Rheinboldt [1], Ostrowski [1] und Traub [1].

B 5.1.2. Allgemein kann man ein *nichtlineares Iterationsverfahren* durch eine Folge von Abbildungen g_n beschreiben (vgl. Ortega, Rheinboldt [1], S. 236, Schwetlick [1], S. 73, Young [1],

S. 64)

$$\begin{aligned} x_1 &:= g_1(x_0), & g_1 &: \mathbb{D}_1 \to \mathbb{R}^N,\ N \geqq 1, \\ x_2 &:= g_2(x_0, x_1), & g_2 &: \mathbb{D}_2 \to \mathbb{R}^N, \\ &\vdots & &\vdots \\ x_n &:= g_n(x_0, x_1, \ldots, x_{n-1}), & g_n &: \mathbb{D}_n \to \mathbb{R}^N. \\ &\vdots & &\vdots \end{aligned} \tag{61}$$

Dabei müssen die Definitionsbereiche $\mathbb{D}_n$ solche Teilmengen des $(\mathbb{R}^N)^n$ sein, daß durch (61) zu jedem Startwert x_0 aus $\mathbb{D}_1$ in eindeutiger Weise eine Folge (x_n) definiert ist. Hängen die g_n nicht von allen vorangegangenen, sondern jeweils nur von einer (in der Regel der aktuellsten) Näherung ab, $x_n := g_n(x_{n-1})$, so bezeichnet man (61) als *einstufiges Iterationsverfahren* (*Einschrittverfahren*), anderenfalls als *mehrstufiges* (*Mehrschritt-*) *Verfahren.* Werden, abgesehen von einer Anlaufrechnung, jeweils die m aktuellsten Näherungen benutzt,

$$x_n := g_n(x_{n-m}, x_{n-m+1}, \ldots, x_{n-1}), \qquad n = m, m+1, \ldots, \tag{62}$$

so spricht man von einem *sequentiellen m-Stufen-* (*m-Schritt-*) *Verfahren.* Sind die g_n unabhängig von der Schrittnummer, so nennt man (62) *stationär.* Das vereinfachte und das klassische Newton-Verfahren sind beispielsweise stationär und einstufig, die Regula falsi (2. Form) ist stationär, sequentiell und zweistufig (für lineare Iterationsverfahren vgl. Abschnitt 2.7.2.).

B 5.1.3. Als Maß für den *Rechenaufwand* nichtlinearer Iterationsverfahren wird meist die Anzahl der *Funktionsberechnungen* (Unterprogrammaufrufe) benutzt, da diese in der Regel wesentlich mehr Rechenzeit benötigen als die (zumindest im eindimensionalen Fall) wenigen arithmetischen Operationen des Verfahrens. Als *Maßeinheit* verwenden einige Autoren die von Ostrowski vorgeschlagene Einheit *Horner* (1 Horner = 1 Funktionsberechnung). Um die Effektivität verschiedener Verfahren vergleichen zu können, führt man den Begriff des *Wirkungsgrads* (*Informationswirkungsgrad*) eines Verfahrens ein, das ist der Quotient aus der *Konvergenzordnung p* des Verfahrens und der Anzahl der Funktionsberechnungen je Schritt. Das Newton-Verfahren hat also den Wirkungsgrad 1, die Regula falsi (2. Form) dagegen 1.618. Für *überlinear konvergente Iterationsverfahren* definiert man die *asymptotische Effektivität* durch

$$\mathrm{EFF} := \frac{1}{\mathrm{RAWS}} \log p \tag{63}$$

und den *Effektivitätsindex* η durch

$$\eta := \exp(\mathrm{EFF}) = p^{1/\mathrm{RAWS}} \tag{64}$$

(Schwetlick [1], S. 89, vgl. auch Traub [1], S. 260ff.). Dabei bezeichnet RAWS den Rechenaufwand je Schritt. Mit Hilfe der asymptotischen Effektivität kann man den zum Unterschreiten einer Genauigkeitsschranke ε erforderlichen Gesamtaufwand RAW (ε) zweier Iterationsverfahren vergleichen: Für hinreichend kleines ε gilt

$$\mathrm{RAW}_1(\varepsilon)/\mathrm{RAW}_2(\varepsilon) \approx \mathrm{EFF}_2/\mathrm{EFF}_1. \tag{65}$$

Für diese Formel ist es belanglos, welche Maßeinheit für die Kosten je Schritt und welcher Logarithmus in (63) verwendet wird. Bezeichnen zum Beispiel $\mathrm{EFF}_1 := \ln\left(\frac{1+\sqrt{5}}{2}\right)$ und $\mathrm{EFF}_2 = \frac{1}{2}\ln 2$ die asymptotischen Effektivitäten der Regula falsi (2. Form) und des Newton-Verfahrens, so ergibt sich $\mathrm{RAW}_1(\varepsilon)/\mathrm{RAW}_2(\varepsilon) \approx 0.72$. Die Regula falsi benötigt also (für hinreichend kleines ε) nur 72% des Aufwandes des Newton-Verfahrens.

B 5.1.4. Bei zahlreichen *numerischen Tests* erwies sich der auf van Wijngaarden, Dekker und Brent zurückgehende Algorithmus ZEROIN, eine Kombination von Regula falsi, Bisektion und inverser quadratischer Interpolation, als besonders wirtschaftlich (vgl. Forsythe, Malcolm, Moler [1], S. 177). *Testbeispiele für Nullstellenalgorithmen* findet man u. a. bei Rice [2] und bei Bus, Dekker [1]. Eine Auswahl davon haben wir in den Tabellen 5.1.1 und 5.1.2 zusammengestellt (vgl. auch Ü 5.1.1 und für Polynomnullstellen B 5.2.9).

B 5.1.5. Ist x^* eine *mehrfache Nullstelle* und bezeichnet s ihre Vielfachheit ($s > 1$), verschwinden also an der Stelle $x = x^*$ nicht nur der Funktionswert, sondern auch alle Ableitungen bis zur Ordnung $s - 1$,

$$f(x^*) = f'(x^*) = \cdots = f^{(s-1)}(x^*) = 0, \qquad f^{(s)}(x^*) \neq 0, \tag{66}$$

Tab. 5.1.1. Testbeispiele für Nullstellenverfahren (RICE [2])

Nr.	Intervall	Funktion	Nullstelle
1	[0, 1]	$(x^2 + 1) \sin x - (x - 1)(x^2 - 5) e^{\sqrt{x}}$	0.874511
2	[−2.5, 0.5]	$(x + 1)/(x^2 + 2)$	−1
3	[−0.1, 0.3]	$\sin x - x/2$	0
4	[−2, 0.75]	$x \cdot e^x$	0
5	[0, 1]	$x - e^{-x}$	0.567143
6	[0, 3]	$\tan x - \cos x - 1/2$	2.74270
7	[−2, 0]	$\cos x - x \cdot e^x$	−1.86400
8	[0.01, 0.7]	$\tan x - 1.01x$	0.172175
9	[0.5, 1.5]	$\tan x - 2x$	1.16556
10	[3, 4]	$x(x - 3) - 4(\sin x)^2$	3.01961
11	[0, 1]	$x \cdot e^{-1/x^2}$	0

Tab. 5.1.2. Testbeispiele für Nullstellenverfahren (BUS, DEKKER [1])

Nr.	Intervall	Funktion	Parameter	
12	[0, 1]	$x^n + (x - 1) e^{-nx}$	$n = 1(1)10$	
13	[0, 1]	$1 + 2x e^{-n} - 2e^{-nx}$	$n = 1(1)10$	
14	[0, 1]	$(1 + (1 - n)^k) x - (1 - nx)^k$	$n = 1(2)11$,	$k = 1(1)5$
15	[0, 1]	$x^n - (1 - x)^k$	$n = 1(2)19$,	$k = 0(1)10$
16	[−0.75, 0.5]	$x^n + 10^{-k}$	$n = 3(2)19$,	$k = 0(1)10$
17	[−0.75, 0.5]	$x^n + x + 10^{-k}$	$n = 3(2)19$,	$k = 0(1)10$

so gilt für f statt (37) die Taylor-Formel

$$f(x) = h^s \cdot f^{(s)}(x^* + \vartheta_0 \cdot h)/s!, \quad h := x - x^*, \quad 0 < \vartheta_0 < 1, \tag{67}$$

und für die Ableitungen f' und f'' analog

$$\begin{aligned} f'(x) &= h^{s-1} \cdot f^{(s)}(x^* + \vartheta_1 \cdot h)/(s-1)!, \qquad 0 < \vartheta_1 < 1, \\ f''(x) &= h^{s-2} \cdot f^{(s)}(x^* + \vartheta_2 \cdot h)/(s-2)!, \qquad 0 < \vartheta_2 < 1. \end{aligned} \tag{68}$$

Daraus ergibt sich für die Newtonsche Iterationsfunktion $g(x) := x - f(x)/f'(x)$ die Ableitung

$$g'(x) = \frac{f(x) f''(x)}{f'(x)^2} = \frac{s-1}{s} \cdot \frac{f^{(s)}(x^* + \vartheta_0 \cdot h) f^{(s)}(x^* + \vartheta_2 \cdot h)}{f^{(s)}(x^* + \vartheta_1 \cdot h)^2}. \tag{69}$$

Also ist $g'(x^*) = (s - 1)/s \neq 0$, und nach Satz 5.1.14 besitzt das *Newton-Verfahren im Fall mehrfacher Nullstellen* nur noch die Konvergenzordnung 1. Multipliziert man aber die Newton-Korrektur mit einem geeigneten Relaxationsfaktor ω, so kann man (theoretisch) die Konvergenzordnung 2 wiederherstellen. Die Iterationsfunktion und ihre erste Ableitung haben dann nämlich die Gestalt

$$g(x) := x - \omega \frac{f(x)}{f'(x)}, \quad g'(x) = 1 - \omega + \omega \frac{s-1}{s} \cdot \frac{f^{(s)}(x^* + \vartheta_0 \cdot h) f^{(s)}(x^* + \vartheta_2 \cdot h)}{f^{(s)}(x^* + \vartheta_1 \cdot h)^2}, \tag{70}$$

so daß sich für $\omega := s$ die Ableitung $g'(x^*) = 0$ ergibt: Das *Newton-Verfahren mit Relaxation* konvergiert für hinreichend gute Startwerte auch im Fall mehrfacher Nullstellen quadratisch, wenn man den Relaxationsfaktor ω gleich der Vielfachheit s der Nullstelle x^* wählt. Praktisch nutzt diese Erkenntnis wenig, da im allgemeinen vor Beginn der Rechnung kaum Informationen über die Vielfachheit der Nullstelle vorliegen. Man kann sie sich aber während der Rechnung (zumindest näherungsweise) verschaffen. Dazu führen wir die Funktion $F(x) := f(x)/f'(x)$ ein. Sie besitzt auch im Fall mehrfacher Nullstellen von f bei $x = x^*$ nur eine einfache Nullstelle, denn wegen (69) ergibt sich $F'(x^*) = \lim_{x \to x^*} \left(1 - \frac{f(x) f''(x)}{f'(x)^2}\right) = 1/s \neq 0$.

Das auf $F(x)$ angewandte *Newton-Verfahren konvergiert* demzufolge *quadratisch.* Die überlineare Konvergenz wird allerdings mit dem relativ hohen *Rechenaufwand von 3 Funktionsauswertungen* je Schritt erkauft, denn die Iterationsfunktion g hat die Gestalt

$$g(x) := x - \frac{F(x)}{F'(x)} = x - \frac{f(x)}{f'(x)} \Big/ \left(1 - \frac{f(x)\, f''(x)}{f'(x)^2}\right).$$

Bezogen auf die Ausgangsfunktion f handelt es sich also um ein *Newton-Verfahren mit schrittabhängigem Relaxationsfaktor:*

$$x_{n+1} = x_n - \omega_n f(x_n)/f'(x_n), \qquad \omega_n := 1\big/\left(1 - f(x_n)\, f''(x_n)\, f'(x_n)^{-2}\right). \tag{71}$$

Für $x_n \to x^*$ strebt ω_n gegen die Vielfachheit s der Nullstelle. Der Effektivitätsindex des Verfahrens ist $\eta := 2^{1/3} \approx 1.26$ (vgl. Ü 5.1.17).

B 5.1.6. Im Beweis von Satz 5.1.21 wurde lediglich nachgewiesen, daß die Majorantenfolge (Δ_n) der Fehlerfolge (δ_n) die *Konvergenzordnung* (*Q-Ordnung*) p besitzt. Die Folge (δ_n) selbst hat die *R-Ordnung* p (von engl. *root* — Wurzel) (vgl. Schwetlick [1], S. 85, und die Arbeiten von Schmidt [2] und Burmeister, Schmidt [1]).

B 5.1.7. *Verfahren von höherer Konvergenzordnung* erhält man, wenn man die Funktion f in der Umgebung der aktuellen Näherung $(x_n, f(x_n))$ nicht durch eine Gerade (vgl. (38)), sondern durch ein Polynom höheren Grades, z. B. durch eine Parabel

$$y = \tilde{f}(x) := b + c \cdot (x - x_n) + \frac{d}{2} \cdot (x - x_n)^2, \quad b := f(x_n), \tag{72}$$

ersetzt und eine Nullstelle dieser Funktion als neue Näherung verwendet (vgl. auch Berg [3] und Szabo [1]). Man fordert also $\tilde{f}(x_{n+1}) = 0$ und erhält damit aus (72) für die Korrektur $\delta := x_{n+1} - x_n$ die beiden Werte $\delta_{1,2} := \left(-c \pm \sqrt{c^2 - 2bd}\right)/d$. Meist wählt man die betragsmäßig kleinere Wurzel (vgl. Alg. 1.2.4)

$$\delta_1 := -2b\big/\left(c + (\operatorname{sgn} c)\sqrt{c^2 - 2bd}\right) \tag{73}$$

und rechnet den nächsten Schritt mit $x_{n+1} := x_n + \delta_1$. Man kann aber auch beide δ_i bestimmen und dasjenige auswählen, für das $|f(x_n + \delta_i)|$ den kleineren Wert annimmt. Faßt man (72) als *Taylor-Entwicklung* von f an der Stelle $x = x_n$ auf, die nach dem quadratischen Term abgebrochen wurde, so ergibt sich mit $x := x_{n+1}$ das *Verfahren von* Muller [1]

$$\begin{aligned} &b := f(x_n), \quad c := f'(x_n), \quad d := f''(x_n), \\ &x_{n+1} := x_n - 2 \cdot b\big/\left(c + (\operatorname{sgn} c)\sqrt{c^2 - 2 \cdot b \cdot d}\right). \end{aligned} \tag{74}$$

Will man den Wurzelausdruck vermeiden, so kann man die nichtlineare Gleichung $\tilde{f}(x_n + \delta) = 0$ auch iterativ lösen: Man startet mit der *Newton-Korrektur* $\delta_0 := -b/c$ und verbessert sie anschließend mit Hilfe der aus (72) hergeleiteten Vorschrift

$$\delta_{k+1} := -\left(b + \frac{d}{2}\,\delta_k^2\right)\Big/c. \tag{75}$$

Begnügt man sich mit einem Iterationsschritt, so erhält man das *Verfahren von* Ehrmann [1]

$$x_{n+1} := x_n - \frac{b}{c}\left(1 + \frac{b \cdot d}{2 \cdot c^2}\right), \tag{76}$$

das wie (71) als *Newton-Verfahren mit einem schrittabhängigen Relaxationsfaktor* aufgefaßt werden kann. Im Fall einfacher Nullstellen und hinreichend guter Startwerte *konvergieren* die Verfahren von Muller und Ehrmann *kubisch* (Ü 5.1.18). Sie kosten einen *Rechenaufwand* von 3 Funktionsberechnungen je Schritt, ihr *Effektivitätsindex* ist demnach $\eta := 3^{1/3} \approx 1.44$. Er liegt also unter dem der *Regula falsi* $\left(\eta := \left(1 + \sqrt{5}\right)/2 \approx 1.62\right)$ und nur unwesentlich über dem des *Newton-Verfahrens* $\left(\eta := \sqrt{2}\right)$. Dies und die relativ hohe *Startwertempfindlichkeit* sind Gründe dafür, daß *Verfahren höherer Ordnung* für die Praxis kaum Bedeutung erlangt haben. In der Regel werden *hybride Methoden* verwendet, die zur Verkleinerung einer Einschließung eine Kombination von Regula falsi, (inverser) quadratischer Interpolation und Bisektion benutzen und jeweils für eine feste Anzahl von Schritten eine (überlineare) Abnahme der Intervallänge garantieren (vgl. Shrager [1] und den auf van Wijngaarden, Dekker und Brent zurückgehenden, in Forsythe, Malcolm, Moler [1], S. 177ff. beschriebenen Algorithmus ZEROIN).

5.1.6. Übungsaufgaben

Ü 5.1.1. Man programmiere den *Bisektionsalgorithmus* und bestimme mit seiner Hilfe die Nullstellen der Funktionen a) $f(x) := x^5 - 13$, b) $f(x) := 4x^5 - 12x^4 + 11x^3 - x^2 - 3x + 1$, c) $f(x) := \frac{1}{1-x} + \sqrt{x^2 - 1}$, d) $f(x) := 2 - 4x^3 + 1/x^2$, e) $f(x) := x \cdot \ln x - 1$, f) $f(x) := x^2 + e^{2x} - 4$, g) $f(x) := \cos x - 1/x^2 + 1$ (im Intervall $[-4\pi, 4\pi]$). Hinweis. Mit Hilfe von graphischen oder Bildschirmdarstellungen verschaffe man sich zunächst einen Überblick über den Kurvenverlauf (vgl. auch Beispiel 5.1.3 und Abb. 5.1.2).

Ü 5.1.2. Man zeige, daß die Voraussetzungen (22) und (23) für Funktionen aus $C^1[a, b]$ äquivalent sind (Mittelwertsatz der Differentialrechnung).

Ü 5.1.3. Man bestimme eine Lipschitz-Konstante und ein Konvergenzintervall für die Iterationsvorschrift (5).

Ü 5.1.4. Man bestimme eine Nullstelle für die Funktion f aus (44) a) mit Hilfe des Newton-Verfahrens und $x_0 := 0.4$, b) mit Hilfe des Newton-Verfahrens und $x_0 := 0.3$, c) mit Hilfe der Regula falsi (1. und 2. Form) und $x_0 := 0.3$, $x_1 := 0.4$.

Ü 5.1.5. Man programmiere den Intervallschachtelungsalgorithmus 5.1.16 und bestimme mit seiner Hilfe die Nullstellen der Funktionen aus Ü 5.1.1, Tab. 5.1.1 und Tab. 5.1.2.

Ü 5.1.6. Durch Herausnahme des Newton-Schritts und der zugehörigen Anweisungen und Tests reduziere man den Algorithmus 5.1.16 auf eine Kombination der Regula falsi mit dem Bisektionsverfahren und bestimme mit Hilfe des reduzierten Algorithmus die Nullstellen der Funktionen aus Ü 5.1.1. Man vergleiche den Rechenaufwand mit dem aus Ü 5.1.5.

Ü 5.1.7. Die Funktion f sei aus $C^1[a, b]$ und streng monoton wachsend. Man gebe ein Iterationsverfahren zur genäherten Bestimmung des Wertes der Umkehrfunktion f^{-1} im Punkt y an, wobei y einen beliebigen Wert aus dem Intervall $[f(a), f(b)]$ bezeichnet.

Ü 5.1.8. Man zeige: Ist x^* eine einfache Nullstelle von $f(x)$, so gibt es stets eine Umgebung $[a, b]$, in der die Iterationsfunktion $g(x) := x - f(x)/f'(x)$ des klassischen Newton-Verfahrens die Voraussetzungen des Kontraktionssatzes erfüllt. Man gebe eine (von $|b - a|$ und den Betragsschranken m_1, M_1 und M_2 abhängige) Lipschitz-Konstante L an.

Ü 5.1.9. Die Regula falsi (53) kann auch in der Gestalt

$$x_{n+1} := [x_{n-1}f(x_n) - x_nf(x_{n-1})]/[f(x_n) - f(x_{n-1})]$$

geschrieben werden. Welche der beiden Formeln ist bezüglich des Rechenaufwands und der numerischen Stabilität günstiger?

Ü 5.1.10. Mit Hilfe des Kontraktionssatzes beweise man, daß die Regula falsi (1. Form) für Funktionen aus $C^1[a, b]$ unter der Voraussetzung (46) in jeder hinreichend kleinen Umgebung $[a, b]$ einer einfachen Nullstelle x^* mindestens mit der Konvergenzordrnung $p = 1$ konvergiert.

Ü 5.1.11. Mit Hilfe von (37) beweise man: Ist $[a, b]$ eine Umgebung einer einfachen Nullstelle von $f(x)$ und genügt $f'(x)$ in $[a, b]$ der Ungleichung (46), so gilt für jedes x_n aus $[a, b]$ unabhängig vom verwendeten Lösungsverfahren die A-posteriori-Fehlerabschätzung $|f(x_n)|/M_1 \leq |x_n - x^*| \leq |f(x_n)|/m_1$.

Ü 5.1.12. Man beweise die A-posteriori-Fehlerabschätzung $|\delta_n| \leq |f(x_n)|/m_1 \leq \frac{M_2}{2m_1}(x_n - x_{n-1})^2$ für das Newton-Verfahren im Fall einfacher Nullstellen. Hinweis. Man beweise die Identität $f(x_n) = \frac{1}{2}(x_n - x_{n-1})^2 f''(x_{n-1} + \vartheta(x_n - x_{n-1}))$ und benutze Ü 5.1.11.

Ü 5.1.13. Man beweise die A-posteriori-Fehlerabschätzung $|\delta_n| \leq |f(x_n)|/m_1 \leq \frac{M_2}{2m_1}|x_n - x_{n-1}| \times |x_n - x_{n-2}|$ für die Regula falsi (53) im Fall einfacher Nullstellen (Stummel, Hainer [1], S. 43). Hinweis. Man beweise die Identität $f(x_n) = (x_n - x_{n-1})(x_n - x_{n-2}) f[x_n, x_{n-1}, x_{n-2}]$ und benutze Ü 5.1.11.

Ü 5.1.14. Man weise nach, daß die A-posteriori-Fehlerabschätzungen aus Ü 5.1.12 und Ü 5.1.13 in der Nähe der Nullstelle unbrauchbar sind, da die bei ihrer Herleitung verwendeten Identitäten durch *Rundungsfehler* (*Auslöschung*) stark verfälscht werden. Zur Illustration schätze man mit ihrer Hilfe die Fehler der Näherungen x_1, x_2 und x_3 aus Beispiel 5.1.20 ab und vergleiche die Schranken mit den dort angegebenen.

Ü 5.1.15. Analog zu (3) leite man mit Hilfe des *Newton-Verfahrens* eine Iterationsvorschrift zur genäherten Berechnung der *k-ten Wurzel* einer positiven Zahl her.

Ü 5.1.16. Man leite eine Iterationsvorschrift zur Bestimmung der reziproken Zahl c^{-1}, c reell, her, die ohne Divisionen auskommt. Man verwende diese Vorschrift zur iterativen Bestimmung der Inversen einer Matrix $\boldsymbol{C}$.

Ü 5.1.17. Für den Fall einfacher Nullstellen berechne man den *Effektivitätsindex* η für das *Newton-Verfahren* und die *Regula falsi* (2. *Form*).

Ü 5.1.18. Man beweise, daß die *Verfahren von* MULLER *und* EHRMANN im Fall einfacher Nullstellen für hinreichend gute Startwerte kubisch konvergieren (vgl. B 5.1.7).

Ü 5.1.19. Zu einer stetigen Funktion f sei ein Intervall $[a, b]$ mit $f(a) \cdot f(b) < 0$ bekannt. Man programmiere den folgenden Einschließungsalgorithmus: a) berechne die Regula-falsi-Näherung $x = a - \dfrac{b-a}{f(b) - f(a)} f(a)$, b) berechne die in $[a, b]$ gelegene Nullstelle t der Parabel durch $(a, f(a))$, $(b, f(b))$, $(x, f(x))$, c) bestimme aus a, b, x, t eine neue Einschließung.

Ü 5.1.20. Man gebe einen Faktor q an $(0 < q < 1)$, um den $|b - a|$ in jedem Schritt des Verfahrens aus Ü 5.1.19 verkleinert wird.

Ü 5.1.21. Zur Nullstellenbestimmung einer Funktion f aus $\mathbf{C}^2[a, b]$ wende man das Newton-Verfahren auf den Quotienten $g(x) := f(x)/\sqrt{f'(x)}$ an. Man zeige, daß die dabei entstehende Iterationsvorschrift (*Methode von* HALLEY (1694), vgl. TRAUB [1], BERG [4], ALEFELD [1]) in einer hinreichend kleinen Umgebung einfacher Nullstellen die Konvergenzordnung 3 besitzt.

Ü 5.1.22. Man ersetze die Funktion f $(f \in \mathbf{C}^2[a, b])$ durch einen im Punkt $(x_n, f(x_n))$ tangierenden Hyperbelbogen $\tilde{f}$ (mit $\tilde{f}^{(i)}(x_n) = f^{(i)}(x_n)$, $i = 0, 1, 2$) und benutze seine Nullstelle als neue Näherung. Man zeige, daß sich auf diese Weise erneut die *Halleysche Methode* aus Ü 5.1.21 ergibt.

5.2. Polynome

Polynome treten in vielen Bereichen der angewandten Mathematik auf. Da ihr Verhalten aus der Algebra gut bekannt ist und ihre Funktionswerte mit relativ geringem Aufwand berechnet werden können, verwendet man sie häufig als Näherungen für kompliziertere nichtlineare Funktionen.

Beispiel 5.2.1. Die trigonometrische Funktion $y = \sin x$ läßt sich in die für alle x konvergierende Reihe

$$\sin x = x - x^3/3! + x^5/5! - + \cdots$$

entwickeln. Die Partialsummen von Reihenentwicklungen sind Polynome:

$$p_1(x) := x, \qquad p_3(x) := x - x^3/3!, \ldots .$$

Sie können (in einer gewissen Umgebung der Entwicklungsstelle $x = 0$) als Näherungen für die entwickelte Funktion angesehen werden (Abb. 5.2.1). Andere, für die Anwendungen oft günstigere Näherungspolynome erhält man durch *Interpolation* oder *Approximation* (vgl. Kap. 6).

Beispiel 5.2.2. In der *Regelungstechnik* wird das Übertragungsverhalten von dynamischen Systemen durch *Übertragungsfunktionen* in einem Bildbereich (*Fourier-Transformation*, *Laplace-Transformation*) beschrieben. Dabei ist es günstig, die Übertragungsfunktion in der sogenannten Reihennormalform anzugeben. Sie hat bei reellen Nullstellen und Polen die Gestalt

$$G(p) := \frac{(1 + p \cdot T_{D_1}) \cdots (1 + p \cdot T_{D_m})}{(1 + p \cdot T_1) \cdots (1 + p \cdot T_n)}$$

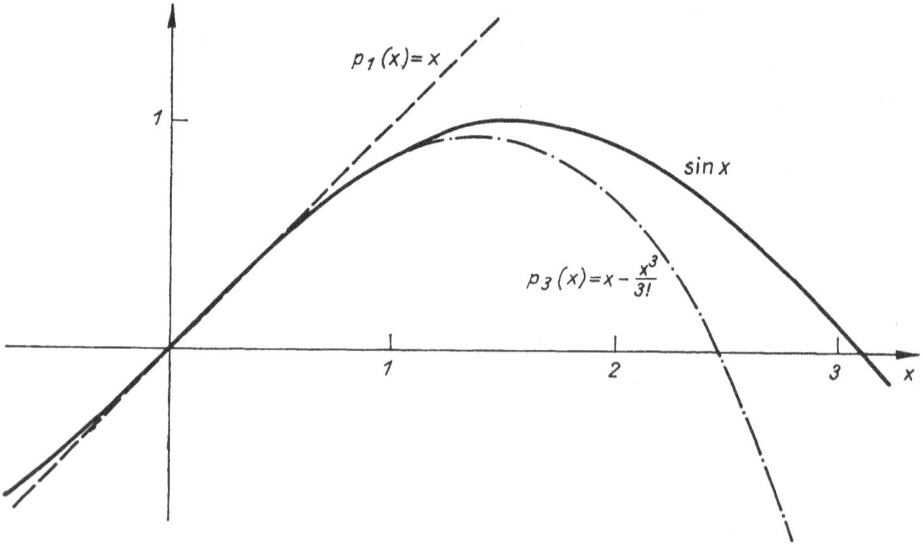

Abb. 5.2.1. Näherungspolynome für $y = \sin x$

und kann als Reihenschaltung von Grundübertragungsgliedern (Vorhalte- und Verzögerungsgliedern) interpretiert werden. Wenn für eine Regelung nach Abb. 5.2.2 die Regelstrecke $G_S(p)$ und der Regler $G_R(p)$ in Reihennormalform gegeben sind, so besitzt die Gesamtübertragungsfunktion für die Führungsgröße w

$$G_w(p) = G_S(p) \cdot G_R(p)/(1 + G_S(p) \cdot G_R(p))$$

nicht mehr die Reihennormalform. Soll diese wieder hergestellt werden, so müssen die Polstellen von $G_w(p)$, also die *Nullstellen* des Nennerpolynoms $1 + G_S(p) \cdot G_R(p)$ berechnet werden. Dabei auftretende Paare *komplexer Nullstellen* können zu reellen Quadratfaktoren zusammengefaßt und als Schwingungsglieder interpretiert werden.

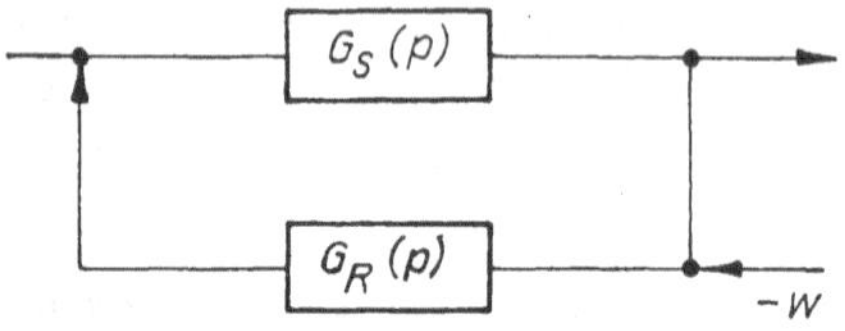

Abb. 5.2.2. Einschleifiger Regelkreis

Beispiel 5.2.3. Bereits begegnet sind uns Polynome ferner bei der Lösung des algebraischen Eigenwertproblems. Allerdings ist die explizite Bestimmung der Koeffizienten des charakteristischen Polynoms (Algorithmus 4.1.3) wegen der Gefahr numerischer Instabilität nur im Fall einer rundungsfehlerfreien Rechnung vertretbar (vgl. Beispiel 4.1.4). Bei Matrizen einfacher Gestalt lassen sich aber Funktions- und Ableitungswerte auch ohne die Kenntnis der Polynomkoeffizienten berechnen, wie wir am Beispiel von Tridiagonalmatrizen sehen werden.

5.2.1. Algebraische Grundlagen

Ein reelles Polynom N-ten Grades besitzt die *Summendarstellung*

$$\begin{aligned} p_N(x) &:= a_0x^N + a_1x^{N-1} + \cdots + a_{N-1}x + a_N, \quad a_0 \neq 0, \\ a_n &\in \mathbb{R}^1, \quad n = 0(1)N. \end{aligned} \qquad (1)$$

Es hat nach dem *Fundamentalsatz der Algebra* genau N *Nullstellen* ξ_n, $n = 1(1)N$, die nicht notwendig voneinander verschieden sein müssen und auch komplex sein können. Mit Hilfe der zugehörigen Linearfaktoren $x - \xi_n$ läßt sich p_N in der (im allgemeinen komplexen) Produktdarstellung

$$p_N(x) = a_0 \cdot (x - \xi_1) \cdot (x - \xi_2) \cdots (x - \xi_N)$$

schreiben (vgl. Abschnitt 4.1.2.). Durch Ausmultiplizieren und Koeffizientenvergleich mit (1) ergeben sich die folgenden (als *Vietascher Wurzelsatz* bekannten) Beziehungen zwischen den Koeffizienten und den Nullstellen von p_N:

$$\begin{aligned} a_1 &= -a_0 \cdot (\xi_1 + \xi_2 + \cdots + \xi_N), \\ a_2 &= +a_0 \cdot (\xi_1\xi_2 + \xi_1\xi_3 + \cdots + \xi_{N-1}\xi_N), \\ &\vdots \\ a_N &= (-1)^N a_0 \cdot \xi_1\xi_2 \cdots \xi_N. \end{aligned} \tag{2}$$

Ist $\xi := u + \mathrm{i} \cdot v$, $\mathrm{i} := \sqrt{-1}$, eine komplexe Nullstelle des reellen Polynoms (1), so gehört auch die konjugiert komplexe Größe $\bar{\xi} := u - \mathrm{i} \cdot v$ zu den Nullstellen. Durch Multiplikation der beiden Linearfaktoren $x - \xi$ und $x - \bar{\xi}$ erhält man einen reellen Quadratfaktor

$$\begin{aligned} &x^2 + \beta \cdot x + \gamma := (x - \xi) \cdot (x - \bar{\xi}), \\ &\beta := -2\operatorname{Re} \xi = -2u, \qquad \gamma := (\operatorname{Re} \xi)^2 + (\operatorname{Im} \xi)^2 = u^2 + v^2. \end{aligned} \tag{3}$$

Denkt man sich je zwei zusammengehörige komplexe Linearfaktoren in dieser Weise miteinander multipliziert und faßt man auch noch die Linearfaktoren von je zwei reellen Nullstellen zu einem Quadratfaktor zusammen, so erhält man für p_N die stets reelle Produktdarstellung

$$p_N(x) = a_0 \cdot \prod_{k=1}^{N/2} (x^2 + \beta_k x + \gamma_k) \cdot \begin{cases} 1, & \text{falls } N \text{ gerade}, \\ (x - \xi_N), & \text{falls } N \text{ ungerade}, \end{cases} \tag{4}$$

woraus nebenbei auch leicht abzulesen ist, daß Polynome ungeraden Grades stets mindestens eine (in (4) mit ξ_N bezeichnete) reelle Nullstelle besitzen.

Jedes Polynom $p_N(x)$ läßt sich als charakteristisches Polynom einer Matrix auffassen. Dazu normiert man den Koeffizienten von x^N auf Eins. Dann ist, wie man unmittelbar nachrechnet,

$$p_2(x) = \det \begin{pmatrix} -x & 1 \\ -a_2 & -a_1 - x \end{pmatrix} = \det \begin{pmatrix} x & -1 \\ a_2 & a_1 + x \end{pmatrix},$$

$$p_3(x) = (-1)^3 \det \begin{pmatrix} -x & 1 & 0 \\ 0 & -x & 1 \\ -a_3 & -a_2 & -a_1 - x \end{pmatrix} = \det \begin{pmatrix} x & -1 & 0 \\ 0 & x & -1 \\ a_3 & a_2 & a_1 - x \end{pmatrix}.$$

Ebenso erhält man für jedes $N \geqq 1$ (Ü 5.2.1)

$$p_N(x) = (-1)^N \det (\boldsymbol{A} - x\boldsymbol{I}) = \det (x\boldsymbol{I} - \boldsymbol{A}), \qquad a_0 := 1, \tag{5}$$

mit

$$A := \begin{pmatrix} 0 & 1 & 0 & . & . & . & 0 \\ . & . & . & . & & & . \\ . & & . & . & . & & . \\ . & & & . & . & . & . \\ 0 & . & . & . & 0 & 1 & 0 \\ 0 & . & . & . & 0 & 0 & 1 \\ -a_N & . & . & . & -a_3 & -a_2 & -a_1 \end{pmatrix}. \tag{6}$$

Die Matrix A heißt *Begleitmatrix* des Polynoms $p_N(x)$.

Zusammen mit dem Eigenwertlokalisierungssatz von GERŠGORIN (Satz 4.1.11) liefert sie *Schranken für die Polynomnullstellen*: Alle ξ_n, $n = 1(1)N$, liegen innerhalb der Vereinigung der *Zeilenkreisscheiben*

$$|x| \leqq 1 \qquad \text{und} \qquad |a_1 + x| \leqq \sum_{n=2}^{N} |a_n| \tag{7}$$

und innerhalb der Vereinigung der *Spaltenkreisscheiben* von A,

$$|a_1 + x| \leqq 1, \qquad |x| \leqq |a_N|, \qquad |x| \leqq 1 + |a_n|, \qquad n = 2(1)N-1. \tag{8}$$

Allgemeiner gilt folgender Lokalisierungssatz:

Satz 5.2.4 (Einschließungssatz für Polynomnullstellen). *Alle Nullstellen ξ_n, $n = 1(1)N$, des Polynoms $p_N(x)$ liegen innerhalb des Kreisgebiets*

$$|x| \leqq r, \qquad r := \min_{k=1(1)6} r_k \tag{9}$$

der komplexen Ebene. Dabei sind die Radien r_k definiert durch

$$r_1 := \max\left(\left|\frac{a_N}{a_0}\right|, 1 + \left|\frac{a_1}{a_0}\right|, 1 + \left|\frac{a_2}{a_0}\right|, \ldots, 1 + \left|\frac{a_{N-1}}{a_0}\right|\right),$$

$$r_2 := \max\left(1, \frac{1}{|a_0|} \sum_{n=1}^{N} |a_n|\right),$$

$$r_3 := 2 \cdot \max\left(\left|\frac{a_1}{a_0}\right|, \left|\frac{a_2}{a_1}\right|, \ldots, \left|\frac{a_{N-1}}{a_{N-2}}\right|, \frac{1}{2}\left|\frac{a_N}{a_{N-1}}\right|\right),$$

$$r_4 := \sum_{n=1}^{N} \left|\frac{a_n}{a_{n-1}}\right|,$$

$$r_5 := \sqrt[k]{\left|\frac{a_k}{a_0}\right|} + \sqrt[j]{\left|\frac{a_j}{a_0}\right|}, \textit{ wobei } \sqrt[k]{\left|\frac{a_k}{a_0}\right|} \geqq \sqrt[j]{\left|\frac{a_j}{a_0}\right|} \geqq \sqrt[n]{\left|\frac{a_n}{a_0}\right|} \textit{ für } n = 1(1)N \textit{ und } n \neq k, j,$$

$$r_6 := t^*, \textit{ Fixpunkt von } g(t) := \left|\frac{a_1}{a_0}\right| + \left|\frac{a_2}{a_0}\right| t^{-1} + \cdots + \left|\frac{a_N}{a_0}\right| t^{1-N}.$$

Beweis. Die Schranken r_1 und r_2 ergeben sich, wenn man das Polynom (1) durch a_0 dividiert und (7) beziehungsweise (8) und die Dreiecksungleichung in der Gestalt $|x| - |a_1| \leqq |x + a_1|$ verwendet. Die Herleitung der Schranken r_3, r_4 und r_5 überlassen wir dem Leser (Ü 5.2.2). Für r_6 gehen wir davon aus, daß jede von Null verschiedene

Nullstelle von $p_N(x)$ der Gleichung $p_N(\xi)/\xi^{N-1} = 0$, also auch der Gleichung

$$-\xi = \frac{a_1}{a_0} + \frac{a_2}{a_0}\,\xi^{-1} + \cdots + \frac{a_N}{a_0}\,\xi^{1-N}$$

und demzufolge der Ungleichung

$$|\xi| \leqq \left|\frac{a_1}{a_0}\right| + \left|\frac{a_2}{a_0}\right| |\xi|^{-1} + \cdots + \left|\frac{a_N}{a_0}\right| |\xi|^{1-N} =: g(|\xi|) \tag{10}$$

genügt (Cauchy). Die auf diese Weise für jedes positive t erklärte Funktion $g(t)$ besitzt eine Unendlichkeitsstelle bei $t = 0$, nimmt für wachsendes t monoton ab und strebt für $t \to \infty$ gegen $|a_1/a_0|$. Folglich gibt es einen eindeutig bestimmten Wert $t = t^*$, bei dem sich die Kurve $y = g(t)$ und die Gerade $y = t$ schneiden (Abb. 5.2.3). Für $t > t^*$ ist $t > g(t)$. Wegen (10) müssen also alle Nullstellen von $p_N(x)$ unterhalb von t^* liegen. Da t^* positiv ist, gilt das trivialerweise auch für eine möglicherweise vorhandene und zunächst ausgeschlossene Nullstelle $\xi = 0$. Da der Wert t^* nur als Schranke für die Nullstellen dient, genügt es, aus einer Wertetabelle oder einer Bildschirmdarstellung von $g(t)$ eine Näherung t_1 mit $t_1 > g(t_1)$ abzulesen. ∎

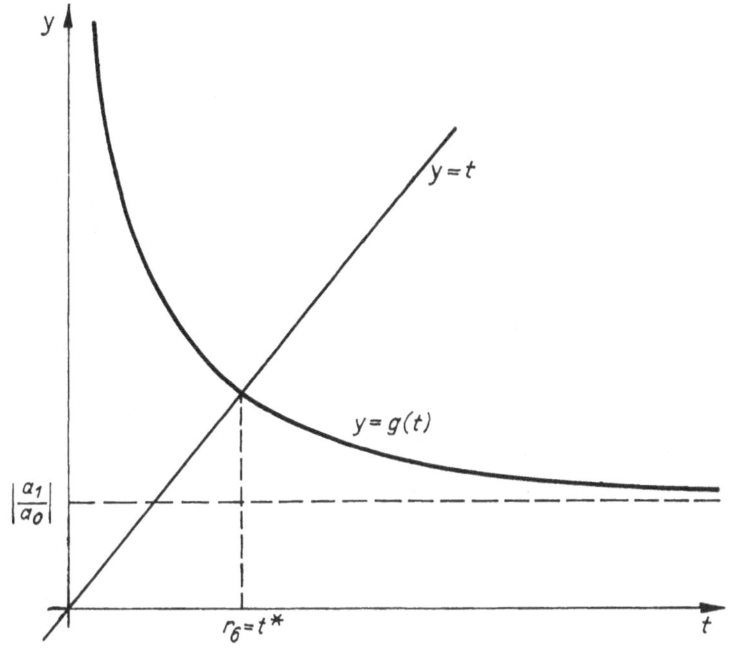

Abb. 5.2.3. Zur Nullstellenschranke r_6

Beispiel 5.2.5. Wir berechnen Nullstellenschranken für das später (im Zusammenhang mit der Approximation und der Integration, vgl. Tab. 6.4.1, S. 146, und Tab. 7.3.1, S. 223) auftretende *Laguerresche Polynom*

$$L_4(x) := \frac{1}{24}\,x^4 - \frac{2}{3}\,x^3 + 3x^2 - 4x + 1\,.$$

Hier ist $a_1/a_0 = -16$, $a_2/a_0 = 72$, $a_3/a_0 = -96$, $a_4/a_0 = 24$, und folglich $r_1 = 97$, $r_2 = 208$, $r_3 = 32$, $r_4 \approx 22.1$, $r_5 \approx 24.5$. Die für r_6 benötigte Funktion $g(t)$ hat die Gestalt $g(t) = 16 + 72t^{-1}$

$+ 96t^{-2} + 24t^{-3}$. Berechnen wir die Werte $g(16) \approx 20.88$ und $g(20) \approx 19.84$, so haben wir mit $t_1 := 20$ bereits eine obere Schranke für t^* gefunden, die als Nullstellenschranke r_6 verwendet werden kann. (Auch diese Schranke ist noch sehr grob, die betragsmäßig größte Wurzel des *Laguerre-Polynoms* $L_4(x)$ liegt bei 9.4).

Bevor wir uns der Berechnung der Nullstellen zuwenden, untersuchen wir deren Abhängigkeit von Störungen der Polynomkoeffizienten a_n, das heißt, wir untersuchen die *Kondition der Nullstellen* bezüglich des Nullstellenproblems des Polynoms (1). Dazu bezeichnen wir die relativen Fehler in üblicher Weise (vgl. (1.2.2)) mit ε_n

$$\tilde{a}_n := (1 + \varepsilon_n)\, a_n, \qquad |\varepsilon_n| \leqq E, \tag{11}$$

und erhalten für das gestörte Polynom die Darstellung

$$\tilde{p}_N(x) = p_N(x) + E \cdot q_N(x) \quad \text{mit} \quad q_N(x) := \sum_{n=0}^{N} \frac{\varepsilon_n}{E}\, a_n x^{N-n}. \tag{12}$$

Ist $\xi \neq 0$ eine Nullstelle von $p_N(x)$, so besitzt das gestörte Polynom $\tilde{p}_N(x)$ für hinreichend kleines E eine Nullstelle $\tilde{\xi} := (1 + \varepsilon)\, \xi$ in der Umgebung von ξ (vgl. B 5.2.3). Es gilt also, wenn man $p_N(x)$ an der Stelle $x = \xi$ entwickelt,

$$\tilde{p}_N(\tilde{\xi}) = p_N(\xi) + \varepsilon\xi p_N'(\xi) + \cdots + \frac{1}{N!}\,(\varepsilon\xi)^N p_N^{(N)}(\xi) + E \cdot q_N(\tilde{\xi}) = 0. \tag{13}$$

Daraus folgt für einfache Nullstellen wegen $p_N(\xi) = 0$ und $p_N'(\xi) \neq 0$ (unter Vernachlässigung von Gliedern höherer Ordnung) für den relativen Fehler der Nullstelle ξ

$$|\varepsilon| \approx \operatorname{cond}_1(\xi) \cdot E \quad \text{mit} \quad \operatorname{cond}_1(\xi) := \left|\frac{q_N(\tilde{\xi})}{\xi \cdot p_N'(\xi)}\right|. \tag{14}$$

Ist ξ eine m-fache Nullstelle, so ergibt sich wegen $p_N^{(k)}(\xi) = 0$, $k = 0(1)m-1$, und $p_N^{(m)}(\xi) \neq 0$ aus (13)

$$|\varepsilon| \approx \operatorname{cond}_m(\xi) \cdot E^{1/m} \quad \text{mit} \quad \operatorname{cond}_m(\xi) := \left|\frac{m!\, q_N(\tilde{\xi})}{\xi^m p_N^{(m)}(\xi)}\right|^{1/m}. \tag{15}$$

Über die Kondition einer einfachen Nullstelle entscheidet also die Konditionszahl $\operatorname{cond}_1(\xi)$. Bei mehrfachen Nullstellen muß man dagegen auch bei einer günstigen Konditionszahl $\operatorname{cond}_m(\xi) \approx 1$ mit einem stark vergrößerten Ergebnisfehler der Größenordnung $E^{1/m}$ rechnen. Bei einem Eingangsfehler E von der Größe der relativen Maschinengenauigkeit $\text{eps} := 10^{-10}$ wäre zum Beispiel $E^{1/2} \approx 10^{-5}$, $E^{1/3} \approx 4.6 \cdot 10^{-4}$ und $E^{1/4} \approx 3.2 \cdot 10^{-3}$. Mehrfache Nullstellen sind also (bezüglich der Polynomdarstellung (1)) stets schlecht konditioniert.

Beispiel 5.2.6. Wir untersuchen die Kondition der einfachen Nullstelle $\xi_4 := 4$ des Wilkinson-Polynoms (vgl. Beispiel 4.1.4)

$$p_7(x) := \prod_{n=1}^{7} (x - n) = x^7 - 28x^6 + 322x^5 - 1960x^4 + 6769x^3 - 13132x^2 + 13068x - 5040$$

bezüglich einer relativen Störung ε_6 des Koeffizienten $a_6 := 13068$ mit $|\varepsilon_6| \leqq E := 10^{-6}$. Die übrigen Koeffizienten seien exakt, $\varepsilon_n := 0$, $n = 0(1)7$, $n \neq 6$. Dann ist

$$\operatorname{cond}_1(\xi_4) = \frac{|\varepsilon_6 \cdot a_6 \cdot (1 + \varepsilon) \cdot \xi_4|}{E \cdot |\xi_4 \cdot p_7'(\xi_4)|} < \frac{13068 \cdot 1.001}{36} \approx 364,$$

wenn wir den Modifikator $1 + \varepsilon$ mit 1.001 abschätzen. Nach (14) ergibt sich also aus einem relativen Eingangsfehler ε_6 der Größenordnung 10^{-6} ein relativer Ergebnisfehler von etwa $4 \cdot 10^{-4}$. Die Nullstelle ist schlecht konditioniert.

Beispiel 5.2.7. Das Polynom $p_5(x) := x^5 - x^3 + 2x^2 - 6x + 4$ besitzt die zweifache Nullstelle $\xi_1 := 1$, wie man durch Berechnung von $p_5'(1) = 0$ und $p_5''(1) = 18$ leicht bestätigt. Nehmen wir an, daß alle Polynomkoeffizienten einen relativen Fehler von der Größenordnung 10^{-6} besitzen, setzen also $|\varepsilon_n| = E = 10^{-6}$, so ergibt sich für die Konditionszahl

$$\mathrm{cond}_2\,(\xi_1) < \left(\frac{(1+\varepsilon)^5 + (1+\varepsilon)^3 + 2(1+\varepsilon)^2 + 6(1+\varepsilon) + 4}{9}\right)^{1/2} \approx 1.25.$$

Damit erhalten wir für ξ_1 eine relative Fehlerschranke der Größe $1.25 \cdot 10^{-3}$.

5.2.2. Reelle Nullstellen

Zum Berechnen des Funktionswertes eines Polynoms p_N an einer Stelle $x := \xi$ ist die Summendarstellung (1) wegen des erforderlichen Rechenaufwandes nicht günstig. Zweckmäßiger ist die *geklammerte Schreibweise*

$$p_N(\xi) = \big(\cdots((a_0 \cdot \xi + a_1) \cdot \xi + a_2) \cdot \xi + \cdots + a_{N-1}\big) \cdot \xi + a_N. \tag{16}$$

Bezeichnet man nämlich den höchsten Koeffizienten mit b_0 und die in den runden Klammern entstehenden Zwischenergebnisse mit $b_1, b_2, \ldots$, so erhält man die Rekursionsvorschrift

$$\begin{aligned} &b_0 := a_0 \\ &\left[\begin{array}{l} k = 1(1)N \\ b_k := b_{k-1} \cdot \xi + a_k \end{array}\right. \qquad \text{(Horner-Schema)}. \end{aligned} \tag{17}$$

Der zuletzt berechnete Koeffizient b_N ist der gesuchte Funktionswert, $p_N(\xi) := b_N$. Die Abarbeitung von (17) kostet N Multiplikationen und N Additionen (vgl. auch Ü 5.2.6). Wir werden Polynomwerte meist nach dieser besonders einfachen, schon von EULER verwendeten, aber meist nach HORNER (1819) benannten Vorschrift berechnen, obwohl auch sie bezüglich des Rechenaufwands noch nicht optimal ist (B 5.2.4).

Beispiel 5.2.8. Für die Handrechnung schreibt man (17) in Gestalt des folgenden *Horner-Schemas*

	a_0	a_1	a_2	$\cdots$	a_{N-1}	a_N
ξ	—	$b_0\xi$	$b_1\xi$	$\cdots$	$b_{N-2}\xi$	$b_{N-1}\xi$
	b_0	b_1	b_2	$\cdots$	b_{N-1}	$b_N = p_N(\xi)$.

Als Beispiel berechnen wir den Funktionswert des Laguerre-Polynoms $L_4(x)$ aus Beispiel 5.2.5 an der Stelle $x = 0.4$. Um ganzzahlige Koeffizienten zu erhalten, gehen wir zu $p_4(0.4) := 24 \cdot L_4(0.4)$ über. Das zugehörige Horner-Schema hat dann die Gestalt

	1	−16	72	−96	24
0.4	—	0.4	−6.24	26.304	−27.8784
	1	−15.6	65.76	−69.696	$-3.8784 = p_4(0.4)$,

und für $L_4(x)$ ergibt sich $L_4(0.4) = -0.1616$.

Werte der ersten und auch höherer *Ableitungen des Polynoms* p_N können in derselben einfachen Weise berechnet werden. Faßt man nämlich die in (17) berechneten Hilfsgrößen $b_0, b_1, \ldots, b_{N-1}$ als Koeffizienten eines Polynoms $(N-1)$-ten Grades

$$p_{N-1}(x) := b_0 x^{N-1} + b_1 x^{N-2} + \cdots + b_{N-2}x + b_{N-1} \tag{18}$$

auf, multipliziert dieses Polynom mit dem Linearfaktor $x - \xi$ und addiert noch b_N, so ergibt sich das Ausgangspolynom $p_N(x)$ (vgl. Ü 5.2.9):

$$p_N(x) = (x - \xi) \cdot p_{N-1}(x) + p_N(\xi). \tag{19}$$

Das für $p_N(x)$ an der Stelle $x = \xi$ aufgeschriebene Horner-Schema bewirkt also die *Division des Polynoms* $p_N(x)$ durch den Linearfaktor $x - \xi$ oder, wie man auch sagt, die *Abspaltung des Linearfaktors*. Das dabei entstehende $p_{N-1}(x)$ nennen wir *reduziertes Polynom*. Mit seiner Hilfe kann der Wert der Ableitung $p'_N(x)$ an der Stelle $x = \xi$ bestimmt werden, denn aus (19) folgt durch Differentiation

$$p'_N(x) = p_{N-1}(x) + (x - \xi) \cdot p'_{N-1}(x),$$

und für $x = \xi$ schließlich

$$p'_N(\xi) = p_{N-1}(\xi). \tag{20}$$

Der gesuchte Wert der ersten Ableitung von p_N ist also gleich dem Funktionswert des reduzierten Polynoms p_{N-1} an der Stelle $x = \xi$. Man braucht also lediglich die Rekursion (1) mit $a_n := b_n$, $n = 0(1)N - 1$ und $N := N - 1$ neu zu starten. Ist ξ ein hinreichend guter Näherungswert für eine Nullstelle von p_N, so kann man nun mit Hilfe des Newton-Verfahrens

$$\xi := \xi - p_N(\xi)/p_{N-1}(\xi) \tag{21}$$

eine verbesserte Nullstellennäherung bestimmen und mit ihr das Verfahren von vorn beginnen (Ü 5.2.10).

Beispiel 5.2.9. Zur Veranschaulichung berechnen wir die erste Ableitung des Polynoms $p_4(x) := 24 \cdot L_4(x)$ aus Beispiel 5.2.8. Dazu fügen wir an das dort angegebene Horner-Schema eine weitere (allerdings nur bis $N - 1 = 3$ laufende) Horner-Zeile an und erhalten

	1	−15.6	65.76	−69.696	−3.8784 = $p_4(0.4)$
0.4	—	0.4	−6.08	23.872	
	1	−15.2	59.68	−45.824 = $p'_4(0.4)$.	

Durch die Newton-Korrektur ergibt sich aus $\xi = 0.4$ die neue Näherung $\xi := 0.4 - 3.8784/45.824 \approx 0.31536$. Der zugehörige Polynomwert ist $p_4(\xi) \approx 0.39389$, wie man mit Hilfe von (17) leicht nachrechnet.

Das für $p_{N-1}(x)$ an der Stelle $x = \xi$ aufgeschriebene Horner-Schema bewirkt analog zu (19) eine Abspaltung des Linearfaktors $x - \xi$:

$$p_{N-1}(x) = (x - \xi) \cdot p_{N-2}(x) + p_{N-1}(\xi). \tag{22}$$

Zur Berechnung der höheren Ableitungen von $p_N(x)$ spalten wir $x - \xi$ auch von $p_{N-2}(x)$ und den folgenden reduzierten Polynomen ab:

$$\begin{aligned} p_{N-2}(x) &= (x - \xi) \cdot p_{N-3}(x) + p_{N-2}(\xi), \\ &\vdots \\ p_2(x) &= (x - \xi) \cdot p_1(x) + p_2(\xi), \\ p_1(x) &= (x - \xi) \cdot p_0(x) + p_1(\xi). \end{aligned} \tag{23}$$

Schließlich bleibt $p_0(x)$, ein Polynom nullten Grades, also eine Konstante, $p_0(x) = p_0(\xi) = a_0$. Setzt man nun rückwärts $p_1(x)$ in $p_2(x), \ldots, p_{N-2}(x)$ in $p_{N-1}(x)$ und schließlich $p_{N-1}(x)$ in $p_N(x)$, also (22) in (19) ein, so ergibt sich

$$p_N(x) = (x - \xi)^N p_0(\xi) + (x - \xi)^{N-1} p_1(\xi) + \cdots + (x - \xi) p_{N-1}(\xi) + p_N(\xi). \tag{24}$$

Das ist nichts anderes als die (rückwärts aufgeschriebene) Potenzreihenentwicklung des Polynoms $p_N(x)$ an der Stelle $x = \xi$. Da eine solche Entwicklung eindeutig ist, müssen ihre Koeffizienten mit denen der Taylor-Entwicklung

$$p_N(x) = p_N(\xi) + (x - \xi)\, p'_N(\xi) + \cdots + (x - \xi)^N p_N^{(N)}(\xi)/N!$$

übereinstimmen. Die Werte $p_{N-k}(\xi)$, $k = 1(1)N$, der reduzierten Polynome, das heißt die bei der wiederholten Division durch $x - \xi$ verbleibenden Reste, stimmen also bis auf den Faktor $1/k!$ mit der k-ten Ableitung des Ausgangspolynoms an der Stelle $x = \xi$ überein,

$$p_{N-k}(\xi) = \frac{1}{k!}\, p_N^{(k)}(\xi)\,, \qquad k = 1(1)N. \tag{25}$$

Schreibt man die wiederholte Abspaltung (19), (22), (23) ausführlich auf, so erhält man das in Tab. 5.2.1 angegebene *vollständige Horner-Schema*. Der zugehörige Algorithmus

Tab. 5.2.1. Vollständiges Horner-Schema

$p_N(x)$:	a_0	a_1	a_2	$\dots$	a_{N-2}	a_{N-1}	a_N
ξ	$-$	$b_0\xi$	$b_1\xi$	$\dots$	$b_{N-3}\xi$	$b_{N-2}\xi$	$b_{N-1}\xi$
$p_{N-1}(x)$:	b_0	b_1	b_2	$\dots$	b_{N-2}	b_{N-1}	$b_N = p_N(\xi)$
ξ	$-$	$c_0\xi$	$c_1\xi$	$\dots$	$c_{N-3}\xi$	$c_{N-2}\xi$	
	c_0	c_1	c_2	$\dots$	c_{N-2}	$c_{N-1} = p_{N-1}(\xi) = p'_N(\xi)$	
	$\cdot$	$\cdot$	$\cdot$				
	$\cdot$	$\cdot$	$\cdot$				
	$\cdot$	$\cdot$	$\cdot$				
$p_2(x)$:	u_0	u_1	$u_2 = p_2(\xi) = p_N^{(N-2)}(\xi)/(N-2)!$				
	$-$	$v_0\xi$					
$p_1(x)$:	v_0	$v_1 = p_1(\xi) = p_N^{(N-1)}(\xi)/(N-1)!$					
	$-$						
$p_0(x)$:	$w_0 = p_0(\xi) = p_N^{(N)}(\xi)/N!$						

besteht im wesentlichen aus der wiederholten Ausführung von (17). Dabei überspeichern wir, um Platz zu sparen, die Koeffizienten a_n des Ausgangspolynoms durch die Koeffizienten der reduzierten Polynome, so daß wir mit einem einzigen Koeffizientenvektor $\boldsymbol{a}$ auskommen.

Algorithmus 5.2.10. Vollständiges Horner-Schema HOR (N, $\boldsymbol{a}$, ξ)

N, ξ	Polynomgrad, Entwicklungsstelle
$\boldsymbol{a} := (a_0, a_1, \dots, a_N)$	Polynomkoeffizienten (a_0 ist der Koeffizient von x^N)

```
[ j = 0(1)N − 1
[   [ k = 1(1)N − j
[   [ a_k := a_k + a_{k−1} · ξ
```

Nach Ablauf der Rechnung stehen die Koeffizienten $p_0(\xi), p_1(\xi), \ldots, p_N(\xi)$ der Potenzreihenentwicklung (24) auf den Plätzen von $a_0, a_1, \ldots, a_N$. Der *Rechenaufwand* beträgt $N(N+1)/2$ Multiplikationen (vgl. B 5.2.5).

Beispiel 5.2.11. Durch Anfügen weiterer Horner-Zeilen ergänzen wir die Funktionsberechnung aus Beispiel 5.2.8 und die Ableitungsberechnung aus Beispiel 5.2.9 zu einem *vollständigen Horner-Schema* für das Polynom $p_4(x) := 24 \cdot L_4(x)$

$$
\begin{array}{r|lll}
 & 1 & -15.2 & 59.68 \\
0.4 & - & 0.4 & -5.92 \\
\hline
 & 1 & -14.8 & 53.76 = p_2(0.4) = p_4''(0.4)/2! \\
0.4 & - & 0.4 & \\
\hline
 & 1 & -14.4 = p_1(0.4) = p_4'''(0.4)/3! & \\
0.4 & - & & \\
\hline
 & 1 = p_0(0.4) = p_4^{(4)}(0.4)/4! & &
\end{array}
$$

Damit ergibt sich für $p_4(x)$ an der Stelle $x = 0.4$ die Entwicklung $p_4(x) = (x - 0.4)^4 - 14.4(x - 0.4)^3 + 53.76(x - 0.4)^2 - 45.824(x - 0.4) - 3.8784$.

Als Beispiel eines nicht in der expliziten Darstellung (1) vorliegenden Polynoms behandeln wir das *charakteristische Polynom einer symmetrischen Tridiagonalmatrix*

$$p_N(x) := \det(\boldsymbol{A} - x\boldsymbol{I}) \tag{26}$$

mit

$$\boldsymbol{A} := \begin{pmatrix} c_1 & d_1 & 0 & \cdot & \cdot & \cdot & 0 \\ d_1 & c_2 & d_2 & \cdot & & & \cdot \\ 0 & \cdot & \cdot & \cdot & \cdot & \cdot & \cdot \\ \cdot & \cdot & \cdot & \cdot & \cdot & \cdot & \cdot \\ \cdot & & \cdot & \cdot & \cdot & \cdot & 0 \\ \cdot & & & \cdot & d_{N-2} & c_{N-1} & d_{N-1} \\ 0 & \cdot & \cdot & \cdot & 0 & d_{N-1} & c_N \end{pmatrix}. \tag{27}$$

Definiert man

$$p_0(x) := 1, \qquad p_1(x) := c_1 - x, \tag{28}$$

so kann man die Polynome $p_2(x)$ und $p_3(x)$ durch Entwicklung nach den Elementen der letzten Zeile in der Gestalt

$$p_2(x) = \det\begin{pmatrix} c_1 - x & d_1 \\ d_1 & c_2 - x \end{pmatrix} = (c_2 - x)\, p_1(x) - d_1^2 p_0(x),$$

$$p_3(x) = \det\begin{pmatrix} c_1 - x & d_1 & 0 \\ d_1 & c_2 - x & d_2 \\ 0 & d_2 & c_3 - x \end{pmatrix} = (c_3 - x)\, p_2(x) - d_2 \det\begin{pmatrix} c_1 - x & 0 \\ d_1 & d_2 \end{pmatrix}$$

$$= (c_3 - x)\, p_2(x) - d_2^2 p_1(x)$$

schreiben (vgl. auch Ü 4.1.12). Ebenso läßt sich $p_n(x)$ für beliebiges n rekursiv durch $p_{n-1}(x)$ und $p_{n-2}(x)$ ausdrücken (Ü 5.2.11, Ü 5.2.12),

$$p_n(x) = (c_n - x)\, p_{n-1}(x) - d_{n-1}^2 p_{n-2}(x), \qquad n = 2(1)N. \tag{29}$$

Durch Differentiation erhält man daraus Rekursionsvorschriften für die Ableitungen

$$\begin{aligned} &p_0'(x) = 0, \qquad p_1'(x) = -1, \\ &p_n'(x) = -p_{n-1}(x) + (c_n - x)\, p_{n-1}'(x) - d_{n-1}^2 p_{n-2}'(x), \qquad n = 2(1)N, \end{aligned} \tag{30}$$

und

$$\begin{aligned} &p_0''(x) = 0, \qquad p_1''(x) = 0, \\ &p_n''(x) = -2p_{n-1}'(x) + (c_n - x)\, p_{n-1}''(x) - d_{n-1}^2 p_{n-2}''(x), \qquad n = 2(1)N, \end{aligned} \tag{31}$$

so daß $p_N(x)$, $p_N'(x)$, $p_N''(x)$ und, falls erforderlich, auch höhere Ableitungen für beliebige Argumente $x := \xi$ rekursiv berechnet werden können.

Algorithmus 5.2.12. Funktions- und Ableitungswerte des charakteristischen Polynoms einer symmetrischen tridiagonalen Matrix PNTRI (N, $\boldsymbol{c}$, $\boldsymbol{g}$, ξ, p, $p1$, $p2$)

N	Ordnung der Matrix (= Grad des Polynoms)
$\boldsymbol{c} := (c_1, c_2, \ldots, c_N)$	Vektor der Diagonalelemente
$\boldsymbol{g} := (g_1, g_2, \ldots, g_{N-1})$	Vektor der Quadrate der Kodiagonalelemente
ξ	Argument
$p, p1, p2$	$p_N(\xi)$, $p_N'(\xi)$, $p_N''(\xi)$
$q := c_1 - \xi$, $q1 := -1$, $q2 := 0$	Startwerte $p_1(\xi)$, $p_1'(\xi)$, $p_1''(\xi)$
$u := c_2 - \xi$	Hilfsgröße
$p := u \cdot q - g_1$, $p1 := -u - q$, $p2 := 2$	Startwerte $p_2(\xi)$, $p_2'(\xi)$, $p_2''(\xi)$
$k = 3(1)N$	
$u := g_{k-1}$	
$r := u \cdot q$, $r1 := u \cdot q1$, $r2 := u \cdot q2$	
$q := p$, $q1 := p1$, $q2 := p2$	
$u := c_k - \xi$	
$p := u \cdot q - r$	$p_k(\xi)$
$p1 := u \cdot q1 - r1 - q$	$p_k'(\xi)$
$p2 := u \cdot q2 - r2 - 2 \cdot q1$	$p_k''(\xi)$

Der Algorithmus benötigt einen *Rechenaufwand* von $6(N - 2) + 1$ Multiplikationen und einen *Speicherplatz* für zwei Vektoren und einige skalare Größen.

Die Eigenwerte reeller symmetrischer Matrizen sind sämtlich reell. Also hat speziell das charakteristische Polynom (26) nur reelle Wurzeln. Zur Nullstellenbestimmung solcher Polynome ist das *Laguerre-Verfahren*

$$\begin{aligned} x_{k+1} &:= x_k - \big(\operatorname{sgn} p'(x_k)\big)\, N \cdot p(x_k) \big/ \Big(|p'(x_k)| + \sqrt{R(x_k)}\Big), \\ R(x) &:= (N - 1)\, \big((N - 1) \cdot p'(x)^2 - N \cdot p(x) \cdot p''(x)\big) \end{aligned} \tag{32}$$

gut geeignet. Liegt x_k in einer hinreichend kleinen Umgebung einer einfachen Nullstelle von $p_N(x)$, so ist $p'(x_k)$ von Null verschieden und die Größe $t := p(x_k)\, p''(x_k)/p'(x_k)^2$

betragsmäßig kleiner als Eins. Man kann folglich im Nenner $p'(x_k)$ ausklammern und die verbleibende Wurzel nach t entwickeln. Es ergibt sich

$$x_{k+1} = x_k - \omega_k \frac{p(x_k)}{p'(x_k)} \quad \text{mit} \quad \omega_k := 1 \Big/ \left(1 - \frac{1}{2}\,t - \frac{1}{8} \cdot \frac{N}{1-N}\,t^2 - \cdots\right). \tag{33}$$

Das Laguerresche Verfahren ist also wie (5.1.71) und (5.1.76) ein Newton-Verfahren mit einem schrittabhängigen Relaxationsfaktor ω_k. Durch diese Modifikation erhöht sich die Konvergenzordnung (im Fall einfacher Nullstellen) auf 3 (Ü 5.2.13). Für Polynome mit sämtlich reellen Wurzeln ist das Laguerre-Verfahren im Gegensatz zum Newton-Verfahren sogar *global*, das heißt für jeden beliebigen Startwert $x := \xi$ *konvergent*. Sind die Nullstellen der Größe nach geordnet,

$$-\infty < \xi_1 \leqq \xi_2 \leqq \cdots \leqq \xi_N < \infty,$$

und liegt der Startwert zwischen ξ_k und ξ_{k+1}, so konvergieren die Laguerre-Näherungen gegen ξ_k oder ξ_{k+1}. Für Startwerte aus $(-\infty, \xi_1)$ oder (ξ_N, ∞) streben sie gegen ξ_1 beziehungsweise gegen ξ_N.

Beispiel 5.2.13. Für die Matrix $\boldsymbol{A}$ des *Knicklastbeispiels* (vgl. (4.1.5)) ist $\boldsymbol{c} := (2, 2, 2, 2)$. Setzt man $\boldsymbol{g} := (1, 1, 2)$, so können Funktions- und Ableitungswerte des charakteristischen Polynoms $p_4(x)$ trotz der Asymmetrie der Matrix mit Hilfe von Algorithmus 5.2.12 berechnet werden (vgl. Ü 5.2.12). Zum Startwert $x_0 := 0$ liefert das *Laguerre-Verfahren* (32) bei 10stelliger Gleitpunktrechnung die Näherungen

k	x_k	$p_4(x_k)$	$p_4'(x_k)$	$p_4''(x_k)$
0	0	2	-16	40
1	0.1519162173	0.0033958500	-10.46321220	32.98496404
2	0.1522409349	0		

Das Newton-Verfahren erreicht diese Genauigkeit erst mit dem vierten Schritt.

Ist ein Eigenwert bestimmt, so kann man, wie wir im Abschnitt 4.2.4. gezeigt haben, durch *Matrixdeflation* zu einem Eigenwertproblem niedrigerer Ordnung übergehen. Aus (19) ist abzulesen, daß eine *Deflation* in sehr einfacher Weise auch für beliebige in Summendarstellung (1) gegebene Polynome möglich ist. Bezeichnet nämlich $\xi := \xi_1$ eine Nullstelle des Ausgangspolynoms, so geht (19) wegen $p_N(\xi_1) = 0$ in $p_N(x) = (x - \xi_1) \cdot p_{N-1}(x)$ über. Folglich sind die noch fehlenden Nullstellen von $p_N(x)$ gerade die $N - 1$ Nullstellen des reduzierten Polynoms $p_{N-1}(x)$, dessen Koeffizienten man mit $\xi := \xi_1$ aus dem Horner-Schema (17) erhält. Hat man eine Nullstelle $\xi =: \xi_2$ von $p_{N-1}(x)$ gefunden, so spaltet man wieder den zugehörigen Linearfaktor ab und erhält ein Polynom vom Grad $N - 2$. Da die Nullstellen im allgemeinen nur näherungsweise bestimmt werden, sind auch die durch (17) berechneten Koeffizienten des reduzierten Polynoms nicht exakt. Es ist also zu erwarten, daß die erreichbare Genauigkeit mit jeder Abspaltung geringer wird. Man kann zeigen (Wilkinson [1]), daß der Genauigkeitsverlust am geringsten ist, wenn man für $p_N(x)$, $p_{N-1}(x)$, ... jeweils die betragsmäßig kleinste Wurzel berechnet, die Nullstellen insgesamt also in der Reihenfolge wachsenden Betrages bestimmt (Ü 5.2.28). Beim Laguerre-Verfahren erreicht man das in der Regel, wenn man jeweils mit dem Startwert $x_0 := 0$ beginnt. Sicherheitshalber sollte man aber abschließend alle erhaltenen Nullstellennäherungen in das Ausgangspolynom einsetzen und erforderlichenfalls mit einem Newton-Schritt nachkorrigieren (vgl. auch B 5.2.6).

Beispiel 5.2.14. Für das Polynom $p_4(x)$ aus Beispiel 5.2.8 erhält man zum Startwert $x_0 := 0$ nach drei Laguerre-Schritten die Näherung $x_3 = 0.3225476896 =: \bar{\xi}_1$. Das Horner-Schema (17) liefert für das reduzierte Polynom $p_3(x)$ die Koeffizienten $b_0 := 1$, $b_1 := -15.67745231$, $b_2 := 66.94327398$, $b_3 := -74.40760164$. Wenden wir auf $p_3(x)$ ebenfalls das Laguerre-Verfahren mit $x_0 = 0$ an, so ergibt sich bei 10stelliger Rechnung nach drei Schritten die Näherung $x_3 := 1.745761102 =: \bar{\xi}_2$ für die zweitkleinste Nullstelle von $p_4(x)$. Durch Abspalten des Linearfaktors $x - \bar{\xi}_2$ erhält man die Koeffizienten des reduzierten Polynoms

$$p_2(x) = x^2 - 13.93169121x + 42.62186938,$$

das nur noch vom Grad 2 ist. Seine beiden Nullstellen

$$\bar{\xi}_3 = 4.536620294, \qquad \bar{\xi}_4 = 9.395070916$$

sind Näherungswerte für die dritte und vierte Wurzel des Ausgangspolynoms. Zur Kontrolle setzen wir $\bar{\xi}_2$, $\bar{\xi}_3$ und $\bar{\xi}_4$ in p_4 ein und erhalten

$$p_4(\bar{\xi}_2) = 2 \cdot 10^{-8}, \qquad p_4(\bar{\xi}_3) = 1.7 \cdot 10^{-7}, \qquad p_4(\bar{\xi}_4) = 1.23 \cdot 10^{-6}$$

und die zugehörigen Werte der ersten Ableitung

$$p_4'(\bar{\xi}_2) \approx 30.383, \qquad p_4'(\bar{\xi}_3) \approx -57.140, \qquad p_4'(\bar{\xi}_4) \approx 337.17.$$

Die Newton-Korrekturen $p_4(\bar{\xi}_k)/p_4'(\bar{\xi}_k)$ liefern auf Grund der A-posteriori-Abschätzung aus Ü 5.1.11 einen Anhaltspunkt für die Größenordnung des Fehlers. Es ergibt sich

$$\bar{\xi}_2 - \xi_2 \approx 7 \cdot 10^{-10}, \qquad \bar{\xi}_3 - \xi_3 \approx -3 \cdot 10^{-9}, \qquad \bar{\xi}_4 - \xi_4 \approx 4 \cdot 10^{-9}.$$

Dabei ist die Aussage für ξ_2 am unsichersten, weil für den Funktionswert $p_4(\bar{\xi}_2)$ durch die Auslöschung im letzten Schritt des Horner-Schemas nur eine einzige Ziffer übriggeblieben ist.

5.2.3. Komplexe Nullstellen

Polynome mit reellen Koeffizienten können komplexe Nullstellen besitzen. Bei der Berechnung des Funktionswertes $p_N(\xi)$ für eine komplexe Näherung $\xi := u + iv$ nach der Vorschrift (17) treten dann komplexe Koeffizienten b_k auf. Dadurch steigt der Rechenaufwand beträchtlich an, denn die Multiplikation zweier komplexer Zahlen erfordert (bei geschickter Implementierung, vgl. Algorithmus 6.5.6) drei reelle Multiplikationen. Die komplexe Arithmetik kann aber auf einfache Weise vermieden werden, indem man $x - \xi$ mit dem konjugiert komplexen Linearfaktor $x - \bar{\xi}$ multipliziert und statt $x - \xi$ den reellen Quadratfaktor $x^2 + \beta x + \gamma$ vom Ausgangspolynom abspaltet (vgl. (3)). Wir setzen also in Verallgemeinerung von (19)

$$p_N(x) = (x^2 + \beta x + \gamma) \cdot p_{N-2}(x) + r(x). \tag{34}$$

Der Polynomgrad wird jetzt um 2 verringert, und der Rest kann ein lineares Polynom sein, das wir in der Form

$$r(x) := b_{N-1}x + b_N^*$$

schreiben. Wie früher bezeichnen wir die Koeffizienten des reduzierten Polynoms mit b_k. Ausführlich (und der Einfachheit halber für $N = 4$) aufgeschrieben, hat (34) dann die Gestalt

$$a_0x^4 + a_1x^3 + a_2x^2 + a_3x + a_4 = (x^2 + \beta x + \gamma)\,(b_0x^2 + b_1x + b_2) + b_3x + b_4^*.$$

Durch Ausmultiplizieren und Koeffizientenvergleich ergibt sich

$$\begin{aligned}
a_0 &= b_0, \\
a_1 &= b_1 + \beta b_0, \\
a_2 &= b_2 + \beta b_1 + \gamma b_0, \\
a_3 &= b_3 + \beta b_2 + \gamma b_1, \\
a_4 &= b_4^* \qquad\quad + \gamma b_2.
\end{aligned}$$

Daraus läßt sich die Rekursionsvorschrift zur Berechnung der b_k leicht ablesen. Man nennt sie *zweizeiliges Horner-Schema.*

$$b_0 := a_0, \qquad b_1 := a_1 - \beta \cdot b_0$$

$$\left[\begin{array}{l} j = 2(1)N \\ b_j := a_j - \beta \cdot b_{j-1} - \gamma \cdot b_{j-2} \end{array}\right. \tag{35}$$

Um eine gesonderte Zeile für die Berechnung von b_N^* zu vermeiden, haben wir dabei die Größe

$$b_N := b_N^* - \beta \cdot b_{N-1} \tag{36}$$

eingeführt. Soll nun der Wert des Polynoms $p_N(x)$ an der Stelle $\xi := u + iv$ berechnet werden, so braucht man wegen

$$p_N(\xi) = (\xi - \xi)(\xi - \bar{\xi})\, p_{N-2}(\xi) + r(\xi) = r(\xi)$$

die komplexe Zahl nur in die lineare Restfunktion $r(x)$ einzusetzen,

$$p_N(u + iv) = r(u + iv) = b_{N-1} \cdot (u + iv) + b_N + \beta \cdot b_{N-1},$$

und erhält (vgl. (3)) wegen $\beta = -2u$ schließlich

$$\operatorname{Re} p_N(u + iv) = b_N - b_{N-1} \cdot u, \qquad \operatorname{Im} p_N(u + iv) = b_{N-1} \cdot v. \tag{37}$$

Insgesamt benötigen wir für (35) und (37) nur $2N + 1$ reelle Multiplikationen gegenüber N komplexen Multiplikationen für die Vorschrift (17).

Beispiel 5.2.15. Für die Handrechnung schreibt man (35) in der Gestalt

	a_0	a_1	a_2	$\dots$	a_{N-1}	a_N
$-\gamma$	—	—	$-b_0\gamma$	$\dots$	$-b_{N-3}\gamma$	$-b_{N-2}\gamma$
$-\beta$	—	$-b_0\beta$	$-b_1\beta$	$\dots$	$-b_{N-2}\beta$	$-b_{N-1}\beta$
	b_0	b_1	b_2	$\dots$	b_{N-1}	b_N

Die Ähnlichkeit mit dem Vorgehen in Beispiel 5.2.8 macht die Bezeichnung *zweizeiliges Horner-Schema* verständlich.

Zur Illustration berechnen wir einen komplexen Funktionswert des Polynoms $p_4(x) = x^4 - 5.40x^3 + 6.65x^2 + 4.50x + 2.00$. Die Notwendigkeit dazu ergibt sich, wenn wir das *Laguerre-Verfahren* mit dem Wert $x_0 := 0$ starten: Aus $p_4(0) = 2.00$, $p_4'(0) = 4.50$ und $p_4''(0) = 13.3$ erhält man den komplexen Näherungswert

$$x_1 = 0 - \frac{4 \cdot 2}{4.50 + \sqrt{(3 \cdot 4.5^2 - 8 \cdot 13.3) \cdot 3}} \approx -0.23 + 0.60\mathrm{i}.$$

Die Koeffizienten des zugehörigen Quadratfaktors sind nach (3)

$$\beta \approx 0.46, \qquad \gamma \approx 0.41.$$

Damit schreiben wir das doppelzeilige Horner-Schema für das Polynom $p_4(x)$ auf:

	1	−5.40	6.6500	4.5000	2.0000
$-\gamma = -0.41$	—	—	−0.4100	2.4026	−3.6636
$-\beta = -0.46$	—	−0.46	2.6956	−4.1104	−1.2844
	1	−5.86	8.9356	2.7922	−2.9480

Es ist also $b_3 \approx 2.7922$ und $b_4 \approx -2.9480$ und folglich nach (37)

$$p_4(-0.23 + 0.60\mathrm{i}) \approx -3.59 + 1.68\mathrm{i}.$$

Ein Paar von Nullstellen liegt offenbar vor, wenn der zugehörige Quadratfaktor das Ausgangspolynom ohne Rest teilt, das heißt, wenn $r(x)$ in (34) verschwindet, also $b_{N-1} = b_N^* = b_N = 0$ gilt. Aus (35) ist abzulesen, daß b_{N-1} und b_N Funktionen von β und γ sind. Im allgemeinen werden sie für die gewählten Startwerte noch nicht verschwinden. Man sucht deshalb nach Korrekturen h, k, für die

$$b_{N-1}(\beta + h, \gamma + k) = 0, \qquad b_N(\beta + h, \gamma + k) = 0 \tag{38}$$

wird. Um dieses nichtlineare Gleichungssystem zumindest näherungsweise zu lösen, entwickeln wir beide Funktionen in Taylor-Reihen,

$$\begin{aligned} b_{N-1}(\beta + h, \gamma + k) &= b_{N-1}(\beta, \gamma) + h\,\frac{\partial b_{N-1}}{\partial \beta} + k\,\frac{\partial b_{N-1}}{\partial \gamma} + \cdots = 0, \\ b_N(\beta + h, \gamma + k) &= b_N(\beta, \gamma) + h\,\frac{\partial b_N}{\partial \beta} + k\,\frac{\partial b_N}{\partial \gamma} + \cdots = 0, \end{aligned} \tag{39}$$

und brechen die Entwicklungen nach den in h und k linearen Termen ab. Dadurch wird (39) zu einem linearen Gleichungssystem für die gesuchten Korrekturen. Die als Koeffizienten auftretenden partiellen Ableitungen von b_{N-1} und b_N können nach einer Rekursionsvorschrift der Gestalt (35) berechnet werden. Um das einzusehen, differenzieren wir (35) partiell nach β,

$$\begin{aligned} &\frac{\partial b_0}{\partial \beta} = 0, \quad \frac{\partial b_1}{\partial \beta} = -b_0, \quad \frac{\partial b_2}{\partial \beta} = -b_1 - \beta\,\frac{\partial b_1}{\partial \beta}, \\ &\frac{\partial b_j}{\partial \beta} = -b_{j-1} - \beta\,\frac{\partial b_{j-1}}{\partial \beta} - \gamma\,\frac{\partial b_{j-2}}{\partial \beta}, \qquad j = 3(1)N, \end{aligned} \tag{40}$$

und setzen

$$c_{j-1} := -\frac{\partial b_j}{\partial \beta}, \qquad j = 1(1)N. \tag{41}$$

Damit geht (40) in

$$\begin{aligned} &c_0 := b_0, \qquad c_1 := b_1 - \beta \cdot c_0 \\ &\left[\begin{array}{l} m = 2(1)N - 1 \\ c_m := b_m - \beta \cdot c_{m-1} - \gamma \cdot c_{m-2} \end{array}\right. \end{aligned} \tag{42}$$

über, und das ist, bis auf die geänderten Bezeichnungen, nichts anderes als das *doppelzeilige Horner-Schema* (35). Auch die Differentiation von (35) nach γ,

$$\frac{\partial b_0}{\partial \gamma} = \frac{\partial b_1}{\partial \gamma} = 0, \qquad \frac{\partial b_2}{\partial \gamma} = -b_0, \qquad \frac{\partial b_3}{\partial \gamma} = -b_1 - \beta \frac{\partial b_2}{\partial \gamma},$$

$$\frac{\partial b_j}{\partial \gamma} = -b_{j-2} - \beta \frac{\partial b_{j-1}}{\partial \gamma} - \gamma \frac{\partial b_{j-2}}{\partial \gamma}, \qquad j = 4(1)N,$$

führt mit der Substitution

$$c_{j-2} := -\frac{\partial b_j}{\partial \gamma}, \qquad j = 2(1)N, \tag{43}$$

auf die Rekursion (42). Zur Bestimmung aller vier in (39) benötigten partiellen Ableitungen ist also lediglich ein Durchlauf von (42) erforderlich. Wegen (41) und (43) geht das Gleichungssystem (39) dann in

$$c_{N-2}h + c_{N-3}k = b_{N-1}, \qquad c_{N-1}h + c_{N-2}k = b_N, \tag{44}$$

über. Ist die Koeffizientendeterminante $D := c_{N-2}^2 - c_{N-1}c_{N-3}$ von Null verschieden, so können die Korrekturen h und k in eindeutiger Weise bestimmt werden, und man erhält neue Werte für β und γ aus

$$\beta := \beta + h, \qquad \gamma := \gamma + k. \tag{45}$$

Dieses *Bairstow-Verfahren* genannte Vorgehen ist eine Ausdehnung des Newton-Verfahrens auf das Nullstellenproblem zweier Funktionen von zwei Veränderlichen. Es konvergiert wie im eindimensionalen Fall in einer hinreichend kleinen Umgebung der Lösung mit der Konvergenzordnung 2 (vgl. (5.3.43)).

Beispiel 5.2.16. Da die Rekursion (42) ebenso aufgebaut ist wie (35), erhält man die c_j, $j = 0(1)N-1$, einfach dadurch, daß man an das *zweizeilige Horner-Schema* aus Beispiel 5.2.15 eine weitere (allerdings nur bis $N-1$ laufende) Doppelzeile anfügt

	b_0	b_1	…	b_{N-3}	b_{N-2}	b_{N-1}	b_N
$-\gamma$	—	—	…	$-c_{N-5}\gamma$	$-c_{N-4}\gamma$	$-c_{N-3}\gamma$	
$-\beta$	—	$-c_0\beta$	…	$-c_{N-4}\beta$	$-c_{N-3}\beta$	$-c_{N-2}\beta$	
	c_0	c_1	…	c_{N-3}	c_{N-2}	c_{N-1}	

Zur Illustration verbessern wir die Näherungen β und γ aus Beispiel 5.2.15 mit Hilfe des *Bairstow-Verfahrens*. Die zweite Doppelzeile liefert

	1	−5.86	8.9356	2.7922	−2.9480
$-\gamma = -0.41$	—	—	−0.4100	2.5912	
$-\beta = -0.46$	—	−0.46	2.9072	−5.2591	
	1	−6.32	11.4328	0.1243	

Als Lösung des zugehörigen 2×2-Gleichungssystems (44) erhält man $h \approx 0.1011$ und $k \approx -0.2590$ und folglich nach (45) die neuen Näherungen $\beta := 0.46 + 0.1011 = 0.5611$ und $\gamma := 0.41 - 0.2590 = 0.1510$. Damit kann das Verfahren von vorn begonnen werden. Wir beschränken uns darauf, die Ergebnisse der nächsten zwei Schritte (auf 6 Stellen gerundet) in einer Tabelle zusammenzustellen:

β	γ	$b_{N-1}(\beta, \gamma)$	$b_N(\beta, \gamma)$
0.5611	0.1510	−0.1229	0.5821
0.577061	0.202568	$-1.64 \cdot 10^{-4}$	$-4.63 \cdot 10^{-3}$
0.576828	0.202112	$-1.75 \cdot 10^{-7}$	$-3.61 \cdot 10^{-7}$

Die Koeffizienten des reduzierten Polynoms haben nach der letzten Abspaltung die Werte $b_0 = 1$, $b_1 = -5.97683$, $b_2 = 9.89549$. Damit ist das Ausgangspolynom (bis auf einen Rest von der Größenordnung 10^{-7}) in zwei Quadratfaktoren aufgespalten,

$$p_4(x) \approx (x^2 + 0.576828x + 0.202112)(x^2 - 5.97683x + 9.89549),$$

und für die vier komplexen Nullstellen ergeben sich die Näherungswerte $\xi_{1,2} = 0.288414 \pm 0.344861i$, $\xi_{3,4} = 2.98842 \pm 0.982276i$.

Abschließend stellen wir die Rechenschritte zu einem Algorithmus zusammen.

Algorithmus 5.2.17. Bairstow-Verfahren zur Bestimmung eines Quadratfaktors eines reellen Polynoms BAIR (N, $\boldsymbol{a}$, β, γ, ε, MAX)

N	Polynomgrad
$\boldsymbol{a} := (a_0, a_1, \ldots, a_N)$	Polynomkoeffizienten
β, γ	Koeffizienten des Quadratfaktors
ε	relative Genauigkeitsschranke
MAX	maximale Schrittanzahl

```
┌ l = 1(1)MAX                                          Schrittzähler
│ b1 := a0, b := a1 − β · b1                           Startwerte
│ c2 := 0, c1 := a0
│  ┌ j = 2(1)N
│  │ b2 := b1, b1 := b, c3 := c2, c2 := c1
│  │ b := aj − β · b1 − γ · b2                         doppelzeiliges Horner-Schema
│  └ c1 := b1 − β · c2 − γ · c3
│ b2 := c2 · c2 − c1 · c3                              Berechnung der Korrekturen h, k
│ falls |b2| < ε, dann drucke „Startwerte β, γ ändern", stop
│ h := (b1 · c2 − b · c3)/b2
│ k := (b · c2 − b1 · c1)/b2
│ β := β + h, γ := γ + k
└ falls |h| < ε(|β| + 10^-3) und |k| < ε(|γ| + 10^-3), dann Schritt 1
  drucke „Genauigkeit nach M Schritten nicht erreicht"
1 drucke β, γ, l
```

Das Verfahren benötigt je Schritt einen *Rechenaufwand* von $4N + 5$ wesentlichen Rechenoperationen (zum Abbruchkriterium vgl. B 5.3.7).

Sollen weitere Nullstellen berechnet werden, so kann man die Koeffizienten von $p_{N-2}(x)$ bestimmen (*Deflation*) und das Verfahren mit diesem reduzierten Polynom von vorn beginnen (vgl. B 5.2.6).

5.2.4. Simultane Aufspaltung in Quadratfaktoren

Wenn alle Nullstellen eines Polynoms gesucht sind, kann man statt des wiederholten Abspaltens eines einzigen Linear- oder Quadratfaktors auch von N genäherten Linearfaktoren (B 5.2.7) oder $N/2$ genäherten Quadratfaktoren ausgehen und sie zyklisch verbessern. Im folgenden wird vorausgesetzt, daß N gerade ist, $N = 2M$. Das ist keine wesentliche Einschränkung, denn bei ungeradem N läßt sich die Bedingung durch Hinzunahme der Nullstelle $\xi_{N+1} = 0$, also Übergang zum Polynom $p_{N+1}(x) := x \cdot p_N(x)$, erfüllen. Mit vorzugebenden Näherungen $\beta_m, \gamma_m, m = 1(1)M$, bilden wir M Quadratfaktoren

$$q_m(x) := x^2 + \beta_m x + \gamma_m, \qquad m = 1(1)M, \tag{46}$$

und daraus das Näherungspolynom

$$q_N(x) = a_0 \cdot \prod_{m=1}^{M} (x^2 + \beta_m x + \gamma_m). \tag{47}$$

Gesucht sind Korrekturen

$$r_m(x) := h_m x + k_m \tag{48}$$

für die Quadratfaktoren $q_m(x)$, also Korrekturen h_m, k_m für die Koeffizienten β_m, γ_m, so daß die korrigierten Quadratfaktoren mit denen des gegebenen Polynoms p_N übereinstimmen.

$$a_0 \cdot \prod_{m=1}^{M} \big(q_m(x) + r_m(x)\big) = p_N(x) \tag{49}$$

oder ausmultipliziert

$$q_N(x) + \sum_{j=1}^{M} a_0 r_j(x) \prod_{\substack{m=1\\ m \neq j}}^{M} q_m(x) + \cdots + a_0 \prod_{m=1}^{M} r_m(x) = p_N(x). \tag{50}$$

Vernachlässigt man in dieser Gleichung die Terme höherer Ordnung, in denen die Fehlergrößen h_m, k_m nichtlinear auftreten, und setzt für x nacheinander N verschiedene Werte x_n, $n = 1(1)N$, ein, so wird (50) zu einem linearen Gleichungssystem für die N Unbekannten $h_m, k_m, m = 1(1)M$. Besonders übersichtlich wird das System, wenn man nacheinander die Nullstellen $u_j \pm v_j$ der Quadratfaktoren (46) wählt. (Man beachte, daß v_j im Fall eines komplexen Nullstellenpaars imaginär ist.) Es bleibt dann von den $M + 1$ Summanden auf der linken Seite jeweils nur derjenige übrig, der den betreffenden Quadratfaktor nicht enthält, also

$$r_j(u_j \pm v_j) \cdot a_0 \cdot \prod_{\substack{m=1\\ m \neq j}}^{M} q_m(u_j \pm v_j) = p_N(u_j \pm v_j), \qquad j = 1(1)M. \tag{51}$$

Das $N \times N$-System zerfällt also in M untereinander nicht mehr gekoppelte Systeme vom Format 2×2. Seine Koeffizienten lassen sich rekursiv bestimmen: Die Nullstellen des aktuellen Quadratfaktors $q_j(x) := x^2 + \beta x + \gamma$ seien

$$x_{1,2}^{(j)} := u \pm v \quad \text{mit} \quad u := -\beta/2, \qquad v^2 := \beta^2/4 - \gamma, \tag{52}$$

wobei wir zur Vereinfachung der Formeln den Index j weggelassen haben. Die beiden Werte $q_m(x_{1,2}^{(j)})$ eines beliebigen anderen Quadratfaktors schreiben wir in der Gestalt

$$q_m(u \pm v) = S_m \pm v \cdot T_m, \tag{53}$$

wobei sich die Koeffizienten wegen (46) und (52) aus

$$(u \pm v)^2 + \beta_m \cdot (u \pm v) + \gamma_m = u \cdot (\beta_m - \beta) + \gamma_m - \gamma \pm v \cdot (\beta_m - \beta)$$

durch eine einzige Multiplikation berechnen lassen:

$$T_m := \beta_m - \beta, \qquad S_m := u \cdot T_m + \gamma_m - \gamma. \tag{54}$$

Für das Produkt in (51) müssen die Quadratfaktoren $q_m(u \pm v)$, $m = 1(1)M$, $m \neq j$, aufmultipliziert werden. Wir nehmen an, daß die Faktoren 1 bis $m - 1$ bereits miteinander multipliziert wurden und analog zu (53) in der Gestalt $S \pm v \cdot T$ vorliegen. Dann hat die Multiplikation mit dem m-ten Faktor die Gestalt

$$(S \pm v \cdot T)(S_m \pm v \cdot T_m) = S \cdot S_m + v^2 \cdot T \cdot T_m \pm v \cdot (S \cdot T_m + T \cdot S_m), \tag{55}$$

so daß man das neue Produkt wieder in der Form $S \pm v \cdot T$ schreiben kann. Schließlich ist noch mit der linearen Restfunktion $r_j(u \pm v)$ zu multiplizieren und die rechte Seite $p_N(u \pm v)$ mit Hilfe des *doppelzeiligen Horner-Schemas* zu berechnen:

$$(u \cdot h + k \pm v \cdot h) \cdot (S \pm v \cdot T) = u \cdot b_{N-1} + b_N^* \pm v \cdot b_{N-1}.$$

Dann ergibt sich das lineare Gleichungssystem

$$\begin{aligned} (S + u \cdot T) \cdot h + \qquad & T \cdot k = b_{N-1}, \\ -\gamma \cdot T \cdot h \qquad + (S - u \cdot T) \cdot k & = b_N^*, \end{aligned} \tag{56}$$

aus dem die Korrekturen h und k eindeutig bestimmt werden können, wenn die Determinante

$$D := S^2 - v^2 \cdot T^2 = (S + v \cdot T) \cdot (S - v \cdot T)$$

verschieden von Null ist. Das in der Gestalt $S \pm v \cdot T$ geschriebene Produkt aus (51) kann aber nur verschwinden, wenn einer der Quadratfaktoren $q_m(x)$ Nullstellen mit dem aktuellen Quadratfaktor $q_j(x)$ gemeinsam hat. Dieser Fall muß also (zumindest bei der Wahl der Startwerte β_m, γ_m) vermieden werden.

Sind keine Näherungen aus der konkreten Aufgabenstellung bekannt, so lassen sich die *komplexen Einheitswurzeln* (vgl. Abb. 6.5.1, S. 158)

$$\begin{aligned} & x_{1,2}^{(m)} := -\cos(m\pi/M) \pm \mathrm{i}\sin(m\pi/M), \qquad m = 1(1)M - 1, \\ & x_1^{(M)} := 1, \qquad x_2^{(M)} := -1 \end{aligned} \tag{57}$$

verwenden. Sie führen auf die Startnäherungen

$$\beta_m := 2 \cdot \cos(m\pi/M), \qquad \gamma_m := 1, \qquad m = 1(1)M - 1,$$

$$\beta_M := 0, \qquad \gamma_M := -1.$$

Abschließend stellen wir die Rechenschritte zu einem Algorithmus zusammen.

Algorithmus 5.2.18. Simultane Aufspaltung in Quadratfaktoren SIM (N, $\boldsymbol{a}$, $\boldsymbol{\beta}$, $\boldsymbol{\gamma}$, ε, MAX)

N	Polynomgrad (gerade)
$\boldsymbol{a} := (a_0, a_1, \ldots, a_N)$	Polynomkoeffizienten
$M := N/2$	
$\boldsymbol{\beta} := (\beta_1, \ldots, \beta_M)$, $\boldsymbol{\gamma} := (\gamma_1, \ldots, \gamma_M)$	Koeffizienten der Quadratfaktoren

ε	relative Genauigkeitsschranke
MAX	maximale Zyklenanzahl
$\varepsilon 1 := 2 \cdot \varepsilon, \quad \varepsilon 2 := \varepsilon 1$	Hilfsgrößen für Genauigkeitstests
$E1 := 0, \quad E2 := 0$	Summe aller $\|h\|$, $\|k\|$ bzw. $\|b_{N-1}\|$, $\|b_N\|$ des ersten Zyklus
$l = 1(1)\mathrm{MAX}$	Zyklenzähler
$E := 0$	Zähler für ungenaue Quadratfaktoren
$j = 1(1)M$	Zähler der Quadratfaktoren
1 $p := \beta_j, \quad q := \gamma_j$	Koeffizienten des aktuellen Quadratfaktors
$b1 := a_0, \quad b := a_1 - p \cdot b1$ $S := b1, \quad T := 0$	Startwerte für Horner-Schema und S,T-Rekursion
$i = 2(1)N - 1$ $b2 := b1, \quad b1 := b$ $b := a_i - p \cdot b1 - q \cdot b2$	zweizeiliges Horner-Schema zur Berechnung von $b_{N-1} := b$
$b1 := a_N - q \cdot b1$	und von $b_N^* := b1$
falls $l = 1$, dann $E2 := E2 + \|b\| + \|b1\|$	
falls $\|b\| + \|b1\| < \varepsilon 2$, dann Schritt 3	
$u := -p/2, \quad w := u^2 - q$	
$i = 1(1)M$	Berechnung des Produkts
2 falls $i = j$, dann Schritt 2	(vgl. (51))
$TI := \beta_i - p, \quad SI := u \cdot TI + \gamma_i - q$	
$SO := S \cdot SI + w \cdot T \cdot TI$	
$T := S \cdot TI + T \cdot SI, \quad S := SO$	
Ende der i-Schleife	
$D := S \cdot S - w \cdot T \cdot T, \quad TI := u \cdot T$	Berechnung der Korrekturen
falls $\|D\| < \varepsilon$, dann Schritt 1 (mit abgeänderten β_j, γ_j)	
$h := \big(b \cdot (S - TI) - b1 \cdot T\big)/D$	
$k := \big(b1 \cdot (S + TI) + b \cdot q \cdot T\big)/D$	
$p := p + h, \quad q := q + k$	verbesserte Koeffizienten
falls $l = 1$, dann $E1 := E1 + \|h\| + \|k\|$	
falls $\|h\| + \|k\| \geqq \varepsilon 1$, dann $E := E + 1$	
$\beta_j := p, \quad \gamma_j := q$	
falls $l = 1$, dann $\varepsilon 1 := \varepsilon \cdot E1/M, \quad \varepsilon 2 := \varepsilon \cdot E2/M$	
3 Ende der j-Schleife	
falls $E = 0$, dann Schritt 4	

drucke „Genauigkeit nach MAX Zyklen nicht erreicht, noch", E, „Quadratfaktoren sind ungenau"

4 drucke „Zyklenanzahl=", l, „Koeffizienten der Quadratfaktoren:"

$j = 1(1)M$
drucke β_j, γ_j

Für die Tests auf relative Genauigkeit werden im ersten Zyklus die Vergleichsgrößen $E1 := \sum_{j=1}^{M} (|h_j| + |k_j|)$ und $E2 := \sum_{j=1}^{M} (|b_{N-1}^{(j)}| + |b_N^{(j)}|)$ berechnet. Vom zweiten Zyklus an wird ein Quadratfaktor als hinreichend genau angesehen, sobald für ihn

$$|b_{N-1}| + |b_N^*| < \varepsilon \cdot E2/M \qquad \text{oder} \qquad |h| + |k| < \varepsilon \cdot E1/M$$

gilt. Der *Rechenaufwand* beträgt je Teilschritt $5N + 7$ wesentliche Rechenoperationen und liegt damit etwas höher als der eines *Bairstow-Schrittes*. Dafür ist der Algorithmus weniger empfindlich gegenüber ungenauen Startwerten (vgl. MAESS [3]).

Beispiel 5.2.19. Für das Polynom $p_4(x)$ aus Beispiel 5.2.15 ergibt sich zu den Startwerten $\beta_1 := 0$, $\gamma_1 := 1$, $\beta_2 := 0$, $\gamma_2 := -1$ (bei einer Genauigkeitsforderung von $\varepsilon := 10^{-5}$) nach 6 Zyklen dieselbe Aufspaltung wie in Beispiel 5.2.16 mit Hilfe des Bairstow-Verfahrens.

5.2.5. Bemerkungen

B 5.2.1. Das Rechnen mit Polynomen und die Bestimmung von Polynomwurzeln nehmen in der älteren Numerik-Literatur (vgl. DURAND [1], HEINRICH [1], STIEFEL [1], WILLERS [1], ZURMÜHL [1]) einen relativ breiten Raum ein. Wir haben auf eine ausführlichere Darstellung verzichtet, weil die für Polynome entwickelten Methoden in der Regel nicht auf die in den Anwendungen heute im Vordergrund stehenden nichtlinearen Gleichungssysteme erweitert werden können. Lediglich zwei Verfahren sollen noch kurz skizziert werden. Beide bestimmen, ausgehend von den Koeffizienten des Polynoms (1), simultan Näherungen für alle N Nullstellen.

Beim *Graeffe-Verfahren* (vgl. ZURMÜHL [1], S. 73ff.) geht man vom Polynom p_N mit den Nullstellen ξ_n, $n = 1(1)N$, durch $p_{N,1}(x^2) := p_N(ix) \cdot p_N(-ix)$ zu einem Polynom mit den Nullstellen $-\xi_n^2$ über (Ü 5.2.26). Dieses Vorgehen wird mehrfach wiederholt. Nach k Schritten gelangt man dadurch zu einem Polynom $p_{N,k}(X) := A_0X^N + A_1X^{N-1} + \cdots + A_N$ mit der Variablen $X := x^{2^k}$ und den Nullstellen $-X_n := -\xi_n^{2^k}$, $n = 1(1)N$. Sind alle ξ_n reell, betragsmäßig voneinander verschieden und nach abnehmendem Betrag geordnet, $|\xi_1| > |\xi_2| > \cdots > |\xi_N|$, so ist nach wenigen Schritten $X_1 \gg X_2 \gg \cdots \gg X_N$. Das heißt, in dem für das Polynom $p_{N,k}$ mit den Nullstellen $-X_n$ aufgeschriebenen *Vietaschen Wurzelsatz* (vgl. (2))

$$\begin{aligned} A_1 &= A_0 \cdot (X_1 + X_2 + \cdots + X_N), \\ A_2 &= A_0 \cdot (X_1X_2 + X_1X_3 + \cdots + X_{N-1}X_N), \\ A_3 &= A_0 \cdot (X_1X_2X_3 + X_1X_2X_4 + \cdots + X_{N-2}X_{N-1}X_N), \\ &\vdots \\ A_N &= A_0 \cdot X_1X_2 \cdots X_N \end{aligned}$$

überwiegen jeweils die ersten Summanden. Man erhält näherungsweise $X_1 \approx A_1/A_0$, $X_2 \approx A_2/A_1$, ..., $X_N \approx A_N/A_{N-1}$ und damit $|\xi_n| \approx \sqrt[2^k]{X_n}$, $n = 1(1)N$. Das Vorzeichen kann durch Einsetzen in das Ausgangspolynom bestimmt werden. Im Fall betragsgleicher und damit speziell auch im Fall komplexer Nullstellen ist eine Reihe von Sondermaßnahmen erforderlich, die eine Programmierung erschweren. Das Verfahren ist deshalb höchstens für die Handrechnung oder für einen im Dialog arbeitenden Kleinrechner geeignet.

Das zweite Verfahren geht auf DANIEL BERNOULLI (1700–1782) zurück, der es zur Bestimmung der betragsmäßig größten (oder kleinsten) Nullstelle(n) benutzte (vgl. HENRICI [1], S. 187ff.). Es wurde von RUTISHAUSER zum Quotienten-Differenzen-(QD-)Algorithmus weiterentwickelt (HENRICI [1], S. 206ff., vgl. auch RUTISHAUSER [2], Band 2, S. 180ff., wo das Verfahren zur Eigenwertberechnung tridiagonaler Matrizen verwendet wird). Im Polynom (1) seien alle Koeffizienten von Null verschieden. Ist diese Voraussetzung nicht erfüllt, so entwickelt man das Polynom mit Hilfe des vollständigen Horner-Schemas an einer Stelle ξ, geht also zu einem Polynom $q_N(y) := p_N(\xi + y)$ über. Dann definiert man die Startwerte $q_1 := -a_1/a_0$, $q_n := 0$, $n = 2(1)N$, $d_0 := 0$, $d_N := 0$, $d_n := a_{n+1}/a_n$, $n = 1(1)N - 1$, und berechnet mit Hilfe der sogenannten Rhombenregeln abwechselnd die „Differenzen" $q_n := d_n - d_{n-1} + q_n$, $n = 1(1)N$, und die „Quotienten" $d_n := q_{n+1} \times d_n/q_n$, $n = 1(1)N - 1$. Wenn alle d_n kleiner als eine vorzugebende Schranke geworden sind, kann das Verfahren abgebrochen werden. Die q_n sind dann Näherungen für die (in diesem Fall sämtlich reellen) Nullstellen ξ_n. Im Fall komplexer Wurzelpaare konvergieren nicht alle d_n gegen Null. Ist

d_k ein solcher Koeffizient, so ergeben sich aus den benachbarten q-Werten Näherungen für die Koeffizienten β und γ des zugehörigen Quadratfaktors: $\beta := -q_k - q_{k+1}$, $\gamma := (d_{k-1} - d_k + q_k) \times q_{k+1}$. Das Verfahren konvergiert relativ langsam. Aus diesem Grund wird es meist nur zur Beschaffung von Startwerten für das Newton- oder das Bairstow-Verfahren verwendet.

B 5.2.2. Das durch den *Einschließungssatz* gelieferte Kreisgebiet hat den Mittelpunkt Null. Das ist nur dann günstig, wenn die Nullstellen symmetrisch zum Nullpunkt liegen. Ist dies nicht der Fall, so kann man die Schranke r dadurch verbessern, daß man das arithmetische Mittel der Nullstellen zum Mittelpunkt macht. Die Summe der Nullstellen ist a priori bekannt, denn für den zweithöchsten Koeffizienten von p_N gilt nach dem Vietaschen Wurzelsatz (vgl. (2)) $a_1 = -a_0(\xi_1 + \xi_2 + \cdots + \xi_N)$. Man braucht also nur das Polynom p_N mit Hilfe des vollständigen Horner-Schemas an der Stelle $\xi := -a_1/(N \cdot a_0)$ zu entwickeln und den Einschließungssatz auf die Koeffizienten des so entstandenen Polynoms $q_N(t) := p_N(\xi + t)$ anzuwenden. Ergibt sich dabei $|t| \leqq r$, so liegen die Nullstellen des Ausgangspolynoms wegen $t := x - \xi$ in dem Kreisgebiet $\left|x + \frac{a_1}{N \cdot a_0}\right| \leqq r$ (vgl. Ü 5.2.25).

Wendet man den Einschließungssatz auf das Polynom $q_N(t) := t^N p_N\left(\frac{1}{t}\right)$ an, so ergeben sich obere Schranken für die Beträge der Nullstellen τ_n des Polynoms q_N und damit *untere Schranken* für die Beträge der Nullstellen $\xi_n = 1/\tau_n$ des Ausgangspolynoms (Ü 5.2.4, Ü 5.2.5). Dabei ist natürlich $a_N \neq 0$ vorauszusetzen, denn sonst gehört der Wert $\xi = 0$ zu den Nullstellen, und die untere Betragsschranke ist gleich Null.

Neben den im Satz 5.2.4 angegebenen Nullstellenschranken findet man in der Literatur eine große Anzahl weiterer *Lokalisierungssätze für Polynomnullstellen* (vgl. Albrecht, I. [1], Bachmann [1], Berg [1], Heinrich [2] und den Enzyklopädieartikel von Specht [1]). Schließlich verweisen wir auf Mitsui [1], der die Nullstellen durch ein (für die Bildschirmdarstellung geeignetes) *geometrisches Verfahren* lokalisiert, bei dem sogar die Vielfachheit abgelesen werden kann.

B 5.2.3. Über die *stetige Abhängigkeit der Nullstellen* ξ_k eines Polynoms p_N *von den Koeffizienten* a_n gilt folgender Satz (Ostrowski [1], S. 130): *Bezeichnet p_N das Polynom* (1) *mit den Koeffizienten a_n (mit $a_0 \cdot a_N \neq 0$) und mit den Nullstellen ξ_n, und bezeichnet $\tilde{p}_N$ ein gestörtes Polynom mit den Koeffizienten $\tilde{a}_n$, deren relative Abweichung von a_n* (vgl. (11)) *kleiner als eine Schranke $E \leqq (4N)^{-N}$ ist, so können die Nullstellen $\tilde{\xi}_n$ von $\tilde{p}_N$ so geordnet werden, daß für ihre relative Abweichung von ξ_n gilt*

$$\tilde{\xi}_n = (1 + \varepsilon_n)\,\xi_n, \qquad |\varepsilon_n| < 8 \cdot N \cdot E^{1/N}.$$

B 5.2.4. Die Berechnung eines Funktionswertes $p_N(\xi)$ mit Hilfe des *Horner-Schemas* (17) kostet N Multiplikationen. Dieser Rechenaufwand läßt sich auf nahezu die Hälfte reduzieren, wenn man das Ausgangspolynom (in dem $a_0 = 1$ vorausgesetzt wird) durch die Variablensubstitution $y := x + (a_1 - 1)/N$ auf die Gestalt $q_N(y) := y^N + y^{N-1} + b_2 y^{N-2} + \cdots + b_N$ transformiert und wiederholt Quadratfaktoren der Gestalt $y^2 - \alpha_k$ abspaltet. Die Berechnungsvorschrift hat dann die Gestalt $z := y \cdot y$, $w_n := \delta_N \cdot z + y + \alpha_n$, $n := \left[\frac{N+1}{2}\right]$, und $w_j := w_{j+1} \cdot (z - \alpha_j) + \beta_j$ für $j = n - 1(-1)1$. Dabei ist $\delta_N := 1$ im Fall gerader und $\delta_N = 0$ im Fall ungerader N. Das Vorgehen lohnt sich nur, wenn sehr viele Funktionswerte benötigt werden, denn die Bestimmung der α_j und β_j ist relativ aufwendig (vgl. Ralston [1], S. 275).

B 5.2.5. Die Berechnung von $p_N(\xi)$ und aller Ableitungen $p_N^{(k)}(\xi)/k!$ mit Hilfe des *vollständigen Horner-Schemas* (Algorithmus 5.2.10) kostet $N(N + 1)/2$ Multiplikationen. Nach einem Vorschlag von Shaw und Traub [1] kann man den Aufwand auf $O(N)$ reduzieren. Dazu schreiben wir das Polynom (1) und seine Ableitungen mit Hilfe der Abkürzungen $b_k := a_k \cdot x^{N-k}$, $k = 0(1)N$, in der Form

$$\begin{aligned}
p_N(x) &= b_0 + b_1 + \cdots + b_{N-2} + b_{N-1} + b_N,\\
x \cdot p_N'(x) &= \binom{N}{1} b_0 + \binom{N-1}{1} b_1 + \cdots + \binom{2}{1} b_{N-2} + \binom{1}{1} b_{N-1},\\
x^2 \cdot p_N''(x)/2! &= \binom{N}{2} b_0 + \binom{N-1}{2} b_1 + \cdots + \binom{2}{2} b_{N-2},\\
&\ \ \vdots\\
x^N \cdot p_N^{(N)}/N! &= \binom{N}{N} b_0 .
\end{aligned}$$

Da sich die Binomialkoeffizienten durch wiederholte Addition bilden lassen (Pascalsches Dreieck), ist das auch für die Ausdrücke $x^k \cdot p_N^{(k)}(x)/k!$ möglich. Man braucht nur für die b_n zeilenweise ein *Dreiecksschema* aufzubauen, in dem man wie im Pascalschen Dreieck jeweils zwei aufeinanderfolgende b_k addiert. Für $N = 3$ hat das Schema die Gestalt

$$
\begin{array}{llll}
b_0 & b_1 & b_2 & b_3 \\
b_0 & b_1 := b_0 + b_1 & b_2 := b_1 + b_2 & b_3 := b_2 + b_3 = p_3(x) \\
b_0 & b_1 := b_0 + b_1 & b_2 := b_1 + b_2 = x \cdot p_3'(x) & \\
b_0 & b_1 := b_0 + b_1 = x^2 \cdot p_3''(x)/2! & & \\
b_0 = x^3 \cdot p_3'''(x)/3! & & &
\end{array}
\tag{58}
$$

Es ergibt sich daraus folgender Algorithmus.

Algorithmus 5.2.20. Berechnung von Polynom- und Ableitungswerten nach SHAW, TRAUB PNST(N, $\boldsymbol{a}$, ξ)

N, ξ	Polynomgrad, Argument
$\boldsymbol{a} := (a_0, a_1, \ldots, a_N)$	Polynomkoeffizienten
$\boldsymbol{x} := (x_0, x_1, \ldots, x_N)$	Hilfsvektor ($x_k := \xi^k$)
$\boldsymbol{b} := (b_0, b_1, \ldots, b_N)$	Hilfsvektor ($b_k := a_k \cdot \xi^{N-k}$)
1 $b_N := a_N, \quad x_0 := 1$	
$\quad$ [$k = N - 1(-1)0$	Anlaufrechnung (Berechnung der x_k und der b_k)
$\quad$ $x_{N-k} := x_{N-k-1} \cdot \xi$	
$\quad$ $b_k := a_k \cdot x_{N-k}$]	
2 [$j = N(-1)1$	Pascalsches Dreieck
$\quad\quad$ [$k = 1(1)j$	
$\quad\quad$ $b_k := b_{k-1} + b_k$]]	
3 $b_0 := a_0$	
$\quad$ [$k = 1(1)N - 1$	Schlußrechnung (Division der b_k durch ξ^{N-k})
$\quad$ $b_k := b_k/x_{N-k}$]	

Nach Ablauf des Algorithmus stehen die Werte $p_N(\xi)$, $p_N'(\xi)$, $p_N''(\xi)/2!$, ..., $p_N^{(N)}(\xi)/N!$ auf den Plätzen von $b_N, b_{N-1}, b_{N-2}, \ldots, b_0$. Den Vektor $\boldsymbol{b}$ kann man einsparen, indem man die b_k auf den Plätzen der a_k berechnet. Für einen Preis von $N - 1$ zusätzlichen Multiplikationen bei der Schlußrechnung kann man auch auf die x_n verzichten. In der vorliegenden Form benötigt der Algorithmus einen *Rechenaufwand* von $2N$ Multiplikationen und $N - 1$ Divisionen, kostet also etwa ebensoviel wie drei Horner-Zeilen in Tab. 5.2.1. Die Anlaufrechnung mit ihren $2N$ Multiplikationen ist auch erforderlich, wenn nur einige Ableitungswerte $p_N^{(0)}(\xi), \ldots, p_N^{(k)}(\xi)$, $k < N$, berechnet werden sollen. Der Algorithmus 5.2.20 ist dem vollständigen Horner-Schema (Algorithmus 5.2.10) also nur überlegen, wenn die Ableitungen mindestens bis zur Ordnung 3 benötigt werden.

B 5.2.6. Das wiederholte Abspalten von näherungsweise bestimmten Nullstellen (Deflation), $p_N(x) = (x - \xi_1)\, p_{N-1}(x)$, $p_{N-1}(x) = (x - \xi_2)\, p_{N-2}(x), \ldots$, führt zu ständig ungenauer werdenden reduzierten Polynomen (vgl. Beispiel 5.2.14). Will man diesen Genauigkeitsverlust vermeiden, so kann man statt der expliziten Berechnung von $p_{N-k}(x)$ nach einem Vorschlag von MAEHLY mit $p_{N-k}(x) := p_N(x)/P(x)$, $P(x) := \prod_{j=1}^{k} (x - \xi_j)$, weiterrechnen. Soll das Newton-Verfahren verwendet werden, so benötigt man noch $p_{N-k}'(x) = p_N'(x)/P(x) - (p_N(x)/P(x)) \cdot \sum_{j=1}^{k} (x - \xi_j)^{-1}$. In der Newton-Vorschrift hebt sich $P(x)$ heraus, und man erhält

$$
x_{n+1} = x_n - \frac{p_N(x_n)}{p_N'(x_n) - p_N(x_n) \cdot \sum_{j=1}^{k} (x_n - \xi_j)^{-1}}. \tag{59}
$$

Man kann zeigen, daß die Folge der Näherungen x_n (lokal) quadratisch konvergiert, auch wenn die ξ_j keine Nullstellen von p_N sind (STOER [1], S. 251).

B 5.2.7. Die Idee, Polynome in Linearfaktoren aufzuspalten, indem man das Newton-Verfahren auf das in den Nullstellen nichtlineare Gleichungssystem des Vietaschen Wurzelsatzes anwendet, geht auf WEIERSTRASS (1815–1897) zurück. Dieses mehrfach wiederentdeckte Verfahren (vgl. KERNER [1]) kann, wie in Abschnitt 5.2.4. beschrieben, auch zur Aufspaltung in Quadratfaktoren verwendet werden (vgl. FILIPPI [1], MAESS [3], WOŹNIAKOWSKI [1]). Da es sich dabei um Varianten des Newton-Verfahrens handelt, ist die Konvergenz in einer hinreichend kleinen Umgebung des Nullstellenvektors $(\xi_1, \xi_2, \ldots, \xi_N)$ quadratisch (vgl. (5.3.43)). Zur simultanen Berechnung von mehrfachen Polynomnullstellen vgl. PETKOVIĆ, MILANOVIĆ, STEFANOVIĆ [1].

B 5.2.8. Für eine ausführlichere Diskussion der *Kondition des Nullstellenproblems* für Polynome verweisen wir auf WILKINSON ([1], S. 49f.). Dort wird insbesondere gezeigt, daß nicht der Abstand, sondern der Quotient benachbarter Nullstellen entscheidend für die Kondition ist (ein Quotient in der Nähe von Eins ist ungünstig). Man kann diesen Sachverhalt durch einen Vergleich der Kondition der Wilkinson-Polynome vom Typ 1 und vom Typ 2 bestätigen (Tab. 5.2.2 und Tab. 5.2.3).

B 5.2.9. Beispiele zum *Testen von Nullstellenalgorithmen für Polynome* findet man u. a. bei WILKINSON [1], JENKINS, TRAUB [1], IGARASHI [1], RICE [2] (vgl. auch Tab. 5.1.2, Ü 5.2.19 und Ü 5.2.20). In den Tabellen 5.2.2 und 5.2.3 sind einige der *Wilkinson-Polynome* vom Typ 1 und 2,

$$p_N(x) := \prod_{k=1}^{N} (x - k), \quad p_N(x) := \prod_{k=1}^{N} (x - a^{k-1}), \quad a \neq 0 \tag{60}$$

zusammengestellt. Geeignet sind auch die *Kreisteilungspolynome*

$$p_N(x) := x^N - 1 \tag{61}$$

mit den *komplexen Einheitswurzeln* (57) als Nullstellen. Tabelle 5.2.4 enthält einige Testbeispiele aus IGARASHI [1]. In dieser Arbeit findet man auch Vorschläge für Abbruchkriterien für den Fall, daß die Nullstellen mit der höchstmöglichen Genauigkeit bestimmt werden sollen. Schließlich verweisen wir auf die *orthogonalen Polynome* aus Tab. 6.4.1 (S. 146) mit den in Tab. 7.3.1 (S. 223) angegebenen Nullstellen. Weitere Testbeispiele erhält man, wenn man die Reihenfolge der Koeffizienten umkehrt, also durch $t := 1/x$ zu den Polynomen

$$q_N(t) := t^N \cdot p_N(1/t) = \sum_{n=0}^{N} a_n t^n \tag{62}$$

übergeht. Das ist insbesondere zu empfehlen, wenn sich Nullstellen in der Nähe des Koordinatenursprungs häufen und der verwendete Algorithmus bei mehrfachen (oder dicht benachbarten) Nullstellen nur langsam konvergiert.

Tab. 5.2.2. Koeffizienten und Nullstellen einiger Wilkinson-Polynome vom Typ 1 (arithmetische Nullstellenverteilung)

N	x^7	x^6	x^5	x^4	x^3	x^2	x^1	x^0	Nullstellen
3					1	−6	11	−6	
4				1	−10	35	−50	24	
5			1	−15	85	−225	274	−120	$\xi_n = n$,
6		1	−21	175	−735	1624	−1764	720	$n = 1(1)N$
7	1	−28	322	−1960	6769	−13132	13068	−5040	

Tab. 5.2.3. Koeffizienten und Nullstellen einiger Wilkinson-Polynome vom Typ 2 (geometrische Nullstellenverteilung, $a := 2$)

N	x^7	x^6	x^5	x^4	x^3	x^2	x^1	x^0	Nullstellen
3					1	−7	14	−8	
4				1	−15	70	−120	64	
5			1	−31	310	−1240	1984	−1024	$\xi_n = 2^{n-1}$,
6		1	−63	1302	−11160	41664	−64512	32768	$n = 1(1)N$
7	1	−127	5334	−94488	755904	−2731008	4161536	−2097152	

Tab. 5.2.4. Koeffizienten und Nullstellen einiger Testpolynome

N	x^N	x^{N-1}			…				x^1	x^0	Nullstellen und Quadratfaktoren
3	1	−37.5							468.75	−1953.125	$\xi_1 = \xi_2 = \xi_3 = 12.5$
4	1	−4.86	8.85701						−7.173846	2.1788712	$\xi_n = 1.2 + (n-1)/100$
7	1	−8.61	31.7695	−65.121735	80.08914424	−59.0953690404			24.2237621	−4.2553354536	$n = 1(1)N$
7	1	−3.5	5	−2	4.5	−15			17	−12	$\xi_1 = 1.5$, $\xi^2 + 2\xi + 2$, $\xi^2 - \xi + 1$, $\xi^2 - 3\xi + 4$
8	1	−64	2116	−44224	637126	−6412480	44488900		−195112000	442050625	$(\xi^2 - 16\xi + 145)^4$
8	1	0	−170	0	7392	0	0		−39712	51200	$\xi_{1,2} = \pm\sqrt{2}$, $\xi_{3,4} = \pm 2$, $\xi_{5,6} = \pm 8$, $\xi_{7,8} = \pm 10$
10	1	−6	17	−24	8	32	−56	32	16	−32	16	$\xi_{1,2} = 1$, $(\xi^2 - 2\xi + 2)^4$

5.2.6. Übungsaufgaben

Ü 5.2.1. Man beweise durch vollständige Induktion, daß sich jedes Polynom p_N (mit $a_0 = 1$) als charakteristisches Polynom der zugehörigen Begleitmatrix (6) darstellen läßt.

Ü 5.2.2. Man beweise: Alle Nullstellen des Polynoms (1) genügen den Ungleichungen $|\xi_n| \leqq r_k$, $k = 3, 4, 5$ (vgl. Satz 5.2.4).

Ü 5.2.3. Mit Hilfe von Satz 5.2.4 bestimme man obere Schranken für die Beträge der Nullstellen des Polynoms $p_4(x) := x^4 - 3x^3 - 8x^2 - 17x - 4$.

Ü 5.2.4. Durch Übergang zum Polynom $q_N(t) := t^N p_N(1/t)$ bestimme man mit Hilfe von Satz 5.2.4 untere Schranken für die Beträge der Nullstellen von $p_N(x)$. Dabei ist $a_N \neq 0$ vorauszusetzen.

Ü 5.2.5. Mit Hilfe von Ü 5.2.4 bestimme man untere Schranken für die Polynome aus Ü 5.2.3 und Beispiel 5.2.5.

Ü 5.2.6. Man schreibe ein Unterprogramm für die Funktionswertberechnung von Polynomen (*Horner-Schema* (17)). H i n w e i s. Statt des Vektors der Komponenten b_n kann man mit einer skalaren Größe b auskommen.

Ü 5.2.7. Mit Hilfe des Horner-Schemas (Ü 5.2.6) berechne man eine Wertetabelle für das *Laguerresche Polynom* $L_4(x)$, $x = -1(0.1)10$, stelle den Kurvenverlauf graphisch dar und bestimme Näherungswerte für die Nullstellen und Extrema des Polynoms.

Ü 5.2.8. Man verbessere die Nullstellennäherungen aus Ü 5.2.7 mit Hilfe des Regula-falsi-Algorithmus aus Ü 5.1.6 und gebe A-posteriori-Fehlerabschätzungen (vgl. Ü 5.1.11) für die Ergebnisse an.

Ü 5.2.9. Man bestätige (19) durch Einsetzen von (18) und Koeffizientenvergleich mit (1).

Ü 5.2.10. Man schreibe ein Programm zur Nullstellenbestimmung von Polynomen mit Hilfe des Newton-Verfahrens (vgl. (17), (20) und (21)).

Ü 5.2.11. Man beweise (29) durch vollständige Induktion.

Ü 5.2.12. Man zeige: Die Rekursionsvorschriften (29), (30) und (31) können auf unsymmetrische Tridiagonalmatrizen ausgedehnt werden, indem man d_{n-1}^2 durch $d_{n-1}f_{n-1}$ ersetzt (also vor Aufruf des Algorithmus 5.2.12 $g_n := d_n f_n$, $n = 1(1)N - 1$, berechnet). Dabei bezeichnen $f_1, f_2, \ldots, f_{N-1}$ die Elemente der unteren Kodiagonale.

Ü 5.2.13. Man beweise: Das *Laguerre-Verfahren* (32) hat im Fall einfacher Nullstellen die Konvergenzordnung 3.

Ü 5.2.14. Man beweise: Das *Laguerre-Verfahren* ist global konvergent (vgl. DURAND [1], S. 70ff. und S. 266ff.).

Ü 5.2.15. Man schreibe einen Algorithmus zur Bestimmung von Polynomnullstellen mit Hilfe des Laguerre-Verfahrens (32).

Ü 5.2.16. Mit Hilfe des Laguerre-Algorithmus aus Ü 5.2.15 bestimme man alle Nullstellen der *Legendre-Polynome* $P_n(x)$, der *Laguerre-Polynome* $L_n(x)$ und der *Hermite-Polynome* $H_n(x)$ für $n = 3(1)10$ (vgl. Tab. 6.4.1 und Tab. 7.3.1).

Ü 5.2.17. Mit Hilfe des Laguerre-Algorithmus aus Ü 5.2.15 bestimme man alle Eigenwerte der tridiagonalen Matrix $\hat{\boldsymbol{A}} := \boldsymbol{D}\hat{\boldsymbol{B}}\boldsymbol{D}$ aus Beispiel 4.3.7.

Ü 5.2.18. Man programmiere das *Bairstow-Verfahren* (Algorithmus 5.2.17).

Ü 5.2.19. Mit Hilfe des Bairstow-Algorithmus aus Ü 5.2.18 bestimme man alle Nullstellen der Polynome

$$p_5(x) := (x-1)^2\,(x+2)\,(x^2+2) = x^5 - x^3 + 2x^2 - 6x + 4, \qquad p_{20}(x) := x^{20} - 1,$$

$$p_{10}(x) := (x-0.1)^4\,(x-0.2)^3\,(x-0.3)^2\,(x-0.4) = x^{10} - 2x^9 + 1.75x^8 - 0.882x^7 + 0.2835x^6$$
$$- 0.06072x^5 + 8.777\cdot 10^{-3}x^4 - 8.458\cdot 10^{-4}x^3 + 5.204\cdot 10^{-5}x^2 - 1.848\cdot 10^{-6} + 2.88\cdot 10^{-8}.$$

Ü 5.2.20. Mit Hilfe des Bairstow-Algorithmus aus Ü 5.2.18 bestimme man alle Nullstellen der *Taylor-Polynome* $p_N(x) := \sum_{n=0}^{N} (Nx)^n/n!$, $N = 3(1)10$.

Ü 5.2.21. Man bestimme die *Kondition der* in Tab. 5.2.2 und Tab. 5.2.3 angegebenen und der in Ü 5.2.16, Ü 5.2.19 und Ü 5.2.20 berechneten *Nullstellen.*

Ü 5.2.22. Man stelle ein *dreizeiliges Horner-Schema* zur Abspaltung eines kubischen Faktors $x^3 + \beta x^2 + \gamma x + \delta$ auf.

Ü 5.2.23. Man programmiere den Algorithmus 5.2.18.

Ü 5.2.24. Mit Hilfe des Algorithmus 5.2.18 bestimme man die Nullstellen der Polynome aus Ü 5.2.16, Ü 5.2.19 und Ü 5.2.20. Man vergleiche den Rechenaufwand mit dem des *Laguerre- und des Bairstow-Verfahrens* (bei gleichen Genauigkeitsanforderungen).

Ü 5.2.25. Man verbessere die Nullstellenschranken aus Beispiel 5.2.5 und Ü 5.2.3 durch Entwicklung der Polynome an der Stelle $\xi := -a_1/(N\cdot a_0)$ und anschließende Anwendung des *Einschließungssatzes.*

Ü 5.2.26. Man berechne die Koeffizienten des Polynoms $p_{N,1}(x^2) := p_N(i\cdot x)\cdot p_N(-i\cdot x)$.

Ü 5.2.27. Man berechne die Nullstellen des *Laguerre-Polynoms* $L_4(x)$ mit Hilfe des *Graeffe-Verfahrens* (vgl. B 5.2.1).

Ü 5.2.28. Man bestimme eine Nullstelle des Polynoms $p_3(x) = x^3 - 111x^2 + 1110x - 1000$ mit Hilfe des *Newton-Verfahrens* und die restlichen durch Abspaltung des Linearfaktors und Lösen der verbleibenden quadratischen Gleichung (*Deflation*). Man starte mit den Intervallen $[a, b] := [-1, 1]$, $[5, 15]$, $[95, 105]$. Bei welchem Startintervall erhält man die genauesten Wurzeln des reduzierten Polynoms?

5.3. Systeme

Im Nullstellenproblem (5.1.11) sei $\boldsymbol{f}$ jetzt eine vektorwertige Funktion von N reellen Veränderlichen, also eine Abbildung der Gestalt

$$\boldsymbol{f}: \mathbb{D}_f \to \mathbb{R}^N, \qquad \mathbb{D} \subset \mathbb{R}^N. \tag{1}$$

Die Aufgabe wird damit zu einem (im allgemeinen nichtlinearen) System von N Gleichungen mit N Unbekannten (vgl. B 5.3.2).

$$\begin{aligned} f_1(x_1, x_2, \ldots, x_N) &= 0,\\ f_2(x_1, x_2, \ldots, x_N) &= 0,\\ &\vdots\\ f_N(x_1, x_2, \ldots, x_N) &= 0. \end{aligned} \tag{2}$$

Beispiel 5.3.1. Einen einfachen Spezialfall ($N = 2$) haben wir bereits in Beispiel 5.1.3 kennengelernt. Das System (5.1.8) ließ sich durch Elimination von einer der beiden Variablen auf eine Gleichung mit einer Unbekannten reduzieren. Dieses von linearen Gleichungssystemen bekannte Vorgehen führt im nichtlinearen Fall nur in Ausnahmefällen zum Ziel, denn implizit definierte Funktionen können nur unter einschränkenden Zusatzvoraussetzungen eindeutig nach einem ihrer Argumente aufgelöst werden. Wenn jedoch einige der Funktionen f_k aus (2) eine Auflösung gestatten, läßt sich das *Eliminationsverfahren* zumindest benutzen, um die Dimension des Ausgangsproblems zu erniedrigen und damit den Rechenaufwand zu verringern.

5.3.1. Gesamt- und Einzelschrittverfahren

Um iterativ arbeiten zu können, muß (2) durch *konsistente* (*äquivalente*) *Umformungen* auf die *Fixpunktgestalt* (5.1.14) gebracht werden, wobei $\boldsymbol{g} : \mathbb{D}_g \to \mathbb{D}_g \subset \mathbb{R}^N$ jetzt ebenfalls eine vektorwertige Funktion bezeichnet. Die Iterationsvorschrift (5.1.15) hat dann in Komponentenschreibweise die Gestalt

$$\begin{aligned} x_1^{(k+1)} &:= g_1(x_1^{(k)}, x_2^{(k)}, \ldots, x_N^{(k)}), \\ x_2^{(k+1)} &:= g_2(x_1^{(k)}, x_2^{(k)}, \ldots, x_N^{(k)}), \\ &\vdots \\ x_N^{(k+1)} &:= g_N(x_1^{(k)}, x_2^{(k)}, \ldots, x_N^{(k)}). \end{aligned} \tag{3}$$

Sie wird in Analogie zum linearen Fall (vgl. Abschnitt 2.7.1.) *Gesamtschrittverfahren* (*Jacobi-Iteration*) genannt. Im Gegensatz zu (5.1.15) haben wir den Schrittzähler k hier als oberen Index geschrieben, um Verwechslungen mit der Komponentennumerierung zu vermeiden. Beim Programmieren wird er ohnehin nicht benötigt, man vereinbart lediglich zwei Felder $\boldsymbol{x} := \boldsymbol{x}^{(k)}$ und $\boldsymbol{t} := \boldsymbol{x}^{(k+1)}$ und überspeichert den alten Vektor, sobald der neue vollständig berechnet ist:

$$\left[\begin{aligned} j &= 1(1)N \\ t_j &:= g_j(x_1, x_2, \ldots, x_N) \end{aligned}\right. \qquad \left[\begin{aligned} j &= 1(1)N \\ x_j &:= t_j \end{aligned}\right. \tag{3'}$$

Hinreichende Konvergenzbedingungen liefert der *Kontraktionssatz* (Satz 5.1.9). Um ihn anwenden zu können, muß eine *Lipschitz-Konstante* L bestimmt werden. Näherungsweise kann das sehr einfach während des Ablaufs der Iteration geschehen. Setzt man nämlich in (5.1.25) $t := \boldsymbol{x}^{(k-2)}$, $x := \boldsymbol{x}^{(k-1)}$, $g(t) := \boldsymbol{g}(\boldsymbol{x}^{k-2}) = \boldsymbol{x}^{(k-1)}$ und $g(x) := \boldsymbol{g}(\boldsymbol{x}^{(k-1)}) = \boldsymbol{x}^{(k)}$, so ergibt sich

$$L_k := \|\boldsymbol{x}^{(k)} - \boldsymbol{x}^{(k-1)}\| / \|\boldsymbol{x}^{(k-1)} - \boldsymbol{x}^{(k-2)}\| \leq L. \tag{4}$$

Die so definierten Quotienten L_k der Abstände aufeinanderfolgender Näherungen sind untere Schranken für die Lipschitz-Konstante L (vgl. B 5.3.5). Verwendet man sie in der A-posteriori-Abschätzung (5.1.29) anstelle von L, so erhält man statt einer Abschätzung nur eine (für praktische Zwecke aber oft ausreichende) Schätzung der Fehlergrößenordnung. Für den relativen Fehler ergibt sich

$$\frac{\|\delta^{(k)}\|}{\|\boldsymbol{x}^{(k)}\|} := \frac{\|\boldsymbol{x}^{(k)} - \boldsymbol{x}^*\|}{\|\boldsymbol{x}^{(k)}\|} \approx \frac{L_k}{1 - L_k} \frac{\|\boldsymbol{x}^{(k)} - \boldsymbol{x}^{(k-1)}\|}{\|\boldsymbol{x}^{(k)}\|}. \tag{5}$$

Aufwendiger (aber dafür mathematisch korrekt) läßt sich eine obere Schranke für L bestimmen, wenn alle Funktionen g_j den Voraussetzungen des folgenden Satzes genügen.

Satz 5.3.2 (Mittelwertsatz für Funktionen mehrerer Veränderlicher). *Ist g_j in einer Kugel $\mathbb{K}$ stetig und im Inneren der Kugel nach allen Variablen stetig partiell differenzierbar, so gilt für alle Vektoren $\boldsymbol{y}$ aus $\mathbb{K}$*

$$g_j(\boldsymbol{y}) - g_j(\boldsymbol{x}) = \sum_{n=1}^{N} (y_n - x_n) \frac{\partial g_j(\boldsymbol{x} + \vartheta_j(\boldsymbol{y} - \boldsymbol{x}))}{\partial x_n}, \quad 0 < \vartheta_j < 1. \tag{6}$$

Beweis. Durch $\varphi(t) := g_j(\boldsymbol{x} + t(\boldsymbol{y} - \boldsymbol{x})) = g_j(x_1 + t(y_1 - x_1), \ldots, x_N + t(y_N - x_N))$ definieren wir eine reellwertige Funktion einer reellen Veränderlichen t. Sie ist unter den angegebenen Voraussetzungen in $[0, 1]$ stetig und in $(0, 1)$ nach t stetig differenzierbar. Also gilt für φ der Mittelwertsatz der Differentialrechnung (für Funktionen einer Veränderlichen), das heißt, es existiert eine Zahl ϑ_j aus $(0, 1)$ mit $\varphi(1) - \varphi(0) = \varphi'(\vartheta_j)$. Schreibt man nun statt $\varphi(t)$ wieder $g_j(\boldsymbol{x} + t(\boldsymbol{y} - \boldsymbol{x}))$, so ergibt sich die Behauptung (6). ∎

Genügen alle N Komponenten g_j dem Mittelwertsatz, so existieren N Zahlen ϑ_j, die aber im allgemeinen voneinander verschieden sind (vgl. Ü 5.3.1 und B 5.3.4). Man muß sich damit begnügen, eine einheitliche Betragsabschätzung für die partiellen Ableitungen zu finden. Dazu setzen wir voraus, daß sich die Elemente der Funktionalmatrix (engl. *Jacobian*)

$$\boldsymbol{g}'(\boldsymbol{x}) := \left(\frac{\partial g_j(\boldsymbol{x})}{\partial x_n}\right)_{\substack{j=1(1)N\\ n=1(1)N}} \tag{7}$$

für alle $\boldsymbol{y}$ aus $\mathbb{K}$ durch Betragsschranken m_{jn} abschätzen lassen,

$$\left|\frac{\partial g_j(\boldsymbol{y})}{\partial x_n}\right| \leqq m_{jn}, \qquad \boldsymbol{y} \in \mathbb{K}. \tag{8}$$

Damit folgt aus (6)

$$|g_j(y) - g_j(x)| \leqq \sum_{n=1}^{N} m_{jn}\,|y_n - x_n|, \qquad j = 1(1)N, \tag{9}$$

oder, wenn wir die Ungleichungen zu einer Vektorungleichung zusammenfassen und zu Normen übergehen,

$$\|\boldsymbol{g}(\boldsymbol{y}) - \boldsymbol{g}(\boldsymbol{x})\| \leqq \|\boldsymbol{M}\| \cdot \|\boldsymbol{y} - \boldsymbol{x}\| =: L \cdot \|\boldsymbol{y} - \boldsymbol{x}\|. \tag{10}$$

Jede obere Schranke L für eine Norm der Schrankenmatrix $\boldsymbol{M}$ eignet sich also als *Lipschitz-Konstante* für die Funktion $\boldsymbol{g}$.

Beispiel 5.3.3. Zur Lösung des Gleichungssystems

$$f_1(x_1, x_2) := 4x_1 - \sin(x_1 + x_2), \qquad f_2(x_1, x_2) := \cos(x_1 - x_2) - 3x_2$$

bietet sich die Iterationsvorschrift

$$\begin{aligned} x_1^{(k+1)} &:= g_1(x_1^{(k)}, x_2^{(k)}) := \frac{1}{4}\sin(x_1^{(k)} + x_2^{(k)}),\\ x_2^{(k+1)} &:= g_2(x_1^{(k)}, x_2^{(k)}) := \frac{1}{3}\cos(x_1^{(k)} - x_2^{(k)}) \end{aligned} \tag{11}$$

an. Die Funktionalmatrix $\boldsymbol{g}'$ und die zugehörige (in diesem Fall für die gesamte (x_1, x_2)-Ebene gültige) Matrix der Betragsschranken haben die Gestalt

$$\boldsymbol{g}'(x) := \begin{pmatrix} \frac{1}{4}\cos(x_1 + x_2) & \frac{1}{4}\cos(x_1 + x_2)\\ \frac{1}{3}\sin(x_1 - x_2) & \frac{1}{3}\sin(x_1 - x_2) \end{pmatrix}, \qquad \boldsymbol{M} := \begin{pmatrix} 1/4 & 1/4\\ 1/3 & 1/3 \end{pmatrix}.$$

Als Lipschitz-Konstante kann man wegen $\|M\|_\infty = 2/3 < 0.67$ zum Beispiel $L = 0.67$ verwenden. Da $L < 1$ ist, konvergiert das *Gesamtschrittverfahren* (11) für jeden beliebigen Startvektor $\boldsymbol{x}^{(0)}$ aus $\mathbb{R}^2$. Wir wählen $\boldsymbol{x}^{(0)} := (0.25, 0.33)^{\mathrm{T}}$ und geben die ersten Näherungen an (Ergebnisse einer zehnstelligen Rechnung, auf 4 bzw. 6 Stellen gerundet):

k	0	1	2	3	4	5	6
$x_1^{(k)}$	0.25	0.1370	0.1131	0.1065	0.104725	0.104236	0.104102
$x_2^{(k)}$	0.33	0.3323	0.3270	0.3257	0.325355	0.325253	0.325225

Die zur verwendeten Matrixnorm gehörende Vektornorm ist die Maximumnorm $\|\cdot\|_\infty$. Für sie ergibt sich aus der *A-priori-Abschätzung* (5.1.28)

$$\|\delta^{6)}\|_1 = \frac{0.67^6}{1 - 0.67} \|x^{(1)} - x^{(0)}\|_\infty \approx 0.275 \cdot 0.113 \leqq 0.031 .$$

Die *A-posteriori-Abschätzung* (5.1.29) liefert für $x^{(5)}$ die Fehlereinschließung $0.000081 \leqq \frac{1}{1+L} \|x^{(6)} - x^{(5)}\|_\infty \leqq \|\delta^{(5)}\|_\infty \leqq \frac{1}{1-L} \|x^{(6)} - x^{(5)}\|_\infty \leqq 0.00041$ und für $\delta^{(6)}$ die Abschätzung $\|\delta^{(6)}\|_\infty \leqq 0.00028$. Die *Fehlerschätzung* (5) kostet den geringsten Aufwand und kommt (bei diesem Beispiel) der Realität am nächsten. Aus den letzten drei Näherungsvektoren erhält man mit Hilfe von (4) die Schätzung $L_6 = 0.274$ und damit für den absoluten Fehler nach (5.1.29) $\|\delta^{(6)}\|_\infty \approx 0.000051$ und für den relativen Fehler nach (5) $\|\delta^{(6)}\|_1/\|x^{(6)}\|_\infty \approx 0.00016$. Die (auf 6 Stellen gerundete) exakte Lösung ist $x_1^* = 0.104054$, $x_2^* = 0.325215$.

Bezieht man neu berechnete Komponenten $x_n^{(k+1)}$ sofort in die Rechnung ein, so wird (3) zum *Einzelschrittverfahren* (*nichtlinearen Gauß-Seidel-Verfahren*)

$$\begin{aligned} x_1^{(k+1)} &:= g_1(x_1^{(k)}, \quad x_2^{(k)}, \ldots, x_{N-1}^{(k)}, x_N^{(k)}), \\ x_2^{(k+1)} &:= g_2(x_1^{(k+1)}, x_2^{(k)}, \ldots, x_{N-1}^{(k)}, x_N^{(k)}), \\ &\vdots \\ x_N^{(k+1)} &:= g_N(x_1^{(k+1)}, x_2^{(k+1)}, \ldots, x_{N-1}^{(k+1)}, x_N^{(k)}). \end{aligned} \tag{12}$$

Beim Programmieren kann man auf den oberen Index verzichten, braucht also für den Näherungsvektor nur **ein** Feld zu vereinbaren.

Algorithmus 5.3.4. Einzelschrittverfahren für nichtlineare Gleichungssysteme ESV (N, $\boldsymbol{g}$, $\boldsymbol{x}$, ε, MAX)

N	Anzahl der Gleichungen
$g_j(x_1, x_2, \ldots, x_N)$, $j = 1(1)N$,	Komponenten der Iterationsfunktion $\boldsymbol{g}$ (müssen als Unterprogramme vorliegen)
$\boldsymbol{x} := (x_1, x_2, \ldots, x_N)$	Näherungsvektor
ε	relative Genauigkeitsschranke
MAX	maximale Schrittanzahl
da, *dn*	alter und neuer Abstand
norm	Betragssummennorm von $\boldsymbol{x}^{(k)}$
LK	Schätzung (4) für die Lipschitzkonstante
epsy := 100 · eps	Hilfsgröße für Abbruchtest

	$da := 0, \quad LK := 0.5$	Startwerte
	$k = 1(1)\mathrm{MAX}$	Schrittzähler
	$\mathrm{norm} := 0, \quad dn := 0$	
1	$j = 1(1)N$	Berechnung der neuen Näherung
	$xx := g_j(x_1, x_2, \ldots, x_N)$	neue Komponente
	$\mathrm{norm} := \mathrm{norm} + \lvert xx\rvert$	Normberechnung
	$dn := dn + \lvert xx - x_j\rvert$	Abstandsberechnung
	$x_j := xx$	
2		Abbruchtests
	falls $da > dn$, dann $LK := dn/da$	Schätzung für Lipschitz-Konstante
	$ex := \dfrac{LK}{1 - LK} \dfrac{dn}{\mathrm{norm} + 10^{-3}}$	Schätzung für relativen Fehler
	falls $ex <$ epsy und $dn > da$, dann Schritt 3	(Grenzgenauigkeit erreicht)
	falls $ex < \varepsilon$, dann Schritt 4	(geforderte Genauigkeit erreicht)
	$da := dn$	
	drucke „geforderte Genauigkeit nicht erreicht“, dann Schritt 4	
3	drucke „Abbruch wegen erreichter Grenzgenauigkeit“	
4	drucke „Schrittanzahl“, k, „Lipschitz-Konstante“, LK, „relativer Fehler“, ex, „Lösungsvektor“, $\boldsymbol{x}$	

Der Algorithmus bricht ab, wenn der mit Hilfe von (5) geschätzte relative Fehler $ex := \dfrac{LK}{1 - LK} \lVert x^{(k)} - x^{(k-1)}\rVert / \lVert x^{(k)}\rVert$ kleiner als ein vorgegebenes ε geworden ist. Wenn $dn := \lVert x^{(k)} - x^{(k-1)}\rVert \geqq da := \lVert x^{(k-1)} - x^{(k-2)}\rVert$ ausfällt, liefert (4) keine sinnvolle Schätzung LK für die Lipschitz-Konstante L. In diesem Fall wird mit dem LK aus dem vorangegangenen Schritt bzw. mit dem Startwert $LK := 0.5$ weitergerechnet. Ein zusätzlicher Abbruch des Verfahrens ist vorgesehen, wenn die Testgröße ex kleiner als $100 \cdot \mathrm{eps}$ (relative Maschinengenauigkeit, vgl. (1.3.19)) geworden und folglich in den Bereich der Rundungsfehler geraten ist (vgl. auch B 5.3.7). Der *Rechenaufwand* besteht im wesentlichen aus N Funktionsberechnungen je Schritt.

Auch für das Einzelschrittverfahren kann unter Verwendung des Mittelwertsatzes eine Lipschitz-Konstante bestimmt werden. Dazu führen wir (12) mit Hilfe der Funktionen h_j, $j = 1(1)N$,

$$\begin{aligned} x_1^{(k+1)} &= g_1(x_1^{(k)}, x_2^{(k)}, \ldots, x_{N-1}^{(k)}, x_N^{(k)}) =: h_1(\boldsymbol{x}^{(k)}), \\ x_2^{(k+1)} &= g_2\big(h_1(\boldsymbol{x}^{(k)}), x_2^{(k)}, \ldots, x_{N-1}^{(k)}, x_N^{(k)}\big) =: h_2(\boldsymbol{x}^{(k)}), \\ &\vdots \\ x_N^{(k+1)} &= g_N\big(h_1(\boldsymbol{x}^{(k)}), h_2(\boldsymbol{x}^{(k)}), \ldots, h_{N-1}(\boldsymbol{x}^{(k)}), x_N^{(k)}\big) =: h_N(\boldsymbol{x}^{(k)}), \end{aligned} \tag{13}$$

auf ein Gesamtschrittverfahren $\boldsymbol{x}^{(k+1)} = \boldsymbol{h}(\boldsymbol{x}^{(k)})$ zurück. Die für die h_j aufgeschriebenen Ungleichungen (9) haben dann die Gestalt

$$\begin{aligned} \lvert h_1(\boldsymbol{y}) - h_1(\boldsymbol{x})\rvert &\leqq m_{11} \cdot \lvert y_1 - x_1\rvert + \cdots + m_{1N} \cdot \lvert y_N - x_N\rvert, \\ \lvert h_2(\boldsymbol{y}) - h_2(\boldsymbol{x})\rvert &\leqq m_{21} \cdot \lvert h_1(\boldsymbol{y}) - h_1(\boldsymbol{x})\rvert + m_{22} \cdot \lvert y_2 - x_2\rvert + \cdots + m_{2N} \cdot \lvert y_N - x_N\rvert, \\ &\vdots \\ \lvert h_N(\boldsymbol{y}) - h_N(\boldsymbol{x})\rvert &\leqq m_{N1} \cdot \lvert h_1(\boldsymbol{y}) - h_1(\boldsymbol{x})\rvert + \cdots + m_{N,N-1} \cdot \lvert h_{N-1}(\boldsymbol{y}) - h_{N-1}(\boldsymbol{x})\rvert + m_{NN} \cdot \lvert y_N - x_N\rvert, \end{aligned}$$

oder in Matrizenschreibweise (wobei die Ungleichungen und die Beträge komponentenweise zu verstehen sind)

$$|\boldsymbol{h}(\boldsymbol{y}) - \boldsymbol{h}(\boldsymbol{x})| \leqq \boldsymbol{M}_1 \cdot |\boldsymbol{h}(\boldsymbol{y}) - \boldsymbol{h}(\boldsymbol{x})| + \boldsymbol{M}_2 \cdot |\boldsymbol{y} - \boldsymbol{x}|. \tag{14}$$

Dabei wurde die Matrix $\boldsymbol{M}$ in die Summe $\boldsymbol{M}_1 + \boldsymbol{M}_2$ aufgespalten: $\boldsymbol{M}_2$ ist eine Rechtsdreiecksmatrix mit den Elementen m_{jn}, $j \leqq n$, und $\boldsymbol{M}_1$ eine Linksdreiecksmatrix mit den Elementen m_{jn}, $j > n$, und Nullen in der Hauptdiagonalen. Die Matrix $\boldsymbol{I}_N - \boldsymbol{M}_1$ ist folglich regulär, und ihre Inverse ist positiv, denn sie kann in der Form

$$(\boldsymbol{I}_N - \boldsymbol{M}_1)^{-1} = \boldsymbol{I}_N + \boldsymbol{M}_1 + \boldsymbol{M}_1^2 + \cdots + \boldsymbol{M}_1^{N-1} \tag{15}$$

dargestellt werden, wie man durch Multiplikation mit $\boldsymbol{I}_N - \boldsymbol{M}_1$ leicht bestätigt (Ü 5.3.2). Also läßt sich die Ungleichung (14) nach $|\boldsymbol{h}(\boldsymbol{y}) - \boldsymbol{h}(\boldsymbol{x})|$ umstellen: $|\boldsymbol{h}(\boldsymbol{y}) - \boldsymbol{h}(\boldsymbol{x})| \leqq (\boldsymbol{I}_N - \boldsymbol{M}_1)^{-1} \cdot \boldsymbol{M}_2 \cdot |\boldsymbol{y} - \boldsymbol{x}|$. Geht man zu Normen über, so ergibt sich die folgende Lipschitz-Bedingung für das Einzelschrittverfahren

$$\|\boldsymbol{h}(\boldsymbol{y}) - \boldsymbol{h}(\boldsymbol{x})\| \leqq L \cdot \|\boldsymbol{y} - \boldsymbol{x}\|, \qquad L := \|(\boldsymbol{I}_N - \boldsymbol{M}_1)^{-1} \boldsymbol{M}_2\|. \tag{16}$$

Wenn $\|\boldsymbol{M}_1\| < 1$ ist (dieser Fall liegt insbesondere vor, wenn das zugehörige Gesamtschrittverfahren konvergiert), kann man $\|(\boldsymbol{I}_N - \boldsymbol{M}_1)^{-1}\|$ mit Hilfe des Störungslemmas (Lemma 2.6.6) durch $1/(1 - \|\boldsymbol{M}_1\|)$ abschätzen und erhält die gröbere, aber leichter zu bestimmende Lipschitz-Konstante

$$L := \|\boldsymbol{M}_2\|/(1 - \|\boldsymbol{M}_1\|). \tag{17}$$

Beispiel 5.3.5. Die Iterationsvorschrift (11) wird zum *Einzelschrittverfahren*, wenn wir die zweite Gleichung durch

$$x_2^{(k+1)} := g_2(x_1^{(k+1)}, x_2^{(k)}) := \frac{1}{3} \cos (x_1^{(k+1)} - x_2^{(k)}) \tag{18}$$

ersetzen. Wegen (15) ist $(\boldsymbol{I}_2 - \boldsymbol{M}_1)^{-1} = \boldsymbol{I}_2 + \boldsymbol{M}_1 = \begin{pmatrix} 1 & 0 \\ 1/3 & 1 \end{pmatrix}$ und

$$(\boldsymbol{I}_2 - \boldsymbol{M}_1)^{-1} \boldsymbol{M}_2 = \begin{pmatrix} 1/4 & 1/4 \\ 1/12 & 5/12 \end{pmatrix},$$

so daß (16) bei Verwendung der Zeilensummennorm die Lipschitz-Konstante $L := 0.5$ liefert. Es ist also schnellere Konvergenz als beim Gesamtschrittverfahren zu erwarten. Tatsächlich ergeben sich zu den gleichen Startwerten wie in Beispiel 5.3.3 jetzt die Näherungen

k	0	1	2	3	4	5
$x_1^{(k)}$	0.25	0.1370	0.1119	0.1059	0.104502	0.104159
$x_2^{(k)}$	0.33	0.3271	0.3256	0.3253	0.325240	0.325220

und die Fehlerabschätzungen a priori $\|\boldsymbol{x}^{(5)} - \boldsymbol{x}^*\|_\infty \leqq 0.0071$ und a posteriori $\|\boldsymbol{x}^{(5)} - \boldsymbol{x}^*\|_\infty \leqq 0.000344$. Man erreicht die dort erzielte Genauigkeit also bereits mit 5 Schritten.

Die *Kontraktionsbedingung* $L < 1$ für das Gesamt- und das Einzelschrittverfahren (vgl. (10) und (16)) ist sehr stark einschränkend und insbesondere für größere N nur schwer erfüllbar, denn bei Verwendung der Zeilensummennorm müßte z. B. die Summe der Betragsschranken m_{jn}, $n = 1(1)N$, für alle ersten partiellen Ableitungen von $g_j(\boldsymbol{x})$ kleiner als Eins bleiben. Im Mittel darf also jede partielle Ableitung nur etwa einen Betrag von $1/N$ haben (vgl. B 5.3.3).

5.3.2. Konvergenzbeschleunigung

Bei langsamer Konvergenz können die von linearen Systemen bekannten konvergenzbeschleunigenden Relaxations- und Extrapolationsmethoden angewendet werden (vgl. Algorithmus 2.7.3, B 2.7.7, B 5.3.6, Ü 5.3.10 und Vorlesung 7.2). Wir erweitern das Relaxationsverfahren aus Algorithmus 2.7.3, indem wir statt des einheitlichen Relaxationsfaktors ω einen individuellen Faktor für jede Komponente zulassen, der außerdem noch von Schritt zu Schritt variieren kann. Fassen wir die Relaxationsfaktoren des k-ten Iterationsschrittes zu einer Diagonalmatrix $\boldsymbol{\Omega}^{(k)} := \operatorname{diag}(\omega_1^{(k)}, \omega_2^{(k)}, \ldots, \omega_N^{(k)})$ zusammen und benutzen wir den vom Gesamtschrittverfahren $\boldsymbol{x}^{(k+1)} := \boldsymbol{g}(\boldsymbol{x}^{(k)})$ gelieferten Vektor als vorläufige Näherung $\boldsymbol{x}^{(k+1)}$, so erhält das Relaxationsverfahren (vgl. Algorithmus 2.7.3) die Gestalt

$$\boldsymbol{x}^{(k+1)} = (\boldsymbol{I}_N - \boldsymbol{\Omega}^{(k)})\,\boldsymbol{x}^{(k)} + \boldsymbol{\Omega}^{(k)}\,\boldsymbol{g}(\boldsymbol{x}^{(k)}). \tag{19}$$

Für den Grenzwert $\boldsymbol{x}^* = \boldsymbol{g}(\boldsymbol{x}^*)$ (falls ein solcher existiert) erhält man trivialerweise für jedes k

$$\boldsymbol{x}^* = (\boldsymbol{I}_N - \boldsymbol{\Omega}^{(k)})\,\boldsymbol{x}^* + \boldsymbol{\Omega}^{(k)}\,\boldsymbol{g}(\boldsymbol{x}^*). \tag{20}$$

Ist $\boldsymbol{g}$ in einer Kugel $\mathbb{K}$ um $\boldsymbol{x}^*$ mindestens zweimal stetig partiell differenzierbar, so gilt für alle $\boldsymbol{x}, \boldsymbol{y}$ aus $\mathbb{K}$ (in Verallgemeinerung der Taylor-Formel für Funktionen einer Veränderlichen, vgl. Schwetlick [1], Satz 2.2.16)

$$\boldsymbol{g}(\boldsymbol{y}) = \boldsymbol{g}(\boldsymbol{x}) + \boldsymbol{g}'(\boldsymbol{x})\,(\boldsymbol{y} - \boldsymbol{x}) + \boldsymbol{e} \cdot O(\|\boldsymbol{y} - \boldsymbol{x}\|^2), \qquad \boldsymbol{e} := (1, 1, \ldots, 1)^{\mathsf{T}}. \tag{21}$$

Wählt man speziell $\boldsymbol{y} := \boldsymbol{x}^*$, $\boldsymbol{x} := \boldsymbol{x}^{(k)}$ und ersetzt $\boldsymbol{g}(\boldsymbol{x}^*)$ in (20) mit Hilfe von (21), so folgt

$$\begin{aligned}\boldsymbol{x}^* = (\boldsymbol{I}_N - \boldsymbol{\Omega}^{(k)})\,\boldsymbol{x}^* + \boldsymbol{\Omega}^{(k)}\,[&\boldsymbol{g}(\boldsymbol{x}^{(k)}) + \boldsymbol{g}'(\boldsymbol{x}^{(k)}) \cdot (\boldsymbol{x}^* - \boldsymbol{x}^{(k)}) \\ &+ \boldsymbol{e} \cdot O(\|\boldsymbol{x}^* - \boldsymbol{x}^{(k)}\|^2)].\end{aligned} \tag{22}$$

Durch Subtraktion dieser Gleichung von (19) ergibt sich für die absoluten Fehler $\boldsymbol{\delta}^{(k)} := \boldsymbol{x}^{(k)} - \boldsymbol{x}^*$ bis auf Glieder höherer Ordnung die lineare Iteration

$$\boldsymbol{\delta}^{(k+1)} = [\boldsymbol{I}_N - \boldsymbol{\Omega}^{(k)} + \boldsymbol{\Omega}^{(k)}\,\boldsymbol{g}'(\boldsymbol{x}^{(k)})]\,\boldsymbol{\delta}^{(k)} =: \boldsymbol{T} \cdot \boldsymbol{\delta}^{(k)}, \tag{23}$$

für deren Konvergenz nach Satz 2.7.10 die Bedingung $\|\boldsymbol{T}\| < 1$ hinreichend ist. Wir versuchen nun, die Relaxationsparameter so zu bestimmen, daß diese Bedingung in der Zeilensummennorm (2.1.23) erfüllt ist. Dazu schreiben wir die Betragssumme der j-ten Zeile von $\boldsymbol{T}$ in der Form

$$z_j(\omega_j^{(k)}) := |1 - \omega_j^{(k)}(1 - g_{jj})| + |\omega_j^{(k)}| \sum_{\substack{n=1 \\ n \neq j}}^{N} |g_{jn}|, \tag{24}$$

wobei die g_{jn} die Elemente der Funktionalmatrix $\boldsymbol{g}'$ bezeichnen. Die $z_j(\omega_j^{(k)})$ sind reellwertige Funktionen (einer reellen Veränderlichen) der Gestalt $z(\omega) := |1 - \omega a| + |\omega| \cdot b$ mit reellem a und positivem b:

$$a := 1 - g_{jj}, \qquad b := \sum_{\substack{n=1 \\ n \neq j}}^{N} |g_{jn}|. \tag{25}$$

In Abb. 5.3.1 sind die beiden Funktionen $u := |1 - \omega a|$, $a > 0$, und $v := |\omega| \cdot b$ graphisch dargestellt. Bei $\omega = 0$ ist $u = 1$, $v = 0$ und demzufolge $z = 1$. Über der positiven

Halbachse nimmt v monoton zu und u (zunächst) monoton ab. Die Funktion z kann also nur kleiner als Eins werden, wenn die Abnahme von u stärker als die Zunahme von v ist, also wenn (wie in der Abbildung) $b < a$ gilt. Das Minimum von $z(\omega)$ liegt dann über der Nullstelle von u, also bei $\omega^* = 1/a$. Der zugehörige z-Wert ist $z(1/a) = |b/a|$. Für $\omega > 1/a$ nehmen beide Summanden monoton zu. Der Wert $z = 1$ wird bei $\omega = 2/(a + b)$ wieder erreicht. (Die graphische Darstellung zum Fall $a < 0$ erhält man, wenn man die gezeichnete Kurve $u = |1 - \omega a|$ an der Ordinatenachse spiegelt. Das Minimum liegt wieder über $\omega = 1/a$, jetzt aber in der negativen Halbebene.)

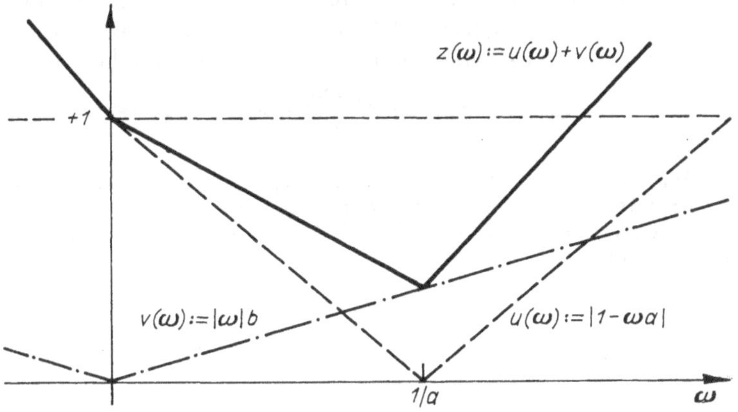

Abb. 5.3.1. Zur Minimierung der Funktion $z(\omega) = |1 - \omega a| + b\,|\omega|$

Das *Relaxationsverfahren* (19) konvergiert also in einer hinreichend kleinen Umgebung von $\boldsymbol{x}^*$, wenn dort für alle Zeilen die Ungleichung $|a| > b$, oder ausführlich

$$|1 - g_{jj}| > \sum_{\substack{n=1\\n \neq j}}^{N} |g_{jn}| \tag{26}$$

gilt (also wenn die Lipschitz-Konstante $L := \|\boldsymbol{g}'\|_\infty$ für das Ausgangsverfahren kleiner als Eins ist) und $\omega_j^{(k)}$ so gewählt wird, daß sein Betrag aus dem offenen Intervall $(0, 2/(|a| + b))$ und sein Vorzeichen gleich dem von a ist. Der optimale Parameter ist

$$\omega_j^{(k)} = 1/(1 - g_{jj}) = 1 \bigg/ \left(1 - \frac{\partial g_j(\boldsymbol{x}^{(k)})}{\partial x_j}\right). \tag{27}$$

Die zugehörige Lipschitz-Konstante hat den Wert

$$L := \|\boldsymbol{T}\|_\infty = \max_{j=1(1)N} \sum_{\substack{n=1\\n \neq j}} |g_{jn}|/|1 - g_{jj}|\,. \tag{28}$$

Bei der rechentechnischen Realisierung müssen zusätzlich zu den Unterprogrammen für die g_j noch N weitere Unterprogrammfunktionen $g1_j(\boldsymbol{x}) := \dfrac{\partial g_j(\boldsymbol{x})}{\partial x_j}$ bereitgestellt werden. Dann ergibt sich aus (19) und (27), wenn wir statt ω den Parameter $\lambda := (\omega - 1)/\omega$

benutzen, das *Gesamtschrittverfahren mit Relaxation* in Komponentenschreibweise

$$\left[\begin{array}{l} j = 1(1)N \\ \lambda := g1_j(x_1, x_2, \ldots, x_N) \\ t_j := \big(\lambda \cdot x_j - g_j(x_1, x_2, \ldots, x_N)\big)/(\lambda - 1)\,. \end{array}\right. \tag{29}$$

$$\left[\begin{array}{l} j = 1(1)N \\ x_j := t_j \end{array}\right.$$

Es kostet je Schritt $2N$ Funktionsberechnungen. Man kann den Aufwand senken, indem man alle Relaxationsparameter eines Schrittes in einem Vektor speichert und für eine feste Anzahl von Schritten unverändert läßt (*vereinfachtes Relaxationsverfahren*).

Auch beim *Einzelschrittverfahren* läßt sich die Relaxation verwenden, nur ist die Berechnung der dazu benötigten Ableitungen $\dfrac{\partial h_j(\boldsymbol{x})}{\partial x_j}$ über die Kettenregel relativ aufwendig.

Beispiel 5.3.6. Wir lösen das Gleichungssystem $f_1(x_1, x_2) := x_1 - \sin(x_1 + x_2)$, $f_2(x_1, x_2) := \cos(x_1 - x_2) - x_2$ mit Hilfe des *Gesamt-* und des *Einzelschrittverfahrens mit Relaxation.* (Beide Verfahren konvergieren auch ohne Relaxation, vgl. Ü 5.3.6a), allerdings relativ langsam). Das Gesamtschrittverfahren hat nach (29) die Gestalt

$$\begin{aligned} &\lambda_1 := \cos(x_1 + x_2), \quad t_1 := (\lambda_1 \cdot x_1 - \sin(x_1 + x_2))/(\lambda_1 - 1), \\ &\lambda_2 := \sin(x_1 - x_2), \quad t_2 := (\lambda_2 \cdot x_2 - \cos(x_1 - x_2))/(\lambda_2 - 1) \end{aligned} \tag{30}$$

und liefert zum Startvektor $\boldsymbol{x} := (1, 1)^\mathsf{T}$ die Werte

k	0	1	2	3	4	5
$x_1^{(k)}$	1	0.935951	0.934564	0.935068	0.935090	0.935082
$x_2^{(k)}$	1	1.000000	0.998073	0.997989	0.998019	0.998021
$\lambda_1^{(k)}$	−0.4161	−0.3571	−0.3540	−0.3544	−0.3544	
$\lambda_2^{(k)}$	0.0000	−0.0640	−0.0635	−0.0629	−0.0629	

Es zeigt sich, daß die Relaxationsparameter vom zweiten Schritt an nahezu konstant bleiben, so daß eine Neuberechnung nicht erforderlich gewesen wäre.

Beim Einzelschrittverfahren ändert sich die λ-Berechnung im zweiten Teilschritt, denn es gilt $\dfrac{\partial h_2}{\partial x_2} = \dfrac{\partial}{\partial x_2} \cos\big((\lambda_1 \cdot x_1 - \sin(x_1 + x_2))/(\lambda_1 - 1) - x_2\big)$. Die Iteration erhält damit die Gestalt

$$\begin{aligned} &\lambda_1 := \cos(x_1 + x_2), && x_1 := (\lambda_1 \cdot x_1 - \sin(x_1 + x_2))/(\lambda_1 - 1), \\ &\lambda_2 := \frac{2\lambda_1 - 1}{\lambda_1 - 1} \cdot \sin(x_1 - x_2), && x_2 := (\lambda_2 \cdot x_2 - \cos(x_1 - x_2))/(\lambda_2 - 1), \end{aligned} \tag{31}$$

und liefert zum Startvektor $\boldsymbol{x} := (1, 1)^\mathsf{T}$ die Werte

k	0	1	2	3
$x_1^{(k)}$	1	0.935951	0.935060	0.935082
$x_2^{(k)}$	1	0.998106	0.998020	0.998020
$\lambda_1^{(k)}$	−0.4161	−0.3553	−0.3544	
$\lambda_2^{(k)}$	−0.08281	−0.07952	−0.07936	

Auch hier ändern sich die Relaxationsparameter nur unwesentlich.

5.3.3. Newton-Verfahren und diskretisierte Varianten

Im folgenden untersuchen wir, wie man das *Nullstellenproblem* $\boldsymbol{f}(\boldsymbol{x}) = \boldsymbol{o}$ konsistent (das heißt ohne Veränderung der Lösungsmannigfaltigkeit) in ein *Fixpunktproblem* $\boldsymbol{x} = \boldsymbol{g}(\boldsymbol{x})$ überführen kann.

Die erste Möglichkeit bietet eine *additive Aufspaltung* von $\boldsymbol{f}$ in einen linearen Hauptteil und einen nichtlinearen Rest,

$$\boldsymbol{f}(\boldsymbol{x}) = \boldsymbol{B} \cdot \boldsymbol{x} - \boldsymbol{r}(\boldsymbol{x}). \tag{32}$$

Ist die Matrix $\boldsymbol{B}$ regulär, so ist das Fixpunktproblem

$$\boldsymbol{x} = \boldsymbol{g}(\boldsymbol{x}) := \boldsymbol{B}^{-1} \cdot \boldsymbol{r}(\boldsymbol{x}) \tag{33}$$

konsistent (äquivalent) zum Nullstellenproblem. Die zugehörige Iterationsvorschrift

$$\boldsymbol{x}^{(k+1)} = \boldsymbol{B}^{-1} \cdot \boldsymbol{r}(\boldsymbol{x}^{(k)}) \tag{34}$$

heißt *Picardsches Iterationsverfahren.* Hinreichend für seine Konvergenz ist, daß eine Lipschitz-Konstante $L := \|\boldsymbol{M}\|$ existiert, die kleiner als Eins ist. Dabei bezeichnet $\boldsymbol{M}$ die Matrix der Betragsschranken für die Elemente der Funktionalmatrix

$$\boldsymbol{g}'(\boldsymbol{x}) := \boldsymbol{B}^{-1} \cdot \boldsymbol{r}'(\boldsymbol{x}) \tag{35}$$

(vgl. (8) bis (10)), und $\boldsymbol{r}'(\boldsymbol{x})$ ist die Funktionalmatrix der Vektorfunktion $\boldsymbol{r}$. Bei der numerischen Rechnung vermeidet man das explizite Bestimmen der Inversen $\boldsymbol{B}^{-1}$ und benutzt statt dessen eine ***LU**-Zerlegung* $\boldsymbol{B} =: \boldsymbol{L} \cdot \boldsymbol{U}$, die in einer Anlaufrechnung bereitzustellen ist (vgl. Abschnitt 2.3.1). Ein Schritt des Picardschen Iterationsverfahrens hat dann die Gestalt

$$\begin{aligned} \boldsymbol{L} \cdot \boldsymbol{y} &= \boldsymbol{r}(\boldsymbol{x}) \qquad (\textit{Vorwärtselimination}), \\ \boldsymbol{U} \cdot \boldsymbol{x} &= \boldsymbol{y} \qquad (\textit{Rückwärtselimination}). \end{aligned} \tag{36}$$

Er kostet einen *Aufwand* von N Funktionsberechnungen (Unterprogrammaufrufen $r_j(x_1, \ldots, x_N)$) und zusätzlich etwa N^2 wesentlichen Rechenoperationen (Ü 5.3.9 und Ü 5.3.10).

Die zweite und am häufigsten benutzte Möglichkeit besteht (wie im eindimensionalen Fall, vgl. (5.1.38)) darin, die nichtlineare Funktion $\boldsymbol{y} = \boldsymbol{f}(\boldsymbol{x})$ in der Umgebung der aktuellen Näherung $\boldsymbol{x}^{(k)}$ durch eine lineare Funktion $\boldsymbol{y} = \tilde{\boldsymbol{f}}(\boldsymbol{x}) := \boldsymbol{a} + \boldsymbol{A} \cdot \boldsymbol{x}$ zu ersetzen und die Nullstelle der Ersatzfunktion als neue Näherung zu verwenden. Wir verlangen, daß $\boldsymbol{f}$ und $\tilde{\boldsymbol{f}}$ im Punkt $\boldsymbol{x}^{(k)}$ übereinstimmen, $\boldsymbol{f}(\boldsymbol{x}^{(k)}) = \boldsymbol{a} + \boldsymbol{A} \cdot \boldsymbol{x}^{(k)}$. Daraus ergibt sich für das Absolutglied $\boldsymbol{a} := \boldsymbol{f}(\boldsymbol{x}^{(k)}) - \boldsymbol{A} \cdot \boldsymbol{x}^{(k)}$ und für $\tilde{\boldsymbol{f}}$ das Nullstellenproblem

$$\tilde{\boldsymbol{f}}(\boldsymbol{x}) := \boldsymbol{f}(\boldsymbol{x}^{(k)}) + \boldsymbol{A} \cdot (\boldsymbol{x} - \boldsymbol{x}^{(k)}) = \boldsymbol{o}. \tag{37}$$

Dieses lineare Gleichungssystem kann, wenn $\boldsymbol{A}$ regulär ist, mit einer der früher behandelten Methoden gelöst werden (vgl. Kap. 2), es existiert dann genau eine Nullstelle $\boldsymbol{x} =: \boldsymbol{x}^{(k+1)}$ des Ersatzproblems (37),

$$\boldsymbol{x}^{(k+1)} := \boldsymbol{x}^{(k)} - \boldsymbol{A}^{-1} \cdot \boldsymbol{f}(\boldsymbol{x}^{(k)}). \tag{38}$$

Das zugehörige Fixpunktproblem hat die Gestalt

$$\boldsymbol{x} = \boldsymbol{g}(\boldsymbol{x}) := \boldsymbol{x} - \boldsymbol{A}^{-1} \cdot \boldsymbol{f}(\boldsymbol{x}). \tag{39}$$

Es ist konsistent zum Nullstellenproblem $\boldsymbol{f}(\boldsymbol{x}) = \boldsymbol{o}$. Hinreichend für die Konvergenz von (38) ist wieder, daß eine Lipschitz-Konstante $L := \|\boldsymbol{M}\|$ existiert, die kleiner als Eins ist. Dabei bezeichnet $\boldsymbol{M}$ die Matrix der Betragsschranken für die Elemente der Funktionalmatrix

$$\boldsymbol{g}'(\boldsymbol{x}) = \boldsymbol{I}_N - \boldsymbol{A}^{-1} \cdot \boldsymbol{f}'(\boldsymbol{x}), \tag{40}$$

und $\boldsymbol{f}'(\boldsymbol{x})$ ist die Funktionalmatrix von $\boldsymbol{f}$. Besitzt nun $\boldsymbol{f}$ in $\mathbb{D}_f$ eine Nullstelle $\boldsymbol{x}^*$ und in einer Kugel $\mathbb{K}$ ($\mathbb{K} \subset \mathbb{D}_f$) um diese Nullstelle stetige partielle Ableitungen und ist die mit diesen Ableitungen gebildete Funktionalmatrix überall in der Kugel regulär, so liegt es nahe, für $\boldsymbol{A}$ die Funktionalmatrix (berechnet an der Stelle $\boldsymbol{x}^{(k)}$),

$$\boldsymbol{A} := \boldsymbol{f}'(\boldsymbol{x}^{(k)}), \tag{41}$$

zu wählen. Damit wird (38) zum *Newton-Verfahren für nichtlineare Gleichungssysteme*

$$\boldsymbol{x}^{(k+1)} := \boldsymbol{x}^{(k)} - \boldsymbol{f}'(\boldsymbol{x}^{(k)})^{-1} \cdot \boldsymbol{f}(\boldsymbol{x}^{(k)}) \tag{42}$$

(das wir bereits im Abschnitt 5.2.3. zur iterativen Lösung des Gleichungssystems $b_{N-1}(\beta, \gamma) = 0$, $b_N(\beta, \gamma) = 0$ verwendet haben). Ist die Näherung $\boldsymbol{x}^{(k)}$ hinreichend wenig von $\boldsymbol{x}^*$ entfernt, so unterscheidet sich $\boldsymbol{A} = \boldsymbol{f}'(\boldsymbol{x}^{(k)})$ nur wenig von $\boldsymbol{f}'(\boldsymbol{x}^*)$, das Produkt $\boldsymbol{A}^{-1} \cdot \boldsymbol{f}'(\boldsymbol{x})$ ist für alle $\boldsymbol{x}$ aus $\mathbb{K}$ nahezu gleich der Einheitsmatrix, und die Matrix $\boldsymbol{g}'(\boldsymbol{x})$ demzufolge nahezu gleich der Nullmatrix. Folglich sind die Betragsschranken m_{jn} der Elemente g_{jn} klein, so daß auch $L := \|\boldsymbol{M}\|$ klein ausfällt und eine schnelle Konvergenz von (42) zu erwarten ist. Tatsächlich ergibt sich aus der Taylor-Formel (21) mit (40), (41), $\boldsymbol{x} := \boldsymbol{x}^{(k)}$ und $\boldsymbol{y} := \boldsymbol{x}^*$ sogar

$$\|\boldsymbol{g}(x^*) - \boldsymbol{g}(x^{(k)})\| = \|\boldsymbol{x}^* - \boldsymbol{x}^{(k+1)}\| = O(\|x^* - x^{(k)}\|^2). \tag{43}$$

Das Newton-Verfahren besitzt also wie im eindimensionalen Fall die *Konvergenzordnung* 2 (B 5.3.8). Diesem Vorteil stehen einige Nachteile gegenüber: Die hohe Konvergenzordnung gilt nur *lokal* (also in einer hinreichend kleinen Umgebung der Nullstelle $\boldsymbol{x}^*$), und sie wird mit einem hohen Rechenaufwand je Schritt erkauft. Insbesondere müssen alle partiellen Ableitungen $\frac{\partial f_j}{\partial x_n}$ existieren und leicht zu berechnen sein. In der Literatur findet man deshalb zahlreiche Modifikationen des Newton-Verfahrens, die den einen oder anderen dieser Nachteile zu beseitigen versuchen.

Wir betrachten zunächst die Frage des *Rechenaufwands*. Die explizite Formel (42) für $\boldsymbol{x}^{(k+1)}$ ist wegen des Auftretens von $\boldsymbol{A}^{-1}$ numerisch ungeeignet. Deshalb geht man von (37) aus, löst also das lineare Gleichungssystem $\boldsymbol{A} \cdot \boldsymbol{d} = -\boldsymbol{f}$ (zum Beispiel mit dem Gauß-Algorithmus 2.2.2) und addiert anschließend den Korrekturvektor $\boldsymbol{d} := \boldsymbol{x} - \boldsymbol{x}^{(k)}$ zur alten Näherung. Wir stellen die wesentlichen Schritte des Newton-Verfahrens zu einem Teilalgorithmus zusammen:

$k = 1(1)\mathrm{MAX}$	Schrittzähler	
$\boldsymbol{A} := \boldsymbol{f}'(\boldsymbol{x})$	Berechnung der Funktionalmatrix	
$\boldsymbol{d} := -\boldsymbol{f}(\boldsymbol{x})$	Berechnung der Funktionswerte	
GEL (1, N, $\boldsymbol{A}$, $\boldsymbol{d}$)	Lösung des linearen Gleichungssystems $\boldsymbol{A} \cdot \boldsymbol{d} = -\boldsymbol{f}$ mit Hilfe des Gauß-Algorithmus	(44)
normd $:= \|\boldsymbol{d}\|_1$	Betragssummennorm des Korrekturvektors	
$\boldsymbol{x} := \boldsymbol{x} + \boldsymbol{d}$	neue Näherung	
normx $:= \|\boldsymbol{x}\|_1$	Betragssummennorm der Näherung	
falls normd $< \varepsilon \cdot (10^{-3} + \text{normx})$, dann Genauigkeit erreicht		

Für diese Grundform des Newton-Verfahrens müssen je Teilschritt die N Funktionswerte f_j und die N^2 Ableitungswerte $\frac{\partial f_j}{\partial x_n}$ berechnet werden. Hinzu kommt der *algebraische Aufwand* von $N^3/3$ wesentlichen Rechenoperationen für den Gauß-Algorithmus. Wenn sich die partiellen Ableitungen von Schritt zu Schritt nicht zu stark ändern, liegt es nahe, die Funktionalmatrix für eine gewisse Anzahl von Schritten unverändert zu lassen, also zeitweise mit dem sogenannten *vereinfachten Newton-Verfahren* zu arbeiten. Man kann dann eine ***LU*-*Zerlegung*** von $\boldsymbol{A}$ herstellen und kommt in den folgenden Schritten mit der weniger aufwendigen *Vorwärts- und Rückwärtselimination* und jeweils N Funktionsauswertungen aus.

Beispiel 5.3.7. Für das Nullstellenproblem aus Beispiel 5.3.6 hat das lineare Gleichungssystem $\boldsymbol{A} \cdot \boldsymbol{d} = -\boldsymbol{f}$ die Gestalt

$$\begin{aligned}(1 - \cos(x_1 + x_2)) \cdot d_1 - (\cos(x_1 + x_2)) \cdot d_2 &= -(x_1 - \sin(x_1 + x_2)),\\ (-\sin(x_1 - x_2)) \cdot d_1 + (\sin(x_1 - x_2) - 1) \cdot d_2 &= -(\cos(x_1 - x_2) - x_2).\end{aligned}$$

Damit liefert das *Newton-Verfahren* zum Startvektor $x := (1, 1)^{\mathsf{T}}$ die folgenden Näherungen, Funktionswerte und relativen Fehler ($\varepsilon_x := \|\boldsymbol{d}\|_1/\|\boldsymbol{x}\|_1$)

k	0	1	2	3
$x_1^{(k)}$	1	0.935951	0.935085	0.935082
$x_2^{(k)}$	1	1.000000	0.998021	0.998020
f_1	$9.07 \cdot 10^{-2}$	$1.88 \cdot 10^{-3}$	$3.78 \cdot 10^{-6}$	
f_2	0	$-2.05 \cdot 10^{-3}$	$-6.17 \cdot 10^{-7}$	
ε_x	$3.20 \cdot 10^{-2}$	$1.47 \cdot 10^{-3}$	$1.73 \cdot 10^{-6}$	

Dazu werden 18 Funktionsaufrufe benötigt. Das *vereinfachte Newton-Verfahren* mit der konstanten Funktionalmatrix $\boldsymbol{f}'(\boldsymbol{x}^{(0)})$ liefert

k	0	1	2	3	4
$x_1^{(k)}$	1	0.935951	0.935224	0.935081	0.935083
$x_2^{(k)}$	1	1.000000	0.997950	0.998033	0.998019
f_1	$9.07 \cdot 10^{-2}$	$1.88 \cdot 10^{-3}$	$1.68 \cdot 10^{-4}$	$3.65 \cdot 10^{-6}$	
f_2	0	$-2.05 \cdot 10^{-3}$	$8.38 \cdot 10^{-5}$	$-1.42 \cdot 10^{-5}$	
ε_x	$3.20 \cdot 10^{-2}$	$1.44 \cdot 10^{-3}$	$1.17 \cdot 10^{-4}$	$8.20 \cdot 10^{-6}$	

benötigt also einen Schritt mehr als das Newton-Verfahren. Davon kostet aber nur der erste 6 Funktionsaufrufe, die übrigen kommen mit je zwei aus, so daß die Gesamtbilanz mit 12 Funktionsberechnungen günstiger ausfällt.

Wenn die partiellen Ableitungen $\frac{\partial f_j}{\partial x_m}$ schwierig zu berechnen sind oder der Aufwand für die Programmierung der zugehörigen N^2 Funktionsunterprogramme vermieden werden soll, kann man an ihrer Stelle *partielle Differenzenquotienten*

$$\frac{\partial f_j}{\partial x_m} \approx \frac{f_j(\boldsymbol{x} + d_m \boldsymbol{e}_m) - f_j(\boldsymbol{x})}{d_m} =: a_{jm}, \qquad \boldsymbol{e}_m := (0, \ldots, 0, 1, 0, \ldots, 0)^{\mathsf{T}}, \tag{45}$$

oder

$$\frac{\partial f_j}{\partial x_m} \approx \frac{f_j(\boldsymbol{x} + d_m \boldsymbol{e}_m) - f_j(\boldsymbol{x} - d_m \boldsymbol{e}_m)}{2d_m} =: a_{jm} \tag{46}$$

verwenden. Sie benötigen jeweils zwei Funktionswerte $f_j(\boldsymbol{y})$ und $f_j(\boldsymbol{x})$ der (für die rechte Seite des linearen Gleichungssystems $\boldsymbol{A} \cdot \boldsymbol{d} = -\boldsymbol{f}$ ohnehin programmierten) Funktionen f_j, wobei sich die Argumentvektoren $\boldsymbol{y}$ und $\boldsymbol{x}$ nur in genau einer Komponente unterscheiden. Theoretisch wird die Approximation der Ableitung umso besser, je kleiner die Komponentenänderung $d_m := y_m - x_m$ ist. (Der Fehler hat in (45) eine Größenordnung von $O(d_m)$ und in (46) von $O(d_m^2)$, vgl. (7.2.37) und (7.2.39).) Numerisch tritt aber bei der Subtraktion der Funktionswerte zweier benachbarter Argumente *Auslöschung* führender Stellen ein (vgl. Abschnitt 1.2.2.), so daß d_m nicht zu klein werden darf. Man sollte es so wählen, daß sich höchstens 1/2 bis 2/3 der verfügbaren Mantissenstellen auslöschen, die relative Differenz der beiden f_j-Werte also in der Größenordnung von $\text{eps}^{1/2}$ bis $\text{eps}^{1/3}$ (eps — relative Maschinengenauigkeit) liegt:

$$\big(f_j(\boldsymbol{x} + h_m\boldsymbol{e}_m) - f_j(\boldsymbol{x})\big)/f_j(\boldsymbol{x}) \approx \text{eps}^{1/2}. \tag{47}$$

In der Praxis verwendet man häufig die Komponenten des Korrekturvektors des vorangegangenen Iterationsschrittes

$$h_m := x_m^{(k)} - x_m^{(k-1)}.$$

Das hat den Vorteil, daß man die im vorangegangenen Schritt berechneten Werte $f_j(\boldsymbol{x}^{(k-1)})$ benutzen und dadurch N Funktionsaufrufe einsparen kann. Für jedes j werden zusätzlich zu dem bereits bekannten

$$f_j(x_1^{(k-1)}, x_2^{(k-1)}, \ldots, x_{N-1}^{(k-1)}, x_N^{(k-1)}) = f_j(\boldsymbol{x}^{(k-1)})$$

die N Werte

$$\begin{aligned}
&f_j(x_1^{(k-1)}, x_2^{(k-1)}, \ldots, x_{N-1}^{(k-1)}, x_N^{(k)}),\\
&f_j(x_1^{(k-1)}, x_2^{(k-1)}, \ldots, x_{N-1}^{(k)}, x_N^{(k)}),\\
&\vdots\\
&f_j(x_1^{(k-1)}, x_2^{(k)}, \ldots, \quad x_{N-1}^{(k)}, x_N^{(k)}),\\
&f_j(x_1^{(k)}, x_2^{(k)}, \ldots, \quad x_{N-1}^{(k)}, x_N^{(k)}) = f_j(\boldsymbol{x}^{(k)})
\end{aligned}$$

berechnet und die Differenzenquotienten zu je zwei aufeinanderfolgenden Funktionswerten gebildet. Wir stellen die wesentlichen Schritte dieser (in Analogie zum eindimensionalen Fall) als *Sekantenverfahren* (oder auch als *mehrdimensionale Regula-falsi-Methode*) bezeichneten Iteration zu einem Teilalgorithmus zusammen. Dabei bezeichnet $\boldsymbol{x}$ einen vorzugebenden Startvektor und $\boldsymbol{d}$ den Korrekturvektor (der zu Beginn ebenfalls vorzugeben ist und keine Nullkomponenten enthalten darf):

$\text{epsy} := \text{eps}^{1/2}$	Testgröße
[$j = 1(1)N$	Berechnung der Funktionswerte
[$b_j := f_j(\boldsymbol{x})$	zum Startvektor $\boldsymbol{x}$
┌ $k = 1(1)\text{MAX}$	Schrittzähler
│ ┌ $m = N(-1)1$	Spaltenzähler
│ │ $x_m := x_m + d_m$	Korrektur der m-ten Komponente (48)

	$j = 1(1)N$	Zeilenzähler
	$ff := b_j$	alter Funktionswert
	$bb := f_j(\boldsymbol{x})$	neuer Funktionswert
	$e1 :=$ epsy $\cdot \max(\lvert ff \rvert, \lvert bb \rvert)$	
	$ff := bb - ff$	Differenz (48)
1	falls $\lvert ff \rvert < e1$ oder $\lvert d_m \rvert <$ epsy, dann Schritt 2	
	$a_{jm} := ff/d_m$	Näherungswert für $\dfrac{\partial f_j}{\partial x_m}$
2	$b_j := bb$	Speicherung des neuen Wertes ,

Neben der genäherten Funktionalmatrix werden dabei (in der letzten m-Schleife) auch gleich die Funktionswerte $f_j(\boldsymbol{x}^{(k)})$ für die rechte Seite des linearen Gleichungssystems $\boldsymbol{A} \cdot \boldsymbol{d} = -\boldsymbol{f}$ bestimmt. Der Test im Schritt 1 bewirkt, daß kein neues Element a_{jm} berechnet wird, wenn die relative Abweichung der Funktionswerte oder $|d_m|$ zu klein wird (vgl. (47)). Nach der Abarbeitung von (48) kann wie beim Newton-Verfahren (44) vorgegangen werden. Lediglich $\boldsymbol{x} := \boldsymbol{x}^{(k-1)}$ muß noch erhalten bleiben, da es für die nächste $\boldsymbol{A}$-Berechnung benötigt wird. An (48) sind also folgende Schritte anzuschließen

$\boldsymbol{d} := -\boldsymbol{b}$	rechte Seite des linearen Gleichungssystems
GEL (1, N, $\boldsymbol{A}$, $\boldsymbol{d}$)	Lösung von $\boldsymbol{A} \cdot \boldsymbol{d} = -\boldsymbol{f}$
normd $:= \lVert \boldsymbol{d} \rVert_1$	Norm des Korrekturvektors (49)
normx $:= \lVert \boldsymbol{x} \rVert_1$	Norm des alten Näherungsvektors
falls normd $< \varepsilon \cdot (10^{-3} +$ normx), dann Genauigkeit erreicht	
Ende der k-Schleife	

Der *Rechenaufwand* je Schritt besteht aus N^2 Funktionsberechnungen und den Kosten des Gauß-Algorithmus. Die Konvergenz ist noch überlinear, wenn auch nicht mehr ganz so hoch wie beim Newton-Verfahren (B 5.3.8). Wieder kann man den Aufwand je Schritt (auf Kosten der Konvergenzgeschwindigkeit) verringern, indem man die Matrix über mehrere Schritte unverändert läßt.

5.3.4. Gedämpftes Newton-Verfahren

Das Newton-Verfahren konvergiert im allgemeinen nur in einer hinreichend kleinen Umgebung einer Nullstelle $\boldsymbol{x}^*$. Theoretisch kann man eine solche Umgebung finden, indem man mit Hilfe von Satz 5.1.10 oder Folgerung 5.1.11 für die Funktion $\boldsymbol{g}(\boldsymbol{x}) := \boldsymbol{x} - \boldsymbol{f}'(\boldsymbol{x})^{-1} \times \boldsymbol{f}(\boldsymbol{x})$ eine Konvergenzkugel bestimmt, praktisch ist dieser Weg aber kaum gangbar (vgl. B 5.3.8). Deshalb begnügt man sich in der Regel mit dem Test, ob der Vektor der neuen Funktionswerte $\boldsymbol{f}(\boldsymbol{x}^{(k+1)})$ in irgendeinem Sinne kleiner als der Vektor der alten Funktionswerte $\boldsymbol{f}(\boldsymbol{x}^{(k)})$ ist. Man kann z. B. mit einer beliebigen Vektornorm $\|\cdot\|$ die skalare Funktion

$$\Phi(\boldsymbol{x}) := \|\boldsymbol{f}(\boldsymbol{x})\| \tag{50}$$

definieren und nachprüfen, ob für jedes k die Ungleichung $\Phi(\boldsymbol{x}^{(k+1)}) < \Phi(\boldsymbol{x}^{(k)})$ gilt. Wieder bezeichne $\boldsymbol{d}$ den vom Newton-Verfahren gelieferten Korrekturvektor $-\boldsymbol{A}^{-1}\boldsymbol{f}(\boldsymbol{x}^{(k)})$ (oder den Korrekturvektor eines modifizierten Newton-Verfahrens). Tritt nun während des Rechenablaufs eine Verschlechterung ein, ist also für irgendeinen Schritt j der Wert $\Phi(\boldsymbol{x}^{(j+1)}) = \Phi(\boldsymbol{x}^{(j)} + \boldsymbol{d})$ größer als $\Phi(\boldsymbol{x}^{(j)})$, so kann man die Konvergenz

u. U. dadurch retten, daß man den Korrekturvektor mit einem Relaxationsfaktor τ, den man in diesem Zusammenhang als *Dämpfungsfaktor* bezeichnet, multipliziert:

$$\boldsymbol{x}^{(k+1)} := \boldsymbol{x}^{(k)} + \tau \cdot \boldsymbol{d}.$$

Man fragt also, ob es Parameterwerte τ gibt, für die

$$\Phi(\boldsymbol{x}^{(j)} + \tau \cdot \boldsymbol{d}) < \Phi(\boldsymbol{x}^{(j)}) \tag{51}$$

gilt, das heißt, ob in Richtung des Newtonschen Korrekturvektors $\boldsymbol{d}$ eine Verbesserung zu erreichen ist. Am günstigsten ist natürlich ein Wert $\tau := \tau_b$, für den $\Phi(\boldsymbol{x}^{(j)} + \tau \cdot \boldsymbol{d})$ minimal wird,

$$\Phi(\boldsymbol{x}^{(j)} + \tau_b \cdot \boldsymbol{d}) = \min_{\tau} \Phi(\boldsymbol{x}^{(j)} + \tau \cdot \boldsymbol{d}). \tag{52}$$

Um ihn zu finden, müßte eine Extremalaufgabe für die Funktion $\varphi(\tau) := \Phi(\boldsymbol{x}^{(j)} + \tau \cdot \boldsymbol{d})$, eine reellwertige Funktion einer reellen Veränderlichen, gelöst werden. Wir beschränken uns darauf, nacheinander $\tau = 1/2, 1/4, \ldots$ zu wählen, die zugehörigen Werte $\varphi(\tau)$ zu berechnen und jeweils nachzuprüfen, ob (51) erfüllt ist. Das erste $\tau_m := 2^{-m}$, für das $\varphi(\tau_m) < \varphi(o)$ gilt, wird als Dämpfungsfaktor τ benutzt. Findet sich nach einer vorzugebenden Anzahl (MAX1) von Halbierungen kein geeignetes τ, so muß das Verfahren abgebrochen und gegebenenfalls mit einem geänderten Startvektor $\boldsymbol{x}$ neu begonnen werden.

Algorithmus 5.3.8. Gedämpftes Newton-Verfahren NEW (N, $\boldsymbol{b}$, $\boldsymbol{A}$, $\boldsymbol{x}$, ε, MAX 1, MAX)

N	Anzahl der nichtlinearen Gleichungen
$\boldsymbol{b} := (b_1, b_2, \ldots, b_N)$	Vektor der Funktionswerte $f_j(x_1, x_2, \ldots, x_N)$
$\boldsymbol{A} := (a_{jm})_{j,m=1(1)N}$	Matrix der partiellen Ableitungen $\dfrac{\partial f_j}{\partial x_m}$
$\boldsymbol{x} := (x_1, x_2, \ldots, x_N)$	Startvektor, Näherungslösung
$\boldsymbol{d} := (d_1, d_2, \ldots, d_N)$	Korrekturvektor
ε	Genauigkeitsschranke
MAX1	Maximalanzahl der Dämpfungsschritte
MAX	Maximalanzahl der Newton-Schritte

```
1      normf := 0                          Anlaufrechnung
     ⌈ j = 1(1)N                           Berechnung der
     | b_j := −f_j(x_1, ..., x_N)          Funktionswerte
     ⌊ normf := normf + |b_j|              und der Betragssummennorm von b
       falls normf < ε, dann drucke „Startvektor bereits ausreichend genau", stop
       eps1 := ε · normf                   Schranke für relativen Genauigkeitstest

2   ⌈ k = 1(1)MAX                          Zähler der Newton-Schritte
    | ⌈ j = 1(1)N
    | | d_j := b_j                         rechte Seite
    | |  ⌈ m = 1(1)N
    | |  | a_jm := ∂f_j/∂x_m               Koeffizienten der Funktionalmatrix
    | ⌊  ⌊
    | GEL (1, N, A, d)                     Berechnung der Newton-Korrektur
    |                                      d = A^{-1} b
```

3 $\tau := 1$ — Dämpfungsfaktor

$m = 1(1)\text{MAX1}$ — Zähler der Dämpfungsschritte

normb := 0

$j = 1(1)N$

$t_j := x_j + \tau \cdot d_j$ — verbesserte Näherungswerte

$j = 1(1)N$

$b_j := -f_j(t_1, \dots, t_N)$ — neue Funktionswerte

normb := normb + $|b_j|$

falls normb < normf dann Schritt 4 (keine weitere Dämpfung erforderlich)

$\tau := \tau/2$

drucke „Für $\boldsymbol{x}$ = “, $\boldsymbol{x}$, „keine Verbesserung in Newton-Richtung“

stop

4 falls normb < eps1, dann Schritt 6 (Genauigkeit erreicht)

$j = 1(1)N$

$x_j := t_j$

5 drucke „Gewünschte Genauigkeit nach MAX Newton-Schritten nicht erreicht“

6 drucke „Näherungsvektor“, $\boldsymbol{t}$, „Betragssummennorm von $\boldsymbol{b}$“, normb

Das Verfahren endet, wenn die Betragssummennorm des Vektors der Funktionswerte auf das ε-fache reduziert

$$\|\boldsymbol{f}(\boldsymbol{x}^{(k)})\|_1 < \varepsilon \cdot \|\boldsymbol{f}(\boldsymbol{x}^{(0)})\|_1$$

oder eine Maximalanzahl (MAX) von Newton-Schritten ausgeführt wurde. Durch die Dämpfung erhöht sich der Rechenaufwand je Newton-Schritt um $m \cdot N$ Funktionsberechnungen, wobei m die Anzahl der τ-Halbierungen bezeichnet ($m \leqq \text{MAX1}$). Dabei ist zu beachten, daß eine Dämpfung nur erforderlich ist, solange die ungedämpfte Newton-Korrektur eine Verschlechterung liefert. Ist eine hinreichend kleine Umgebung von $\boldsymbol{x}^*$ erreicht, so geht das Verfahren automatisch in das Newton-Verfahren über (B 5.3.10).

5.3.5. Rang-Eins-Modifizierung der Funktionalmatrix

Der allgemeine Schritt eines Newton- oder newton-ähnlichen Verfahrens hat nach (38) die Gestalt

$$\boldsymbol{A} \cdot \boldsymbol{d} = -\boldsymbol{f}(\boldsymbol{x}), \qquad \boldsymbol{t} := \boldsymbol{x} + \boldsymbol{d}. \tag{53}$$

Dabei bezeichnet $\boldsymbol{x} := \boldsymbol{x}^{(k)}$ die aktuelle und $\boldsymbol{t} := \boldsymbol{x}^{(k+1)}$ die neue Näherung, $\boldsymbol{A} := \boldsymbol{A}_k$ irgendeine Approximation der Funktionalmatrix $\boldsymbol{f}'$ an der Stelle $\boldsymbol{x}$ und $\boldsymbol{d}$ die Korrektur. Wir fragen nun, ob sich die Matrix $\boldsymbol{B} := \boldsymbol{A}_{k+1}$ für den folgenden Schritt, die eine Approximation der Funktionalmatrix $\boldsymbol{f}'$ an der neuen Stelle $\boldsymbol{x} + \boldsymbol{d}$ bezeichnet, durch eine Modifikation der Matrix $\boldsymbol{A}$ bestimmen läßt. Wenn man in der Linearisierungsformel (21) $\boldsymbol{g} := \boldsymbol{f}$, $\boldsymbol{x} := \boldsymbol{x} + \boldsymbol{d}$ und $\boldsymbol{y} := \boldsymbol{x}$ sowie $\boldsymbol{g}' := \boldsymbol{B}$ setzt, ergibt sich durch Vernachlässigung von Gliedern höherer Ordnung die sogenannte *Sekantengleichung* (vg .Dennis, Schnabel [1], S. 169):

$$\boldsymbol{B} \cdot \boldsymbol{d} = \boldsymbol{f}(\boldsymbol{x} + \boldsymbol{d}) - \boldsymbol{f}(\boldsymbol{x}). \tag{54}$$

Aus diesem linearen Gleichungssystem von N Gleichungen können die N^2 unbekannten Koeffizienten der Matrix $\boldsymbol{B}$ natürlich noch nicht eindeutig bestimmt werden. Da sich aber $\boldsymbol{x}$ beim Übergang zu $\boldsymbol{t}$ in Richtung des Korrekturvektors $\boldsymbol{d}$ ändert, kann sich auch die Matrix $\boldsymbol{A}$ nur bezüglich ihrer Abhängigkeit von dieser Richtung ändern. Es ist folglich sinnvoll zu fordern, daß die Matrixänderung $\boldsymbol{B} - \boldsymbol{A}$ auf alle zu $\boldsymbol{d}$ orthogonalen Richtungen ohne Einfluß bleibt,

$$(\boldsymbol{B} - \boldsymbol{A}) \cdot \boldsymbol{v} = \boldsymbol{o} \text{ für alle } \boldsymbol{v} \text{ aus } \mathbb{R}^N \text{ mit } \boldsymbol{v}^\mathrm{T}\boldsymbol{d} = 0 .$$

Der Nullraum (vgl. (3.3.8)) der Korrekturmatrix $\boldsymbol{B} - \boldsymbol{A}$ besteht dann aus dem orthogonalen Komplement zu dem von $\boldsymbol{d}$ aufgespannten eindimensionalen Teilraum des $\mathbb{R}^N$ und ist demzufolge $(N - 1)$-dimensional. Daraus folgt, daß $\boldsymbol{B} - \boldsymbol{A}$ den Rang Eins hat und als dyadisches Produkt (vgl. (2.1.30)) von $\boldsymbol{d}$ und einem beliebigen Vektor $\boldsymbol{u}$ des $\mathbb{R}^N$ dargestellt werden kann,

$$\boldsymbol{B} - \boldsymbol{A} = \boldsymbol{u} \cdot \boldsymbol{d}^\mathrm{T} . \tag{55}$$

Für die Bestimmung der nun nur noch N Unbekannten reicht die Gleichung (54) aus. Wir multiplizieren beide Seiten von (55) von rechts mit $\boldsymbol{d}$ und ersetzen $\boldsymbol{B} \cdot \boldsymbol{d}$ mit Hilfe von (54). Dann ergibt sich für $\boldsymbol{u}$

$$\boldsymbol{u} := \big(\boldsymbol{f}(\boldsymbol{x} + \boldsymbol{d}) - \boldsymbol{f}(\boldsymbol{x}) - \boldsymbol{A} \cdot \boldsymbol{d}\big)/\boldsymbol{d}^\mathrm{T}\boldsymbol{d} . \tag{56}$$

Berücksichtigt man noch (53), so ergibt sich $\boldsymbol{B}$ wegen (55) schließlich durch Rang-Eins-Modifizierung von $\boldsymbol{A}$,

$$\boldsymbol{B} := \boldsymbol{A} + \boldsymbol{f}(\boldsymbol{x} + \boldsymbol{d}) \cdot \boldsymbol{d}^\mathrm{T}/\boldsymbol{d}^\mathrm{T}\boldsymbol{d} . \tag{57}$$

Wir stellen die wesentlichen Schritte dieses (auf BROYDEN [1] zurückgehenden) Verfahrens noch einmal zusammen:

$\boldsymbol{x}, \boldsymbol{A}$	Startvektor, Startmatrix	
$\boldsymbol{u} := \boldsymbol{f}(\boldsymbol{x})$	Funktionswert zum Startvektor	
$e1 := \varepsilon \cdot (10^{-3} + \lVert\boldsymbol{u}\rVert)$	relative Genauigkeitsschranke	
┌ $k = 1(1)\mathrm{MAX}$		
│ $\boldsymbol{A} \cdot \boldsymbol{d} = -\boldsymbol{u}$	Berechnung des Korrekturvektors	(58)
│ $\boldsymbol{x} := \boldsymbol{x} + \boldsymbol{d}$	neuer Näherungsvektor	
│ $\boldsymbol{u} := \boldsymbol{f}(\boldsymbol{x})$	neuer Funktionswert	
│ falls $\lVert\boldsymbol{u}\rVert < e1$, dann stop	Genauigkeit erreicht	
└ $\boldsymbol{A} := \boldsymbol{A} + \boldsymbol{u} \cdot \boldsymbol{d}^\mathrm{T}/\boldsymbol{d}^\mathrm{T}\boldsymbol{d}$	neue Matrix	

Der Algorithmus benötigt je Schritt einen *Rechenaufwand* von N skalaren Funktionswertberechnungen sowie N^2 Multiplikationen für die Aktualisierung von $\boldsymbol{A}$ und $N^3/3$ wesentlichen Rechenoperationen für die Lösung des linearen Gleichungssystems zur Bestimmung von $\boldsymbol{d}$. Den algebraischen Aufwand kann man auf $O(N^2)$ verringern, wenn man eine $\boldsymbol{LU}$- (oder eine $\boldsymbol{QR}$-) Zerlegung von $\boldsymbol{A}$ herstellt und die Faktoren von Schritt zu Schritt aktualisiert (Ü 5.3.15 und KIEŁBASIŃSKI, SCHWETLICK [1]). Wie beim Newton-Verfahren läßt sich bei ungünstigen Startwerten (im Fall $\lVert\boldsymbol{f}(\boldsymbol{x} + \boldsymbol{d})\rVert > \lVert\boldsymbol{f}(\boldsymbol{x})\rVert$) unter gewissen zusätzlichen Voraussetzungen die Konvergenz durch Einführung eines Dämpfungsfaktors sichern (Ü 5.3.16).

Beispiel 5.3.9. Für das Nullstellenproblem aus Beispiel 5.3.6 liefert das *Broyden-Verfahren* (58) zum Startvektor $\boldsymbol{x} := (1, 1)^\mathrm{T}$ und zur Startmatrix $\boldsymbol{A} := \boldsymbol{f}'(\boldsymbol{x})$ die folgenden Näherungen und Funktionswerte

k	0	1	2	3	4
x_1	1	0.935951	0.935216	0.935081	0.935082
x_2	1	1.000000	0.997926	0.998028	0.998020
f_1	$9.07 \cdot 10^{-2}$	$1.88 \cdot 10^{-3}$	$1.48 \cdot 10^{-4}$	$1.50 \cdot 10^{-6}$	$2.49 \cdot 10^{-8}$
f_2	0	$-2.05 \cdot 10^{-3}$	$1.08 \cdot 10^{-4}$	$-8.02 \cdot 10^{-6}$	$-8.23 \cdot 10^{-8}$

Um die gleiche Genauigkeit wie das Newton-Verfahren in Beispiel 5.3.7 zu erreichen, wurden ein Newton-Schritt (6 Funktionsaufrufe) und drei Modifizierungsschritte (je 2 Funktionsaufrufe) ausgeführt. Der Rechenaufwand entspricht also (bei diesem Beispiel) dem des vereinfachten Newton-Verfahrens, das nur geringfügig ungenauere Werte lieferte.

5.3.6. Bemerkungen

B 5.3.1. Zur numerischen Lösung nichtlinearer Gleichungssysteme sind besonders in den 60er und 70er Jahren zahlreiche Veröffentlichungen erschienen. Einen guten Überblick über die Ergebnisse vermitteln die Bücher von Ortega, Rheinboldt [1], Schwetlick [1] und Dennis, Schnabel [1], die auch ausführliche Literaturzusammenstellungen enthalten.

B 5.3.2. Wenn die Anzahl der Gleichungen in (2) die der Unbekannten übersteigt, ist das System im allgemeinen überbestimmt und besitzt keine Lösung. Man kann dann ebenso wie im linearen Fall versuchen, im Sinne der *Methode der kleinsten Quadrate* eine verallgemeinerte Lösung zu finden, indem man das Funktional $\Phi(\boldsymbol{x}) := \sum_{m=1}^{M} f_m^2(x_1, x_2, \ldots, x_N)$ (vgl. (5.1.18)) minimiert. Auf die bei solchen *Minimierungsaufgaben* (*ohne Nebenbedingungen*) auftretenden theoretischen und numerischen Probleme können wir hier nicht näher eingehen (vgl. Dennis, Schnabel [1], Kleinmichel et al. [1], Pšeničnyj, Danilin [13]).

B 5.3.3. Gesamt- und Einzelschrittverfahren sind im allgemeinen nur linear konvergent. Sie haben aber den Vorteil, daß sie je Schritt mit dem kleinstmöglichen Rechenaufwand von je einer Berechnung der Vektorfunktion $\boldsymbol{g}(\boldsymbol{x})$ (beziehungsweise N skalaren Funktionswertberechnungen $g_j(\boldsymbol{x})$) auskommen. Rundungsfehler können sich nicht häufen, da stets auf die Ausgangsfunktion zurückgegriffen wird. Wenn die g_j, wie das in der Praxis häufig vorkommt, jeweils nur von einigen wenigen Komponenten x_k abhängen, liegt ein weiterer Vorteil darin, daß eine solche schwache Besetztheit (Sparse-Struktur) bei der Programmierung der Verfahren optimal ausgenutzt werden kann. Bei komplizierteren Lösungsmethoden wird die einfache Struktur dagegen, wie wir bereits im Spezialfall linearer Gleichungssysteme gesehen hatten, unter Umständen verdorben (Auffüllung, engl. *fill-in*).

B 5.3.4. Viele Definitionen und Sätze der Differentialrechnung für (skalare) Funktionen einer oder mehrerer Veränderlicher lassen sich auf vektorwertige Funktionen übertragen (vgl. Kantorowitsch, Akilow [1], S. 533, Ortega, Rheinboldt [1], S. 69, Schwetlick [1], S. 26). Im folgenden sei $\boldsymbol{f}$ eine Funktion (Abbildung), die Vektoren des $\mathbb{R}^N$ auf Vektoren des $\mathbb{R}^M$ abbildet, $\boldsymbol{f}\colon \mathbb{D}_f \to \mathbb{R}^M$, $\mathbb{D}_f \subset \mathbb{R}^N$. Dann nennt man $\boldsymbol{f}$ in einem inneren Punkt des Definitionsgebietes (*Fréchet-*) *differenzierbar*, wenn eine lineare Abbildung $\boldsymbol{A}$ existiert, so daß es für jedes positive ε ein positives δ mit

$$\|\boldsymbol{f}(\boldsymbol{x} + \boldsymbol{h}) - \boldsymbol{f}(\boldsymbol{x}) - \boldsymbol{A} \cdot \boldsymbol{h}\| \leqq \varepsilon \|\boldsymbol{h}\| \quad \text{für alle} \quad \|\boldsymbol{h}\| \leqq \delta \tag{59}$$

gibt. Die Abbildung $\boldsymbol{A}$ heißt (Fréchet-) Ableitung von $\boldsymbol{f}$ im Punkt $\boldsymbol{x}$ und wird durch die Funktionalmatrix $\boldsymbol{f}'(\boldsymbol{x})$ repräsentiert. Für jedes feste $\boldsymbol{x}$ ist $\boldsymbol{A}$ eine Matrix, als Funktion von $\boldsymbol{x}$ aufgefaßt ist $\boldsymbol{A}(\boldsymbol{x}) := \boldsymbol{f}'(\boldsymbol{x})$ folglich eine Abbildung von Vektoren auf Matrizen. Liegt die Strecke $\boldsymbol{x} + t \cdot \boldsymbol{h}$ $(0 \leqq t \leqq 1, \boldsymbol{x}, \boldsymbol{h} \in \mathbb{R}^N)$ innerhalb von $\mathbb{D}_0$ und ist $\boldsymbol{f}$ auf der Strecke stetig differenzierbar, so gilt die Relation

$$\boldsymbol{f}(\boldsymbol{x} + \boldsymbol{h}) - \boldsymbol{f}(\boldsymbol{x}) = \int_0^1 \boldsymbol{f}'(\boldsymbol{x} + t \cdot \boldsymbol{h}) \cdot \boldsymbol{h}\, \mathrm{d}t, \tag{60}$$

die man als Übertragung des *Mittelwertsatzes der Differentialrechnung auf vektorwertige Funktionen* auffassen kann. Genügt $\boldsymbol{f}'$ auf der Strecke $\boldsymbol{x} + t \cdot \boldsymbol{h}$ einer Normabschätzung, so ergibt sich aus (60) die Ungleichung (vgl. (10))

$$\|\boldsymbol{f}(\boldsymbol{x} + \boldsymbol{h}) - \boldsymbol{f}(\boldsymbol{x})\| \leqq M_1 \|\boldsymbol{h}\|, \qquad \|\boldsymbol{f}'(\boldsymbol{x} + t \cdot \boldsymbol{h})\| \leqq M_1, \qquad 0 \leqq t \leqq 1. \tag{61}$$

Ist $\mathbb{D}_f$ konvex und genügt $\boldsymbol{f}'$ auf $\mathbb{D}_f$ einer Lipschitz-Bedingung $\|\boldsymbol{f}'(\boldsymbol{y}) - \boldsymbol{f}'(\boldsymbol{x})\| \leqq L_1 \|\boldsymbol{y} - \boldsymbol{x}\|$, so gilt für alle $\boldsymbol{x}, \boldsymbol{y}, \boldsymbol{z}$ aus $\mathbb{D}_f$

$$\|\boldsymbol{f}(\boldsymbol{y}) - \boldsymbol{f}(\boldsymbol{x}) - \boldsymbol{f}'(\boldsymbol{z})(\boldsymbol{y} - \boldsymbol{x})\| \leqq \frac{L_1}{2} \|\boldsymbol{y} - \boldsymbol{x}\| (\|\boldsymbol{y} - \boldsymbol{z}\| + \|\boldsymbol{x} - \boldsymbol{z}\|) \tag{62}$$

und für $\boldsymbol{z} := \boldsymbol{x}$ speziell

$$\|\boldsymbol{f}(\boldsymbol{y}) - \boldsymbol{f}(\boldsymbol{x}) - \boldsymbol{f}'(\boldsymbol{x})(\boldsymbol{y} - \boldsymbol{x})\| \leqq \frac{L_1}{2} \|\boldsymbol{y} - \boldsymbol{x}\|^2. \tag{63}$$

B 5.3.5. Bei langsamer Konvergenz ist die *Schätzung* L_k für die *Lipschitz-Konstante* L wegen der dann in (4) auftretenden Auslöschung sehr ungenau. In solchen Fällen ist es besser, weiter auseinander liegende Näherungen $\boldsymbol{x}^{(k)}, \boldsymbol{x}^{(k-m)}, \boldsymbol{x}^{(k-2m)}$, $m > 1$, heranzuziehen:

$$L_{k,m} := \|\boldsymbol{x}^{(k)} - \boldsymbol{x}^{(k-m)}\| / \|\boldsymbol{x}^{(k-m)} - \boldsymbol{x}^{(k-2m)}\|, \qquad L_k := \sqrt[m]{L_{k,m}} \tag{64}$$

(vgl. Ü 5.3.3).

B 5.3.6. Die von Iterationsverfahren für lineare Gleichungssysteme bekannte *Ljusternik-Extrapolation* (vgl. B 2.7.7) kann unter gewissen Voraussetzungen auch zur *Konvergenzbeschleunigung nichtlinearer Iterationsverfahren* $\boldsymbol{x}^{(k)} = \boldsymbol{g}(\boldsymbol{x}^{(k-1)})$ verwendet werden: Nach (21) gilt (für eine hinreichend glatte Iterationsfunktion) in der Umgebung von $\boldsymbol{x}^*$

$$\boldsymbol{x}^{(k)} = \boldsymbol{g}(\boldsymbol{x}^{(k-1)}) = \boldsymbol{g}(\boldsymbol{x}^*) + \boldsymbol{g}'(\boldsymbol{x}^*)(\boldsymbol{x}^{(k-1)} - \boldsymbol{x}^*) + \boldsymbol{e} \cdot O(\|\boldsymbol{x}^{(k-1)} - \boldsymbol{x}^*\|^2).$$

Subtrahiert man hiervon die entsprechende für $\boldsymbol{x}^{(k-1)}$ aufgeschriebene Gleichung, so ergibt sich für die Differenzen aufeinanderfolgender Näherungen (im Fall $\boldsymbol{g}'(\boldsymbol{x}^*) \neq 0$, also bei linearer Konvergenz) bis auf Glieder höherer Ordnung die lineare Rekursion $\boldsymbol{x}^{(k)} - \boldsymbol{x}^{(k-1)} = \boldsymbol{g}'(\boldsymbol{x}^*)(\boldsymbol{x}^{(k-1)} - \boldsymbol{x}^{(k-2)})$. Für hinreichend großes k stellt sich dann häufig näherungsweise eine Proportionalität

$$\boldsymbol{x}^{(k)} - \boldsymbol{x}^{(k-1)} \approx \tau(\boldsymbol{x}^{(k-1)} - \boldsymbol{x}^{(k-2)}) \tag{65}$$

ein. Den Proportionalitätsfaktor τ erhält man, indem man Quotienten von Komponenten der beiden Differenzenvektoren bildet, $\tau \approx (x_j^{(k)} - x_j^{(k-1)})/(x_j^{(k-1)} - x_j^{(k-2)})$, oder indem man in (65) zu Normen übergeht,

$$|\tau| \approx \|\boldsymbol{x}^{(k)} - \boldsymbol{x}^{(k-1)}\| / \|\boldsymbol{x}^{(k-1)} - \boldsymbol{x}^{(k-2)}\| = L_k$$

(vgl. (4) und (64)), oder schließlich, indem man (65) skalar mit $\boldsymbol{x}^{(k-1)} - \boldsymbol{x}^{(k-2)}$ multipliziert,

$$\tau \approx (\boldsymbol{x}^{(k)} - \boldsymbol{x}^{(k-1)}, \boldsymbol{x}^{(k-1)} - \boldsymbol{x}^{(k-2)}) / (\boldsymbol{x}^{(k-1)} - \boldsymbol{x}^{(k-2)}, \boldsymbol{x}^{(k-1)} - \boldsymbol{x}^{(k-2)}).$$

Aus der Identität $\boldsymbol{x}^* = \boldsymbol{x}^{(k)} + (\boldsymbol{x}^{(k+1)} - \boldsymbol{x}^{(k)}) + (\boldsymbol{x}^{(k+2)} - \boldsymbol{x}^{(k+1)}) + \cdots$ ergibt sich, wenn man alle Differenzen mit Hilfe von (65) auf $\boldsymbol{x}^{(k)} - \boldsymbol{x}^{(k-1)}$ zurückführt,

$$\boldsymbol{x}^* \approx \boldsymbol{x}^{(k)} + \tau(\boldsymbol{x}^{(k)} - \boldsymbol{x}^{(k-1)}) + \tau^2(\boldsymbol{x}^{(k)} - \boldsymbol{x}^{(k-1)}) + \cdots.$$

Summiert man die geometrische Reihe (in τ) auf, so erhält man die *Ljusternik-Extrapolation*

$$\boldsymbol{x}^* \approx \bar{\boldsymbol{x}}^{(k)} := \boldsymbol{x}^{(k)} + \frac{\tau}{1 - \tau} (\boldsymbol{x}^{(k)} - \boldsymbol{x}^{(k-1)}). \tag{66}$$

ist nur der Betrag von τ bekannt, so benutzt man die (leicht aus (65) herzuleitende) Proportionalität $\boldsymbol{x}^{(k)} - \boldsymbol{x}^{(k-2)} \approx \tau^2(\boldsymbol{x}^{(k-2)} - \boldsymbol{x}^{(k-4)})$ und erhält statt (66) die Extrapolationsformel

$$\boldsymbol{x}^* \approx \boldsymbol{x}^{(k)} := \boldsymbol{x}^{(k)} + \frac{\tau^2}{1 - \tau^2} (\boldsymbol{x}^{(k)} - \boldsymbol{x}^{(k-2)}), \qquad |\tau| = L_k \tag{67}$$

(vgl. KRASNOSELSKI u. a. [1], S. 24).

B 5.3.7. Algorithmen für Iterationsverfahren sollten stets *mehrere Abbruchkriterien* enthalten. Für den Fall einer schlechten Konvergenz verwendet man den Abbruch bei erreichter *maximaler Schrittanzahl* (k = MAX). Nullstellenverfahren kann man abbrechen, wenn der *Defekt der k-ten Näherung* absolut oder relativ zum Defekt der Startnäherung in irgendeiner Norm kleiner als eine vorgegebene Schranke geworden ist, also wenn

$$\|\boldsymbol{f}(\boldsymbol{x}^{(k)})\| < \Delta_f \quad \text{oder} \quad \|\boldsymbol{f}(\boldsymbol{x}^{(k)})\| < E_f \cdot \|\boldsymbol{f}(\boldsymbol{x}^{(0)})\| \tag{68}$$

erfüllt ist. Nur darf man daraus nicht schließen, daß dann auch der absolute Fehler $\|\delta^{(k)}\| := \|x^{(k)} - x^*\|$ beziehungsweise der relative Fehler $\|\varepsilon^{(k)}\| := \|x^{(k)} - x^*\|/\|x^{(k)}\|$ ebenso klein ist. Für differenzierbare Funktionen und einfache Nullstellen folgt aus $f(x^{(k)}) = f(x^*) + f'(x^*)\,\delta^{(k)} + \cdots$ lediglich

$$\|\delta^{(k)}\| \leqq M_{-1}\Delta_f \quad \text{mit} \quad \sup_{t\in[0,1]} \|[f'(x^* + t\delta^{(k)})]^{-1}\| \leqq M_{-1}. \tag{69}$$

Bei einer fastsingulären Funktionalmatrix (im eindimensionalen Fall entspricht das einem sehr flachen Anstieg der Kurve $y = f(x)$) kann also $\|\delta^{(k)}\|$ trotz eines kleinen Defektes noch sehr groß sein. Ist $f'(x^*) = 0$, also x^* eine mindestens zweifache Nullstelle, so liegt $\|\delta^{(k)}\|$ sogar noch in der Größenordnung von $\Delta_f^{1/2}$ (vgl. auch (5.2.14) und (5.2.15)). In der Regel bricht man Iterationsverfahren ab, wenn die absolute oder die relative Änderung der Iterierten kleiner als vorgegebene Schranken geworden ist,

$$\|x^{(k)} - x^{(k-1)}\| \leqq \Delta_x \quad \text{oder} \quad \|x^{(k)} - x^{(k-1)}\| \leqq E_x \cdot (\|x^{(k)}\| + 10^{-t}). \tag{70}$$

Beim relativen Abbruchtest ist der Term 10^{-t} (mit $t := 3$ oder $t := 4$) hinzuzufügen, weil das Abbruchkriterium sonst im Fall $\|x^{(k)}\| = 0$ sinnlos würde. Wie im Fall eines kleinen Residuums kann man auch bei einer kleinen Differenz aufeinanderfolgender Näherungen nicht sofort auf einen ebenso kleinen Fehler $\delta^{(k)}$ schließen. Für linear konvergente Iterationsverfahren $x^{(k+1)} = g(x^{(k)})$ ergab sich beim Beweis des Kontraktionssatzes die A-posteriori-Abschätzung (5.1.29)

$$\|\delta^{(k)}\| \leqq \frac{1}{1-L}\,\|x^{(k+1)} - x^{(k)}\| \leqq \frac{L}{1-L}\,\|x^{(k)} - x^{(k-1)}\|, \tag{71}$$

wo L eine Lipschitz-Konstante der Iterationsfunktion g bezeichnet. Für quadratisch konvergente Verfahren ($g'(x^*) = 0$) erhält man aus (63) mit $x := x^*$, $y := x^{(k)}$ und $f := g$ die Ungleichung $\|g(x^*) - g(x^{(k)})\| \leqq L_1\,\|\delta^{(k)}\|^2/2$, wo L_1 eine Lipschitz-Konstante für die Ableitung $g'(x)$ bezeichnet. Damit ergibt sich aus der Identität $x^{(k)} - x^* = x^{(k)} - x^{(k+1)} + g(x^{(k)}) - g(x^*)$ mit Hilfe der Dreiecksungleichung weiter $\|\delta^{(k)}\| \leqq \|x^{(k)} - x^{(k+1)}\| + L_1\,\|\delta^{(k)}\|^2/2$ und daraus schließlich

$$\|\delta^{(k)}\| \leqq \left(1 - \sqrt{1 - 2L_1\Delta_x}\right)/L_1 = \Delta_x + L_1\Delta_x^2 + O(\Delta_x^3), \text{ falls } \|x^{(k+1)} - x^{(k)}\| \leqq \Delta_x. \tag{72}$$

Bei *Gleitpunktrechnung* sind *relative Abbruchtests* den absoluten vorzuziehen. Wegen der *endlichen Mantissenlänge* sind Schranken, die unterhalb der *relativen Maschinengenauigkeit* eps (vgl. (1.3.19)) liegen, im allgemeinen nicht sinnvoll. Überflüssige Iterationsschritte im Bereich der *Grenzgenauigkeit* lassen sich vermeiden, wenn man die Schranken in (68) bzw. (70) etwas gröber wählt (≈ 100 eps) und noch solange weiterrechnet, bis die Norm des Residuums (oder der Differenz zweier Näherungen) wieder zunimmt,

$$\|f(x^{(k)})\| \geqq \|f(x^{(k-1)})\| \quad \text{oder} \quad \|x^{(k)} - x^{(k-1)}\| \geqq \|x^{(k-1)} - x^{(k-2)}\|. \tag{73}$$

B 5.3.8. Bei den *überlinear konvergenten Nullstellenverfahren* haben wir uns mit der Aussage begnügt, daß Konvergenz eintritt, wenn der Startvektor $x^{(0)}$ einen hinreichend kleinen Abstand von der Lösung x^* besitzt. Dabei wurde die Existenz einer Lösung als bekannt vorausgesetzt. Als Beispiel eines Konvergenzsatzes, in dem für eine Teilmenge $\mathbb{D}_0$ aus dem Inneren des Definitionsgebietes $\mathbb{D}_f$ sowohl die Existenz einer Lösung als auch die Konvergenz der Iterierten gegen diese Lösung nachgewiesen wird, zitieren wir den *Satz von* Kantorovič für das Newton-Verfahren (vgl. Kantorowitsch, Akilow [1], S. 572, Schwetlick [1], S. 99): *Die Funktion f sei auf der konvexen Menge $\mathbb{D}_0$ differenzierbar, und die Ableitung genüge dort einer Lipschitz-Bedingung $\|f'(x) - f'(y)\| \leqq L_1\,\|x - y\|$, $L_1 > 0$. Für einen Startvektor $x^{(0)}$ aus $\mathbb{D}_0$ existiere die Inverse der Funktionalmatrix, so daß die Newton-Korrektur $d := -f'(x^{(0)})^{-1} f(x^{(0)})$ berechnet werden kann. Weiter sei $\|f'(x^{(0)})^{-1}\| \leqq M_{-1}$ und $\|d\| \leqq D$. Ist dann $h := M_{-1}L_1D \leqq 1/2$ und $\mathbb{K}_1 := \mathbb{K}(x^{(1)}, r_1)$ mit $x^{(1)} := x^{(0)} + d$ und $r_1 := \left(1 - \sqrt{1 - 2h}\right)/(M_{-1}L_1) - D$ eine Konvergenzkugel* (vgl. Folgerung 5.1.11), *die ganz in $\mathbb{D}_0$ liegt, so gilt: Alle Newton-Näherungen $x^{(k)}$ liegen in $\mathbb{K}_1$, die Folge $(x^{(k)})$ konvergiert gegen x^*, der Grenzvektor x^* ist Nullstelle von f und in $\mathbb{K}\left(x^{(0)}, \left(1 + \sqrt{1 - 2h}\right)/(M_{-1}L_1)\right) \cap \mathbb{D}_0$ eindeutig, und für den Fehler der k-ten Näherung gilt $\|\delta^{(k)}\| \leqq q^{2^k} \cdot 2^{-k}/(M_{-1}L_1)$ mit $q := 1 - \sqrt{1 - 2h}$.* Mit Methoden der *Intervallmathematik* lassen sich numerisch realisierbare Tests angeben, mit deren Hilfe die *Existenz* und die *Eindeutigkeit* der Lösung sowie die *Konvergenz des Newton-Verfahrens* geprüft werden können (Pandian [1]).

B 5.3.9. Wesentliche Beiträge zur Entwicklung *ableitungsfreier Varianten des Newton-Verfahrens* gehen auf J. W. Schmidt und seine Mitarbeiter (TU Dresden) zurück (vgl. Schmidt [1], Mönch [1] und die in Schwetlick [1] zitierte Literatur).

Tab. 5.3.1. Testbeispiele für Nullstellenverfahren (mehrdimensional)

Nr. (Bezeichnung)	Funktionen	Startvektor
1 (Rosenbrock)	$f_1 := 10(x_2 - x_1^2)$, $f_2 := 1 - x_1$	$\begin{pmatrix} -1.2 \\ 1 \end{pmatrix}$
2 (Kantorowitsch, Akilow [1])	$f_1 := 3x_1^2 x_2 + x_2^3 - 1$, $f_2 := x_1^4 + x_1 x_2^3 - 1$	$\begin{pmatrix} 0.98 \\ 0.32 \end{pmatrix}$
3 (Freudenstein, Roth)	$f_1 := -13 + x_1 + ((5 - x_2)\, x_2 - 2)\, x_2$, $f_2 := -29 + x_1 + ((x_2 + 1)\, x_2 - 14)\, x_2$	$\begin{pmatrix} 0.5 \\ -2 \end{pmatrix}$
4 (Powell)	$f_1 := 10000 x_1 x_2 - 1$, $f_2 := e^{-x_1} + e^{-x_2} - 1.0001$	$\begin{pmatrix} 0 \\ 1 \end{pmatrix}$
5 (Brown, Conte)	$f_1 := 3x_1 + x_2 + 2x_3^2 - 3$, $f_2 := -3x_1 + 5x_2^2 + 2x_1 x_3 - 1$, $f_3 := 25 x_1 x_2 + 20 x_3 + 12$	$\begin{pmatrix} 0 \\ 0 \\ 0 \end{pmatrix}$
6 (Fletcher, Powell)	$f_1 := 10 x_3 - 100 t$, $f_2 := 10(x_1^2 + x_2^2)^{1/2} - 10$, $f_3 := x_3$ $t := \begin{cases} \arctan(x_2/x_1)/(2\pi), & \text{falls } x_1 \geqq 0, \\ 0.5 + \arctan(x_2/x_1)/(2\pi), & \text{falls } x_1 < 0 \end{cases}$	$\begin{pmatrix} -1 \\ 0 \\ 0 \end{pmatrix}$
7 (Martínez)	$f_1 := x_1^2 + x_2^3 + x_3^4 - 3$, $f_3 := 1/x_1 + 2/x_2 - 1/x_3 - 2$, $f_2 := \sin(\pi x_1/2) + \cos(\pi x_2/2) + \ln x_3 - 1$	$\begin{pmatrix} 1 \\ 1 \\ 1.5 \end{pmatrix}$
8 (Powell)	$f_1 := x_1 + 10 x_2$, $f_2 := \sqrt{5}\,(x_3 - x_4)$, $f_3 := (x_1 - 2x_3)^2$, $f_4 := \sqrt{10}\,(x_1 - x_4)^2$	$\begin{pmatrix} 3 \\ -1 \\ 0 \\ 1 \end{pmatrix}$
9 (Deist, Sefor)	$n = 1(1)6$, $f_n := \sum_{\substack{j=1 \\ j \neq n}}^{6} \cot(\beta_n x_j)$ $\beta_1 := 0.02249$, $\beta_2 := 0.02166$, $\beta_3 := 0.02083$, $\beta_4 := 0.02000$, $\beta_5 := 0.01918$, $\beta_6 := 0.01835$	$\begin{pmatrix} 75 \\ \vdots \\ 75 \end{pmatrix}$
10 (Martínez)	$n = 1(1)N$, $f_n := N x_n^2 - N - 2 + \sum_{j=1}^{N} x_j$	$\begin{pmatrix} 1.5 \\ \vdots \\ 1.5 \end{pmatrix}$
11 (Broyden)	$f_1 := (3 - 2x_1)\, x_1 - 2x_2 + 1$, $f_N := (3 - 2x_N)\, x_N - x_{N-1} + 1$, $n = 2(1)N - 1$, $f_n := (3 - 2x_n)\, x_n - x_{n-1} - 2x_{n+1} + 1$	$\begin{pmatrix} -1 \\ \vdots \\ -1 \end{pmatrix}$
12 (Brown)	$n = 1(1)N - 1$, $f_n := x_n - N - 1 + \sum_{j=1}^{N} x_j$, $f_N := \prod_{j=1}^{N} x_j - 1$	$\begin{pmatrix} 0.5 \\ \vdots \\ 0.5 \end{pmatrix}$
13	$n = 1(1)N$, $f_n := N(1 - n(1 - \cos x_n) + \sin x_n) - \sum_{j=1}^{N} \cos x_j$	$\begin{pmatrix} 0.1 \\ \vdots \\ 0.1 \end{pmatrix}$
14 (Martínez)	$n = 1(1)N$, $h := 1/(N + 1)$, $t_n := nh$, $x_0 = x_{N+1} = 0$, $f_n := x_n + \frac{h}{2} \Big((1 - t_n) \sum_{j=1}^{n} t_j (x_j + t_j + 1)^3$ $+ t_n \sum_{j=n+1}^{N} (1 - t_j)\,(x_j + t_j + 1)^3 \Big)$	$\begin{pmatrix} t_1(t_1 - 1) \\ \vdots \\ t_N(t_N - 1) \end{pmatrix}$

B 5.3.10. Um die Konvergenz des *gedämpften Newton-Verfahrens* nachweisen zu können, sind einige zusätzliche Voraussetzungen erforderlich (vgl. Ü 5.3.20 und STOER [1], S. 237). Statt der im Algorithmus 5.3.8 verwendeten und numerisch leichter zu handhabenden Betragssummennorm benutzt man das Quadrat der Euklidischen Norm, $\Phi(\boldsymbol{x}) := \boldsymbol{f}(\boldsymbol{x})^{\mathrm{T}} \boldsymbol{f}(\boldsymbol{x})$, und versucht, diese skalare Funktion der N Veränderlichen $x_1, x_2, \ldots, x_N$ in Richtung der Newton-Korrektur möglichst stark zu verkleinern. Es handelt sich also um ein *Projektionsverfahren* (vgl. (2.8.1)) mit der Newton-Richtung als Projektionsrichtung. Wenn die erwähnten Zusatzvoraussetzungen nicht erfüllt sind, kann sich das gedämpfte Newton-Verfahren in einem lokalen Minimum $\boldsymbol{x}'$ des Funktionals Φ (einem stationären Punkt) festlaufen, in dem $\Phi(\boldsymbol{x}') \neq 0$ ist, also die Funktion $\boldsymbol{f}$ keine Nullstelle besitzt.

B 5.3.11. *Konvergenzuntersuchungen* für *Quasi-Newton-Verfahren* vom *Broyden-Typ* findet man z. B. bei SCHWETLICK ([1], S. 139ff.) und in der dort zitierten Literatur. Insbesondere kann man zeigen, daß das *Broyden-Verfahren* (für hinreichend gute Startwerte $\boldsymbol{x}$ und Startmatrizen $\boldsymbol{A}$) überlinear konvergiert und, wenn man es auf lineare Gleichungssysteme anwendet, in endlich vielen Schritten zur Lösung führt (endliche Abbrucheigenschaft). Ein Nachteil besteht darin, daß die Aktualisierung der Matrix $\boldsymbol{A}$ mit Hilfe von (57) eine eventuell vorhandene *Sparse-Struktur* durch Auffüllung zerstört. Das läßt sich vermeiden, wenn man die Matrix spaltenweise ändert (MARTÍNEZ [1]). Die Modifizierung einer Matrix durch (57) oder ähnliche Formeln wird gelegentlich auch *Aufdatierung* genannt. Diese Bezeichnung geht auf eine formale und an sich inhaltslose Übertragung des englischen ‚*updating*' (von *up to date* — aktuell) zurück.

B 5.3.12. Die überlineare Konvergenz der behandelten Newton- bzw. Quasi-Newton-Verfahren gilt nur lokal, d. h. in einer hinreichend kleinen Umgebung der Lösung. Eine Möglichkeit der *Globalisierung von lokal konvergenten Iterationsmethoden* beruht auf der Idee der *Einbettung* (vgl. SCHWETLICK [1], S. 297ff., [2]). Dabei wird die Nullstellengleichung $\boldsymbol{f}(\boldsymbol{x}) = \boldsymbol{o}$ in eine von einem reellen Parameter t abhängende Schar von Gleichungen $\boldsymbol{h}(\boldsymbol{x}, t) = \boldsymbol{o}$ eingebettet. Wenn das zugrundeliegende Praxisproblem nicht von vornherein parameterabhängig ist, kann man z. B. $\boldsymbol{h}(\boldsymbol{x}, t) := \boldsymbol{f}(\boldsymbol{x}) - (1 - t)\, \boldsymbol{f}(\boldsymbol{x}^{(0)})$ wählen. Dann ist $\boldsymbol{x}^{(0)}$ offensichtlich für $t = 0$ eine Lösung von $\boldsymbol{h}(\boldsymbol{x}, t) = \boldsymbol{o}$. Man gibt sich nun eine Folge von Werten $0 < t_1 < t_2 - \cdots < t_N = 1$ vor und bestimmt nacheinander Näherungslösungen für die Nullstellenprobleme $\boldsymbol{h}(\boldsymbol{x}, t_n) = \boldsymbol{o}$, $n = 1(1)\, N$, wobei jeweils das Ergebnis der vorangegangenen Aufgabe als Startvektor benutzt wird. Für $t_N = 1$ erhält man eine Näherung für die gesuchte Lösung des Ausgangsproblems $\boldsymbol{h}(\boldsymbol{x}, 1) = \boldsymbol{f}(\boldsymbol{x}) = \boldsymbol{o}$.

B 5.3.1.3 Einige *Testbeispiele* für Nullstellenalgorithmen findet man in Tab. 5.3.1. Sie stammen bis auf das zweite Beispiel aus der bereits zitierten und einigen weiteren Arbeiten von MARTÍNEZ (vgl. auch Ü 5.3.6 sowie MORÉ, GARBOW, HILLSTROM [1]).

5.3.7. Übungsaufgaben

Ü 5.3.1. Man wende den *Mittelwertsatz* (6) im Intervall $[\boldsymbol{x}, \boldsymbol{x} + t(\boldsymbol{y} - \boldsymbol{x})]$, $0 \leqq t \leqq 1$, $\boldsymbol{x} := (0, 0)^{\mathrm{T}}$, $\boldsymbol{y} := (1, 1)^{\mathrm{T}}$, auf die Funktionen $g_1(x_1, x_2) := x_1^2$, $g_2(x_1, x_2) := x_2^3$ an und bestimme Zwischenwerte ϑ_1 und ϑ_2.

Ü 5.3.2. Man beweise: Ist $\boldsymbol{L}$ eine $N \times N$-Linksdreiecksmatrix mit Nullen in der Hauptdiagonalen, so besitzt die Inverse von $\boldsymbol{I}_N - \boldsymbol{L}$ die Darstellung $(\boldsymbol{I}_N - \boldsymbol{L})^{-1} = \boldsymbol{I}_N + \boldsymbol{L} + \boldsymbol{L}^2 + \cdots + \boldsymbol{L}^{N-1}$.

Ü 5.3.3. Man begründe die Schätzung (64) für die Lipschitz-Konstante $\boldsymbol{L}$ (vgl. B 5.3.5).

Ü 5.3.4. Man programmiere das *Einzelschrittverfahren* (Algorithmus 5.3.4).

Ü 5.3.5. Man schreibe einen Algorithmus für das *Gesamtschrittverfahren*.

Ü 5.3.6. Man versuche, die Gleichungssysteme $\boldsymbol{f}(\boldsymbol{x}) = \boldsymbol{o}$ mit

a) $f_1 := x_1 - \sin(x_1 + x_2)$, $f_2 := \cos(x_1 - x_2) - x_2$,

b) $f_1 := x_1^2 x_2 - c(x_1^3 + c(2.2 - x_1))$, $f_2 := x_2^3 - c(x_2^2 + c(x_1 - x_2))$, $c := 0.044$ (vgl. JUST, OELSCHLÄGEL [1], S. 155),

c) $f_1 := x_1^2 - 2x_2$, $f_2 := 3x_1 - x_2^3$,

d) $f_1 := x_1^2 + x_2^2 - 4$, $f_2 := \mathrm{e}^{x_1} - x_2$,

e) $f_1 := x_1^2 + x_2^2 + x_3^2 - 4$, $f_2 := x_1^2/4 + x_2^2 - x_3$, $f_3 := x_3 - \mathrm{e}^{x_1 + x_2}$,

f) $f_1 := 3x_1^2 + 3x_2^2/2 + x_3^2 - 5$, $f_2 := 6x_1x_2x_3 - x_1 + 5x_2 + 3x_3$,
$f_3 := 5x_1x_3 - x_2x_3 - 1$ (vgl. COLLATZ, ALBRECHT [1], Bd. 1, S. 80),

mit Hilfe des Einzelschritt- und des Gesamtschrittverfahrens iterativ zu lösen. Hinweise. Im System b) stelle man zur Herleitung einer Fixpunktgleichung nach den unterstrichenen Größen um. Im Fall $N = 2$ bestimme man Startwerte durch geometrische Darstellung von $f_1(x_1, x_2) = 0$ und $f_2(x_1, x_2) = 0$.

Ü 5.3.7. Man verschaffe sich Lipschitz-Konstanten für die Iterationsfunktionen g_j der Beispiele aus Ü 5.3.6 durch a) Schätzung nach (4), b) Abschätzung nach (10) beziehungsweise (21).

Ü 5.3.8. Man schreibe Programme für das *Gesamt- und das Einzelschrittverfahren mit Relaxation* (vgl. (29)) und bestimme mit ihrer Hilfe Näherungslösungen für ausgewählte nichtlineare Gleichungssysteme aus Ü 5.3.6 und Tab. 5.3.1.

Ü 5.3.9. Unter Verwendung der Algorithmen 2.2.2 (zur $\boldsymbol{LU}$-Zerlegung) und 2.3.7 (zur Vorwärts- und Rückwärtselimination) schreibe man ein Programm für das *Picardsche Iterationsverfahren* (34) und löse mit seiner Hilfe ausgewählte Gleichungssysteme aus Ü 5.3.6 und Tab. 5.3.1.

Ü 5.3.10. Man verbessere die Ergebnisse aus Ü 5.3.6, Ü 5.3.8 und Ü 5.3.9 durch *Ljusternik-Extrapolation* mit den drei in B 5.3.6 angegebenen Konstanten τ.

Ü 5.3.11. Man schreibe ein Programm zum *Newton-Verfahren* (44), wobei nur nach jeweils k_0 Schritten eine neue Funktionalmatrix (und dazu eine neue $\boldsymbol{LU}$-Aufspaltung) berechnet werden soll.

Ü 5.3.12. Man schreibe ein Programm zum *Sekantenverfahren* (48), (49).

Ü 5.3.13. Man teste die Programme aus Ü 5.3.11 und Ü 5.3.12 anhand ausgewählter Beispiele aus Ü 5.3.6 und Tab. 5.3.1 und vergleiche den *Rechenaufwand* mit dem der Verfahren aus Ü 5.3.6, Ü 5.3.8 und Ü 5.3.9 (bei gleichen Genauigkeitsanforderungen).

Ü 5.3.14. Man programmiere das *gedämpfte Newton-Verfahren* (Algorithmus 5.3.8) und vergleiche es anhand von Testbeispielen mit dem Newton-Verfahren aus Ü 5.3.11.

Ü 5.3.15. Für eine Matrix $\boldsymbol{A}$ sei eine $\boldsymbol{LU}$-Zerlegung ($\boldsymbol{QR}$-Zerlegung) bekannt. Man berechne die entsprechenden Faktoren für die Rang-Eins-modifizierte Matrix $\boldsymbol{B}$ (vgl. (57)).

Ü 5.3.16. Man programmiere das *Broyden-Verfahren* (58) unter Verwendung des Dämpfungsprinzips (Schritt 3 aus Algorithmus 5.3.8) und der Modifizierungsformeln für die Dreiecksfaktoren aus Ü 5.3.15.

Ü 5.3.17. Zu den Startwerten $\boldsymbol{x}$, $\boldsymbol{A}$, $\boldsymbol{d}_0 := -\boldsymbol{A}^{-1}\boldsymbol{f}(\boldsymbol{x})$, $\boldsymbol{\delta} := \boldsymbol{0}$ programmiere man das folgende vereinfachte Broyden-Verfahren $\boldsymbol{d} := \boldsymbol{d}_0 + \boldsymbol{\delta}$, $\boldsymbol{t} := \boldsymbol{x} + \boldsymbol{d}$, $\boldsymbol{h} := -\boldsymbol{A}^{-1}\boldsymbol{f}(\boldsymbol{t})$, $\mu := \boldsymbol{d}^{\mathrm{T}}\boldsymbol{d}_0$, $\nu := \boldsymbol{d}^{\mathrm{T}}\boldsymbol{h}$,

$$\delta := \frac{\mu}{\mu - \nu}\,(\boldsymbol{\delta} + \boldsymbol{h}).$$

Ü 5.3.18. Man begründe das *vereinfachte Broyden-Verfahren* aus Ü 5.3.17 mit Hilfe der *Sherman-Morrison-Formel* (vgl. Ü 2.1.41) und untersuche seine Konvergenzgeschwindigkeit.

Ü 5.3.19. Man vergleiche das vereinfachte Broyden-Verfahren aus Ü 5.3.17 mit dem vereinfachten Newton-Verfahren.

Ü 5.3.20. Man beweise: Ist $\boldsymbol{f}'(\boldsymbol{x})$ in einer Umgebung von $\boldsymbol{x}^{(0)}$ nichtsingulär, so gibt es ein Intervall. $(0, \bar{\lambda})$, $\bar{\lambda} > 0$, so daß $\|\boldsymbol{f}(\boldsymbol{x}^{(0)} - \lambda \boldsymbol{f}'(\boldsymbol{x}^{(0)})^{-1} \boldsymbol{f}(\boldsymbol{x}^{(0)}))\| < \|\boldsymbol{f}(\boldsymbol{x}^{(0)})\|$ für alle λ aus $(0, \bar{\lambda})$ gilt.

6. Interpolation und Approximation

6.1. Polynominterpolation

6.1.1. Problemstellung, Lagrangesche Darstellung

Die klassischen Aufgaben der Interpolation erläutern wir anhand von drei Beispielen.

Beispiel 6.1.1. Vor der Einführung elektronischer Rechenanlagen war das Problem der *Untertafelung* ein wichtiges Anwendungsgebiet der Interpolation: Gesucht sei ein Näherungswert für $f(x) := \lg x$ an der Stelle $x := 4.326$. In einer vierstelligen Logarithmentafel findet man nur die beiden „benachbarten" Werte

$$f(x_0) := \lg 4.320 \approx 0.6355 \text{ und}$$

$$f(x_1) := \lg 4.330 \approx 0.6365 .$$

Wir ersetzen deshalb die Funktion $y = f(x)$ in dem Intervall $[x_0, x_1]$ durch eine Gerade (Abb. 6.1.1)

$$y = p(x) := c_0 + c_1 x$$

und fordern, daß $f(x)$ und $p(x)$ in den beiden bekannten Punkten übereinstimmen:

$$p(x_0) = c_0 + c_1 x_0 = f(x_0),$$

$$p(x_1) = c_0 + c_1 x_1 = f(x_1).$$

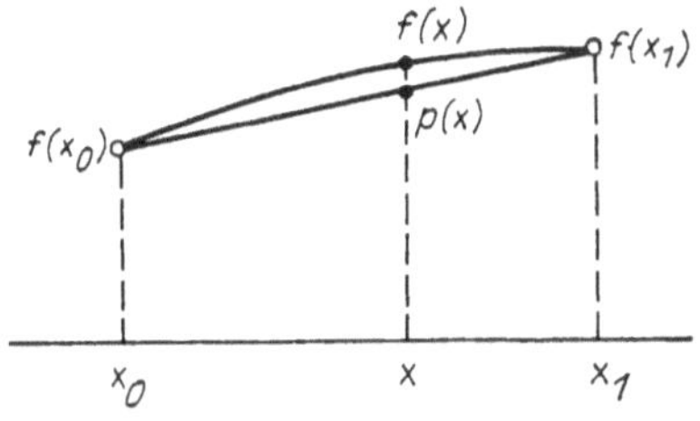

Abb. 6.1.1. Interpolation durch eine Gerade

Aus diesem Gleichungssystem lassen sich, da $x_0 \neq x_1$ ist, die beiden unbekannten Koeffizienten c_0 und c_1 eindeutig bestimmen. Wir erhalten die bekannte Zweipunkteform der Geradengleichung

$$p(x) = f(x_0) + (f(x_1) - f(x_0)) \frac{x - x_0}{x_1 - x_0}$$

und daraus schließlich den gesuchten Näherungswert

$$\lg 4.326 \approx p(4.326) = 0.6355 + 0.010 \cdot \frac{0.006}{0.010} = 0.6361 .$$

Beispiel 6.1.2. Aus der Kombinatorik bekannt und auf vielen Taschenrechnern als Funktionstaste vorhanden ist die Funktion $n!$ („n Fakultät")

$$n! := 1 \cdot 2 \cdot 3 \cdot \dots \cdot n .$$

Sie ist für jede natürliche Zahl n erklärt und kann, wenn man noch $0! := 1$ vereinbart, rekursiv durch

$$n! := n \cdot (n-1)!, \qquad n = 1, 2, \ldots,$$

bestimmt werden. Bereits EULER beschäftigte die Frage, ob man die Funktion auch für beliebige reelle Werte x erklären kann, ob es also eine Lösung der *Funktionalgleichung*

$$f(x) = x \cdot f(x-1), \qquad f(0) = 1, \tag{1}$$

gibt. Die von EULER gefundene, unter gewissen zusätzlichen Voraussetzungen eindeutige und durch weitere schöne Eigenschaften ausgezeichnete Lösung von (1) ist die *Eulersche Gammafunktion* (Abb. 6.1.2)

$$f(x) := \Gamma(x+1) := \int_0^\infty e^{-t} t^x \, dt, \qquad x > -1.$$

Das Integral ist nicht geschlossen auswertbar und deshalb für die Berechnung von Funktionswerten $y = f(x)$ nicht sehr gut geeignet. Wir suchen deshalb eine Ersatzfunktion $y = p(x)$, die die bekannten Werte

$x_n = n$	0	1	2	3	4	...
$f(x_n) = n!$	1	1	2	6	24	...

annimmt und eine möglichst einfache Berechnung von Näherungswerten $p(x) \approx f(x)$ an beliebigen Zwischenstellen x gestattet.

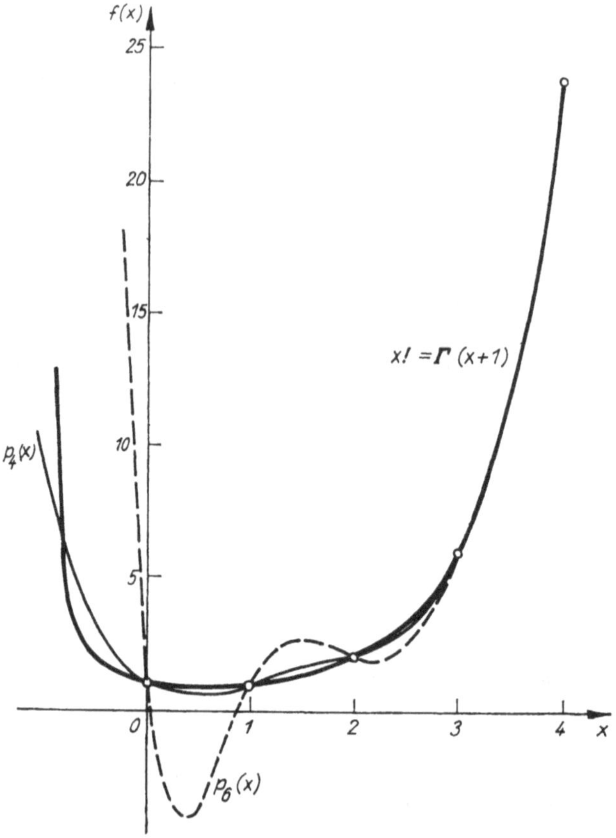

Abb. 6.1.2. Polynominterpolation von $f(x) := x! = \Gamma(x+1)$

Beispiel 6.1.3. Für die *Kontur eines Schiffsspants*, das ist die Schnittkurve der Schiffsaußenhaut mit einer zur Längsachse senkrechten Ebene, seien vom Konstrukteur folgende Maße vorgegeben (Abb. 6.1.3, vgl. MOLDENHAUER [1]):

x_n in m	0	2	5	7	9	12	15
$y_n = f(x_n)$ in m	0.60	1.40	2.00	3.40	6.40	10.0	11.0

Für die Anfertigung einer Konstruktionszeichnung reichen diese Werte nicht aus. Man sucht deshalb für die Kurve $y = f(x)$ eine möglichst einfache Ersatzfunktion $y = p(x)$, mit deren Hilfe Funktionswerte an Zwischenstellen näherungsweise berechnet werden können.

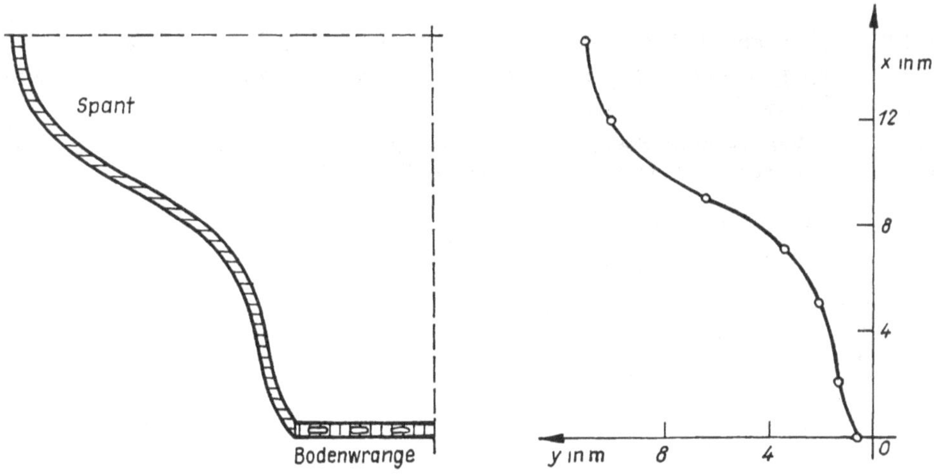

Abb. 6.1.3. Spant eines Frachtschiffes

In allen drei Beispielen sind von einer wohldefinierten, aber nicht (oder nur schwer) zugänglichen Funktion $y = f(x)$ nur an gewissen, paarweise voneinander verschiedenen *Stützstellen* (*Knoten*)

$$x_n, \quad n = 0(1)N, \qquad x_n \neq x_m \quad \text{für} \quad n \neq m, \tag{2}$$

deren Gesamtheit man als *Referenz* bezeichnet, die zugehörigen Funktionswerte

$$f_n := f(x_n), \qquad n = 0(1)N, \tag{3}$$

bekannt, die wir *Stützwerte* nennen wollen. Gesucht ist eine interpolierende Funktion $y = p(x)$, die in den Stützstellen mit den Stützwerten übereinstimmt, also der *Interpolationsforderung*

$$p(x_n) = f(x_n), \qquad n = 0(1)N, \tag{4}$$

genügt, und eine möglichst einfache Berechnung von Näherungen $p(x)$ für weitere Funktionswerte $f(x)$ gestattet. Verwendet man einen *Polynomansatz*

$$p_N(x) = c_0 + c_1 x + \cdots + c_N x^N, \tag{5}$$

so führt die Interpolationsforderung (4) auf das lineare Gleichungssystem

$$\sum_{m=0}^{N} c_m x_n^m = f_n, \qquad n = 0(1)N, \tag{6}$$

für die unbekannten Koeffizienten $c_0, c_1, \ldots, c_N$. Es ist eindeutig auflösbar, denn die Koeffizientenmatrix ist die bekannte Vandermondesche Matrix V_{N+1}, deren Determinante als Differenzenprodukt, d. h. als Produkt sämtlicher Differenzen $x_k - x_j$, dargestellt werden kann (Ü 6.1.1):

$$\det V_{N+1} := \begin{vmatrix} 1 & x_0 & \cdots & x_0^N \\ 1 & x_1 & \cdots & x_1^N \\ \vdots & \vdots & & \vdots \\ 1 & x_N & \cdots & x_N^N \end{vmatrix} = \prod_{j=0}^{N-1} \prod_{\substack{k=1 \\ j<k}}^{N} (x_k - x_j). \tag{7}$$

Also gilt

Satz 6.1.4 (Existenz und Eindeutigkeit des Interpolationspolynoms). *Durch $N + 1$ Stützpunkte $(x_n, f(x_n))$ mit paarweise verschiedenen Stützstellen ist ein Polynom von höchstens N-tem Grad eindeutig festgelegt.*

Beispiel 6.1.5. Verwenden wir die in Beispiel 6.1.2 angegebenen fünf Werte für die Fakultät, so ist $N = 4$, und das lineare Gleichungssystem (6) erhält die Gestalt

$$\begin{pmatrix} 1 & 0 & 0 & 0 & 0 \\ 1 & 1 & 1 & 1 & 1 \\ 1 & 2 & 4 & 8 & 16 \\ 1 & 3 & 7 & 27 & 81 \\ 1 & 4 & 16 & 64 & 256 \end{pmatrix} \begin{pmatrix} c_0 \\ c_1 \\ c_2 \\ c_3 \\ c_4 \end{pmatrix} = \begin{pmatrix} 1 \\ 1 \\ 2 \\ 6 \\ 24 \end{pmatrix}.$$

Daraus ergibt sich das in Abb. 6.1.2 dünn gezeichnete interpolierende Polynom 4. Grades

$$p_4(x) = 1 - \frac{25}{12}x + \frac{29}{8}x^2 - \frac{23}{12}x^3 + \frac{3}{8}x^4$$
$$= 1 - 2.08\bar{3}x + 3.625x^2 - 1.91\bar{6}x^3 + 0.375x^4.$$

Es paßt sich im Intervall $[0, 4]$ dem Kurvenverlauf der Gammafunktion gut an.

Nimmt man noch die beiden Werte $f(5) = 5! = 120$ und $f(6) = 6! = 720$ hinzu, so erhält man Ü 6.1.2) das in Abb. 6.1.2 gestrichelte Polynom

$$p_6(x) = 1 - 37.45x + 86.13\bar{8}x^2 - 71.8958\bar{3}x^3 + 27.9930\bar{5}x^4 - 5.1541\bar{6}x^5 + 0.3680\bar{5}x^6.$$

Überraschenderweise zahlt sich der höhere Rechenaufwand nicht aus. Das Polynom $p_6(x)$ oszilliert stark und ist im Intervall $[0, 4]$ eine wesentlich schlechtere Näherung an $\Gamma(x + 1)$ als $p_4(x)$.

Das lineare Gleichungssystem (6) ist kein geeigneter Ausgangspunkt für die Bestimmung des Interpolationspolynoms p_N. Seine Lösung mit Hilfe des Gauß-Algorithmus würde mehr als $N^3/3$ wesentliche Rechenoperationen beanspruchen (vgl. (2.2.16)). Hinzu kommt, daß die Vandermondesche Matrix eine schlechte Kondition besitzt (Ü 6.1.3). Günstiger ist es deshalb, das Polynom p_N nicht unmittelbar aus den Potenzen, sondern aus speziellen Basispolynomen linear zu kombinieren. Dazu bestimmen wir Polynome $L_m^{(N)}$ von genau N-tem Grad, die an jeweils genau einer Stützstelle $x = x_m$ den Wert Eins und an allen übrigen Stützstellen den Wert Null annehmen,

$$L_m^{(N)}(x_n) = \delta_{m,n} := \begin{cases} 1, & \text{falls } n = m, \\ 0, & \text{falls } n \neq m. \end{cases} \tag{8}$$

Offenbar leistet das Produkt der N von $x - x_m$ verschiedenen Linearfaktoren $x - x_k$

$$L_m^{(N)}(x) := d_m^{(N)} \cdot (x - x_0) \cdots (x - x_{m-1}) \cdot (x - x_{m+1}) \cdots (x - x_N)$$

das Verlangte, wenn man die noch unbekannten Koeffizienten $d_m^{(N)}$ aus der Forderung $L_m^{(N)}(x_m) = 1$ bestimmt:

$$d_m^{(N)} := 1 \Big/ \prod_{\substack{n=0 \\ n \neq m}}^{N} (x_m - x_n). \tag{9}$$

Mit Hilfe des *Knotenpolynoms*

$$w_{N+1}(x) := \prod_{n=0}^{N} (x - x_n) \tag{10}$$

können die $L_m^{(N)}(x)$ auch in der Form

$$L_m^{(N)}(x) = d_m^{(N)} \cdot \frac{w_{N+1}(x)}{x - x_m} = \prod_{\substack{n=0 \\ n \neq m}}^{N} \frac{x - x_n}{x_m - x_n}, \qquad m = 0(1)N, \tag{11}$$

geschrieben werden (vgl. auch Ü 6.1.4). Sie heißen *Lagrangesche Basispolynome.*

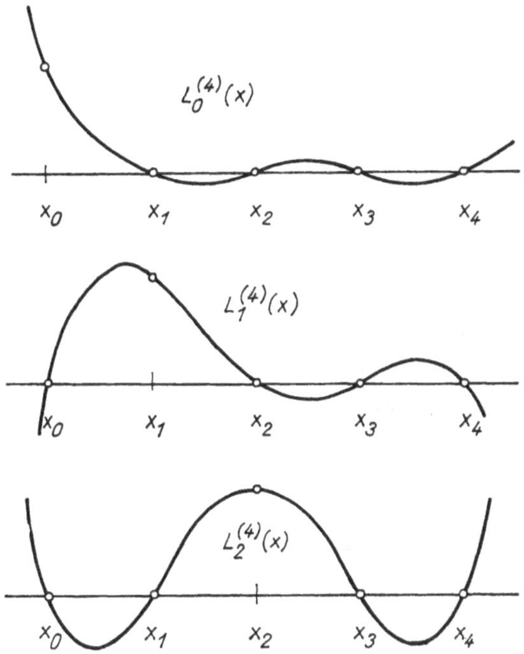

Abb. 6.1.4. Die Lagrangeschen Basispolynome $L_0^{(4)}(x)$, $L_1^{(4)}(x)$ und $L_2^{(4)}(x)$

Beispiel 6.1.6. Für $N = 1$ und $N = 2$ haben die Lagrangeschen Basispolynome die Gestalt

$$L_0^{(1)}(x) := \frac{x - x_1}{x_0 - x_1}, \qquad L_1^{(1)}(x) := \frac{x - x_0}{x_1 - x_0},$$

$$L_0^{(2)}(x) := \frac{(x - x_1)(x - x_2)}{(x_0 - x_1)(x_0 - x_2)}, \qquad L_1^{(2)}(x) := \frac{(x - x_0)(x - x_2)}{(x_1 - x_0)(x_1 - x_2)},$$

$$L_2^{(2)}(x) := \frac{(x - x_0)(x - x_1)}{(x_2 - x_0)(x_2 - x_1)}.$$

Die Linearkombination

$$p_N(x) := \sum_{m=0}^{N} f_m L_m^{(N)}(x) \tag{12}$$

der $L_m^{(N)}(x)$, in der die Koeffizienten gleich den vorgegebenen Funktionswerten (3) sind, heißt *Lagrangesche Darstellung des Interpolationspolynoms*. Daß es sich dabei tatsächlich um das früher in der Gestalt (5) geschriebene Interpolationspolynom $p_N(x)$ handelt, bestätigt man leicht: Als Summe von Polynomen N-ten Grades ist (12) ein Polynom von höchstens N-tem Grad. Ferner genügt es den Interpolationsbedingungen (4). Um das einzusehen, braucht man in (12) nur $x := x_n$ zu setzen und (8) zu berücksichtigen. Nach Satz 6.1.4 gibt es aber nur genau ein Interpolationspolynom von höchstens N-tem Grad zu den vorgegebenen Stützwerten. Folglich ist (12) lediglich eine andere Darstellung ein und desselben Polynoms $p_N(x)$.

Beispiel 6.1.7. Für das bereits in Beispiel 6.1.5 zu den ersten fünf Stützpunkten der Fakultät (vgl. Beispiel 6.1.2) berechnete interpolierende Polynom $p_4(x)$ ergibt sich aus (11) und (12) die Lagrangesche Darstellung

$$p_4(x) = 1 \cdot L_0^{(4)}(x) + 1 \cdot L_1^{(4)}(x) + 2 \cdot L_2^{(4)}(x) + 6 \cdot L_3^{(4)}(x) + 24 \cdot L_4^{(4)}(x)$$

mit den fünf Lagrangeschen Basispolynomen

$$L_0^{(4)}(x) = \frac{1}{24}(x-1)(x-2)(x-3)(x-4), \quad L_1^{(4)}(x) = -\frac{1}{6}x(x-2)(x-3)(x-4),$$

$$L_2^{(4)}(x) = \frac{1}{4}x(x-1)(x-3)(x-4), \quad L_3^{(4)}(x) = -\frac{1}{6}x(x-1)(x-2)(x-4),$$

$$L_4^{(4)}(x) = \frac{1}{24}x(x-1)(x-2)(x-3).$$

Würde man ausmultiplizieren und nach x-Potenzen ordnen, so ergäbe sich erneut das Polynom $p_4(x)$ in der Darstellung von Beispiel 6.1.5.

Für die numerische Berechnung von Polynomwerten an vorgegebenen Zwischenstellen $x = \xi$ ist es günstig, $p_N(x)$ als gewichtetes Mittel der Funktionswerte f_n zu schreiben. Dazu benutzen wir die für alle x gültige Relation

$$\sum_{m=0}^{N} L_m^{(N)}(x) = 1 \tag{13}$$

(vgl. Ü 6.1.5) und schreiben (12) mit Hilfe von (11) in der Gestalt

$$p_N(x) = \frac{\sum_{m=0}^{N} f_m L_m^{(N)}(x)}{\sum_{m=0}^{N} L_m^{(N)}(x)} = \frac{\sum_{m=0}^{N} f_m d_m^{(N)}/(x-x_m)}{\sum_{m=0}^{N} d_m^{(N)}/(x-x_m)}, \tag{14}$$

die *baryzentrische Darstellung des Interpolationspolynoms* genannt wird. Sie gilt für alle x, die verschieden von den Interpolationsknoten sind, und bildet die Grundlage für den folgenden Algorithmus.

Algorithmus 6.1.8. Berechnung von $p_N(\xi)$ aus der baryzentrischen (Lagrangeschen) Darstellung (14) des Interpolationspolynoms PNL (N, $\boldsymbol{x}$, $\boldsymbol{f}$, $\boldsymbol{d}$, ξ, p)

$N + 1$	Anzahl der Stützstellen
$\boldsymbol{x} := (x_0, x_1, \ldots, x_N)$	Vektor der Stützstellen
$\boldsymbol{f} := (f_0, f_1, \ldots, f_N)$	Vektor der Stützwerte
$\boldsymbol{d} := (d_0, d_1, \ldots, d_N)$	Vektor der Koeffizienten $d_m^{(N)}$
ξ	vorgegebene Zwischenstelle $\xi (\neq x_k, k = 0(1)N)$

1 ┌ $m = 0(1)N$ — Berechnung der Koeffizienten $d_m^{(N)}$
  $v := 1$
  [$k = 0(1)N$
  [falls $k \neq m$, dann $v := v \cdot (x_m - x_k)$
└ $d_m := 1/v$

2 $p := 0, s := 0$ — Berechnung des Polynomwerts $p_N(\xi)$

┌ $m = 0(1)N$
  $v := d_m/(\xi - x_m)$
  $s := s + v$
└ $p := p + f_m \cdot v$
  $p := p/s$

Bei hohen Genauigkeitsansprüchen kann Schritt 2 doppelt genau ausgeführt werden (vgl. Algorithmus 1.3.3). Ist $p_N(x)$ noch an weiteren Zwischenstellen zu berechnen, so wird der Algorithmus mit abgeändertem ξ im Schritt 2 neu gestartet. Der *Rechenaufwand* setzt sich aus $N^2 - 1$ Multiplikationen und $N + 1$ Divisionen für die Berechnung der Koeffizienten $d_m^{(N)}$ im Schritt 1 (vgl. auch B 6.1.1) und je Funktionswert $N + 1$ Multiplikationen und $N + 2$ Divisionen im Schritt 2 zusammen. Das ergibt insgesamt

$$\mathrm{RAW}_{\mathrm{Lagrange}} = N^2 + N + K(2N + 3) \tag{15}$$

wesentliche Rechenoperationen, wobei K die Anzahl der berechneten Funktionswerte bezeichnet.

Beispiel 6.1.9. Für das Polynom $p_4(x)$ aus Beispiel 6.1.7 liefert der Algorithmus 6.1.8, ohne die Basispolynome $L_m^{(4)}(x)$ explizit zu bestimmen, bei zehnstelliger Rechnung die (auf vier Ziffern gerundeten) Koeffizienten $d_0 = d_4 = 0.04167$, $d_1 = d_3 = -0.1667$ und $d_2 = 0.25$ und mit ihrer Hilfe an der Zwischenstelle $\xi = 2.5$ den Wert $p_N(2.5) = 3.148$. Der zugehörige, ebenfalls auf vier Stellen gerundete Wert der Gammafunktion ist $f(2.5) = \Gamma(3.5) \approx 3.323$.

6.1.2. Newtonsche Darstellung

Will man von einem bereits berechneten $p_N(x)$ unter Hinzunahme neuer Stützstellen zu einem Interpolationspolynom höheren Grades übergehen, so ist die Lagrangesche Darstellung nicht sonderlich gut geeignet (Ü 6.1.11, vgl. auch KERNER [1]). Wir beginnen mit einem Polynom nullten Grades, das durch die Interpolationsforderung $p_0(x_0) = f_0$ eindeutig festgelegt ist,

$$p_0(x) = f_0. \tag{16}$$

Nehmen wir die Stützstelle x_1 und den Stützwert f_1 hinzu, so erhalten wir das bereits in Beispiel 6.1.1 berechnete Polynom ersten Grades, das wir jetzt in der Gestalt

$$p_1(x) = p_0(x) + c_1 \cdot (x - x_0), \qquad c_1 := (f_1 - f_0)/(x_1 - x_0) \tag{17}$$

schreiben. Wir denken uns dieses Vorgehen bis zu einem Polynom $p_{m-1}(x)$ fortgesetzt, das die Interpolationsforderungen

$$p_{m-1}(x_n) = f_n, \qquad n = 0(1)m-1 \tag{18}$$

erfüllen möge, und benutzen für das Polynom nächsthöheren Grades den Ansatz

$$p_m(x) = p_{m-1}(x) + c_m w_m(x), \qquad w_m(x) := \prod_{n=0}^{m-1} (x - x_n), \tag{19}$$

wo $w_m(x)$ das analog zu (10) definierte Produkt der Linearfaktoren $(x - x_n)$, $n = 0(1)\, m-1$, bezeichnet. Offenbar ist $p_m(x)$ ein Polynom m-ten Grades. Es genügt wie $p_{m-1}(x)$ den ersten m Interpolationsbedingungen (4), denn es gilt

$$p_m(x_n) = p_{m-1}(x_n) + c_m \cdot 0 = f_n, \qquad n = 0(1)m-1.$$

Die neu hinzukommende Interpolationsforderung $p_m(x_m) = f_m$ verwenden wir, um den unbekannten Koeffizienten c_m aus dem Ansatz (19) zu bestimmen. Das ist stets möglich, wenn x_m verschieden von x_n, $n = 0(1)m-1$, gewählt wird:

$$c_m = \frac{f_m - p_{m-1}(x_m)}{w_m(x_m)}. \tag{20}$$

Durch Wiederholung dieses Vorgehens ($m = 1(1)N$) erhält man schließlich das *Interpolationspolynom $p_N(x)$ in der Newtonschen Darstellung*

$$\begin{aligned} p_N(x) &= c_0 + c_1(x - x_0) + \cdots + c_N(x - x_0)(x - x_1) \cdots (x - x_{N-1}) \\ &= \sum_{m=0}^{N} c_m w_m(x), \qquad w_0(x) := 1, \qquad c_0 := f_0. \end{aligned} \tag{21}$$

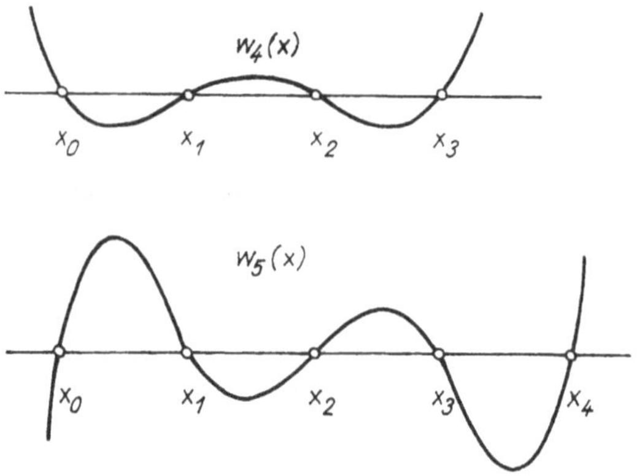

Abb. 6.1.5. Die Newtonschen Basispolynome (Knotenpolynome) $w_4(x)$ und $w_5(x)$

Die Rolle der Basisfunktionen haben hier die Knotenpolynome $w_m(x)$ übernommen. Wir nennen sie deshalb auch *Newtonsche Basispolynome* (Abb. 6.1.5). Die Koeffizienten c_m lassen sich rekursiv mit Hilfe von (20) berechnen. Nach (17) ergibt sich c_1 als Differenzenquotient der Funktion $f(x)$. Wir schreiben ihn wie früher (vgl. (5.1.39)) abkürzend in der Gestalt

$$c_1 := f[x_1, x_0] := \frac{f_1 - f_0}{x_1 - x_0} \tag{22}$$

und bezeichnen ihn als *Steigung (erster Ordnung)*. Für c_2 erhält man aus (20)

$$c_2 = \frac{f_2 - f_0 - f[x_1, x_0]\,(x_2 - x_0)}{(x_2 - x_0)\,(x_2 - x_1)} = \frac{\dfrac{f_2 - f_0}{x_2 - x_0} - f[x_1, x_0]}{x_2 - x_1}$$

$$= \frac{f[x_2, x_0] - f[x_1, x_0]}{x_2 - x_1} =: f[x_2, x_1, x_0]. \qquad (23)$$

Der Koeffizient ist ein Differenzenquotient zweier Steigungen. Er wird deshalb als *Steigung zweiter Ordnung* bezeichnet. Durch vollständige Induktion läßt sich zeigen (Ü 6.1.12), daß man c_m $(m > 1)$ als Differenzenquotient zweier Steigungen $(m - 1)$-ter Ordnung

$$c_m = \frac{f[x_m, x_{m-2}, x_{m-3}, \ldots, x_0] - f[x_{m-1}, x_{m-2}, \ldots, x_0]}{x_m - x_{m-1}} =: f[x_m, \ldots, x_0], \qquad (24)$$

also als Steigung m-ter Ordnung erhält. Für die Handrechnung legt man zweckmäßig ein *Steigungsschema* an,

$$\begin{array}{llllll}
x_0 & \underline{f_0} & & & & \\
 & & \underline{f[x_1, x_0]} & & & \\
x_1 & f_1 & & \underline{f[x_2, x_1, x_0]} & & \\
 & & f[x_2, x_1] & & \underline{f[x_3, x_2, x_1, x_0]} & \\
x_2 & f_2 & & f[x_3, x_2, x_1] & & \\
 & & f[x_3, x_2] & & & \\
x_3 & f_3 & & & &
\end{array} \qquad (25)$$

das auf der folgenden, von (24) abweichenden Rekursionsvorschrift

$$f[x_m, x_{m-1}, \ldots, x_n] = \frac{f[x_m, x_{m-1}, \ldots, x_{n+1}] - f[x_{m-1}, x_{m-2}, \ldots, x_n]}{x_m - x_n}, \qquad n < m,$$

beruht. Tatsächlich spielt es keine Rolle, in welcher Reihenfolge die Stützstellen zur Berechnung der Steigungen herangezogen werden:

Lemma 6.1.10 (Symmetrie der Steigungen). *Die Steigungen sind symmetrische Funktionen ihrer Argumente,* $f[x_{n_0}, x_{n_1}, \ldots, x_{n_m}] = f[x_m, x_{m-1}, \ldots, x_0]$. *Dabei bezeichnet* $n_0, n_1, \ldots, n_m$ *irgendeine Permutation der Zahlen* $0, 1, \ldots, m$.

Beweis. (21) und (11), (12) stellen ein und dasselbe Polynom dar. Wegen des Eindeutigkeitssatzes für Polynome müssen folglich die Koeffizienten gleicher x-Potenzen übereinstimmen. Ein Vergleich der Koeffizienten der höchsten Potenz x^N ergibt die symmetrische Darstellung

$$c_N = \frac{f_0}{(x_0 - x_1)\,(x_0 - x_2)\cdots(x_0 - x_N)} + \frac{f_1}{(x_1 - x_0)\,(x_1 - x_2)\cdots(x_1 - x_N)}$$

$$+ \cdots + \frac{f_N}{(x_N - x_0)\,(x_N - x_1)\cdots(x_N - x_{N-1})}. \qquad (26)$$

Sie gilt für beliebiges N $(N \geqq 1)$, also ist die Behauptung des Lemmas bewiesen.

Für das interpolierende Polynom werden nur die c_m, das sind die im Schema (25) unterstrichenen Steigungen, benötigt. Bei maschineller Rechnung können deshalb die übrigen Steigungen während des Rechenablaufs überspeichert werden. Man kommt dann mit je einem Vektor für die Stützstellen x_n und die Stützwerte f_n sowie einem Ergebnisvektor für die Koeffizienten c_m aus, benötigt also kein zweidimensionales Feld.

Da Dreiecksschemata der Gestalt (25) auch in anderen Zusammenhängen auftreten, beschreiben wir das Vorgehen im Detail. In der ersten Spalte ist nur $c_0 := f_0$ zu setzen. In der zweiten Spalte wird unten begonnen und $(f_3 - f_2)/(x_3 - x_2)$ berechnet. Der Wert f_3 wird im folgenden nicht mehr benötigt, er kann deshalb durch den Quotienten überspeichert werden. Entsprechendes gilt für die darüberstehenden Quotienten. Schließlich ist $c_1 := f_1$ zu setzen. Ebenso verfährt man in den folgenden Spalten, jeweils unten beginnend:

$$\begin{array}{llllll}
x_0 & f_0 =: c_0 & & & \\
x_1 & f_1 & \dfrac{f_1 - f_0}{x_1 - x_0} =: f_1 =: c_1 & & \\
x_2 & f_2 & \dfrac{f_2 - f_1}{x_2 - x_1} =: f_2 & \dfrac{f_2 - f_1}{x_2 - x_0} =: f_2 =: c_2 & \\
x_3 & f_3 & \dfrac{f_3 - f_2}{x_3 - x_2} =: f_3 & \dfrac{f_3 - f_2}{x_3 - x_1} =: f_3 & \dfrac{f_3 - f_2}{x_3 - x_0} =: f_3 =: c_3
\end{array} \tag{27}$$

Im folgenden Algorithmus verzichten wir auf die Vereinbarung eines zusätzlichen Vektors $\boldsymbol{c}$. Die Steigungen c_k stehen also nach Ablauf der Rechnung auf den Speicherplätzen der f_k.

Algorithmus 6.1.11. Berechnung der Steigungen mit Hilfe eines Dreiecksschemas DRS $(N, \boldsymbol{x}, \boldsymbol{f})$

$N + 1$	Anzahl der Stützstellen
$\boldsymbol{x} := (x_0, x_1, \ldots, x_N)$	Vektor der Stützstellen
$\boldsymbol{f} := (f_0, f_1, \ldots, f_N)$	Vektor der Stützwerte (nach Ablauf: Vektor der Steigungen)
$m = 1(1)N$	Spaltenzähler
$\quad j = N(-1)m$	Zeilenzähler
$\quad\quad f_j := \dfrac{f_j - f_{j-1}}{x_j - x_{j-m}}$	Berechnung der Steigungen $f[x_m, x_{m-1}, \ldots, x_0]$

Wegen der wiederholten Differenzenbildung besteht die Gefahr der Auslöschung (vgl. Abschnitt 1.2.2). Die Funktionswerte müssen deshalb hinreichend genau bekannt sein, wenn auch ihre Differenzen noch ausreichend viele signifikante Ziffern besitzen sollen (vgl. auch Ü 6.1.16 und Ü 6.1.17).

Sind die Koeffizienten c_m bestimmt, so kann der Wert des Polynoms $p_N(x)$ an jeder Zwischenstelle $x = \xi$ mit Hilfe von (21) berechnet werden. Dabei kommt man mit N Multiplikationen aus, wenn man ähnlich wie beim *Horner-Schema* (vgl. Abschnitt 5.2.2.) vorgeht und statt (21) eine geschachtelte Klammerdarstellung verwendet, im Fall $N = 4$ zum Beispiel

$$p_4(x) = \Big(\big((c_4(x - x_3) + c_3)\,(x - x_2) + c_2\big)\,(x - x_1) + c_1\Big)\,(x - x_0) + c_0 .$$

Für die Handrechnung benutzt man das Schema

$$\begin{array}{ccccc}
c_N & c_{N-1} & \cdots & c_1 & c_0 \\
- & (\xi - x_{N-1})\,d_N & \cdots & (\xi - x_1)\,d_2 & (\xi - x_0)\,d_1 \\
\hline
d_N & d_{N-1} & \cdots & d_1 & d_0 = p_N(\xi),
\end{array}$$

in dem gegenüber dem Horner-Schema lediglich der Multiplikator von Schritt zu Schritt abzuändern ist. Für die Maschinenrechnung eignet sich der folgende Algorithmus.

Algorithmus 6.1.12. Berechnung von $p_N(\xi)$ aus der Newtonschen Darstellung (21) des Interpolationspolynoms PNN (N, $\boldsymbol{x}$, $\boldsymbol{c}$, ξ, p)

N	Grad des Polynoms
$\boldsymbol{x} := (x_0, x_1, \ldots, x_N)$	Vektor der Stützstellen
$\boldsymbol{c} := (c_0, c_1, \ldots, c_N)$	Vektor der durch Algorithmus 6.1.11 berechneten Steigungen
ξ	vorgegebene Zwischenstelle
$p := c_N$	
$k = N - 1(-1)0$	
$p := (\xi - x_k) \cdot p + c_k$	Berechnung von $p_N(\xi)$

Die Koeffizientenberechnung nach Algorithmus 6.1.11 kostet $N(N + 1)/2$ Divisionen. Der Algorithmus 6.1.12 benötigt je Funktionswert N Multiplikationen. Damit ergibt sich für die Newtonsche Darstellung des Interpolationspolynoms ein *Rechenaufwand* von

$$\mathrm{RAW}_{\mathrm{Newton}} = N(N + 1)/2 + K \cdot N \tag{28}$$

wesentlichen Rechenoperationen. Dabei bezeichnet K wieder die Anzahl der zu berechnenden Funktionswerte.

Beispiel 6.1.13. Zu den Stützwerten $f_n := n!$, $n = 0(1)4$, bestimmen wir noch einmal das interpolierende Polynom $p_4(x)$, im Gegensatz zum Beispiel 6.1.9 jetzt aber in der *Newtonschen Darstellung*

$$p_4(x) = c_0 + c_1x + c_2x(x - 1) + c_3x(x - 1)(x - 2) + c_4x(x - 1)(x - 2)(x - 3).$$

Der Algorithmus 6.1.11 liefert die Werte der Koeffizienten c_n:

0	$1 =: c_0$				
1	1	$0 =: c_1$			
2	2	1	$0.5 =: c_2$		
3	6	4	1.5	$0.3\bar{3} =: c_3$	
4	24	18	7.0	$1.8\bar{3}$	$0.375 =: c_4$

Mit Hilfe von Algorithmus 6.1.12 können nun Polynomwerte für beliebige Zwischenstellen $x = \xi$ berechnet werden. Zum Beispiel ergibt sich für $x = 2.5$:

0.3750	0.3333	0.5000	0.0000	1.0000
–	−0.1875	0.0729	0.8594	2.1484
0.3750	0.1458	0.5729	0.8594	$3.1484 = p_4(2.5)$

Das ist wieder der bereits aus Beispiel 6.1.9 bekannte Wert.

Eine besonders einfache Gestalt erhält die Newtonsche Darstellung des Interpolationspolynoms im wichtigen Spezialfall *äquidistanter* (*gleichabständiger*) *Stützstellen*

$$x_n = x_0 + n \cdot h, \qquad n = 0(1)N, \qquad h \text{ konstante Schrittweite.} \tag{29}$$

Für die Newtonschen Basispolynome ergibt sich mit der Variablensubstitution $x := x_0 + s \cdot h$

$$w_m(x_0 + s \cdot h) = h^m \prod_{n=0}^{m-1} (s - n) \tag{30}$$

und für die Steigungen (Ü 6.1.19)

$$c_m = f[x_m, x_{m-1}, \ldots, x_0] = \frac{\Delta^m f(x_0)}{m!\, h^m}, \qquad m = 1(1)N. \tag{31}$$

Dabei bezeichnen die Ausdrücke $\Delta^m f(x_0)$ *vorwärts genommene* (*absteigende*) *Differenzen m-ter Ordnung*. Sie können ähnlich wie die Steigungen rekursiv berechnet werden:

$$\Delta^m f(x_n) := \Delta^{m-1} f(x_{n+1}) - \Delta^{m-1} f(x_n), \qquad \Delta^0 f(x_n) := f(x_n). \tag{32}$$

Im Gegensatz zu den Steigungen ist hier allerdings die Reihenfolge der Stützstellen nicht willkürlich wählbar, sondern durch (29) festgelegt. Wir verdeutlichen die Berechnung durch das folgende, für die Handrechnung geeignete *Differenzenschema*:

$$\begin{array}{lll}
f(x_0) & & \\
 & \Delta^1 f(x_0) := f(x_1) - f(x_0) & \\
f(x_1) & & \Delta^2 f(x_0) := \Delta^1 f(x_1) - \Delta^1 f(x_0) \\
 & \Delta^1 f(x_1) := f(x_2) - f(x_1) & \\
f(x_2) & &
\end{array}$$

Setzt man (30) und (31) in (21) ein, so kürzen sich die h-Potenzen heraus, und das durch $m!$ dividierte Produkt aus (30) kann als Binomialkoeffizient geschrieben werden. Wir erhalten die *Newtonsche Darstellung des Interpolationspolynoms* für den Fall *äquidistanter Stützstellen* und *vorwärts genommener Differenzen (Interpolationsformel von* GREGORY-NEWTON):

$$p_N(x_0 + s \cdot h) = f(x_0) + \binom{s}{1} \Delta^1 f(x_0) + \binom{s}{2} \Delta^2 f(x_0) + \cdots + \binom{s}{N} \Delta^N f(x_0). \tag{33}$$

Gelegentlich ist es günstiger, sich nicht auf die erste Stützstelle x_0, sondern auf die letzte Stützstelle x_N zu beziehen. Dazu definiert man *rückwärts genommene* (*aufsteigende*) *Differenzen*

$$\nabla^m f(x_n) := \nabla^{m-1} f(x_n) - \nabla^{m-1} f(x_{n-1}), \qquad \nabla^0 f(x_n) := f(x_n) \tag{34}$$

und benutzt die Stützstellen in der Reihenfolge $x_N, x_{N-1}, \ldots, x_0$. Dann erhält man analog zu (33) die Darstellung (Ü 6.1.26)

$$p_N(x_N + t \cdot h) = f(x_N) + \binom{t}{1} \nabla^1 f(x_N) + \binom{t+1}{2} \nabla^2 f(x_N) + \cdots + \binom{t+N-1}{N} \nabla^N f(x_N), \tag{35}$$

die *2. Formel von* GREGORY-NEWTON genannt wird.

6.1.3. Interpolationsfehler, Konvergenz

Auf Grund der Interpolationsforderung (4) stimmen die Funktion f und das Interpolationspolynom p_N in den Stützstellen $x = x_n$, $n = 0(1)N$, überein. Zwischen den Stützstellen können beide Funktionen dagegen, wie aus den Beispielen anzulesen ist, beträchtlich voneinander abweichen. Wir definieren den *Interpolationsfehler* r_N, der auch *Restglied der Polynominterpolation* genannt wird, durch

$$r_N(x) := p_N(x) - f(x). \tag{36}$$

Über den Verlauf dieser Fehlerfunktion läßt sich nur etwas aussagen, wenn man zusätzliche Informationen über die Funktion f besitzt. Wir setzen voraus, daß f mindestens $(N + 1)$-mal stetig differenzierbar ist,

$$f \in C^{N+1}[a, b], \tag{37}$$

wobei $[a, b]$ ein Intervall der reellen Achse bezeichnet, das alle Stützstellen enthält. Gesucht sei der Wert der Fehlerfunktion r_N an einer beliebigen Stelle $x = x^*$ aus $[a, b]$, $x^* \neq x_n$, $n = 0(1)\,N$. Um ihn zu bestimmen, definieren wir die folgende Hilfsfunktion

$$h(x) := p_N(x) - f(x) - c w_{N+1}(x). \tag{38}$$

Dabei bezeichnet w_{N+1} das durch (10) definierte Newtonsche Basispolynom vom Grad $N + 1$. Den Parameter c wählen wir so, daß die Hilfsfunktion an der Stelle $x = x^*$ verschwindet:

$$c := \frac{p_N(x^*) - f(x^*)}{w_{N+1}(x^*)} = \frac{r_N(x^*)}{w_{N+1}(x^*)}. \tag{39}$$

Wegen $w_{N+1}(x_n) = 0$ und $p_N(x_n) = f(x_n)$ besitzt h damit insgesamt die $N + 2$ Nullstellen

$$x^*, x_0, x_1, \ldots, x_N. \tag{40}$$

Nach dem Satz von ROLLE liegt zwischen je zwei Nullstellen einer differenzierbaren Funktion mindestens eine Nullstelle ihrer ersten Ableitung. Die Funktion h' besitzt also mindestens $N + 1$ Nullstellen. Genauso schließt man, daß die zweite Ableitung mindestens N, die dritte Ableitung mindestens $N - 1$, und schließlich die $(N + 1)$-te Ableitung noch mindestens eine Nullstelle besitzt. Wir bezeichnen sie mit ξ:

$$h^{(N+1)}(\xi) = 0. \tag{41}$$

Die Lage von ξ läßt sich nicht explizit angeben. Wir wissen nur, daß die Nullstelle von $h^{(N+1)}$ irgendwo zwischen den Nullstellen (40) der Hilfsfunktion h liegt, also irgendwo im Intervall $[a, b]$, und daß sich die Lage ändern kann, wenn wir x^* oder die Stützstellen ändern. Die $(N + 1)$-te Ableitung von $h(x)$ hat die Gestalt

$$h^{(N+1)}(x) = -f^{(N+1)}(x) - c \cdot (N + 1)!, \tag{42}$$

denn die $(N + 1)$-te Ableitung des Polynoms $p_N(x)$ ist identisch gleich Null, und von dem Polynom $w_{N+1}(x)$ bleibt nur die von der Differentiation der höchsten Potenz x^{N+1} herrührende Konstante $(N + 1)!$ übrig. Setzt man $x = \xi$, benutzt (41) und (39) und stellt nach $r_N(x^*)$ um, so ergibt sich für den *Fehler der Polynominterpolation*

$$r_N(x) = -\frac{w_{N+1}(x)\, f^{(N+1)}\big(\xi(x)\big)}{(N + 1)!}, \qquad \xi \in [a, b]. \tag{43}$$

Dabei haben wir den Stern bei x weggelassen, weil x^* zu Beginn beliebig gewählt wurde und die Formel (43) folglich für jedes x aus $[a, b]$ (sogar für die zunächst ausgeschlossenen Stützstellen $x = x_n$, $n = 0(1)\,N$) gilt. Will man den Interpolationsfehler abschätzen, so muß man sich eine Betragsschranke für die $(N + 1)$-te Ableitung von $f(x)$ beschaffen:

$$|f^{(N+1)}(\xi)| \leqq M_{N+1}, \qquad \xi \in [a, b]. \tag{44}$$

Damit gilt dann

$$|r_N(x)| \leqq \frac{M_{N+1}}{(N + 1)!}\, |w_{N+1}(x)|, \qquad x \in [a, b]. \tag{45}$$

Für äquidistante Stützstellen ist der qualitative Verlauf von $w_{N+1}(x)$ aus Abb. 6.1.5, S. 90, abzulesen. Die Fehlerschranke ist in den mittleren Intervallen relativ klein, nimmt in den Randintervallen beträchtlich zu und wächst außerhalb des Gesamtintervalls sehr schnell an. Ein Interpolationspolynom mit äquidistanten Stützstellen ist also in den mittleren Intervallen am besten zur genäherten Funktionsberechnung geeignet (vgl. auch Ü 6.1.23 und Ü 6.1.24). Hier liegt die Frage nahe, wie man die Stützstellen wählen muß, wenn man im Gesamtintervall eine möglichst kleine Fehlerschranke $\max |w_{N+1}(x)|$ erhalten will. Wir werden später (vgl. Beispiel 6.6.2) beweisen, daß im Intervall $[-1, 1]$ die *Čebyšev-Knoten*

$$t_n^{(N)} := -\cos\left(\frac{(2n+1)\pi}{2N+2}\right), \qquad n = 0(1)N, \tag{46}$$

und im allgemeinen Intervall $[a, b]$ folglich (vgl. Ü 6.1.25)

$$x_n := \frac{a+b}{2} - \frac{a-b}{2} \cdot t_n^{(N)}, \qquad n = 0(1)N, \tag{47}$$

die in diesem Sinne optimalen Stützstellen sind.

Beispiel 6.1.14. Für das in Ü 6.1.30 bestimmte Polynom $p_4(x)$ zur Interpolation der Funktion $f(x) := \cos x$ erhält man wegen $f^{(5)}(x) = -\sin x$ die Konstante $M_5 = 1$ und mit der Variablensubstitution $x =: \pi s/2$ aus (45) die Fehlerabschätzung

$$|r_4(x)| \leqq \frac{1}{5!}\left(\frac{\pi}{2}\right)^5 |s(s-1)(s-2)(s-3)(s-4)|.$$

Daraus ergeben sich die folgenden Schranken für den absoluten und den relativen Fehler der Polynomwerte $p_4(0.2)$, $p_4(2.4)$ und $p_4(3.2)$:

$$|r_4(0.2)| = |p_4(0.2) - \cos 0.2| < 0.1845, \qquad \frac{|r_4(0.2)|}{|\cos 0.2|} < 0.1882,$$

$$|r_4(2.4)| = |p_4(2.4) - \cos 2.4| < 0.1104, \qquad \frac{|r_4(2.4)|}{|\cos 2.4|} < 0.1498,$$

$$|r_4(3.2)| = |p_4(3.2) - \cos 3.2| < 0.0118, \qquad \frac{|r_4(3.2)|}{|\cos 3.2|} < 0.0119.$$

Abschließend untersuchen wir die Frage, ob der Interpolationsfehler kleiner wird, wenn man den Grad des Interpolationspolynoms erhöht, indem man das Interpolationsintervall $[a, b]$ durch Hinzunahme weiterer Stützstellen ständig feiner unterteilt. Statt der Referenz (2) geben wir also eine Folge von Referenzen

$$\mathbb{D}_N := \{x_n^{(N)}; n = 0(1)N, x_n^{(N)} \in [a, b], x_n^{(N)} \neq x_m^{(N)} \text{ für } n \neq m\} \tag{48}$$

vor und fragen, ob die zugehörige Folge von Interpolationspolynomen p_N für $N \to \infty$ gegen die interpolierte Funktion f strebt.

Besitzt f über $[a, b]$ gleichmäßig beschränkte Ableitungen beliebig hoher Ordnung (wie das für die Funktionen $\sin x$, $\cos x$, e^x, ... der Fall ist), so erhält man eine positive Antwort.

Satz 6.1.15 (Konvergenz der Interpolationspolynome). *Ist die Funktion f aus $C^\infty[a, b]$, genügen ihre sämtlichen Ableitungen Abschätzungen der Gestalt* (44) *und haben die Schranken M_N ihrerseits eine gemeinsame obere Schranke, $M_N \leqq M$, $N = 1, 2, \ldots$, so strebt $r_N(x)$ für jedes x aus $[a, b]$ für $N \to \infty$ gegen Null.*

Beweis. Für jeden der Linearfaktoren $(x - x_n)$ des Polynoms $w_{N+1}(x)$ gilt die Ungleichung $|x - x_n| \leqq b - a$, also folgt aus (44) und (45)

$$r_N(x) \leqq M_{N+1} \frac{(b-a)^{N+1}}{(N+1)!} \leqq M \frac{(b-a)^{N+1}}{(N+1)!}.$$

Für $N \to \infty$ strebt die Schranke gegen Null, denn die Fakultät im Nenner wächst stärker als die Potenz im Zähler. ∎

Für die numerische Mathematik hat dieser Satz allerdings keine große Bedeutung, denn die interpolierte Funktion f wird kaum die hohe Glattheitsforderung ($f \in C^\infty[a,b]$) erfüllen.

Da sich aber nach dem *Weierstraßschen Approximationssatz* sogar jede stetige Funktion durch Polynome beliebig genau annähern läßt, kann man vermuten, daß sich die Differenzierbarkeitsvoraussetzung abschwächen läßt. Tatsächlich gilt (vgl. NATANSON [1], S. 374):

Satz 6.1.16 (J. MARCINKIEWICZ). *Zu jeder stetigen Funktion f mit dem Definitionsbereich $[a, b]$ gibt es mindestens eine Folge $(\mathbb{D}_N)$ von Referenzen, so daß die zugehörigen Interpolationspolynome p_N für $N \to \infty$ gleichmäßig gegen f streben.*

Für mindestens einmal stetig differenzierbare Funktionen kann man eine solche Referenzenfolge explizit angeben (NATANSON [1], S. 392):

Satz 6.1.17. *Ist f aus $\mathbf{C}^1[-1, 1]$, so konvergiert die Folge der mit den Čebyšev-Knoten* (46) *gebildeten Interpolationspolynome p_N in $[-1, 1]$ gleichmäßig gegen f.*

Umgekehrt gibt es aber auch zu jeder Referenzenfolge $(\mathbb{D}_N)$ Funktionen f, gegen die die zugehörigen Interpolationspolynome nicht konvergieren. Für die Folge der äquidistanten Unterteilungen des Intervalls $[-1, 1]$ ist die Betragsfunktion $f(x) := |x|$ ein solches negatives Beispiel: Die p_N divergieren hier für alle x aus $[-1, 1]$ mit Ausnahme der drei Punkte $x = -1$, $x = 0$ und $x = 1$ (*Bernštejnsches Beispiel*, vgl. Ü 6.1.27 und NATANSON [1], S. 375ff.). Solche negativen Beispiele kann man auch zu jeder anderen, beliebig gewählten Referenzenfolge konstruieren:

Satz 6.1.18 (ERDÖS, VERTESI [1]). *Zu jeder Referenzenfolge $(\mathbb{D}_N)$ über dem Intervall $[-1, 1]$ gibt es eine Funktion f aus $\mathbf{C}[-1, 1]$, für deren Interpolationspolynome fast überall in $[-1, 1]$ gilt*

$$\overline{\lim_{N\to\infty}} |p_N(x)| = \infty.$$

Interpolationspolynome höheren Grades sind also sowohl aus theoretischen als auch aus numerischen Gründen (dem stark anwachsenden Rechenaufwand und der Gefahr numerischer Instabilität) für Aufgaben aus der Praxis ungeeignet.

6.1.4. Bemerkungen

6.1.1. Der *Rechenaufwand* des auf der *Newtonschen Darstellung* des Interpolationspolynoms aufbauenden Algorithmus 6.1.11/6.1.12 ist etwa halb so groß wie der des Algorithmus 6.1.8, der sich auf die *Lagrangesche Darstellung* (in der *baryzentrischen Form* (14)) stützt. Nach einem Vorschlag von W. WERNER [1] läßt sich die Operationszahl (Schritt 1 in Algorithmus 6.1.8) noch etwa auf die Hälfte reduzieren, wenn man die $d_m^{(N)}$ rekursiv bestimmt. Allerdings wird die numerische Stabilität dabei schlechter, so daß man die Stützstellen in diesem Fall zweckmäßig nach wachsendem Abstand von ihrem Mittelwert anordnet. Wir gehen darauf nicht näher ein, weil die Vorteile erst für den im allgemeinen nicht zu empfehlenden Fall großer N sichtbar werden.

Wenn lediglich ein einziger Funktionswert $p_N(\xi)$ berechnet werden soll, kann man den *Neville-Algorithmus* verwenden. Er verzichtet auf die explizite Bestimmung der Steigungen und benötigt folglich nur Speicherplatz für die zwei Vektoren $\boldsymbol{x}$ und $\boldsymbol{f}$. Sein Rechenaufwand beträgt $(N + 1) \cdot N$ Operationen.

Algorithmus 6.1.19. Berechnung von $p_N(\xi)$ nach NEVILLE PNE $(N, \boldsymbol{x}, \boldsymbol{f}, \xi, p)$

$N + 1$	Anzahl der Stützstellen
$\boldsymbol{x} := (x_0, x_1, \ldots, x_N)^\mathsf{T}$	Vektor der Stützstellen
$\boldsymbol{f} := (f_0, f_1, \ldots, f_N)^\mathsf{T}$	Vektor der Stützwerte
ξ	vorgegebene Zwischenstelle
$m = 1(1)N$	Zeilenzähler
$\quad j = m - 1(-1)0$	
$\quad f_j := f_{j+1} + \dfrac{f_{j+1} - f_j}{x_m - x_j} (\xi - x_m)$	
$p := f_0$	gesuchter Polynomwert $p_N(\xi)$

Der Algorithmus beruht auf der folgenden Rekursionsvorschrift für Polynome, die auch als *Lemma von* AITKEN bezeichnet wird:

$$p_n^{(m)}(x) := \frac{(x - x_{m-n})\, p_{n-1}^{(m)}(x) - (x - x_m)\, p_{n-1}^{(m-1)}(x)}{x_m - x_{m-n}}, \quad m \geqq n. \tag{49}$$

Dabei bezeichnen $p_{n-1}^{(m-1)}(x)$ und $p_{n-1}^{(m)}(x)$ zwei Polynome $(n - 1)$-ten Grades, die durch die n ersten bzw. die n letzten der $n + 1$ Punkte (x_k, f_k), $k = m - n(1)m$ festgelegt sind, und $p_n^{(m)}(x)$ ist das Interpolationspolynom vom Grad n, das durch alle diese $n + 1$ Punkte verläuft. Man startet mit den Polynomen nullten Grades $p_0^{(m)}(x) \equiv f_m$, $m = 0(1)N$, und baut (im Gegensatz zu den Steigungen, vgl. Algorithmus 6.1.11, wo spaltenweise vorgegangen wurde) zeilenweise ein Dreiecksschema auf (Ü 6.1.29, Ü 6.1.30).

B 6.1.2. Das *Restglied* $r_N(x)$ *der Polynominterpolation* läßt sich auch in der Form

$$r_N(x) = -f[x, x_N, x_{N-1}, \ldots, x_1, x_0]\, w_{N+1}(x) \tag{50}$$

schreiben. Benutzt man nämlich die Newtonsche Darstellung des Interpolationspolynoms $p_{N+1}(x)$ zu den $N + 2$ Interpolationsforderungen $p_{N+1}(x_n) = f(x_n)$, $n = 0(1)N$, und $p_{N+1}(x^*) = f(x^*)$, wo x^* eine beliebige, aber verschieden von den Stützstellen x_n zu wählende $(N + 2)$-te Stützstelle bezeichnet, so folgt aus (19) und (24) für $m := N + 1$

$$p_{N+1}(x) = p_N(x) + f[x^*, x_N, \ldots, x_0]\,(x - x_0)\,(x - x_1) \cdots (x - x_N).$$

Daraus ergibt sich für $x = x^*$ wegen $p_{N+1}(x^*) = f(x^*)$ sofort die Behauptung (50). Nebenbei liefert ein Vergleich der Restglieddarstellungen (43) und (50) noch den folgenden Zusammenhang zwischen der $(N + 1)$-ten Steigung und der $(N + 1)$-ten Ableitung einer Funktion $f(x)$ $(f \in \mathrm{C}^{N+1}[a, b])$:

$$f[x, x_N, \ldots, x_0] = \frac{1}{(N + 1)!} f^{(N+1)}(\xi), \qquad x_n, x, \xi \in [a, b], \qquad n = 0(1)N. \tag{51}$$

B 6.1.3. Gegenüber der Lagrangeschen Darstellung des Interpolationspolynoms hat die *Newtonsche Formel* (21) nicht nur den Vorteil des geringeren Rechenaufwands (vgl. auch W. WERNER [1]). Sie besitzt darüber hinaus auch eine zusätzliche, theoretisch interessante Eigenschaft: Für hinreichend oft differenzierbare Funktionen $(f \in \mathrm{C}^N[a, b])$ bleiben die Newtonsche Darstellung (21) und die zugehörige Restformel (50) gültig, wenn im Gegensatz zur Definition (2) zwei oder mehr Interpolationsknoten zusammenfallen (vgl. Ü 6.1.32). Um das einzusehen, bestimmen wir die interpolierende Parabel $p_2(x)$ zu den drei Stützstellen $x_0, x_1, x_2 := x_0 + \delta$ und untersuchen ihr Verhalten für $\delta \to 0$. Nach (21) und (22) ist, wenn man die Substitution $x := x_0 + sh$, $h := x_1 - x_0$, verwendet,

$$c_0 = f(x_0), \qquad c_1 = (f(x_1) - f(x_0))/h.$$

Zur Berechnung von c_2 nach Formel (23) benötigen wir

$$f[x_2, x_0] = (f(x_0 + \delta) - f(x_0))/\delta.$$

Für differenzierbare Funktionen existiert der Grenzwert ($\delta \to 0$) und ist gleich $f'(x_0)$. Also folgt

$$c_2 = \lim_{\delta \to 0} f[x_0 + \delta, x_1, x_0] = f[x_0, x_1, x_0] = (f'(x_0) - c_1)/h$$

und damit nach elementaren Umformungen

$$p_2(x_0 + sh) = \sum_{n=0}^{2} c_n w_n(x) = (1 - s^2)\, f(x_0) + s^2 f(x_1) + hs(1 - s)\, f'(x_0).$$

Dieses Polynom erfüllt neben den bekannten Interpolationseigenschaften $p_2(x_k) = f(x_k)$, $k = 0, 1$, im Punkt $x = x_0$ noch die Bedingung $p_2'(x_0) = f'(x_0)$, ist also das einfachste Beispiel eines *Hermiteschen Interpolationspolynoms* (vgl. Abschnitt 6.2.2. und B 6.2.1).

B 6.1.4. Die Restglieddarstellungen (43) und (50) und die Abschätzung (45) geben Auskunft über den *Verfahrensfehler der Interpolation* bei rundungsfehlerfreier Rechnung. Der Einfluß von *Datenfehlern,* also der *fortgepflanzte Fehler* (vgl. Vorlesung 1.2), läßt sich aus der Lagrangeschen Darstellung (11), (12) des Interpolationspolynoms ablesen. Wir vergleichen $p_N(x)$ mit dem Interpolationspolynom zu gestörten Funktionswerten $\tilde{f}_n$:

$$|\tilde{p}_N(x) - p_N(x)| = \sum_{n=0}^{N} (\tilde{f}_n - f_n)\, L_n^{(N)}(x).$$

Sind die absoluten Fehler $\delta_n := \tilde{f}_n - f_n$ betragsmäßig kleiner als eine einheitliche Schranke Δ, so gilt

$$\tilde{p}_N(x) - p_N(x) \leqq \sum_{n=0}^{N} |\delta_n|\, |L_n^{(N)}(x)| \leqq \Delta \cdot \sum_{n=0}^{N} |L_n^{(N)}(x)|.$$

In den Stützstellen hat die Betragssumme der $L_n^{(N)}(x)$ wegen (8) den Wert Eins. Zwischen den Stützstellen nimmt sie Extrema an, die bei äquidistanten Stützstellen zum Rand des Gesamtintervalls $[x_0, x_N]$ hin zunehmen (vgl. Abb. 6.1.4, S. 87), außerhalb von $[x_0, x_N]$ wächst sie wie $|x|^N$. Den *erzeugten Fehler* der Polynominterpolation erhält man, wenn man in den Algorithmen 6.1.8, 6.1.11/12 beziehungsweise im Neville-Algorithmus 6.1.19 jede arithmetische Operation mit einem Modifikator $1 + \varepsilon$, $|\varepsilon| < E$, versieht (Ü 6.1.16). Bei dieser Fehleranalyse schneidet der (bez. des Rechenaufwands günstigste) Newtonsche Algorithmus am schlechtesten ab (vgl. Brügner [1, 2], Werner, Schaback [1], S. 40, Rack, Reimer [1], W. Werner [1]).

B 6.1.5. Interpolationspolynome eignen sich unter gewissen Voraussetzungen auch zur *Approximation der Ableitungen* der interpolierten Funktion. Haverkamp [1] beweist, daß die Ableitungen der Interpolationspolynome $p_N(t)$ zu den *Čebyšev-Stützstellen* (*Čebyšev-Extrema*) $t_n^{(N)} := \cos n\pi/N$, $n = 0(1)N$, im Intervall $[-1, 1]$ den Abschätzungen

$$\|p_N' - f'\|_{\infty,1} \leqq (2 + 2 \log N)\, \Delta_{N-1}(1, f'),$$

$$\|p_N^{(k)} - f^{(k)}\|_{\infty,1} = c_k \pi^k N^{k-1} \Delta_{N-k}(1, f^{(k)}),$$

mit $c_2 := 1/3$, $c_3 := 1/6$, $c_4 := 1/36$, $c_5 := 1/360$ genügen, falls f aus $\mathbf{C}^k[-1, 1]$ ist. Dabei bezeichnet $\Delta_j(1, g)$ den in der Čebyšev-Norm $\|\cdot\|_{\infty,1}$ gemessenen Abstand der Funktion g vom Raum der Polynome höchstens j-ten Grades (vgl. (6.6.1) und (6.6.2) sowie B 6.2.3).

B 6.1.6. Neben der Lagrangeschen und der Newtonschen Darstellung des Interpolationspolynoms findet man in der Literatur, verbunden mit den Namen *Bessel, Everett, Gauß, Gregory, Laplace* und *Stirling,* eine größere Anzahl weiterer Darstellungen des Interpolationspolynoms (vgl. z. B. Heinrich [1], Willers [1], Zurmühl [1]), die neben den vorwärts oder rückwärts genommenen auch *zentrale Differenzen*

$$\delta f(x_{n+(1/2)}) := f(x_{n+1}) - f(x_n), \qquad \delta^m f(x_n) := \delta^{m-1} f(x_{n+(1/2)}) - \delta^{m-1} f(x_{n-(1/2)})$$

verwenden. Sie haben an Bedeutung eingebüßt, weil die ursprüngliche Aufgabe der Interpolation, die Berechnung von genäherten Funktionswerten an Zwischenstellen mit Hilfe von Funktionstafeln, durch die elektronischen Rechenanlagen relativ belanglos geworden ist. Für elementare

Funktionen e^x, $\ln x$, $\sin x$, ... und die wichtigsten speziellen Funktionen bieten die Rechner-Hersteller schnelle, oft bereits hardwaremäßig realisierte Algorithmen an, die für beliebige Argumente des Definitionsbereichs Funktionswerte mit Maschinengenauigkeit bestimmen (vgl. KERNER [2], S. 245ff.).

B 6.1.7. Die im Abschnitt 6.1.4 zitierten negativen Sätze zeigen, daß Polynome nicht uneingeschränkt zur Interpolation geeignet sind. Bessere Konvergenzeigenschaften besitzen, wie wir in der nächsten Vorlesung sehen werden, aus Polynomstücken zusammengesetzte Interpolationsfunktionen. Ist $f(x)$ *periodisch*, so eignen sich die *trigonometrischen Basisfunktionen* 1, $\cos x$, $\sin x$, $\cos 2x$, $\sin 2x$, ... Man verwendet in diesem Fall *trigonometrische Polynome* der Gestalt

$$q_N(x) := a_0/2 + \sum_{m=1}^{M} (a_m \cos mx + b_m \sin mx), \qquad N = 2M, \tag{52}$$

und spricht von *trigonometrischer Interpolation*. Schließlich eignen sich auch *gebrochen rationale Funktionen*, also Quotienten von Polynomen,

$$q_{N,M}(x) := (c_0 + c_1x + \cdots + c_Nx^N)/(d_0 + d_1x + \cdots + d_Mx^M), \tag{53}$$

als interpolierende Funktionen. Auch bei dieser *rationalen Interpolation* erhält man, wenn man mit dem Nenner multipliziert, aus der Interpolationsforderung (4) wieder ein lineares Gleichungssystem für die unbekannten Koeffizienten. Jedoch sind wegen der Nullstellen des Nennerpolynoms und der Homogenität des Gleichungssystems (einer der Parameter kann auf Eins normiert werden) zusätzliche Überlegungen nötig (Ü 6.1.33, vgl. auch WERNER, SCHABACK [1], S. 38ff.).

B 6.1.8. Allgemein spricht man von *linearer Approximation*, wenn eine Funktion f aus einem abstrakten Raum $\mathbb{X}$ durch eine Linearkombination

$$p(x) := \sum_{m=0}^{N} c_m y_m(x) \tag{54}$$

angenähert wird. Die (linear unabhängigen) *Basisfunktionen* y_m stammen dabei ebenfalls aus $\mathbb{X}$ und spannen einen endlichdimensionalen Teilraum $\mathbb{X}^{N+1}$ von $\mathbb{X}$ auf. Bestimmt man die Koeffizienten c_m aus der Forderung einer punktweisen Übereinstimmung von f und p über einer endlichen Teilmenge (einer Referenz) $\mathbb{D}_N$ des gemeinsamen Definitionsbereichs $\mathbb{D}$ der Funktionen f und p

$$p(x_n) = f(x_n), \qquad x_n \in \mathbb{D}_N, \qquad \mathbb{D}_N \subset \mathbb{D}, \tag{55}$$

so spricht man von *linearer Interpolation*; $\mathbb{D}$ kann dabei endlich, abzählbar oder überabzählbar sein. Für uns genügt es, sich unter $\mathbb{D}$ ein Intervall der reellen Achse oder allgemeiner ein zusammenhängendes Gebiet des $\mathbb{R}^N$ vorzustellen. Durch Einsetzen des Interpolationsansatzes (54) in die Interpolationsforderung (55) erhält man ein lineares Gleichungssystem. Seine Koeffizientenmatrix

$$\boldsymbol{H} := (y_m(x_n))_{\substack{m=0(1)N\\ n=0(1)N}} \tag{56}$$

wird *Haarsche Matrix* genannt. Die vorausgesetzte lineare Unabhängigkeit der y_m garantiert, daß es mindestens eine Referenz $\mathbb{D}_N$ gibt, für die $\boldsymbol{H}$ nicht singulär, das Interpolationsproblem also eindeutig lösbar ist (Ü 6.1.34). Im Fall reellwertiger Funktionen einer reellen Veränderlichen, also im Fall $\mathbb{D} := [a, b]$, gibt es sogar Systeme von Basisfunktionen, die die *Haarsche Bedingung* einer stets regulären Matrix $\boldsymbol{H}$ erfüllen, unabhängig davon, wie die (paarweise verschiedenen) Referenzpunkte gewählt wurden. Man nennt sie *Haarsche* (*Čebyševsche*, *unisolvente* oder auch *T*-) *Systeme* (Ü 6.1.35 bis 38, vgl. auch COLLATZ, KRABS [1], S. 106). Sie lassen sich durch den Nullstellensatz aus Ü 6.1.39 charakterisieren (vgl. KIESEWETTER [1], S. 28). Für die Interpolation von Funktionen mehrerer Veränderlicher existieren keine Haarschen Systeme von Basisfunktionen (vgl. Satz 6.3.3).

6.1.5. Übungsaufgaben

Ü 6.1.1. Durch vollständige Induktion beweise man die *Differenzenproduktdarstellung* (7) der *Vandermondeschen Determinante*.

Ü 6.1.2. Man bestimme die interpolierenden Polynome $p_4(x)$ und $p_6(x)$ aus Beispiel 6.1.5 durch Lösung der zugehörigen linearen Gleichungssysteme (6).

Ü 6.1.3. Man bestimme die Inverse der *Vandermondeschen Matrix* $\boldsymbol{V}_{N+1}$ (vgl. (7)) für $x_n = n$, $n = 0(1)N$ und $N = 4(2)8$. Wie groß sind die relativen Konditionszahlen cond_1 $(\boldsymbol{V}_{N+1})$?

Ü 6.1.4. Man beweise die folgende Relation zwischen den *Lagrangeschen* und den *Newtonschen Basispolynomen* (vgl. (10), (11) und (19)):

$$L_n^{(N)}(x) = \frac{w_{N+1}(x)}{w'_{N+1}(x_n)\,(x - x_n)}, \qquad n = 0(1)N.$$

Ü 6.1.5. Man beweise: Die *Lagrangeschen Basispolynome* genügen identisch in x der Relation (13). Hinweis. Man interpoliere die Funktion $f(x) \equiv 1$ durch ein Polynom N-ten Grades.

Ü 6.1.6. Man programmiere den Algorithmus 6.1.8 und interpoliere mit seiner Hilfe das Schiffsspant aus Beispiel 6.1.3 durch ein Polynom sechsten Grades und vergleiche den Kurvenverlauf mit den Vorgaben des Konstrukteurs (Abb. 6.1.3, S. 85).

Ü 6.1.7. Man beweise, daß die durch (11) definierten *Lagrangeschen Basispolynome* $L_n^{(N)}(x)$ linear unabhängig sind.

Ü 6.1.8. Gegeben sei eine ungerade Anzahl von *äquidistanten Stützstellen* (29). Man verwende die Substitution $x = x_r + s \cdot h$, $r := N/2$, und beweise, daß die *Lagrangeschen Basispolynome* als Funktionen der Variablen s die von der Schrittweite h unabhängige Darstellung

$$l_n^{(N)}(s) := L_n^{(N)}(x_r + s \cdot h) = \prod_{k=0}^{N} (s + r - k)/(n - k)$$

besitzen.

Ü 6.1.9. Man berechne sechsstellige Wertetabellen für die Basispolynome $l_n^{(4)}(s)$, $n = 0(1)4$, $s = -2.0(0.2)2.0$, und stelle den Kurvenverlauf graphisch dar (vgl. Abb. 6.1.4, S. 87).

Ü 6.1.10. Durch Polynominterpolation bestimme man einen Näherungswert für sin(1.1). Hinweis. Man verwende die Wertetabelle

x_n	0	0.5	1	1.5	2.0
$\sin x_n$	0	0.479426	0.841471	0.997495	0.909297

und die in Ü 6.1.9 berechneten Wertetabellen der Lagrangeschen Basispolynome $l_n^{(4)}(s)$. Man vergleiche den berechneten Wert $p_4(1.1)$ mit dem exakten Wert $\sin(1.1) = 0.891207\ldots$.

Ü 6.1.11. Die Lagrangeschen Basispolynome $L_n^{(N)}(x)$, $n = 0(1)N$, seien bekannt, man berechne rekursiv mit möglichst geringem Aufwand die Basispolynome $L_n^{(N+1)}(x)$, $n = 0(1)N + 1$ (vgl. Kerner [2], S. 102).

Ü 6.1.12. Man beweise die Formel (24) durch vollständige Induktion.

Ü 6.1.13. Man programmiere die Algorithmen 6.1.11/6.1.12.

Ü 6.1.14. Mit Hilfe von Algorithmus 6.1.11 berechne man die Koeffizienten c_m der Newtonschen Darstellung des interpolierenden Polynoms $p_6(x)$ für das Schiffsspant aus Beispiel 6.1.3 (vgl. Ü 6.1.6).

Ü 6.1.15. Mit Hilfe des Algorithmus 6.1.12 berechne man eine Wertetabelle für das Polynom $p_6(x)$ aus Ü 6.1.14 an den Stellen $x = 0(0.5)15$.

Ü 6.1.16. Für $N = 6$ vergleiche man den von den Algorithmen 6.1.8, 6.1.11/6.1.12 bzw. 6.1.19 erzeugten Fehler bei fehlerfrei vorgegebenen Eingangsdaten. Hinweis. Man ersetze jede arithmetische Operation $x \odot y$ durch $(x \odot y)\,(1 + \varepsilon)$, $|\varepsilon| < E$.

Ü 6.1.17. Man untersuche, ob die numerische Stabilität der Algorithmen 6.1.8 und 6.1.11/6.1.12 von der Anordnung der Stützstellen abhängt und bestimme im Fall einer positiven Antwort die optimale Anordnung.

Ü 6.1.18. Man gebe horner-ähnliche Schemata an, mit deren Hilfe die Newtonsche Darstellung (21) des Interpolationspolynoms $p_N(x)$ in die Summendarstellung (5) und umgekehrt (5) in (21) umgerechnet werden kann (vgl. Heinrich [1], S. 118ff.).

Ü 6.1.19. Man beweise: Im Fall äquidistanter Stützstellen (29) gilt für die Steigungen die Relation (31).

Ü 6.1.20. Man zeige: Zwischen vorwärts und rückwärts genommenen Differenzen besteht der Zusammenhang $\nabla^m f(x_n) = \Delta^m f(x_{n-m})$, $n = 1(1)N$, $m = 1(1)n$.

Ü 6.1.21. Man beweise, daß die *Newtonsche Darstellung des Interpolationspolynoms* im Fall *äquidistanter Stützstellen* in der Gestalt (35) geschrieben werden kann.

Ü 6.1.22. Man bestimme die interpolierenden Polynome $p_4(x)$ und $p_6(x)$ für die Gammafunktion mit Hilfe der Interpolationsformel von GREGORY-NEWTON (33) und berechne Wertetabellen für $x = 0.2(0.2)6.0$ (vgl. Ü 6.1.2, Beispiel 6.1.5 und Abb. 6.1.2).

Ü 6.1.23. Man beweise: Im Fall äquidistanter Stützstellen genügt das *Newtonsche Basispolynom* $w_{N+1}(x)$ für alle x aus $[x_k, x_{k+1}]$ der Abschätzung (vgl. WERNER, SCHABACK [1], S. 42)

$$|w_{N+1}(x)| \leqq (k+1)!\,(N-k)!\,h^{N+1} \leqq (N+1)!\,h^{N+1}.$$

Ü 6.1.24. Mit Hilfe der Abschätzung aus Ü 6.1.23 zeige man, daß die obere Schranke für $|w_{N+1}(x)|$ im mittleren Intervall (bzw. den beiden mittleren Intervallen) am kleinsten und in den Randintervallen am größten ausfällt.

Ü 6.1.25. Man transformiere das x-Intervall $a \leqq x \leqq b$ auf das t-Intervall $-1 \leqq t \leqq 1$.

Ü 6.1.26. Man bestimme das interpolierende Polynom $p_4(x)$ zu den Werten der Funktion $f(x) := \cos x$ an den Stützstellen $x = 0(\pi/2)\,2\pi$, berechne die Polynomwerte $p_4(0.2)$, $p_4(2.4)$ und $p_4(3.2)$ und vergleiche sie mit den entsprechenden Kosinuswerten (vgl. Beispiel 6.1.14).

Ü 6.1.27. Für die Funktion $f(x) := |x|$ berechne man die Werte der Interpolationspolynome $p_N(x)$, $N = 1(1)8$, zu den äquidistanten Stützstellen $x_n := -1 + n \cdot h$, $n = 0(1)N$, $h := 2/N$, an der Zwischenstelle $\xi := 0.5$ (Bernštejnsches Beispiel).

Ü 6.1.28. Für die Funktion $f(x) := 1/(1 + x^2)$ berechne man die Interpolationspolynome $p_{2N}(x)$, $N = 1(1)5$, zu den äquidistanten Stützstellen $x_{\pm n} := \pm n$, $n = 0(1)N$.

Ü 6.1.29. Man begründe den *Neville-Algorithmus* (B 6.1.1) mit Hilfe der Rekursionsvorschrift (49).

Ü 6.1.30. Mit Hilfe des *Neville-Algorithmus* berechne man den Wert $p_4(2.5)$ des interpolierenden Polynoms vierten Grades für die Gammafunktion (vgl. Ü 6.1.22 und Beispiel 6.1.9).

Ü 6.1.31. Man beweise: Ist $f(x)$ ein Polynom von höchstens N-tem Grad, so stimmt das interpolierende Polynom $p_N(x)$ mit $f(x)$ überein, unabhängig davon, wie die Referenz gewählt wurde (Fundamentalsatz der Algebra). Hinweis. Man verwende die Darstellung (43) für das Restglied $r_N(x)$ der Polynominterpolation.

Ü 6.1.32. Durch vollständige Induktion beweise man die folgende Integraldarstellung der Steigungen

$$f[x_N, \ldots, x_1, x_0] = \int_0^1 \int_0^{t_1} \cdots \int_0^{t_{N-1}} f^{(N)}\,(x_0 + t_1(x_1 - x_0) + \cdots + t_N(x_N - x_{N-1}))\,\mathrm{d}t_N \cdots \mathrm{d}t_2\,\mathrm{d}t_1$$

und zeige, daß sie auch für nicht paarweise verschiedene Knoten gilt.

Ü 6.1.33. Zu den ersten fünf Werten der Funktion $n!$ bestimme man im Intervall $[0, 4]$ eine rationale Interpolationsfunktion $q_{2,2}(x)$ (vgl. (53)). Hinweis. Die Interpolationsforderung (4) führt auf ein homogenes lineares Gleichungssystem, wenn man mit dem Nennerpolynom multipliziert. Nach seiner Lösung prüfe man nach, ob das Nennerpolynom in den Stützstellen von Null verschieden ist, damit man durch Division zur Forderung (4) zurückgelangt.

Ü 6.1.34. Man beweise: Sind die Basisfunktionen y_m im Interpolationsansatz (54) linear unabhängig, so gibt es mindestens eine Referenz $\mathbb{D}_N$, für die die *Haarsche Matrix* (56) regulär ist.

Ü 6.1.35. Man weise nach, daß die Potenzen x^n, $n = 0(1)N$, über jedem Intervall $[a, b]$ des $\mathbb{R}^1$ ein *Haarsches Funktionensystem* bilden.

Ü 6.1.36. Man weise nach, daß die *trigonometrischen Basisfunktionen* 1, $\cos mx$, $\sin mx$, $m = 1(1)M$, über dem Intervall $[0, 2\pi]$ und dem Intervall $[-\pi, \pi]$ ein *Haarsches Funktionensystem* bilden.

Ü 6.1.37. Man weise nach, daß die Potenzen $x, x^2, \ldots, x^{N+1}$ über dem Intervall $[-1, 1]$ kein *Haarsches Funktionensystem* bilden.

Ü 6.1.38. Man weise nach, daß die Potenzen $1, x^2, \ldots, x^{2N}$ über dem Intervall $[-1, 1]$ kein *Haarsches Funktionensystem* bilden.

Ü 6.1.39. Man beweise den folgenden *Nullstellensatz*: Die Funktionen y_m, $m = 0(1)N$, bilden genau dann ein *Haarsches Funktionensystem,* wenn jede (nicht identisch verschwindende) Linearkombination (54) in $\mathbb{D}$ höchstens N paarweise verschiedene Nullstellen besitzt.

Ü 6.1.40. Man beweise: Ist die Haarsche Matrix (56) regulär, so kann die Interpolationsfunktion (54) wie früher das Interpolationspolynom p_N in der Gestalt (12) geschrieben werden, wobei die $L_m^{(N)}$ jetzt allgemeine Lagrangesche Interpolationsfunktionen

$$L_m^{(N)}(x) := \frac{1}{\det \boldsymbol{H}} \det \begin{pmatrix} y_0(x_0) & \cdots & y_N(x_0) \\ \vdots & & \vdots \\ y_0(x_{m-1}) & \cdots & y_N(x_{m-1}) \\ y_0(x) & \cdots & y_N(x) \\ y_0(x_{m+1}) & \cdots & y_N(x_{m+1}) \\ \vdots & & \vdots \\ y_0(x_N) & \cdots & y_N(x_N) \end{pmatrix}$$

bezeichnen. Sie besitzen wie die Lagrangeschen Basispolynome die Eigenschaft (8).

6.2. Intervallweise Interpolation

Die negativen Erfahrungen aus den Beispielen der vorigen Vorlesung und die Konvergenzuntersuchungen im Abschnitt 6.1.3. haben gezeigt: Eine Graderhöhung des interpolierenden Polynoms führt im allgemeinen nicht zu einer verbesserten Näherung für die punktweise vorgegebene Funktion f. Wir verzichten deshalb auf Polynome hohen Grades und setzen die Interpolationsfunktion aus Polynomstücken niedrigen Grades zusammen, die überdies den Vorteil haben, daß sie sich mit geringem Rechenaufwand auswerten lassen.

6.2.1. Interpolation durch einen Polygonzug

Zu $N + 1$ Stützstellen x_n, die wir jetzt der Größe nach ordnen, $a \leqq x_0 < x_1 < \cdots < x_N \leqq b$, seien wieder Stützwerte $f_n := f(x_n)$, $n = 0(1)N$, vorgegeben. Gesucht ist eine interpolierende Funktion $p(x)$, die der Interpolationsbedingung

$$p(x_n) = f_n, \qquad n = 0(1)N, \tag{1}$$

genügt und auf jedem Teilintervall $[x_{n-1}, x_n]$ mit der nicht notwendig einheitlichen *Intervallänge* (*Schrittweite*)

$$h_n := x_n - x_{n-1}, \qquad n = 1(1)N,$$

gleich einem Polynom ersten Grades, also gleich einer Geraden, ist. Zu je zwei aufeinanderfolgenden Punkten (x_{n-1}, f_{n-1}) und (x_n, f_n) liefert (6.1.17) eine *interpolierende Gerade,* die wir jetzt als Linearkombination

$$p_{2,n}(x) := f_{n-1}\varphi_{1,n}^{(2)}(x) + f_n\varphi_{2,n}^{(2)}(x), \qquad n = 1(1)N, \tag{2}$$

der *lokalen* (nur im Teilintervall erklärten) *linearen Basispolynome* (*Formfunktionen*)

$$\psi_{1,n}^{(2)}(x) := \frac{x_n - x}{x_n - x_{n-1}} = 1 - s, \qquad \psi_{2,n}^{(2)}(x) := \frac{x - x_{n-1}}{x_n - x_{n-1}} = s, \qquad n = 1(1)N, \quad (3)$$

darstellen (Abb. 6.2.1). Dabei haben wir zur Vereinfachung der Schreibweise das Intervall $x_{n-1} \leqq x \leqq x_n$ mit Hilfe der *Variablentransformation*

$$x =: x_{n-1} + s \cdot h_n, \qquad s := (x - x_{n-1})/h_n \qquad (4)$$

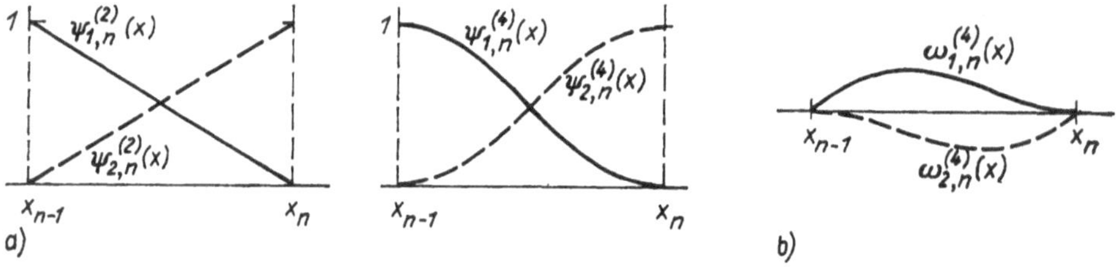

Abb. 6.2.1. a) lokale lineare Basispolynome, b) lokale kubische Hermite-Basispolynome

auf das *Einheitsintervall* $0 \leqq s \leqq 1$ abgebildet. Benutzen wir die $p_{2,n}(x)$ jeweils nur im zugehörigen Intervall $[x_{n-1}, x_n]$, so erhalten wir N Geradenstücke, die wir zu einem Polygonzug

$$p(x) := \bigcup_{n=1}^{N} p_{2,n}(x) := \begin{cases} p_{2,1}(x) & \text{für } x \text{ aus } [x_0, x_1], \\ p_{2,2}(x) & \text{für } x \text{ aus } [x_1, x_2], \\ \vdots & \\ p_{2,N}(x) & \text{für } x \text{ aus } [x_{N-1}, x_N], \end{cases} \qquad (5)$$

zusammenfügen können (Abb. 6.2.2a)). Mit Hilfe der *globalen* (im Gesamtintervall erklärten) *stückweise linearen Basisfunktionen* $\varphi_{2,n}(x)$, $n = 0(1)N$, die sich für $j = 2$ aus

$$\varphi_{j,0}(x) := \begin{cases} \psi_{1,1}^{(j)}(x) & \text{für } x \text{ aus } [x_0, x_1], \\ 0 & \text{sonst}, \end{cases}$$

$$\varphi_{j,n}(x) := \begin{cases} \psi_{2,n}^{(j)}(x) & \text{für } x \text{ aus } [x_{n-1}, x_n], \\ \psi_{1,n+1}^{(j)}(x) & \text{für } x \text{ aus } [x_n, x_{n+1}], \\ 0 & \text{sonst}, \ n = 1(1)N-1, \end{cases} \qquad (6)$$

$$\varphi_{j,N}(x) := \begin{cases} \psi_{2,N}^{(j)}(x) & \text{für } x \text{ aus } [x_{N-1}, x_N], \\ 0 & \text{sonst} \end{cases}$$

ergeben, kann $p(x)$ analog zu (6.1.12) auch über dem Gesamtintervall $[x_0, x_N]$ als Linearkombination dargestellt werden:

$$p(x) := \sum_{n=0}^{N} f_n \varphi_{2,n}(x). \qquad (7)$$

Die Basisfunktionen $\varphi_{2,n}(x)$ haben, wie man durch Einsetzen leicht bestätigt, ebenso wie die Lagrangeschen Basispolynome (vgl. (6.1.11)) die Eigenschaft $\varphi_{2,n}(x_m) = \delta_{n,m}$. Folglich erfüllt $p(x)$ die Interpolationsforderung (1).

Die numerische Bestimmung eines Wertes $p(\xi)$ als Näherung für einen gesuchten Funktionswert $f(\xi)$ an einer Zwischenstelle $x = \xi$ aus dem Gesamtintervall $[x_0, x_N]$ ist nun denkbar einfach: Man braucht lediglich dasjenige Teilintervall aufzusuchen, in dem sich ξ befindet, und kann dann $p(\xi)$ wegen (5) mit Hilfe des zuständigen Geradenstücks $p_{2,n}(x)$ berechnen. Sind mehrere Funktionswerte gesucht, so berechnet man zweckmäßig zuerst die *Steigungen*, die wir im folgenden mit g_n abkürzen wollen,

$$g_n := f[x_n, x_{n-1}] = (f_n - f_{n-1})/h_n, \qquad n = 1(1)N, \tag{8}$$

und kann dann anschließend $p(\xi)$ mit jeweils einer einzigen Multiplikation aus

$$p_{2,n}(\xi) = f_{n-1} + (\xi - x_{n-1})\, g_n, \qquad n = 1(1)N, \tag{9}$$

bestimmen.

Beispiel 6.2.1. Denkt man sich jeweils aufeinanderfolgende Stützpunkte in Abb. 6.1.2 geradlinig miteinander verbunden, so erhält man eine graphische Darstellung des Sehnenpolygons (5) für die Interpolationsaufgabe aus Beispiel 6.1.2. Offensichtlich weicht dieses Sehnenpolygon im Intervall [0, 2] weniger von der Gammafunktion ab als das mit großem Aufwand berechnete Polynom $p_6(x)$.

Ist $f(x)$ mindestens zweimal stetig differenzierbar, so ergibt sich aus (6.1.43) für jedes Teilintervall der folgende *Fehler der intervallweise linearen Interpolation*

$$\begin{aligned} r_{2,n}(x) &:= p_{2,n}(x) - f(x) = -(x - x_{n-1})(x - x_n)\, f''(\xi_n)/2, \\ &x, \xi_n \in [x_{n-1}, x_n]. \end{aligned} \tag{10}$$

Benutzt man die Variablentransformation (4) und die Abschätzungen (6.1.45) und $|s(s-1)| \leqq 1/4$, so folgt

$$|r_{2,n}(x)| \leqq M_2 h_n^2/8, \qquad |f''(x)| \leqq M_2, \qquad x \in [x_{n-1}, x_n]. \tag{11}$$

Der Interpolationsfehler kann also durch Wahl von hinreichend kleinen Schrittweiten h_n beliebig klein gemacht werden. Für $h \to 0$ $\left(h := \max\limits_{n=1(1)N} h_n\right)$ läßt sich folglich $f(x)$ durch den Polygonzug (5) beliebig genau approximieren.

Trotz dieser positiven Eigenschaft besitzt das Sehnenpolygon einen entscheidenden Nachteil, es hat Ecken. Der Schiffskonstrukteur z. B. wird sich aus strömungsmechanischen Gründen und vielleicht auch aus Gründen der Technologie und der Schiffsstabilität einen glatteren Verlauf des Schiffsspants wünschen.

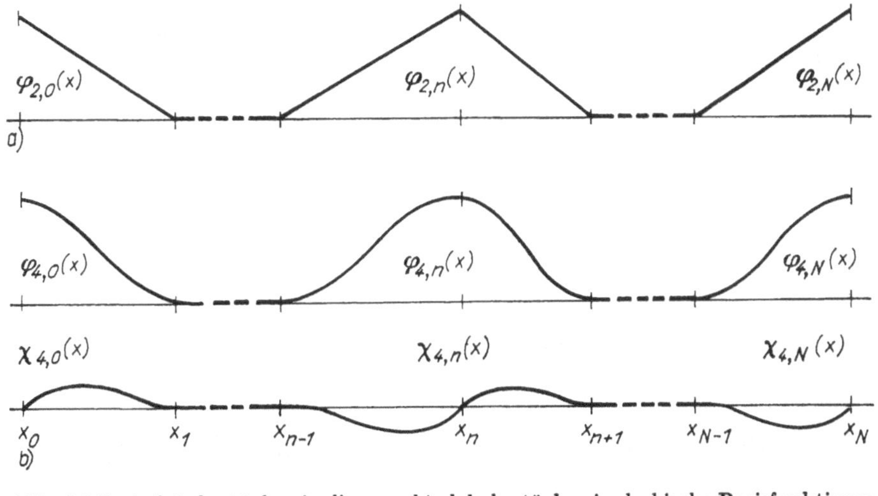

Abb. 6.2.2. a) globale stückweise lineare, b) globale stückweise kubische Basisfunktionen

6.2.2. Intervallweise Hermite-Interpolation

Um einen glatteren Kurvenverlauf der Interpolationsfunktion $p(x)$ zu erreichen, geben wir in den Stützstellen neben den Werten der Funktion $f(x)$ auch noch die Werte ihrer ersten Ableitung $f'(x)$ vor und fordern zusätzlich zu (1)

$$p'(x_n) = f'(x_n) =: f'_n, \qquad n = 0(1)N. \tag{12}$$

Diese insgesamt $2N + 2$ Bedingungen würden ausreichen, um die $2N + 2$ unbekannten Koeffizienten eines Polynoms vom Grad $2N + 1$, das *Hermitesches Interpolationspolynom* genannt wird, zu bestimmen (Ü 6.2.1, Ü 6.2.2). Wegen der schlechten Erfahrungen mit Polynomen höheren Grades verzichten wir auf seine Berechnung und lösen statt dessen über jedem Teilintervall ein lokales Hermitesches Interpolationsproblem möglichst niedrigen Grades. Zur Vereinfachung der Schreibweise benutzen wir dabei wieder die Variablentransformation (4). In jedem Teilintervall $[x_{n-1}, x_n]$ stehen vier Interpolationsforderungen zur Verfügung,

$$p(x_{n-1}) = f_{n-1}, \qquad p(x_n) = f_n, \qquad p'(x_{n-1}) = f'_{n-1}, \qquad p'_n(x_n) = f'_n. \tag{13}$$

Das rechtfertigt den *vierparametrigen* Ansatz eines *Polynoms dritten* Grades

$$p_{4,n}(x_{n-1} + sh_n) := c_0^{(n)} + c_1^{(n)}s + c_2^{(n)}s^2 + c_3^{(n)}s^3, \qquad 0 \leqq s \leqq 1. \tag{14}$$

Berücksichtigt man

$$p'_{4,n}(x) = \frac{\mathrm{d}p_{4,n}(x)}{\mathrm{d}x} = \frac{1}{h_n} \frac{\mathrm{d}p_{4,n}(x_{n-1} + sh_n)}{\mathrm{d}s},$$

so ergibt sich aus (13) und (14) das lineare Gleichungssystem

$$\left.\begin{aligned} c_0^{(n)} & & & &= f_{n-1}, \\ c_0^{(n)} + c_1^{(n)} &+ c_2^{(n)} &+ c_3^{(n)} & &= f_n, \\ c_1^{(n)} & & & &= h_n f'_{n-1}, \\ c_1^{(n)} &+ 2c_2^{(n)} &+ 3c_3^{(n)} & &= h_n f'_n \end{aligned}\right\} \tag{15}$$

mit einer regulären Koeffizientenmatrix (ihre Determinante hat den Wert Eins). Die Lösung ist

$$\left.\begin{aligned} c_0^{(n)} &= f_{n-1}, \\ c_1^{(n)} &= h_n f'_{n-1}, \\ c_2^{(n)} &= -3f_{n-1} + 3f_n - 2h_n f'_{n-1} - h_n f'_n, \\ c_3^{(n)} &= 2f_{n-1} - 2f_n + h_n f'_{n-1} + h_n f'_n. \end{aligned}\right\} \tag{16}$$

Wählen wir für die rechte Seite $(f_{n-1}, f_n, f'_{n-1}, f'_n)^{\mathrm{T}}$ nacheinander die vier Einheitsvektoren $\boldsymbol{e}_1, \boldsymbol{e}_2, \boldsymbol{e}_3, \boldsymbol{e}_4$ des $\mathbb{R}^4$, so erhalten wir die folgenden vier *lokalen kubischen Hermite-Basispolynome* (Abb. 6.2.1 b), S. 104)

$$\begin{aligned} &\psi_{1,n}^{(4)}(x_{n-1} + sh_n) = 1 - 3s^2 + 2s^3, \qquad \psi_{2,n}^{(4)}(x_{n-1} + sh_n) = 3s^2 - 2s^3, \\ &\omega_{1,n}^{(4)}(x_{n-1} + sh_n) = h_n(s - 2s^2 + s^3), \qquad \omega_{2,n}^{(4)}(x_{n-1} + sh_n) = h_n(-s^2 + s^3), \\ &0 \leqq s \leqq 1. \end{aligned} \tag{17}$$

Damit läßt sich das Polynom $p_{4,n}(x)$ als Linearkombination schreiben:

$$p_{4,n}(x) = f_{n-1}\psi_{1,n}^{(4)}(x) + f_n\psi_{2,n}^{(4)}(x) + f'_{n-1}\omega_{1,n}^{(4)}(x) + f'_n\omega_{2,n}^{(4)}(x). \tag{18}$$

Wenn wir x jeweils auf das Intervall $[x_{n-1}, x_n]$, also s auf $[0, 1]$ beschränken, erhalten wir N kubische Polynomstücke $p_{4,1}(x)$, $p_{4,2}(x)$, ..., $p_{4,N}(x)$, die, nach dem Vorbild von (5) bzw. (7) aneinandergefügt, die *intervallweise kubische Hermite-Interpolierende*

$$p(x) := \sum_{n=0}^{N} f_n\varphi_{4,n}(x) + \sum_{n=0}^{N} f'_n\chi_{4,n}(x) \tag{19}$$

ergeben. Die globalen intervallweise kubischen Basisfunktionen $\varphi_{4,n}(x)$ und $\chi_{4,n}(x)$ (vgl. Abb. 6.2.2b)) sind dabei durch $(6)_{j=4}$ bzw. durch

$$\chi_{4,0}(x) := \begin{cases} \omega_{1,n}^{(4)}(x) & \text{für } x \text{ aus } [x_0, x_1], \\ 0 & \text{sonst}, \end{cases}$$

$$\chi_{4,n}(x) := \begin{cases} \omega_{2,n}^{(4)}(x) & \text{für } x \text{ aus } [x_{n-1}, x_n], \\ \omega_{1,n+1}^{(4)}(x) & \text{für } x \text{ aus } [x_n, x_{n+1}], \\ 0 & \text{sonst}, \end{cases} \qquad n = 1(1)N, \tag{20}$$

$$\chi_{4,n}(x) := \begin{cases} \omega_{2,N}^{(4)}(x) & \text{für } x \text{ aus } [x_{N-1}, x_N], \\ 0 & \text{sonst} \end{cases}$$

definiert. In den Stützstellen gilt, wie man durch Einsetzen bestätigt,

$$\varphi_{4,n}(x_m) = \delta_{n,m}, \qquad \varphi'_{4,n}(x_m) = 0, \qquad \chi_{4,n}(x_m) = 0, \qquad \chi'_{4,n}(x_m) = \delta_{n,m}, \tag{21}$$

woraus man ablesen kann, daß die durch (10) definierte kubische Hermite-Interpolierende sowohl die Interpolationsforderung (1) als auch die Hermitesche Interpolationsbedingung (12) erfüllt.

Beispiel 6.2.2. Zur Interpolation der Funktion $f(x) := \cos x$ im Intervall $[0, 2\pi]$ benutzen wir die Werte

n	x_n	f_n	f'_n
0	0	1	0
1	π	-1	0
2	2π	1	0

Mit Hilfe von (17) und (18) erhält man die beiden kubischen Polynomstücke

$$p_{4,1}(x) = 1 - 6s^2 + 4s^3 \quad \text{für} \quad x = \pi s \quad \text{und}$$
$$p_{4,2}(x) = -1 + 6s^2 - 4s^3 \quad \text{für} \quad x = \pi(1 + s),$$

wobei s jeweils das Intervall $[0, 1]$ durchläuft. Sie geben den Verlauf der Kosinusfunktion trotz der sehr groben Schrittweite qualitativ gut wieder. Nullpunkte, Extrema und Wendepunkte stimmen sogar exakt mit denen von $f(x)$ überein. Zum Vergleich geben wir auch das Hermite-Polynom $p_5(x)$ zu den obigen Daten an (wegen der Symmetrie der vorgegebenen Funktions- und Ableitungswerte verschwindet der Koeffizient von x^5, vgl. Ü 6.2.4): $p_5(x) := 1 - 2\left(\frac{x}{\pi}\right)^2\left(2 - \frac{x}{\pi}\right)^2$. In Abb. 6.2.3 sind die beiden Fehlerfunktionen

$$r_{4,1}^H(x) := p_{4,1}(x) - \cos x \quad \text{und} \quad r_5^H(x) := p_5(x) - \cos x$$

im Intervall $\left[0, \frac{\pi}{2}\right]$ graphisch dargestellt. Offenbar unterscheidet sich $p_{4,1}(x)$ wesentlich weniger von $\cos x$ als das mit größerem Aufwand berechnete Polynom $p_5(x)$.

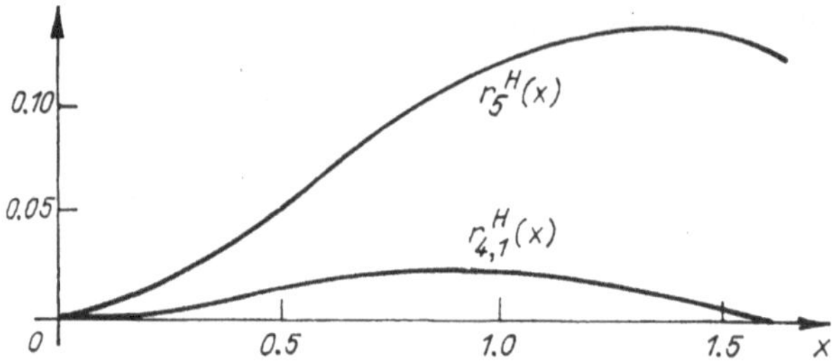

Abb. 6.2.3. Fehler der interpolierenden Funktionen $p_{4,1}(x)$ und $p_5(x)$ für die Funktion $f(x) := \cos x$

Die Fehlerfunktion zum Hermiteschen Interpolationspolynom $p_{2N-1}(x)$ läßt sich in ähnlicher Weise darstellen wie (6.1.43), wenn $f(x)$ hinreichend oft differenzierbar ist (Ü 6.2.3). Wir beschränken uns auf den Fall eines Polynoms dritten Grades über dem Teilintervall $[x_{n-1}, x_n]$ und setzen analog zu (6.1.38)

$$h(x) := p_{4,n}(x) - f(x) - c(x - x_{n-1})^2 (x - x_n)^2 .$$

Diese Hilfsfunktion hat in $x = x_{n-1}$ und $x = x_n$ wegen der neu hinzugenommenen Interpolationsforderung (12) jeweils *zweifache* Nullstellen. Hinzukommt eine *einfache* Nullstelle bei $x = x^*$, wenn man c durch $c := \big(p_{4,n}(x^*) - f(x^*)\big)/\big((x^* - x_{n-1})^2 (x^* - x_n)^2\big)$ festlegt. Zählt man die Nullstellen entsprechend ihrer Vielfachheit, so besitzt $h(x)$ im Intervall $[x_{n-1}, x_n]$ insgesamt fünf Nullstellen. Durch wiederholte Anwendung des Satzes von Rolle zeigt man wie im Abschnitt 6.1.3., daß die vierte Ableitung von $h(x)$ dann in $[x_{n-1}, x_n]$ noch mindestens eine Nullstelle besitzt. Damit ergibt sich für Funktionen f aus $\mathbf{C}^4[a, b]$ der *Fehler der intervallweise kubischen Hermite-Interpolierenden*

$$r_{4,n}^H(x) := p_{4,n}(x) - f(x) = -(x - x_{n-1})^2 (x - x_n)^2 f^{(4)}(\xi)/24, \quad x, \xi \in [x_{n-1}, x_n], \tag{22}$$

und daraus analog zu (6.1.45) die Fehlerabschätzung

$$|r_{4,n}^H(x)| \leqq \frac{M_4}{384} h_n^4, \qquad |f^{(4)}(x)| \leqq M_4, \qquad x \in [x_{n-1}, x_n]. \tag{23}$$

Für Funktionen mit beschränkter vierter Ableitung verhält sich der Fehler im Gesamtintervall $[x_0, x_N]$ wie $O(h^4)$. Dabei bezeichnet h wieder die größte der Schrittweiten h_n, $n = 1(1)N$. Die intervallweise kubische Hermite-Interpolierende (19) konvergiert also für $h \to 0$ sehr schnell gegen die Funktion $f(x)$. Trotzdem wird der Praktiker in vielen Fällen auch mit dieser Art der Interpolation nicht zufrieden ein. Woher soll der Schiffskonstrukteur die Ableitungswerte $f'(x_n)$ einer Kontur $f(x)$ kennen, die er erst berechnen will? Wir werden deshalb versuchen, den Vorteil der stetigen ersten Ableitung beizubehalten, ohne die Ableitungswerte vorgeben zu müssen.

6.2.3. Quadratische Spline-Interpolation

Wie im vorigen Abschnitt suchen wir eine interpolierende Funktion $p(x)$, die in jedem Teilintervall gleich einem Polynom möglichst niedrigen Grades ist. Im Gegensatz zu (12) schreiben wir aber jetzt die Ableitungswerte in den inneren Stützstellen $x_1, x_2, \ldots, x_{N-1}$ nicht vor, sondern verlangen lediglich, daß $p(x)$ in diesen Punkten eine stetige erste Ableitung besitzt,

$$p'(x_n - 0) = p'(x_n + 0), \qquad n = 1(1)N-1; \tag{24}$$

die Polynomstücke also glatt aneinander anschließen. Zusammen mit den $2N$ Interpolationsbedingungen (in den inneren Stützstellen ist (1) doppelt zu zählen, weil die Interpolationsforderung jeweils für zwei Intervalle gilt), stehen also $3N - 1$ Forderungen zur Verfügung. Gibt man noch den Funktionswert in einer weiteren Stützstelle x^*,

$$p(x^*) = f(x^*) =: f_* \tag{25}$$

oder die Ableitung in x_0

$$p'(x_0) = f'(x_0) =: d_0 \tag{26}$$

oder die Ableitung in x_N

$$p'(x_N) = f'(x_N) =: d_N \tag{27}$$

vor oder fordert *Periodizität*

$$p'(x_0) = p'(x_N), \qquad \text{falls } N \text{ ungerade}, \tag{28}$$

oder *Anti-Periodizität* der Interpolierenden

$$p'(x_0) = -p'(x_N), \qquad \text{falls } N \text{ gerade}, \tag{29}$$

so ist in jedem Teilintervall der *dreiparametrige* Ansatz eines *Polynoms zweiten Grades* gerechtfertigt:

$$p_{3,n}(x_{n-1} + sh_n) = c_0^{(n)} + c_1^{(n)}s + c_2^{(n)}s^2, \qquad n = 1(1)N. \tag{30}$$

Bezeichnet man den unbekannten Ableitungswert im Punkt x_n mit d_n

$$p'(x_n) =: d_n, \qquad n = 0(1)N, \tag{31}$$

so genügen die Parameter $c_k^{(n)}$ analog zu (15) dem linearen Gleichungssystem

$$\begin{aligned} c_0^{(n)} \qquad\qquad\qquad &= f_{n-1}, \\ c_0^{(n)} + c_1^{(n)} + c_2^{(n)} &= f_n, \\ c_1^{(n)} \qquad\quad &= h_n d_{n-1} \end{aligned} \tag{32}$$

und können durch die f_n und d_n ausgedrückt werden:

$$p_{3,n}(x_{n-1} + sh_n) = f_{n-1} + d_{n-1}h_n s + (g_n - d_{n-1})\, h_n s^2, \qquad s \in [0, 1]. \tag{33}$$

Dabei haben wir wieder die Abkürzung g_n für die Steigung $f[x_n, x_{n-1}]$ verwendet. Wie früher die Geradenstücke (vgl. (5)) setzen wir diese N Parabelbögen zu einer interpolierenden Funktion $p(x)$ zusammen. Sie wird *quadratische Splinefunktion* genannt. Die Stetigkeitsbedingung (24) für die erste Ableitung kann dann in der Gestalt

$$p'_{3,n}(x_{n-1} + 1 \cdot h_n) = p'_{3,n+1}(x_n + 0 \cdot h_{n+1}), \qquad n = 1(1)N-1,$$

geschrieben werden und liefert für die noch unbekannten d_n die Beziehung

$$d_{n-1} + d_n = 2g_n, \qquad n = 1(1)N-1, \tag{34}$$

die auch für $n = N$ gilt. Daraus lassen sich, wenn man jeweils eine der Bedingungen (25) bis (29) hinzunimmt, die d_n eindeutig bestimmen, im Fall (26) z. B. durch die aufsteigende Rekursion $d_n := 2g_n - d_{n-1}$, $n = 1(1)N$, und im Fall (27) durch die absteigende Rekursion $d_{n-1} := 2g_n - d_n$, $n = N(-1)1$. Im Fall (25) bestimmt man zunächst durch Lagrange- oder Newton-Interpolation den Parabelbogen $p_{3,k}(x)$ zu demjenigen Intervall, in dem sich die zusätzliche Stützstelle x^* befindet, $x_{k-1} < x^* < x_k$, erhält daraus durch Differentiation die Parameter $d_{k-1} := p'_{3,k}(x_{k-1})$ und $d_k := p'_{3,k}(x_k)$ und findet die übrigen d_n wieder durch auf- bzw. absteigende Rekursion. Die Periodizitäts- und die Antiperiodizitätsbedingung (28) und (29) führen gemeinsam mit (34) auf das lineare Gleichungssystem

$$\begin{aligned} d_0 + d_1 \qquad\qquad &= 2g_1, \\ d_1 + d_2 \qquad &= 2g_2, \\ &\;\vdots \\ d_{N-2} + d_{N-1} &= 2g_{N-1}, \\ \pm d_0 \qquad\qquad + d_{N-1} &= 2g_n. \end{aligned} \tag{35}$$

Man prüft leicht nach, daß die Koeffizientendeterminante im periodischen Fall (oberes Vorzeichen) für ungerade N und im antiperiodischen Fall (unteres Vorzeichen) für gerade N den Wert Zwei, sonst aber den Wert Null annimmt (Ü 6.2.6). In beiden lösbaren Fällen liefert die Cramersche Regel

$$d_0 = \sum_{n=1}^{N} (-1)^{n+1} g_n, \tag{36}$$

so daß die übrigen d_n wieder rekursiv mit Hilfe von (34) bestimmt werden können. Wir fassen die Ergebnisse zusammen:

Satz 6.2.3 (Quadratische Spline-Interpolation). *Durch die vier Forderungen*

a) *die Funktion $p(x)$ sei in jedem Teilintervall $[x_{n-1}, x_n]$ gleich einem quadratischen Polynom der Gestalt* (30),

b) *die Funktion $p(x)$ genüge den Interpolationsbedingungen* (1),

c) *die erste Ableitung der Funktion $p(x)$ genüge an den inneren Stützstellen den Stetigkeitsbedingungen* (24),

d) *die Funktion $p(x)$ genüge einer der zusätzlichen Bedingungen* (25) *bis* (29),

ist eine quadratische Splinefunktion $p(x)$ eindeutig festgelegt.

Soll nun an einer beliebigen Zwischenstelle ξ aus $[x_0, x_N]$ ein Funktionswert $p(\xi)$ als Näherung für einen gesuchten Wert $f(\xi)$ bestimmt werden, so sind zunächst die Steigungen g_n und die Koeffizienten d_n zu berechnen, und anschließend ist dasjenige quadratische Polynom $p_{3,n}(x)$ auszuwerten, in dessen Intervall die Zwischenstelle liegt. Für den Fall (26) stellen wir die Rechenschritte zu einem Algorithmus zusammen.

Algorithmus 6.2.4. Quadratische Spline-Interpolation QUS ($N, \boldsymbol{x}, \boldsymbol{f}, \boldsymbol{g}, \boldsymbol{d}, f'_0, \xi, p$)

N	Anzahl der Teilintervalle
$\boldsymbol{x} := (x_0, x_1, \ldots, x_N)$	Vektor der Stützstellen
$\boldsymbol{f} := (f_0, f_1, \ldots, f_N)$	Vektor der Stützwerte
$\boldsymbol{g} := (g_1, g_2, \ldots, g_N)$	Vektor der Steigungen
$\boldsymbol{d} := (d_0, d_1, \ldots, d_N)$	Vektor der Parameter $d_n := p'(x_n)$
f'_0	vorgegebener Anstieg im Punkt $x = x_0$
ξ	vorgegebene Zwischenstelle

1 $\left[\begin{array}{l} j = 1(1)N \\ g_j := (f_j - f_{j-1})/(x_j - x_{j-1}) \end{array}\right.$	Berechnung der Steigungen g_j
$d_0 := f'_0$	Startwert
2 $\left[\begin{array}{l} j = 1(1)N \\ d_j := 2g_j - d_{j-1} \end{array}\right.$	Berechnung der Parameter d_j
3 falls $\xi - x_0 < 0$, dann Schritt 4 $\left[\begin{array}{l} j = 1(1)N \\ \text{falls } \xi - x_j \leqq 0, \text{ dann Schritt 5} \end{array}\right.$	Aufsuchen des Teilintervalls, in dem ξ liegt
4 Abbruch „ξ liegt nicht im Intervall $[x_0, x_N]$"	
5 $c := (g_j - d_{j-1})/(x_j - x_{j-1})$	Hilfsgröße für $p_{3,j}(x)$
6 $t := \xi - x_{j-1}$ $p := f_{j-1} + (c \cdot t + d_{j-1}) \cdot t$	gesuchter Funktionswert $p_{3,j}(\xi)$

Sollen weitere Funktionswerte über demselben Teilintervall berechnet werden, so wird beim Schritt 6, andernfalls beim Schritt 3 neu gestartet.

Der *Rechenaufwand* setzt sich zusammen aus N Divisionen für die Berechnung der Steigungen im Schritt 1, einer Division je Teilintervall für die Berechnung von c und zwei Multiplikationen je Funktionswert im Schritt 6. Das ergibt insgesamt

$$\mathrm{RAW}_{\mathrm{quadr.\,Splines}} := 2N + 2K \tag{37}$$

wesentliche Rechenoperationen, wobei K wieder die Anzahl der benötigten Funktionswerte bezeichnet. Damit liegt der Aufwand um eine Größenordnung niedriger als der von Lagrange- und Newton-Interpolation (vgl. (6.1.15) und (6.1.28)). Der Algorithmus berechnet also mit außerordentlich geringem Aufwand eine ebenso glatte (mindestens einmal stetig differenzierbare) Funktion durch die vorgegebenen Knoten (x_n, f_n) wie die kubische Hermite-Interpolierende (vgl. Ü 6.2.7)).

Der Kurvenverlauf hängt wesentlich vom vorzugebenden Anstieg $d_0 := f'_0$ ab. Die Testrechnungen aus Ü 6.2.8 zeigen, daß die quadratische Splinefunktion bei ungeschickter Wahl sehr wellig wird. Wenn das zugrunde liegende Praxisproblem keine ausreichenden Informationen über $f'(x_0)$ liefert, kann man den Sekantenanstieg im ersten Teilintervall als Näherung verwenden, also $d_0 := g_1$ setzen. Günstiger, aber etwas aufwendiger ist, eine Parabel $p_2(x)$ durch die ersten drei Knoten zu legen und $d_0 := p'_2(x_0)$ zu wählen (das entspricht der Bedingung (25), vgl. auch Ü 6.2.9). Man kann den freien Parameter aber auch so bestimmen, daß die Splinefunktion $p(x)$ in irgendeinem Sinne optimal, z. B. insgesamt möglichst wenig gekrümmt ist. Dazu definieren wir das Quadrat der *Gesamtkrümmung einer Kurve* $y = f(x)$ *im Intervall* $[x_0, x_N]$ durch

$$K(f) := \int_{x_0}^{x_N} \omega(x)\, [f''(x)]^2\, \mathrm{d}x\,. \tag{38}$$

Diese Bezeichnung rührt daher, daß der Integrand im Fall der Gewichtsfunktion $\omega(x) := \left(1 + f'(x)^2\right)^{-3}$ das Quadrat der Krümmung der Funktion $f(x)$ im Punkt x angibt. Für numerische Zwecke ist diese Gewichtsfunktion jedoch ungeeignet. Wir verwenden deshalb statt dessen im folgenden die stückweise konstante Funktion

$$\omega(x) := \omega_j := (1 + g_j^2)^{-3}, \quad x \in [x_{j-1}, x_j]. \tag{39}$$

Für $p(x)$ ergibt sich damit, da die zweiten Ableitungen der stückweise erklärten Polynome (33) konstant sind, die Gesamtkrümmung

$$K(p) := \sum_{j=1}^{N} \omega_j h_j (p''_{3,j})^2 = 4 \sum_{j=1}^{N} \frac{\omega_j}{h_j} (g_j - d_{j-1})^2.$$

Setzt man nun $d_0 =: t$, so folgt aus (34)

$$\begin{aligned} &d_1 = 2g_1 - t, \qquad d_2 = 2g_2 - 2g_1 + t, \ldots, \\ &d_{N-1} = 2g_{N-1} - 2g_{N-2} + 2g_{N-3} - + \cdots + (-1)^{N-1} t. \end{aligned} \tag{40}$$

Demnach ist das Funktional $K(p)$ eine quadratische Funktion des Parameters t, deren Minimum aus

$$\frac{\mathrm{d}}{\mathrm{d}t} K(p) = 8 \sum_{j=1}^{N} (-1)^j \frac{\omega_j}{h_j} (g_j - d_{j-1}) = 0 \tag{41}$$

explizit bestimmt werden kann. Ersetzt man nämlich in (41) alle d_j mit Hilfe von (40) und stellt nach t um, so ergibt sich

$$t_{\text{opt}} := \frac{1}{a_0} \sum_{j=1}^{N} (-1)^{j-1} a_j g_j, \tag{42}$$

wo die Koeffizienten a_j Summen der Quotienten ω_j/h_j bezeichnen:

$$\begin{aligned} &a_N := \omega_N/h_N, \qquad a_j := a_{j+1} + \omega_{j+1}/h_{j+1} + \omega_j/h_j, \qquad j = N-1(-1)1, \\ &a_0 := (a_1 + \omega_1/h_1)/2. \end{aligned} \tag{43}$$

Wir fassen zusammen

Satz 6.2.5 (Quadratische Splines kleinster Gesamtkrümmung). *Unter allen quadratischen Splinefunktionen, die den Voraussetzungen* a), b), c) *des Satzes* 6.2.3 *und der Anfangsbedingung* $p'(x_0) = d_0$ *genügen, hat diejenige mit dem durch* (42), (43) *bestimmten Parameter* $d_0 := t_{\text{opt}}$ *die kleinste Gesamtkrümmung.*

Die Formeln (42), (43) werden durch den folgenden Algorithmus realisiert. Er kann statt des Schrittes 1 in Algorithmus 6.2.4 eingebaut werden.

Algorithmus 6.2.6. Teilalgorithmus zur Berechnung des optimalen Startparameters d_0 (ersetzt Schritt 1 in Algorithmus 6.2.4) OPT ($N, \boldsymbol{x}, \boldsymbol{f}, \boldsymbol{g}, f'_0$)

$S := 0; \quad a := 0; \quad w := 0$	Initialisierung
$i := 1$	Hilfsgröße (Vorzeichen)
⌈ $j = N(-1)1$	
$a := a + w$	aktueller Koeffizient
$w := 1/(x_j - x_{j-1})$	reziproke Schrittweite
$g_j := (f_j - f_{j-1}) \cdot w$	Steigung
$w := w/(1 + g_j^2)^3$	Quotient ω_j/h_j
$a := a + w$	
$S := S + i \cdot a \cdot g_j$	
⌊ $i := -i$	
falls $i > 0$, dann $S := -S$	
$f'_0 := 2 \cdot S/(a + w)$	gesuchter Anstieg im Punkt $x = x_0$

Der *Rechenaufwand* von Algorithmus 6.2.4 erhöht sich dadurch um $6N + 2$ wesentliche Rechenoperationen.

Beispiel 6.2.7. Für die Daten des Schiffsspantbeispiels berechnen wir zunächst mit Hilfe von Algorithmus 6.2.6 den optimalen Tangentenanstieg im Anfangspunkt $x = x_0 := 0$. Es ergibt sich $d_0 := 0.6555$. Der Schritt 2 des Algorithmus 6.2.4 liefert damit die in Tab. 6.2.1 angegebenen Koeffizienten d_n. Die letzte Spalte enthält für jedes der Teilintervalle $[x_{n-1}, x_n]$ den Koeffizienten c für die Funktionsberechnung im Schritt 6. Damit können die 6 Parabelbögen, aus denen sich die quadratische Splinefunktion $p(x)$ zusammensetzt, explizit angegeben werden:

$$\begin{aligned}
p_{3,1}(x) &= 0.60 + 0.6555x - 0.1277x^2, & x &\in [0, 2],\\
p_{3,2}(x) &= 1.40 + 0.1445(x-2) + 0.1850(x-2)^2, & x &\in [2, 5],\\
p_{3,3}(x) &= 2.00 + 0.2555(x-5) + 0.2223(x-5)^2, & x &\in [5, 7],\\
p_{3,4}(x) &= 3.40 + 1.1445(x-7) + 0.1777(x-7)^2, & x &\in [7, 9],\\
p_{3,5}(x) &= 6.40 + 1.8555(x-9) - 0.2185(x-9)^2, & x &\in [9, 12],\\
p_{3,6}(x) &= 10.00 + 0.5445(x-12) - .07039(x-12)^2, & x &\in [12, 15].
\end{aligned}$$

Graphisch entspricht diesen Formeln die in Abb. 6.1.3 (S. 85) dargestellte Kurve.

Tab. 6.2.1. Daten zur quadratischen Spline-Interpolation für das Schiffsspant-Beispiel

n	x_n	h_n	f_n	g_n	d_n	c
0	0	—	0.60	—	0.6555	—
1	2	2	1.40	0.40	0.1445	−0.1277
2	5	3	2.00	0.20	0.2555	0.01850
3	7	2	3.40	0.70	1.1445	0.2223
4	9	2	6.40	1.50	1.8555	0.1777
5	12	3	10.00	1.20	0.5445	−0.2185
6	15	3	11.00	$0.3\bar{3}$	0.1222	−0.07039

6.2.4. Kubische Spline-Interpolation

Quadratische Splines sind ebenso wie die kubische Hermite-Interpolierende im Gesamtintervall $[x_0, x_N]$ mindestens *einmal stetig differenzierbar*. Die zweite Ableitung ist im allgemeinen an den inneren Stützstellen x_n, $n = 1(1)N-1$, unstetig (Ü 6.2.7). Soll die interpolierende Funktion in diesen Punkten eine *stetige zweite Ableitung* besitzen, so muß der Grad der stückweise erklärten Polynome erhöht werden.

Satz 6.2.8 (Kubische Spline-Interpolation). *Durch die fünf Forderungen*

a) *die Funktion $p(x)$ sei in jedem Teilintervall $[x_{n-1}, x_n]$ gleich einem kubischen Polynom der Gestalt* (14),

b) *die Funktion $p(x)$ genüge den Interpolationsbedingungen* (1),

c) *ihre erste Ableitung $p'(x)$ genüge an den inneren Stützstellen den Stetigkeitsbedingungen* (24),

d) *ihre zweite Ableitung $p''(x)$ genüge an den inneren Stützstellen den Stetigkeitsbedingungen*

$$p''(x_n - 0) = p''(x_n + 0), \qquad n = 1(1)N-1, \tag{44}$$

e) *die Funktion $p(x)$ erfülle in den Randpunkten eine der drei folgenden Bedingungen*

$$p''(x_0) = p''(x_N) = 0, \tag{45}$$

$$p'(x_0) = f'_0, \quad p'(x_N) = f'_N, \quad f'_0, f'_N \text{ vorgegeben}, \tag{46}$$

$$p'(x_0) = p'(x_N), \quad p''(x_0) = p''(x_N), \tag{47}$$

ist eine kubische Splinefunktion eindeutig festgelegt.

Den **Beweis** führen wir wie im Fall der quadratischen Splines durch Konstruktion. Dabei beschränken wir uns auf den Fall der Randbedingung (45). Sie schreibt vor, daß die interpolierende Funktion in den Randpunkten x_0 und x_N die Krümmung Null besitzt, $p(x)$ wird in diesem Fall *natürliche kubische Splinefunktion* genannt.

Durch (17), (18) wurden im Abschnitt 6.2.2. interpolierende kubische Parabelbögen beschrieben, die an den inneren Stützstellen vorgeschriebene Ableitungswerte annehmen. Wie im Fall der quadratischen Splines ersetzen wir jetzt wieder die f'_n durch noch unbekannte Parameter d_n und erhalten damit für die Teilintervalle $[x_{n-1}, x_n]$ Ansätze der Gestalt

$$p_{4,n}(x_{n-1} + sh_n) = f_{n-1} + d_{n-1}h_n s + (3g_n - 2d_{n-1} - d_n)\, h_n s^2 + (-2g_n + d_{n-1} + d_n)\, h_n s^3, \quad s \in [0, 1], \quad n = 1(1)N. \tag{48}$$

Die daraus zusammengesetzte Funktion $p(x)$ genügt dann bereits den Voraussetzungen a), b) und c). Durch zweimalige Differentiation nach x ergibt sich

$$p''_{4,n}(x_{n-1} + sh_n) = \frac{2}{h_n}\,[3g_n - 2d_{n-1} - d_n + 3(-2g_n + d_{n-1} + d_n)\, s]. \tag{49}$$

Wegen der Stetigkeitsforderung d) gilt für die beiden im Punkt $x = x_n$ aneinanderstoßenden Parabelbögen

$$p''_{4,n}(x_{n-1} + h_n) = p''_{4,n+1}(x_n),$$

also

$$\frac{2}{h_n}\,(-3g_n + d_{n-1} + 2d_n) = \frac{2}{h_{n+1}}\,(3g_{n+1} - 2d_n - d_{n+1}), \qquad n = 1(1)N-1. \tag{50}$$

Multipliziert man noch mit $h_n h_{n+1}/(2h_n + 2h_{n+1})$ und berücksichtigt die Randbedingung (45), so ergibt sich das folgende lineare Gleichungssystem für die Parameter d_n

$$\begin{aligned}
2d_0 + d_1 \qquad\qquad\qquad\qquad\qquad &= 3g_1 \\
a_0 d_0 + 2d_1 + (1 - a_0)\, d_2 \qquad\qquad &= 3(g_2 - a_0 \nabla g_2) \\
\cdots \qquad\qquad\qquad\qquad &\ \ \vdots \\
a_{N-2}d_{N-2} + 2d_{N-1} + (1 - a_{N-2})\, d_N &= 3(g_N - a_{N-2} \nabla g_N) \\
a_{N-1}d_{N-1} \quad + 2d_N \qquad\qquad &= 3g_N
\end{aligned} \tag{51}$$

mit $\nabla g_k := g_k - g_{k-1}$ (vgl. (6.1.34), S. 94) und den Koeffizienten

$$a_{n-1} := h_{n+1}/(h_n + h_{n+1}), \qquad n = 1(1)N-1, \qquad a_{N-1} := 1. \tag{52}$$

Es ist eindeutig auflösbar, denn die Koeffizientenmatrix ist streng diagonal dominant und folglich nach Satz 2.1.4 streng regulär. Damit sind die $p_{4,n}(x)$ vollständig bestimmt und können nach dem Vorbild von (5) zu einer interpolierenden Funktion $p(x)$, die die Voraussetzungen a) bis e) erfüllt, zusammengesetzt werden. In ähnlicher Weise beweist man die eindeutige Existenz der kubischen Splinefunktion $p(x)$ im Fall der Randbedingungen (46) und (47) (vgl. Ü 6.2.14). ∎

Für die numerische Berechnung eines Funktionswertes $p(x)$ an einer beliebigen Zwischenstelle $x = \xi$ aus dem Intervall $[x_0, x_N]$ sind zunächst die Koeffizienten a_n und die Steigungen g_n zu bestimmen. Das tridiagonale lineare Gleichungssystem (51) läßt sich dann mit Hilfe von Algorithmus 2.3.8 lösen. Zur wirtschaftlichen Auswertung von $p_{4,n}(x)$ schreibt man das kubische Polynom (48) in *geklammerter Form* (*Horner-Schema*):

Algorithmus 6.2.9. Kubische Spline-Interpolation KUS (N, $\boldsymbol{x}$, $\boldsymbol{f}$, $\boldsymbol{g}$, $\boldsymbol{d}$, $\boldsymbol{a}$, $\boldsymbol{v}$, $\boldsymbol{u}$, ξ, p)

	N, $\boldsymbol{x}$, $\boldsymbol{f}$, $\boldsymbol{g}$, $\boldsymbol{d}$, ξ	vgl. Algorithmus 6.2.4
	$\boldsymbol{u} := (u_0, u_1, \ldots, u_N)$	Diagonale der Koeffizientenmatrix
	$\boldsymbol{a} := (a_0, a_1, \ldots, a_{N-1})$	untere Kodiagonale der Koeffizientenmatrix
	$\boldsymbol{v} := (v_0, v_1, \ldots, v_{N-1})$	obere Kodiagonale der Koeffizientenmatrix
1	$j = 1(1)N$ $g_j := (f_j - f_{j-1})/(x_j - x_{j-1})$	Berechnung der Steigungen
2	$u_0 := 2, \quad v_0 := 1, \quad d_0 := 3g_1$	Koeffizientenberechnung und Lösung
	$j = 1(1)N - 1$ $a_{j-1} := (x_{j+1} - x_j)/(x_{j+1} - x_{j-1})$ $v_j := 1 - a_{j-1}$ $u_j := 2$ $d_j := 3\big(g_{j+1} - a_{j-1}(g_{j+1} - g_j)\big)$	des tridiagonalen Systems (51)
	$a_{N-1} := 1, \quad u_N := 2, \quad d_N := 3g_N$	
	GTR ($N + 1$, $\boldsymbol{u}$, $\boldsymbol{a}$, $\boldsymbol{v}$, $\boldsymbol{d}$)	vgl. Algorithmus 2.3.8
3 4	Bestimmung des Teilintervalls	vgl. Algorithmus 6.2.4
5	$c_0 := f_{j-1}, \quad h := x_j - x_{j-1},$ $c_1 := hd_{j-1}, \quad c := hd_j,$ $c_2 := 3(f_j - f_{j-1}) - 2c_1 - c$ $c_3 := -2(f_j - f_{j-1}) + c_1 + c$	Koeffizienten von $p_{4,j}(x)$
6	$s := (\xi - x_{j-1})/h$ $p := \big((c_3 s + c_2)\, s + c_1\big)\, s + c_0$	Berechnung des Funktionswerts $p_{4,j}(\xi)$

Der *Rechenaufwand* setzt sich zusammen aus $2N$ Divisionen und $7N$ Multiplikationen für die Aufstellung und Lösung des Gleichungssystems (51) sowie 3 Multiplikationen je Teilintervall und einer Division und 3 Multiplikationen je Funktionswert. Er liegt mit insgesamt

$$\mathrm{RAW}_{\text{kub. Splines}} := 12N + 4K \tag{53}$$

wesentlichen Rechenoperationen, wobei K wieder die Anzahl der benötigten Funktionswerte bezeichnet, also erheblich über dem der quadratischen Splines (vgl. (37)).

Beispiel 6.2.10. Mit den Aufmaßen des Schiffsspantbeispiels (Tab. 6.2.1, S. 113) erhält das tridiagonale Gleichungssystem (51) die Gestalt

$$\begin{aligned}
2d_0 + 1.0d_1 \qquad\qquad\qquad\qquad &= 1.20,\\
0.6d_0 + 2.0d_1 + 0.4d_2 \qquad\qquad\qquad &= 0.96,\\
0.4d_1 + 2.0d_2 + 0.6d_3 \qquad\qquad &= 1.50,\\
0.5d_2 + 2.0d_3 + 0.5d_4 \qquad &= 3.30,\\
0.6d_3 + 2.0d_4 + 0.4d_5 \quad &= 4.14,\\
0.5d_4 + 2.0d_5 + 0.5d_6 &= 2.30,\\
1.0d_5 + 2.0d_6 &= 1.00.
\end{aligned}$$

Der Algorithmus 2.3.8 liefert die Lösung $\boldsymbol{d} := (0.4640\bar{6},\ 0.2718\bar{6},\ 0.3445\bar{6},\ 1.17020,\ 1.5746\bar{3},\ 0.7215\bar{3},\ 0.1392\bar{3})^{\mathsf{T}}$. Damit können die Polynomstücke $p_{4,n}(x)$, aus denen sich die kubische Splinefunktion $p(x)$ zusammensetzt, explizit angegeben werden. Wie in Beispiel 6.2.7 schreiben wir sie als Polynome in $x - x_j$:

$$
\begin{aligned}
p_{4,1}(x) &= 0.60 + 0.4641x - 0.01602x^3, & x &\in [0, 2],\\
p_{4,2}(x) &= 1.40 + 0.2719(x-2) - 0.0961(x-2)^2 + 0.02405(x-2)^3, & x &\in [2, 5],\\
p_{4,3}(x) &= 2.00 + 0.3446(x-5) + 0.1203(x-5)^2 + 0.02869(x-5)^3, & x &\in [5, 7],\\
p_{4,4}(x) &= 3.40 + 1.1702(x-7) + 0.2925(x-7)^2 - 0.06379(x-7)^3, & x &\in [7, 9],\\
p_{4,5}(x) &= 6.40 + 1.5746(x-9) - 0.0903(x-9)^2 - 0.01154(x-9)^3, & x &\in [9, 12],\\
p_{4,6}(x) &= 10.00 + 0.7215(x-12) - 0.1941(x-12)^2 + 0.02157(x-12)^3, & x &\in [12, 15].
\end{aligned}
$$

Die Abweichungen von der quadratischen Splinefunktion aus Beispiel 6.2.7 sind relativ gering. Im ersten Teilintervall nimmt z. B. die Differenz $\delta_1(x) := p_{4,1}(x) - p_{3,1}(x)$ bei 0.7725 ihren maximalen Wert 0.03165 an. Das entspricht einer relativen Abweichung von etwa 3.3%. Optisch unterscheiden sich die beiden Näherungsfunktionen also kaum. Interessanterweise hat sogar die mathematisch glattere (weil zweimal stetig differenzierbare) kubische Splinefunktion eine etwas größere Gesamtkrümmung als die quadratische (vgl. Ü 6.2.20).

Bezüglich der Gesamtkrümmung (38) mit der Gewichtsfunktion $\omega(x) \equiv 1$ besitzt die kubische Spline-Interpolierende die folgende Optimalitätseigenschaft:

Satz 6.2.11 (Holladay). *Unter allen zweimal stetig differenzierbaren Funktionen $q(x)$, die den Interpolationsbedingungen $q(x_n) = f(x_n)$, $n = 0(1)N$, und einer der Randbedingungen*

a) $q''(x_0) = q''(x_N) = 0$,

b) $q'(x_0) = f'(x_0)$, $q'(x_N) = f'(x_N)$,

c) $q'(x_0) = q'(x_N)$, $q''(x_0) = q''(x_N)$,

genügen, besitzt die kubische Spline-Interpolierende $p(x)$ die kleinste Gesamtkrümmung im Sinne von (38) mit $\omega(x) \equiv 1$.

Beweis. Die Gesamtkrümmung von $q(x)$ kann im Fall $\omega(x) \equiv 1$ in der Form

$$\int_{x_0}^{x_N} (q''(x))^2 \, dx = \int_{x_0}^{x_N} (q''(x) - p''(x))^2 \, dx + \int_{x_0}^{x_N} (p''(x))^2 \, dx \tag{54}$$

geschrieben werden. Um das einzusehen, benutzen wir die Identität

$$(q'')^2 = (q'' - p'' + p'')^2 = (q'' - p'')^2 + (p'')^2 + 2(q'' - p'')\, p''$$

und zeigen durch partielle Integration, daß das Integral über den letzten Summanden verschwindet:

$$
\begin{aligned}
\int_{x_0}^{x_N} (q'' - p'')\, p'' \, dx &= \sum_{n=1}^{N} \int_{x_{n-1}}^{x_n} (q'' - p'')\, p'' \, dx \\
&= \sum_{n=1}^{N} [(q' - p')\, p'']_{x_{n-1}}^{x_n} - \sum_{n=1}^{N} \int_{x_{n-1}}^{x_n} (q' - p')\, p''' \, dx .
\end{aligned}
$$

Von der ersten Summe auf der rechten Seite bleiben nur die Werte in den Randpunkten x_0 und x_N übrig, und die Integrale unter der zweiten Summe lassen sich geschlossen auswerten, denn $p'''(x)$ ist als dritte Ableitung eines kubischen Polynomstücks über jedem

Teilintervall gleich einer Konstanten $p'''_{4,n}$ (vgl. (48), (49)):

$$\int_{x_0}^{x_N} (q'' - p'')\, p''\, \mathrm{d}x = [q'(x_N) - p'(x_N)]\, p''(x_N) - [q'(x_0) - p'(x_0)]\, p''(x_0)$$
$$- \sum_{n=1}^{N} p'''_{4,n} \cdot [q(x) - p(x)]_{x_{n-1}}^{x_n}.$$

Die letzte Summe verschwindet auf Grund der Interpolationsbedingungen, und die beiden ersten Summanden kompensieren sich für jede der drei Randbedingungen a) bis c). Damit ist (54) bewiesen. Die rechte Seite von (54) wird nun offenbar für alle Funktionen $q(x)$ minimal, deren zweite Ableitung mit der von $p(x)$ übereinstimmt, speziell also auch für $p(x)$ selbst.

6.2.5. Fehler der Spline-Interpolation

Zur Abschätzung des Fehlers

$$r^S_{3,n}(x) := p_{3,n}(x) - f(x) \tag{55}$$

der quadratischen Spline-Interpolierenden betrachten wir über jedem Teilintervall $[x_{n-1}, x_n]$ neben den Parabelbögen (33) noch die quadratischen Hermiteschen Interpolationspolynome (vgl. B 6.1.3)

$$p^H_{3,n}(x) := f_{n-1} + f'_{n-1} h_n s + (g_n - f'_{n-1})\, h_n s^2, \qquad s \in [0, 1], \tag{56}$$

die sich aus (33) ergeben, wenn man d_{n-1} durch $f'_{n-1} := f'(x_{n-1})$ ersetzt. Ihre erste Ableitung stimmt also jeweils im linken Randpunkt des Teilintervalls mit der von $f(x)$ überein, so daß man mit der Hilfsfunktion

$$h(x) := p^H_{3,n}(x) - f(x) - c(x - x_{n-1})^2\, (x - x_n)$$

und dem Satz von Rolle für mindestens dreimal stetig differenzierbare Funktionen in üblicher Weise (vgl. Abschnitt 6.1.3 und (22)) die Fehlerformel

$$r^H_{3,n}(x) := p^H_{3,n}(x) - f(x) = \frac{1}{6}\, s^2(1 - s)\, h_n^3 f'''(\xi), \qquad \xi \in [x_{n-1}, x_n], \tag{57}$$

erhält. Addieren wir nun auf der rechten Seite von (55) die triviale Differenz $p^H_{3,n}(x) - p^H_{3,n}(x)$, so können wir $r^S_{3,n}(x)$ mit Hilfe der Dreiecksungleichung auf $r^H_{3,n}(x)$ und die Differenz von Splinefunktion und Hermite-Interpolierender zurückführen,

$$|r^S_{3,n}(x)| \leqq |p^H_{3,n}(x) - f(x)| + |p_{3,n}(x) - p^H_{3,n}(x)|. \tag{58}$$

Für den letzten Summanden ergibt sich aus (33) und (56)

$$p_{3,n}(x) - p^H_{3,n}(x) = s(1 - s)\, h_n (d_{n-1} - f'_{n-1}). \tag{59}$$

Zur Abschätzung der Differenzen $d_n - f'_n =: \delta_n$ benutzen wir die Rekursion (34) und erhalten

$$\delta_{n-1} + \delta_n = 2g_n - f'_{n-1} - f'_n,$$

und weiter durch Taylor-Entwicklung von $f_{n-1} := f(x_n - h_n)$ und $f'_{n-1} := f'(x_n - h_n)$ an der Stelle $x = x_n$

$$\delta_{n-1} + \delta_n = -\frac{h_n^2}{6} f'''(x_n) + \frac{h_n^3}{12} f^{(4)}(x_n) + O(h_n{}^4). \tag{60}$$

Ebenso ergibt sich für $\delta_n + \delta_{n+1}$, wenn man f_{n+1} und f'_{n+1} entwickelt,

$$\delta_n + \delta_{n+1} = -\frac{h_{n+1}^2}{6} f'''(x_n) + \frac{h_{n+1}^3}{12} f^{(4)}(x_n) + O(h_{n+1}^4). \tag{61}$$

Für äquidistante Stützstellen ($h_n =: h$, $n = 1(1)N$) folgt durch Subtraktion aus (60) und (61)

$$\delta_{n+1} - \delta_{n-1} = -\frac{h^3}{6} f^{(4)}(x_n) + O(h^4). \tag{62}$$

Fordern wir für den Startwert δ_0

$$|\delta_0| = |d_0 - f'_0| \leqq \frac{h^2}{6} M_3, \qquad |f'''(x)| \leqq M_3, \qquad x \in [x_0, x_N], \tag{63}$$

so sind auch alle folgenden δ_n von derselben Größenordnung, denn für $n = 1$ ergibt sich aus (60) und für die übrigen n aus (62)

$$|\delta_1| \leqq \frac{h^2}{3} M_3 + O(h^3), \qquad |\delta_n| \leqq \frac{h^2}{3} M_3 + O(h^3), \qquad n = 2(1)N. \tag{64}$$

Verwendet man schließlich noch

$$s(1-s) \leqq 1/4, \qquad s^2(1-s) \leqq 4/27, \qquad s \in [0, 1],$$

so kann man (57), (59) und (64) in (58) einsetzen und erhält das folgende Resultat:

Satz 6.2.12 (Fehler der quadratischen Spline-Interpolierenden). *Ist $f(x)$ über $[x_0, x_N]$ mindestens dreimal stetig differenzierbar und genügt δ_0 der Abschätzung* (63), *so kann der Fehler der stückweise quadratischen Spline-Interpolierenden $p(x)$ im Fall äquidistanter Stützstellen in jedem der Teilintervalle $[x_{n-1}, x_n]$ durch*

$$|r_{3,n}^S(x)| := |p_{3,n}(x) - f(x)| \leqq \frac{35}{324} M_3 h^3 + O(h^4) \tag{65}$$

abgeschätzt werden.

Im Fall der kubischen Splines gehen wir analog zu (58) von der Ungleichung

$$|r_{4,n}^S(x)| \leqq |p_{4,n}^H(x) - f(x)| + |p_{4,n}(x) - p_{4,n}^H(x)| \tag{66}$$

aus. Der erste Term auf der rechten Seite ist der bereits früher abgeschätzte Fehler der (jetzt mit dem oberen Index H gekennzeichneten) kubischen Hermite-Interpolierenden (vgl. (22), (23)), für den zweiten ergibt sich aus (18) und (48)

$$|p_{4,n}(x) - p_{4,n}^H(x)| \leqq |d_{n-1} - f'_{n-1}|\,|\omega_{4,n}^{(1)}(x)| + |d_n - f'_n|\,|\omega_{4,n}^{(2)}(x)|. \tag{67}$$

Zur Abschätzung der Differenzen $\delta_n := d_n - f'_n$ verwenden wir das Gleichungssystem (51), wobei wir uns der Einfachheit halber wieder auf äquidistante Stützstellen beschränken. Dann sind die a_n gleich 1/2, und man erhält aus der n-ten Gleichung nach Multiplikation mit 2 und Subtraktion von $f'_{n-1} + 4f'_n + f'_{n+1}$

$$\delta_{n-1} + 4\delta_n + \delta_{n+1} = \frac{h^4}{30} f^{(5)}(x_n) + O(h^5),$$

wenn man wieder $f_{n\pm1} := f(x_n \pm h)$ und $f'_{n\pm1} := f'(x_n \pm h)$ in Taylor-Reihen entwickelt. Bezeichnet δ_m die betragsgrößte Komponente unter allen δ_n, so kann man die linke Seite noch mit Hilfe der Dreiecksungleichung abschätzen:

$$|\delta_{m-1} + 4\delta_m + \delta_{m+1}| \geqq 4\,|\delta_m| - |\delta_{m-1}| - |\delta_{m+1}| \geqq 2\,|\delta_m|.$$

Also gilt für alle δ_n

$$|\delta_n| := |d_n - f_n'| \leqq \frac{M_5}{60}\,h^4 + O(h^5), \qquad |f^{(5)}(x)| \leqq M_5, \qquad x \in [x_0, x_N]. \tag{68}$$

Zusammen mit (23), (67) und

$$|\omega_{4,n}^{(j)}(x)| \leqq \frac{4}{27}\,h, \qquad j = 1, 2, \qquad n = 1(1)N,$$

erhält man daraus schließlich das folgende Resultat:

Satz 6.2.13 (Fehler der kubischen Spline-Interpolierenden). *Ist $f(x)$ mindestens fünfmal stetig differenzierbar, so kann der Fehler der kubischen Spline-Interpolierenden $p(x)$ im Fall äquidistanter Stützstellen in jedem Teilintervall $[x_{n-1}, x_n]$ durch*

$$|r_{4,n}^S(x)| := |p_{4,n}(x) - f(x)| \leqq \frac{M_4}{384}\,h^4 + \frac{2M_5}{405}\,h^5 + O(h^6) \tag{69}$$

abgeschätzt werden.

Besitzt $f(x)$ also beschränkte Ableitungen der in (65) und (69) benötigten Ordnung, so konvergieren die quadratische Spline-Interpolierende für $h \to 0$ wie $O(h^3)$ und die kubische wie $O(h^4)$ gegen $f(x)$. Konvergenz läßt sich auch noch unter erheblich schwächeren Voraussetzungen nachweisen (vgl. auch B 6.2.3):

Satz 6.2.14 (Fehler der kubischen Spline-Interpolierenden). *Die Funktion $f(x)$ sei im Intervall $[a, b]$ hölder-stetig, d. h., es existiere eine Hölder-Konstante H und ein positiver Exponent α ($\alpha \leqq 1$), so daß*

$$|f(x) - f(t)| \leqq H\,|x - t|^\alpha \quad \textit{für alle } x \textit{ und } t \textit{ aus } [a, b] \tag{70}$$

gilt. Die Stützstellen $a = x_0 < x_1 < \cdots < x_N = b$ seien so gewählt, daß der Quotient zweier beliebiger Schrittweiten (durch eine von N unabhängige Konstante γ) beschränkt ist:

$$h_n/h_m \leqq \bar{h}/\underline{h} =: \gamma, \qquad \bar{h} := \max_{n=1(1)N} h_n, \qquad \underline{h} := \min_{n=1(1)N} h_n. \tag{71}$$

Dann gilt für den Fehler der aus den $p_{4,n}(x)$ (vgl. (48) und (51)) *zusammengesetzten interpolierenden kubischen Splinefunktion $p(x)$*

$$\|p - f\|_\infty := \max_{x\in[a,b]} |p(x) - f(x)| \leqq C \cdot \bar{h}^\alpha. \tag{72}$$

Beweis. Es genügt, $r_{4,n}^s(x) := p_{4,n}(x) - f(x)$ für x aus $[x_{n-1}, x_n]$ abzuschätzen. Mit Hilfe der lokalen Hermiteschen Basispolynome (17) läßt sich der Fehler (wegen $\psi_{1,n}^{(4)}(x) + \psi_{2,n}^{(4)}(x) \equiv 1$) in der Form

$$r_{4,n}^s(x) = \big(f(x_{n-1}) - f(x)\big)\,\psi_{1,n}^{(4)}(x) + \big(f(x_n) - f(x)\big)\,\psi_{2,n}^{(4)}(x)$$
$$+ d_{n-1}\omega_{1,n}^{(4)}(x) + d_n\omega_{2,n}^{(4)}(x)$$

schreiben, woraus sich wegen $|\psi_{i,n}^{(4)}x)| \leqq 1$, $|\omega_{i,n}^{(4)}(x)| \leqq 4h_n/27$ und (70)

$$r_{4,n}^s(x) = 2H \cdot h_n^\alpha + \frac{4h_n}{27}\,(|d_{n-1}| + |d_n|) \tag{73}$$

ergibt. Eine Betragsschranke für die d_n erhält man aus dem linearen Gleichungssystem (51), das wir durch $\boldsymbol{A}\boldsymbol{d} = \boldsymbol{b}$ abkürzen. Dann ist $|d_n| \leqq \|\boldsymbol{d}\|_\infty \leqq \|\boldsymbol{A}^{-1}\|_\infty\,\|\boldsymbol{b}\|_\infty$. Die Matrix

$\boldsymbol{A}$ hat die Gestalt $\boldsymbol{A} = 2(\boldsymbol{I}_{N+1} + \boldsymbol{B})$, wobei $\boldsymbol{B}$ die (durch 2 dividierten) Nichtdiagonalelemente a_n und $1 - a_n$ enthält. Es ist also $\|\boldsymbol{B}\|_\infty = 1/2$. Folglich ergibt sich für $\|\boldsymbol{A}^{-1}\|_\infty$ mit Hilfe des Störungslemmas (vgl. (2.6.23))

$$\|\boldsymbol{A}^{-1}\|_\infty = \frac{1}{2} \|(\boldsymbol{I}_{N+1} + \boldsymbol{B})^{-1}\|_\infty \leqq \frac{1}{2} \frac{1}{1 - \|\boldsymbol{B}\|_\infty} = 1.$$

Schließlich muß die rechte Seite $\boldsymbol{b}$ des Gleichungssystems (51) abgeschätzt werden. Es ist $|b_0| = 3\,|g_1|$, $|b_N| = 3\,|g_N|$ und für $n = 1(1)N-1$

$$|b_n| = \frac{3}{h_n + h_{n+1}} |h_n g_{n+1} + h_{n+1} g_n| \leqq 3(|g_{n+1}| + |g_n|).$$

Wegen (70) und (71) gilt aber für die Steigungen

$$|g_n| = |(f_n - f_{n-1})/h_n| \leqq \frac{1}{\underline{h}} H\bar{h}^\alpha,$$

so daß sich $|d_n| \leqq \|\boldsymbol{d}\|_\infty \leqq \|\boldsymbol{b}\|_\infty \leqq \frac{6}{\underline{h}} H\bar{h}^\alpha$ und mit (73) endlich

$$\|p - f\|_\infty := \max_{x,n} |r_{4,n}(x)| \leqq 2H(1 + 8\gamma/9)\,\bar{h}^\alpha, \qquad \gamma := \bar{h}/\underline{h},$$

also eine Abschätzung der behaupteten Gestalt (72) ergibt.

Offensichtlich strebt der Fehler für $N \to \infty$ gegen Null, wenn man bei der Schrittweitenverkleinerung im Intervall $[a, b]$ die Bedingung (71) beachtet, also insbesondere die maximale Schrittweite $\bar{h}$ gegen Null gehen läßt (vgl. auch B 6.2.3).

6.2.6. Bemerkungen

B 6.2.1. Allgemein spricht man von *Hermite-Interpolation*, wenn an jeder Stützstelle x_n der Funktionswert $f(x_n)$ und Ableitungswerte $f'(x_n), f''(x_n), \ldots, f^{(m_n-1)}(x_n)$ bis zu einer möglicherweise von der Stützstelle abhängenden Ordnung $m_n - 1$ vorgeschrieben werden. Man kann zeigen, daß durch diese insgesamt $M + 1$ Forderungen $\left(M + 1 := \sum_{n=0}^{N} m_n\right)$ ein Polynom vom Grad M eindeutig festgelegt wird (Werner, Schaback [1], S. 7ff.). Im Spezialfall einer einzigen Stützstelle ($N = 0$) führt die Hermite-Interpolation auf die nach dem M-ten Glied abgebrochene *Taylor-Entwicklung*. Sind an jeder Stützstelle x_n der Funktionswert oder eine oder mehrere Ableitungswerte vorgegeben, so spricht man von *Birkhoff-Interpolation*. Hier muß in jedem konkreten Fall anhand des linearen Gleichungssystems für die Polynomkoeffizienten entschieden werden, ob die Bedingungen zur eindeutigen Bestimmung eines Interpolationspolynoms ausreichen oder nicht.

B 6.2.2. Die Bezeichnung *Splines* geht auf die graphische Interpolationsmethode des „*Strakens*" zurück, mit der früher im Schiff- und Flugzeugbau glatte Spantkonturen bestimmt wurden. Bei dieser Methode wird eine *Straklatte* (engl. *spline*, ein elastisches Lineal) durch Strakgewichte, die an den Interpolationsknoten aufgestellt werden, gezwungen, die Interpolationsbedingungen zu erfüllen. Dann entsteht auf Grund der Elastizität des Materials eine Biegelinie kleinster Gesamtkrümmung. Die ersten Arbeiten über interpolierende Polynomsplines stammen von Quade und Collatz (1938), Courant (1943) und Schoenberg (1946), der erstmalig die Bezeichnung Splines verwendet (vgl. Böhmer [1], S. 16). Seit den 60er Jahren werden Splines in breitem Umfang untersucht und zur genäherten Lösung immer neuer Problemklassen (Approximation von Funktionen, numerische Differentiation und Integration, Lösung von Differential- und Integralgleichungen) verwendet. Wir verweisen auf den Übersichtsartikel von Merz [1], das Numerik-Lehrbuch von Meinardus, März [1], die Bücher von Ahlberg, Nilson, Walsh [1], Schultz [1], Böhmer [1], De Boor [1], Stečkin, Subbotin [2], Vasilenko [1], den Tagungsband von Karlin et al. [1], die Literaturzusammenstellung von MICULA [1] und die Spline-Algorithmen (kubische und bikubische Splines sowie Polynomsplines 5. Grades) von SPÄTH [1]. Insbesondere findet man in der Literatur auch Untersuchungen zu dem Problem, gewisse Eigenschaften der vorgegebenen Daten, z. B. Monotonie (vgl. FRITSCH, CARLSON [1]) oder Konvexität (vgl. NEUMAN [1], SCHMIDT, HESS [1]–[3], HESS, SCHMIDT [1], SCHMIDT [4], [5]) auf die interpolierende Funktion zu übertragen. Zur Krümmungsminimierung vgl. MAESS, MAESS [1], BURMEISTER, HESS, SCHMIDT [1] und DIETZE, SCHMIDT [1].

B 6.2.3. Die Fehlerabschätzungen (11), (23), (65) und (69) sind von der Gestalt $|r(x)| \leqq Ch^k$, $C \in \mathbb{R}^1$, $k \in \mathbb{N}$. Sie können verwendet werden, um eine Schrittweite h zu bestimmen, die eine vorgeschriebene Genauigkeit garantiert: Soll $|r(x)| \leqq \varepsilon$ sein, so ist $h \approx (\varepsilon/C)^{1/k}$ zu wählen. Da die Fehlerschranken in den Abschätzungen aber in der Regel sehr grob sind, erhält man meist eine viel zu kleine Schrittweite (Ü 6.2.18, Ü 6.2.19). Die *Glattheitsvoraussetzungen* in den Sätzen 6.2.12 und 6.2.13 können, wie bereits durch Satz 6.2.14 gezeigt, abgeschwächt werden. Etwas allgemeiner wird bei AHLBERG, NILSON, WALSH [1] (russische Übersetzung, S. 23ff.) für *kubische Splines* bewiesen, daß der *Interpolationsfehler* die Ordnung $O(\bar{h}^{k+\alpha})$ besitzt, falls f mindestens k-mal ($k = 0(1)3$) stetig differenzierbar und die k-te Ableitung noch hölder-stetig (mit dem Exponenten α) ist. Im Fall $k > 0$ gilt für die *Ableitungen des Interpolationsfehlers* $r^{(j)}(x) = O(\bar{h}^{k-j+\alpha})$, $j = 0(1)k$. Das bedeutet, für hinreichend kleines $\bar{h}$ ist nicht nur $p(x)$ eine gute Näherung für $f(x)$, sondern $p'(x)$ eignet sich als Approximation für $f'(x)$, und im Fall $k \geqq 2$ sogar $p''(x)$ als Approximation für $f''(x)$, usw. (vgl. auch B 6.1.5).

6.2.7. Übungsaufgaben

Ü 6.2.1. Man zeige: Durch die $2N + 2$ Interpolationsforderungen (1) und (12) ist ein interpolierendes Polynom vom Grad $2N + 1$ (das *Hermitesche Interpolationspolynom*) eindeutig bestimmt.

Ü 6.2.2. Man zeige: Das Hermitesche Interpolationspolynom $p_{2N+1}(x)$ kann mit Hilfe der Lagrangeschen Basispolynome in der Form

$$p_{2N+1}(x) = \sum_{n=0}^{N} [L_n^{(N)}(x)]^2 \{[1 + a_n(x - x_n)] f_n + (x - x_n) f_n'\},$$

$$a_n := -2 \sum_{\substack{m=0\\ m \neq n}}^{N} (x_n - x_m),$$

dargestellt werden.

Ü 6.2.3. Man zeige: Ist $p_{2N+1}(x)$ das Hermitesche Interpolationspolynom aus Ü 6.2.1 oder Ü 6.2.2 und ist f aus $C^{2N+2}[a, b]$, so kann der Interpolationsfehler analog zu (6.1.43) in der Form

$$r_{2N+1}^H(x) := p_{2N+1}(x) - f(x) = -[w_{n+1}(x)]^2 f^{(2N+2)}(\xi)/(2N + 2)!,$$

$x, \xi \in [a, b]$, dargestellt werden. Hinweis. Man benutze den Satz von ROLLE und die Hilfsfunktion $h(x) := p_{2N+1}(x) - f(x) - c[w_{N+1}(x)]^2$.

Ü 6.2.4. Mit Hilfe der Formel aus Ü 6.2.2 berechne man das Hermitesche Interpolationspolynom $p_5(x)$ zu den in Beispiel 6.2.2 angegebenen Funktions- und Ableitungswerten der Funktion $f(x) := \cos x$.

Ü 6.2.5. Durch Lagrange- oder Newton-Interpolation bestimme man die durch $p_{3,k}(x_{k-1}) = f_{k-1}$, $p_{3,k}(x^*) = f^*$, $p_{3,k}(x_k) = f_k$, $x_{k-1} < x^* < x_k$, eindeutig festgelegte Parabel.

Ü 6.2.6. Man beweise

$$\det \begin{pmatrix} 1 & 1 & & & \\ & 1 & 1 & & \\ & & \ddots & \ddots & \\ & & & 1 & 1 \\ a_{N1} & & & & 1 \end{pmatrix} = 1 - (-1)^N a_{N1}$$

Ü 6.2.7. Durch zweimalige Differentiation von (19) weise man nach, daß die zweite Ableitung der stückweise kubischen Hermite-Interpolierenden i. allg. in den Stützstellen x_n, $n = 1(1)N - 1$, unstetig ist.

Ü 6.2.8. Mit Hilfe von Algorithmus 6.2.4 berechne man die quadratische Splinefunktion zu den Daten des Schiffsspants aus Beispiel 6.1.3 für die drei Anfangsbedingungen $d_0 := f'_0 := -1, 0, +1$.

Ü 6.2.9. Man bestimme einen Anfangsanstieg $d_0 = p'(x_0)$ für die quadratische Splinefunktion, indem man ein Lagrangesches Interpolationspolynom $p_2(x)$ durch die ersten drei Knoten (x_n, f_n), $n = 0(1)2$, legt (vgl. Ü 6.2.5) und $d_0 := p'_2(x_0)$ wählt.

Ü 6.2.10. Man programmiere die Algorithmen 6.2.4 und 6.2.6.

Ü 6.2.11. Bei konstantem Druck wurde die Löslichkeit β von Wasserstoff in Wasser in Abhängigkeit von der Temperatur t gemessen (Just, Oelschlägel [1], S. 157):

t in °C	20	40	50	60	70	90
β in g · cm^{-3}	0.450	0.413	0.407	0.406	0.409	0.439

Gesucht ist die Temperatur t^*, bei der die geringste Löslichkeit vorliegt. Hinweis. Man bestimme die quadratische Spline-Interpolierende kleinster Gesamtkrümmung (Algorithmus 6.2.4 und Algorithmus 6.2.6) und berechne das Minimum dieser Funktion.

Ü 6.2.12. Man programmiere die Algorithmen 6.2.4 und 6.2.6 für den Spezialfall äquidistanter Schrittweiten.

Ü 6.2.13. Mit Hilfe des Algorithmus aus Ü 6.2.12 bestimme man zu den ersten fünf Werten von $n!$ (vgl. Beispiel 6.1.2) eine quadratische Spline-Interpolierende mit kleinster Gesamtkrümmung, berechne eine Wertetabelle x, $p(x)$ für $x = 0(0.2)4$ und zeichne den Kurvenverlauf.

Ü 6.2.14. Man beweise den Satz 6.2.8 unter der Bedingung (46) und unter der Bedingung (47).

Ü 6.2.15. Man programmiere den Algorithmus 6.2.9.

Ü 6.2.16. Mit Hilfe von Algorithmus 6.2.9 bestimme man zu den ersten fünf Werten von $n!$ (vgl. Ü 6.2.13) eine kubische Spline-Interpolierende, berechne eine Wertetabelle x, $p(x)$ für $x = 0(0.2)4$, zeichne den Kurvenverlauf und vergleiche das Ergebnis mit dem aus Ü 6.2.13.

Ü 6.2.17. Man berechne die Gesamtkrümmung (38) mit der Gewichtsfunktion (39) für die quadratische Splinefunktion aus Ü 6.2.13 und für die kubische Splinefunktion aus Ü 6.2.16. Welche der beiden Approximationen von $n!$ hat eine geringere Gesamtkrümmung?

Ü 6.2.18. Für $f(x) := \cos x$, $x_0 = 0$, $x_N = 2\pi$, bestimme man mit Hilfe der Abschätzungen (11), (23), (65) und (69) je eine Schrittweite h, die garantiert, daß der Interpolationsfehler kleiner als $\varepsilon := 10^{-4}$ bleibt (vgl. B 6.2.3).

Ü 6.2.19. Mit den in Ü 6.2.18 bestimmten Schrittweiten h interpoliere man $f(x) := \cos x$ über dem Intervall $[0, 2\pi]$ durch einen Polygonzug, eine stückweise kubische Hermite-Interpolierende, eine quadratische und eine kubische Splinefunktion. Man berechne die Fehlerfunktionen $r_{2,n}(x)$, $r^H_{4,n}(x)$, $r^S_{3,n}(x)$ und $r^S_{4,n}(x)$ und vergleiche die tatsächlich erreichte Genauigkeit mit der Genauigkeitsforderung aus Ü 6.2.18.

Ü 6.2.20. Man schätze die Differenz zwischen der quadratischen Spline-Interpolierenden kleinster Gesamtkrümmung und der natürlichen kubischen Spline-Interpolierenden ab (vgl. Beispiel 6.2.7 und Beispiel 6.2.10). Man vergleiche die Gesamtkrümmung der beiden Funktionen (vgl. Ü 6.2.17).

Ü 6.2.21. Man bestimme kubische Splines minimaler Gesamtkrümmung im Sinne von (38), (39), indem man die erste Forderung in (46) durch $p'(x_0) = t$ ersetzt und (zumindest näherungsweise) einen optimalen Parameter t berechnet.

6.3. Interpolation von Flächen

6.3.1. Problemstellung

Beispiel 6.3.1. Ist nach Skizzen eines Designers eine Autokarosserie zu entwerfen, so formt man zunächst ein plastisches Modell. Dieses Modell wird an markanten Punkten vermessen. Die Meßdaten werden in einem Computer gespeichert und bilden die Grundlage für eine mathematische Beschreibung der Oberfläche, die eine Bildschirmdarstellung und die Anfertigung von Konstruktionszeichnungen ermöglicht. Sind auf Grund von Luftwiderstandsberechnungen oder -messungen oder auf Grund technischer Erfordernisse lokale Korrekturen notwendig, so werden sie (möglicherweise über einen aktiven Bildschirm) direkt an den gespeicherten Daten vorgenommen und führen zu einer Änderung des mathematischen Modells.

Dieser *rechnergestützte geometrische Entwurf* (CAGD, engl. *computer aided geometric design*) führt auf das folgende mathematische Problem: Von einer reellwertigen stetigen Funktion f zweier unabhängiger reeller Variablen, die über einem Definitionsgebiet $\mathbb{D}$ ($\mathbb{D} \subset \mathbb{R}^2$) erklärt sei und geometrisch eine Fläche über dem Teilgebiet $\mathbb{D}$ der (x, y)-Ebene beschreibt, seien nur Werte in einigen Punkten bekannt

$$f_n := f(x_n, y_n), \qquad n = 1(1)N. \tag{1}$$

Gesucht ist eine interpolierende Funktion $p(x, y)$, die in den *Stützstellen* (*Knoten*) (x_n, y_n) mit der Funktion f übereinstimmt, also der Interpolationsforderung

$$p(x_n, y_n) = f_n, \qquad n = 1(1)N, \tag{2}$$

genügt und eine Berechnung von Näherungswerten an beliebigen Zwischenstellen (ξ, η) gestattet.

Beispiel 6.3.2. Von einer Funktion $f(x, y)$ seien die Werte in drei Punkten $P_n \sim (x_n, y_n)$, $n = 1(1)3$, vorgegeben,

$$f(0, 0) = f_1 := 2, \quad f(1, 0) = f_2 := 1, \quad f(0, 1) = f_3 := 1.5.$$

Wir können folglich $p(x, y)$ als eine Funktion mit drei freien Parametern ansetzen, z. B. als Linearkombination der drei Potenzen (Monome)

$$z_1(x, y) := 1, \quad z_2(x, y) := x, \quad z_3(x, y) := y, \tag{3}$$

also als Gleichung einer Ebene

$$p(x, y) := \sum_{n=1}^{3} c_n z_n(x, y) = c_1 + c_2 x + c_3 y. \tag{4}$$

Wie im Fall der Funktionen einer Veränderlichen führen die Interpolationsforderungen (2) auf ein lineares Gleichungssystem für die unbekannten Parameter,

$$\begin{aligned} c_1 \qquad\qquad &= f_1, \\ c_1 + c_2 \qquad &= f_2, \\ c_1 \qquad + c_3 &= f_3, \end{aligned} \tag{5}$$

mit der leicht ablesbaren Lösung $c_1 = f_1 = 2$, $c_2 = f_2 - f_1 = -1$, $c_3 = f_3 - f_1 = -0.5$. Die interpolierende Funktion hat also die Gestalt $p(x, y) = 2 - x - 0.5y$ (vgl. Abb. 6.3.1).

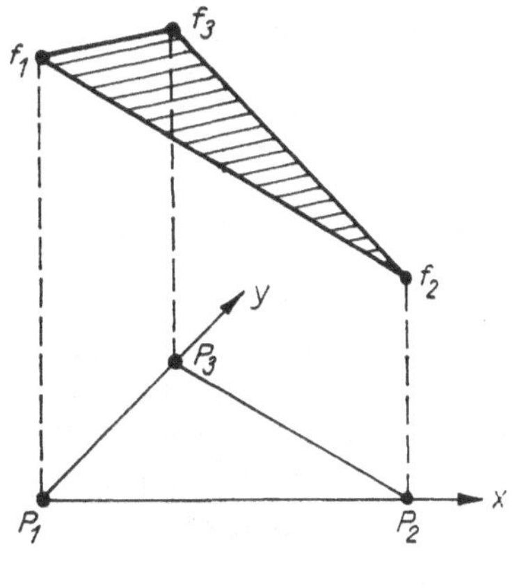

Abb. 6.3.1. Interpolierende Ebene

Verwendet man statt der speziellen x- und y-Werte in Beispiel 6.3.2 drei Punkte (x_n, y_n), $n = 1(1)3$, in allgemeiner Lage, so führt die Interpolationsbedingung (2) auf ein lineares Gleichungssystem mit der Koeffizientenmatrix

$$\boldsymbol{H} := \begin{pmatrix} 1 & x_1 & y_1 \\ 1 & x_2 & y_2 \\ 1 & x_3 & y_3 \end{pmatrix}, \tag{6}$$

die wir wie im Fall einer Veränderlichen *Haarsche Matrix* nennen wollen. Aus der analytischen Geometrie ist bekannt, daß der Wert ihrer Determinante gleich dem doppelten Flächeninhalt des von den drei Punkten aufgespannten Dreiecks ist. Liegen sie auf einer Geraden, so hat die Determinante den Wert Null, das heißt, die Parameter c_1, c_2, c_3 sind dann nicht eindeutig bestimmbar. Die drei Basisfunktionen bilden also kein Haarsches System. Das liegt nicht an der speziellen Wahl, sondern gilt für jedes System von stetigen Funktionen zweier Veränderlicher (vgl. B 6.1.8):

Satz 6.3.3. *Es gibt keine Basis von stetigen Funktionen $z_n(x, y)$, $n = 1(1)N$, $N \geqq 2$, die auf einem zusammenhängenden Gebiet $\mathbb{D}$ des $\mathbb{R}^2$ definiert sind und die Haarsche Bedingung erfüllen.*

Beweis. Jede Determinante ist eine stetige Funktion ihrer Elemente. Da die Elemente der Haarschen Determinante

$$\det \boldsymbol{H} := \det \big(z_m(x_n, y_n)\big)_{\substack{m=1(1)N \\ n=1(1)N}}$$

laut Voraussetzung ihrerseits stetige Funktionen sind, hängt $\det \boldsymbol{H}$ stetig von allen x_n und y_n ab. Wir nehmen an, daß die Punkte $P_n \sim (x_n, y_n)$ so gewählt sind, daß $\det \boldsymbol{H} > 0$ ist, und verbinden den Punkt P_1 durch einen ganz in $\mathbb{D}$ liegenden Bogen mit P_2 und umgekehrt den Punkt P_2 durch einen anderen, ebenfalls in $\mathbb{D}$ liegenden Bogen mit P_1. Lassen wir nun den Punkt P_1 an die Stelle P_2 und gleichzeitig den Punkt P_2 an die Stelle P_1 wandern, so ändert sich der Wert von $\det \boldsymbol{H}$ stetig. Sind die Punkte am Ziel, so haben sich in der Determinante die Zeilen 1 und 2 vertauscht, das heißt, $\det \boldsymbol{H}$ hat denselben Betrag wie zu Beginn, aber das entgegengesetzte Vorzeichen. Folglich muß die Determinante während der Punktewanderung mindestens einmal den Wert Null angenommen haben. Es gibt also mindestens eine Referenz, für die $\det \boldsymbol{H}$ verschwindet. Die Haarsche Bedingung ist somit nicht erfüllt. ∎

Aus diesem Grund lassen sich die allgemeinen Resultate der Polynominterpolation von Funktionen einer Veränderlichen (Vorlesung 6.1) nicht ohne Schwierigkeiten auf den mehrdimensionalen Fall übertragen. Wir beschränken uns deshalb darauf, einige Ergebnisse der intervallweisen Interpolation durch Polynome niedrigen Grades (Vorlesung 6.2) auf den zweidimensionalen Fall auszudehnen.

6.3.2. Transformation auf das Einheitsdreieck (Einheitsquadrat)

Im eindimensionalen Fall lieferten die Stützstellen x_n in eindeutiger Weise eine Zerlegung des Definitionsgebiets $\mathbb{D} := [a, b]$ in Teilintervalle. Im zweidimensionalen Fall gibt es keine natürliche größenmäßige Anordnung der Stützstellen. Wir verbinden je zwei „benachbarte" geradlinig so miteinander, daß ein *Dreiecksnetz* (*Dreiecksgitter*) entsteht. Diese *Triangulierung* (*Dreieckszerlegung*) ist nicht eindeutig bestimmt. Abb. 6.3.2 zeigt zwei verschiedene Dreiecksgitter zu denselben sechs Stützstellen. Die erste

Zerlegung ist günstiger, weil die auftretenden Dreiecke weniger spitzwinklig sind. Besitzt nämlich ein Dreieck sehr spitze Winkel, so liegen seine drei Eckpunkte fast auf einer Geraden, und die Determinante von $\boldsymbol{H}$ (vgl. (6)) wird fast Null (schlecht konditioniert).

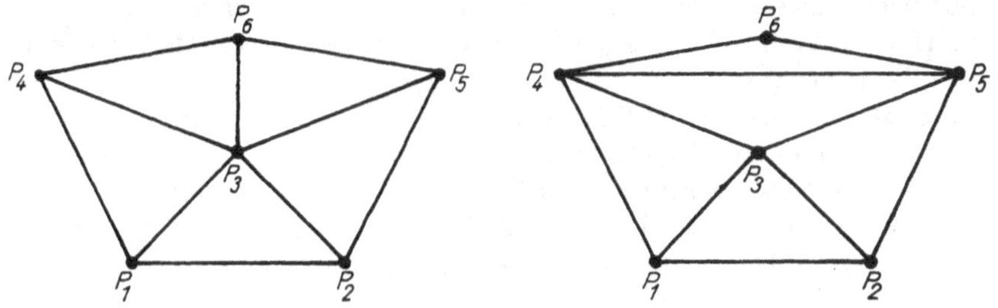

Abb. 6.3.2. Zwei Beispiele für Dreiecksgitter

Im eindimensionalen Fall wurde ein beliebiges Teilintervall $x_{n-1} \leqq x \leqq x_n$ durch die lineare Variablentransformation (6.2.4) auf das Einheitsintervall $0 \leqq s \leqq 1$ abgebildet. Im zweidimensionalen Fall transformieren wir das Dreieck $P_iP_jP_l$ durch die *lineare Variablentransformation*

$$\begin{aligned} x &= x_i + h_1 s + h_2 t, \qquad h_1 := x_j - x_i, \qquad h_2 := x_l - x_i, \\ y &= y_i + k_1 s + k_2 t, \qquad k_1 := y_j - y_i, \qquad k_2 := y_l - y_i, \end{aligned} \tag{7}$$

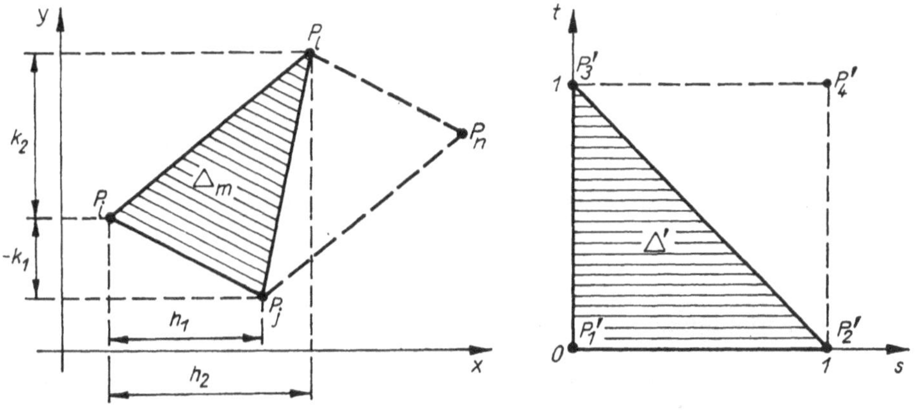

Abb. 6.3.3. Transformation auf das Einheitsdreieck (Einheitsquadrat)

auf das rechtwinklige Einheitsdreieck der s,t-Ebene (Abb. 6.3.3). Die Rücktransformation hat die Gestalt

$$\begin{aligned} s &= [k_2(x - x_i) - h_2(y - y_i)]/J, \\ t &= [-k_1(x - x_i) + h_1(y - y_i)]/J. \end{aligned} \tag{8}$$

Dabei bezeichnet J die Koeffizientendeterminante

$$J := \det \begin{pmatrix} h_1 & h_2 \\ k_1 & k_2 \end{pmatrix} = \det \begin{pmatrix} x_j - x_i & x_l - x_i \\ y_j - y_i & y_l - y_i \end{pmatrix} \tag{9}$$

der linearen Transformation (7). Sie wird auch *Jacobische Determinante* genannt und hat (vgl. Ü 6.3.1) denselben Wert wie det $\boldsymbol{H}$, das heißt, sie verschwindet genau dann, wenn die drei Punkte P_i, P_j und P_l auf einer Geraden liegen. Schließen wir diesen Fall aus, so ist die Abbildung (7) eineindeutig. Sie kann auf jedes beliebige Dreieck angewendet werden. Dabei ist es zweckmäßig, die Eckpunkte im mathematisch positiven Sinn zu durchlaufen, damit J entsprechend seiner geometrischen Bedeutung als Flächeninhalt einen positiven Wert hat (Ü 6.3.2).

Ergänzt man das Dreieck $P_iP_jP_l$ in Abb. 6.3.3 durch Hinzunahme des Punktes P_n zu einem Parallelogramm und transformiert dieses Parallelogramm mit Hilfe von (7), so erhält man das *Einheitsquadrat* in der s,t-Ebene. Die Transformation ist also auch für den in der Praxis häufig auftretenden Spezialfall verwendbar, daß die Stützstellen in Gestalt eines *Parallelogrammnetzes* (*Parallelogrammgitters*) oder noch spezieller in Gestalt eines *Rechtecknetzes* (*Rechteckgitters*) vorliegen.

Eine Funktion f der Veränderlichen x und y wird durch die Transformation (7) zu einer Funktion von s und t. Ist f aus $C^1(\mathbb{D})$, also nach jeder Variablen mindestens einmal stetig partiell differenzierbar, so ergibt sich wegen

$$\frac{\partial x}{\partial s} = h_1, \qquad \frac{\partial x}{\partial t} = h_2, \qquad \frac{\partial y}{\partial s} = k_1, \qquad \frac{\partial y}{\partial t} = k_2 \tag{10}$$

und

$$\frac{\partial s}{\partial x} = \frac{k_2}{J}, \qquad \frac{\partial s}{\partial y} = -\frac{h_2}{J}, \qquad \frac{\partial t}{\partial x} = -\frac{k_1}{J}, \qquad \frac{\partial t}{\partial y} = \frac{h_1}{J} \tag{11}$$

für die partiellen Ableitungen von f der Zusammenhang

$$f_s := \frac{\partial f}{\partial s} = h_1 f_x + k_1 f_y, \qquad f_t := \frac{\partial f}{\partial t} = h_2 f_x + k_2 f_y \tag{12}$$

und umgekehrt

$$f_x := \frac{\partial f}{\partial x} = [k_2 f_s - k_1 f_t]/J, \qquad f_y := \frac{\partial f}{\partial y} = [-h_2 f_s + h_1 f_t]/J. \tag{13}$$

6.3.3. Linearer und bilinearer Ansatz

Im Definitionsbereich $\mathbb{D}$ der zu interpolierenden Funktion $f(x, y)$ sei ein Dreiecksgitter (vgl. Abb. 6.3.2) mit N Knoten $P_r \sim (x_r, y_r)$ und zugehörigen Funktionswerten f_r, $r = 1(1)N$, vorgegeben. Mit Δ_m bezeichnen wir ein beliebiges Teildreieck und mit P_i, P_j, P_l seine drei Eckpunkte. Transformieren wir Δ_m mit Hilfe von (7) auf das Einheitsdreieck $\Delta' \sim (P_1', P_2', P_3')$, so ist ein *dreigliedriger, linearer Interpolationsansatz*

$$p_{3,m}(x, y) = c_1^{(m)} + c_2^{(m)} s + c_3^{(m)} t \tag{14}$$

sinnvoll, denn es stehen Interpolationsbedingungen (2) in drei Eckpunkten zur Verfügung. Daraus ergibt sich ein Gleichungssystem der Gestalt (5). Wählt man als rechte Seite nacheinander die drei Einheitsvektoren $\boldsymbol{e}_1, \boldsymbol{e}_2, \boldsymbol{e}_3$ des Raums $\mathbb{R}^3$, so erhält man die Koeffizienten der drei (*lokalen*) *linearen Basispolynome* für das Einheitsdreieck Δ'

$$\varphi_{1,m}^{(3)}(x, y) := 1 - s - t, \qquad \varphi_{2,m}^{(3)}(x, y) := s, \qquad \varphi_{3,m}^{(3)}(x, y) = t. \tag{15}$$

Dabei verweisen der obere Index (wie bei der intervallweisen Interpolation im eindimensionalen Fall) auf die Anzahl der freien Parameter des verwendeten Ansatzes und der zweite untere auf die Nummer des zugrunde liegenden Dreiecks. Der erste untere Index schließlich verweist auf denjenigen Eckpunkt des Einheitsdreiecks, in dem die Basisfunktion den Wert Eins annimmt. Mit Hilfe der drei Basispolynome läßt sich die interpolierende Funktion über dem Dreieck Δ_m durch

$$\begin{aligned} p_{3,m}(x, y) &= f_i\varphi_{1,m}^{(3)}(x, y) + f_j\varphi_{2,m}^{(3)}(x, y) + f_l\varphi_{3,m}^{(3)}(x, y) \\ &= f_i + (f_j - f_i)\, s + (f_l - f_i)\, t \end{aligned} \tag{16}$$

darstellen. Von der so beschriebenen Ebene verwenden wir nur das über Δ' liegende Stück, das heißt, wie schränken die Variablen s und t auf

$$\Delta' := \{(s, t); \quad 0 \leqq s \leqq 1, \quad 0 \leqq t \leqq 1 - s\} \tag{17}$$

ein. Ebenso verfahren wir mit allen übrigen Teildreiecken. Die so erhaltenen Ebenenstücke fügen wir zu einer *Polyederfläche*

$$p(x, y) := \bigcup_{m=1}^{M} p_{3,m}(x, y), \qquad (x, y) \in \mathbb{D}, \tag{18}$$

zusammen. Dabei bezeichnet M die Gesamtanzahl der Dreiecke Δ_m. Die interpolierende Funktion $p(x, y)$ ist stetig. Sind nämlich Δ_m und Δ_m' zwei benachbarte Dreiecke, so haben sie eine gemeinsame Kante, zum Beispiel P_iP_j. Die interpolierenden Ebenen $p_{3,m}$ und $p_{3,m'}$ sind durch die Funktionswerte f_i, f_j, f_l bzw. durch $f_j, f_i, f_{l'}$ festgelegt. Sie schneiden sich also in derjenigen Geraden, die durch f_i und f_j verläuft.

Beispiel 6.3.4. Für die Dachkonstruktion eines Flugzeughangars mit dem quadratischen Grundriß aus Abb. 6.3.4 seien vom Bauingenieur die in Tab. 6.3.1 angegebenen Daten vorgeschrieben. Durch die gestrichelt eingezeichneten Diagonalen wird der Grundriß zu einem Dreiecksnetz. Als Beispiel berechnen wir die Flächenstücke über den beiden Dreiecken $\Delta_5 \sim (P_3, P_4, P_7)$ und $\Delta_6 \sim (P_8, P_7, P_4)$. Dabei haben wir die Reihenfolge der Eckpunkte so festgelegt, daß die Dreiecke im mathematisch positiven Sinn umlaufen werden und jeweils der Scheitelpunkt des rechten Winkels auf P_1' (den Nullpunkt des Einheitsdreiecks) abgebildet wird. Das ist nicht unbedingt erforderlich, vereinfacht aber die Transformation (7) (vgl. Ü 6.3.4). Für das Dreieck Δ_5 liefert (7) $h_1 = 0.4$, $h_2 = 0$, $k_1 = 0$, $k_2 = 0.4$, also $x = 0.6 + 0.4s$, $y = -1 + 0.4t$ und für Δ_6 analog

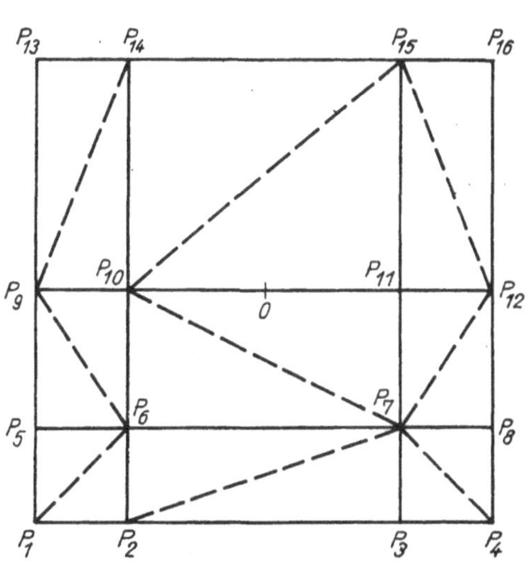

Abb. 6.3.4. Ein Rechteck- und ein Dreiecksnetz über dem Quadrat $-1 \leqq x, y \leqq 1$

Tab. 6.3.1. Vorgegebene Funktionswerte $f(x, y)$ für das Hangar-Beispiel

y ↓ $x \to$	-1.0	-0.6	0.6	1.0
1.0	0.0	0.40	0.40	0.0
0.0	0.5	0.64	0.64	0.5
−0.6	0.4	0.55	0.55	0.4
−1.0	0.0	0.40	0.40	0.0

$h_1 = -0.4$, $h_2 = 0$, $k_1 = 0$, $k_2 = -0.4$, also $x = 1 - 0.4s$, $y = -0.6 - 0.4t$. Die interpolierenden Ebenenstücke haben damit die Gestalt

$$p_{3,5}(x, y) = 0.4 - 0.4s + 0.15t = 1.375 - x + 0.375y,$$

$$p_{3,6}(x, y) = 0.4 + 0.15s - 0.4t = 1.375 - 0.375x + y.$$

Dabei sind x und y im ersten Fall aus $\triangle_5$ und im zweiten Fall aus $\triangle_6$ zu wählen, was gleichbedeutend damit ist, daß (s, t) im Einheitsdreieck liegt (vgl. (17)). Geometrisch werden $p_{3,5}(x, y)$ und $p_{3,6}(x, y)$ durch die beiden schraffierten Dreiecke in Abb. 6.3.5 veranschaulicht. Insgesamt setzt sich die gesuchte interpolierende Polyederfläche $p(x, y)$ aus 18 solcher Flächenstücke zusammen.

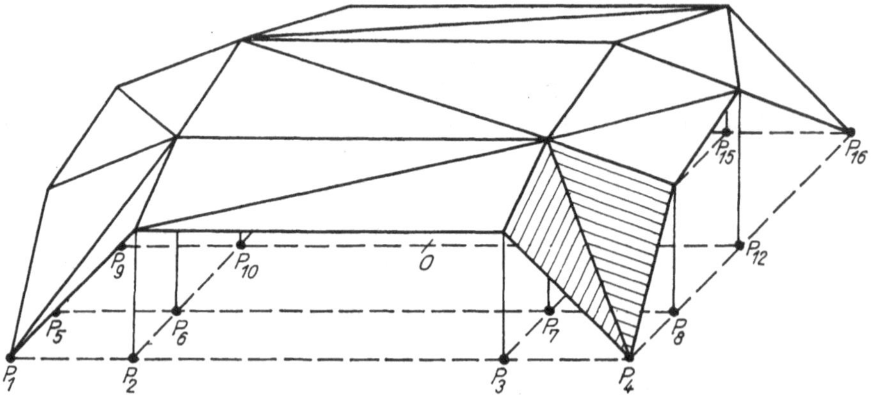

Abb. 6.3.5. Stückweise lineare interpolierende Fläche zum Hangarbeispiel

Wir nehmen jetzt an, daß die Interpolationsknoten so auf parallelen Geraden angeordnet sind, daß sich ein Parallelogrammnetz (oder noch spezieller ein Rechtecknetz, vgl. Abb. 6.3.4) ergibt. Mit $\square_m$ bezeichnen wir ein beliebiges Parallelogramm und mit P_i, P_j, P_l, P_n seine vier Eckpunkte. Dabei soll die Reihenfolge derjenigen der Punkte in Abb. 6.3.3 entsprechen. Transformieren wir $\square_m$ mit Hilfe von (7) auf das Einheitsquadrat $\square' \sim (P_1', P_2', P_3', P_4')$, so ist ein *viergliedriger bilinearer Interpolationsansatz* der Gestalt

$$p_{4,m}(x, y) = c_1^{(m)} + c_2^{(m)}s + c_3^{(m)}t + c_4^{(m)}st \tag{19}$$

sinnvoll, denn es stehen Interpolationsbedingungen in v i e r Eckpunkten zur Verfügung, Daraus ergibt sich das lineare Gleichungssystem

$$\begin{aligned} c_1^{(m)} & & & &= f_i, \\ c_1^{(m)} &+ c_2^{(m)} & & &= f_j, \\ c_1^{(m)} & &+ c_3^{(m)} & &= f_l, \\ c_1^{(m)} &+ c_2^{(m)} &+ c_3^{(m)} &+ c_4^{(m)} &= f_n. \end{aligned} \tag{20}$$

Wählen wir wieder Einheitsvektoren als rechte Seiten, so ergeben sich die Koeffizienten der vier *(lokalen) bilinearen Basispolynome*

$$\begin{aligned} \psi_{1,m}^{(4)}(x, y) &= (1-s)(1-t), & \psi_{2,m}^{(4)}(x, y) &= s(1-t), \\ \psi_{3,m}^{(4)}(x, y) &= (1-s)\,t, & \psi_{4,m}^{(4)}(x, y) &= st, \quad 0 \leqq s, t \leqq 1, \end{aligned} \tag{21}$$

und die interpolierende Funktion erhält die Gestalt

$$\begin{aligned} p_{4,m}(x, y) &= f_i\psi_{1,m}^{(4)}(x, y) + f_j\psi_{2,m}^{(4)}(x, y) + f_l\psi_{3,m}^{(4)}(x, y) + f_n\psi_{4,m}^{(4)}(x, y) \\ &= f_i + (f_j - f_i)\,s + (f_l - f_i)\,t + (f_i - f_j - f_l + f_n)\,st, \end{aligned} \tag{22}$$

$0 \leqq s, t \leqq 1.$

Im Spezialfall eines zu den Koordinatenachsen parallelen Rechtecknetzes vereinfacht sich die Transformation (7). Es ist $h_2 = k_1 = 0$, so daß x und y unabhängig voneinander durch

$$\begin{aligned} x &= x_i + sh, & h &:= h_1 = x_j - x_i, \\ y &= y_i + tk, & k &:= k_2 = y_l - y_i, \end{aligned} \tag{23}$$

also jeweils eine Variablentransformation der Gestalt (6.2.4) transformiert werden. Die Basisfunktionen (21) sind dann als *dyadisches (tensorielles) Produkt* der beiden Vektoren

$$\begin{pmatrix} \psi_{1,i+1}^{(2)}(x) \\ \psi_{2,i+1}^{(2)}(x) \end{pmatrix} = \begin{pmatrix} 1-s \\ s \end{pmatrix}, \quad \begin{pmatrix} \psi_{1,i+1}^{(2)}(y) \\ \psi_{2,i+1}^{(2)}(y) \end{pmatrix} = \begin{pmatrix} 1-t \\ t \end{pmatrix}$$

darstellbar, deren Komponenten lineare Basispolynome e i n e r Veränderlichen sind (vgl. (6.2.3)).

$$\begin{pmatrix} 1-s \\ s \end{pmatrix} \cdot (1-t, t) =: \begin{pmatrix} \psi_{1,m}^{(4)} & \psi_{3,m}^{(4)} \\ \psi_{2,m}^{(4)} & \psi_{4,m}^{(4)} \end{pmatrix}. \tag{24}$$

Das Flächenstück (22) ist im Gegensatz zu (16) nicht mehr eben, sondern Teil eines ***hyperbolischen Paraboloids*** (vgl. KOMMERELL [1], S. 173). Es wird durch eine bilineare Funktion beschrieben, das ist eine Funktion, die für jeden konstanten Wert e i n e r Variablen linear in der anderen Variablen ist. Das erklärt die Beliebtheit der *Hyparschalen* im Bauwesen: Man kann eine solche Fläche leicht durch Schalbretter annähern.

Hat man für jedes Parallelogramm $\square_m$ das Hyparschalenstück (22) bestimmt, so ergibt sich die gesuchte interpolierende Funktion wieder als Vereinigung aller $p_{4,m}(x, y)$,

$$p(x, y) = \bigcup_{m=1}^{M} p_{4,m}(x, y). \tag{25}$$

Dabei bezeichnet M jetzt die Gesamtanzahl der Parallelogramme. Die Funktion $p(x, y)$ ist stetig. Bezeichnet nämlich P_iP_j die gemeinsame Kante zweier benachbarter Parallelogramme $\square_m$ und $\square_{m'}$, so schneiden sich wegen der Interpolationseigenschaft und der Bilinearität die beiden Flächenstücke $p_{4,m}$ und $p_{4,m'}$ über dieser Kante in derjenigen Geraden, die durch f_i und f_j verläuft. Das ist dieselbe Schnittgerade wie im Fall der linearen Interpolation über Dreiecken. Man kann also die interpolierende Fläche auch stetig aus Hyparflächenstücken über Parallelogrammen und Ebenenstücken über Dreiecken zusammensetzen.

Beispiel 6.3.5. Wir interpolieren die Daten des Flugzeughangars aus Tab. 6.3.1 durch neun Hyparflächenstücke. Dabei beschränken wir uns auf die explizite Berechnung von $p_{4,3}(x, y)$ über dem Quadrat $\square_3 \sim (P_3, P_4, P_7, P_8)$. Für die Transformation (7) ergibt sich wie im Beispiel 6.3.4 (Dreieck $\triangle_5$) $x = 0.6 + 0.4s$, $y = -1 + 0.4t$. Damit erhält man aus (22) die Darstellung

$$p_{4,3}(x, y) = 0.4 - 0.4s + 0.15t + 0.25st$$
$$= 0.4375 + 0.5625x - 0.5625y + 1.5625xy.$$

Analog lassen sich die übrigen $p_{4,m}(x, y)$ berechnen (Ü 6.3.6). In Abb. 6.3.6 ist die aus den neun Hyparschalenstücken zusammengesetzte interpolierende Funktion $p(x, y)$ graphisch dargestellt.

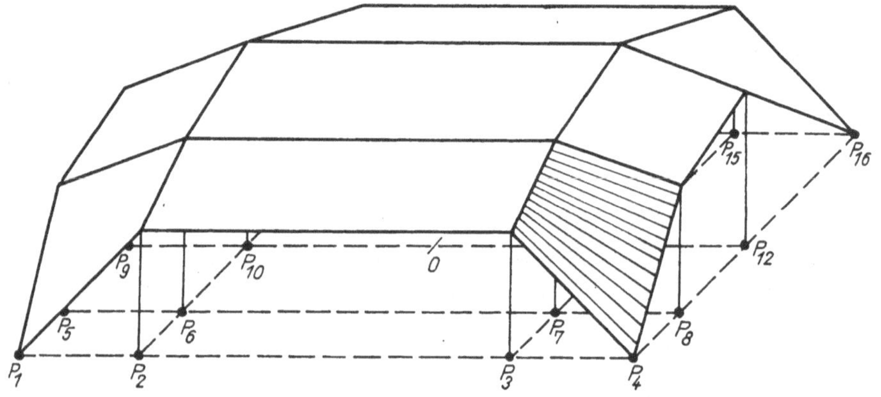

Abb. 6.3.6. Stückweise bilineare interpolierende Fläche zum Hangarbeispiel

6.3.4. Quadratische und biquadratische Ansätze

Ein *vollständiger quadratischer Ansatz*, das heißt ein Polynom zweiten Grades in zwei Veränderlichen, besitzt sechs unbekannte Koeffizienten. Verwendet man statt x und y wieder die transformierten Variablen s und t, so hat er die Gestalt

$$p_{6,m}(x, y) = c_1^{(m)} + c_2^{(m)}s + c_3^{(m)}t + c_4^{(m)}s^2 + c_5^{(m)}st + c_6^{(m)}t^2. \tag{26}$$

Über einem Dreiecksgitter liegt es nahe, Funktionswerte $f_i, f_j, f_l, f_{ij}, f_{jl}, f_{li}$ in den Eckpunkten P_i, P_j, P_l und in den Seitenmittelpunkten P_{ij}, P_{jl}, P_{li} vorzugeben (Abb. 6.3.7). Wir beschränken uns darauf, die Koeffizientenmatrix des Gleichungssystems $\boldsymbol{A}\boldsymbol{c}^{(m)} = \boldsymbol{f}$ (vgl. (5) und (20)) und die Inverse $\boldsymbol{A}^{-1}$ anzugeben, aus deren Spalten die Koeffizienten der zugehörigen Basispolynome $\psi_{n,m}^{(6)}(x, y)$ leicht abgelesen werden können (Ü 6.3.8):

$$\boldsymbol{A} = \frac{1}{4}\begin{pmatrix} 4 & . & . & . & . & . \\ 4 & 4 & . & 4 & . & . \\ 4 & . & 4 & . & . & 4 \\ 4 & 2 & . & 1 & . & . \\ 4 & 2 & 2 & 1 & 1 & 1 \\ 4 & . & 2 & . & . & 1 \end{pmatrix}, \quad \boldsymbol{A}^{-1} = \begin{pmatrix} 1 & . & . & . & . & . \\ -3 & -1 & . & 4 & . & . \\ -3 & . & -1 & . & . & 4 \\ 2 & 2 & . & -4 & . & . \\ 4 & . & . & -4 & 4 & -4 \\ 2 & . & 2 & . & . & -4 \end{pmatrix}. \tag{27}$$

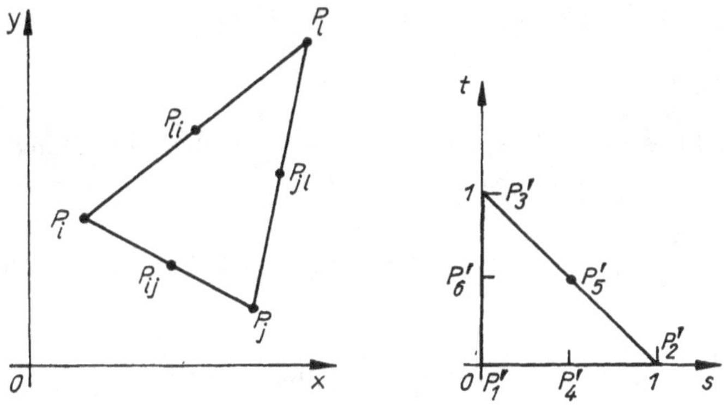

Abb. 6.3.7. Stützstellen für einen quadratischen Ansatz über Dreiecken

Daraus erhält man

$$\begin{aligned} p_{6,m}(x, y) &= f_i\psi_{1,m}^{(6)} + f_j\psi_{2,m}^{(6)} + f_l\psi_{3,m}^{(6)} + f_{ij}\psi_{4,m}^{(6)} + f_{jl}\psi_{5,m}^{(6)} + f_{li}\psi_{6,m}^{(6)} \\ &= f_i + s(-3f_i - f_j + 4f_{ij}) + t(-3f_i - f_l + 4f_{li}) \qquad (28) \\ &\quad + 2s^2(f_i + f_j - 2f_{ij}) + 4st(f_i - f_{ij} + f_{jl} - f_{li}) + 2t^2(f_i + f_l - 2f_{li}), \end{aligned}$$

$$0 \leqq s \leqq 1, \quad 0 \leqq t \leqq 1 - s.$$

Über jeder der drei Dreiecksseiten $P_1'P_2'$, $P_2'P_3'$ und $P_3'P_1'$ wird $z = p_{6,m}(x, y)$ zu einer Parabel, wie man durch Einsetzen von $t = 0$, $s = 1 - t$ beziehungsweise $s = 0$ leicht bestätigt. Da (7) eine lineare Transformation ist, überträgt sich dieser Sachverhalt auf die (x,y)-Ebene. Die Funktion $p_{6,m}$ erfüllt die Interpolationsbedingungen, also verläuft jede der drei Randkurven durch die drei Stützwerte, die zu den Knoten ihrer Dreiecksseite gehören. Da eine interpolierende Parabel durch drei Stützwerte eindeutig festgelegt ist, haben aneinanderstoßende Flächenstücke über der gemeinsamen Kante die gleiche Randkurve. Man kann die Funktionen $p_{6,m}(x, x)$ also nach dem Vorbild von (18) und (25) zu einer stetigen interpolierenden Funktion $p(x, y)$ zusammensetzen. Trotz des größeren Rechenaufwands hat aber auch diese Fläche Kanten, denn die partiellen Ableitungen von $p(x, y)$ sind über den Dreiecksseiten im allgemeinen unstetig (Ü 6.3.9).

Eine Funktion $p(x, y)$ mit überall stetigen ersten partiellen Ableitungen, also eine *glatte interpolierende Fläche*, kann man mit Hilfe eines *neungliedrigen biquadratischen Ansatzes* erhalten, wenn man *quadratische Splines* verwendet. In den transformierten Variablen hat er die Gestalt

$$\begin{aligned} p_{9,m}(x, y) &= c_1^{(m)} + c_2^{(m)}s + c_3^{(m)}t + c_4^{(m)}st + c_5^{(m)}s^2 + c_6^{(m)}t^2 \\ &\quad + c_7^{(m)}s^2t + c_8^{(m)}st^2 + c_9^{(m)}s^2t^2, \qquad 0 \leqq s, t \leqq 1. \qquad (29) \end{aligned}$$

Wir legen ein *achsenparalleles Rechteckgitter* zugrunde, greifen ein beliebiges Teilrechteck $\square_m \sim (P_i, P_j, P_l, P_n)$ heraus und bilden es durch (23) auf das Einheitsquadrat $\square' \sim (P_1', P_2', P_3', P_4')$ ab. Nach Vorgabe der vier Funktionswerte f_i, f_j, f_l und f_n in den Eckpunkten verbleiben fünf frei wählbare Parameter. Bezeichnet man die noch unbekannten partiellen Ableitungen von $p(x, y)$ im Punkt $P_r \sim (x_r, y_r)$ mit

$$b_r := p_x(x_r, y_r), \qquad d_r := p_y(x_r, y_r), \qquad e_r := p_{xy}(x_r, y_r), \qquad (30)$$

so läßt sich $p_{9,m}(x, y)$ zum Beispiel durch die neun Parameter

$$f_i,\ f_j,\ f_l,\ f_n,\ b_i,\ d_i,\ e_i,\ d_j,\ b_l \tag{31}$$

eindeutig festlegen (Abb. 6.3.8). Die partiellen Ableitungen der Ansatzfunktion (29) bilden wir analog zu (13), wobei wir (23) berücksichtigen,

$$\frac{\partial}{\partial x}\, p_{9,m} = \frac{1}{h}\,\frac{\partial}{\partial s}\, p_{9,m} = \frac{1}{h}\,(c_2^{(m)} + c_4^{(m)}t + 2c_5^{(m)}s + 2c_7^{(m)}st + c_8^{(m)}t^2 + 2c_9^{(m)}st^2), \tag{32}$$

$$\frac{\partial}{\partial y}\, p_{9,m} = \frac{1}{k}\,\frac{\partial}{\partial t}\, p_{9,m} = \frac{1}{k}\,(c_3^{(m)} + c_4^{(m)}s + 2c_6^{(m)}t + c_7^{(m)}s^2 + 2c_8^{(m)}st + 2c_9^{(m)}s^2t), \tag{33}$$

$$\frac{\partial^2}{\partial x\,\partial y}\, p_{9,m} = \frac{1}{hk}\,\frac{\partial^2}{\partial s\,\partial t}\, p_{9,m} = \frac{1}{hk}\,(c_4^{(m)} + 2c_7^{(m)}s + 2c_8^{(m)}t + 4c_9^{(m)}st). \tag{34}$$

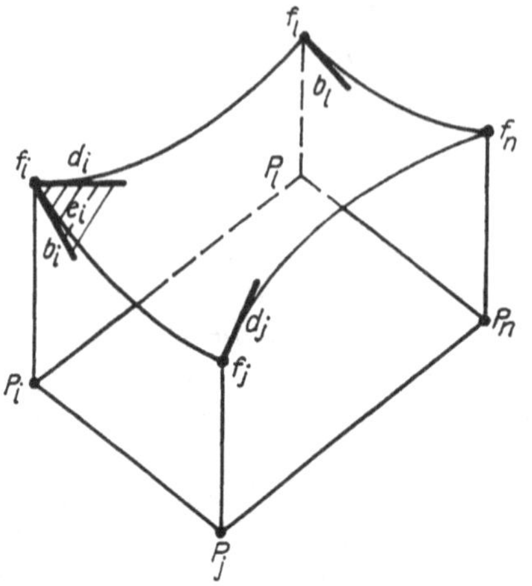

Abb. 6.3.8. Neun Parameter für einen biquadratischen Ansatz über Rechtecken

Entsprechend den neun Parametern (31) verwenden wir (29) in den vier Eckpunkten, (32) in P_i und P_l, (33) in P_i und P_j und (34) im Punkt P_i. Das liefert wieder ein lineares Gleichungssystem $\boldsymbol{A}\boldsymbol{c}^{(m)} = \boldsymbol{f}$ für die Koeffizienten $c_r^{(m)}$ mit

$$\boldsymbol{A} = \begin{pmatrix} 1 & . & . & . & . & . & . & . & . \\ 1 & 1 & . & . & 1 & . & . & . & . \\ 1 & . & 1 & . & . & 1 & . & . & . \\ 1 & 1 & 1 & 1 & 1 & 1 & 1 & 1 & 1 \\ . & 1/h & . & . & . & . & . & . & . \\ . & 1/h & . & 1/h & . & . & . & 1/h & . \\ . & . & 1/k & . & . & . & . & . & . \\ . & . & 1/k & 1/k & . & . & 1/k & . & . \\ . & . & . & 1/hk & . & . & . & . & . \end{pmatrix}, \quad \boldsymbol{f} = \begin{pmatrix} f_i \\ f_j \\ f_l \\ f_n \\ b_i \\ b_l \\ d_i \\ d_j \\ e_i \end{pmatrix}, \tag{35}$$

und

$$A^{-1} = \begin{bmatrix} 1 & . & . & . & . & . & . & . & . \\ . & . & . & . & h & . & . & . & . \\ . & . & . & . & . & . & k & . & . \\ . & . & . & . & . & . & . & . & hk \\ -1 & 1 & . & . & -h & . & . & . & . \\ -1 & . & 1 & . & . & . & -k & . & . \\ . & . & . & . & . & . & -k & k & -hk \\ . & . & . & . & -h & h & . & . & -hk \\ 1 & -1 & -1 & 1 & h & -h & k & -k & hk \end{bmatrix}.$$

Wir verzichten darauf, die neun lokalen biquadratischen Basispolynome, deren Koeffizienten man für $\boldsymbol{f} := \boldsymbol{e}_k$, $k = 1(1)9$, aus $\boldsymbol{A}\boldsymbol{c}^{(m)} = \boldsymbol{f}$ erhält und demzufolge aus den Spalten von $\boldsymbol{A}^{-1}$ ablesen kann, explizit anzugeben. Analog zu (24) können sie als dyadisches Produkt der beiden Vektoren

$$\begin{pmatrix} 1 - s^2 \\ s^2 \\ hs(1 - s) \end{pmatrix}, \quad \begin{pmatrix} 1 - t^2 \\ t^2 \\ kt(1 - t) \end{pmatrix}, \tag{36}$$

deren Komponenten *lokale quadratische Basispolynome einer Veränderlichen* sind, dargestellt werden (Ü 6.3.11). Für $p_{9,m}(x, y)$ ergibt sich

$$\begin{aligned} p_{9,m}(x, y) &= f_i + shb_i + tkd_i + sthke_i + s^2(f_j - f_i - hb_i) \\ &\quad + t^2(f_l - f_i - kd_i) + s^2tk(d_j - d_i - he_i) + st^2h(b_l - b_i - ke_i) \\ &\quad + s^2t^2[f_i - f_j - f_l + f_n + h(b_i - b_l) + k(d_i - d_j) + hke_i], \end{aligned} \tag{37}$$

$0 \leqq s, t \leqq 1.$

Nach dem Vorbild von (25) setzen wir die durch (37) beschriebenen Flächenstücke zu einer interpolierenden Fläche $p(x, y)$ zusammen,

$$p(x, y) := \bigcup_{m=1}^{M} p_{9,m}(x, y), \tag{38}$$

und fordern die Stetigkeit der ersten partiellen Ableitungen:

Satz 6.3.6 (Quadratische Spline-Interpolation). *Durch die sechs Forderungen*

a) *die Funktion $p(x, y)$ sei in jedem Rechteck $\square_m$ eines zusammenhängenden Rechtecknetzes gleich einer biquadratischen Funktion der Gestalt* (37),

b) *die partiellen Ableitungen $p_x(x, y)$ und $p_{xy}(x, y)$ genügen in den inneren Knoten der horizontalen Gitterlinien den Stetigkeitsbedingungen $p_x(x_r - 0, y_r) = p_x(x_r + 0, y_r)$, $p_{xy}(x_r - 0, y_r) = p_{xy}(x_r + 0, y_r)$,*

c) *die partiellen Ableitungen $p_y(x, y)$ und $p_{xy}(x, y)$ genügen in den inneren Knoten der vertikalen Gitterlinien den Stetigkeitsbedingungen $p_y(x_r, y_r - 0) = p_y(x_r, y_r + 0)$, $p_{xy}(x_r, y_r - 0) = p_{xy}(x_r, y_r + 0)$,*

d) *die erste partielle Ableitung $p_x(x, y)$ genüge in je einem Knoten der horizontalen Gitterlinien einer Interpolationsbedingung der Gestalt $p_x(x_r, y_r) = f_x(x_r, y_r)$,*

e) *die erste partielle Ableitung $p_y(x, y)$ genüge in je einem Knoten der vertikalen Gitterlinien einer Interpolationsbedingung der Gestalt $p_y(x_r, y_r) = f_y(x_r, y_r)$,*

f) *die zweite partielle Ableitung* $p_{xy}(x, y)$ *genüge in einem Knoten des Gitters einer Interpolationsbedingung der Gestalt* $p_{xy}(x_r, y_r) = f_{xy}(x_r, y_r)$,
ist eine quadratische Splinefunktion $p(x, y)$ *in zwei Veränderlichen mit überall stetigen partiellen ersten Ableitungen eindeutig festgelegt.*

Beweis. Wir zeigen zunächst, daß die drei partiellen Ableitungen b_r, d_r und e_r (vgl. (30)) durch die Voraussetzungen a) bis f) für jeden Knoten P_r eindeutig festgelegt sind. Dazu betrachten wir $p_x(x, y)$ längs der horizontalen Gitterlinien (in Abb. 6.3.4 sind das die vier Strecken P_1P_4, P_5P_8, P_9P_{12} und $P_{13}P_{16}$). Durch Differentiation nach x ergibt sich aus (37)

$$\frac{\partial}{\partial x} p_{9,m}(x, y) = b_i + kte_i + 2s(1 - t^2)\left(\frac{f_j - f_i}{h} - b_i\right) + 2st^2\left(\frac{f_n - f_l}{h} - b_l\right)$$
$$+ kt^2\left(\frac{b_l - b_i}{k} - e_i\right) + 2kst(1 - t)\left(\frac{d_j - d_i}{h} - e_i\right). \tag{39}$$

Im Rechteck $\square_m$ hat der Punkt P_j die lokalen Koordinaten $s = 1$, $t = 0$, im horizontal benachbarten Rechteck $\square_{m+1}$ dagegen $s = 0$, $t = 0$. Damit führt die Stetigkeitsforderung b) für $r := j$ auf

$$2\frac{f_j - f_i}{h} - b_i = b_j, \qquad h := x_j - x_i. \tag{40}$$

Analog ergibt sich für den Punkt P_n, der in $\square_m$ die lokalen Koordinaten $s = t = 1$ und im benachbarten $\square_{m+1}$ die Koordinaten $s = 0$, $t = 1$ besitzt,

$$2\frac{f_n - f_l}{h} - b_l = b_n. \tag{41}$$

Die Relationen (40) und (41) sind nun aber, abgesehen von den etwas geänderten Bezeichnungen, identisch mit der Rekursionsvorschrift (6.2.34) für die Parameter d_n der quadratischen Splines einer Veränderlichen. Die Werte b_r zu den Knoten P_r jeder horizontalen Gitterlinie lassen sich also ebenso bestimmen wie die d_n im Abschnitt 6.2.3. Da die Polynome $p_{9,m}(x, y)$ in x und y symmetrisch sind, gilt das gleiche für die vertikalen Gitterlinien. Es ist lediglich h durch k und b durch d zu ersetzen und die Numerierung der Funktionswerte entsprechend den Knotennummern auf den vertikalen Gitterlinien abzuändern. Speziell gilt für die gemeinsamen Knoten P_l und P_n zweier vertikal benachbarter Rechtecke $\square_m$ und $\square_{m'}$

$$2\frac{f_l - f_i}{k} - d_i = d_l, \qquad 2\frac{f_n - f_j}{k} - d_j = d_n, \qquad k := y_l - y_i. \tag{42}$$

Damit können auch alle d_r durch Lösung gesonderter eindimensionaler Interpolationsaufgaben bestimmt werden.

Zur Bestimmung der e_r muß (39) partiell nach y differenziert werden:

$$\frac{\partial^2}{\partial x\, \partial y} p_{9,m}(x, y) = e_i + 4st\left(\frac{f_n - f_l - f_j + f_i}{hk} - \frac{b_l - b_i}{k} - \frac{d_j - d_i}{h} + e_i\right)$$
$$+ 2t\left(\frac{b_l - b_i}{k} - e_i\right) + 2s\left(\frac{d_j - d_i}{h} - e_i\right). \tag{43}$$

Daraus ergeben sich für die drei von P_i verschiedenen Punkte P_j, P_l und P_n des Rechtecks $\square_m$, die die (s,t)-Koordinaten (1, 0), (0, 1) und (1, 1) besitzen, die Ableitungswerte

$$e_j = 2\,\frac{d_j - d_i}{h} - e_i, \qquad e_l = 2\,\frac{b_l - b_i}{k} - e_i, \tag{44}$$

und mit (41), (42) und (44)

$$e_n = 2\,\frac{b_n - b_j}{k} - e_j = 2\,\frac{d_n - d_l}{h} - e_l. \tag{45}$$

Ist also in einem der Eckpunkte von $\square_m$ der e-Wert bekannt, so können die e-Werte in den drei übrigen Eckpunkten bestimmt werden. Folglich lassen sich nach Vorgabe von p_{xy} in einem einzigen Knoten des Rechtecknetzes die e_r für alle übrigen Punkte P_r berechnen. Damit sind die Parameter für alle $p_{9,m}(x, y)$, $m = 1(1)M$, eindeutig bestimmt.

Es bleibt zu zeigen, daß die zusammengesetzte Fläche $p(x, y)$ überall stetige erste partielle Ableitungen besitzt. In den Gitterpunkten ist die Stetigkeit von $p_x(x, y)$ und $p_y(x, y)$ durch die Konstruktion der b_r und d_r bereits gesichert. Zu prüfen sind also nur noch die inneren Kanten des Rechteckgitters. Ohne Beschränkung der Allgemeinheit betrachten wir zwei horizontal benachbarte Rechtecke $\square_m$ und $\square_{m+1}$ und untersuchen $p_x(x, y)$ längs der gemeinsamen Kante P_jP_n, die in $\square_m$ durch $s = 1$, $0 \leqq t \leqq 1$ und in $\square_{m+1}$ durch $s = 0$, $0 \leqq t \leqq 1$ beschrieben wird. Damit folgt aus (39)

$$\left[\frac{\partial}{\partial x}\,p_{9,m}(x, y)\right]_{s=1} = 2\,\frac{f_j - f_i}{h} - b_i + kt\left(2\,\frac{d_j - d_i}{h} - e_i\right)$$
$$+ t^2\left(2\,\frac{f_n - f_l}{h} - b_l - 2\,\frac{f_j - f_i}{h} + b_i - k\left(2\,\frac{d_j - d_i}{h} - e_i\right)\right)$$

und

$$\left[\frac{\partial}{\partial x}\,p_{9,m+1}(x, y)\right]_{s=0} = b_j + kte_j + kt^2\left(\frac{b_n - b_j}{k} - e_j\right).$$

Wegen (40), (41), (42) und (44) stimmen beide Ausdrücke für alle t aus [0, 1] überein, $p_x(x, y)$ ist längs der Kante P_jP_n stetig. ∎

Wie im eindimensionalen Fall kann man statt der Vorgabe eines Ableitungswertes (Forderungen d) und e)) auch auf jeder horizontalen und jeder vertikalen Gitterlinie eine Periodizitäts- bzw. eine Antiperiodizitätsbedingung stellen je nachdem, ob die Knotenzahl der Gitterlinie gerade oder ungerade ist.

Schließlich lassen sich die freien Parameter verwenden, um zusätzliche Forderungen an die interpolierende Fläche zu stellen. Als Beispiel übertragen wir die Idee der Krümmungsminimierung auf den zweidimensionalen Fall und bestimmen die b_r und d_r so, daß $p(x, .)$ über jeder horizontalen und $p(., y)$ über jeder vertikalen Gitterlinie eine minimale Gesamtkrümmung im Sinne von (6.2.38), (6.2.39) erhält. Den verfügbaren e-Wert berechnen wir aus der Forderung, daß $p_x(., y)$ längs einer beliebig ausgewählten vertikalen Gitterlinie minimal gekrümmt ist. (Ebenso könnte man natürlich auch die Gesamtkrümmung von $p_y(x, .)$ längs einer beliebigen horizontalen Gitterlinie minimieren.) Der Einfachheit halber beschränken wir uns auf ein Rechteckgebiet der x,y-Ebene und zerlegen es durch

$$x_0 < x_1 < \cdots < x_M, \qquad y_0 < y_1 < \cdots < y_N$$

in $M \cdot N$ Teilrechtecke. Die Funktions- und Ableitungswerte in den insgesamt K $\big(K := (M + 1) \cdot (N + 1)\big)$ Knoten numerieren wir wie bisher fortlaufend (zeilenweise, wie in Abb. 6.3.4, S. 127). Abweichend von der früheren Bezeichnungsweise stimmen also jetzt die Numerierung der Knoten und die der x- und y-Koordinaten nicht mehr überein:

$$f_1 := f(x_0, y_0), \qquad f_2 := f(x_1, y_0), \ldots, \qquad f_{M+2} := f(x_0, y_1), \ldots$$

Algorithmus 6.3.7. Bestimmung der Parameter b_r, d_r und e_r für eine biquadratische interpolierende Splinefunktion BIQ ($M, N, r, L, K, \boldsymbol{x}, \boldsymbol{y}, \boldsymbol{f}, \boldsymbol{ff}, \boldsymbol{g}, \boldsymbol{b}, \boldsymbol{d}, \boldsymbol{e}$)

$M + 1, \quad N + 1$	Knotenanzahl auf den horizontalen bzw. vertikalen Gitterlinien
$L := \max(M, N)$	maximale Zeilen-/Spaltenlänge
$r, \quad 1 \leqq r \leqq M + 1$	vorgegebene Nummer einer vertikalen Gitterlinie
$K := (M + 1) \cdot (N + 1)$	Gesamtknotenanzahl
$\boldsymbol{x} := (x_0, x_1, \ldots, x_M)$	Vektor der x-Werte
$\boldsymbol{y} := (y_0, y_1, \ldots, y_N)$	Vektor der y-Werte
$\boldsymbol{f} := (f_1, f_2, \ldots, f_K)$	Vektor der Funktionswerte
$\boldsymbol{ff} := (ff_0, ff_1, \ldots, ff_L)$	Hilfsvektor für die aktuellen f-Werte
$\boldsymbol{g} := (g_1, g_2, \ldots, g_L)$	Vektor der aktuellen Steigungen
$\boldsymbol{b} := (b_1, b_2, \ldots, b_K)$	Vektor der p_x-Werte
$\boldsymbol{d} := (d_1, d_2, \ldots, d_K)$	Vektor der p_y-Werte
$\boldsymbol{e} := (e_1, e_2, \ldots, e_K)$	Vektor der p_{xy}-Werte

1 Berechnung der Parameter b_i

$j = 0(1)N$	Zähler der horizontalen Gitterlinien
$i := j \cdot (M + 1)$	
> $l = 0(1)M$	Berechnung des optimalen
> $i := i + 1$	Startwertes für die j-te
> $ff_l := f_i$	horizontale Gitterlinie
OPT ($M, \boldsymbol{x}, \boldsymbol{ff}, \boldsymbol{g}, t$)	durch Algorithmus 6.2.6
$i := j \cdot (M + 1) + 1$	
$b_i := t$	
> $l = 1(1)M$	Berechnung der übrigen b_r
> $i := i + 1$	der j-ten horizontalen
> $b_i := 2g_l - b_{i-1}$	Gitterlinie

2 Berechnung der Parameter d_i

$j = 0(1)M$	Zähler der vertikalen Gitterlinien
$i := j + 1$	
> $l = 0(1)N$	Berechnung des optimalen
> $ff_l := f_i$	Startwertes für die j-te
> $i := i + M + 1$	vertikale Gitterlinie
OPT ($N, \boldsymbol{y}, \boldsymbol{ff}, \boldsymbol{g}, t$)	durch Algorithmus 6.2.6
$in := j + 1$	
$d_{in} := t$	
> $l = 1(1)N$	Berechnung der übrigen d_r
> $ia := in$	der j-ten vertikalen Gitterlinie
> $in := ia + M + 1$	
> $d_{in} := 2g_l - d_{ia}$	

3 Berechnung der Parameter e_i

$i := r$ — Berechnung des optimalen Wertes e_r durch Krümmungsminimierung von $p_x(.,y)$ längs der r-ten vertikalen Gitterlinie

[$j = 0(1)N$
$ff_j := b_i$
$i := i + M + 1$]

OPT $(N, \boldsymbol{y}, \boldsymbol{ff}, \boldsymbol{g}, t)$

$e_r := t$

[$l = r(1)M$ — Berechnung der e-Werte in der ersten horizontalen Gitterlinie

$e_{l+1} := 2 \cdot \dfrac{d_{l+1} - d_l}{x_l - x_{l-1}} - e_l$]

[$l = r - 1(-1)1$

$e_l := 2 \cdot \dfrac{d_{l+1} - d_l}{x_l - x_{l-1}} - e_{l+1}$]

[$j = 0(1)M$ — Berechnung der e-Werte in den vertikalen Gitterlinien
$in := j + 1$
[$l = 1(1)N$
$ia := in$
$in := ia + M + 1$

$e_{in} := 2 \cdot \dfrac{b_{in} - b_{ia}}{y_l - y_{l-1}} - e_{ia}$]]

Der *Rechenaufwand* setzt sich zusammen aus $N + M + 3$ Aufrufen des Algorithmus 6.2.6 und $(N + 1)(M + 1) - 1$ Divisionen für die e-Berechnung im Schritt 3. Das ergibt etwa $15MN$ wesentliche Rechenoperationen. *Speicherplatz* wird für je vier Vektoren der Dimension K, $K := (M + 1) \cdot (N + 1)$, und der Dimension L, $L := \max(M, N)$, benötigt.

Sind alle Parameter der interpolierenden Funktion $p(x, y)$ bestimmt, so können Funktionswerte in beliebigen Punkten (ξ, η) des Rechtecks $[x_0, x_M] \times [y_0, y_N]$ berechnet werden. Dazu eignet sich der folgende Algorithmus (Ü 6.3.13).

Algorithmus 6.3.8. Berechnung des Funktionswerts $p(\xi, \eta)$ der interpolierenden quadratischen Splinefunktion (37), (38) QUS2 $(M, N, K, \boldsymbol{f}, \boldsymbol{b}, \boldsymbol{d}, \boldsymbol{e}, \xi, \eta, p)$

$M, N, K, \boldsymbol{x}, \boldsymbol{y}, \boldsymbol{f}, \boldsymbol{b}, \boldsymbol{d}, \boldsymbol{e}$ — Parameter aus Algorithmus 6.3.7
(ξ, η) — vorgegebene Zwischenstelle
p — gesuchter Funktionswert

1 Aufsuchen des aktuellen Teilrechtecks
falls $\xi - x_0 < 0$, dann Schritt 2
[$j = 1(1)M$
falls $\xi - x_j \leqq 0$, dann Schritt 3]

2 Abbruch „ξ liegt nicht im Intervall $[x_0, x_M]$"

3 falls $\eta - y_0 < 0$, dann Schritt 4
[$l = 1(1)N$
falls $\eta - y_l \leqq 0$, dann Schritt 5]

4 Abbruch „η liegt nicht im Intervall $[y_0, y_N]$“

5 Berechnung des Funktionswerts

$$u := \xi - x_{j-1}, \qquad s := \frac{u}{2(x_j - x_{j-1})} \qquad \text{Hilfsgrößen}$$

$$v := \eta - y_{l-1}, \qquad t := \frac{v}{2(y_l - y_{l-1})}$$

$$l := l \cdot (M + 1) + j, \quad i := l - M - 1 \qquad \text{Indizes des Teilrechtecks}$$

$$p := f_i + \Big(\big(((e_{l+1} - e_{i+1} - e_l + e_i) \cdot s + e_l - e_i) \cdot u + d_l - d_i\big) \cdot t + d_i\Big) \cdot v$$
$$+ \big(((e_{i+1} - e_i) \cdot v + b_{i+1} - b_i) \cdot s + e_i \cdot v + b_i\big) \cdot u$$

Jeder Funktionswert kostet also einen *Rechenaufwand* von 10 wesentlichen Rechenoperationen

Tab. 6.3.2. Berechnete p_x-, p_y- und p_{xy}-Werte (Parameter b_r, d_r und e_r) für das Hangar-Beispiel

y ↓ x→	−1.0	−0.6	0.6	1.0
1.0	1.5714	0.4286	−0.4286	−1.5714
	−0.9117	−0.4567	−0.4567	−0.9117
	2.1133	0.1616	−0.1616	−2.1133
0.0	0.4168	0.2832	−0.2832	−0.4168
	−0.08835	−0.02332	−0.02332	−0.08835
	0.1960	0.1291	−0.1291	−0.1960
−0.6	0.4494	0.3006	−0.3006	−0.4494
	0.4217	0.3233	0.3233	0.4217
	−0.3046	−0.1871	0.1871	0.3046
−1.0	1.5714	0.4286	−0.4286	−1.5714
	1.5783	0.4267	0.4267	1.5783
	−5.3057	−0.4525	0.4525	5.3057

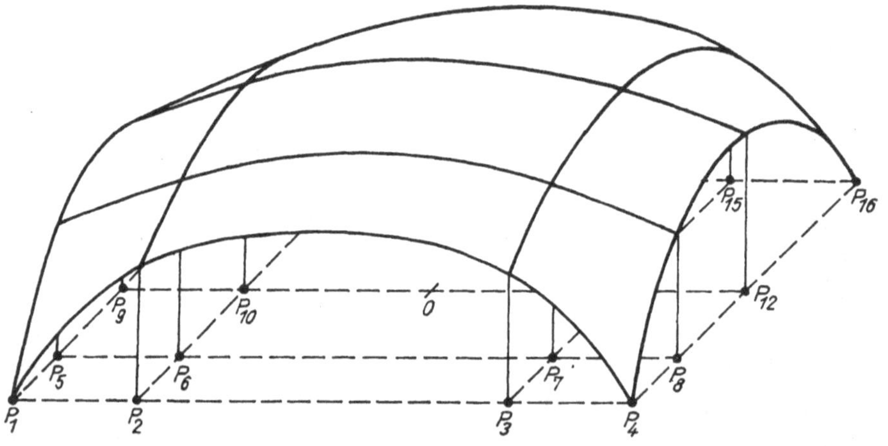

Abb. 6.3.9. Biquadratische Spline-Interpolierende zum Hangarbeispiel

Beispiel 6.3.9. Wir interpolieren die Daten des Flugzeughangars aus Tab. 6.3.1, S. 128, über dem Quadrat $[-1, 1] \times [-1, 1]$ durch eine biquadratische Splinefunktion. Dazu verwenden wir Algorithmus 6.3.7, bestimmen also die b_r und d_r so, daß die „Rippen", das heißt die Kurven über den horizontalen und den vertikalen Gitterlinien, eine minimale Gesamtkrümmung besitzen. Für die e-Berechnung wählen wir $r = 2$, minimieren also die Gesamtkrümmung von $p_x(., y)$ über der Gitterlinie $P_2P_6P_{10}P_{14}$. Wegen der Symmetrie der Daten ist das gleichbedeutend mit einer Krümmungsminimierung von $p_x(., y)$ über $P_3P_7P_{11}P_{15}$. Mit den erhaltenen Parametern (vgl. Tab. 6.3.2) ergibt sich die in Abb. 6.3.9 dargestellte Fläche.

6.3.5. Bemerkungen

B 6.3.1. Behandelt wurden in dieser Vorlesung nur einige einfache Methoden zur Interpolation von Flächen über ebenen Dreiecks- oder Rechteckgittern. Für die allgemeine Theorie verweisen wir auf die Fachliteratur, u. a. auf Schempp, Zeller [1], Nikol'skij [1] und die in B 6.2.2 aufgezählten Bücher über Splines. Neben der Krümmungsminimierung (vgl. Maess [1]) ist auch bei der mehrdimensionalen Interpolation die Frage interessant, ob und wie man gewisse Eigenschaften der vorgegebenen Daten, z. B. Monotonie oder Konvexität, auf die interpolierende Funktion übertragen kann. Die Flächeninterpolation hat nicht nur Bedeutung für die graphische oder Bildschirmdarstellung punktweise gegebener räumlicher Gebilde, sondern ist auch eine wichtige Grundlage für die Volumenberechnung (Kubatur, vgl. Abschnitt 7.4.3.) und für die Integration partieller Differentialgleichungen mit Hilfe der Methode der finiten Elemente (Zienkiewicz [1], Schwarz [1], Goering, Roos, Tobiska [1], Hackbusch [1]).

B 6.3.2. Die Variablentransformation (7) ist nicht symmetrisch bezüglich der drei Eckpunkte des Dreiecks. Setzt man aber die h_i und k_i in die Transformationsformel ein und führt durch $r := 1 - s - t$ eine dritte Veränderliche ein, so ergibt sich die symmetrische Darstellung von x und y durch *Flächenkoordinaten* (*baryzentrische Koordinaten*):

$$x = rx_i + sx_j + tx_l\,, \qquad y = ry_i + sy_j + ty_l\,, \qquad 1 = r + s + t\,. \tag{46}$$

Die letzte der drei Gleichungen weist darauf hin, daß die drei Variablen nicht unabhängig voneinander sind. Man sieht sofort, daß die drei Eckpunkte P_i, P_j und P_l die (r,s,t)-Koordinaten $(1, 0, 0)$, $(0, 1, 0)$ und $(0, 0, 1)$ besitzen. Ähnlich einfach können die drei Seiten des Dreiecks beschrieben werden: $r = 0$ liefert P_jP_l, während $s = 0$ der Seite P_iP_l und $t = 0$ der Seite P_iP_j entspricht. Bestimmt man r, s, t aus (46) mit Hilfe der Cramerschen Regel als Quotient zweier Determinanten, so ergibt sich eine geometrische Interpretation der Flächenkoordinaten: r ist der Quotient aus den Flächeninhalten der Dreiecke PP_jP_l und $P_iP_jP_l$, wobei P einen beliebigen Punkt (x, y) bezeichnet. Entsprechendes gilt für s und t. Der *Schwerpunkt* des Dreiecks hat folglich die (*baryzentrischen*) Koordinaten $r = s = t = 1/3$.

B 6.3.3. Verallgemeinerungen sind in verschiedenen Richtungen möglich. Durch Splines höheren Grades kann man interpolierende Funktionen mit stetigen partiellen Ableitungen zweiter oder höherer Ordnung erhalten. Dreieck- oder Viereckzerlegungen krummlinig berandeter Definitionsgebiete $\mathbb{D}$ enthalten zumindest am Rand des Netzes Maschen mit zum Teil krummlinigen Kanten. Unter gewissen Regularitätsvoraussetzungen kann man auch solche Drei- oder Vierecke auf das Einheitsdreieck oder das Einheitsquadrat abbilden. Nur ist die Transformation in diesem Fall nicht mehr linear (vgl. Abschnitt 7.4.2.). Bei speziellen Gebieten können *Polarkoordinaten* geeigneter sein als die kartesischen (vgl. Grzanna [1], [2]).

6.3.6. Übungsaufgaben

Ü 6.3.1. Man zeige, daß die *Jacobische Determinante* (9) mit der Determinante der *Haarschen Matrix* (6) übereinstimmt.

Ü 6.3.2. Man zeige, daß die *Jacobische Determinante* einen positiven Wert annimmt, wenn die Eckpunkte des Dreiecks im mathematisch positiven Sinn (Gegenuhrzeigersinn) durchnumeriert sind.

Ü 6.3.3. Man zeige, daß die Transformation (7) den Punkt P_n der (x,y)-Ebene auf den Punkt $P_4' \sim (1, 1)$ der (s,t)-Ebene abbildet (vgl. Abb. 6.3.3).

Ü 6.3.4. Man gebe diejenige Transformation (7) an, die das Dreieck $\triangle_5 \sim (P_4P_7P_3)$ aus Beispiel 6.3.4 (Abb. 6.3.4) auf das Einheitsdreieck (P_1', P_2', P_3') abbildet.

Ü 6.3.5. Man berechne die noch fehlenden Ebenenstücke $p_{3,m}(x, y)$ für die interpolierende Polyederfläche aus Beispiel 6.3.4 (Abb. 6.3.5).

Ü 6.3.6. Man berechne die noch fehlenden Hyparflächenstücke $p_{4,m}(x, y)$ für die stückweise bilineare interpolierende Funktion $p(x, y)$ aus Beispiel 6.3.5 (Abb. 6.3.6).

Ü 6.3.7. Man interpoliere die Glockenfunktion $f(x, y) := \mathrm{e}^{-x^2-y^2}$ über dem Rechteck $0 \leqq x \leqq 2$, $0 \leqq y \leqq 3$. a) Man zerlege das Definitionsgebiet in acht kongruente Dreiecke und berechne und zeichne die zugehörigen Ebenenstücke $p_{3,m}(x, y)$. b) Man zerlege das Definitionsgebiet in vier kongruente Rechtecke und berechne und zeichne die zugehörigen Hyparflächenstücke $p_{4,m}(x, y)$.

Ü 6.3.8. Man stelle das lineare Gleichungssystem für die Interpolationsaufgabe mit dem quadratischen Ansatz (26) und den in Abb. 6.3.7 angegebenen Stützstellen auf und löse es für die rechten Seiten $\boldsymbol{e}_1, \boldsymbol{e}_2, \boldsymbol{e}_3, \boldsymbol{e}_4, \boldsymbol{e}_5$ und $\boldsymbol{e}_6$ ($\boldsymbol{e}_n \in \mathbb{R}^6$) und $(f_i, f_j, f_l, f_{ij}, f_{jl}, f_{li})^\mathrm{T}$. Man gebe die lokalen Basisfunktionen $\varphi_{n,m}^{(6)}(x, y)$, $n = 1(1)6$, an (vgl. (7.4.23)) und stelle $p_{6,m}(x, y)$ als Linearkombination dieser Basisfunktionen dar.

Ü 6.3.9. Man bestimme $p_{6,m}(x, y)$ und $p_{6,m+1}(x, y)$ zu den zwei benachbarten Dreiecken $\triangle_m \sim (P_i, P_j, P_l)$ und $\triangle_{m+1} \sim (P_j, P_n, P_l)$ und berechne und vergleiche die partiellen Ableitungen $\frac{\partial}{\partial x} p_{6,m}(x, y)$ und $\frac{\partial}{\partial x} p_{6,m+1}(x, y)$ sowie $\frac{\partial}{\partial y} p_{6,m}(x, y)$ und $\frac{\partial}{\partial y} p_{6,m+1}(x, y)$ über der gemeinsamen Kante P_jP_l.

Ü 6.3.10. Man interpoliere die Glockenfunktion aus Ü 6.3.7 über dem Dreiecksnetz aus Ü 6.3.7 a) durch eine Funktion $p(x, y)$, die sich aus stückweise quadratischen Funktionen der Gestalt (28) zusammensetzt.

Ü 6.3.11. Man bestimme die neun *lokalen biquadratischen Basispolynome* zum Ansatz (29), indem man für den Parametervektor $\boldsymbol{f}$ (vgl. (35)) nacheinander die neun Einheitsvektoren des $\mathbb{R}^9$ wählt.

Ü 6.3.12. Man programmiere die Algorithmen 6.3.7 und 6.3.8.

Ü 6.3.13. Man weise mit Hilfe der Formeln (37), (40), (41), (42), (44) und (45) nach, daß der von Algorithmus 6.3.8 gelieferte Wert p gleich $p(\xi, \eta)$ ist.

Ü 6.3.14. Mit Hilfe des Algorithmus 6.3.7 interpoliere man die Glockenfläche aus Ü 6.3.7 über dem Rechtecknetz aus Ü 6.3.7 b). Mit Hilfe von Algorithmus 6.3.8 berechne man Wertetabellen für die Rippen der Fläche über den horizontalen und vertikalen Gitterlinien. Man stelle die interpolierende Fläche graphisch dar (Parallelprojektion).

Ü 6.3.15. Man interpoliere $z = f(x, y)$ über einem achsenparallelen Rechteck durch eine bikubische Splinefunktion.

Ü 6.3.16. Man schreibe und programmiere einen Algorithmus für die bikubische Spline-Interpolation (Ü 6.3.15) und interpoliere mit seiner Hilfe die Flächen aus Beispiel 6.3.4 und Ü 6.3.7.

6.4. Approximation im quadratischen Mittel

In den vorangegangenen Vorlesungen haben wir Funktionen einer oder zweier Variabler durch Ersatzfunktionen (vgl. (6.1.5), (6.3.4)) angenähert, die durch *Interpolationsforderungen* festgelegt wurden. Im folgenden verzichten wir auf die Übereinstimmung in vorgegebenen Punkten und fordern statt dessen, daß die gegebene und die approximierende Funktion insgesamt möglichst wenig voneinander abweichen.

Beispiel 6.4.1. In Abb. 6.4.1 ist die Funktion $y = \ln(1 + x)$ im Intervall $[-0.5, 0.5]$ graphisch dargestellt. Gesucht ist eine Gerade, die den Kurvenverlauf insgesamt möglichst gut wiedergibt, ihn *am besten approximiert*. Die interpolierende Gerade $y = p_1(x)$ durch die beiden Punkte $(-0.5, \ln 0.5)$ und $(0.5, \ln 1.5)$ ist offensichtlich nicht optimal, denn abgesehen von den beiden Werten am Intervallende liegen alle Funktionswerte oberhalb von $p_1(x)$. Die Logarithmusfunktion besitzt für $-1 < x \leqq 1$ die Taylor-Entwicklung

$$y = \ln(1 + x) = x - \frac{x^2}{2} + \frac{x^3}{3} - + \cdots.$$

Bricht man sie nach dem linearen Term ab, so erhält man als Näherung für $\ln(1 + x)$ die Gerade $y = x$. Auch sie ist nicht optimal, denn sie liegt vollständig oberhalb der Logarithmuskurve. Die *beste* (lineare) *Approximation* $q_1^{(b)}$ muß also zwischen diesen beiden Geraden liegen.

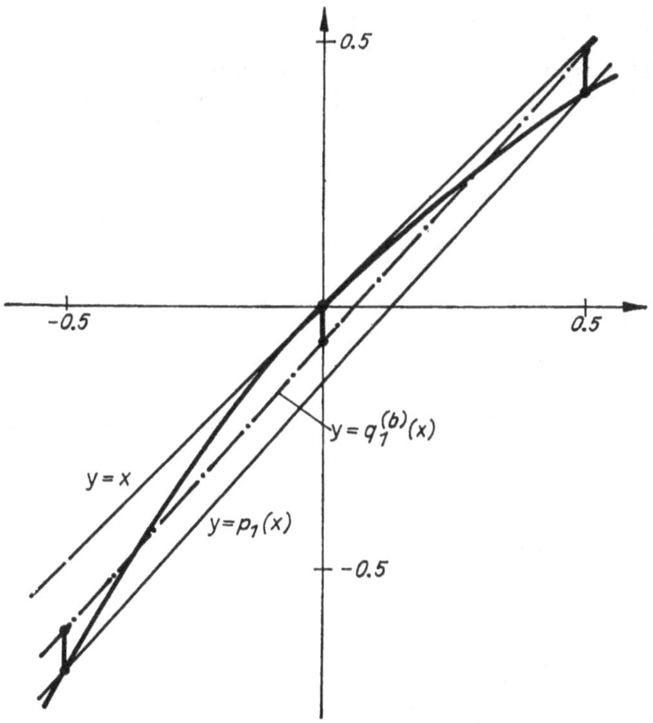

Abb. 6.4.1. Logarithmusfunktion, lineares Interpolations- und Taylor-Polynom sowie Gerade bester gleichmäßiger Approximation

Für die mathematische Formulierung der Approximationsforderung benötigen wir ein Maß für die Abweichung zweier Funktionen f und g voneinander, oder, anders ausgedrückt, ein Maß für ihren Abstand, ihre Differenz $g - f$. Dazu verallgemeinern wir den für Vektoren im $\mathbb{R}^N$ eingeführten Begriff der *Norm* auf Funktionen aus dem linearen *Raum* $\mathbf{L}_2[a, b]$ der über $[a, b]$ *im Lebesgueschen Sinne quadratisch integrierbaren* (*meßbaren*) *Funktionen* (und damit speziell auch auf den Raum $\mathbf{C}[a, b]$ der über $[a, b]$ stetigen Funktionen).

6.4.1. Normen, Skalarprodukte und Orthogonalität für Funktionen

Ersetzt man die Vektoren $\boldsymbol{x}$ und $\boldsymbol{y}$ in Definition 2.1.10 durch zwei beliebige, auf einem Intervall $[a, b]$ *quadratisch integrierbare* Funktionen f und g, so ergibt sich:

Definition 6.4.2. Ist für jede reellwertige Funktion f ($f \in \mathbf{L}_2[a, b]$) eine reelle Zahl $\|f\|$ erklärt, die die folgenden drei Eigenschaften besitzt, so soll $\|f\|$ *Norm von f* heißen.

a) Nur die identisch verschwindende Funktion hat die Norm Null (*Definitheit*):

$$\|f\| = 0 \text{ genau dann, wenn } f(x) \equiv 0 \text{ für fast alle } x \text{ aus } [a, b]. \tag{1}$$

b) Beträge von reellen Faktoren kann man ausklammern (*Homogenität*):

$$\|c \cdot f\| = |c| \cdot \|f\|, \qquad c \in \mathbb{R}^1. \tag{2}$$

c) Für die Summe zweier Funktionen gilt die Dreiecksungleichung:

$$\|f + g\| \leqq \|f\| + \|g\|, \qquad f, g \in \mathbf{L}_2[a, b]. \tag{3}$$

Ebenso wie für Vektoren kann man auch für Funktionen in vielfältiger Weise Normen einführen. Eine formale Übertragung der durch (2.1.18) definierten l_p-Normen auf Funktionen aus $\mathbf{C}[a, b]$ liefert

$$\|f\|_p^* := \left(\sum_{n=1}^{N} |f(x_n)|^p \right)^{1/p}, \qquad x_n \in [a, b], \quad p, N \in \mathbb{N}. \tag{4}$$

Dadurch wird jeder Funktion aus $\mathbf{C}[a, b]$ eine Zahl zugeordnet, die, wie man sich leicht überzeugt (Ü 6.4.1), die Normaxiome b) und c) erfüllt. Das erste Axiom dagegen ist verletzt, denn in (4) werden nur Funktionswerte an endlich vielen vorzugebenden Punkten x_n aus dem Intervall $[a, b]$ verwendet. Für alle Funktionen, die in diesen *diskreten* Punkten Nullstellen besitzen, ist $\|f\|_p^* = 0$, ohne daß $f(x)$ auf dem Intervall $[a, b]$ identisch verschwinden müßte. Man nennt $\|f\|_p^*$ deshalb eine *Halbnorm* oder *Pseudonorm* oder auch eine *diskrete Norm.*

Will man alle Funktionswerte $f(x)$ aus dem x-Intervall $[a, b]$ in die Norm einbeziehen, so muß man die Summation in (2.1.18) und (2.1.19) durch eine Integration ersetzen. Man gelangt dann zu den $\mathbf{L}_p$-Normen

$$\|f\|_p := \left(\int_a^b |f(x)|^p \, \mathrm{d}x \right)^{1/p}, \qquad p \in \mathbb{N}, \quad f \in \mathbf{L}(a, b), \tag{5}$$

und zu den *gewichteten* $\mathbf{L}_p$*-Normen*

$$\|f\|_{p,\omega} := \left(\int_a^b \omega(x) \, |f(x)|^p \, \mathrm{d}x \right)^{1/p}, \qquad p \in \mathbb{N}, \omega(x) \geqq 0, \quad \int_a^b \omega(x) \, \mathrm{d}x < \infty. \tag{6}$$

Durch (6) wird nur dann eine Norm definiert, wenn die *Gewichtsfunktion* $\omega(x)$ nicht negativ ist und höchstens in isolierten Punkten (genauer: höchstens über einer Menge vom Maß Null) verschwindet (Ü 6.4.2.). Wichtige Spezialfälle sind, wie bei den Vektornormen, $p = 2$, $p = \infty$ und $p = 1$, also die $\mathbf{L}_2$-Norm, die $\mathbf{L}_\infty$-Norm, die auch *Maximum-* oder *Čebyšev-Norm* genannt wird (vgl. Vorlesung 6.6) und die $\mathbf{L}_1$-Norm. Durch die Einführung einer Norm wird der zugrunde liegende Funktionenraum zu einem *normierten Raum.* Unterschiedliche Normen führen zu unterschiedlichen normierten Räumen.

Ähnlich wie den Begriff der Norm kann man auch den Begriff des *Skalarprodukts* (vgl. Abschnitt 2.8.2) auf Funktionen übertragen. Man prüft leicht nach, daß

$$(f, g)_\omega := \int_a^b \omega(x) \, f(x) \, g(x) \, \mathrm{d}x, \quad f, g \in \mathbf{L}_2[a, b], \quad \omega(x) \geqq 0, \quad \int_a^b \omega(x) \, \mathrm{d}x < \infty, \tag{7}$$

die Axiome eines Skalarprodukts (Definition 2.8.2) erfüllt (Ü 6.4.4). Die $\mathbf{L}_2$-Norm wird also (wie die Euklidische Vektornorm) durch ein Skalarprodukt induziert:

$$\|f\|_{2,\omega} = (f, f)_\omega^{1/2}. \tag{8}$$

Schließlich kann man auch den Begriff der *Orthogonalität* auf Funktionen übertragen:

Definition 6.4.3. Zwei Funktionen f und g aus $L_2[a, b]$ heißen *orthogonal* (über dem Intervall $[a, b]$ und bezüglich der Gewichtsfunktion $\omega(x)$), falls $(f, g)_\omega = 0$ gilt.

In die Definition geht also sowohl das Integrationsintervall als auch die Gewichtsfunktion ein. Funktionen, die über einem Intervall und bezüglich einer Gewichtsfunktion orthogonal sind, werden dies im allgemeinen über einem anderen Intervall oder bezüglich einer anderen Gewichtsfunktion nicht sein.

Im Fall der Vektoren ließ sich die Orthogonalität geometrisch als Senkrechtstehen veranschaulichen. Das ist für Funktionen nicht möglich: Wenn zwei Funktionen f und g im Sinne von Definition 6.4.3 orthogonal sind, bedeutet das nicht etwa, daß sich ihre Kurven in der (x,y)-Ebene in irgendwelchen Punkten senkrecht schneiden müssen.

Beispiel 6.4.4. Die Funktionen $f(x) := \sin x$ und $g(x) := \cos x$ sind über dem Intervall $[0, 2\pi]$ (und bezüglich der Gewichtsfunktion $\omega(x) := 1$) orthogonal, denn es gilt

$$\int_0^{2\pi} \cos x \sin x \, dx = \frac{1}{2} \int_0^{2\pi} \sin 2x \, dx = \frac{1}{4} [-\cos 2x]_0^{2\pi} = 0.$$

Die von dem Skalarprodukt induzierte Norm hat für beide Funktionen den Wert $\sqrt{\pi}$. Für $f(x) := \sin x$ erhält man z. B.

$$\|f\|_{2,\omega}^2 = (f, f)_\omega = \int_0^{2\pi} \sin^2 x \, dx = \frac{1}{2} \int_0^{2\pi} (1 - \cos 2x) \, dx = \pi.$$

Gleiches gilt für $\sin 2x$, $\cos 2x$, ... Die trigonometrischen Funktionen

$$y_0(x) := 1, \qquad y_{2m-1}(x) := \sin mx, \qquad y_{2m}(x) := \cos mx, \qquad m = 1(1)M, \tag{9}$$

bilden eine orthogonale Basis (Ü 6.4.5)

$$(y_n, y_m)_\omega = \begin{cases} 2\pi & \text{für } n = m = 0, \\ \pi & \text{für } n = m = 1(1)M, \\ 0 & \text{für } n \neq m, \quad n, m = 0(1)M, \end{cases} \tag{10}$$

im $(2M + 1)$-dimensionalen linearen Raum $\mathbb{T}^{2M+1}[0, 2\pi]$ der trigonometrischen Polynome

$$q_M(x) = \frac{1}{2} a_0 + \sum_{m=1}^{M} (a_m \cos mx + b_m \sin mx), \qquad a_m, b_m \in \mathbb{R}^1, \qquad x \in [0, 2\pi]. \tag{11}$$

Beispiel 6.4.5. Mit $\mathbb{P}^{N+1}[-1, 1]$ bezeichnen wir den $(N + 1)$-dimensionalen *linearen Raum der Polynome von höchstens N-tem Grad*

$$p_N(x) = \sum_{n=0}^{N} c_n x^n, \qquad c_n \in \mathbb{R}^1, \qquad x \in [-1, 1], \tag{12}$$

über dem Intervall $[-1, 1]$ und erklären in diesem Raum durch (7) ein Skalarprodukt mit der Gewichtsfunktion $\omega(x) := 1/\sqrt{1 - x^2}$. Bezüglich dieses Skalarprodukts suchen wir eine Basis von orthogonalen Polynomen. Offenbar sind die Polynome nullten und ersten Grades,

$$T_0(x) := 1 \quad \text{und} \quad T_1(x) := x, \tag{13}$$

bereits orthogonal, denn mit der Substitution $x = \cos t$, $dx = -\sin t \, dt$, ergibt sich

$$(T_0, T_1)_\omega = \int_{-1}^{1} \frac{x}{\sqrt{1 - x^2}} \, dx = \int_0^{\pi} \cos t \, dt = 0.$$

Für das Basispolynom zweiten Grades verwenden wir im Sinne des *Gram-Schmidtschen Orthogonalisierungsverfahrens* den Ansatz

$$T_2(x) = 2x^2 - a_0 T_0(x) - a_1 T_1(x)$$

und fordern $(T_2, T_0)_\omega = 0$ und $(T_2, T_1)_\omega = 0$. Daraus können die Koeffizienten a_0 und a_1 berechnet werden: Aus $a_0(T_0, T_0)_\omega = 2(x^2, T_0)_\omega$ und $a_1(T_1, T_1)_\omega = 2(x^2, T_1)_\omega$ erhält man wegen

$$(T_0, T_0)_\omega = \int_{-1}^{1} \frac{1}{\sqrt{1-x^2}}\, dx = \int_0^\pi dt = \pi,$$

$$(T_1, T_1)_\omega = (x^2, T_0)_\omega = \int_0^\pi \cos^2 t\, dt = \frac{1}{4}\,[\sin 2t + 2t]_0^\pi = \frac{\pi}{2},$$

$$(x^2, T_1)_\omega = \int_0^\pi \cos^3 t\, dt = \left[\sin t - \frac{1}{3}\sin^3 t\right]_0^\pi = 0$$

die Werte $a_0 = 1$ und $a_1 = 0$, also $T_2(x) = 2x^2 - 1$. Mit Hilfe der oben verwendeten Substitution $x = \cos t$ lassen sich die drei Polynome T_0, T_1 und T_2 einheitlich in der Form

$$T_n(x) = T_n(\cos t) = \cos nt \tag{14}$$

darstellen. Wir beweisen, daß diese Formel auch für die gesuchten orthogonalen Polynome von drittem und höherem Grad gültig ist, indem wir zeigen: a) $T_n(x)$ ist ein Polynom n-ten Grades, und b) $T_n(x)$ ist orthogonal zu $T_k(x)$, $k = 0(1)n-1$. Die erste Behauptung ist aus der *Moivreschen Formel* für $\cos nt$

$$\cos nt = \cos^n t - \binom{n}{2}\cos^{n-2} t \sin^2 t + \binom{n}{4}\cos^{n-4} t \sin^4 t - + \cdots \tag{15}$$

sofort abzulesen, denn für die höchste Potenz $\cos^n t = x^n$ ergibt sich der von Null verschiedene Koeffizient (vgl. Ü 6.4.22)

$$\binom{n}{0} + \binom{n}{2} + \binom{n}{4} + \cdots = 2^{n-1}.$$

Für die zweite Behauptung benutzen wir die dritte der Integrationsformeln aus Ü 6.4.5:

$$(T_n, T_k)_\omega = \int_{-1}^{1} \frac{1}{\sqrt{1-x^2}}\, T_n(x)\, T_k(x)\, dx = \int_0^\pi \cos nt \cos kt\, dt = 0.$$

Damit ist auch die Orthogonalität nachgewiesen. Die durch (14) erklärten $T_n(x)$ heißen *Čebyševpolynome (erster Art)*. Man kann sie auch rekursiv bestimmen, denn aus der trigonometrischen Relation $\cos(n+1)t + \cos(n-1)t = 2\cos t \cos nt$ erhält man mit (14) die *Rekursionsvorschrift*

$$T_{n+1}(x) = 2xT_n(x) - T_{n-1}(x), \qquad n = 1(1)N, \tag{16}$$

und daraus mit (13) für $n = 1(1)4$

$$\begin{aligned} T_2(x) &= 2x^2 - 1, & T_3(x) &= 4x^3 - 3x, \\ T_4(x) &= 8x^4 - 8x^2 + 1, & T_5(x) &= 16x^5 - 20x^3 + 5x. \end{aligned} \tag{17}$$

Ihr Kurvenverlauf im Intervall [0, 1] ist in Abb. 6.4.2 graphisch dargestellt. Wie $T_1(x)$ haben auch alle höheren $T_n(x)$ die Norm $\sqrt{\pi/2}$:

$$\|T_n\|_{2,\omega}^2 = (T_n, T_n)_\omega = \int_0^\pi (\cos nt)^2\, dt = \frac{1}{n}\int_0^{n\pi} \cos^2 s\, ds = \frac{\pi}{2}.$$

Für die Basispolynome $T_n(x)$ im Raum $\mathbb{P}^{N+1}[-1, 1]$ gilt also

$$(T_n, T_m)_\omega = \begin{cases} \pi & \text{für } n = m = 0, \\ \pi/2 & \text{für } n = m = 1(1)N, \\ 0 & \text{für } n \neq m. \end{cases} \tag{18}$$

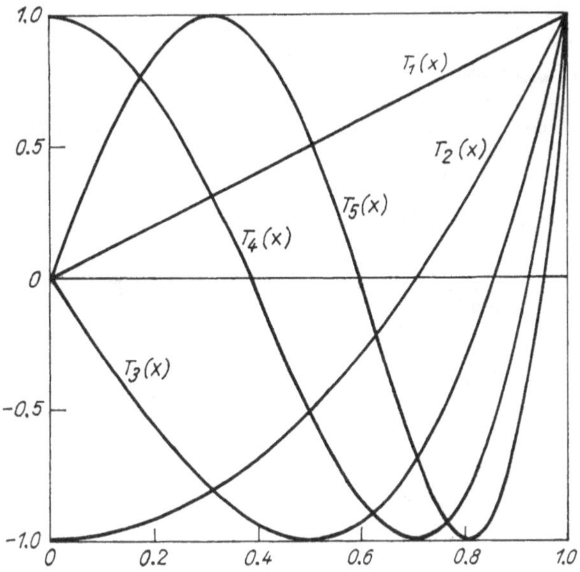

Abb. 6.4.2. Čebyšev-Polynome

Neben den Čebyševschen gibt es eine Anzahl weiterer orthogonaler Polynome. Sie unterscheiden sich durch das zugrunde liegende Intervall $[a, b]$ und die Gewichtsfunktion $\omega(x)$. Wir beschränken uns darauf, einige wichtige Klassen in Tab. 6.4.1 zusammenzustellen (vgl. B 6.4.5).

Beispiel 6.4.6. Da ein Bildschirm nur ein endliches Punktraster besitzt (bei Kleincomputern oft 320×256 Punkte) wird eine Kurve $y = f(x)$ durch eine *Stufenfunktion*

$$S_N(x) := \sum_{n=0}^{N} c_n R_n(t), \qquad x \in [a, b], \qquad x = a + t \cdot (b - a), \qquad 0 \leq t \leq 1, \tag{19}$$

angenähert. Als Basisfunktionen eignen sich die ***Rademacher-Funktionen***

$$R_0(t) := 1, \quad R_n(t) := \begin{cases} 1 & \text{für } (2m-2)\,h \leq t < (2m-1)\,h, \\ -1 & \text{für } (2m-1)\,h \leq t < 2mh, \\ -1 & \text{für } t = 1, \end{cases} \tag{20}$$

$$m = 1(1)2^{n-1}, \qquad h := 2^{-n}$$

(vgl. Abb. 6.4.3). Bezüglich der Gewichtsfunktion $\omega(t) \equiv 1$ bilden sie über dem Intervall $[0, 1]$ ein Orthonormalsystem (Ü 6.4.8).

Tab. 6.4.1. Orthogonale Polynome

$[a, b]$	$\omega(x)$	Berechnung	Normierung	Bezeichnung
$[-1, 1]$	1	$P_n(x) := \frac{1}{2^n} \sum_{k=0}^{[n/2]} (-1)^k \binom{n}{k} \binom{2n-2k}{n} x^{n-2k}$ $P_0(x) := 1, \quad P_1(x) := x,$ $(n+1) P_{n+1}(x) := (2n+1) x P_n(x) - n P_{n-1}(x)$	$\sqrt{n + \frac{1}{2}}\, P_n$	Legendre
$(-1, 1)$	$(1 - x^2)^{-1/2}$	$T_n(x) := \cos nt, \quad x =: \cos t$ $T_0(x) := 1, \quad T_1(x) := x,$ $T_{n+1}(x) := 2x T_n(x) - T_{n-1}(x)$	$\frac{1}{\sqrt{\pi}} T_0, \sqrt{\frac{2}{\pi}}\, T_n$	Čebyšev, 1. Art
$[-1, 1]$	$(1 - x^2)^{1/2}$	$U_n(x) := \frac{\sin (n+1) t}{\sin t}, \quad x =: \cos t$ $U_0(x) := 1, \quad U_1(x) := 2x,$ $U_{n+1}(x) := 2x U_n(x) - U_{n-1}(x)$	$\sqrt{\frac{2}{\pi}}\, U_n$	Čebyšev, 2. Art
$[0, \infty)$	e^{-x}	$L_n(x) := \sum_{k=0}^{n} \binom{n}{k} \frac{(-x)^k}{k!}$ $L_0(x) := 1, \quad L_1(x) := 1 - x$ $(n+1) L_{n+1}(x) := (2n + 1 - x) L_n(x)$ $- n L_{n-1}(x)$	$1 \cdot L_n$	Laguerre
$(-\infty, \infty)$	e^{-x^2}	$H_n(x) := n! \sum_{k=0}^{[n/2]} (-1)^k \frac{(2x)^{n-2k}}{k!(n-2k)!}$ $H_0(x) := 1, \quad H_1(x) := 2x,$ $H_{n+1}(x) := 2x H_n(x) - 2n H_{n-1}(x)$	$\frac{H_n}{\sqrt{n!\, 2^n \sqrt{\pi}}}$	Hermite

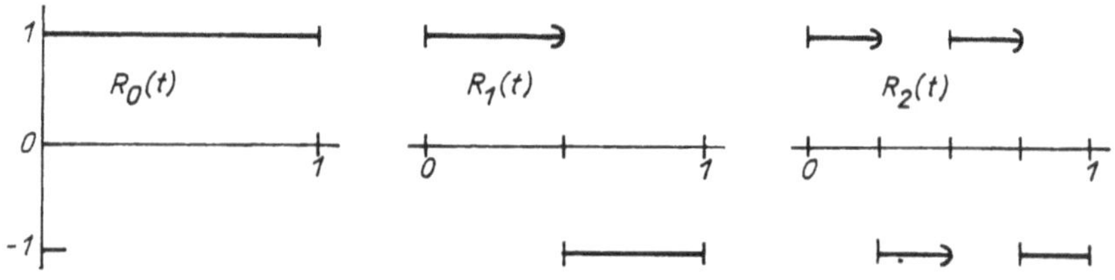

Abb. 6.4.3. Basisfunktionen für eine Stufenfunktion

6.4.2. Beste Approximation

Wir kehren nun zum Approximationsproblem zurück und benutzen die *Norm der Differenz* zweier Funktionen als Maß für ihren *Abstand.*

Definition 6.4.7. Im linearen Raum $\mathbf{L}_{2,\omega}[a, b]$ der über dem Intervall $[a, b]$ mit der Gewichtsfunktion $\omega(x)$ quadratisch integrierbaren Funktionen sei durch (6) eine Norm erklärt, und $\mathbb{L}^{N+1}[a, b]$ bezeichne den von $N + 1$ vorgegebenen linear unabhängigen Funktionen y_n aus $\mathbf{L}_{2,\omega}[a, b]$ aufgespannten $(N + 1)$-dimensionalen Teilraum

$$\mathbb{L}^{N+1}[a, b] := \left\{ q_N(x) ; q_N(x) = \sum_{n=0}^{N} c_n y_n(x), \quad y_n \in \mathbf{L}_{2,\omega}[a, b] \right\}. \tag{21}$$

Gilt dann für eine vorgegebene Funktion f aus $\mathbf{L}_{2,\omega}[a, b]$ und eine Funktion $q_N^{(b)}$ aus $\mathbb{L}^{N+1}[a, b]$

$$\|q_N^{(b)} - f\|_{2,\omega} = \inf_{q_N \in \mathbb{L}^{N+1}[a,b]} \|q_N - f\|_{2,\omega}, \tag{22}$$

so nennt man $q_N^{(b)}$ eine *Funktion bester Approximation von f in* $\mathbb{L}^{N+1}[a, b]$.

Die beste Approximation ist normabhängig (vgl. Ü 6.4.9). Im Fall $p = 2$ heißt $q_N^{(b)}$ *Funktion bester Approximation im quadratischen Mittel* (*bester Approximation im Gaußschen Sinne*) und im Fall $p = \infty$ *Funktion bester gleichmäßiger Approximation* (*bester Approximation im Čebyševschen Sinne*). Die Minimalabweichung $\|q_N^{(b)} - f\|_{p,\omega}$ wird auch *Abstand* der Funktion *f vom Raum* $\mathbb{L}^{N+1}[a, b]$ genannt. Diese Bezeichnung ist besonders einleuchtend, wenn $p = 2$ ist (was wir in dieser und der nächsten Vorlesung voraussetzen wollen), weil die Norm dann durch ein Skalarprodukt induziert wird und wir den Begriff der Orthogonalität zur Verfügung haben: Interpretiert man nämlich $\mathbf{L}_{2,\omega}[a, b]$ als dreidimensionalen Raum, $\mathbb{L}^{N+1}[a, b]$ als Ebene in diesem Raum und f als Punkt, der nicht in der Ebene liegt, so erhält man den kleinsten Abstand zwischen f und der Ebene, wenn man f senkrecht auf die Ebene projiziert (Abb. 6.4.4). Diese anschauliche Vorstellung läßt sich auf Funktionenräume übertragen:

Satz 6.4.8 (Charakterisierung der besten Approximation). *Im Raum* $\mathbf{L}_{2,\omega}[a, b]$ *sei ein Skalarprodukt* (7) *erklärt,* $\mathbb{L}^{N+1}[a, b]$ *sei ein endlichdimensionaler Teilraum des* $\mathbf{L}_{2,\omega}[a, b]$. *Dann ist* $q_N^{(b)}$ *genau dann eine Funktion bester Approximation zu einer vorgegebenen Funktion f aus* $\mathbf{L}_{2,\omega}[a, b]$, *wenn die Differenz* $q_N^{(b)} - f$ *orthogonal zu allen Funktionen aus* $\mathbb{L}^{N+1}[a, b]$ *ist,*

$$(q_N^{(b)} - f, q_N) = 0 \quad \text{für alle } q_N \text{ aus } \mathbb{L}^{N+1}[a, b]. \tag{23}$$

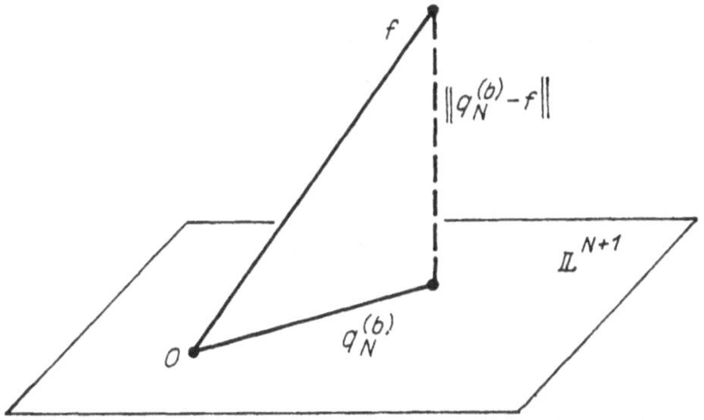

Abb. 6.4.4. Orthogonale Projektion als beste Quadratmittel-Approximation

Beweis. Wir zeigen zuerst: Ist $q_N^{(b)}$ Funktion bester Approximation, so gilt die Orthogonalitätsrelation (23): Wegen (22) hat $q_N^{(b)}$ unter allen q_N den geringsten Abstand von f, es gilt also

$$\|q_N - f\|_{2,\omega}^2 - \|q_N^{(b)} - f\|_{2,\omega}^2 \geqq 0. \tag{24}$$

Da $\mathbb{L}^{N+1}[a, b]$ ein linearer Raum ist, können wir alle q_N in der Gestalt $q_N(x) = q_N^{(b)}(x) + t \cdot r(x)$ schreiben. Dabei soll die Funktion $r(x)$ die Norm Eins besitzen und t einen reellen Parameter bezeichnen. Mit dieser Schreibweise wird die linke Seite der Ungleichung (24) zu einer quadratischen Funktion in t,

$$Q(t) := \|q_N^{(b)} + t \cdot r - f\|_{2,\omega}^2 - \|q_N^{(b)} - f\|_{2,\omega}^2 \geqq 0 .$$

Ersetzt man die Normquadrate durch Skalarprodukte (vgl. (8)), so ergibt sich durch Ausmultiplizieren

$$Q(t) = 2t(q_N^{(b)} - f, r)_\omega + t^2(r, r)_\omega \geqq 0,$$

und nach quadratischer Ergänzung und Berücksichtigung von $(r, r)_\omega = \|r\|_{2,\omega}^2 = 1$ weiter

$$Q(t) = [t + (q_N^{(b)} - f, r)_\omega]^2 - (q_N^{(b)} - f, r)_\omega^2 \geqq 0 .$$

Gäbe es nun in $\mathbb{L}^{N+1}[a, b]$ eine Funktion $r(x)$ mit $(q_N^{(b)} - f, r)_\omega \neq 0$, so würde $Q(t)$ im Widerspruch zur Ungleichung (24) für $t = -(q_N^{(b)} - f, r)_\omega$ negativ werden. Folglich ist $(q_N^{(b)} - f, r)_\omega = 0$, das heißt, $q_N^{(b)} - f$ ist orthogonal zu allen auf Eins normierten Funktionen r aus $\mathbb{L}^{N+1}[a, b]$ und damit natürlich auch zu allen nicht normierten Funktionen aus diesem Raum. Zum Beweis der Gegenrichtung gehen wir von der Orthogonalitätsrelation (23) aus und erhalten $Q(t) = t^2$. Diese Funktion nimmt für $t = 0$, also $q_N = q_N^{(b)}$, ihren Minimalwert Null an. Folglich ist $q_N^{(b)}$ beste Approximation. ∎

Die Orthogonalitätsrelation (23) gilt für jedes q_N aus $\mathbb{L}^{N+1}[a, b]$, also speziell auch für die $N + 1$ Basisfunktionen y_m

$$(q_N^{(b)} - f, y_m)_\omega = 0, \qquad m = 0(1)N.$$

Damit kann man die beste Approximation konstruieren. Man braucht lediglich $q_N^{(b)}$ als Linearkombination der y_n anzusetzen (vgl. (21)) und die Summation und die Koeffizienten c_n aus dem Skalarprodukt herauszuziehen:

$$\sum_{n=0}^{N} c_n(y_n, y_m)_\omega = (f, y_m)_\omega, \qquad m = 0(1)N. \tag{25}$$

Das so entstandene lineare Gleichungssystem heißt wie im Fall der linearen Ausgleichsrechnung (vgl. (3.1.11)) *System der Gaußschen Normalgleichungen.* Seine Koeffizientenmatrix ist als *Gramsche Matrix* linear unabhängiger Funktionen nicht singulär, also sind die Koeffizienten c_n eindeutig bestimmt:

Satz 6.4.9 (Existenz und Eindeutigkeit der besten Approximation). *Im Raum* $\mathbf{L}_{2,\omega}[a, b]$ *sei ein Skalarprodukt* (7) *erklärt, und* $\mathbb{L}^{N+1}[a, b]$ *sei ein endlichdimensionaler linearer Teilraum des* $\mathbf{L}_{2,\omega}[a, b]$. *Dann existiert zu jeder Funktion* f *aus* $\mathbf{L}_{2,\omega}[a, b]$ *genau eine beste Approximation* $q_N^{(b)}$ *aus* $\mathbb{L}^{N+1}[a, b]$. *Ihre Koeffizienten* c_n *lassen sich aus dem System* (25) *der Gaußschen Normalgleichungen berechnen.*

Sind die Basisfunktionen orthogonal, so wird die Gramsche Matrix zur Diagonalmatrix, und man erhält die Koeffizienten der besten Approximation explizit in der Gestalt

$$c_m = (f, y_m)_\omega/(y_m, y_m)_\omega, \qquad m = 0(1)N. \tag{26}$$

Sie heißen *Fourier-Koeffizienten* der Funktion $f(x)$ bezüglich der Basisfunktionen $y_n(x)$, $n = 0(1)N$. Diese Bezeichnung wird durch das folgende Beispiel verständlich.

Beispiel 6.4.10. Es sei $N = 2M$ und $\mathbb{L}^{N+1}[a, b]$ der Raum $\mathbb{T}^{2M+1}[0, 2\pi]$ der durch (11) definierten trigonometrischen Polynome. Wir benutzen die orthogonale Basis (9), setzen also die gesuchte

Funktion bester Approximation in der Gestalt

$$q_N^{(b)}(x) = \sum_{n=0}^{N} c_n y_n(x) = \frac{1}{2} a_0 + \sum_{m=1}^{M} (a_m \cos mx + b_m \sin mx), \qquad N = 2M, \tag{27}$$

an. Die Fourier-Koeffizienten erhält man dann aus (26), wobei das Skalarprodukt durch (7) (mit $[a, b] = [0, 2\pi]$ und $\omega(x) \equiv 1$) definiert ist:

$$\begin{aligned} c_{2m} &= a_m = \frac{1}{\pi} \int_0^{2\pi} f(x) \cos mx \, dx, \qquad m = 0(1)M, \\ c_{2m-1} &= b_m = \frac{1}{\pi} \int_0^{2\pi} f(x) \sin mx \, dx, \qquad m = 1(1)M. \end{aligned} \tag{28}$$

Das sind die aus der Theorie der Fourier-Reihen bekannten *Euler-Fourierschen Formeln.* Da man die Integrale nur in Spezialfällen geschlossen auswerten kann, muß man im allgemeinen numerische Integrationsverfahren zu Hilfe nehmen (vgl. Abschnitt 6.5.1.).

Sind die Koeffizienten c_n der besten Approximation bestimmt, so kann man die *Norm des Approximationsfehlers* angeben. Wegen der Orthogonalität (23) gilt nämlich

$$\|q_N^{(b)} - f\|_{2,\omega}^2 = (q_N^{(b)} - f, q_N^{(b)})_\omega - (q_N^{(b)} - f, f)_\omega = \|f\|_{2,\omega}^2 - (q_N^{(b)}, f)_\omega,$$

und, wenn man $q_N^{(b)}$ als Linearkombination der Basisfunktionen schreibt,

$$\|q_N^{(b)} - f\|_{2,\omega}^2 = \|f\|_{2,\omega}^2 - \sum_{n=0}^{N} c_n (f, y_n)_\omega. \tag{29}$$

Im Spezialfall orthogonaler Basisfunktionen folgt mit (26) schließlich

$$\|q_N^{(b)} - f\|_{2,\omega}^2 = \|f\|_{2,\omega}^2 - \sum_{n=0}^{N} (f, y_n)_\omega^2 / \|y_n\|_{2,\omega}^2. \tag{30}$$

Da die linke Seite als Quadrat einer Norm nicht negativ wird, ergibt sich nebenbei für die Fourier-Koeffizienten die *Besselsche Ungleichung*

$$\sum_{n=0}^{N} (f, y_n^*)_\omega^2 \le \|f\|_{2,\omega}^2, \qquad y_n^* := y_n / \|y_n\|_{2,\omega}. \tag{31}$$

Beispiel 6.4.11. Wir suchen die beste Quadratmittelapproximation einer Funktion f aus $C[-1, 1]$ durch ein Polynom von höchstens N-tem Grad. Als Gewichtsfunktion wählen wir $\omega(x) := 1/\sqrt{1 - x^2}$ und als Basisfunktionen die *Čebyševschen Polynome,* so daß wir $q_N^{(b)}(x)$ in der Form

$$q_N^{(b)}(x) = \frac{1}{2} c_0 T_0(x) + \sum_{m=1}^{N} c_m T_m(x) \tag{32}$$

ansetzen können. Der Faktor 1/2 beim Absolutglied erspart uns wie bei den Fourier-Koeffizienten (28) eine gesonderte Koeffizientenformel für den Fall $m = 0$. Nach (26) ergibt sich mit (18) für alle m

$$c_m = \frac{2}{\pi} \int_{-1}^{1} \frac{1}{\sqrt{1 - x^2}} f(x) \, T_m(x) \, dx = \frac{2}{\pi} \int_0^{\pi} f(\cos t) \cos mt \, dt. \tag{33}$$

Auch diese Integrale können im allgemeinen nur numerisch ausgewertet werden. Wir wählen eine Funktion, für die sich die Koeffizienten in geschlossener Form angeben lassen, und approximieren die Kreislinie $f(x) := \sqrt{1 - x^2}$ durch ein Polynom vierten Grades (vgl. (17) und Ü 6.4.16). Man erhält die Koeffizienten $c_0 = 4/\pi$, $c_1 = 0$, $c_2 = -4/(3\pi)$, $c_3 = 0$, $c_4 = -4/(15\pi)$, und damit

$$q_4^{(b)}(x) = \frac{2}{\pi}\left(T_0(x) - \frac{2}{3}T_2(x) - \frac{2}{15}T_4(x)\right) = \frac{2}{15\pi}(23 - 4x^2 - 16x^4).$$

In Abb. 6.4.5 sind die Kreislinie und das approximierende Polynom (aus Symmetriegründen nur im Intervall [0, 1]) graphisch dargestellt. Zur Bestimmung des *Approximationsfehlers* muß noch $\|f\|_{2,\omega}^2$ berechnet werden. Da in unserem Beispiel $\omega(x) = 1/f(x)$ gilt, ist das gesuchte Normquadrat gleich dem Flächeninhalt des halben Einheitskreises, also gleich $\pi/2$. Folglich ergibt sich

$$\|q_4^{(b)}(x) - f\|_{2,\omega} = \left(\frac{\pi}{2} - 2^2/\pi - \left(-\frac{2}{3}\right)^2\cdot\frac{2}{\pi} - \left(-\frac{2}{15}\right)^2\cdot\frac{2}{\pi}\right)^{1/2} < 0.0575.$$

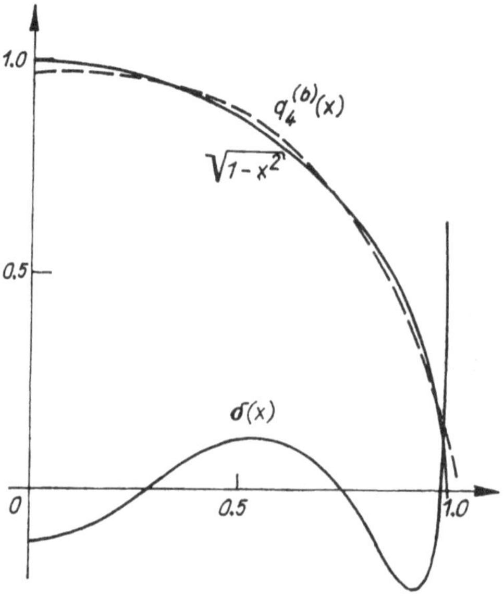

Abb. 6.4.5. Polynom bester Quadratmittel-Approximation für die Kreislinie und zugehörige Fehlerfunktion (der Deutlichkeit halber um den Faktor 5 vergrößert: $\delta(x) := 5\cdot|q_4^{(b)}(x) - f(x)|$)

Diese Fehlerabschätzung besagt, daß sich die gegebene und die approximierende Funktion *im Mittel* um weniger als 0.0575 voneinander unterscheiden, wobei die Mittelung durch eine gewichtete Integration über $[-1, 1]$ vorgenommen wird. Sie besagt dagegen nicht, daß $f(x)$ und $q_4^{(b)}(x)$ *punktweise* um weniger als 0.0575 voneinander abweichen. Zum Beispiel rechnet man leicht nach, daß die Differenz der beiden Funktionen an den Stellen $x = \pm 1$ mehr als doppelt so groß ist:

$$|q_4^{(b)}(1) - f(1)| = 6/(15\pi) \approx 0.127 \qquad \text{(vgl. Abb. 6.4.5).}$$

Beispiel 6.4.12. Wir bestimmen die beste Quadratmittelapproximation von $f(x) := e^x$ im Intervall $[-0.5, 0.5]$ durch Stufenfunktionen $S_k(x)$ (vgl. (19)). Da die Basisfunktionen R_n bezüglich der Gewichtsfunktion $\omega(t) = 1$ orthonormiert sind, haben die Fourier-Koeffizienten nach (26) die Gestalt

$$c_n = (f, R_n) = \int_0^1 f(a + t(b-a))\, R_n(t)\, dt.$$

Die $R_n(t)$ sind stückweise konstant, also ist lediglich intervallweise über f zu integrieren. In unserem Fall existiert eine Stammfunktion $F(a + t(b - a)) = e^{-0.5+t}$. Bezeichnen wir ihre Werte an den Stellen $t = mh$ mit F_m, wobei wir die für R_3 benötigte (feinste) Schrittweite $h = 1/8$ zugrunde legen, so ergibt sich

$$\begin{aligned}
c_0 &= -F_0 && && && && + F_8 = 1.0422,\\
c_1 &= -F_0 && && + 2F_4 && && - F_8 = -0.2553,\\
c_2 &= -F_0 && + 2F_2 && - 2F_4 && + 2F_6 && - F_8 = -0.1296,\\
c_3 &= -F_0 + 2F_1 && - 2F_2 + 2F_3 && - 2F_4 + 2F_5 && - 2F_6 + 2F_7 && - F_8 = -0.0651,
\end{aligned}$$

und damit

$$S_0(t) = c_0 = 1.0422 \quad \text{für} \quad 0 \leqq t \leqq 1,$$

$$S_1(t) = \begin{cases} c_0 + c_1 & = 0.7869 \quad \text{für} \quad 0 \leqq t < 1/2, \\ c_0 - c_1 & = 1.2974 \quad \text{für} \quad 1/2 \leqq t \leqq 1, \end{cases}$$

$$S_2(t) = \begin{cases} c_0 + c_1 + c_2 & = 0.6573 \quad \text{für} \quad 0 \leqq t < 1/4, \\ c_0 + c_1 - c_2 & = 0.9165 \quad \text{für} \quad 1/4 \leqq t < 1/2, \\ c_0 - c_1 + c_2 & = 1.1678 \quad \text{für} \quad 1/2 \leqq t < 3/4, \\ c_0 - c_1 - c_2 & = 1.4270 \quad \text{für} \quad 3/4 \leqq t \leqq 1, \end{cases}$$

$$S_3(t) = \begin{cases} c_0 + c_1 + c_2 + c_3 = 0.5923 & \text{für} \quad 0 \leqq t < 1/8, \\ c_0 + c_1 + c_2 - c_3 = 0.7224 & \text{für} \quad 1/8 \leqq t < 1/4, \\ c_0 + c_1 - c_2 + c_3 = 0.8515 & \text{für} \quad 1/4 \leqq t < 3/8, \\ c_0 + c_1 - c_2 - c_3 = 0.9816 & \text{für} \quad 3/8 \leqq t < 1/2, \\ c_0 - c_1 + c_2 + c_3 = 1.1028 & \text{für} \quad 1/2 \leqq t < 5/8, \\ c_0 - c_1 + c_2 - c_3 = 1.2329 & \text{für} \quad 5/8 \leqq t < 3/4, \\ c_0 - c_1 - c_2 + c_3 = 1.3620 & \text{für} \quad 3/4 \leqq t < 7/8, \\ c_0 - c_1 - c_2 - c_3 = 1.4921 & \text{für} \quad 7/8 \leqq t \leqq 1. \end{cases}$$

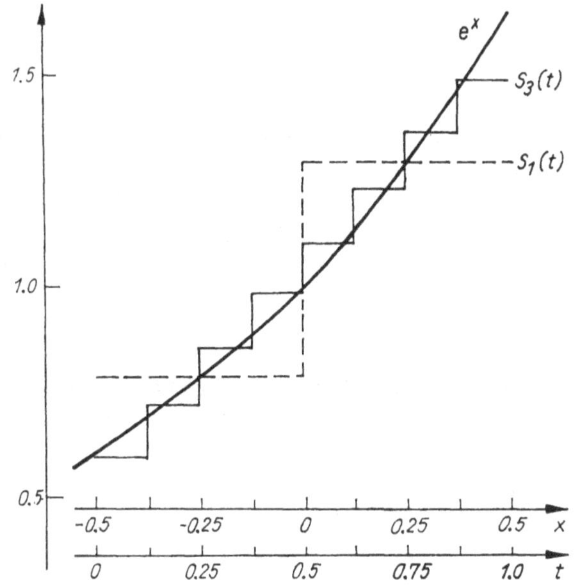

Abb. 6.4.6. Stufenfunktion bester Quadratmittel-Approximation für $y = e^x$

In Abb. 6.4.6 sind e^x und die approximierenden Stufenfunktionen $S_1(t)$ und $S_3(t)$ graphisch dargestellt. Mit

$$\|f\|_{2,\omega}^2 = \int_0^1 (e^{-0.5+t})^2 \, dt = \frac{e^2 - 1}{2e} = 1.1752$$

erhält man für die $\|\cdot\|_{2,\omega}$-Norm des Approximationsfehlers

$$\|S_3 - f\|_{2,\omega} = (1.1752 - c_0^2 - c_1^2 - c_2^2 - c_3^2)^{1/2} < 0.0535.$$

Diese Fehlerabschätzung gilt wiederum nur im Mittel und nicht punktweise. Bei $t = 1$ beträgt der Fehler zum Beispiel $|S_3(1) - e^{0.5}| = 0.157$.

Mit Hilfe der Formel (30) für den Approximationsfehler kann man auch die Frage nach der *Konvergenz* der Approximation beantworten. Wir erhöhen die Dimension von $\mathbb{L}^{N+1}[a, b]$ schrittweise durch Hinzunahme jeweils einer weiteren orthogonalen Basisfunktion,

$$\mathbb{L}^1[a, b] \subset \mathbb{L}^2[a, b] \subset \cdots \subset \mathbb{L}^{N+1}[a, b] \subset \cdots \subset L_2[a, b],$$

und bestimmen in jedem der Teilräume die beste Approximation $q_N^{(b)}$ ein und derselben Funktion f. Wegen der Orthogonalität der Basisfunktionen erhält man $q_N^{(b)}$ aus $q_{N-1}^{(b)}$ einfach durch Hinzunahme eines weiteren Summanden (vgl. (25), (26)):

$$q_N^{(b)}(x) = q_{N-1}^{(b)}(x) + c_N y_N(x). \tag{34}$$

Daraus ergibt sich für den Approximationsfehler nach (30) die Beziehung

$$\|q_N^{(b)} - f\|_{2,\omega}^2 = \|q_{N-1}^{(b)} - f\|_{2,\omega}^2 - (f, y_N)_\omega^2 / \|y_N\|_{2,\omega}^2, \tag{35}$$

also eine monotone Abnahme (falls f nicht orthogonal zu y_N ist). Andererseits bleiben die linken Seiten von (30) und (35) als Quadrate von Normen stets größer oder gleich Null. Sie sind folglich für $N \to \infty$ nach unten beschränkt. Die Konvergenz ist also gesichert; man erhält die *Besselsche Ungleichung* (vgl. (31))

$$\sum_{n=0}^{\infty} c_n^2 \|y_n\|_{2,\omega}^2 \leqq \|f\|_{2,\omega}^2. \tag{36}$$

Für wichtige Klassen von orthogonalen Basisfunktionen, z. B. die trigonometrischen Funktionen (9) aus $\mathbb{T}^{2M+1}[0, 2\pi]$ oder die Čebyševschen Polynome aus $\mathbb{P}^{N+1}[-1, 1]$, gilt sogar das Gleichheitszeichen, die Ungleichung (36) wird in diesem Fall zur *Parsevalschen Gleichung*. Die $\|\cdot\|_{2,\omega}$-Norm des Approximationsfehlers strebt für $N \to \infty$ gegen Null, und die beste Approximation wird zur unendlichen Reihe

$$q_\infty^{(b)}(x) := \sum_{n=0}^{\infty} c_n y_n(x), \tag{37}$$

die man im ersten Fall *Fourier-* und im zweiten Fall *Čebyšev-Entwicklung* der Funktion $f(x)$ nennt. Die Partialsummen $q_N^{(b)}$ dieser Entwicklung besitzen eine wichtige Optimalitätseigenschaft:

Satz 6.4.13. *Im Raum* $\mathbf{L}_{2,\omega}[a, b]$ *sei ein Skalarprodukt* (7) *erklärt, und* $y_n(x), n = 0, 1, \ldots,$ *bezeichne eine Folge orthogonaler Funktionen, die die linearen Teilräume* $\mathbb{L}^1[a, b]$, $\mathbb{L}^2[a, b]$, ... *aufspannen. Sind dann* $q_{N-1}^{(b)}$ *und* $q_N^{(b)}$ *beste Approximationen ein und derselben Funktion* f *aus* $\mathbf{L}_{2,\omega}[a, b]$ *in den Teilräumen* $\mathbb{L}^N[a, b]$ *beziehungsweise* $\mathbb{L}^{N+1}[a, b]$, *so ist* $q_{N-1}^{(b)}(x)$ *im Raum* $\mathbb{L}^N[a, b]$ *auch beste Approximation von* $q_N^{(b)}$.

Beweis. Wir benutzen den Ansatz $p_{N-1}(x) := \sum_{n=0}^{N-1} a_n y_n(x)$ für die beste Approximation von $q_N^{(b)}$ im Raum $\mathbb{L}^N[a, b]$ und bestimmen die Koeffizienten mit Hilfe der Orthogonalitätsrelation (23):

$$(p_{N-1} - q_N^{(b)}, y_k)_\omega = \sum_{n=0}^{N-1} (a_n - c_n)(y_n, y_k)_\omega - c_N(y_N, y_k)_\omega = 0, \quad k = 0(1)N-1.$$

Wegen der Orthogonalität der Basisfunktionen verschwinden alle Skalarprodukte mit Ausnahme von $(y_k, y_k)_\omega = \|y_k\|_{2,\omega}^2$. Demnach bleibt nur $(a_k - c_k)(y_k, y_k)_\omega = 0$, also $a_k = c_k$, $k = 0(1)N - 1$, und, wie behauptet $p_{N-1}(x) \equiv q_{N-1}^{(b)}(x)$. ∎

Wenn der Approximationsfehler $q_N^{(b)} - f$ in der $\|\cdot\|_{2,\omega}$-Norm für $N \to \infty$ gegen Null konvergiert, so bedeutet das nicht notwendig, daß auch $|q_N^{(b)}(x) - f(x)|$ für alle x aus $[a, b]$ gegen Null strebt, daß also für alle x der Wert $q_\infty^{(b)}(x)$ der unendlichen Reihe (37) gleich $f(x)$ ist. Für die *Fourier-Entwicklung* von Funktionen aus $\mathbf{L}_{2,\omega}[0, 2\pi]$ gilt zum Beispiel

Satz 6.4.14 (Carleson [1]). *Ist die Funktion f aus $\mathbf{L}_{2,\omega}[0, 2\pi]$, so konvergiert ihre Fourier-Reihe* (37) *fast überall gegen f.*

Die Menge der Ausnahmepunkte hat also das Maß Null. In speziellen Fällen kann das Verhalten in den Ausnahmepunkten angegeben werden:

Satz 6.4.15 (Dirichlet). *Genügt f im Intervall* $[0, 2\pi]$ *den Dirichlet-Bedingungen*

a) *das Intervall* $(0, 2\pi)$ *läßt sich in endlich viele Teilintervalle zerlegen, in denen f stetig und monoton ist,*

b) *an allen Unstetigkeitsstellen ξ existieren die Werte $f(\xi - 0)$ und $f(\xi + 0)$,*

so konvergiert die Folge der trigonometrischen Summen (27) *gegen $q_\infty^{(b)}(x)$, und es gilt*

$$q_\infty^{(b)}(x) = \begin{cases} f(x), & \textit{falls } f \textit{ stetig in } x, \\ \big(f(x+0) - f(x-0)\big)/2 & \textit{sonst}. \end{cases}$$

Selbst wenn man Unstetigkeiten ausschließt und nur stetige Funktionen zuläßt, sichert das noch nicht, daß die Fourier-Entwicklung gleichmäßig gegen $f(x)$ konvergiert. Um die Funktionenklasse weiter einschränken zu können, führen wir den Begriff des *Stetigkeitsmoduls* einer Funktion f aus $\mathbf{C}[a, b]$ ein,

$$m(f, \delta) := \max_{|x-y| \leq \delta} |f(x) - f(y)|, \qquad x, y \in [a, b]. \tag{38}$$

Er gibt an, um wieviel sich zwei Funktionswerte maximal unterscheiden können, wenn die zugehörigen Argumente höchstens um ein vorgegebenes δ, $\delta > 0$, voneinander abweichen. Dann gilt (vgl. Natanson [1], S. 136 und S. 173):

Satz 6.4.16. *Genügt der Stetigkeitsmodul von f der Dini-Lipschitz-Bedingung* $\lim\limits_{\delta \to 0} \big(m(f, \delta) \ln \delta\big) = 0$, *so konvergiert für stetige, 2π-periodische Funktionen die Fourier-Entwicklung und für Funktionen aus* $\mathbf{C}[-1, 1]$ *die Čebyšev-Entwicklung gleichmäßig gegen die Funktion f.*

Wegen $|\cos mx| \leq 1$, $|\sin mx| \leq 1$, $x \in \mathbb{R}^1$, und $|T_n(x)| \leq 1$, $x \in [-1, 1]$, gilt für alle Funktionen, die durch ihre Fourier- oder Čebyšev-Entwicklung dargestellt werden, in $[0, 2\pi]$ beziehungsweise in $[-1, 1]$ für den *Betrag des Approximationsfehlers* die Abschätzung

$$|q_N^{(b)}(x) - f(x)| \leq \sum_{n=N+1}^{\infty} |c_n| =: r_{N+1}. \tag{39}$$

Ist also die aus den Koeffizienten c_n gebildete unendliche Reihe absolut konvergent und r_{N+1} abschätzbar, so läßt sich aus der Forderung $r_{N+1} < \varepsilon$ ein N berechnen, für das die Näherungsfunktion $q_N^{(b)}(x)$ im ganzen Intervall um weniger als ε von $f(x)$ abweicht (wenn die c_n mit wachsendem n sehr schnell abnehmen, kann N näherungsweise auch aus $r_{N+1} \approx |c_{N+1}| < \varepsilon$ bestimmt werden, vgl. auch Ü 6.4.16 und Ü 6.4.17). Die im quadratischen Mittel beste Approximation liefert dann sogar eine gleichmäßige Approximation von $f(x)$, wenn auch im allgemeinen nicht die bestmögliche, die mit einem trigonometrischen oder algebraischen Polynom entsprechenden Grades zu erreichen wäre (vgl. B 6.4.3 und Vorlesung 6.6).

6.4.3. Bemerkungen

B 6.4.1. Grundlagen der *Approximationstheorie* findet man in den Lehrbüchern von Achieser [1], Natanson [1], Nikol'skij [1] und Meinardus [1]. Probleme der numerischen Realisierung werden ausführlicher in den Lehrbüchern von Zurmühl [1], Stoer [1], Werner, Schaback [1], Rutishauser [1] und in den regelmäßig erscheinenden Tagungsberichten der ISNM (vgl. Collatz, Meinardus, Werner [1]) behandelt.

B 6.4.2. Die *Ausgleichsrechnung* (vgl. die Abschnitte 3.1.1. und 3.1.2.) ist beste Approximation im Sinne der *diskreten Norm* (4). Für $p = 2$ ergibt sich die Gaußsche *Methode der kleinsten Quadrate*: Die Kleinste Quadrate-Lösung (3.1.9) enthält die Koeffizienten derjenigen Linearkombination der Spalten der Matrix $\boldsymbol{A}$, die die rechte Seite $\boldsymbol{b}$ am besten approximiert. Das Ausgleichspolynom (3.1.14) ist dasjenige Polynom, das die Funktion $f(t)$ im Sinne von $(4)_{p=2}$ am besten approximiert.

B 6.4.3. Unter gewissen Voraussetzungen läßt sich der *Fehler der besten Quadratmittelapproximation* durch den der besten gleichmäßigen Approximation abschätzen (Natanson [1], S. 174): Bezeichnet $q_N^{(b)}$ die N-te Partialsumme (32) der *Čebyšev-Entwicklung* von f und $\Delta_N(1, f)$ den in der Čebyšev-Norm $\|\cdot\|_{\infty,\omega}(\omega(x) := 1)$ gemessenen Abstand der Funktion vom Raum der Polynome höchstens N-ten Grades (vgl. (6.6.1) und (6.6.2)), so gilt unter den Voraussetzungen von Satz 6.4.16

$$|q_N^{(b)}(x) - f(x)| \leqq (3 + \ln N)\, \Delta_N(1, f).$$

B 6.4.4. Die Entwicklung periodischer Funktionen (oder periodisch fortgesetzter Funktionen aus $\mathbf{L}_{2,\omega}[a, b]$) in trigonometrische Reihen wird auch *Harmonische Analyse* (*Fourier-Analyse*) genannt, weil sie in den Anwendungen aus der Akustik, Optik, Mechanik, Wärmelehre und Elektrotechnik zum Analysieren periodischer Vorgänge, d. h. zur Zerlegung von Schwingungen in Grund- und Oberschwingungen benutzt wird (vgl. Lange [1] und Ü 6.4.18, Ü 6.4.19).

B 6.4.5. Ausführlicher werden *orthogonale Polynome* in Büchern und Formelsammlungen über *Spezielle Funktionen* behandelt. Wir verweisen auf Jahnke-Emde-Lösch [1], Ryshik, Gradstein [1], Abramowitz, Stegun [1], [2]. Speziell den orthogonalen Polynomen ist die Monographie von Szegö [1] gewidmet. Mit *Čebyševschen Polynomen* und ihren numerischen Anwendungen befassen sich die Bücher von Paszkowski [1] und Vasil'ev, Klokov und Škerstena [1].

6.4.4. Übungsaufgaben

Ü 6.4.1. Man zeige, daß die durch (4) definierte *diskrete Norm* die Axiome (2) und (3) erfüllt.

Ü 6.4.2. Man zeige, daß die durch (5) und (6) definierten Funktionennormen die Normaxiome (1), (2) und (3) erfüllen.

Ü 6.4.3. Man zeige: Für $p \to \infty$ erhält man aus (5) die *Maximumnorm* $\|f\|_\infty := \max\limits_{x\in[a,b]} |f(x)|$, $f \in \mathbf{C}[a, b]$.

Ü 6.4.4. Man zeige, daß das durch (7) definierte Skalarprodukt für Funktionen f, g aus $\mathbf{L}_2[a, b]$ den Axiomen ($S1$), ($S2$) und ($S3$) genügt (vgl. Definition 2.8.2.)

Ü 6.4.5. Man zeige, daß die trigonometrischen Funktionen (9) bezüglich des Skalarprodukts (7) mit $[a, b] = [0, 2\pi]$ und $\omega(x) \equiv 1$ eine orthogonale Basis des Raumes $\mathbb{T}^{2M+1}[0, 2\pi]$ bilden. Hinweis. Man beweise zunächst die Formeln (die Integrationskonstanten wurden weggelassen)

$$\int \sin ax \sin bx \,\mathrm{d}x = -\frac{1}{2}\left[\frac{\sin (a+b)\,x}{a+b} - \frac{\sin (a-b)\,x}{a-b}\right],$$

$$\int \sin ax \cos bx \,\mathrm{d}x = -\frac{1}{2}\left[\frac{\cos (a+b)\,x}{a+b} + \frac{\cos (a-b)\,x}{a-b}\right],$$

$$\int \cos ax \cos bx \,\mathrm{d}x = \frac{1}{2}\left[\frac{\sin (a+b)\,x}{a+b} + \frac{\sin (a-b)\,x}{a-b}\right], \quad a^2 \neq b^2.$$

Ü 6.4.6. Im Raum $\mathbb{P}^5[-1, 1]$ der Polynome von höchstens viertem Grad führe man durch (7) mit $[a, b] = [-1, 1]$ und $\omega(x) \equiv 1$ ein Skalarprodukt ein und orthogonalisiere die Potenzen 1, x, x^2, x^3 und x^4 mit Hilfe des Gram-Schmidtschen Orthogonalisierungsverfahrens. Hinweis. Auf diese Weise erhält man die ersten fünf *Legendreschen Polynome*, vgl. Tab. 6.4.1, S. 146.

Ü 6.4.7. Man zeige: Führt man im Raum $\mathbb{P}^{N+1}[a, b]$ mit Hilfe einer nichtnegativen Gewichtsfunktion $\omega(x)$ ein Skalarprodukt (7) ein, so genügen die zugehörigen orthogonalen Polynome $p_n(x)$, $n = 0(1)N$, wenn man den Höchstkoeffizienten jeweils auf Eins normiert, einer Rekursionsvorschrift der Gestalt $p_n(x) = (x - a_n)\, p_{n-1}(x) - b_n^2 p_{n-2}(x)$, $n = 2(1)N$, $p_0(x) := 1$, $p_1(x) := x - a_1$. Hinweis. Man orthogonalisiere die Potenzen x^n, $n = 0(1)N$, nach dem Gram-Schmidtschen Orthogonalisierungsverfahren und beweise zunächst $p_n(x) = (x - a_n)\, p_{n-1}(x) + c_{n-2}p_{n-2}(x) + \cdots + c_0p_0(x)$ mit $c_n = -(p_{n+1}, p_{n+1})/(p_n, p_n) = -b_{n+2}^2$.

Ü 6.4.8. Man beweise, daß die durch (20) definierten Rademacher-Funktionen ein Orthonormalsystem bilden.

Ü 6.4.9. Man bestimme die beste Approximation einer auf $[a, b]$ stetigen Funktion $f(x)$ durch ein Polynom nullten Grades a) im Sinne der $\|\cdot\|_{2,\omega}$-Norm und b) im Sinne der $\|\cdot\|_{\infty,\omega}$-Norm. Dabei sei in beiden Fällen $\omega(x) \equiv 1$.

Ü 6.4.10. Man entwickle die Funktion $f(x) := x$ im Intervall $[0, 2\pi]$ in eine Fourier-Reihe.

Ü 6.4.11. Im Raum $\mathbb{P}^5[-1, 1]$ (vgl. Ü 6.4.6) bestimme man die beste Approximation der Funktion $f(x) := \sqrt{1 - x}$ durch eine Linearkombination der (nicht orthogonalen) Potenzen $y_n(x) := x^n$, $n = 0(1)4$, und durch eine Linearkombination der *Legendreschen Polynome* $P_n(x)$, $n = 0(1)4$, aus Tab. 6.4.1.

Ü 6.4.12. Es sei f eine 2π-periodische, quadratisch integrierbare Funktion, $f(x + 2\pi) = f(x)$. Man zeige: Ist f gerade, $f(-x) = f(x)$, so verschwinden die *Fourier-Koeffizienten* b_m, ist f ungerade, $(-x) = -f(x)$, so verschwinden die *Fourier-Koeffizienten* a_m.

Ü 6.4.13. Man bestimme *die Nullstellen und die Extrema der Čebyšev-Polynome* $T_n(x)$ (vgl. Tab. 6.4.1).

Ü 6.4.14. Man beweise $T_n(1) = 1$ und $|T_n(x)| \leqq 1$, $x \in [-1, 1]$ (vgl. Ü 6.4.13).

Ü 6.4.15. Man beweise: Für die *Integrale der Čebyšev-Polynome* gilt

$$\int_{-1}^{1} T_n(x)\, dx = \begin{cases} 0, & \text{falls } n \text{ ungerade,} \\ -2/(n^2 - 1), & \text{falls } n \text{ gerade.} \end{cases}$$

Ü 6.4.16. Wie groß muß N gewählt werden, wenn die Partialsumme $q_N^{(b)}(x)$ der *Čebyšev-Entwicklung* von $f(x) := \sqrt{1 - x^2}$ im Intervall $[-1, 1]$ einen absoluten Fehler von $\varepsilon = 10^{-5}$ nicht überschreiten soll? Hinweis. Man schätze $r_{N+1} := \sum_{n=N+1}^{\infty} |c_n|$ ab.

Ü 6.4.17. Man beweise: Ist $q_N^{(b)}$ Polynom bester Quadratmittelapproximation an $f(x) := x^{N+}$ im Raum $\mathbb{P}^{N+1}[-1, 1]$ der Čebyšev-Polynome von höchstens N-tem Grad, so gilt für alle x aus $[-1, 1]$ die Abschätzung $|q_N^{(b)}(x) - x^{N+1}| \leqq 2^{-N}$.

Ü 6.4.18. Man entwickelte die Funktion

$$f(t) := \begin{cases} 1, & \text{für} \quad 0 \leqq t \leqq \pi/4 \quad \text{und} \quad 7\pi/4 \leqq t \leqq 2\pi, \\ 2 - 4t/\pi, & \text{für} \quad \pi/4 \leqq t \leqq \pi/2, \\ -6 + 4t/\pi & \text{für} \quad 3\pi/2 \leqq t \leqq 7\pi/4, \\ 0 & \text{für} \quad \pi/2 \leqq t \leqq 3\pi/2, \end{cases}$$

die eine *Trapezschwingung mit Gleichstromkomponente* beschreibt, in eine *Fourier-Reihe.*

Ü 6.4.19. Man entwickle die Funktion $f(t) := |\cos t|$, $t \in [0, 2\pi]$, die *gleichgerichteten Wechselstrom* (*Zweiweggleichrichtung*) beschreibt, in eine Fourier-Reihe.

Ü 6.4.20. Man berechne die ersten sieben Koeffizienten der *Čebyšev-Entwicklung* von $f(x) := \cos x$ im Intervall $[-1, 1]$ und schätze sowohl die $\|\cdot\|_{2,\omega}$-Norm $(\omega(x) = 1/\sqrt{1 - x^2})$ als auch den Betrag des Approximationsfehlers $q_6^{(b)} - f$ ab.

Ü 6.4.21. Man beweise: Die Čebyšev-Entwicklung $q_N(x)$ eines Polynoms $(N + 1)$-ten Grades $p_{N+1}(x)$ ist identisch mit dem Interpolationspolynom $p_N(x)$, das man erhält, wenn man die Čebyšev-Knoten (6.1.46) als Stützstellen verwendet.

Ü 6.4.22. Man beweise $\binom{n}{0} + \binom{n}{2} + \binom{n}{4} + \cdots = 2^{n-1}$.

6.5. Numerische Fourier- und Čebyšev-Entwicklung

Die Bestimmungsgleichungen (6.4.25) und (6.4.26) für die Koeffizienten c_n der besten Quadratmittelapproximation einer vorgegebenen Funktion f aus $\mathbf{L}_{2,\omega}[a, b]$ enthalten Skalarprodukte, das heißt Integrale über Produkte von Funktionen (vgl. die Beispiele 6.4.10, 6.4.11 und 6.4.12). Diese Integrale lassen sich nur in Ausnahmefällen geschlossen auswerten. Beschränkt man sich aber auf die speziellen Basissysteme (6.4.9) und (6.4.14), also auf trigonometrische Funktionen bzw. Čebyševsche Polynome, so können die Integrale mit Hilfe der *schnellen Fourier-Transformation* sehr effektiv numerisch berechnet werden (Abschnitt 6.5.1). Sind die Koeffizienten c_n bekannt, so bestimmt man die Funktionswerte $q_N^{(b)}(x)$ zweckmäßig mit Hilfe eines *horner-ähnlichen Schemas*. Dabei wird ausgenutzt, daß sich die Basisfunktionen rekursiv berechnen lassen (Abschnitt 6.5.2).

6.5.1. Schnelle Fourier-Transformation

Wegen $\cos(2\pi - t) = \cos t$ lassen sich die Koeffizienten c_m der Čebyšev-Entwicklung (vgl. (6.4.33)) auch in der Gestalt

$$c_m = \frac{1}{\pi} \int_0^{2\pi} f(\cos t) \cos mt \, \mathrm{d}t$$

schreiben, in der sie bis auf das Argument von f mit der Darstellung (6.4.28) der Fourier-Koeffizienten a_m übereinstimmen. Man kann die *Čebyšev-Koeffizienten* c_m einer Funktion f aus $\mathbf{L}_{2,\omega}[-1, 1]$ also bestimmen, indem man die periodische Funktion $f(\cos t)$ in eine *Fourier-Reihe* entwickelt. Als Funktion von t ist f gerade, $f(\cos(-t)) = f(\cos t)$, folglich ergibt sich $b_m = 0$ und $a_m = c_m$ (vgl. Ü 6.4.12). Wir werden uns deshalb im folgenden auf die Berechnung der *Fourier-Koeffizienten* a_m, b_m beschränken.

Um die Darstellung zu vereinfachen, schreiben wir die Fourier-Summe (6.4.27) und die Koeffizienten (6.4.28) mit Hilfe der Relationen

$$\begin{aligned} \sin mx &= \frac{1}{2\mathrm{i}} (\mathrm{e}^{\mathrm{i}mx} - \mathrm{e}^{-\mathrm{i}mx}) = \frac{\mathrm{i}}{2} (\mathrm{e}^{-\mathrm{i}mx} - \mathrm{e}^{\mathrm{i}mx}), \\ \cos mx &= \frac{1}{2} (\mathrm{e}^{\mathrm{i}mx} + \mathrm{e}^{-\mathrm{i}mx}), \qquad \mathrm{i} := \sqrt{-1}, \end{aligned} \tag{1}$$

in komplexer Form

$$q_N^{(b)}(x) = \frac{1}{2} a_0 + \sum_{m=1}^{M} \left(\frac{a_m - \mathrm{i}b_m}{2} \mathrm{e}^{\mathrm{i}mx} + \frac{a_m + \mathrm{i}b_m}{2} \mathrm{e}^{-\mathrm{i}mx} \right), \qquad N = 2M. \tag{2}$$

Den komplexen Koeffizienten $(a_m - \mathrm{i}b_m)/2$ bezeichnen wir mit d_m. Wegen (6.4.28) und (1) besitzt er die Darstellung

$$d_m := \frac{a_m - \mathrm{i}b_m}{2} = \frac{1}{2\pi} \int_0^{2\pi} f(x) \, \mathrm{e}^{-\mathrm{i}mx} \, \mathrm{d}x, \qquad m = 0(1)M. \tag{3}$$

Der Koeffizient von $\mathrm{e}^{-\mathrm{i}mx}$ in (2) ist dann gleich der konjugiert komplexen Zahl $\bar{d}_m$, für die man wegen (3) auch d_{-m} schreiben kann. Setzen wir schließlich noch $d_0 := \frac{1}{2} a_0$, so erhält die *Fourier-Summe* (6.4.27) die komplexe Gestalt

$$q_N^{(b)}(x) := \sum_{m=-M}^{M} d_m \, e^{imx}, \qquad i := \sqrt{-1}, \qquad N = 2M, \tag{4}$$

mit den (bis auf d_0) *komplexen Fourier-Koeffizienten* d_m. Sind die d_m bestimmt, so kommt man durch

$$a_0 := 2d_0, \qquad a_m := 2\,\mathrm{Re}\, d_m, \qquad b_m = -2\,\mathrm{Im}\, d_m \tag{5}$$

leicht zu den gesuchten reellen Fourier-Koeffizienten (6.4.28) zurück. Für die numerische Auswertung der Integrale in (3) unterteilen wir das Integrationsintervall $[0, 2\pi]$ in M gleiche Teile der Länge $h := 2\pi/M$ und benutzen in jedem Teilintervall die Trapezregel (vgl. Beispiel 2.1.2 und (7.1.47)). Dann erhält man als Näherung für die d_m die *diskreten komplexen Fourier-Koeffizienten*

$$\tilde{d}_m = \frac{1}{2M}\left(f_0 + f_M + 2\sum_{n=1}^{M-1} f_n \, e^{-mn2\pi i/M}\right), \qquad f_n := f(2n\pi/M). \tag{6}$$

Sie ergeben sich durch eine lineare Transformation aus den Funktionswerten f_n. Um das zu verdeutlichen, fassen wir die mit $1/M$ multiplizierten Werte f_n zu einem *Vektor*

$$\boldsymbol{u} := (u_0, u_1, \ldots, u_{M-1})^{\mathsf{T}}, \qquad u_0 := \frac{f_0 + f_M}{2M}, \qquad u_n := \frac{f_n}{M}, \qquad n = 1(1)M-1, \tag{7}$$

und die Koeffizienten in der Summe zu einer *Transformationsmatrix*

$$\boldsymbol{F} := (a^{mn})_{\substack{m=0(1)M-1,\\ n=0(1)M-1}}, \qquad a := e^{-2\pi i/M}, \tag{8}$$

zusammen und bezeichnen das Ergebnis als *Bildvektor*

$$\hat{\boldsymbol{u}} := (\hat{u}_0, \hat{u}_1, \ldots, \hat{u}_{M-1})^{\mathsf{T}}, \qquad \hat{u}_m := \tilde{d}_m, \qquad m = 0(1)M-1. \tag{9}$$

Damit wird (6) zu

$$\hat{\boldsymbol{u}} = \boldsymbol{F} \cdot \boldsymbol{u}, \qquad \hat{u}_m = \sum_{n=0}^{M-1} a^{mn} u_n, \qquad m = 0(1)M-1. \tag{10}$$

Jede lineare Transformation dieser Gestalt nennt man *diskrete Fourier-Transformation* (*DFT*). Wegen ihrer zunehmenden Bedeutung für viele Anwendungsbereiche (z. B. die Signalverarbeitung, vgl. Kazmierczak [1]) stellen wir einige ihrer Eigenschaften zusammen (vgl. Nussbaumer [1], S. 80ff.). Zunächst bemerken wir, daß die M^2 Koeffizienten von F nur die M voneinander verschiedenen Werte

$$1, a, a^2, \ldots, a^{M-1}$$

annehmen können. Wegen $e^{-2\pi i} = 1$ gilt nämlich $a^M = 1$, $a^{M+1} = a^1, \ldots$, und allgemein

$$a^k = a^l, \qquad \text{falls } k \equiv l \bmod M \text{ ist}, \tag{11}$$

also k die Zerlegung $k = n \cdot M + l$, n ganz, besitzt. Da die Potenzen $z := a^m$ alle der Gleichung $z^M = 1$ genügen, werden sie *M-te komplexe Einheitswurzeln* genannt. Die Abbildung (10) ist *eineindeutig*, ihre Umkehrabbildung heißt *inverse diskrete Fourier-Transformation* (*IDFT*) und besitzt die Darstellung

$$\boldsymbol{u} = \boldsymbol{F}^{-1} \cdot \hat{\boldsymbol{u}}, \qquad u_n = \frac{1}{M}\sum_{k=0}^{M-1} a^{-nk}\hat{u}_k, \qquad n = 0(1)M-1. \tag{12}$$

Das bestätigt man leicht, indem man u_n in (10) einsetzt:

$$\hat{u}_m = \sum_{n=0}^{M-1} a^{mn} \frac{1}{M} \sum_{k=0}^{M-1} a^{-nk}\hat{u}_k = \sum_{k=0}^{M-1} \hat{u}_k \frac{1}{M} \sum_{n=0}^{M-1} a^{n(m-k)}. \tag{13}$$

Für $m - k = 0$ ist $a^{n(m-k)} = 1$, und die n-Summe ist gleich M. Für $m - k \neq 0$ ist $a^{m-k} \neq 1$, und man kann die bekannte Formel für geometrische Summen anwenden:

$$\sum_{n=0}^{M-1} (a^{m-k})^n = \frac{(a^{m-k})^M - 1}{a^{m-k} - 1}.$$

Der Zähler verschwindet, denn der Exponent von a ist ein Vielfaches von M. Die mit $1/M$ multiplizierte n-Summe ist also gleich $\delta_{m,k}$ (dem Kronecker-Symbol), und (13) reduziert sich auf $\hat{u}_m = \hat{u}_m$.

Beispiel 6.5.1. Für den Fall $M = 2^3$ geben wir die Transformationsmatrix $\boldsymbol{F}$ explizit an. Ihre Elemente sind Potenzen von $a := \mathrm{e}^{-\pi \mathrm{i}/4}$, also achte komplexe Einheitswurzeln (Abb. 6.5.1),

$$1,\ a,\ a^2 = -\mathrm{i}, \quad a^3 = -\bar{a}, \quad a^4 = -1, \quad a^5 = -a, \quad a^6 = \mathrm{i}, \quad a^7 = \bar{a}.$$

Damit ergibt sich

$$\boldsymbol{F} = \begin{pmatrix} 1 & 1 & 1 & 1 & 1 & 1 & 1 & 1 \\ 1 & a^1 & a^2 & a^3 & a^4 & a^5 & a^6 & a^7 \\ 1 & a^2 & a^4 & a^6 & 1 & a^2 & a^4 & a^6 \\ 1 & a^3 & a^6 & a^1 & a^4 & a^7 & a^2 & a^5 \\ 1 & a^4 & 1 & a^4 & 1 & a^4 & 1 & a^4 \\ 1 & a^5 & a^2 & a^7 & a^4 & a^1 & a^6 & a^3 \\ 1 & a^6 & a^4 & a^2 & 1 & a^6 & a^4 & a^2 \\ 1 & a^7 & a^6 & a^5 & a^4 & a^3 & a^2 & a^1 \end{pmatrix} = \begin{pmatrix} 1 & 1 & 1 & 1 & 1 & 1 & 1 & 1 \\ 1 & a & -\mathrm{i} & -\bar{a} & -1 & -a & \mathrm{i} & \bar{a} \\ 1 & -\mathrm{i} & -1 & \mathrm{i} & 1 & -\mathrm{i} & -1 & \mathrm{i} \\ 1 & -\bar{a} & \mathrm{i} & a & -1 & \bar{a} & -\mathrm{i} & -a \\ 1 & -1 & 1 & -1 & 1 & -1 & 1 & -1 \\ 1 & -a & -\mathrm{i} & \bar{a} & -1 & a & \mathrm{i} & -\bar{a} \\ 1 & \mathrm{i} & -1 & -\mathrm{i} & 1 & \mathrm{i} & -1 & -\mathrm{i} \\ 1 & \bar{a} & \mathrm{i} & -a & -1 & -\bar{a} & -\mathrm{i} & a \end{pmatrix}.$$

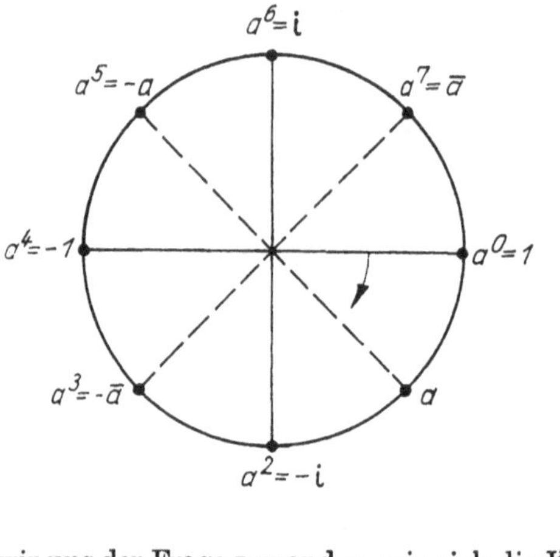

Abb. 6.5.1. Die achten komplexen Einheitswurzeln

Bevor wir uns der Frage zuwenden, wie sich die Komponenten des Vektors $\hat{\boldsymbol{u}}$ mit möglichst geringem Aufwand aus den u_n berechnen lassen, betrachten wir ein weiteres Anwendungsgebiet der diskreten Fourier-Transformation, die *Faltung zweier Vektoren* $\boldsymbol{u} = (u_0, u_1, \ldots, u_{M-1})^\mathsf{T}$ und $\boldsymbol{v} = (v_0, v_1, \ldots, v_{M-1})^\mathsf{T}$. Dazu fassen wir die u_m und v_m als Koeffizienten zweier Polynome $(M - 1)$-ten Grades in a auf,

$$p^u(a) := \sum_{m=0}^{M-1} u_m a^m, \qquad p^v(a) := \sum_{m=0}^{M-1} v_m a^m,$$

und berechnen das Produktpolynom $p^w(a) := p^u(a) \cdot p^v(a)$. Es hat wegen (11) ebenfalls den Grad $M-1$. Der Vektor seiner Koeffizienten w_m, die sich durch Koeffizientenvergleich als *Cauchysche Produkte* aus den u_m und v_m ergeben, heißt *diskrete, endliche, zyklische Faltung von* $\boldsymbol{u}$ *und* $\boldsymbol{v}$:

$$\boldsymbol{w} = \boldsymbol{u} * \boldsymbol{v}, \qquad w_n = \sum_{k=0}^{M-1} u_k v_{n-k}, \qquad n = 0(1)M-1. \tag{14}$$

Dabei sind die Indizes der Komponenten von $\boldsymbol{v}$ modulo M zu berechnen.

Beispiel 6.5.2. Für $M = 4$ ergibt sich aus

$$w_0 + w_1 a + w_2 a^2 + w_3 a^3 := (u_0 + u_1 a + u_2 a^2 + u_3 a^3) \cdot (v_0 + v_1 a + v_2 a^2 + v_3 a^3)$$

durch Ausmultiplizieren und Koeffizientenvergleich

$$\begin{aligned}
a^0 = a^4\colon &\quad w_0 := u_0v_0 + u_1v_3 + u_2v_2 + u_3v_1 = u_0v_0 + u_1v_{-1} + u_2v_{-2} + u_3v_{-3},\\
a^1 = a^5\colon &\quad w_1 := u_0v_1 + u_1v_0 + u_2v_3 + u_3v_2 = u_0v_1 + u_1v_0 + u_2v_{-1} + u_3v_{-2},\\
a^2 = a^6\colon &\quad w_2 := u_0v_2 + u_1v_1 + u_2v_0 + u_3v_3 = u_0v_2 + u_1v_1 + u_2v_0 + u_3v_{-1},\\
a^3\colon &\quad w_3 := u_0v_3 + u_1v_2 + u_2v_1 + u_3v_0.
\end{aligned}$$

Die Berechnung des Faltungsvektors $\boldsymbol{w}$ nach Formel (14) kostet also M^2 komplexe Multiplikationen. Unterwirft man die Faltung aber einer diskreten Fourier-Transformation, so geht (14) in das mit lediglich M Multiplikationen zu berechnende *komponentenweise Produkt* (*Wertprodukt, Hadamard-Produkt*) der beiden fourier-transformierten Vektoren $\hat{\boldsymbol{u}}$ und $\hat{\boldsymbol{v}}$ über,

$$\hat{\boldsymbol{w}} = \boldsymbol{F} \cdot (\boldsymbol{u} * \boldsymbol{v}) =: \hat{\boldsymbol{u}} \circ \hat{\boldsymbol{v}}, \qquad \hat{w}_m := \hat{u}_m \hat{v}_m. \tag{15}$$

Um das einzusehen, schreiben wir

$$\boldsymbol{w} = \boldsymbol{F}^{-1}\hat{\boldsymbol{w}} = \boldsymbol{F}^{-1}(\hat{\boldsymbol{u}} \circ \hat{\boldsymbol{v}}) = \boldsymbol{F}^{-1}\big((\boldsymbol{F}\boldsymbol{u}) \circ (\boldsymbol{F}\boldsymbol{v})\big)$$

mit Hilfe von (10) und (12) in Komponentenschreibweise:

$$\begin{aligned}
w_n &= \frac{1}{M} \sum_{m=0}^{M-1} a^{-nm} \hat{w}_m = \frac{1}{M} \sum_{m=0}^{M-1} a^{-nm} \hat{u}_m \cdot \hat{v}_m\\
&= \frac{1}{M} \sum_{m=0}^{M-1} a^{-nm} \sum_{l=0}^{M-1} a^{ml} u_l \sum_{k=0}^{M-1} a^{mk} v_k\\
&= \sum_{l=0}^{M-1} u_l \sum_{k=0}^{M-1} v_k \frac{1}{M} \sum_{m=0}^{M-1} a^{(k+l-n)m}.
\end{aligned} \tag{16}$$

Für $k + l - n \equiv 0 \bmod M$ ist $a^{(k+l-n)m} = 1$, und die m-Summe ist gleich M. Für $k + l - n \not\equiv 0 \bmod M$ ist $a^{k+l-n} \neq 1$, so daß man sie wie die n-Summe in (13) aufsummieren kann und den Wert Null erhält. Von der k-Summe in (16) bleibt also nur derjenige Summand übrig, für dessen Index $k + l - n \equiv 0 \bmod M$ oder, anders ausgedrückt, $k \equiv n - l \bmod M$ gilt. Damit geht (16) in (14) über.

Der Faltungsvektor $\boldsymbol{w}$ kann also nach folgendem Algorithmus berechnet werden:

Algorithmus 6.5.3. Diskrete endliche zyklische Faltung zweier Vektoren FAL (M, $\boldsymbol{u}, \boldsymbol{v}, \boldsymbol{w}$)

$\boldsymbol{u} := (u_0, u_1, \ldots, u_{M-1})$ $\boldsymbol{v} := (v_0, v_1, \ldots, v_{M-1})$	gegebene Vektoren, Komponenten modulo M aufzufassen
$\boldsymbol{w} := (w_0, w_1, \ldots, w_{M-1})$	Ergebnisvektor $\boldsymbol{w} := \boldsymbol{u} * \boldsymbol{v}$

1	$\hat{\boldsymbol{u}} := \boldsymbol{F}\boldsymbol{u}$	Fourier-Transformation von $\boldsymbol{u}$
2	$\hat{\boldsymbol{v}} := \boldsymbol{F}\boldsymbol{v}$	Fourier-Transformation von $\boldsymbol{v}$
3	$\left[\begin{array}{l} m = 0(1)M-1 \\ \hat{w}_m := \hat{u}_m\hat{v}_m \end{array}\right.$	komponentenweises Produkt von $\hat{\boldsymbol{u}}$ und $\hat{\boldsymbol{v}}$
4	$\boldsymbol{w} := \boldsymbol{F}^{-1}\hat{\boldsymbol{w}}$	inverse Fourier-Transformation von $\hat{\boldsymbol{w}}$

Der *Rechenaufwand* besteht aus den M komplexen Multiplikationen im Schritt 3 sowie zwei Fourier-Transformationen und einer inversen Fourier-Transformation in den Schritten 1, 2 und 4. Scheinbar haben wir den für die Berechnung des Faltungsvektors nach Formel (14) erforderlichen Aufwand von M^2 Operationen mehr als verdreifacht, denn jedes Produkt Matrix · Vektor kostet schon M^2 Multiplikationen. Nutzt man aber die spezielle Gestalt von $\boldsymbol{F}$ aus, so kann man den Aufwand beträchtlich verringern. Dieses bereits Gauss und Runge bekannte Vorgehen wird *schnelle Fourier-Transformation* (*FFT*, engl. *fast Fourier transform*) genannt. Seit der 1965 erschienenen Arbeit von Cooley und Tukey [1] (vgl. auch Cooley, Lewis, Welch [1]) ist es in vielfältiger Weise weiterentwickelt und auf immer neue Aufgabenklassen angewandt worden.

Der Einfachheit halber beschränken wir uns zunächst auf den Fall $M = 2^3$. Für alle Komponenten $\hat{u}_m$ mit geradem Index, $m = 2k$, können wir in der Summe (10) wegen $a^{4m} = a^{8k} = a^0 = 1$ den nullten und vierten, den ersten und fünften, den zweiten und sechsten und den dritten und siebenten Summanden zusammenfassen und erhalten

$$\hat{u}_{2k} = \sum_{n=0}^{3} a^{2kn}(u_n + u_{4+n}) =: \sum_{n=0}^{3} (a^2)^{kn}\, y_n, \qquad k = 0(1)3. \tag{17}$$

Die $\hat{u}_{2k}$, $k = 0(1)3$, ergeben sich also durch diskrete Fourier-Transformation der halben Dimension $\left(\frac{M}{2} = 2^2\right)$ aus dem Vektor der neu eingeführten Hilfsgrößen

$$y_n := u_n + u_{4+n}, \qquad n = 0(1)3. \tag{18}$$

Für die Komponenten $\hat{u}_m$ mit ungeradem Index, $m = 2k + 1$, wird die Summe (10), wenn man jeweils dieselben beiden Summanden wie oben zusammenfaßt und $a^4 = -1$ berücksichtigt, zu

$$\hat{u}_{2k+1} = \sum_{n=0}^{3} a^{2kn}a^n(u_n - u_{4+n}) =: \sum_{n=0}^{3} (a^2)^{kn}\, y_{4+n}, \tag{19}$$

und das ist ebenfalls eine diskrete Fourier-Transformation der Dimension 4, jetzt aber für den Vektor der Hilfsgrößen

$$y_{4+n} := a^n(u_n - u_{4+n}), \qquad n = 0(1)3. \tag{20}$$

Das Ausgangsproblem (10) ist damit auf die beiden Transformationen (17) und (19) der halben Dimension reduziert. Jede von ihnen kann in derselben Weise auf zwei Transformationen von erneut halbierter Dimension zurückgeführt werden, wenn man jeweils den nullten und zweiten und den ersten und dritten Summanden zusammenfaßt:

$$\hat{u}_{4l} = \sum_{n=0}^{1} (a^2)^{2ln}\,(y_n + y_{2+n}) =: \sum_{n=0}^{1} (a^4)^{ln}\, z_n, \qquad l = 0, 1, \tag{21}$$

$$\hat{u}_{4l+2} = \sum_{n=0}^{1} (a^2)^{2ln} (a^2)^n (y_n - y_{2+n}) =: \sum_{n=0}^{1} (a^4)^{ln} z_{n+2}, \qquad l = 0, 1, \tag{22}$$

$$\hat{u}_{4l+1} = \sum_{n=0}^{1} (a^2)^{2ln} (y_{4+n} + y_{6+n}) =: \sum_{n=0}^{1} (a^4)^{ln} z_{4+n}, \qquad l = 0, 1, \tag{23}$$

$$\hat{u}_{4l+3} = \sum_{n=0}^{1} (a^2)^{2ln} (a^2)^n (y_{4+n} - y_{6+n}) =: \sum_{n=0}^{1} (a^4)^{ln} z_{6+n}, \qquad l = 0, 1. \tag{24}$$

Aus den hierbei eingeführten Hilfsgrößen z_k ergeben sich schließlich die gesuchten $\hat{u}_m$, wenn man in (21)–(24) $l = 0$ beziehungsweise $l = 1$ setzt und wieder $a^4 = -1$ berücksichtigt:

$$\begin{aligned} &\hat{u}_0 = z_0 + z_1, \quad \hat{u}_4 = z_0 - z_1, \quad \hat{u}_2 = z_2 + z_3, \quad \hat{u}_6 = z_2 - z_3, \\ &\hat{u}_1 = z_4 + z_5, \quad \hat{u}_5 = z_4 - z_5, \quad \hat{u}_3 = z_6 + z_7, \quad \hat{u}_7 = z_6 - z_7. \end{aligned} \tag{25}$$

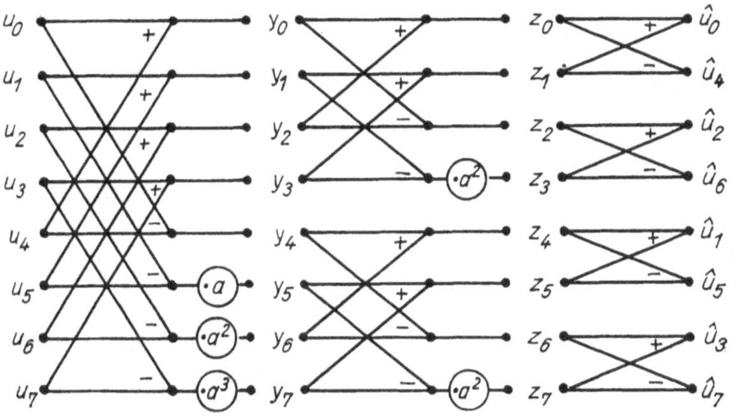

Abb. 6.5.2. Schnelle Fourier-Transformation im Fall $M = 8$

In Abb. 6.5.2 sind alle Rechenschritte zu einem Berechnungsgraphen zusammengefaßt. Die Multiplikation mit einer a-Potenz ist jeweils durch einen Kreis hervorgehoben. Von den $M^2 = 64$ Multiplikationen, die eine naive Berechnung des Produkts $\boldsymbol{F} \cdot \boldsymbol{u}$ erfordert hätte, sind nur fünf übriggeblieben. Davon kosten nur zwei, nämlich die mit a und mit $a^3 = -\bar{a}$, den vollen Aufwand einer komplexen Multiplikation, denn die Multiplikation mit $a^2 = -\mathrm{i}$ erfordert lediglich eine Vorzeichenumkehr und den Tausch von Real- und Imaginärteil.

Beispiel 6.5.4. Wir verwenden die in Abb. 6.5.2 schematisch dargestellte schnelle Fourier-Transformation, um Näherungswerte für die vom Beispiel 6.4.11 bereits bekannten Koeffizienten c_m der Čebyšev-Entwicklung von $f(x) := \sqrt{1 - x^2}$ zu bestimmen. Dazu berechnen wir die diskreten Fourier-Koeffizienten $\tilde{d}_m$ der Funktion $f(\cos t) = \sqrt{1 - \cos^2 t} = |\sin t|$. Für $M = 8$ ergibt sich aus (7)

$$u_0 = 0, \quad u_n = f_n/8 = \frac{1}{8}\left|\sin\frac{2\pi n}{8}\right|, \quad n = 1(1)7,$$

und mit der Abkürzung $s := \sin(\pi/4)$ schließlich nach Abb. 6.5.2

$$\begin{aligned} &u_0 = 0, && y_0 = 0, && z_0 = 1/4, && \hat{u}_0 = \tilde{d}_0 = 1/4 + s/2, \\ &u_1 = s/8, && y_1 = s/4, && z_1 = s/2, && \hat{u}_4 = \tilde{d}_4 = 1/4 - s/2, \\ &u_2 = 1/8, && y_2 = 1/4, && z_2 = -1/4, && \hat{u}_2 = \tilde{d}_2 = -1/4, \end{aligned}$$

$$
\begin{array}{llll}
u_3 = s/8, & y_3 = s/4, & z_3 = 0, & \hat{u}_6 = \tilde{\bar{d}}_6 = -1/4, \\
u_4 = 0, & y_4 = 0, & z_4 = 0, & \hat{u}_1 = \tilde{\bar{d}}_1 = 0, \\
u_5 = s/8, & y_5 = 0, & z_5 = 0, & \hat{u}_5 = \tilde{\bar{d}}_5 = 0, \\
u_6 = 1/8, & y_6 = 0, & z_6 = 0, & \hat{u}_3 = \tilde{\bar{d}}_3 = 0, \\
u_7 = s/8, & y_7 = 0, & z_7 = 0, & \hat{u}_7 = \tilde{\bar{d}}_7 = 0.
\end{array}
$$

Wegen (5) ist $\tilde{a}_m = 2 \operatorname{Re} \tilde{\bar{d}}_m$, $m = 0(1)7$. Diese genäherten Fourier-Koeffizienten von $f(\cos t)$ sind gleich den gesuchten Näherungswerten für die Čebyšev-Koeffizienten c_m der Funktion $f(x)$:

$$
\begin{array}{ll}
\tilde{c}_0 = 1/2 + \sin(\pi/4) \approx 1.207, & (\text{exakt: } c_0 = 4/\pi \approx 1.273), \\
\tilde{c}_2 = -0.5, & (\text{exakt: } c_2 = -4/(3\pi) \approx -0.424), \\
\tilde{c}_4 = 1/2 - \sin(\pi/4) \approx -0.207, & (\text{exakt: } c_4 = -4/(15\pi) \approx -0.0849), \\
\tilde{c}_6 = -0.5, & (\text{exakt: } c_6 = -4/(35\pi) \approx -0.0364).
\end{array}
$$

Als Näherungswerte können höchstens die ersten beiden Koeffizienten akzeptiert werden. Für $\tilde{c}_4$ und $\tilde{c}_6$ ist die bei der numerischen Integration verwendete Schrittweite zu grob. Aber auch eine feinere Schrittweite würde einen prinzipiellen Mangel nicht beseitigen: Mit wachsendem Index werden die Näherungen wegen der stärker oszillierenden Faktoren $\cos mt$ und $\sin mt$ im Integranden schlechter. Völlig unbrauchbar sind sie für $m \geqq M$. Das liegt daran, daß sich die diskreten Fourier-Koeffizienten $\tilde{\bar{d}}_m$ wegen $e^{k \cdot 2\pi i} = 1$ zyklisch wiederholen (Ü 6.5.6), $\tilde{\bar{d}}_{m+kM} = \tilde{\bar{d}}_m$, $k = 1, 2, \ldots$, während die exakten d_m eine Nullfolge bilden (vgl. B 6.5.2).

Analog zu dem vorgerechneten Fall $M = 8$ läßt sich die schnelle Fourier-Transformation stets durchführen, wenn M eine Zweierpotenz ist. Wir fassen die Rechenschritte zu einem Algorithmus zusammen. Dabei identifizieren wir sämtliche Hilfsvektoren (vgl. $\boldsymbol{y}$, $\boldsymbol{z}$ und $\boldsymbol{t}$ in Abb. 6.5.2) mit $\boldsymbol{u}$, so daß wir mit einem einzigen komplexen Vektor auskommen. Ein Standardprogramm für die Multiplikation Matrix · Vektor ($\boldsymbol{F} \cdot \boldsymbol{u}$) würde dagegen $M^2 + M$ Speicherplätze benötigen.

Algorithmus 6.5.5. Schnelle Fourier-Transformation FFT ($M, \boldsymbol{u}$)

M	Anzahl der Komponenten (Zweierpotenz)
$\boldsymbol{u} := (u_0, u_1, \ldots, u_{M-1})$	komplexer Vektor
$l1 := \log_2 M$	Index für l-Schleife
$k := M/2$	
$a := \cos(\pi/k) - i \cdot \sin(\pi/k)$	komplexe Einheitswurzel
$j1 := 1$	Index für j-Schleife
┌ $l = 1(1)l1$	
│ $n1 := 0$	Index für n-Schleife
│ ┌ $j = 1(1)j1$	
│ │ $b := 1$	komplexer Faktor
│ │ ┌ $n = n1(1)n1 + k - 1$	
│ │ │ $v := u_n$, $w := u_{k+n}$	aktuelle Komponenten
│ │ │ $u_n := v + w$, $u_{k+n} := v - w$	
│ │ │ falls $n \neq n1$, dann $u_{k+n} := b \cdot u_{k+n}$	komplexe Multiplikation
│ │ └ $b := b \cdot a$	komplexe Multiplikation
│ └ $n1 := n1 + 2 \cdot k$	Index für nächste n-Schleife
│ $a := a^2$	neue komplexe Einheitswurzel
│ $j1 := 2 \cdot j1$	Index für nächste j-Schleife
└ $k := k/2$	

In der vorliegenden Form benötigt der Algorithmus einen *Rechenaufwand* von

$$\mathrm{RAW}_{\mathrm{FFT}} = \frac{M}{2} (\log_2 M - 2) + 1 \tag{26}$$

komplexen Multiplikationen (Ü 6.5.1). Nach der Abarbeitung enthält der Vektor $\boldsymbol{u}$ die in Abb. 6.5.2 mit t_n bezeichneten Komponenten des transformierten Vektors $\hat{\boldsymbol{u}} = \boldsymbol{F} \cdot \boldsymbol{u}$. Sie unterscheiden sich von den gesuchten $\hat{u}_m$ lediglich noch durch die Anordnung. Wenn die Komponenten in natürlicher Reihenfolge benötigt werden, ist noch ein *Permutationsschritt* anzuschließen (Ü 6.5.3). Dazu wird allerdings ein zweiter komplexer Vektor benötigt.

Der Algorithmus 6.5.5 eignet sich nach geringfügigen Modifikationen auch für die *inverse diskrete Fourier-Transformation*, da sich (12) nur durch das Vorzeichen des Exponenten von a und den Faktor $1/M$ von (10) unterscheidet (Ü 6.5.4).

Der *Rechenaufwand* von Algorithmus 6.5.5 läßt sich noch verringern, wenn man diejenigen Fälle gesondert behandelt, in denen der Faktor b gleich i oder $-$i ist (Ü 6.5.5). Besitzt der verwendete Rechner keine komplexe Arithmetik, so implementiert man die Multiplikation zweier komplexer Zahlen zweckmäßig in folgender Weise:

Algorithmus 6.5.6. Multiplikation zweier komplexer Zahlen

$z = x + \mathrm{i}y, \qquad b = c + \mathrm{i}d$	gegebene komplexe Faktoren
$r = s + \mathrm{i}t$	komplexes Produkt $r := z \cdot b$
$s := (x + y) \cdot c$	
$t := s - x \cdot (c - d)$	Imaginärteil des Produkts
$s := s - y \cdot (c + d)$	Realteil des Produkts

Dieser Algorithmus benötigt im Gegensatz zu den Standardformeln $s := x \cdot c - y \cdot d$, $t := x \cdot d + y \cdot c$ nur drei reelle Multiplikationen.

6.5.2. Numerische Berechnung von Funktions- und Ableitungswerten der approximierenden Funktion

Sind die Koeffizienten einer Partialsumme $q_N^{(b)}$ *der Fourier- oder der Čebyšev-Entwicklung* (vgl. (6.4.27) und (6.4.32)) bestimmt, so können an beliebigen Stellen des Approximationsintervalls $[a, b]$ Funktionswerte $q_N^{(b)}(x)$ als Näherungen für die Werte der Funktion $f(x)$ berechnet werden. Wir betrachten zunächst die Čebyšev-Summe (6.4.32). Dabei verzichten wir auf den oberen Index (b), weil es im folgenden belanglos ist, ob es sich um die beste oder nur um irgendeine Linearkombination handelt. Naheliegend wäre, zuerst die Werte der Čebyšev-Polynome T_m an der vorgegebenen Stelle x zu berechnen, sie dann mit den Koeffizienten c_m zu multiplizieren und anschließend zu summieren. Dazu müßten aber die Formeln für die T_m explizit vorliegen (vgl. (6.4.17)) und ihre Koeffizienten im Rechner gespeichert werden. Diesen Aufwand kann man vermeiden, wenn man mit Hilfe der Rekursionsvorschrift (6.4.16) ein *horner-ähnliches Schema* herleitet.

Beispiel 6.5.7. In $q_4(x) = \frac{1}{2} c_0 T_0 + c_1 T_1 + c_2 T_2 + c_3 T_3 + c_4 T_4$ bezeichnen wir den Koeffizienten von T_4 mit d_4 und ersetzen T_4 nach (6.4.16) durch $2xT_3 - T_2$. Dann folgt

$$q_4(x) = \frac{1}{2} c_0 T_0 + c_1 T_1 + (c_2 - d_4) T_2 + (c_3 + 2xd_4) T_3.$$

Der so entstandene Koeffizient von T_3 wird in d_3 umbenannt, und T_3 wird durch $2xT_2 - T_1$ ersetzt:

$$q_4(x) = \frac{1}{2} c_0T_0 + (c_1 - d_3) T_1 + (c_2 - d_4 + 2xd_3) T_2.$$

Ebenso verfahren wir mit dem Koeffizienten von T_2 und mit T_2,

$$q_4(x) = \left(\frac{1}{2} c_0 - d_2\right) T_0 + (c_1 - d_3 + 2xd_2) T_1,$$

und schließlich auch mit dem Koeffizienten von T_1 und mit T_1, wobei die Rekursionsvorschrift (6.4.16) hier durch $T_1 = x \cdot T_0$ zu ersetzen ist:

$$q_4(x) = \frac{1}{2} c_0 - d_2 + xd_1 =: d_0.$$

Damit ist der gesuchte Wert $q_4(x)$ bestimmt. Wir stellen die Formeln für die neuen Koeffizienten noch einmal zusammen:

$$\begin{aligned} d_4 &:= c_4, \\ d_3 &:= c_3 \qquad\qquad + 2xd_4, \\ d_2 &:= c_2 \quad - d_4 + 2xd_3, \\ d_1 &:= c_1 \quad - d_3 + 2xd_2, \\ d_0 &:= \frac{1}{2} c_0 - d_2 + xd_1. \end{aligned} \tag{27}$$

Tab. 6.5.1. Zweizeiliges Horner-Schema zur Berechnung von $q_4(x)$ und $q_4'(x)$

	c_4	c_3	c_2	c_1	$c_0/2$
	—	—	$-d_4$	$-d_3$	$-d_2$
$2x$	—	$2xd_4$	$2xd_3$	$2xd_2$	xd_1
	d_4	d_3	d_2	d_1	$d_0 = q_4(x)$
	—	—	$-e_4$	$-2e_3$	
$2x$	—	$2xe_4$	$2xe_3$	$2xe_2$	
	e_4	e_3	e_2	$e_1 = q_4'(x)$	

Für die Handrechnung benutzt man das in Tab. 6.5.1 dargestellte, dem *zweizeiligen Horner-Schema* ähnliche Rechenschema. Für die Maschinenrechnung geben wir einen Algorithmus an, der aus dem behandelten Spezialfall ($N = 4$) unmittelbar abzulesen ist.

Algorithmus 6.5.8. Berechnung der Čebyšev-Summe QNB (N, $\mathbf{c}$, x, q)

N	Grad des Polynoms
$\mathbf{c} := (c_0, c_1, \ldots, c_N)$	Vektor der Čebyšev-Koeffizienten
x	vorgegebenes Argument
$\mathbf{d} := (d_1, \ldots, d_N, d_{N+1})$	Hilfsvektor
$d_{N+1} := 0, \quad d_N := c_N$	Startwerte
$y := 2x$	Hilfsgröße
$\left[\begin{array}{l} k = N-1(-1)1 \\ d_k := c_k - d_{k+2} + y \cdot d_{k+1} \end{array}\right.$	Koeffizientenberechnung
$q := c_0/2 - d_2 + x \cdot d_1$	gesuchter Polynomwert

Der *Rechenaufwand* beträgt $N + 1$ wesentliche Operationen. Der *Speicherbedarf* von $2N + 6$ Plätzen läßt sich reduzieren, wenn man statt des Vektors $\boldsymbol{d}$ nur drei Plätze für die drei „aktiven" Koeffizienten d_k, d_{k+1} und d_{k+2} reserviert (Ü 6.5.7).

Soll auch noch die *Ableitung* $q_N'(x)$ der Čebyšev-Summe (6.4.32) an der vorgegebenen Stelle x berechnet werden, so benutzt man die differenzierte Rekursionsvorschrift (6.4.16)

$$T_{n+1}'(x) = 2T_n(x) + 2xT_n'(x) - T_{n-1}'(x), \qquad T_0'(x) = 0, \qquad T_1'(x) = 1. \tag{28}$$

Beispiel 6.5.9. Für den Fall $N = 4$ ergibt sich mit den oben eingeführten Koeffizienten d_n

$$\begin{aligned} q_4'(x) &= c_1T_1' + c_2T_2' + c_3T_3' + d_4(2T_3 + 2xT_3' - T_2') \\ &= c_1T_1' + (c_2 - d_4)\,T_2' + d_3(2T_2 + 2xT_2' - T_1') + 2d_4T_3 \\ &= (c_1 - d_3)\,T_1' + d_2(2T_1 + 2xT_1') + 2(d_3T_2 + d_4T_3) \\ &= 2\left(\frac{1}{2}d_1 + d_2T_1 + d_3T_2 + d_4T_3\right). \end{aligned}$$

Die so entstandene Čebyšev-Summe vom Grad $N = 3$ kann man ebenso behandeln wie in Beispiel 6.5.7 das Ausgangspolynom $q_4(x)$, indem man die Koeffizienten

$$\begin{aligned} e_4 &:= d_4, \\ e_3 &:= d_3 \phantom{{}-e_4} + 2xe_4, \\ e_2 &:= d_2 - e_4 + 2xe_3, \\ e_1 &:= d_1 - 2e_3 + 2xe_2, \end{aligned} \tag{29}$$

einführt und dabei wieder die Rekursion (6.4.16) benutzt.

Offenbar ergeben sich die e_n (mit Ausnahme von e_1) in derselben Weise aus den d_n wie oben die d_n aus den c_n, so daß man an das Horner-Schema der Funktionsberechnung lediglich eine weitere Doppelzeile (vgl. Tab. 6.5.1) und an den Algorithmus 6.5.8 eine Schleife zur e_n-Berechnung anzuschließen hat. Der Rechenaufwand erhöht sich dadurch um $N - 1$ Multiplikationen, der Speicherplatz dagegen, wenn man nur die drei aktiven e-Koeffizienten speichert, lediglich um drei REAL-Größen (Ü 6.5.8).

Der Algorithmus 6.5.8 eignet sich auch zur Berechnung von Funktionswerten des trigonometrischen Polynoms (6.4.27). Dabei brauchen die Werte von $\cos mt$ und $\sin mt$ nicht explizit vorzuliegen, denn wegen

$$\begin{aligned} \cos(m+1)\,t &= 2\cos t\cos mt - \cos(m-1)\,t, \\ \sin(m+1)\,t &= 2\cos t\sin mt - \sin(m-1)\,t \end{aligned}$$

sind sie nach derselben Rekursionsvorschrift zu bestimmen wie die der Čebyšev-Polynome $T_m(x)$. Man muß lediglich N durch M, den Koeffizientenvektor $\boldsymbol{c}$ durch $\boldsymbol{a}$ und das Argument x durch $\cos t$ ersetzen. Dann liefert QNB $(M, \boldsymbol{a}, \cos t, q_1)$ den Wert der cos-Summe

$$q_1 := \frac{1}{2}a_0 + \sum_{m=1}^{M} a_m \cos mt.$$

Für die sin-Summe muß die letzte Zeile des Algorithmus durch

$$q := d_1$$

ersetzt werden. Dann liefert QNB $(M, \boldsymbol{b}, \cos t, q_2)$ den Wert

$$q_2 := \sum_{m=1}^{M} b_m \sin mt,$$

und der gesuchte Wert des trigonometrischen Polynoms ist

$$q_N(t) := q_1 + q_2.$$

Die Funktionsberechnung durch Algorithmus 6.5.8 ist nicht optimal, wenn sich das Argument x in der Form $x := \cos\left(\frac{k \cdot 2\pi}{N}\right)$, k ganz, (oder das Argument t in der Form $t := k \cdot 2\pi/M$) darstellen läßt, so daß sich die Werte von $\cos mt$ und $\sin mt$ zyklisch wiederholen. In diesem Fall läßt sich wieder die Idee der *schnellen Fourier-Transformation* verwenden (Ü 6.5.9).

Abschließend benutzen wir Algorithmus 6.5.8 zur Berechnung der Fourier-Summe für eine Funktion aus der *Signaltheorie* (LANGE [1]).

Beispiel 6.5.10. Die Fourier-Koeffizienten der Funktion

$$f(t) := \begin{cases} 1 - \frac{2}{\pi} t & \text{für } 0 \leqq t \leqq \pi/2, \\ 0 & \text{für } \pi/2 \leqq t \leqq 3\pi/2, \\ -3 + \frac{2}{\pi} t & \text{für } 3\pi/2 \leqq t \leqq 2\pi, \end{cases}$$

mit der man periodische *Dreiecksimpulse* beschreiben kann (Abb. 6.5.3), haben die Werte (vgl. Ü 6.5.10) $b_m = 0$, $m = 1, 2, \ldots$, und

$$a_m = \begin{cases} 1/2 & \text{für } m = 0, \\ 0 & \text{für } m = 4k, \\ 8/(m^2\pi^2) & \text{für } m = 4k - 2, \\ 4/(m^2\pi^2) & \text{für } m = 4k - 1 \text{ und } m = 4k - 3,\ k = 1, 2, \ldots \end{cases}$$

Abb. 6.5.3. Periodische Dreiecksimpulse

Wir berechnen den Funktionswert

$$q_{16}^{(b)}(t) = \frac{1}{4} + \frac{8}{\pi^2}\left[\frac{1}{2}\cos t + \frac{1}{4}\cos 2t + \frac{1}{18}\cos 3t + \frac{1}{50}\cos 5t + \frac{1}{36}\cos 6t + \frac{1}{98}\cos 7t\right]$$

an der Stelle $t = 0.1$ mit Hilfe des zweizeiligen Horner-Schemas aus Tab. 6.5.1, S. 164. Bei zehnstelliger Gleitpunktrechnung erhält man die in Tab. 6.5.2 auf vier Stellen nach dem Dezimalpunkt gerundeten Ergebnisse. Der gesuchte Wert ist also $q_{16}^{(b)}(0{,}1) = d_0 = 0.9340$. Einen Anhaltspunkt für den Fehler liefert der erste vernachlässigte Koeffizient $a_9 = 4/9^2\pi^2 \approx 0.0050$. Die nach (6.4.39) zu bestimmende Schranke r_{N+1} für den Betrag des Approximationsfehlers ist allerdings um einiges größer, da die a_m nicht sehr schnell abnehmen (Ü 6.5.11). Der exakte Funktionswert ist $f(0.1) = 0.9363\ldots$

Tab. 6.5.2. Berechnung von $q_{16}^{(b)}(0.1)$ für die Funktion aus Beispiel 6.5.10

	a_7	a_6	a_5	a_4	a_3	a_2	a_1	$a_0/2$
	0.0083	0.0225	0.0162	0.0000	0.0450	0.2026	0.4053	0.2500
	—	—	−0.0083	−0.0390	−0.0855	−0.1312	−0.2206	−0.5104
1.9900	—	0.0165	0.0776	0.1701	0.2610	0.4389	1.0157	1.1944
	0.0083	0.0390	0.0855	0.1312	0.2206	0.5104	1.2004	0.9340
	d_7	d_6	d_5	d_4	d_3	d_2	d_1	d_0

6.5.3. Bemerkungen

B 6.5.1. Interessante Verallgemeinerungen der diskreten Fourier-Transformation sind die *zahlentheoretischen Transformationen* (*NTT*, engl. *number theoretic transforms*, vgl. Nussbaumer [1] und Creutzburg, Tasche [1]—[3]). Man erhält sie aus (10), wenn man vom Körper der komplexen Zahlen zum (endlichen!) Restklassenring der ganzen Zahlen modulo einer geeigneten ungeraden Zahl m übergeht. Die Komponenten von $\boldsymbol{u}$ und $\hat{\boldsymbol{u}}$ sind dann ganzzahlig, und statt der komplexen primitiven Einheitswurzel $e^{-2\pi i/M}$ verwendet man eine ganze Zahl a mit $a^M \equiv 1 \bmod m$ und $a^n - 1$ teilerfremd zu m für $n = 1(1)M-1$. Sie wird primitive M-te Einheitswurzel modulo m genannt. Die zahlentheoretischen Transformationen besitzen ebenso wie die diskrete Fourier-Transformation die *Faltungseigenschaft* (Algorithmus 6.5.3). Implementiert man die Restklassenarithmetik auf dem Rechner, so arbeiten die NTT wesentlich schneller als die DFT und überdies rundungsfehlerfrei. Allerdings erfordert die Überlaufproblematik zusätzliche Überlegungen (Creutzburg, Grundmann [1]). Beispiele für zahlentheoretische Transformationen sind die *Mersenne-Transformation* mit $M := p > 2$, Primzahl, $a := 2$, $m := 2^p - 1$ und die *Fermat-Transformation* mit $M := 2^{k+1}$, $k \geqq 0$, ganz, $a := 2$, $m := 2^{2^k} + 1$ (Ü 6.5.13, vgl. Nussbaumer [1], S. 216ff.).

B 6.5.2. Aus der *Besselschen Ungleichung* (6.4.36) folgt, daß die Folgen (a_n) und (b_n) der reellen Fourier-Koeffizienten (6.4.28) für jede Funktion f aus $\mathbf{L}_2[0, 2\pi]$ Nullfolgen sind. Folglich bilden auch die komplexen Fourier-Koeffizienten d_m eine Nullfolge. Die diskreten komplexen Fourier-Koeffizienten $\tilde{d}_m$ wiederholen sich dagegen zyklisch (Ü 6.5.6). Dieses qualitativ falsche asymptotische Verhalten der Näherungen läßt sich mit Hilfe sogenannter *Abminderungsfaktoren* (Quade, Collatz [1], Gautschi [1]) korrigieren: Man approximiert die Funktion $f(x)$, von der nur die diskreten Werte $f_n := f(x_n)$, $x_n := n \cdot 2\pi/M$, als bekannt vorausgesetzt werden, durch eine möglichst einfache Funktion $g(x)$ gleicher Glattheit und bestimmt die Fourier-Koeffizienten γ_m dieser Ersatzfunktion. Dann läßt sich unter relativ schwachen Voraussetzungen zeigen (vgl. Stoer [1], S. 71ff.), daß die γ_m die Darstellung $\gamma_m = \tau_m \cdot \tilde{d}_m$, $m = 0, \pm 1, \ldots$, besitzen, wobei die Abminderungsfaktoren τ_m nicht von den Funktionswerten f_n abhängen. Zum Beispiel ergibt sich $\tau_m = ((2/x_m) \sin (x_m/2))^2$, wenn man für $g(x)$ ein interpolierendes Sehnenpolygon verwendet und $\tau_m = 3((2/x_m) \sin (x_m/2))^4/(1 + 2 \cos^2 (x_m/2))$, wenn $g(x)$ eine kubische Spline-Interpolierende ist (Ü 6.5.15).

6.5.4. Übungsaufgaben

Ü 6.5.1. Man leite die Formel (26) für den Rechenaufwand des Algorithmus 6.5.5 her.

Ü 6.5.2. Man programmiere den Algorithmus 6.5.5.

Ü 6.5.3. Man schreibe und programmiere einen Permutationsalgorithmus, der den Ergebnisvektor $\boldsymbol{u}$ von Algorithmus 6.5.5 in $\hat{\boldsymbol{u}}$ überführt: $\hat{\boldsymbol{u}} = \boldsymbol{P}\boldsymbol{u}$ (vgl. die letzte Spalte in Abb. 6.5.2, S. 161).

Ü 6.5.4. Man modifiziere den Algorithmus 6.5.5 derart, daß er sich auch zur Berechnung der inversen diskreten Fourier-Transformation (12) eignet.

Ü 6.5.5. Wieviel reelle Multiplikationen benötigt Algorithmus 6.5.5, wenn man die komplexen Multiplikationen im Fall $b = \pm i$ auf Vorzeichenwechsel und Tausch von Real- und Imaginärteil und im Fall $b \neq \pm i$ auf drei reelle Multiplikationen (Algorithmus 6.5.6) reduziert?

Ü 6.5.6. Man beweise: Für die durch (6) definierten diskreten komplexen Fourier-Koeffizienten gilt $\tilde{d}_{m+kM} = \tilde{d}_m$, $k = 1, 2, \ldots$

Ü 6.5.7. Man programmiere Algorithmus 6.5.8. Dabei verwende man statt des Vektors $\boldsymbol{d}$ nur drei Speicherplätze für die drei aktuellen Koeffizienten d_k, d_{k+1}, d_{k+2}.

Ü 6.5.8. Man erweitere den Algorithmus 6.5.8 derart, daß er sich auch zur Berechnung von Ableitungswerten $q_N'(x)$ eignet (für den Fall $N = 4$ vgl. (29)).

Ü 6.5.9. Man zeige: Hat das Argument die Gestalt $x = k \cdot 2\pi/M$, so kann der Wert des trigonometrischen Polynoms (6.4.27) mit Hilfe der *schnellen Fourier-Transformation* (Algorithmus 6.5.5) berechnet werden. Hinweis. Man verwende die komplexe Darstellung (4) für $q_N^{(b)}(x)$.

Ü 6.5.10. Man berechne die Fourier-Koeffizienten der Funktion $f(t)$ aus Beispiel 6.5.10.

Ü 6.5.11. Wie groß muß N gewählt werden, wenn die Partialsumme $q_N^{(b)}(t)$ der Fourier-Entwicklung aus Beispiel 6.5.10 für alle t aus $[0, 2\pi]$ der Abschätzung $|q_N^{(b)}(t) - f(t)| < 10^{-4}$ genügen soll? Hinweis. Für die Abschätzung von $r_{M+1} := \sum_{m=M+1}^{\infty} |a_m|$, $M := N/2$, benutze man die *Eulersche Formel* $\sum_{m=1}^{\infty} 1/m^2 = \pi^2/6$.

Ü 6.5.12. Mit Hilfe von Algorithmus 6.5.8 berechne man eine Wertetabelle ($t = 0(0.1)3.2$) für die Partialsumme $q_{32}^{(b)}(t)$ der Fourier-Reihe aus Ü 6.4.18.

Ü 6.5.13. Man gebe die *zahlentheoretischen Transformationen* an, die sich in einer Restklassenarithmetik modulo m aus (10) ergeben, wenn man a) $a := 2$, $M := 3$, $m := 7$ (*Mersenne*) oder b) $a := 4$, $M := 4$, $m := 17$ (*Fermat*) wählt (vgl. B 6.5.1). Man berechne die zugehörigen inversen Transformationen.

Ü 6.5.14. Man berechne die *zyklische Faltung* der beiden periodischen Signale $\boldsymbol{u} := (2, 1, 0, 1)^T$ und $\boldsymbol{v} := (1, -2, 0, 0)^T$ (vgl. Creutzburg, Grundmann [1], S. 88)

a) durch *diskrete Fourier-Transformation* (Algorithmus 6.5.3),
b) durch *Fermat-Transformation* (Ü 6.5.13b) mit Hilfe der Transformationsmatrix

$$\boldsymbol{F} = \begin{pmatrix} 1 & 1 & 1 & 1 \\ 1 & 4 & 4^2 & 4^3 \\ 1 & 4^2 & 4^4 & 4^6 \\ 1 & 4^3 & 4^6 & 4^9 \end{pmatrix} \equiv \begin{pmatrix} 1 & 1 & 1 & 1 \\ 1 & 4 & -1 & -4 \\ 1 & -1 & 1 & -1 \\ 1 & -4 & -1 & 4 \end{pmatrix} \bmod 17$$

und ihrer Inversen

$$\boldsymbol{F}^{-1} = 4^{-1} \begin{pmatrix} 1 & 1 & 1 & 1 \\ 1 & 4^{-1} & 4^{-2} & 4^{-3} \\ 1 & 4^{-2} & 4^{-4} & 4^{-6} \\ 1 & 4^{-3} & 4^{-6} & 4^{-9} \end{pmatrix} \equiv -4 \begin{pmatrix} 1 & 1 & 1 & 1 \\ 1 & -4 & -1 & 4 \\ 1 & -1 & 1 & -1 \\ 4 & 4 & -1 & -4 \end{pmatrix} \bmod 17.$$

Die Ergebnisse müssen übereinstimmen.

Ü 6.5.15. Man korrigiere die *diskreten Fourier-Koeffizienten* $\tilde{d}_m$ aus Beispiel 6.5.4 mit Hilfe der *Abminderungsfaktoren* τ_m aus B 6.5.2.

6.6. Gleichmäßige Approximation

6.6.1. Beste gleichmäßige Approximation

Beispiele im Abschnitt 6.4.2 zeigten, daß Polynome bester Quadratmittelapproximation punktweise erheblich stärker von der vorgegebenen Funktion f abweichen können, als der in einer $\|\cdot\|_{2,\omega}$-Norm gemessene Approximationsfehler $\|q_N^{(b)} - f\|_{2,\omega}$ angibt. Das ist für viele Anwendungen unbefriedigend. Von einer auf einem Rechner realisierten Ersatzfunktion für eine Funktion f aus $\mathbb{C}[a, b]$ muß man z. B. verlangen, daß sie für alle x aus dem Definitionsbereich $[a, b]$ eine einheitliche Fehlerschranke Δ nicht überschreitet,

$$|\delta(x)| := |q_N(x) - f(x)| \leqq \Delta, \qquad x \in [a, b],$$

und daß diese Fehlerschranke Δ so klein wie möglich ist. Wir suchen deshalb jetzt im Raum $\mathbb{P}^{N+1}[a, b]$ der Polynome von höchstens N-tem Grad ein *Polynom bester gleichmäßiger Approximation* (*bester Approximation im Čebyševschen Sinne*), das heißt, wir minimieren den Abstand von q_N und f im Sinne der *Maximum-Norm* (*Čebyšev-Norm*):

$$\|q_N - f\|_{\infty,\omega} := \max_{x \in [a,b]} \omega(x)\, |q_N(x) - f(x)| \tag{1}$$

(vgl. (6.4.6) und (6.4.22)). Die *Minimalabweichung*

$$\Delta_N(\omega, f) := \inf_{q_N \in \mathbb{P}^{N+1}[a,b]} \|q_N - f\|_{\infty,\omega} \tag{2}$$

bezeichnen wir (wie im Abschnitt 6.4.2) als *Abstand der Funktion f vom Raum* $\mathbb{P}^{N+1}[a, b]$ Obwohl die folgenden Ergebnisse auch für allgemeine Gewichtsfunktionen aus $\mathbb{C}[a, b$ gelten, beschränken wir uns der Einfachheit halber auf den Fall $\omega(x) \equiv 1$. Man spricht dann von *absoluter Čebyšev-Approximation*. Wählt man dagegen $\omega(x) := 1/|f(x)|$, was natürlich nur möglich ist, wenn $f(x)$ in $[a, b]$ keine Nullstellen besitzt, so gelangt man zur *relativen Čebyšev-Approximation* (vgl. auch B 6.6.2).

Beispiel 6.6.1. Die interpolierende Gerade $y = p_1(x)$ und die Logarithmusfunktion $y = \ln(1 + x)$ in Abb. 6.4.1, S. 141, haben bei $x = 0$ den größten Abstand voneinander. Verschiebt man die Gerade nach links oben in Richtung auf die Taylor-Approximation $y = x$, so nimmt der Abstand im mittleren Teil des Intervalls ab, in den Randpunkten und deren Umgebung dagegen zu. Die Fehlerfunktion

$$\delta(x) := q_1(x) - \ln(1 + x), \qquad q_1(x) := c_0 + c_1 x$$

hat also für jede zwischen $y = x$ und $y = p_1(x)$ gelegene Gerade $y = q_1(x)$ außer den Extremwerten in den Randpunkten $x_0 := -0.5$ und $x_2 := 0.5$ noch ein relatives Extremum in einem inneren Punkt x_1, für den aus $\delta'(x) = c_1 - 1/(1 + x) = 0$ die Relation

$$x_1 = \frac{1}{c_1} - 1 \tag{3}$$

folgt. Die günstigste Lage der Geraden $y = q_1(x)$ ist offenbar erreicht, wenn die drei Extremwerte betragsmäßig gleich sind,

$$\begin{aligned} \delta(x_0) &= c_0 + c_1 x_0 - \ln(1 + x_0) = \Delta, \\ \delta(x_1) &= c_0 + c_1 x_1 - \ln(1 + x_1) = -\Delta, \\ \delta(x_2) &= c_0 + c_1 x_2 - \ln(1 + x_2) = \Delta. \end{aligned} \tag{4}$$

Aus der ersten und der letzten Gleichung von (4) erhält man

$$c_1 = (\ln(1 + x_2) - \ln(1 + x_0))/(x_2 - x_0) = 1.0986,$$

woraus sich für x_1 mit (3) der Wert $x_1 = -0.08976$ und aus der ersten und der zweiten Gleichung von (4) schließlich

$$c_0 = \frac{1}{2}(\ln(1 + x_0) + \ln(1 + x_1) - c_1(x_0 + x_1)) = -0.06964$$

und

$$\Delta = c_0 + c_1 x_0 - \ln(1 + x_0) = 0.07420$$

ergibt. Die Gerade bester Čebyšev-Approximation für den natürlichen Logarithmus $\ln(1 + x)$ ist im Intervall $[-0.5, 0.5]$ also

$$q_1^{(b)}(x) = -0.06964 + 1.0986x.$$

Für den Approximationsfehler gilt

$$-\Delta \leqq q_1^{(b)}(x) - \ln(1 + x) \leqq \Delta = 0.07420.$$

Er nimmt sein Betragsmaximum $\Delta = \Delta_1(1, f)$ mit alternierendem Vorzeichen in den drei Referenzpunkten x_0, x_1 und x_2 an.

Beispiel 6.6.2. Bei der Abschätzung des Interpolationsfehlers im Abschnitt 6.1.4 war behauptet worden, daß das Polynom $w_{N+1}(x) := \prod_{N=0}^{N} (x - x_n)$ im Gesamtintervall $[a, b]$ genau dann betragsmäßig minimal wird, wenn man die *Čebyšev-Knoten* (*Čebyšev-Nullstellen* (6.1.47)) als Stützstellen wählt. Im Intervall $[a, b] = [-1, 1]$ heißt das speziell: Das betragskleinste Polynom $w_{N+1}(x)$ hat dieselben $N + 1$ Nullstellen wie das Čebyšev-Polynom $T_{N+1}(x)$. Folglich stimmt es bis auf einen Faktor mit diesem überein. Der Faktor ergibt sich, wenn man die Koeffizienten der Potenz

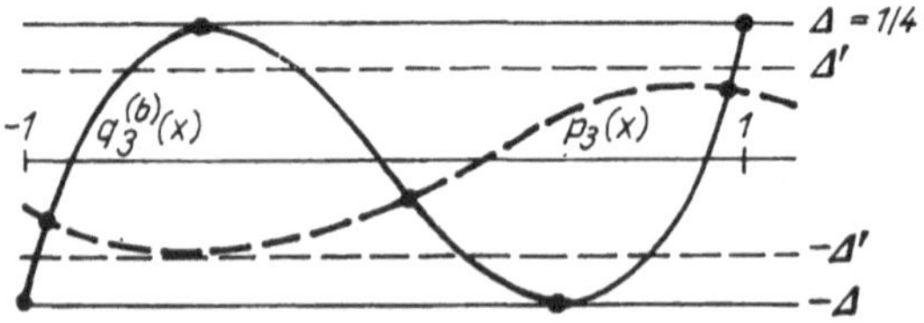

Abb 6.6.1. Kubisches Polynom kleinster Nullabweichung

x^{N+1} miteinander vergleicht: $w_{N+1}(x) = 2^{-N}T_{N+1}(x)$. Man kann die obige Behauptung also auch so formulieren: Unter allen Polynomen $(N + 1)$-ten Grades mit dem Koeffizienten Eins bei der höchsten Potenz ist das mit 2^{-N} multiplizierte Čebyšev-Polynom

$$q_{N+1}^{(b)}(x) := 2^{-N}T_{N+1}(x) \tag{5}$$

dasjenige mit *kleinster Nullabweichung*, oder noch anders ausgedrückt, unter allen Polynomen $(N + 1)$-ten Grades mit dem Höchstkoeffizienten Eins ist $2^{-N}T_{N+1}(x)$ *Polynom bester Čebyšev-Approximation* an die Funktion $f(x) \equiv 0$. Wir skizzieren den Beweis dieser Behauptung anhand des kubischen Polynoms $q_3^{(b)}(x) = T_3(x)/4 = x^3 - 3x/4$, dessen Kurvenverlauf in Abb. 6.6.1 graphisch dargestellt ist. Es nimmt seinen Extremalwert $\Delta := \|0 - q_3^{(b)}\|_\infty = 1/4$ mit alternierendem Vorzeichen in den vier Punkten $x_0 = -1$, $x_1 = -1/2$, $x_2 = 1/2$, $x_3 = 1$ an (Ü 6.4.13). Wäre nun $p_3(x) = x^3 + c_2x^2 + c_1x + c_0$ ein anderes kubisches Polynom mit demselben Höchstkoeffizienten, aber geringerer Nullabweichung $\Delta' := \|0 - p_3\|_\infty$, so läge es vollständig innerhalb des Streifens $-\Delta' \leqq y \leqq \Delta'$, müßte also $q_3^{(b)}$ mindestens dreimal schneiden (vgl. Abb. 6.6.1). Die Differenz $p_2(x) := p_3(x) - q_3^{(b)}(x)$ hätte also drei Nullstellen. Bei der Differenzbildung heben sich aber die Terme x^3 heraus, $p_2(x)$ ist folglich ein Polynom von höchstens zweitem Grad mit drei Nullstellen. Demnach ist $p_2(x)$ identisch gleich Null, das heißt $p_3(x) = q_3^{(b)}(x)$ und $\Delta' = \Delta$ im Widerspruch zur Annahme.

Beispiel 6.6.3. Im Raum $\mathbb{P}^{N+1}[-1, 1]$ der Polynome von höchstens N-tem Grad suchen wir das Polynom bester gleichmäßiger Approximation an die Funktion $f(x) := x^{N+1}$. Die dazu in der Čebyšev-Norm zu minimierende Fehlerfunktion $\delta(x) := q_N(x) - x^{N+1}$ ist ein Polynom $(N + 1)$-ten Grades mit dem Höchstkoeffizienten (-1), ist also bis auf das Vorzeichen identisch mit den Polynomen, deren Nullabweichung wir im vorigen Beispiel minimiert haben. Folglich ist $q_N(x)$ im Intervall $[-1, 1]$ sicher dann *Polynom bester gleichmäßiger Approximation* an die Potenz x^{N+1}, wenn

$$q_N(x) = q_N^{(b)}(x) := x^{N+1} - 2^{-N}T_{N+1}(x) \tag{6}$$

gilt. Speziell ergeben sich daraus mit (6.4.17) die in Tab. 6.6.1 angegebenen approximierenden Polynome und die zugehörigen Fehler.

Tab. 6.6.1. Beste gleichmäßige Approximation von $f(x) := x^{N+1}$ im Intervall $[-1, 1]$ durch ein Polynom von höchstens N-tem Grad

N	$f(x)$	$q_N^{(b)}(x)$	$\Delta_N(1, f)$
1	x^2	$1/2$	$1/2$
2	x^3	$3x/4$	$1/4$
3	x^4	$x^2 - 1/8$	$1/8$
4	x^5	$5x^3/4 - 5x/16$	$1/16$

In allen drei Beispielen nahm der Approximationsfehler

$$\delta(x) := q_N(x) - f(x) \tag{7}$$

in einer gewissen Folge von Stützstellen aus dem Approximationsintervall seinen betragsmaximalen Wert mit alternierendem Vorzeichen an. Diese Eigenschaft ist charakteristisch für die beste Approximation im Čebyševschen Sinne:

Satz 6.6.4 (Alternantensatz). *Existiert zu einer Funktion f aus $\mathbf{C}[a, b]$ und einem Polynom q_N aus $\mathbb{P}^{N+1}[a, b]$ eine Referenz von $N + 2$ Punkten*

$$a \leqq x_0 < x_1 < \cdots < x_{N+1} \leqq b, \tag{8}$$

in denen der Approximationsfehler $\delta(x)$ seinen Maximalwert $\Delta := \|q_N - f\|_\infty$ mit alternierendem Vorzeichen annimmt,

$$|\delta(x_k)| = |q_N(x_k) - f(x_k)| = \Delta, \qquad \delta(x_k) = -\delta(x_{k+1}), \qquad k = 0(1)N, \tag{9}$$

so ist q_N Polynom bester gleichmäßiger Approximation an die Funktion f und Δ gleich dem Abstand $\Delta_N(1, f)$ der Funktion f vom Raum $\mathbb{P}^{N+1}[a, b]$.

Der Beweis läßt sich in derselben Weise führen wie im Beispiel 6.6.2. Man nimmt an, daß es ein Polynom p_N mit kleinerem Approximationsfehler, $\delta^*(x) := p_N(x) - f(x)$, $\|\delta^*\|_\infty =: \Delta^* < \Delta$, gibt. Im Streifen $-\Delta^* \leqq y \leqq \Delta^*$ liegen dann mindestens $N + 1$ Teilbögen der Fehlerfunktion $\delta(x)$, die von der oberen bis zur unteren Begrenzung verlaufen. Folglich schneidet $\delta^*(x)$ die Kurve von $\delta(x)$ in mindestens $N + 1$ Punkten. Die Differenzfunktion

$$\delta^*(x) - \delta(x) = p_N(x) - q_N(x),$$

die wie p_N und q_N ein Polynom von höchstens N-tem Grad ist, hat also $N + 1$ Nullstellen. Demnach muß sie identisch verschwinden, was im Widerspruch zur Annahme $\Delta^* < \Delta$ steht. ∎

Die durch (8) definierte Referenz mit der Eigenschaft (9) wird *Alternante* genannt. Der Satz 6.6.4 läßt sich umkehren: *Ist q_N Polynom bester gleichmäßiger Approximation an f, so existiert mindestens eine Alternante.* Ferner kann man zeigen, daß zu jeder stetigen Funktion *genau ein* Polynom bester gleichmäßiger Approximation existiert. Die Beweise zu diesen beiden Behauptungen sind etwas aufwendiger (vgl. NATANSON [1], S. 25ff.).

6.6.2. Der Remez-Algorithmus

Der Alternantensatz bildet die Grundlage für die *numerische Bestimmung* des Polynoms bester gleichmäßiger Approximation. Wir suchen Polynome q_N mit der Eigenschaft

$$q_N(x_k) - f(x_k) = (-1)^k h, \qquad k = 0(1)N + 1, \tag{10}$$

und ändern die Stützstellen schrittweise so ab, daß die Folge der zugehörigen Zahlen $|h|$ monoton zunimmt und von unten gegen $\Delta_N(1, f)$ konvergiert. Ein Polynom, das (10) genügt, nennen wir *Referenzpolynom* und $|h|$ seine *Referenzabweichung*. Wir zeigen zunächst, daß q_N und h durch (10) eindeutig festgelegt sind (vgl. Abb. 6.6.2).

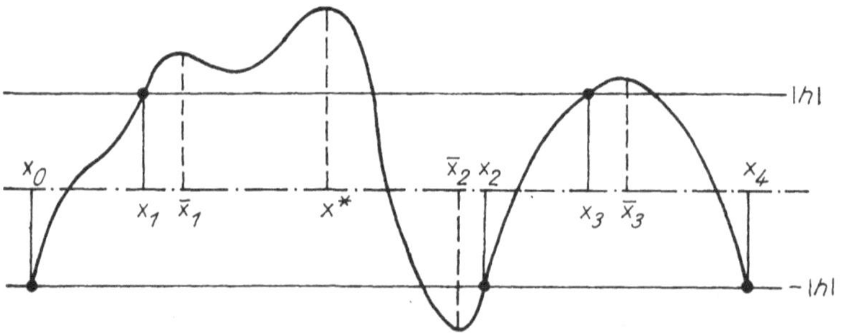

Abb 6.6.2. Verlauf der Fehlerfunktion $\delta(x) := q_N(x) - f(x)$

Satz 6.6.5 (Eindeutigkeit des Referenzpolynoms). *Für jede Referenz* (8) *und jede feste Funktion f aus* $\mathbf{C}[a, b]$ *gibt es genau ein Polynom $q_N(x)$ und genau eine Zahl h, die* (10) *genügen.*

Zum Beweis (vgl. auch B 6.6.4) benutzen wir Ergebnisse der Polynominterpolation: Nach Satz 6.1.4 ist durch $N + 2$ Interpolationsknoten ein Polynom von höchstens $(N + 1)$-tem Grad eindeutig festgelegt. Wir bestimmen drei solcher Polynome zu ein und denselben Stützstellen (8), aber unterschiedlichen Stützwerten und verwenden dabei die *Lagrangesche Darstellung* (6.1.12).

Zu den Knoten $(x_k, (-1)^k)$ ergibt sich das Polynom

$$p_{N+1}(x) := \sum_{n=0}^{N+1} a_n x^n = \sum_{k=0}^{N+1} (-1)^k L_k^{(N+1)}(x), \qquad a_{N+1} \neq 0. \tag{11}$$

Es ist von genau $(N + 1)$-tem Grad, denn wegen der zwischen $+1$ und -1 alternierenden Stützwerte liegt in jedem der $N + 1$ Intervalle (x_k, x_{k+1}), $k = 0(1)N$, eine Nullstelle. Der Koeffizient a_{N+1} der höchsten Potenz ist also verschieden von Null.

Zu den Knoten $(x_k, f(x_k))$ erhält man das Polynom

$$q_{N+1}(x) := \sum_{n=0}^{N+1} b_n x^n = \sum_{k=0}^{N+1} f(x_k)\, L_k^{(N+1)}(x), \tag{12}$$

und zu den Knoten $(x_k, p_N(x_k))$, wo $p_N(x)$ ein beliebiges Polynom von höchstens N-tem Grad bezeichnet, schließlich

$$r_{N+1}(x) := \sum_{n=0}^{N+1} c_n x^n = \sum_{k=0}^{N+1} p_N(x_k)\, L_k^{(N+1)}(x), \qquad c_{N+1} = 0. \tag{13}$$

Da Polynome höheren Grades Polynome niedrigeren Grades exakt interpolieren (Ü 6.1.31), ist $r_{N+1}(x) \equiv p_N(x)$, und der Höchstkoeffizient c_{N+1} verschwindet. Nach diesen Vorbereitungen läßt sich Satz 6.6.5 leicht beweisen. Bildet man nämlich die Differenz

$$q_{N+1}(x) - \frac{b_{N+1}}{a_{N+1}}\, p_{N+1}(x) =: q_N(x), \tag{14}$$

so hebt sich die höchste Potenz heraus, und es entsteht ein Polynom von höchstens N-tem Grad. Wegen der Interpolationseigenschaften von q_{N+1} und p_{n+1} in den Referenzpunkten x_k genügt es den Gleichungen

$$q_N(x_k) = f(x_k) - \frac{b_{N+1}}{a_{N+1}} (-1)^k, \qquad k = 0(1)N + 1, \tag{15}$$

die, wenn man noch $h := -b_{N+1}/a_{N+1}$ setzt, mit (10) übereinstimmen. Das durch (14), (11) und (12) eindeutig festgelegte Polynom $q_N(x)$ ist also das gesuchte Referenzpolynom und $|b_{N+1}/a_{N+1}|$ die zugehörige Referenzabweichung.

Mit Hilfe der Darstellung (6.1.11) der *Lagrangeschen Basispolynome* kann h explizit angegeben werden. Die Potenz x^{N+1} hat im Polynom $L_k^{(N+1)}(x)$ den Koeffizient

$$d_k := \prod_{\substack{n=0\\ n\neq k}}^{N+1} \frac{1}{x_k - x_n} \tag{16}$$

(vgl. (6.1.9)). Da die x_n der Größe nach geordnet sind, alternieren die Vorzeichen der d_k. Genauer gilt

$$d_k = (-1)^{N+1+k} \, |d_k| \,. \tag{17}$$

Damit ergibt sich für h die Darstellung

$$h = -\frac{\sum\limits_{k=0}^{N+1} (-1)^k \, |d_k| \, f(x_k)}{\sum\limits_{n=0}^{N+1} |d_n|} = -\sum_{k=0}^{N+1} (-1)^k \, \lambda_k f(x_k) \tag{18}$$

mit den positiven Koeffizienten

$$\lambda_k := |d_k| \Big/ \sum_{n=0}^{N+1} |d_n| \,, \tag{19}$$

die offensichtlich die Eigenschaft

$$\sum_{k=0}^{N+1} \lambda_k = 1 \tag{20}$$

besitzen. Stellt man auch den Höchstkoeffizienten von $r_{N+1}(x)$ mit Hilfe der d_k dar,

$$c_{N+1} = 0 = \sum_{k=0}^{N+1} (-1)^k \, |d_k| \, p_N(x_k) \,, \tag{21}$$

und subtrahiert diesen Ausdruck vom Zähler in (18), so ergibt sich die für jedes Polynom p_N aus $\mathbb{P}^{N+1}[a, b]$ gültige und für spätere Überlegungen nützliche Formel

$$h = \sum_{k=0}^{N+1} \lambda_k \cdot (-1)^k \big(p_N(x_k) - f(x_k)\big) \,. \tag{22}$$

Nach der Berechnung von h kann das Referenzpolynom $q_N(x)$ durch *Lagrange*- oder *Newton-Interpolation* von beliebig ausgewählten $N + 1$ der $N + 2$ Interpolationsknoten $\big(x_k, f(x_k) + (-1)^k h\big)$ bestimmt werden. Das kostet weniger Aufwand als die Verwendung der Formel (14). Anschließend muß der Verlauf der Fehlerfunktion (7) untersucht werden. Verläßt $\delta(x)$ den Streifen $-|h| \leqq y \leqq |h|$ nicht, so bilden die x_k eine Alternante und $q_N(x)$ ist das gesuchte Polynom bester gleichmäßiger Approximation. Bei beliebig gewählten Referenzpunkten wird $\delta(x)$ aber im allgemeinen noch nicht diesen gewünschten Verlauf haben, sondern in einigen Teilintervallen über den Streifen hinausragen,

$$\max_{x\in[a,b]} |\delta(x)| > |h|. \tag{23}$$

In Abb. 6.6.2 gehört $\bar{x}_3$ zu einem solchen Teilintervall. Wir nehmen diesen Punkt in die Referenz auf und lassen dafür denjenigen der beiden benachbarten Referenzpunkte x_k und x_{k+1} (mit $x_k < \bar{x}_3 < x_{k+1}$) heraus, in dem $\delta(x)$ das gleiche Vorzeichen wie $\delta(\bar{x}_3)$ besitzt. In Abb. 6.6.2 ist das x_3. Zu der so entstandenen neuen Referenz

$$a \leqq \bar{x}_0 < \bar{x}_1 < \cdots < \bar{x}_{N+1} \leqq b \tag{24}$$

berechnen wir das zugehörige Referenzpolynom $\bar{q}_N(x)$ und die zugehörige Referenzabweichung $|\bar{h}|$ und zeigen, daß sie größer als $|h|$ ist.

Satz 6.6.6 (Austauschsatz). *Tauscht man die Referenz* (8) *gegen eine Referenz* (24) *aus, die für alle auftretenden Indizes den Bedingungen*

$$|\delta(\bar{x}_k)| \geqq |\delta(x_k)|, \qquad \operatorname{sgn} \delta(\bar{x}_k) = -\operatorname{sgn} \delta(\bar{x}_{k+1}), \tag{25}$$

und für mindestens einen Index j der strengen Ungleichung

$$|\delta(\bar{x}_j)| > |\delta(x_j)| \tag{26}$$

genügt, wobei $\delta(x)$ die zum alten Referenzpolynom $q_N(x)$ gehörende Fehlerfunktion (7) *bezeichnet, so hat das zu* (24) *gehörende neue Referenzpolynom $\bar{q}_N(x)$ eine größere Referenzabweichung, $|\bar{h}| > |h|$.*

Beweis. Wir stellen $\bar{h}$ mit Hilfe der auf die neue Referenz übertragenen Formel (22) dar und wählen für $p_N(x)$ speziell das zur alten Referenz gehörende Polynom $q_N(x)$. Dann gilt

$$|\bar{h}| = \left|\sum_{k=0}^{N+1} \bar{\lambda}_k(-1)^k \left(q_N(\bar{x}_k) - f(\bar{x}_k)\right)\right| = \sum_{k=0}^{N+1} \bar{\lambda}_k\, |\delta(\bar{x}_k)|, \tag{27}$$

denn die Werte $\delta(\bar{x}_k)$ der alten Fehlerfunktion haben nach Voraussetzung (25) auch in den neuen Referenzpunkten alternierendes Vorzeichen. Andererseits gilt wegen $|h| = |\delta(x_k)|$ und $\sum_{k=0}^{N+1} \bar{\lambda}_k = 1$ trivialerweise

$$|h| = \sum_{k=0}^{N+1} \bar{\lambda}_k\, |\delta(x_k)|. \tag{28}$$

Da für mindestens einen Index $|\delta(\bar{x}_j)| > |\delta(x_j)|$ sein soll, ergibt sich aus dem Vergleich von (28) und (27) die Behauptung. ∎

Mit der neuen Referenz kann der gesamte Prozeß von vorn beginnen: Man bestimmt die Fehlerfunktion $\delta(x)$ und prüft, ob sie über den (breiter gewordenen) Streifen $-|\bar{h}| \leqq y \leqq |\bar{h}|$ hinausragt. Trifft dies zu, so findet man eine neue Referenz mit $|\bar{\bar{h}}| > |\bar{h}|$, andernfalls ist die Referenz (24) die gesuchte Alternante und $\bar{q}_N$ das Polynom bester Čebyšev-Approximation an die Funktion f. Die wiederholte Ausführung des beschriebenen

Referenzaustauschs wird *Remez-Algorithmus* genannt. Er erzeugt eine monoton zunehmende Folge von Referenzabweichungen. Wir zeigen, daß die Folge nach oben beschränkt und demzufolge konvergent ist.

Satz 6.6.7 (Beschränktheit der Referenzabweichungen). *Ist $q_N(x)$ ein Referenzpolynom mit der Referenzabweichung $|h|$ und $\delta(x)$ die zugehörige Fehlerfunktion, so gilt*

$$|h| \leqq \Delta_N(1, f) \leqq \max_{x \in [a,b]} |\delta(x)|. \tag{29}$$

Beweis. Die rechte Ungleichung folgt unmittelbar aus der Definition (2) der Minimalabweichung. Für die linke benutzen wir erneut die Darstellung (22), wählen aber für p_N jetzt speziell das Polynom bester gleichmäßiger Approximation an f. Dann gilt für jede Referenz

$$|h| = \left| \sum_{k=0}^{N+1} \lambda_k \cdot (-1)^k \left(q_N^{(b)}(x_k) - f(x_k)\right) \right| \leqq \left(\sum_{k=0}^{N+1} \lambda_k \right) \max_{x \in [a,b]} |q_N^{(b)}(x) - f(x)|,$$

und mit (20) folgt die Behauptung. ∎

Mit Hilfe von (29) läßt sich beurteilen, ob ein weiterer Austauschschritt sinnvoll ist. Nur wenn sich $|h|$ und das näherungsweise zu bestimmende Betragsmaximium der Fehlerfunktion noch stark unterscheiden, kann eine wesentliche Verbesserung der Approximation erwartet werden.

Offen ist bisher die Frage, mit welcher Referenz man den Algorithmus starten soll. In Beispiel 6.6.2 hatten wir nachgewiesen, daß das mit 2^{-N} multiplizierte Čebyšev-Polynom $T_{N+1}(x)$ Polynom kleinster Nullabweichung ist. Es nimmt seinen Maximalwert 2^{-N} mit alternierendem Vorzeichen an den Stellen

$$x_k = -\cos \frac{k\pi}{N+1}, \qquad k = 0(1)N+1, \qquad x_k \in [-1, 1] \tag{30}$$

(vgl. Ü 6.4.13) an. Qualitativ ist das genau das Verhalten, das man sich von der Fehlerfunktion $\delta(x)$ wünscht. Mit einer gewissen Berechtigung (vgl. auch Abschnitt 6.6.3) kann man also mit den Čebyšev-Extrema (30) starten. Sie beziehen sich auf das Intervall $[-1, 1]$, können aber leicht auf jedes beliebige Intervall $[a, b]$ transformiert werden (Ü 6.1.25). Als *Startreferenz* benutzen wir also

$$x_k := \frac{a+b}{2} + \frac{a-b}{2} \cos \frac{k\pi}{N+1}, \qquad k = 0(1)N+1, \qquad x_k \in [a, b]. \tag{31}$$

Abschließend fassen wir die Rechenschritte zu einem Algorithmus zusammen.

Algorithmus 6.6.8 (Remez-Algorithmus). Konstruktion des Polynoms bester gleichmäßiger Approximation QNGL (N, MAX, a, b, $\varepsilon 1$, $\varepsilon 2$, f, $\boldsymbol{x}$, $\boldsymbol{y}$, $\boldsymbol{c}$)

N, MAX	Polynomgrad, maximale Schrittanzahl
a, b	Intervallgrenzen
$\varepsilon 1$, $\varepsilon 2$	Testgrößen für Extremwertbestimmung von $\delta(x)$ und für Genauigkeitstest

	$f(x)$, $f \in C[a, b]$	zu approximierende Funktion, muß als Unterprogramm oder Tabelle vorliegen
	$\boldsymbol{t} = (t_0, t_1, \ldots, t_N)$ $\boldsymbol{x} = (x_0, x_1, \ldots, x_{N+1})$	Stützstellen (Referenz)
	$\boldsymbol{y} = (y_0, y_1, \ldots, y_{N+1})$	Stützwerte $y_k := f(x_k)$
	$\boldsymbol{c} = (c_0, c_1, \ldots, c_N)$	Steigungen des Referenzpolynoms
	h, ha	neue und alte Referenzabweichung
1	Bestimmung der Startwerte	
	$ha := 0$	alte Referenzabweichung
	$k = 0(1)N + 1$	
	$x_k := \big(a + b + (a - b) \cdot \cos\big(k\pi/(N + 1)\big)\big)/2$	Stützstellen
	$y_k := f(x_k)$	Stützwerte
	$m = 1(1)\mathrm{MAX}$	Zähler der Austauschschritte
2	Berechnung der Referenzabweichung $\lvert h \rvert$	
	$h := 0$, $S := 0$	Startwerte
	$i := -1$	Hilfsgröße (Vorzeichen)
	$k = 0(1)N + 1$	
	$d := \prod\limits_{\substack{n=0 \\ n \neq k}}^{N+1} (x_k - x_n)$	Berechnung der Koeffizienten d_k (vgl. (16))
	$d := 1/\lvert d \rvert$	
	$h := h + i \cdot d \cdot y_k$	
	$S := S + d$	
	$i := -i$	
	$h := h/S$	Berechnung von h (vgl. (18))
	falls $\big\lvert \lvert h \rvert - ha \big\rvert < \varepsilon 2$, dann Schritt 9	
	$ha := \lvert h \rvert$	
3	Berechnung der Steigungen für das Interpolationspolynom $q_N(x)$ durch die ersten $N + 1$ Knoten $\big(x_k, y_k + (-1)^k \cdot h\big)$	
	$i := 1$	Hilfsgröße (Vorzeichen)
	$k = 0(1)N$	
	$y_k := y_k + i \cdot h$	abgeänderte Stützwerte
	$t_k := x;\quad c_k := y_k$	Stützstellen und Stützwerte für Steigungs- und Polynomwertberechnung
	$i := -i$	
	DRS (N, $\boldsymbol{t}$, $\boldsymbol{c}$)	Berechnung der Steigungen c_k mit Hilfe von Algorithmus 6.1.11
4	Berechnung einer neuen Referenz durch lokale Extremwertsuche	
	$k = 0(1)N + 1$	
	$\varepsilon := \varepsilon 1$, $xn := x_k + \varepsilon$	Bestimmung der Suchrichtung
	falls $xn > b$, dann Schritt 5	
	$yn := f(xn)$	
	PNN (N, $\boldsymbol{t}$, $\boldsymbol{c}$, xn, p)	Polynomwertberechnung (Alg. 6.1.12)
	$\delta := p - yn$	$\delta(x_k + \varepsilon 1)$
	falls $\lvert \delta \rvert > ha$, dann Schritt 6	(positive Suchrichtung)
	falls $xn - 2\varepsilon < a$, dann Schritt 8	(x_k bleibt unverändert)

5 $xn := xn - 2\varepsilon, \quad yn := f(xn)$
PNN (N, $\boldsymbol{t}$, $\boldsymbol{c}$, xn, p) — Polynomwertberechnung (Algorithmus 6.1.12)
$\delta := p - yn$ — $\delta(x_k - \varepsilon 1)$
falls $|\delta| < ha$, dann Schritt 8 — (x_k bleibt unverändert)
$\varepsilon := -\varepsilon 1$

6 $xa := xn, \; ya := yn, \; \delta a := \delta$
$xn := xn + \varepsilon$ — Extremwertsuche
falls $xn > b$ oder $xn < a$, dann Schritt 7 (Suche beendet)
$yn := f(xn)$
PNN (N, $\boldsymbol{t}$, $\boldsymbol{c}$, xn, p) — Polynomwertberechnung Algorithmus 6.1.12)
$\delta := p - yn$ — Wert der Fehlerfunktion
falls $|\delta| > |\delta a|$, dann Schritt 6 — (Suche fortsetzen)

7 $x_k := xa$ — neue Stützstelle

8 $y_k := f(x_k)$ — neuer Stützwert

Ende der m-Schleife

Irregulärer Abbruch: Geforderte Genauigkeit $\big||h| - ha\big| < \varepsilon 2$ nicht erreicht

9 Druck der Koeffizienten c_k (Steigungen) des approximierten Polynoms

---

Der Algorithmus beschränkt sich auf eine (in der Praxis oft ausreichende) lokale Extremwertsuche in der Umgebung der alten Referenzpunkte. Das bedeutet, daß Extrema der Fehlerfunktion $\delta(x)$ von der in Abb. 6.6.2 mit x^* bezeichneten Art nicht gefunden werden. Es empfiehlt sich deshalb, die Fehlerfunktion abschließend oder auch schon gelegentlich während der Rechnung mit Hilfe einer vollständig berechneten Wertetabelle auf dem Bildschirm oder Plotter darzustellen. Natürlich können auch ausgefeiltere Methoden der Extremwertbestimmung eingesetzt werden. Der *Rechenaufwand* ist relativ hoch. Er wird im wesentlichen bestimmt von den $(N + 1) \cdot (N + 2)$ Multiplikationen für die Berechnung der Koeffizienten d_k und den $N(N + 1)/2$ Divisionen für die Berechnung der Steigungen c_k. Insgesamt ergeben sich

$$\mathrm{RAW}_{\mathrm{Remez}} := \frac{3}{2}\, M \cdot N^2 + M\left(\left(K + \frac{9}{2}\right) N + 2K + 5\right) \tag{32}$$

wesentliche Rechenoperationen. Hinzu kommen $N + 2$ Aufrufe der cos-Funktion und $(M \cdot K + 1) \cdot (N + 2)$ Aufrufe der Funktion f. Dabei bezeichnet M die Anzahl der ausgeführten Referenzaustauschschritte und K die mittlere Anzahl der für das Auffinden eines δ-Extremwertes erforderlichen Polynomauswertungen. *Speicherplatz* wird, abgesehen von einigen skalaren INTEGER- und REAL-Größen, für die vier REAL-Felder $\boldsymbol{x}, \boldsymbol{t}, \boldsymbol{y}, \boldsymbol{c}$ benötigt. Nach Abschluß des Algorithmus stehen die Steigungen c_k für weitere Polynomwertberechnungen (nach Algorithmus 6.1.12) zur Verfügung. Die numerische Stabilität des Verfahrens ist nicht sonderlich hoch. Das liegt daran, daß sowohl bei der h-Berechnung nach Formel (18) als auch bei der Berechnung der Steigungen nach Algorithmus 6.1.11 die Gefahr der Auslöschung besteht, wenn sich die Funktionswerte von Stützstelle zu Stützstelle nur wenig ändern (vgl. auch B 6.6.3 und B 6.6.4).

Beispiel 6.6.9. Für die im Beispiel 6.6.1 durch eine Gerade angenäherte Logarithmusfunktion $f(x) := \ln(1 + x)$ bestimmen wir im Intervall $[-0.5, 0.5]$ ein Polynom dritten Grades bester gleichmäßiger Approximation. Als Startreferenz verwenden wir die (auf zwei Stellen gerundeten) Čebyšev-Extrema (vgl. (31)): $x_0 := -0.5$, $x_1 := -0.35$, $x_2 := 0$, $x_3 := 0.35$, $x_4 := 0.5$. Als erste Referenzabweichung ergibt sich daraus $h \approx 0.0026$. Eine Extremwertsuche für die Fehlerfunktion $\delta(x) = q_3(x) - \ln(1 + x)$ mit der Schrittweite $\varepsilon 1 := 0.01$ liefert Extrema am Rand ($x_0 = -0.5$, $x_4 = 0.5$) und relative Extrema bei $x_1 = -0.38$, $x_2 = -0.05$ und $x_3 = 0.33$. Dabei erhält man auch einen Näherungswert für das Betragsmaximum $\|\delta\|_\infty \approx 0.0028$ und damit nach (29) die folgende Einschließung für den Abstand der Logarithmusfunktion vom Raum der kubischen Polynome: $0.0026 < \Delta_3(1, f) \lessapprox 0.0028$. Ein großer Genauigkeitsgewinn ist also vom folgenden Remez-Schritt nicht mehr zu erwarten. Als neue Referenzabweichung ergibt sich $h = 0.002702$. Das Betragsmaximum der Fehlerfunktion, gesucht mit einer verkleinerten Schrittweite von $\varepsilon 1 := 0.001$, findet man bei $x \approx -0.054$, es beträgt etwa 0.002703. Also ist jetzt $0.002702 < \Delta_3(1, f) \leqq 0.002703$. Damit kann der Algorithmus abgebrochen werden. Gegenüber der Approximation durch eine Gerade (Beispiel 6.6.1) ist der Fehler auf etwa 1/20 gesunken. In Tab. 6.6.2 sind die Referenz und die Funktionswerte sowie die Steigungen des Referenzpolynoms für die beiden durchgeführten Austauschschritte zusammengestellt (Ergebnisse einer 10stelligen Gleitpunktrechnung, auf 4 Stellen gerundet). Das gesuchte Polynom ist (vgl. (6.1.21) und (6.1.27))

$$q_3(x) := \big((0.4290x - 0.9734)(x + 0.35) + 1.7476\big)(x + 0.5) - 0.6904. \tag{33}$$

Tab. 6.6.2. Referenzen, Funktionswerte und Steigungen der Referenzpolynome aus Beispiel 6.6.9

x_k	$y_k + (-1)^k \cdot h$	c_k	x_k	$y_k + (-1)^k \cdot h$	c_k
−0.50	−0.6906	−0.6906	−0.50	−0.6904	−0.6904
−0.35	−0.4334	1.7148	−0.38	−0.4807	1.7476
0.00	0.002571	−0.9386	−0.05	−0.04859	−0.9734
0.35	0.2975	0.4274	0.33	0.2825	0.4290
0.50	0.4080	—	0.50	0.4082	—

6.6.3. Gute gleichmäßige Approximation

Im vorigen Abschnitt hat sich gezeigt, daß die iterative Bestimmung des Polynoms bester gleichmäßiger Approximation mit Hilfe des Remez-Algorithmus sehr aufwendig ist. Häufig kann man aber eine gute (wenn auch nicht die beste) gleichmäßige Approximation bereits mit sehr viel einfacheren Mitteln erhalten.

Eine Möglichkeit bietet die Polynominterpolation, wenn man die Čebyšev-Knoten (6.1.47) als Stützstellen verwendet. Das Restglied (6.1.43) erhält dann (vgl. Beispiel 6.6.2) die Gestalt

$$r_N(x) := -\frac{(b-a)^{N+1}}{2^{2N+1}(N+1)!}\, T_{N+1}(x)\, f^{(N+1)}\big(\xi(x)\big) \tag{34}$$

und besitzt, falls die Ableitung im Intervall $[a, b]$ ihr Vorzeichen nicht ändert, das gewünschte alternierende Verhalten (Ü 6.6.15).

Eine zweite Möglichkeit haben wir im Abschnitt 6.4.2 kennengelernt: die N-te Partialsumme $q_N^{(b)}(x)$ der *Čebyšev-Entwicklung* der Funktion f (vgl. (6.4.32), (6.4.33)). Sie ist um so besser, je schneller die Beträge der Čebyšev-Koeffizienten c_n (nicht zu verwechseln mit den im vorigen Abschnitt berechneten Steigungen des Referenzpolynoms!) abnehmen. Bei einer schnellen Abnahme wird der Approximationsfehler $\delta(x) := q_N^{(b)}(x) - f(x)$ im wesentlichen durch den ersten vernachlässigten Term $c_{N+1}T_{N+1}(x)$ beschrieben (vgl.

(6.4.39)), und T_{N+1} hat nach Beispiel 6.6.2 das gewünschte alternierende Fehlerverhalten. Damit ist gleichzeitig die im vorigen Abschnitt offen gebliebene Frage beantwortet, wann die Čebyšev-Extrema eine geeignete Startreferenz liefern.

Eine dritte Möglichkeit bietet die sogenannte *Ökonomisierung des Taylor-Polynoms*: Soll für eine Funktion f ein gleichmäßig approximierendes Polynom N-ten Grades gefunden werden und besitzt f eine Taylor-Entwicklung, so schreibt man diese Entwicklung bis zu einer Potenz x^{N+M}, $M \geqq 1$, auf

$$f(x) = q_{N+M}(x) + R_{N+M}(x) := \sum_{n=0}^{N+M} \frac{x^n}{n!} f^{(n)}(0) + \frac{x^{N+M+1}}{(N+M+1)!} f^{(N+M+1)}(\vartheta x), \quad 0 < \vartheta < 1, \tag{35}$$

und ersetzt die höheren Potenzen $x^{N+M}, x^{N+M-1}, \ldots, x^{N+1}$ mit Hilfe der Formeln aus Tab. 6.6.1 schrittweise durch Polynome niedrigeren Grades. Dann gilt für den Fehler

$$|q_{N+M}(x) - f(x)| \leqq \|R_{N+M}\|_\infty,$$

und weiter, wenn man $-1 \leqq x \leqq 1$ voraussetzt, wegen (6)

$$|q_{N+m-1}(x) - q_{N+m}(x)| \leqq |c_{N+m}|\, 2^{1-N-m},$$

wobei c_{N+m} den Koeffizienten von x^{N+m} im Polynom $q_{N+m}(x)$ bezeichnet. Für den Fehler von $q_N(x)$ ergibt sich damit aus der Identität

$$q_N(x) - f(x) = q_N(x) - q_{N+1}(x) + q_{N+1}(x) - + \cdots + q_{N+M}(x) - f(x)$$

die Abschätzung

$$|\delta(x)| := |q_N(x) - f(x)| \leqq \|R_{N+M}\|_\infty + \sum_{m=1}^{M} |c_{N+m}|\, 2^{1-N-m}. \tag{36}$$

Wenn die Fehlerfunktion $\delta(x)$ bereits das gewünschte alternierende Verhalten zeigt, kann man mit Hilfe einer Abschwächung der Ungleichung (29) beurteilen, wie weit $q_N(x)$ noch von der besten gleichmäßigen Approximation entfernt ist:

Satz 6.6.10 (Schranke von DE LA VALLÉE POUSSIN). *Existiert zu einem Polynom $q_N(x)$ eine Referenz* (8) *mit der Eigenschaft*

$$\operatorname{sgn} \delta(x_k) = -\operatorname{sgn} \delta(x_{k+1}), \qquad k = 0(1)N, \tag{37}$$

so ist

$$\min_{k=0(1)N+1} |\delta(x_k)| \leqq \Delta_N(1, f). \tag{38}$$

Beweis. Durch $\operatorname{sgn} h := \operatorname{sgn} \delta(x_0)$ und $|h| := \min\limits_{k=0(1)N+1} |\delta(x_k)|$ definieren wir eine Zahl h und bezeichnen mit $\{\bar{x}_k, k = 0(1)N+1\}$ eine Referenz, für die h Referenzabweichung ist. Die Existenz einer solchen Referenz ist aus Stetigkeitsgründen gesichert: Man braucht nur die Kurve $y = \delta(x)$ mit dem Geradenpaar $y = \pm h$ zu schneiden und unter den Abszissen der Schnittpunkte $N+2$ auszuwählen, für die $\delta(\bar{x}_k) = (-1)^k h, k = 0(1)N+1$, erfüllt ist. Da für jede Referenzabweichung die Ungleichung (29) gilt, ist (38) bewiesen. ∎

Liegt also zu einem approximierenden Polynom $q_N(x)$ die Fehlerfunktion $\delta(x)$ vor und findet man eine Referenz mit der Eigenschaft (37), so liefern (38) und (29) eine Einschließung für die Minimalabweichung $\Delta_N(1, f)$.

Beispiel 6.6.11. Durch Ökonomisierung des Taylor-Polynoms

$$q_5(x) = x - \frac{1}{2}x^2 + \frac{1}{3}x^3 - \frac{1}{4}x^4 + \frac{1}{5}x^5$$

der Funktion $f(x) = \ln(1 + x)$ bestimmen wir im Intervall $[-0.5, 0.5]$ ein approximierendes Polynom dritten Grades. Um die für das Intervall $[-1, 1]$ hergeleiteten Potenz-Approximationen aus Tab. 6.6.1 verwenden zu können, schreiben wir es in der Gestalt

$$q_5(t/2) = \frac{1}{2}t - \frac{1}{8}t^2 + \frac{1}{24}t^3 - \frac{1}{64}t^4 + \frac{1}{160}t^5, \qquad -1 \leqq t \leqq 1.$$

Durch Ersetzung von t^5 ergibt sich

$$q_4(t/2) = \frac{1}{2}t - \frac{1}{8}t^2 + \frac{1}{24}t^3 - \frac{1}{64}t^4 + \frac{1}{160}\left(\frac{5}{4}t^3 - \frac{5}{16}t\right)$$

$$= \frac{255}{512}t - \frac{1}{8}t^2 + \frac{19}{384}t^3 - \frac{1}{64}t^4,$$

und durch Ersetzung von t^4

$$q_3(t/2) = \frac{255}{512}t - \frac{1}{8}t^2 + \frac{19}{384}t^3 - \frac{1}{64}\left(t^2 - \frac{1}{8}\right),$$

also schließlich

$$q_3(x) = \frac{1}{512} + \frac{255}{256}x - \frac{9}{16}x^2 + \frac{19}{48}x^3. \tag{39}$$

Fürdas Lagrangesche Restglied der Taylor-Entwicklung gilt

$$|R_6(x)| = \left|\frac{1}{6!}x^6\frac{5!}{(1-\vartheta x)^6}\right| \leqq \begin{cases} 1/384 & \text{für} \quad 0 \leqq x \leqq 0.5, \\ 1/6 & \text{für} \quad -0.5 \leqq x < 0, \end{cases}$$

so daß wir für die Fehlerfunktion $\delta(x) = q_3(x) - \ln(1 + x)$ die (nur für positive x realistische) Abschätzung

$$|\delta(x)| \leqq |R_6(x)| + \frac{1}{64}\cdot\frac{1}{8} + \frac{1}{160}\cdot\frac{1}{16} \leqq \begin{cases} 0.004948 & \text{für} \quad 0 \leqq x \leqq 0.5, \\ 0.1691 & \text{für} \quad -0.5 \leqq x < 0 \end{cases}$$

erhalten. Mit Hilfe einer Wertetabelle von $\delta(x)$ finden wir die (in Tab. 6.6.3 fettgedruckte) Referenz $(-0.5, -0.3, 0, 0.3, 0.5)$, deren zugehörige δ-Werte der Bedingung (37) genügen. Verwendet man das diskrete Maximum $\max_{k=0(1)4} |\delta(x_k)|$ als Näherung für das stetige Maximum $\|\delta\|_\infty$, so ergibt sich $0.0015 < \Delta_3(1, f) < 0.0069$, das heißt, das mit geringem Aufwand gefundene kubische Polynom (39) ist bereits eine gute gleichmäßige Approximation von $\ln(1 + x)$. Der Fehler ist nur knapp doppelt so groß wie der des in Beispiel 6.6.9 mit Hilfe des Remez-Algorithmus gefundenen Polynoms (33).

Tab. 6.6.3. Fehlerfunktion $\delta(x) := q_3(x) - \ln(1 + x)$ zum Beispiel 6.6.11

x	**−0.5**	−0.4	**−0.3**	−0.2	−0.1	**0.0**	0.1	0.2	**0.3**	0.4	**0.5**
$10^4 \cdot \delta(x)$	**69**	−10	**−15**	2	17	**20**	10	−5	**−15**	−7	**34**

6.6.4. Bemerkungen

B 6.6.1. Ausführlicher wird die gleichmäßige Approximation in den Numerik-Lehrbüchern von Bachvalov [1], Werner, Schaback [1] und in der Spezialliteratur (Cheney [1], Collatz, Krabs [1], Kiesewetter [1], Rice [1], Singer [1], Watson [1]) behandelt. Verallgemeinerungen sind in vielfältiger Weise möglich. Der Alternantensatz bleibt richtig und der Remez-Algorithmus anwendbar, wenn man q_N nicht aus Potenzen, sondern aus anderen Basisfunktionen, die allerdings ein *Haarsches System* bilden müssen, linear kombiniert. Verwendet man gebrochen rationale Funktionen, so spricht man von *rationaler Approximation*. Hier sind wegen der Nullstellen des

Nennerpolynoms einige zusätzliche Überlegungen erforderlich. Insbesondere ist die Eindeutigkeit der besten Approximation nicht mehr gegeben. Hängen die approximierenden Funktionen nichtlinear von den unbekannten Parametern ab, so spricht man von *nichtlinearer Approximation.*

B 6.6.2. Wie bereits in der Einführung (vgl. (1), (2)) erwähnt, kann man gewichtete Normen benutzen. Die Vereinfachung $\omega(x) \equiv 1$ schränkt aber die Allgemeinheit nicht wesentlich ein. Ist nämlich $q^{(b)}$ aus einem Teilraum $\mathbb{P}$ bezüglich der Norm $\|\cdot\|_{\infty,\omega}$ beste Approximation von f aus $C[a, b]$, so ist $\omega \cdot q^{(b)}$ aus dem Teilraum $\mathbb{P}_\omega$ der Funktionen $\omega \cdot q$ bezüglich der Norm $\|\cdot\|_{\infty,1}$ beste Approximation der Funktion $\omega \cdot f$.

B 6.6.3. Die Auslöschung bei der h-Berechnung kann man vermeiden, wenn man im Algorithmus 6.6.8, Schritt 2, vom zweiten Zyklus anstatt (18) die Formel (22) verwendet. Schreibt man diese nämlich in der Gestalt

$$h = (\operatorname{sgn} \delta(x_0)) \sum_{k=0}^{N+1} \lambda_k \, |\delta(x_k)|, \tag{22'}$$

so werden nur positive Summanden addiert. Um die Polynomwerte $q_N(x_k)$ nicht doppelt berechnen zu müssen, definiert man einen Vektor $\boldsymbol{\delta}$ zur Speicherung der $N + 2$ Werte $\delta(x_k)$ und fügt im Schritt 7 die Anweisung $\delta_k := \delta a$ ein (Ü 6.6.5).

B 6.6.4. Das Referenzpolynom läßt sich auch mit Hilfe von Lösungsmethoden für lineare Gleichungssysteme bestimmen. Dazu schreibt man (10) in der Gestalt

$$c_0 + c_1 x_k + \cdots + c_N x_k^N - (-1)^k h = f(x_k), \qquad k = 0(1)N + 1. \tag{10'}$$

Die Koeffizientendeterminante dieses linearen Gleichungssystems für die $N + 1$ Koeffizienten c_n und die Referenzabweichung h läßt sich ähnlich wie früher die Vandermondesche Determinante (Ü 6.1.1) auf ein Differenzenprodukt zurückführen (Ü 6.6.7). Damit ist erneut die eindeutige Existenz von $q_N(x)$ und h nachgewiesen (Satz 6.6.5). Soll nun im Sinne des Remez-Algorithmus ein Referenzpunkt ausgetauscht werden, so kann man die Inverse der neuen Koeffizientenmatrix (und damit die neue Referenzabweichung und den neuen Koeffizientenvektor) durch *Rang-Eins-Modifizierung* der Inversen der Ausgangsmatrix z. B. mit Hilfe der *Sherman-Morrison-Formel* (Ü 2.1.41) finden. Rechentechnisch günstiger ist die $\boldsymbol{LU}$-Aufspaltung der Ausgangsmatrix und die Rang-Eins-Modifizierung der Dreiecksfaktoren $\boldsymbol{L}$ und $\boldsymbol{U}$ (vgl. Kiełbasiński, Schwetlick [2]).

B 6.6.5. Der Remez-Algorithmus bleibt anwendbar, wenn die Funktion f nur in Tabellenform vorliegt. Es ist dann lediglich zu beachten, daß die Schrittweite $\varepsilon 1$ für die Extremwertsuche nicht kleiner als die Argumentdifferenz der Tabelle gewählt werden kann (Ü 6.6.3).

6.6.5. Übungsaufgaben

Ü 6.6.1. Man programmiere den Remez-Algorithmus (Algorithmus 6.6.8).

Ü 6.6.2. Mit Hilfe des Remez-Algorithmus bestimme man je ein Polynom $q_5(x)$ bester gleichmäßiger Approximation für die Funktionen a) $f(x) := e^x$ im Intervall $[-1, 1]$, b) $f(x) := e^x$ im Intervall $[-0.1, 0.1]$, c) $f(x) := \arctan x$ im Intervall $[0, 2]$, d) $f(x) := \arcsin x$ im Intervall $[-1, 1]$ und gebe jeweils den Approximationsfehler an.

Ü 6.6.3. Mit Hilfe des Remez-Algorithmus bestimme man ein Polynom $q_4(x)$ und ein Polynom $q_6(x)$ bester gleichmäßiger Approximation für die Funktion $f(x) := \Gamma(x + 1)$ im Intervall $[0, 4]$ (vgl. Beispiel 6.1.5, eine Tabelle der Γ-Funktion findet man z. B. bei Jahnke, Emde, Lösch [1], S. 15).

Ü 6.6.4. Man führe eine Rückwärtsanalyse für alle beim Remez-Algorithmus auftretenden Fehler durch.

Ü 6.6.5. Man modifiziere Algorithmus 6.6.8 so, daß vom zweiten Zyklus an die Formel (22′) für die h-Berechnung verwendet wird (vgl. B 6.6.3) und vergleiche die numerische Stabilität der beiden Varianten.

Ü 6.6.6. Man modifiziere den Algorithmus 6.6.8 so, daß die Polynomwerte in den Schritten 4 bis 6 mit Hilfe von Schritt 2 des Algorithmus 6.1.8 bestimmt werden. H i n w e i s. Die dazu benötigten Koeffizienten d_k werden unter der Bezeichung d im Schritt 2 des Algorithmus 6.6.8 berechnet und müssen lediglich noch abgespeichert werden.

Ü 6.6.7. Man weise nach, daß die Koeffizientenmatrix des linearen Gleichungssystems (10′) nicht singulär ist (vgl. B 6.6.4).

Ü 6.6.8. Man schreibe einen Remez-Algorithmus, der die Modifikationstechniken für lineare Gleichungssysteme verwendet (vgl. B 6.6.4), und vergleiche Rechenaufwand und numerische Stabilität mit denen von Algorithmus 6.6.8.

Ü 6.6.9. Für die Funktion $f(x) := e^x$ bestimme man im Intervall $[-1, 1]$ ein kubisches Polynom bester gleichmäßiger Approximation durch Inversion der zur Startreferenz $(-1, -0.7, 0, 0.7, 1)$ gehörenden Koeffizientenmatrix des Systems (10′) und anschließende Modifizierung der Inversen mit Hilfe der Sherman-Morrison-Formel (vgl. Ü 2.1.41).

Ü 6.6.10. Durch Ökonomisierung einer Partialsumme der Potenzreihe

$$\arctan x = x - \frac{1}{3} x^3 + \frac{1}{5} x^5 + - \cdots$$

bestimme man im Intervall $[-0.2, 0.2]$ ein Polynom $q_N(x)$, dessen Approximationsfehler der Abschätzung $|\delta(x)| := |q_N(x) - \arctan x| < 10^{-6}$ genügt.

Ü 6.6.11. Mit Hilfe des in Ü 6.6.10 berechneten approximierenden Polynoms $q_N(x)$ bestimme man eine Einschließung für die Minimalabweichung $\Delta_N(1, f)$ der Funktion $f(x) := \arctan x$ im Intervall $[-0.2, 0.2]$.

Ü 6.6.12. Man beweise (vgl. BACHVALOV [1], S. 233): Ist $p_{N+1}(x) := \sum_{n=0}^{N+1} a_n x^n$ im Intervall $[-1, 1]$ ein die Funktion $f(x)$ approximierendes Polynom $(N + 1)$-ten Grades, so genügt die Minimalabweichung $\Delta_N(1, f)$ der Funktion f vom Raum $\mathbb{P}^{N+1}[-1, 1]$ der Polynome von höchstens N-tem Grad der Abschätzung $|a_{N+1}| \cdot 2^{-N} - \|p_{N+1} - f\|_\infty \leqq \Delta_N(1, f)$.

Ü 6.6.13. Man beweise (vgl. BACHVALOV [1], S. 234): Ist $q_{N+1}(x) := \frac{1}{2} c_0 + \sum_{n=1}^{N+1} c_n T_n(x)$ die $(N + 1)$-te Partialsumme der Čebyšev-Entwicklung von f, so gilt

$$|c_{N+1}| - \sum_{n=N+2}^{\infty} |c_n| \leqq \Delta_N(1, f) \leqq |c_{N+1}| + \sum_{n=N+2}^{\infty} |c_n|.$$

Ü 6.6.14. Durch (18) wird jeder Funktion f aus $C[a, b]$ eine Zahl h zugeordnet. Man weise nach, daß das so definierte Funktional $h = h(f)$ linear (das heißt additiv und homogen) und beschränkt ist. Man weise nach, daß das Funktional jedes Polynom von höchstens N-tem Grad auf Null abbildet, $h(p_N) = 0$.

Ü 6.6.15. Für die Funktion $f(x) := \ln(1 + x)$ bestimme man das Interpolationspolynom $p_3(x)$ zu den Čebyšev-Knoten (6.1.47) ($a := -0.5$, $b := 0.5$) und vergleiche sein Fehlerverhalten mit dem des durch Ökonomisierung gewonnenen Polynoms $q_3(x)$ aus Beispiel 6.6.11.

7. Quadratur und Kubatur

7.1. Interpolationsquadraturen

7.1.1. Problemstellung, Grundlagen

Beispiel 7.1.1. Die klassische Methode der Geschwindigkeitsmessung auf Schiffen ist das *Loggen.* Ein über Bord geworfenes Logscheit zieht eine Logleine ins Wasser, auf der in regelmäßigen Abständen Knoten angebracht sind. Gezählt wird die Anzahl der Knoten, die in einer bestimmten, durch das Logglas (eine Sanduhr) gemessenen Zeit ablaufen. Benutzt man ein Logglas von 15 s Laufzeit und einen Knotenabstand von 7.72 m (üblich sind auch Loggläser von 28 s Laufzeit und einem Knotenabstand von 14.40 m), so entspricht die Anzahl der abgelaufenen Knoten der Geschwindigkeit des Schiffes, gemessen in Seemeilen (1852 m) pro Stunde. Aus den ins Logbuch eingetragenen Geschwindigkeiten kann die zurückgelegte Strecke berechnet werden, denn aus Geschwindigkeit := Weg/Zeit,

$$v := \frac{ds}{dt},$$

ergibt sich durch Integration der zwischen den Zeitpunkten t_0 und t_N zurückgelegte Weg,

$$S := \int_{t_0}^{t_N} ds = \int_{t_0}^{t_N} v(t)\, dt. \tag{1}$$

Geometrisch entspricht die gesuchte Wegstrecke dem Flächeninhalt der in Abb. 7.1.1 schraffierten Fläche unter der Geschwindigkeitskurve.

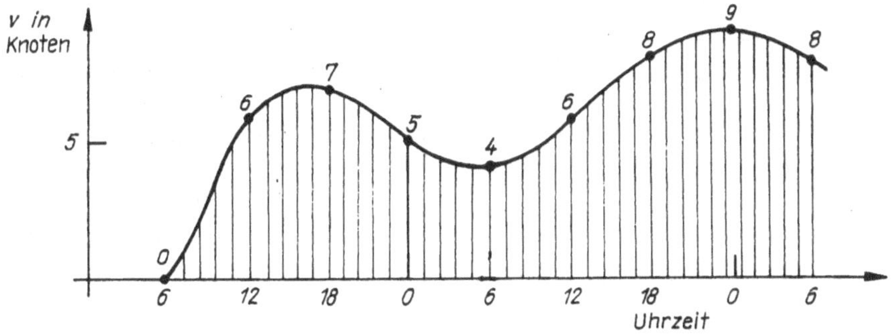

Abb. 7.1.1. Geschwindigkeit eines Segelschiffes

Beispiel 7.1.2. Ein Problem, das mathematisch Interessierte schon vor Jahrtausenden beschäftigte und das geradezu zu einem Synonym für eine schwierige oder unlösbare Aufgabe wurde, ist die *Quadratur des Kreises,* die Verwandlung der Kreisfläche in eine flächengleiche, geradlinig berandete ebene Figur. Von LINDEMANN wurde 1882 gezeigt, daß eine geometrische Lösung mit

Zirkel und Lineal unmöglich ist. Analytisch führt die Aufgabe auf das Integral

$$F = \int_0^1 \sqrt{1 - x^2}\, dx = \int_0^{\pi/2} \cos^2 t\, dt = \pi/4 \tag{2}$$

(wenn man sich der Einfachheit halber auf den Radius $r = 1$ und aus Symmetriegründen auf ein Viertel des Einheitskreises beschränkt). Geometrische Näherungslösungen erhält man mit Hilfe ein- und umbeschriebener *Treppenpolygone* (Abb. 7.1.2) oder regelmäßiger Vielecke. Der Inhalt der von ihnen begrenzten Flächen läßt sich leicht ausrechnen. Im altägyptischen Papyrus Rhind (2000 v. d. Z.) wird ein Quadrat mit einer Kantenlänge von 8/9 des Kreisdurchmessers als Näherung verwendet, das liefert die akzeptable Näherung 0.79 für $\pi/4 = 0.785398\ldots$

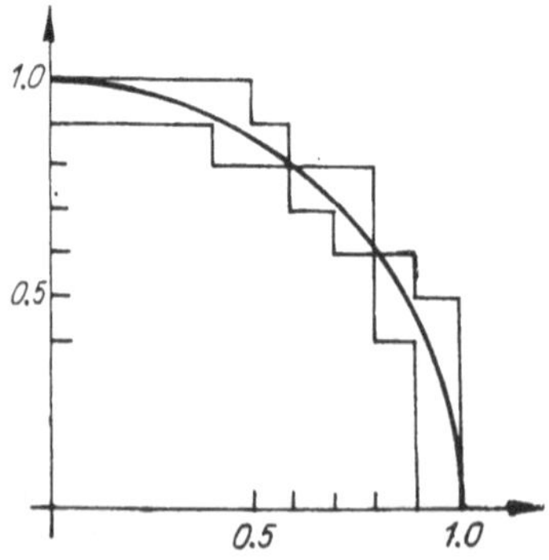

Abb. 7.1.2. Genäherte Quadratur des (Viertel-) Kreises

Quadratur ist die Flächeninhaltsbestimmung beliebig berandeter ebener Gebiete. Bei krummlinigen Rändern führt diese Aufgabe, erforderlichenfalls nach Zerlegung des Gesamtgebiets in Teilbereiche, auf die Berechnung des *bestimmten Riemannschen Integrals*

$$I(f) := \int_a^b f(x)\, dx. \tag{3}$$

Jede Vorschrift zur genäherten Berechnung dieses Integrals heißt *Quadraturformel* $Q(f)$. Eine Folge von Quadraturformeln $Q_N(f)$ mit der Eigenschaft, daß die Werte $Q_N(f)$ für jedes f aus einer gewissen Klasse von Funktionen für $N \to \infty$ gegen $I(f)$ konvergieren, nennt man *Quadraturverfahren*. Gewinnt man die Quadraturformel, indem man den Integranden durch eine interpolierende Funktion $p(x)$ ersetzt und diese anstelle von $f(x)$ integriert, so spricht man von einer *Interpolationsquadratur*.

Wir setzen im folgenden voraus, daß das Integrationsintervall endlich ist und die Funktion f über $[a, b]$ beschränkt und in höchstens endlich vielen Punkten unstetig ist. Dann ist die Existenz des Integrals gesichert. Auf einfache Weise *analytisch* berechnen kann man es dagegen nur in dem Spezialfall, daß $f(x)$ in geschlossener Form (und nicht nur punktweise in Gestalt einer Tabelle) vorliegt und darüber hinaus eine in geschlossener Form angebbare Stammfunktion $F(x)$ existiert, deren Ableitung gleich $f(x)$ ist,

$$I(f) = F(b) - F(a), \qquad F'(x) = f(x). \tag{4}$$

Bereits so elementare Funktionen wie $1/\sqrt{1 + x^4}$, e^x/x, e^{-x^2}, $(\sin x)/x$ und $1/\log x$ gehören nicht zu dieser Klasse.

Beispiel 7.1.3. Auf ein Integral, das nicht in geschlossener Form ausgewertet werden kann, führt in der Regel auch die Berechnung der *Bogenlänge einer ebenen oder räumlichen Kurve*. Ist die Kurve durch eine Parameterdarstellung

$$x = x(t), \quad y = y(t), \quad z = z(t), \qquad a \leqq t \leqq b, \qquad x, y, z \in C^1[a, b], \tag{5}$$

gegeben, so läßt sich die Bogenlänge aus

$$S := \int_a^b \sqrt{x'^2(t) + y'^2(t) + z'^2(t)}\, dt \tag{6}$$

berechnen. Für die Ellipse $x^2/\alpha^2 + y^2/\beta^2 = 1$ mit der Parameterdarstellung

$$x(t) := \alpha \cos t, \quad y(t) := \beta \sin t, \quad \alpha \geqq \beta, \quad z(t) \equiv 0, \quad 0 \leqq t \leqq 2\pi,$$

ergibt sich speziell das Integral

$$S := \int_0^{2\pi} \sqrt{\alpha^2 \sin^2 t + \beta^2 \cos^2 t}\, dt. \tag{7}$$

In der Schreibweise

$$S = 2\alpha \int_{-1}^{1} \left(\sqrt{1 - \varepsilon^2 u^2}\big/\sqrt{1 - u^2}\right) du, \tag{8}$$

die man mit Hilfe der Substitution $u := \cos t$ und der Abkürzung $\varepsilon := \sqrt{\alpha^2 - \beta^2}/\alpha$ für die *numerische Exzentrizität* der Ellipse aus (7) erhält, stellt es einen Grundtyp der *elliptischen Integrale*, ein *Legendresches Normalintegral zweiter Art*, dar.

Eine Integration in geschlossener Form ist also nur in Spezialfällen möglich. In der Regel muß man sich darauf beschränken, das Integral mit Hilfe von Quadraturformeln anzunähern. Zuvor stellen wir noch einige später benötigte Ergebnisse aus dem Gebiet der Integralrechnung zusammen (Ü 7.1.1):

Alle integrierbaren Funktionen genügen der Ungleichung

$$|I(f)| \leqq I(|f|) \leqq (b - a)\, \|f\|_\infty, \qquad \|f\|_\infty := \sup_{x \in [a,b]} |f(x)|. \tag{9}$$

Ist auch g in $[a, b]$ integrierbar und gilt fast überall im Integrationsintervall $f(x) \leqq g(x)$, so folgt

$$I(f) \leqq I(g). \tag{10}$$

Nehmen die Funktionen f und g in $[a, b]$ beide monoton zu oder beide monoton ab, so gilt

$$I(f) \cdot I(g) \leqq (b - a)\, I(f \cdot g), \tag{11}$$

haben sie entgegengesetztes Monotonieverhalten, so kehrt sich das Ungleichheitszeichen um. Für $p > 1$ und $1/p + 1/q = 1$ gilt die *Höldersche Ungleichung*

$$\left|\int_a^b f(x)\, g(x)\, dx\right| \leqq \left(\int_a^b |f(x)|^p\, dx\right)^{1/p} \left(\int_a^b |g(x)|^q\, dx\right)^{1/q}, \tag{12}$$

im Spezialfall $p = q = 2$ wird sie zur *Ungleichung von* Bunjakovskij, Cauchy, Schwarz (für das diskrete Analogon vgl. (2.8.10)). Nach dem *ersten Mittelwertsatz der Integralrechnung* existiert für jede über $[a, b]$ stetige Funktion f ein Zwischenwert ξ mit

$$I(f) = (b - a) \cdot f(\xi), \qquad \xi \in [a, b]. \tag{13}$$

Ist $m \leqq f(x) \leqq M$ für $x \in [a, b]$, so folgt aus (13)

$$m \cdot (b - a) \leqq I(f) \leqq M \cdot (b - a). \tag{14}$$

In Verallgemeinerung von (13) gilt für jede integrierbare Funktion g, die über $[a, b]$ ihr Vorzeichen nicht wechselt, und für jede stetige Funktion f die folgende *Erweiterung des Mittelwertsatzes der Integralrechnung*

$$I(f \cdot g) = I(g) \cdot f(\xi), \qquad \xi \in [a, b]. \tag{15}$$

7.1.2. Riemann-Summen

Bezeichnet

$$a = x_0 < x_1 < \cdots < x_{N-1} < x_N = b \tag{16}$$

irgendeine Zerlegung des Integrationsintervalls $[a, b]$ in N Teilintervalle $[x_{k-1}, x_k]$ mit den (nicht notwendig einheitlichen) Schrittweiten

$$h_k := x_k - x_{k-1}, \qquad k = 1(1)N, \qquad h := \max_{k=1(1)N} h_k, \tag{17}$$

und ist ξ_k irgendein Punkt aus $[x_{k-1}, x_k]$, so heißt

$$Q_N^{(0)}(f) := \sum_{k=1}^{N} h_k \cdot f(\xi_k) \tag{18}$$

die zu der Zerlegung (16) und zu den Zwischenstellen ξ_k gehörende *Riemann-Summe* der Funktion f. Als Grenzwert solcher Riemann-Summen ($N \to \infty$, $h \to 0$) wird in der Analysis das *Riemannsche Integral* definiert. Wir benutzen sie zur genäherten Berechnung des Integrals und bezeichnen diese einfachste Klasse von *Quadraturformeln* als *Rechteckregeln*, denn geometrisch entspricht jedem Summanden $h_k \cdot f(\xi_k)$ ein Rechteck mit der Basis h_k und der Höhe $f(\xi_k)$ (vgl. Abb. 7.1.3a)).

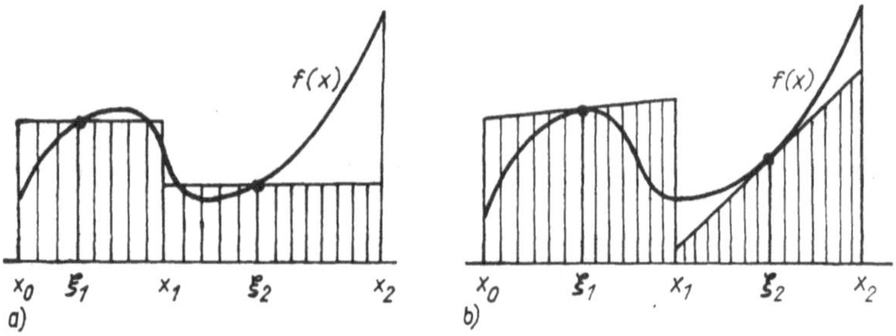

Abb. 7.1.3. a) Rechteckregel, b) Tangententrapezregel

Wichtige Spezialfälle ergeben sich im Fall äquidistanter Stützstellen

$$x_k := a + k \cdot h_N, \qquad h_N := (b - a)/N, \qquad k = 0(1)N, \tag{19}$$

wenn man für ξ_k den linken oder den rechten Randpunkt des Teilintervalls,

$$\underline{Q}_N^{(0)}(f) := h_N \cdot \sum_{k=0}^{N-1} f(x_k), \qquad \overline{Q}_N^{(0)}(f) := h_N \cdot \sum_{k=1}^{N} f(x_k), \tag{20}$$

oder den Intervallmittelpunkt $\xi_k := (x_{k-1} + x_k)/2$ wählt,

$$Q_N^{(0)}(f) := h_N \cdot \sum_{k=1}^{N} f_{k-(1/2)}, \qquad f_{k-(1/2)} := f\left(a + \left(k - \frac{1}{2}\right) h_N\right). \tag{21}$$

Die letzte Quadraturformel heißt *Mittelpunktsregel* oder *Tangententrapezregel*. Die zweite Bezeichnung rührt daher, daß man $h_N \cdot f(\xi_k)$ auch als Flächeninhalt des Trapezes auffassen kann, das von den Geraden $x = x_{k-1}$ und $x = x_k$, der Abszisse und der Tangente im Punkt $(\xi_k, f(\xi_k))$ begrenzt wird (falls eine solche dort existiert, vgl. Abb. 7.1.3b)).

Der Quadraturfehler

$$R_N^{(0)}(f) := Q_N^{(0)}(f) - I(f) \tag{22}$$

kann bei festgehaltener Zerlegung (16) und fest gewählten Zwischenstellen ξ_k beliebig groß werden. (Um das einzusehen, braucht man sich in Abb. 7.1.3 nur f durch eine Funktion ersetzt zu denken, die sehr viel stärker über die Rechtecke bzw. Trapeze hinausragt.) Man kann folglich über $R_N^{(0)}(f)$ nur etwas aussagen, wenn man zusätzliche Informationen über den Integranden hat. Wir verdeutlichen das anhand von drei verschiedenen Voraussetzungen: Ist f aus $C[a, b]$ und monoton, so werden sowohl $I(f)$ als auch $Q_N^{(0)}(f)$ durch $\underline{Q}_N^{(0)}(f)$ und $\bar{Q}_N^{(0)}(f)$ eingeschlossen, und es gilt demzufolge

$$|R_N^{(0)}(f)| \leqq |\bar{Q}_N^{(0)}(f) - \underline{Q}_N^{(0)}(f)| = \frac{b-a}{N} |f(b) - f(a)|, \tag{23}$$

das heißt, für $N \to \infty$ nimmt der *Quadraturfehler der Mittelpunktsregel* wie $1/N$ ab.

Ist f aus $C^1[a, b]$, so gilt nach dem Mittelwertsatz der Differentialrechnung in jedem Teilintervall

$$f(\xi_k + s) = f(\xi_k) + sf'(\xi_k + \vartheta_k s), \qquad 0 < \vartheta_k < 1, \qquad \vartheta_k = \vartheta_k(s), \tag{24}$$

woraus sich im Fall $\xi_k := (x_{k-1} + x_k)/2$ nach Integration (vgl. B 7.1.2)

$$\int_{-h_N/2}^{h_N/2} f(\xi_k + s) \, ds = h_N \cdot f(\xi_k) + \int_{-h_N/2}^{h_N/2} sf'(\xi_k + \vartheta_k s) \, ds$$

und Summation

$$Q_N^{(0)}(f) - I(f) = -\sum_{k=1}^{N} \int_{-h_N/2}^{h_N/2} s \cdot f'(\xi_k + \vartheta_k s) \, ds$$

ergibt. Geht man zu Beträgen über und benutzt (9) und (15), so folgt weiter

$$|R_N^{(0)}(f)| \leqq \sum_{k=1}^{N} \int_{-h_N/2}^{h_N/2} |s| \, |f'(\xi_k + \vartheta_k s)| \, ds = \sum_{k=1}^{N} |f'(\eta_k)| \int_{-h_N/2}^{h_N/2} |s| \, ds = \frac{h_N^2}{4} \sum_{k=1}^{N} |f'(\eta_k)|.$$

Dabei ist η_k jeweils irgendein nicht näher bekannter Punkt aus $[x_{k-1}, x_k]$. Da $f'(x)$ (und damit auch $|f'(x)|$) nach Voraussetzung stetig ist, existiert nach dem Zwischenwertsatz mindestens eine Stelle ξ in $[a, b]$, an der $|f'(x)|$ den Mittelwert der $|f'(\eta_k)|$ annimmt:

$$|f'(\xi)| := \frac{1}{N} \sum_{k=1}^{N} |f'(\eta_k)|, \qquad \xi \in [a, b]. \tag{25}$$

Damit ergibt sich im Fall $f \in C^1[a, b]$ für den *Quadraturfehler der Mittelpunktsregel* die Abschätzung

$$|R_N^{(0)}(f)| \leqq \frac{(b-a)^2}{4N} |f'(\xi)| \leqq \frac{(b-a)^2}{4N} \cdot M_1, \qquad |f'(x)| \leqq M_1. \tag{26}$$

Ist f aus $C^2[a, b]$, so können wir in jedem Teilintervall die Taylor-Formel

$$f(\xi_k + s) = f(\xi_k) + sf'(\xi_k) + \frac{s^2}{2} f''(\xi_k + \vartheta_k s), \qquad 0 < \vartheta_k < 1,$$

verwenden und erhalten nach Integration (vgl. B 7.1.2)

$$\int_{-h_N/2}^{h_N/2} f(\xi_k + s)\,\mathrm{d}s = h_N f(\xi_k) + 0 + f''(\eta_k) \cdot \int_{-h_N/2}^{h_N/2} \frac{s^2}{2}\,\mathrm{d}s, \qquad \eta_k \in [x_{k-1}, x_k].$$

Dabei durfte für das letzte Integral (15) benutzt werden, weil s^2 sein Vorzeichen nicht wechselt. Durch Summation und Einführung eines Mittelwertes $f''(\xi)$ analog zu (25) ergibt sich schließlich für den Quadraturfehler der Mittelpunktsformel im Fall $f \in C^2[a, b]$ die Darstellung

$$R_N^{(0)}(f) = -\frac{(b-a)^3}{24N^2} f''(\xi), \qquad \xi \in [a, b]. \tag{27}$$

Für Funktionen aus $C^2[a, b]$ nimmt der Quadraturfehler $R_N^{(0)}(f)$ also mit wachsendem N wie $1/N^2$ ab.

Abschließend schreiben wir die Mittelpunktsregel als Algorithmus. Bevor er gestartet werden kann, muß mit Hilfe von (23), (26) oder (27) die Intervallanzahl N abgeschätzt werden, die für eine vorgegebene Fehlerschranke $|R_N^{(0)}(f)| < \Delta$ erforderlich ist.

Algorithmus 7.1.4. Mittelpunktsregel QUMI (f, a, b, N, Q)

f	Integrand $f(x)$, muß als Unterprogramm oder als Tabelle vorliegen
a, b	Integrationsgrenzen
N	Anzahl der erforderlichen Funktionswerte
$h := (b-a)/N$	Schrittweite
$x := a + h/2$	erstes Argument
$Q := 0$	
[$k = 1(1)N$	Berechnung der Riemann-Summe
$Q := Q + f(x)$	
$x := x + h$]	
$Q := h \cdot Q$	Ergebnis $Q_N^{(0)}(f)$

Der *Rechenaufwand* besteht im wesentlichen aus den N Funktionsberechnungen. *Speicherplatz* wird nur für wenige skalare Größen benötigt, so daß der Algorithmus auf Kleinstrechnern implementiert werden kann. Bei Verwendung der Abschätzungen (23) und (26) wächst N wie Δ^{-1}. Bei hohen Genauigkeitsansprüchen ist also mit einer großen Zahl von Summanden zu rechnen. Dabei muß beachtet werden, daß der Rundungsfehler bei der benutzten rekursiven Summation etwa wie $N/2$ wächst (vgl. (1.2.28) und Ü 7.1.4).

Beispiel 7.1.5. Mit Hilfe der Rechteckregel $Q_N^{(0)}$ und der Mittelpunktsregel $Q_N^{(0)}$ (vgl. (20) und Algorithmus 7.1.4) berechnen wir Näherungswerte für den Flächeninhalt des Viertelkreises, $f(x) := \sqrt{1-x^2}$, $0 \leqq x \leqq 1$, wobei wir $\Delta := 10^{-3}$ vorschreiben. Da $f'(x)$ und $f''(x)$ in [0, 1] nicht beschränkt sind, muß die A-priori-Abschätzung (23) verwendet werden: $|R_N^{(0)}(f)| \leqq \frac{1-0}{N} \times |f(1) - f(0)| \leqq 10^{-3}$. Also ist $N \geqq 1000$ zu wählen. Eine 10stellige Rechnung liefert die (auf 6 Stellen gerundeten) Ergebnisse $\underline{Q}_{1000}^{(0)}(f) = 0.785889$ und $Q_{1000}^{(0)}(f) = 0.785401$. Da $\sqrt{1-x^2}$ in [0, 1] monoton abnimmt, ist $\underline{Q}_{1000}^{(0)}$ eine obere Schranke für $I(f)$. Die Differenz zum exakten Wert $\pi/4 = 0.785398\ldots$ beträgt $\underline{R}_{1000}^{(0)} \approx 5 \cdot 10^{-4}$, ist also in der Größenordnung der vorgegebenen Genauigkeitsschranke Δ. Das Resultat der Mittelpunktsregel ist wesentlich genauer: $R_{1000}^{(0)} \approx 3 \cdot 10^{-6}$.

7.1.3. Newton-Cotes-Formeln

Im vorigen Abschnitt wurde der Integrand $f(x)$ durch ein Treppenpolygon angenähert und dieses Polygon anstelle von $f(x)$ integriert. Es ist zu erwarten, daß man bessere Quadraturformeln erhält, wenn man $f(x)$ besser approximiert. In diesem Abschnitt untersuchen wir, ob sich Interpolationspolynome dazu eignen. Es sei also (vgl. (6.1.36))

$$f(x) = p_N(x) - r_N(x), \tag{28}$$

wobei $p_N(x)$ das *Interpolationspolynom* in der *Lagrangeschen* (vgl. (6.1.11), (6.1.12)) oder in der *Newtonschen Darstellung* (vgl. (6.1.21))

$$p_N(x) = \sum_{n=0}^{N} f(x_n)\, L_n^{(N)}(x) = \sum_{m=0}^{N} c_m w_m(x), \tag{29}$$

und $r_N(x)$ den *Interpolationsfehler* bezeichnet. Durch Integration ergibt sich aus (28)

$$I(f) = \int_a^b p_N(x)\,\mathrm{d}x - \int_a^b r_N(x)\,\mathrm{d}x =: Q_N(f) - R_N(f). \tag{30}$$

Verwendet man die Lagrangesche Darstellung, so erhält die Interpolationsquadraturformel $Q_N(f)$ die Gestalt einer *gewichteten Summe* (eines *gewichteten Mittels*) *von Funktionswerten*

$$Q_N(f) = \sum_{n=0}^{N} f(x_n)\, q_n^{(N)}, \tag{31}$$

wobei die *Gewichte* $q_n^{(N)}$ Integrale der Lagrangeschen Basispolynome sind:

$$q_n^{(N)} := \int_a^b L_n^{(N)}(x)\,\mathrm{d}x, \qquad n = 0(1)N. \tag{32}$$

Sie genügen der Relation (vgl. Ü 7.1.7)

$$\sum_{n=0}^{N} q_n^{(N)} = b - a. \tag{33}$$

Der *Quadraturfehler* $R_N(f)$ ergibt sich in (30) als *Integral des Interpolationsfehlers*. Für hinreichend oft differenzierbare Funktionen ($f \in C^{N+1}[a, b]$) kann man ihn mit Hilfe der Darstellung (6.1.43) ausdrücken,

$$R_N(f) = -\frac{1}{(N+1)!} \int_a^b w_{N+1}(x)\, f^{(N+1)}\big(\xi(x)\big)\,\mathrm{d}x, \tag{34}$$

oder, wenn man zu Beträgen übergeht und (9) und (15) verwendet,

$$|R_N(f)| \leqq \frac{1}{(N+1)!} |f^{(N+1)}(\xi_N)| \int_a^b |w_{N+1}(x)| \, dx \leqq \frac{M_{N+1}}{(N+1)!} \int_a^b |w_{N+1}(x)| \, dx. \tag{35}$$

Dabei bezeichnet ξ_N eine nicht näher bekannte Zwischenstelle aus dem Intervall $[a, b]$ und M_{N+1} eine Betragsschranke für die $(N+1)$-te Ableitung von $f(x)$.

Im Spezialfall *äquidistanter Stützstellen* (vgl. (19)) heißen die durch (31) und (32) erklärten Interpolationsquadraturen $Q_N(f)$ (*geschlossene*) *Newton-Cotes-Formeln* (*Bodesche Formeln*).

Beispiel 7.1.6. Im Fall $N = 1$ wird das Interpolationspolynom $p_N(x)$ zur interpolierenden Geraden durch die beiden Punkte $(a, f(a))$ und $(b, f(b))$. Für die Gewichte ergibt sich durch Integration von $L_0^{(1)}(x)$ und $L_1^{(1)}(x)$ (vgl. Beispiel 6.1.6) $q_0^{(1)} = q_1^{(1)} = (b-a)/2$. Also ist

$$Q_1(f) = \frac{b-a}{2} (f(a) + f(b)) \quad \text{(Trapez-Regel)}. \tag{36}$$

Diese Formel erhält man auch elementargeometrisch, wenn man den Flächeninhalt des Trapezes berechnet, das von den Geraden $x = a$, $x = b$, der Abszisse und der interpolierenden Geraden $y = p_1(x)$ begrenzt wird (Abb. 7.1.4a)). Aus diesem Grund wird $Q_1(f)$ (*Sehnen-*) *Trapezregel* genannt.

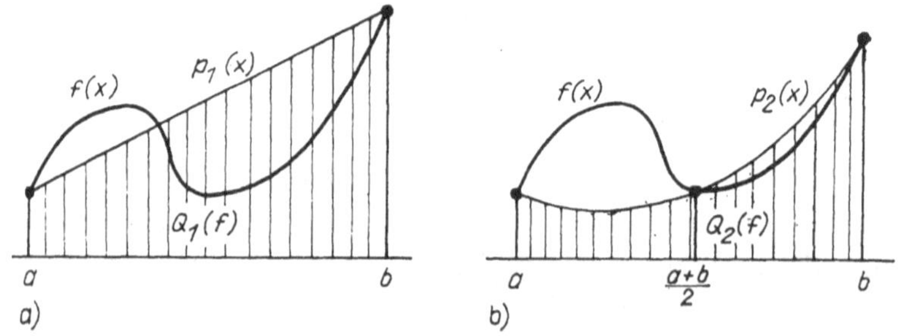

Abb. 7.1.4. a) Trapezregel, b) Keplersche Faßregel

Für den Quadraturfehler ergibt sich, da $w_2(x) = (x-a)(x-b)$ in $[a, b]$ nicht positiv wird und demzufolge (15) angewendet werden kann,

$$R_1(f) = -\frac{1}{2!} f''(\xi_1) \int_a^b w_2(x) \, dx = \frac{h_1^3}{12} f''(\xi_1), \quad h_1 := b - a, \quad \xi_1 \in [a, b]. \tag{37}$$

Beispiel 7.1.7. Im Fall $N = 2$ wird das Interpolationspolynom $p_N(x)$ zur interpolierenden Parabel durch die drei Punkte $(a, f(a))$, $(x_1, f(x_1))$ mit $x_1 := (a+b)/2$ und $(b, f(b))$. Für die Gewichte erhält man durch Integration von $L_0^{(2)}(x)$, $L_1^{(2)}(x)$ und $L_2^{(2)}(x)$ (vgl. Beispiel 6.1.6) $q_0^{(2)} = q_2^{(2)} = (b-a)/6$ und $q_1^{(2)} = 2(b-a)/3$. Also ist (vgl. Abb. 7.1.4b))

$$Q_2(f) = \frac{b-a}{6} \left(f(a) + 4f\left(\frac{a+b}{2}\right) + f(b) \right) \quad \text{(Kepler-Regel)}, \tag{38}$$

(vgl. Abb. 7.1.4b)). Diese Formel wird *Keplersche Faßregel* genannt, weil sie bereits von Kepler (Nova stereometria doliorum vinariorum, Linz 1615) zur Berechnung des Volumens von Fässern benutzt wurde. Das Volumen eines Rotationskörpers, der durch Drehung einer von $x = a$, $x = b$ und $y = f(x) \geqq 0$, $a \leqq x \leqq b$, begrenzten Fläche um die x-Achse entsteht, erhält man aus

$$V := \pi \int_a^b (f(x))^2 \, dx. \tag{39}$$

Die Quadraturformel (38) liefert, da die Krümmung der Faßdauben durch eine Parabel gut approximiert wird, die für praktische Zwecke ausreichend genaue Näherung

$$V \approx \pi \frac{H}{6} (r_a^2 + 4r_m^2 + r_b^2). \tag{40}$$

Dabei bezeichnen r_a und r_b die Radien von Boden und Deckel, H die Höhe und r_m den halben Innendurchmesser in der Mitte des Fasses. Alle diese Größen sind leicht zugänglich.

Die Darstellung (34) für den *Quadraturfehler* kann im Fall $N = 2$ nicht mit Hilfe von (15) vereinfacht werden, denn $w_3(x) := (x - x_0)(x - x_1)(x - x_2)$ wechselt im Intervall $[a, b]$ bei $x = x_1$ das Vorzeichen. Aus (35) ergibt sich nur die relativ grobe Abschätzung

$$|R_2(f)| \leqq \frac{1}{3!} |f'''(\xi_2)| \int_a^b |w_3(x)| \,dx \leqq \frac{h_2^4}{12} M_3. \tag{41}$$

Eine bessere Fehlerformel erhält man, wenn man noch einen Stützpunkt $(x_1 + \delta, f(x_1 + \delta))$ hinzunimmt und das entsprechende kubische Interpolationspolynom $p_3(x)$ in der Newtonschen Darstellung (6.1.21) verwendet und über $[a, b]$ integriert:

$$\int_a^b p_3(x) \,dx = \sum_{m=0}^{3} c_m \int_a^b w_m(x) \,dx.$$

Das Integral über $w_3(x)$ verschwindet, so daß der kubische Summand und folglich auch der neu hinzugekommene Knoten keinen Einfluß auf die Quadraturformel haben. Es ergibt sich erneut $Q_2(f)$. Für den dazugehörigen Quadraturfehler $R_2(f)$ können wir jetzt dagegen die Darstellung (34) mit $N = 3$ verwenden:

$$R_2(f) = -\frac{1}{4!} \int_a^b (x - x_0)(x - x_1)(x - x_2)(x - x_1 - \delta) f^{(4)}(\xi(x)) \,dx$$

$$= -\frac{1}{4!} \int_a^b (x - x_0)(x - x_1)^2 (x - x_2) f^{(4)}(\xi(x)) \,dx + \frac{\delta}{4!} \int_a^b w_3(x) f^{(4)}(\xi(x)) \,dx.$$

Auf das erste Integral ist (15) anwendbar, denn $(x - x_0)(x - x_1)^2 (x - x_2)$ wechselt in $[a, b]$ sein Vorzeichen nicht. Das zweite Integral verschwindet, wenn man $\delta \to 0$, also die neu hinzugenommene Stützstelle $x_1 + \delta$ gegen x_1 streben läßt (vgl. B 6.1.3). Mit der Substitution $x =: x_1 + sh_2$, $-1 \leqq s \leqq 1$, ergibt sich schließlich

$$R_2(f) = -\frac{h_2^5}{4!} f^{(4)}(\xi_2) \int_{-1}^{1} s^2(s^2 - 1) \,ds = \frac{h_2^5}{90} f^{(4)}(\xi_2), \qquad \xi_2 \in [a, b]. \tag{42}$$

Diese Fehlerformel ist um eine h-Potenz besser als (41). Für alle Funktionen, deren vierte Ableitung identisch verschwindet, ist $R_2(f)$ gleich Null. Die Kepler-Regel integriert also Polynome bis zum Grad 3 exakt.

Ebenso wie $Q_1(f)$ und $Q_2(f)$ lassen sich auch die (*geschlossenen*) *Newton-Cotes-Formeln* für höhere N bestimmen. Um die Gewichte $q_n^{(N)}$ durch ganze Zahlen ausdrücken zu können, schreiben wir sie in der Gestalt $q_n^{(N)} =: (b - a)\, \bar{q}_n^{(N)}/q^{(N)}$. Damit ergibt sich aus (31) und (33)

$$Q_N(f) = \frac{b - a}{q^{(N)}} \sum_{n=0}^{N} \bar{q}_n^{(N)} f(x_n), \qquad q^{(N)} := \sum_{n=0}^{N} \bar{q}_n^{(N)}. \tag{43}$$

In Tab. 7.1.1 sind die Gewichte und die Restglieder für $N = 1(1)5$ zusammengestellt. Newton-Cotes-Formeln höheren Grades werden kaum verwendet, weil eine Erhöhung des Polynomgrades, wie wir früher gesehen haben (Satz 6.1.18), nicht notwendig zu einer Verringerung des Interpolationsfehlers führt und sich folglich auch keine verbesserten

Quadraturformeln ergeben würden (Ü 7.1.10, B 7.1.3). Die Folge der Werte $Q_N(f)$ konvergiert nicht für jede stetige Funktion gegen $I(f)$. Die Newton-Cotes-Formeln bilden also kein Quadraturverfahren.

Tab. 7.1.1. Gewichte und Restglieder der geschlossenen Newton-Cotes-Formeln (43) ($h_N := (b - a)/N$, $\xi_N \in [a, b]$)

N	$q^{(N)}$	$\bar{q}_n^{(N)}$						$R_N(f)$	Bezeichnung
1	2	1	1					$f''(\xi_1)\ h_1^3/12$	(Sehnen-) Trapezregel
2	6	1	4	1				$f^{(4)}(\xi_2)\ h_2^5/90$	Kepler-Regel
3	8	1	3	3	1			$f^{(4)}(\xi_3)\ 3h_3^5/80$	3/8-Regel
4	90	7	32	12	32	7		$f^{(6)}(\xi_4)\ 8h_4^7/945$	—
5	288	19	75	50	50	75	19	$f^{(6)}(\xi_5)\ 275h_5^7/12096$	Milne-Regel

Wenn die Werte des Integranden in den Randpunkten $x_0 = a$ und $x_N = b$ des Integrationsintervalls nicht erklärt sind oder nicht zur Verfügung stehen, kann man *offene Newton-Cotes-Formeln* (*Steffensen-Formeln*) verwenden. Man erhält sie durch Integration des Interpolationspolynoms $p_{N-2}(x)$ zu den $N - 1$ inneren Knoten $x_n = a + n \cdot h_N$, $n = 1(1)N - 1$, und die Restglieder durch Integration des zugehörigen Interpolationsfehlers (Tab. 7.1.2).

$$\mathring{Q}_{N-2}(f) = \frac{b-a}{\mathring{q}^{(N)}} \sum_{n=1}^{N-1} \mathring{q}_n^{(N)} f(x_n), \qquad \mathring{q}^{(N)} := \sum_{n=1}^{N} \mathring{q}_n^{(N)}. \tag{44}$$

Im Fall $N = 2$ ergibt sich die früher als *Mittelpunktsregel* (*Tangententrapezregel*) bezeichnete Riemann-Summe $Q_N^{(0)}(f)$ (vgl. (18) mit $N = 1$, $\xi_1 = (a + b)/2$, $h_1 = b - a$).

Tab. 7.1.2. Gewichte und Restglieder der offenen Newton-Cotes-Formeln (44) ($h_N := (b - a)/N$, $\xi_N \in [a, b]$)

N	$\mathring{q}^{(N)}$	$\mathring{q}_n^{(N)}$					$R_{N-2}(f)$	Bezeichnung
2	1	1					$-f''(\xi_2)\ h_2^3/3$	(Tangenten-) Trapezregel
3	2	1	1				$-f''(\xi_3)\ h_3^3/4$	—
4	3	2	−1	2			$-f^{(4)}(\xi_4)\ 14h_4^5/45$	—
5	24	11	1	1	11		$-f^{(4)}(\xi_5)\ 95h_5^5/144$	—
6	20	11	−14	26	−14	11	$-f^{(6)}(\xi_6)\ 41h_6^7/140$	—

In den Formeln für $N = 4$ und $N = 6$ treten negative Gewichte auf. Das ist numerisch ungünstig (Auslöschung) und steht im Widerspruch zu der anschaulich begründeten Absicht, das als Grenzwert einer Summe entstandene Integral durch eine Summe (und nicht eine Differenz) von Funktionswerten anzunähern (vgl. B 7.1.3).

In beiden Tabellen fällt auf, daß die Quadraturformeln für gerade N jeweils dieselbe *Konvergenzordnung* (h-Potenz) besitzen wie die Quadraturformel zu dem nächsthöheren ungeraden N (vgl. Beispiel 7.1.7). Ferner kann man aus den Restgliedern ablesen, daß Newton-Cotes-Formeln mit geradem N Polynome bis zum Grad $N + 1$ exakt integrieren, mit ungeradem N dagegen nur bis zum Grad N:

$$K := \max_{R_N(p_k)=0} k = \begin{cases} N+1 & \text{für Newton-Cotes Formeln mit geradem } N, \\ N & \text{für Newton-Cotes-Formeln mit ungeradem } N. \end{cases} \tag{45}$$

Man nennt diesen Höchstgrad von Polynomen, die von einer Quadraturformel noch exakt integriert werden, ihren *algebraischen Genauigkeitsgrad* (*Exaktheitsgrad*).

7.1.4. Zusammengesetzte Quadraturformeln

In Vorlesung 6.2 wurde gezeigt, daß sich Funktionen aus $C[a, b]$, $C^1[a, b]$, ... unter gewissen Voraussetzungen durch stückweise polynomiale Funktionen beliebig gut interpolieren lassen. Es ist zu erwarten, daß sich durch Integration dieser intervallweise definierten interpolierenden Funktionen Quadraturformeln ergeben, die für die entsprechenden Funktionenklassen Quadraturverfahren bilden.

Die Integration des Sehnenpolygons (6.2.5) liefert die *zusammengesetzte* (*Sehnen-*) *Trapezregel*

$$Q_N^{(1)}(f) = \sum_{n=1}^{N} \frac{h_n}{2} (f_{n-1} + f_n), \qquad h_n := x_n - x_{n-1}, \tag{46}$$

die für äquidistante Stützstellen (19) die Gestalt

$$Q_N^{(1)}(f) = \frac{b-a}{N} \left(\frac{1}{2} f_0 + f_1 + \cdots + f_{N-1} + \frac{1}{2} f_N \right) = h_N \sum_{n=0}^{N}{}'' f_n \tag{47}$$

annimmt. Das Zeichen $''$ an der Summe soll darauf hinweisen, daß der erste und der letzte Summand durch 2 zu dividieren sind.

Beispiel 7.1.8. Wir benutzen die zusammengesetzte Trapezregel (47), um die vom Windjammer aus Beispiel 7.1.1 innerhalb von zwei Tagen bewältigte Strecke näherungsweise zu berechnen. Durch den zeitlichen Abstand der Meßwerte ist die kleinstmögliche Integrationsschrittweite festgelegt. Wir wählen also $N = 8$ und $h := h_N = 6$. Dann ergibt sich aus

$$Q_8^{(1)}(f) = 6 \cdot (0 + 6 + 7 + 5 + 4 + 6 + 8 + 9 + 4)$$

eine Fahrtstrecke von 294 sm. Natürlich ist dieser Näherungswert sehr grob, einesteils durch die ungenaue Geschwindigkeitsmessung, die Voraussetzung eines stabilen Kurses und die Vernachlässigung von Meeresströmungen, andererseits aber auch durch den Fehler der verwendeten Trapezregel. Der Kapitän wird also zum Sextanten greifen müssen, um das Ergebnis mit Hilfe einer Positionsbestimmung zu überprüfen.

Verwendet man in jedem Teilintervall die Restglieddarstellung (37), so folgt für den *Quadraturfehler der zusammengesetzten Trapezregel*

$$R_N^{(1)}(f) = \frac{1}{12} \sum_{n=1}^{N} h_n^3 f''(\xi_n), \qquad \xi_n \in [x_{n-1}, x_n]. \tag{48}$$

Im äquidistanten Fall vereinfacht sich diese Formel, wenn man analog zu (25) den Mittelwert der $f''(\xi_n)$ berechnet und mit ξ einen Punkt aus dem Gesamtintervall $[a, b]$ bezeichnet, in dem die Funktion $f''(x)$ diesen Wert annimmt. Wenn $f''(x)$ stetig ist, existiert immer ein solches ξ. Damit wird (48) zu

$$R_N^{(1)}(f) = \frac{(b-a)^3}{12N^2} f''(\xi), \qquad \xi \in [a, b]. \tag{49}$$

Für $N \to \infty$ strebt der Quadraturfehler wie $1/N^2$ gegen Null. Die Folge der zusammengesetzten Trapezregeln $Q_N^{(1)}(f)$ bildet (zumindest für Funktionen aus $C^2[a, b]$) ein Quadraturverfahren. Es kann aber auch unter schwächeren Glattheitsvoraussetzungen angewendet werden (vgl. Satz 7.1.12 und B 7.1.3). Ist f zum Beispiel in $[a, b]$ stetig und von unten konvex (oder von unten konkav), so läßt sich das Integral über f in jedem Teilintervall durch ein Sehnentrapez $h_n(f_{n-1} + f_n)/2$ und ein „Tangenten"-Trapez $h_n \cdot f_{n-(1/2)}$ einschließen (vgl. Abb. 7.1.5). Dabei bezeichnet $f_{n-(1/2)}$ wie in (21) den Funktionswert im

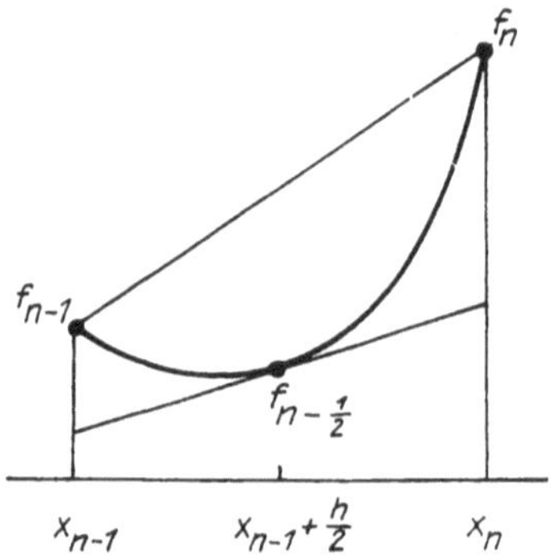

Abb. 7.1.5. Einschließung durch Sehnen- und Tangententrapez

Intervallmittelpunkt: $f(x_{n-1} + h_n/2)$. Differenzierbarkeit (und damit die eindeutige Existenz der Tangente) braucht dazu nicht vorausgesetzt zu werden. Im äquidistanten Fall $h_n = h_N := (b-a)/N$ erhält man

$$Q_N^{(0)}(f) := h_N \sum_{n=1}^{N} f_{n-(1/2)} \leqq I(f) \leqq h_N \sum_{n=0}^{N}{}'' f_n =: Q_N^{(1)}(f). \tag{50}$$

Für konkave Funktionen kehrt sich der Ungleichungssinn um. Ist die Einschließung noch zu grob, so geht man durch *Intervallhalbierung* zu den Formeln $Q_{2N}^{(0)}(f)$ und $Q_{2N}^{(1)}(f)$ über. Das hat den Vorteil, daß alle für $Q_{2N}^{(1)}(f)$ benötigten Funktionswerte schon bekannt sind, denn die neu hinzukommenden Werte in den Intervallmittelpunkten wurden bereits für $Q_N^{(0)}(f)$ berechnet. Allerdings sind sie in (50) mit h_N multipliziert und müssen jetzt den Faktor $h_{2N} := h_N/2$ erhalten. Das gleiche gilt für die Funktionswerte in $Q_N^{(1)}(f)$. Also folgt

$$Q_{2N}^{(1)}(f) := \big(Q_N^{(0)}(f) + Q_N^{(1)}(f)\big)/2, \tag{51}$$

die neue zusammengesetzte Trapezregel ergibt sich als arithmetisches Mittel aus der alten Trapez- und der alten Mittelpunktsregel (Tangententrapezregel). Für $Q_{2N}^{(0)}(f)$ müssen N neue Funktionswerte berechnet werden. Wiederholt man das Vorgehen, so gelangt man zu dem folgenden Algorithmus. Als Abbruchkriterium verwenden wir die relative Fehlerschranke (vgl. B. 5.3.7)

$$|Q_N^{(0)}(f) - Q_N^{(1)}(f)|/\big(|Q_N^{(1)}(f)| + 10^{-3}\big) < E. \tag{52}$$

Algorithmus 7.1.9. Zusammengesetzte Trapezregel mit Intervallhalbierung QUTR $(f, a, b, E, L, Q0, Q1)$

f	Integrand, muß als Unterprogramm vorliegen
a, b	Integrationsgrenzen
E	Schranke für den relativen Fehler
L	maximale Anzahl von Intervallhalbierungen
$h := b - a$	Startschrittweite
$Q1 := \big(f(a) + f(b)\big) \cdot h/2$	Trapezregel
┌ $k = 1(1)L$	Zähler für die Intervallhalbierungen
│ $Q0 := 0$	
│ $xa := a + h/2, \quad xe := b - h/2$	
│ ┌ $x = xa(h)\, xe$	Berechnung von $Q_N^{(0)}(f)$
│ └ $Q0 := Q0 + f(x)$	
│ $Q0 := h \cdot Q0$	
│ $q := \lvert Q0 - Q1\rvert / (\lvert Q1\rvert + 10^{-3})$	Testgröße
│ $Q1 := (Q0 + Q1)/2$	Berechnung von $Q_{2N}^{(1)}(f)$
│ falls $q < E$, dann stop:	Genauigkeit erreicht
└ $h := h/2$	

stop: keine Konvergenz nach L Intervallhalbierungen

Der *Rechenaufwand* wird wieder durch die Anzahl der benötigten Funktionsberechnungen bestimmt. Er wächst wie 2^L. Grob gesprochen kostet also jeder neue Zyklus ebensoviel Aufwand wie alle vorangegangenen Zyklen. *Speicherplatz* benötigt man nur für wenige skalare Größen, so daß auch dieser Algorithmus für Kleinstrechner geeignet ist. Er bleibt auch bei allgemeineren (nicht konvexen) Integranden anwendbar. Da in solchen Fällen aber die Ungleichung (50) nicht gilt, ist der Abbruchtest problematisch: $Q_N^{(0)}(f)$ und $Q_N^{(1)}(f)$ können nahezu gleich sein, ohne den Wert $I(f)$ schon hinreichend genau zu approximieren („Scheinkonvergenz"). Man sollte deshalb die Iteration bei nicht konvexen (nicht konkaven) Integranden erst dann abbrechen, wenn der Genauigkeitstest in mindestens zwei aufeinanderfolgenden Zyklen erfüllt ist. Ist f aus $C^2[a, b]$ und $\|f''\|_\infty$ oder zumindest eine Betragsschranke M_2 für die zweite Ableitung von f verfügbar, so läßt sich aus (49) a priori eine Zweierpotenz $N = 2^L$ bestimmen, für die

$$|R_N^{(1)}(f)| \leqq \frac{(b-a)^3}{12 \cdot 2^{2L}} \cdot M_2 \leqq \Delta$$

gilt. Dabei bezeichnet Δ eine vorzugebende (absolute) Genauigkeitsschranke. Man erhält

$$L > \frac{1}{2} \cdot {}^2\log\left(\frac{M_2 \cdot (b-a)^3}{12 \cdot \Delta}\right). \tag{53}$$

Nach L Intervallhalbierungen ist der absolute Fehler von $Q_N^{(1)}(f)$ dann kleiner als Δ. Der Genauigkeitstest ist in diesem Fall überflüssig.

Beispiel 7.1.10. Wir berechnen erneut den Flächeninhalt des Viertelkreises $f(x) := \sqrt{1 - x^2}$, $0 \leqq x \leqq 1$. Die Funktion f ist von unten konkav. Der Algorithmus 7.1.9 liefert also Einschließungen der Gestalt $Q_N^{(0)}(f) \geqq I(f) \geqq Q_N^{(1)}(f)$. Bei Vorgabe der relativen Fehlerschranke $E := 10^{-3}$ bricht die Iteration nach dem sechsten Zyklus ab (vgl. Tab. 7.1.3). Als Mittelwert der Näherungen $Q_{64}^{(0)}(f)$ und $Q_{64}^{(1)}(f)$ ergibt sich $Q_{128}^{(1)}(f) = 0.785195$ mit einem absoluten Fehler von $R_{128}^{(1)}(f) \approx -2 \cdot 10^{-4}$. Dieses mit 129 Funktionsberechnungen erzielte Ergebnis ist genauer als das in Beispiel 7.1.5 mit 1000 Funktionsberechnungen erhaltene Resultat der Rechteckregel $Q_N^{(0)}(f)$. Durch konvergenzbeschleunigende Maßnahmen kann man, wie wir in der nächsten Vorlesung sehen werden, den Aufwand noch weiter reduzieren.

Tab. 7.1.3. Quadratur des Viertelkreises mit Hilfe von Algorithmus 7.1.9 (vgl. Beispiel 7.1.10)

N	L	$Q_N^{(0)}(f)$	$Q_N^{(1)}(f)$
1	0	0.866025	0.500000
2	1	0.814842	0.683013
4	2	0.795982	0.748927
8	3	0.789172	0.772455
16	4	0.786738	0.780813
32	5	0.785873	0.783776
64	6	0.785566	0.784824
			0.785195

Die Stützstellen seien wieder äquidistant gewählt (vgl. (19)), und N sei gerade. Dann kann man $f(x)$ in jedem der $N/2$ Doppelintervalle $[x_{2k-2}, x_{2k}]$, $k = 1(1)N/2$, durch eine Parabel interpolieren und diese Parabel anstelle von $f(x)$ integrieren. Dadurch erhält man eine Quadraturformel, die sich aus $N/2$ Kepler-Formeln der Gestalt (38) zusammensetzt,

$$Q_N^{(2)}(f) := \sum_{k=1}^{N/2} \frac{2h_N}{6} (f_{2k-2} + 4f_{2k-1} + f_{2k})$$

$$= \frac{b-a}{3N} (f_0 + 4f_1 + 2f_2 + 4f_3 + \cdots + 2f_{N-2} + 4f_{N-1} + f_N), \tag{54}$$

und *Simpson-Regel* genannt wird. Für Funktionen aus $C^4[a, b]$ kann in jedem Doppelintervall die Restformel (42) verwendet werden:

$$R_N^{(2)}(f) := \sum_{k=1}^{N/2} \frac{h_N^5}{90} f^{(4)}(\xi_k), \qquad \xi_k \in [x_{2k-2}, x_{2k}].$$

Bezeichnet ξ einen Punkt aus $[a, b]$, in dem $f^{(4)}(x)$ den Mittelwert der $N/2$ Werte $f^{(4)}(\xi_k)$ annimmt,

$$f^{(4)}(\xi) := \frac{2}{N} \sum_{k=1}^{N/2} f^{(4)}(\xi_k),$$

so ergibt sich für den *Quadraturfehler der Simpson-Regel*

$$R_N^{(2)}(f) = \frac{(b-a)^5}{180N^4} f^{(4)}(\xi), \qquad \xi \in [a, b]. \tag{55}$$

Für $N \to \infty$ strebt $R_N^{(2)}(f)$ wie $1/N^4$ gegen Null. Die Folge der Simpson-Regeln bildet ein Quadraturverfahren (und zwar nicht nur für Funktionen aus $C^4[a, b]$, sondern auch noch für nur stetige Funktionen, vgl. Satz 7.1.12).

Analog zu (47) und (54) kann man aus der 3/8-Regel und den nächsthöheren Newton-Cotes-Formeln ($N = 4(1)7$) zusammengesetzte Quadraturformeln bilden, die bei fortgesetzter Intervallunterteilung gegen das Integral $I(f)$ konvergieren (vgl. Ü 7.1.17).

Im folgenden ersetzen wir $f(x)$ über jedem der N Teilintervalle $[x_{n-1}, x_n]$ durch ein kubisches Hermite-Interpolationspolynom (6.2.18). Durch Integration ergibt sich, wenn man die Substitution $x := x_{n-1} + s \cdot h_N$ und die Formeln (6.2.17) verwendet (Ü 7.1.12),

$$\begin{aligned} Q_N^H(f) &:= \sum_{n=1}^{N} \left(f_{n-1} \int_a^b \psi_{1,n}^{(4)}(x)\,dx + f_n \int_a^b \psi_{2,n}^{(4)}(x)\,dx \right. \\ &\qquad \left. + f'_{n-1} \int_a^b \omega_{1,n}^{(4)}(x)\,dx + f'_n \int_a^b \omega_{2,n}^{(4)}(x)\,dx \right) \\ &= \sum_{n=1}^{N} \left(\frac{h_N}{2}\,(f_{n-1} + f_n) + \frac{h_N^2}{12}\,(f'_{n-1} - f'_n) \right), \qquad h_N := (b-a)/N. \end{aligned}$$

Überraschenderweise heben sich alle Ableitungswerte $f'_n := f'(x_n)$ mit Ausnahme von f'_0 und f'_N heraus, und es bleibt

$$Q_N^H(f) = \frac{b-a}{N} \left(\frac{1}{2} f_0 + f_1 + \cdots + f_{N-1} + \frac{1}{2} f_N \right) + \frac{(b-a)^2}{12N^2}\,(f'_0 - f'_N). \tag{56}$$

Diese *zusammengesetzte Hermitesche Quadraturformel* stimmt bis auf den Korrekturterm (der die beiden Ableitungswerte enthält) mit (47) überein und wird deshalb auch *verbesserte Trapezregel* genannt (vgl. B 7.1.4 und Ü 7.1.19). Den *Quadraturfehler* erhält man wieder durch Integration des Interpolationsfehlers. Für Funktionen aus $\mathbf{C}^4[a, b]$ kann man in jedem Teilintervall die Darstellung (6.2.22) verwenden,

$$\int_{x_{n-1}}^{x_n} r_{4,n}^H(x)\,dx = -\frac{1}{24} \int_{x_{n-1}}^{x_n} (x - x_{n-1})^2\,(x - x_n)^2\,f^{(4)}\big(\xi(x)\big)\,dx = -\frac{h_N^5}{720}\,f^{(4)}(\xi_n),$$

woraus sich für das Gesamtintervall nach Einführung eines Mittelwertes $f^{(4)}(\xi)$ der *Quadraturfehler der verbesserten Trapezregel*

$$R_N^*(f) = -\frac{(b-a)^5}{720N^4}\,f^{(4)}(\xi), \qquad \xi \in [a, b], \tag{57}$$

ergibt. Durch den Korrekturterm in (56) erreicht die Trapezregel den algebraischen Genauigkeitsgrad der Simpson-Regel und erhält sogar eine um den Faktor 1/4 bessere Fehlerschranke (vgl. (55)).

Beispiel 7.1.11. Durch das Integral $F(x) := \frac{1}{\sqrt{2\pi}} \int_{-\infty}^{x} e^{-t^2/2}\,dt$ wird in der Wahrscheinlichkeitsrechnung die *Verteilungsfunktion der Gaußschen Normalverteilung* definiert. Sie gibt die Wahrscheinlichkeit dafür an, daß eine normalverteilte Zufallsvariable ξ einen Wert annimmt, der kleiner als x ist. Das *Poissonsche Integral* $\int_{-\infty}^{\infty} e^{-t^2/2}\,dt$ hat den Wert $\sqrt{2\pi}$, und der Integrand ist eine gerade Funktion. Folglich kann $F(x)$ auch in der Gestalt

$$F(x) = \frac{1}{2} + \Phi(x), \qquad \Phi(x) := \frac{1}{\sqrt{2\pi}} \int_0^x e^{-t^2/2}\,dt,$$

geschrieben werden. Wir berechnen das *Fehlerintegral* $\Phi(x)$ mit Hilfe von Algorithmus 7.1.9. Aus $f''(t) = (t^2 - 1)\,e^{-t^2/2} = 0$ ergibt sich, daß die durch $y = f(t)$ beschriebene *Glockenkurve* Wendepunkte bei $t = -1$ und $t = 1$ besitzt. Sie ist in den Intervallen $(-\infty, -1)$ und $(1, \infty)$ konvex (von unten) und in $[-1, 1]$ konkav. Für $|x| \leqq 1$ kann der Algorithmus folglich unmittelbar angewendet werden. Für $x > 1$ zerlegt man das Gesamtintervall in die zwei Teilintervalle $[0, 1]$ und $[1, x]$, in denen die Funktion $f(t)$ ihr Konvexitätsverhalten nicht wechselt, und wendet den Algorithmus auf jedes gesondert an. Wir beschränken uns auf den Fall $x = 1$. Da sich die Extrema von $f^{(4)}(t)$ leicht bestimmen lassen (Ü 7.1.13), kann (57) als A-priori-Abschätzung verwendet werden: Wegen $|f^{(4)}(t)| \leqq 3$ ergibt sich zu der Genauigkeitsforderung $|R_N^*(f)| < 10^{-4}$ für die Zahl N der Teilintervalle die Ungleichung $N > 5 \cdot \sqrt[4]{1/15} \approx 2.54$. Mit nur drei Zyklen liefert der Algorithmus die Einschließung

$$Q_4^{(0)}(f) = 0.856020 \geqq \sqrt{2\pi}\,\Phi(1) \geqq Q_4^{(1)}(f) = 0.852459$$

und als Mittelwert der beiden Näherungen den mit neun Funktionsberechnungen bestimmten Wert der Trapezregel $Q_8^{(1)}(f) = 0.854834$. Wir verbessern diesen Wert durch die Addition des Korrekturterms $(b - a)^2\,(f_0' - f_N')/12N^2 = 0.000790$ und erhalten $Q_8^H(f) = 0.855624$ und nach Multiplikation mit dem Normierungsfaktor $1/\sqrt{2\pi}$ schließlich $\Phi(1) \approx 0.341345$. Dieser Wert ist erheblich genauer, als in der A-priori-Abschätzung verlangt wurde. Sein Fehler ist kleiner als $3 \cdot 10^{-7}$. (Eine Tabelle von $\Phi(x)$ findet man u. a. bei Gnedenko [1] und Rasch [1].)

Abschließend beweisen wir, daß die Mittelpunktsregel (21), die zusammengesetzte Trapezregel (46) und die Simpson-Regel (54) für Funktionen aus $\mathbf{C}[a, b]$ Quadraturverfahren bilden (vgl. auch B 7.1.3).

Satz 7.1.12 (Konvergenz von Quadraturformeln). *Gegeben sei eine Folge von Quadraturformeln $Q_N(f)$ der Gestalt* (31) *mit den Eigenschaften*

a) *die Gewichte $q_n^{(N)}$ sind nicht negativ und genügen für jedes N der Relation* (33),
b) *die Folge der Werte $Q_N(p_k)$ konvergiert für jedes Polynom $p_k(x)$ gegen $I(p_k)$.*

Dann konvergiert die Folge der Werte $Q_N(f)$ für jede Funktion f aus $C[a, b]$ gegen $I(f)$.

Beweis. Durch Subtraktion von $R_N(f) = Q_N(f) - I(f)$ und $R_N(p_k) = Q_N(p_k) - I(p_k)$ ergibt sich die Identität $R_N(f) = R_N(p_k) - Q_N(p_k - f) + I(p_k - f)$ und nach Übergang zu Beträgen

$$|R_N(f)| \leqq |R_N(p_k)| + \left(\sum_{n=0}^{N} q_n^{(N)}\right) \|p_k - f\|_\infty + (b - a)\,\|p_k - f\|_\infty, \tag{58}$$

wobei das Integral mit Hilfe von (9) abgeschätzt wurde. Nach dem *Weierstraßschen Approximationssatz* kann jede stetige Funktion durch Polynome beliebig gut approximiert werden. Zu jedem vorgegebenen positiven ε gibt es also ein Polynom $p_k(x)$ mit der Eigenschaft $\|p_k - f\|_\infty \leqq \dfrac{\varepsilon}{3(b - a)}$. Da die Q_N nach Voraussetzung b) Polynome beliebig genau integrieren, können wir ein $N_0 := N_0(\varepsilon)$ finden, so daß der Quadraturfehler $R_N(p_k)$ für alle $N \geqq N_0$ betragsmäßig kleiner als $\varepsilon/3$ ausfällt. Dann folgt mit a) aus der Ungleichung (58)

$$|R_N(f)| \leqq \frac{\varepsilon}{3} + (b - a) \cdot \frac{\varepsilon}{3(b - a)} + (b - a) \cdot \frac{\varepsilon}{3(b - a)} = \varepsilon .$$

Der Fehler der Quadraturformeln $Q_N(f)$ konvergiert für $N \to \infty$ gegen Null. ∎

Es bereitet keine Mühe nachzuweisen, daß die Quadraturformeln (21), (46) und (54) die Voraussetzungen des Satzes erfüllen: a) ist aus den Formeln unmittelbar abzulesen, und b) ergibt sich, wenn man beachtet, daß Polynome beliebig oft differenziert werden können und folglich die Quadraturfehlerformeln (27), (49) und (55) anwendbar sind.

7.1.5. Bemerkungen

B 7.1.1. Ausführlicher wird die *Integration* in einer Reihe von Numeriklehrbüchern (vgl. Bachvalov [1], Beresin, Shidkow [1], Bd. 1, Brass [1], Krylov, Bobkov, Monastyrnyj [1] und [2], Bd. 2, Schmeisser, Schirmeier [1], Stoer [1], Werner, Schaback [1]) und in der Spezialliteratur behandelt. Wir verweisen auf Davis, Rabinowitz [1], Engels [3], Ghizetti, Ossicini [1], Krylov [1], Krylov, Šulgina [1], Levin, Girshovich [1], Nikol'skij [2], Stroud [1].

B 7.1.2. Die Funktion $sf'(\xi_k + \vartheta_k(s)\, s)$ in (24) ist als Differenz der beiden integrierbaren Funktionen $f(\xi_k + s)$ und $f(\xi_k)$ selbst ebenfalls integrierbar. Analog kann man auch im Fall von $f''(\xi_k + \vartheta_k(s)\, s)$ schließen.

B 7.1.3. Die geschlossenen Newton-Cotes-Formeln (43) mit $N = 1(1)7$ und $N = 9$ und die offenen mit $N = 2$ und $N = 3$ lassen sich als *Riemann-Summen* (18) auffassen. Das heißt, man kann Stützstellen x_k, $k = 0(1)K$, der Gestalt (16) und Zwischenstellen ξ_k aus $[x_{k-1}, x_k]$ angeben, so daß $Q_N(f) = \sum_{k=1}^{K} (x_k - x_{k-1})\, f(\xi_k)$ gilt (Ü 7.1.18). Daraus folgt, daß alle aus diesen Formeln gebildeten zusammengesetzten Quadraturformeln auch noch für nur riemann-integrierbare Funktionen Quadraturverfahren bilden. Für die höheren Newton-Cotes-Formeln, die negative Gewichte enthalten, gilt dies dagegen nicht mehr.

B 7.1.4. Der Korrekturterm in der *Hermiteschen Quadraturformel* (*verbesserten Trapezregel*) (56) erfordert die Berechnung von f_0' und f_N'. Will man die Programmierung eines Unterprogramms für die Funktion $f'(x)$ umgehen und ist $f(x)$ auch noch für $a - h_N$ und $b + h_N$ definiert, so kann man f_0' und f_N' nach (7.2.39) durch Differenzenquotienten ersetzen. Diese diskretisierte Variante der verbesserten Trapezregel wird zusammengesetzte *Besselsche Quadraturformel* genannt

$$Q_N^B(f) := \frac{b-a}{N}\left(-\frac{1}{24} f_{-1} + \frac{1}{2} f_0 + \frac{25}{24} f_1 + f_2 + \cdots + f_{N-2} + \frac{25}{24} f_{N-1} + \frac{1}{2} f_N - \frac{1}{24} f_{N+1}\right)$$

mit $f_{-1} := f(a - h_n)$ und $f_{N+1} := f(b + h_n)$. Für den zugehörigen Quadraturfehler gilt (Ü 7.1.19)

$$R_N^B(f) = -\frac{11(b-a)^5}{720 \cdot N^4} f^{(4)}(\xi), \qquad \xi \in [a - h_N, b + h_N].$$

B 7.1.5. Interpolationsquadraturen entstehen, wenn man statt des Integranden $f(x)$ ein interpolierendes Polynom $p_N(x)$ integriert. Natürlich kann man anstelle von $p_N(x)$ auch andere approximierende Funktionen verwenden. Vom theoretischen Standpunkt naheliegend wären *Polynome bester gleichmäßiger Approximation*. Ihr praktischer Nutzen wird aber durch den für die Berechnung erforderlichen Rechenaufwand (Algorithmus 6.6.8) stark gemindert. Geeignet sind dagegen Näherungen dieser Polynome, also Interpolationspolynome zu den Čebyšev-Knoten (Nullstellen oder Extrema der Čebyšev-Polynome) oder Partialsummen der Čebyšev-Entwicklung von $f(x)$ (vgl. (6.6.30) und Abschnitt 6.6.3). Verwendet man Interpolationspolynome mit den Čebyšev-Extrema als Stützstellen (Clenshaw, Curtis [1]),

$$-x_n^{(N)} = x_{N-n}^{(N)} = \cos\frac{n\pi}{N}, \qquad n = 0(1)[N/2], \tag{59}$$

so ergeben sich für gerade N die positiven Gewichte

$$q_0^{(N)} = q_N^{(N)} := 1/(N^2 - 1), \quad q_n^{(N)} = q_{N-n}^{(N)} = \frac{4}{N} \sum_{k=0}^{N/2}{}'' \frac{1}{1 - 4k^2} \cos\frac{2kn\pi}{N}. \tag{60}$$

Dabei bedeutet $\sum''$ wie bei der zusammengesetzten Trapezregel, daß der erste und der letzte Summand zu halbieren sind.

Verwendet man die Partialsummen $q_N^{(b)}(x)$ der Čebyšev-Entwicklung, das heißt der *besten Quadratmittel-Approximation* (vgl. (6.4.37), (6.4.32)) des Integranden $f(x)$ und integriert gliedweise, so ergibt sich für das unbestimmte Integral $F(x)$ wieder eine Čebyšev-Entwicklung

$$F(x) := \int_{-1}^{x} f(x)\, dx = \frac{1}{2} C_0 + C_1 T_1(x) + C_2 T_2(x) + \cdots \tag{61}$$

und für das bestimmte Integral die Summe $I(f) = F(1) - F(-1) = 2(C_1 + C_3 + C_5 + \cdots)$. Eine Modifikation dieser (*Clenshaw-Curtis-Quadratur* genannten) Vorgehensweise geht auf FILIPPI [1] zurück: Statt von der Čebyšev-Entwicklung des Integranden $f(x)$ geht man von der des unbestimmten Integrals $F(x)$ aus. Sie besitzt die Fourier-Koeffizienten (vgl. (6.4.33))

$$C_m := \frac{2}{\pi} \int_{-1}^{1} \frac{1}{\sqrt{1-x^2}} F(x)\, T_m(x)\, dx. \tag{62}$$

Für $f(x)$ gilt dann

$$f(x) = C_1 + C_2 T_2'(x) + C_3 T_3'(x) + \cdots. \tag{63}$$

Ihre Partialsummen lassen sich durch Interpolationspolynome $q_{N-1}(x)$ approximieren, deren Knoten die Nullstellen von $T'_{N+1}(x)$, also die Čebyšev-Extrema $x_r := \cos t_r, t_r := \frac{r\pi}{N+1}$, $r = 1(1)N$, sind. Für die diskreten Fourier-Koeffizienten gilt dann

$$\tilde{C}_m = \frac{2z_1 \sin t_m}{m(N+1)}, \qquad m = 1(1)N, \tag{64}$$

wobei die von m abhängende Hilfsgröße z_1 jeweils rekursiv aus

$$z_{N+2} = z_{N+1} = 0, \quad z_r = 2z_{r+1} \cos t_m - z_{r+2} + f(\cos t_r) \sin t_r, \qquad r = N(-1)1, \tag{65}$$

zu berechnen ist. Für das bestimmte Integral werden nur die ungeraden $\tilde{C}_m$ benötigt. Die Genauigkeit läßt sich anhand der höchsten Koeffizienten $\tilde{C}_N$, $\tilde{C}_{N-1}$, $\tilde{C}_{N-2}$ beurteilen. Sind sie noch nicht klein genug, so wiederholt man die Rechnung mit einem größeren N. Zweckmäßig wählt man $N_{\text{neu}} := 2N + 1$, weil dann alle zuvor berechneten Größen $f(\cos t_r) \sin t_r$ wiederverwendet werden können. Die Filippi-Clenshaw-Curtis-Quadratur ist besonders für die Berechnung des unbestimmten Integrals $F(x)$ geeignet. Der dazu noch benötigte Näherungswert für das Absolutglied $C_0/2$ ergibt sich für $x = -1$ aus (61)

$$\tilde{C}_0/2 = \tilde{C}_1 - \tilde{C}_2 + \tilde{C}_3 - + \cdots + (-1)^{N+1} \tilde{C}_N. \tag{66}$$

Sind alle $\tilde{C}_m$, $m = 0(1)N$, bestimmt, so kann die zugehörige Partialsumme der Čebyšev-Entwicklung (61) für jedes x mit Hilfe von Algorithmus 6.5.8 (vgl. Tab. 6.5.1) ausgewertet werden.

B 7.1.6. Zusammenstellungen von Beispielen zum Testen numerischer Integrationsverfahren findet man bei ENGELS [3] und PIESSENS, DE DONCKER [1]. In Tab. 7.1.4 stammen die Beispiele 5, 7 und 17 von CLENSHAW, CURTIS [1], Beispiel 12 von BULIRSCH, STOER [2] und die übrigen aus ENGELS [3], S. 409ff.

7.1.6. Übungsaufgaben

Ü 7.1.1. Man beweise die Ungleichungen (9) bis (12).

Ü 7.1.2. Für den Spezialfall $p = q = 2$ schreibe man die Ungleichung (12) mit Hilfe des Skalarprodukts (6.4.7) in der Gestalt der *Ungleichung von* BUNJAKOVSKIJ-CAUCHY-SCHWARZ (vgl. (2.8.10)).

Ü 7.1.3. Man programmiere den Algorithmus 7.1.4.

Ü 7.1.4. Wie klein darf man bei zehnstelliger Gleitpunktrechnung die Schranke Δ für $|R_N^{(0)}(f)|$ höchstens wählen, wenn das Ergebnis des Algorithmus 7.1.4 noch nicht durch Rundungsfehler verfälscht sein soll?

Ü 7.1.5. Man modifiziere den Algorithmus 7.1.4, indem man die Summe nicht rekursiv, sondern mit Hilfe der Kaskaden-Summation (Algorithmus 1.2.6) berechnet.

Ü 7.1.6. Man integriere $f(x) := \sqrt{1 - x^2}$ im Intervall [0, 1] mit Hilfe der beiden Varianten des Algorithmus 7.1.4 unter verschiedenen Genauigkeitsanforderungen ($\Delta = 10^{-4}$, 10^{-6}, 10^{-8}) und vergleiche die erhaltenen Resultate mit dem exakten Integralwert $\pi/4$. Zur Rundungsfehlerschätzung verwende man die Formeln (1.2.28) und (1.2.29).

Ü 7.1.7. Man beweise die Relation (33). Hinweis. Man integriere die Funktion $f(x) \equiv 1$ mit Hilfe der Quadraturformel (31) und speziell mit (21), (47) und (54).

Tab. 7.1.4. Testbeispiele für Quadraturverfahren

Nr.	Intervall	Integrand	Parameter	korrekter Wert
1	$[0, 1]$	$x^k - 2x^{k-1} + 3x^{k-2} - + \cdots + (-1)^k (k + 1)$	$k = 2$ $k = 5$ $k = 10$ $k = 15$	$7/3$ $-259/60$ $18107/2310$ $-1624333/144144$
2	$[0, 1]$	$(10x - 1)(10x - 1.1)(10x - 1.2)(10x - 1.3)$		$1627879/1500$
3	$[0.01, 1.1]$	x^{-k}	$k = 3$ $k = 4$ $k = 5$	$5000 - (2.42)^{-1}$ $(10^6 - (1.331)^{-1})/3$ $2.5 \cdot 10^7 - (5.8564)^{-1}$
4	$[0, 1]$	$1/(1 + kx^2)$	$k = 1$ $k = 5$ $k = 10$	$\frac{\pi}{4} = 0.7853981635\ldots$ $\frac{\arctan\sqrt{5}}{\sqrt{5}} = 0.5144128002\ldots$ $\frac{\arctan\sqrt{10}}{\sqrt{10}} = 0.3998760026\ldots$
5	$[-1, 1]$	$1/(x^4 + x^2 + 0.9)$	—	$1.582233\ldots$
6	$[0, 1]$	$x^{p/q}$	p, q natürlich	$p/(p + q)$
7	$[-1, 1]$	$\|x + 1/2\|^{1/2}$	—	$1.460447\ldots$
8	$[0, 1]$	$\|x - c\|^k$	$c = 0,1/2,1/3$ $k = 0.1(0.1)0.5$	$\frac{1}{k+1}[c^{k+1} + (1 - c)^{k+1}]$
9	$[-9, 100]$	$\|x\|^{-1/2}$	—	26
10	$[0, 1]$	$\|x^2 - 1/4\|^{k/2}$	$k = 1$ $k = 3$ $k = 5$	$0.4647425054\ldots$ $0.1488716212\ldots$ $0.06551476837\ldots$
11	$[0, 1]$	$\|x - c\|^k \ln \|x - c\|$	$c = 0,1/2,1/3$ $k = 0.1(0.1)0.5$ $k = -0.55(-0.05) - 0.75$	$\frac{c^{k+1}}{(k+1)^2}[(k + 1)\ln c - 1] + \frac{(1 - c)^{k+1}}{(k+1)^2} \times [(k + 1)\ln(1 - c) - 1]$
12	$[0, 2.1]$	$e^{x^2} \sin(e^{x^2})$	—	$0.6719336\ldots$
13	$[0, 10]$	$25e^{-25x}$	—	$1 - e^{-250}$
14	$[0, 1]$	$e^{-x} - e^{-10x}$	—	$0.9 + \frac{e^{-10}}{10} - \frac{1}{e} = 0.5321250988\ldots$
15	$[0, 1]$	$2/(2 + \sin(10\pi x))$	—	$2/\sqrt{3} = 1.154700538\ldots$
16	$[0, 2\pi]$	$x \sin(30x) \cos(50x)$	—	$3\pi/80 = 0.1178097245\ldots$
17	$[-1, 1]$	$\frac{23}{25}\cosh x - \cos x$	—	$0.4794282\ldots$
18	$[0, 1]$	$x \cdot [kx]$	$k = 5(5)25$	$(4k^2 - 3k - 1)/(12k)$
19	$[0, 1]$	$\begin{cases} 0 & \text{für } 0 \leqq x < 10^{-15} \\ \ln x & \text{für } 10^{-15} \leqq x \leqq 1 \end{cases}$		$-1 + 10^{-15}(1 + 15 \cdot \ln 10)$
20	$[-1, 1.5]$	$\begin{cases} e^{10x} & \text{für } -1 \leqq x < 0.5 \\ e^{10(1-x)} & \text{für } 0.5 \leqq x \leqq 1.5 \end{cases}$		$(2e^5 + e^{-5} - e^{-10})/10 = 29.68330105\ldots$

Ü 7.1.8. Wieviel Liter passen in ein Faß mit der Höhe 7.5 dm, dem Boden- und Deckeldurchmesser $d_a = d_b = 6.0$ dm und dem Durchmesser $d_m = 7.0$ dm in der Faßmitte?

Ü 7.1.9. Man beweise: Ist N gerade, so gilt für den Quadraturfehler der geschlossenen Newton-Cotes-Formeln $R_N(p_k) = 0$ für $k = 0(1)N + 1$. Dabei bezeichnet $p_k(x)$ ein Polynom k-ten Grades in x.

Ü 7.1.10. Mit Hilfe der Newton-Cotes-Formeln aus Tab. 7.1.1 und Tab. 7.1.2 bestimme man Näherungswerte für die Integrale der Funktionen a) $f(x) := 1/(1 + x^2)$ über $[-4, 4]$ und b) $f(x) := |x|$ über $[-1, 1]$.

Ü 7.1.11. Man programmiere Algorithmus 7.1.9.

Ü 7.1.12. Man integriere die vier lokalen kubischen Hermite-Basispolynome (6.2.17) über dem Intervall $[x_{n-1}, x_n]$.

Ü 7.1.13. Durch Berechnung der Extrema der vierten Ableitung von $f(t) := e^{-t^2/2}$ bestätige man die Ungleichung $|f^{(4)}(t)| \leqq 3$.

Ü 7.1.14. Welche Strecke legt ein Satellit während eines Orbits zurück, wenn die Halbachsen seiner elliptischen Bahn $\alpha = 600$ km und $\beta = 200$ km betragen? Hinweis. Man verwende die Gleichung (7) für die Bogenlänge einer Ellipse, berechne das Integral im Intervall $[0, \pi/2]$ mit Hilfe des Algorithmus 7.1.9 ($E := 10^{-4}$) und verbessere das Ergebnis durch Addition des Korrekturterms $(b - a)^2 (f_0' - f_N')/12N^2$.

Ü 7.1.15. Man integriere die Funktionen a) $f(x) := 1/\sqrt{1 + x^4}$ über $[-1, 1]$, b) $f(x) := e^x/x$ über $[0.1, 1.0]$, c) $f(x) := (\sin x)/x$ über $[0, 2\pi]$, d) $f(x) := 1/\ln x$ über $[0, 0.9]$ mit einem relativen Fehler $R_N(f)/Q_N(f)|$ von höchstens 10^{-4}.

Ü 7.1.16. Man beweise: Für von unten konvexe Integranden genügen die vom Algorithmus 7.1.9 berechneten Näherungswerte der Ungleichungskette $Q_1^{(0)} \leqq Q_2^{(0)} \leqq Q_4^{(0)} \leqq \cdots \leqq I \leqq \cdots \leqq Q_4^{(1)} \leqq Q_2^{(1)} \leqq Q_1^{(1)}$.

Ü 7.1.17. Analog zu (47) und (54) bilde man eine zusammengesetzte 3/8-Regel $Q_N^{(3)}(f)$, $N := 3M$, und leite eine Formel für den zugehörigen Quadraturfehler her.

Ü 7.1.18. Man beweise die Behauptung aus B 7.1.3 durch Angabe von K, x_k, $k = 0(1)K$, und ξ_k, $k = 1(1)K$, für alle angegebenen Newton-Cotes-Formeln.

Ü 7.1.19. Man leite die Restformel für die Besselsche Quadraturformel aus B 7.1.4 her.

Ü 7.1.20. Man gebe $N + 1$ paarweise verschiedene Stützstellen x_n, $n = 0(1)N$, vor und bestimme die Gewichte $q_n^{(N)}$ der Quadraturformel (31) aus der Forderung, daß $Q_n(f)$ alle Potenzen bis zum Grad N exakt integriert: $Q_N(x^n) = I(x^n)$, $n = 0(1)N$.

Ü 7.1.21. Man beweise, daß die in Ü 7.1.20 bestimmten Gewichte $q_n^{(N)}$ mit den Integralen der Lagrangeschen Basispolynome übereinstimmen (vgl. (32)).

Ü 7.1.22. Man berechne die Gewichte $q_k^{(N)}$ und das Restglied $R_N(f)$ für die Interpolationsquadraturen mit den Stützstellen $-x_n = x_{N-n} = \cos(n\pi/N)$, $n = 0(1)N/2$, N gerade (vgl. B 7.1.5).

Ü 7.1.23. Man schreibe einen Quadratur-Algorithmus, der die Stützstellen (59) und die Gewichte (60) verwendet, und integriere mit seiner Hilfe die Funktionen aus Ü 7.1.15.

Ü 7.1.24. Man schreibe einen Algorithmus für die Filippi-Clenshaw-Curtis-Quadratur (B 7.1.5) und berechne mit seiner Hilfe eine Wertetabelle für die Funktion $F(x) := \int\limits_{-1}^{x} \frac{dt}{2 + 2t + t^2} = \arctan(1 + x)$ im Intervall $[-1, 1]$ (vgl. ENGELS [3], S. 365).

Ü 7.1.25. Eine Kurve im Straßen- oder Eisenbahnbau wird zweckmäßig so angelegt, daß die Krümmung bis zum Scheitelpunkt proportional zur Kurvenlänge zu- und danach in umgekehrter Weise wieder abnimmt. Die Forderung $\varkappa(s) = c \cdot s$ (c = const) führt in kartesischen Koordinaten auf die Parameterdarstellung

$$x(s) = a \int\limits_0^{s/a} \cos\frac{\pi}{2} t^2 \, dt, \qquad y(s) = a \int\limits_0^{s/a} \sin\frac{\pi}{2} t^2 \, dt, \qquad a := \sqrt{\pi/c}.$$

Die entstehende Kurve heißt *Klothoide* (*Cornusche Spirale, Spinnlinie*). Für den Fall $c = \pi$ berechne man durch numerische Integration eine Wertetabelle $x(s)$, $y(s)$, $s = 0(0.1)1.5$ und stelle die Kurve graphisch dar (COLLATZ, ALBRECHT [1], Bd. 1, S. 111).

7.2. Konvergenzbeschleunigung durch Extrapolation

7.2.1. Richardson-Extrapolation

In der Vorlesung 7.1 wurden Folgen von Quadraturformeln Q_N hergeleitet, die für $N \to \infty$ ($h_N \to 0$) gegen das gesuchte Integral I streben. Aus den Restglieddarstellungen der Gestalt $d \cdot h_N^k$ (vgl. (7.1.27), (7.1.49), (7.1.55)) kann die *Konvergenzordnung* k abgelesen werden. Der *Konvergenzfaktor* d hat die Form const $\cdot f^{(k)}(\xi)$, ist aber meist nicht explizit verfügbar, weil man die Zwischenstelle ξ nicht kennt und es im allgemeinen schwierig ist, die Ableitung des Integranden hinreichend scharf abzuschätzen. Unter gewissen Voraussetzungen läßt sich d jedoch näherungsweise aus zwei beliebigen Elementen der Folge (Q_N) bestimmen.

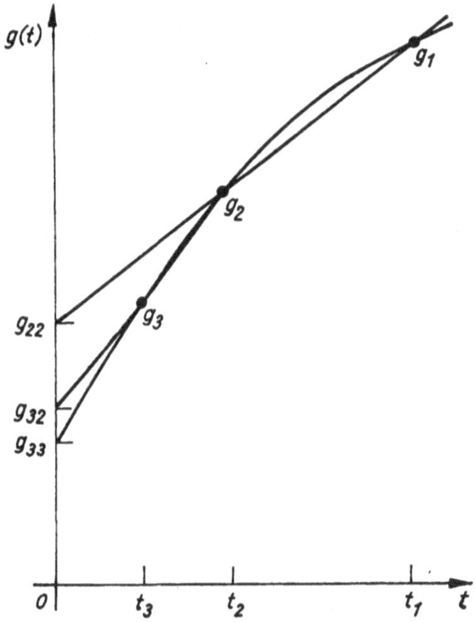

Abb. 7.2.1. Extrapolation mit Hilfe von Interpolationspolynomen

Da das Vorgehen auch unabhängig von den Quadraturformeln von Interesse ist, betrachten wir zunächst eine beliebige (möglicherweise langsam) konvergierende Zahlenfolge (g_m) mit dem Grenzwert I. Bezeichnet nun (t_m) irgendeine monoton fallende Nullfolge, zum Beispiel $t_m := 1/m$ oder $t_m := 2^{-m}$, so kann man die g_m als Werte einer Funktion $g(t)$ an den Stellen $t = t_m$ auffassen und nach dem Wert fragen, den $g(t)$ für $t \to 0$ annimmt. Wir versuchen, $g(0) = I$ näherungsweise dadurch zu bestimmen, daß wir ein Interpolationspolynom $p(t)$ durch einige der Punkte (t_m, g_m) legen und den Wert $p(0)$ berechnen, zum Beispiel eine Gerade durch (t_1, g_1) und (t_2, g_2) oder eine Gerade durch (t_2, g_2) und (t_3, g_3) oder eine Parabel durch die drei Punkte (vgl. Abb. 7.2.1). Da der gesuchte Wert $p(0)$ außerhalb des Interpolationsintervalls liegt, spricht man von *Extrapolation (in Richtung Grenzwert)*.

Um das Vorgehen begründen zu können, nehmen wir an, daß die Funktion $g(t)$ an der Stelle $t = 0$ eine Taylor-Entwicklung

$$g(t) = I + d_1 t + d_2 t^2 + \cdots + d_K t^K + O(t^{K+1}) \tag{1}$$

besitzt, also mindestens $(K + 1)$-mal stetig differenzierbar ist. Für zwei verschiedene Stützstellen t_1 und t_2 ergibt sich dann

$$\begin{aligned} g_{11} &:= g_1 = I + d_1 t_1 + O(t_1^2), \\ g_{21} &:= g_2 = I + d_1 t_2 + O(t_2^2). \end{aligned} \tag{2}$$

Dabei haben wir zur Unterscheidung von dem neu zu berechnenden Wert bei g_1 und g_2 den zusätzlichen Index 1 angefügt. Definieren wir $\gamma_{21} := t_2/(t_1 - t_2)$ und subtrahieren die erste der Gleichungen (2) von der zweiten, so folgt

$$d_1 t_2 = -(g_{21} - g_{11}) \cdot \gamma_{21} + O(t_2^2). \tag{3}$$

Das Produkt in (3) stimmt bis auf Glieder höherer Ordnung in t_2 mit dem Fehler

$$r_{21} := g_{21} - I \tag{4}$$

des Näherungswerts g_{21} überein und wird deshalb auch zur Fehlerschätzung verwendet (*Runge-Schätzung des Fehlers*). Wir benutzen (3) zur Korrektur von g_{21} und erhalten aus der zweiten der Gleichungen (2) den verbesserten Wert

$$g_{22} := g_{21} + (g_{21} - g_{11}) \cdot \gamma_{21} = I + O(t_2^2). \tag{5}$$

Der Übergang von g_{21}, g_{11} zu g_{22} wird *Richardson-Extrapolation* genannt. In Abb. 7.2.1 ist g_{22} der Schnittpunkt der interpolierenden Geraden durch (t_1, g_{11}) und (t_2, g_{22}) mit der g-Achse. Wiederholt man das Vorgehen mit je zwei aufeinanderfolgenden Näherungswerten $g_{m-1,1}$ und g_{m1},

$$g_{m2} := g_{m1} + (g_{m1} - g_{m-1,1}) \cdot \gamma_{m,m-1}, \qquad \gamma_{m,m-1} := t_m/(t_{m-1} - t_m), \tag{6}$$

so ergibt sich eine neue Folge (g_{m2}), deren Konvergenzordnung um mindestens Eins höher ist als die der Ausgangsfolge (g_{m1}).

Beispiel 7.2.1. Die *Riemannsche Zetafunktion* ist durch $\zeta(x) := \sum_{k=1}^{\infty} k^{-x}$ definiert. Für $x = 2$ berechnen wir die Folge der Partialsummen $g_{m1} := \sum_{k=1}^{2^{m-1}} 1/k^2$, also $g_{11} = 1$, $g_{21} = 1 + 1/4, \ldots$, (die gegen den Grenzwert $I := \zeta(2) = \pi^2/6 = 1.6449\ldots$ konvergiert). Durch *Richardson-Extrapolation* mit $t_m := 2^{1-m}$ ergeben sich die in Tab. 7.2.1 angegebenen Werte g_{m2}, die offensichtlich bessere Näherungswerte für $\zeta(2)$ sind als die Ausgangswerte g_{m1}.

Tab. 7.2.1. Konvergenzverbesserung durch Extrapolation für die Folge (g_{m1}) aus Beispiel 7.2.1

m	t_m	g_{m1}	g_{m2}	g_{m3}	g_{m4}
1	1	1			
2	0.5	1.25	1.50		
3	0.25	1.4236	1.5972	1.6296	
4	0.125	1.5274	1.6312	1.6426	1.6444

Eine (bei hinreichender Glattheit von $g(t)$) noch schneller konvergierende Folge erhält man, wenn man durch je drei aufeinanderfolgende Punkte eine interpolierende Parabel oder allgemein durch je n aufeinanderfolgende Punkte

$$(t_j, g_{j1}), \qquad j = m+1-n(1)m, \qquad m \geqq n, \tag{7}$$

ein interpolierendes Polynom $p_{n-1}(t)$ legt und jeweils den Wert $g_{mn} := p_{n-1}(0)$ als neuen Näherungswert verwendet. Zur Berechnung von $p_{n-1}(0)$ eignen sich der Lagrange-Algorithmus 6.1.8, der Newton-Algorithmus 6.1.11/12 und der Neville-Algorithmus 6.1.19. Aus (6.1.49) ergibt sich mit $p_n^{(m)} := g_{mn}$ und $x = 0$ die Rekursionsvorschrift

$$\begin{aligned} g_{mn} &:= g_{m,n-1} + (g_{m,n-1} - g_{m-1,n-1}) \cdot \gamma_{m,m+1-n}, \\ \gamma_{m,m+1-n} &:= t_m/(t_{m+1-n} - t_m), \qquad n = 2(1)m, \qquad m = 2, 3, \ldots, \end{aligned} \tag{8}$$

die man für die maschinelle Rechnung nach dem Vorbild von Algorithmus 6.1.19 in der Form

$$g_j := g_{j+1} + (g_{j+1} - g_j) \cdot t_m/(t_j - t_m), \qquad j = m - 1(-1)1, \tag{8'}$$

schreibt, um mit einem eindimensionalen g-Feld auszukommen. Aus (8) beziehungsweise (8') entstehen die beiden in Tab. 7.2.2 angegebenen Dreiecksschemata. Man rechnet zeilenweise und überspeichert die nicht mehr benötigten g-Werte. Die maximal sinnvolle Spaltenanzahl K wird durch die Glattheit von $g(t)$ bestimmt. In den Zeilen m mit $m > K$

Tab. 7.2.2. Extrapolationsschemata zu (8) und (8')

t_1	g_{11}				g_1			
t_2	g_{21}	g_{22}			g_2	g_1		
$\vdots$	$\vdots$	$\vdots$	$\ddots$		$\vdots$	$\vdots$	$\ddots$	
t_K	g_{K1}	g_{K2}	$\cdots$	g_{KK}	g_K	g_{K-1}	$\cdots$	g_1
t_{K+1}	$g_{K+1,1}$	$g_{K+1,2}$	$\cdots$	$g_{K+1,K}$	g_{K+1}	g_K	$\cdots$	g_2
$\vdots$	$\vdots$	$\vdots$		$\vdots$	$\vdots$	$\vdots$		

beendet man die Rechnung jeweils bereits bei g_{mK}. Das Dreiecksschema geht dadurch in ein Trapezschema über. Der *Fehler* $r_{mn} := g_{mn} - I$ läßt sich mit Hilfe der Formel (6.1.43) ausdrücken: g_{mn} ist der Wert des interpolierenden Polynoms $p_{n-1}(t)$ durch die Punkte (7) an der Stelle $t = 0$, also gilt

$$r_{mn} := r_{n-1}(0) = (-1)^{n-1} \left(\prod_{j=m+1-n}^{m} t_j \right) \frac{1}{n!} g^{(n)}(\tau), \qquad \tau \in (0, t_{m+1-n}). \tag{9}$$

Wenn die Koeffizienten d_n der Potenzreihenentwicklung (1) bekannt sind und hinreichend schnell abnehmen, können sie (für $n < K$) als Näherung von $\dfrac{1}{n!} g^{(n)}(\tau)$ verwendet werden, denn durch Differentiation von (1) ergibt sich

$$\frac{1}{n!} g^{(n)}(t) = d_n + (n + 1) d_{n+1} + O(t^2). \tag{10}$$

Beispiel 7.2.2. Mit Hilfe von (8) berechnen wir die noch fehlenden Werte g_{m3} und g_{m4} für Tab. 7.2.1: $g_{33} := g_{32} + (g_{32} - g_{22}) \cdot t_3/(t_1 - t_3) = 1.6296$, $g_{43} := g_{42} + (g_{42} - g_{32}) \cdot t_4/(t_2 - t_4) = 1.6426$, $g_{44} := g_{43} + (g_{43} - g_{33}) \cdot t_4/(t_1 - t_4) = 1.6444$.

7.2.2. Anwendung auf die numerische Integration

Soll die Extrapolationsvorschrift (8) auf eine Folge von Quadraturformeln $Q_N(f)$ angewendet werden, so müssen sich die $Q_N(f)$ als Werte einer Funktion g interpretieren lassen, die eine Taylor-Entwicklung (1) besitzt. Wir zeigen, daß dies für die *zusammengesetzte Trapezregel* (7.1.47) und die *Mittelpunktsregel* (7.1.21) der Fall ist.

Es seien x_0 und $x_1 := x_0 + h$ zwei Punkte aus $[a, b]$ und $F(x)$ eine Funktion aus $C^{2K+2}[a, b]$. Wir entwickeln $F(x)$ an den Stellen $x = x_0$ und $x = x_1$ in Taylor-Reihen, wobei wir wie früher die Abkürzungen $F_k^{(j)} := \left[\dfrac{\mathrm{d}^j}{\mathrm{d}x^j} F(x)\right]_{x=x_k}$ benutzen:

$$\begin{aligned} F_1 &= F_0 + hF_0' + \frac{h^2}{2!} F_0'' + \frac{h^3}{3!} F_0''' + \cdots, \\ F_0 &= F_1 - hF_1' + \frac{h^2}{2!} F_1'' - \frac{h^3}{3!} F_1''' + - \cdots. \end{aligned} \tag{11}$$

Durch Subtraktion ergibt sich

$$2(F_1 - F_0) = h(F_0' + F_1') + \frac{h^2}{2!}(F_0'' - F_1'') + \frac{h^3}{3!}(F_0''' + F_1''') + \cdots. \tag{12}$$

Ist nun $F(x)$ speziell die Stammfunktion zum Integranden $f(x)$, so folgt

$$\int_{x_0}^{x_1} f(x)\,\mathrm{d}x = \frac{h}{2}(f_0 + f_1) + \frac{1}{2}(f^{(1)} + f^{(2)} + f^{(3)} + \cdots) \tag{13}$$

mit der Abkürzung

$$f^{(n)} := \frac{h^{n+1}}{(n+1)!}(f_0^{(n)} + (-1)^n f_1^{(n)}), \qquad n = 1, 2, \ldots. \tag{14}$$

Damit haben wir (über dem Teilintervall $[x_0, x_1]$) bereits eine Potenzreihenentwicklung der Trapezregel gefunden. Bevor wir durch Addieren entsprechender Entwicklungen für alle Teilintervalle $[x_{i-1}, x_i]$, $i = 1(1)N$, zum Gesamtintervall übergehen, eliminieren wir schrittweise alle ungeraden h-Potenzen, das heißt alle geraden $f^{(n)}$. Zur Beseitigung von $f^{(2)}$ setzen wir in (12) $F(x) := f'(x)$, multiplizieren mit $h^2/3!$ und stellen nach $f^{(2)} := h^3(f_0'' + f_1'')/3!$ um:

$$f^{(2)} = -\frac{1}{3}\left(2f^{(1)} + \binom{4}{2} f^{(3)} + \binom{5}{2} f^{(4)} + \binom{6}{2} f^{(5)} + \cdots\right).$$

Ebenso erhält man durch Multiplikation mit $h^{2n}/(2n+1)!$ und durch die Substitution $h^{2n+1}(F_0' + F_1')/(2n+1)! := f^{(2n)}$ aus (12)

$$f^{(2n)} = -\frac{1}{2n+1}\left(2f^{(2n-1)} + \binom{2n+2}{2n} f^{(2n+1)} + \binom{2n+3}{2n} f^{(2n+2)} + \cdots\right),$$
$$n = 1, 2, \ldots. \tag{15}$$

Damit ergibt sich aus (13) schrittweise

$$\begin{aligned} \int_{x_0}^{x_1} f(x)\,\mathrm{d}x &= \frac{h}{2}(f_0 + f_1) + \frac{1}{2}\left(1 - \frac{2}{3}\right) f^{(1)} + \frac{1}{2}\left(1 - \frac{1}{3}\binom{4}{2}\right) f^{(3)} \\ &\quad + \frac{1}{2}\left(1 - \frac{1}{3}\binom{5}{2}\right) f^{(4)} + \cdots \\ &= \frac{h}{2}(f_0 + f_1) + \frac{1}{6} f^{(1)} - \frac{1}{2} f^{(3)} - \frac{7}{6} f^{(4)} - 2f^{(5)} - 3f^{(6)} - \cdots \\ &= \frac{h}{2}(f_0 + f_1) + \frac{1}{6} f^{(1)} - \frac{1}{30} f^{(3)} + 3f^{(5)} + \frac{31}{3} f^{(6)} + \cdots \\ &= \frac{h}{2}(f_0 + f_1) + \frac{1}{6} f^{(1)} - \frac{1}{30} f^{(3)} + \frac{1}{42} f^{(5)} + \cdots, \end{aligned}$$

also eine Entwicklung der Gestalt

$$\int_{x_0}^{x_1} f(x)\,\mathrm{d}x = \frac{h}{2}(f_0 + f_1) + B_2 f^{(1)} + B_4 f^{(3)} + B_6 f^{(5)} + \cdots. \tag{16}$$

Die Koeffizienten B_{2k} werden *Bernoullische Zahlen* genannt. Sie ergeben sich mit den Startwerten $B_n := 1/2$, $n = 2(1)2K + 1$, (vgl. (13)) wegen (15) rekursiv aus

$$\left[\begin{array}{l} m = 1(1)K \\ B_{2m} := B_{2m} - \dfrac{2}{2m+1} B_{2m+1} \\ \left[\begin{array}{l} n = 2m + 2(1)2K + 1 \\ B_n := B_n - \dfrac{1}{2m+1}\dbinom{n}{2m} B_{2m+1}. \end{array}\right. \end{array}\right. \tag{17}$$

Wir setzen nun $h := h_N$, wählen äquidistante Stützstellen (vgl. (7.1.19)) und denken uns für jedes Teilintervall die Entwicklung (16) aufgeschrieben. Dann ergibt sich durch Addition, da sich die Ableitungswerte (vgl. (14)) an den inneren Stützstellen herausheben, für das Gesamtintervall die folgende *Potenzreihenentwicklung der zusammengesetzten Trapezregel* (*Euler-MacLaurinsche Summenformel*):

$$g^{(1)}(h^2) := \frac{b-a}{N} \sum_{n=0}^{N}{}'' f_n = I(f) + \sum_{k=1}^{K} B_{2k} \frac{h^{2k}}{(2k)!} \left(f^{(2k-1)}(b) - f^{(2k-1)}(a)\right) + O(h^{2K+2}),$$
$$f \in C^{2K+1}[a, b]. \tag{18}$$

Mit der *Mittelpunktsregel* (7.1.21) verfahren wir in ähnlicher Weise: Durch Addition der beiden Taylor-Entwicklungen

$$f_{1/2} := f\left(x_0 + \frac{h}{2}\right) = f_0 + \frac{h}{2} f_0' + \frac{1}{4}\cdot\frac{h^2}{2!} f_0'' + \frac{1}{8}\cdot\frac{h^3}{3!} f_0''' + \cdots,$$

$$f_{1/2} := f\left(x_1 - \frac{h}{2}\right) = f_1 - \frac{h}{2} f_1' + \frac{1}{4}\cdot\frac{h^2}{2!} f_1'' - \frac{1}{8}\cdot\frac{h^3}{3!} f_1''' + - \cdots,$$

und Multiplikation mit h ergibt sich wegen (14)

$$h \cdot f_{1/2} = \frac{h}{2}(f_0 + f_1) + \frac{1}{2} f^{(1)} + \frac{3}{2^3} f^{(2)} + \frac{4}{2^4} f^{(3)} + \cdots.$$

Stellt man nach $\frac{h}{2}(f_0 + f_1) + \frac{1}{2} f^{(1)}$ um und setzt in (13) ein, so folgt

$$\int_{x_0}^{x_1} f(x)\,\mathrm{d}x = h \cdot f_{1/2} + \frac{2^2 - 3}{2^3} f^{(2)} + \frac{2^3 - 4}{2^4} f^{(3)} + \frac{2^4 - 5}{2^5} f^{(4)} + \cdots.$$

Mit Hilfe von (15) lassen sich auch hier alle $f^{(2n)}$ schrittweise eliminieren,

$$\int_{x_0}^{x_1} f(x)\,\mathrm{d}x = h \cdot f_{1/2} + \frac{1}{8}\left(-\frac{2}{3}\right) f^{(1)} + \left(\frac{1}{4} - \frac{1}{3\cdot 8}\binom{4}{2}\right) f^{(3)}$$
$$+ \left(\frac{11}{32} - \frac{1}{3\cdot 8}\binom{5}{2}\right) f^{(4)} + \cdots = h \cdot f_{1/2} - \frac{1}{2} B_2 f^{(1)} - \frac{7}{96} f^{(4)} - \cdots$$

und schließlich

$$\int_{x_0}^{x_1} f(x)\,\mathrm{d}x = h \cdot f_{1/2} - \frac{1}{2} B_2 f^{(1)} - \frac{7}{8} B_4 f^{(3)} - \cdots - \frac{2^{2k-1}-1}{2^{2k-1}} B_{2k} f^{(2k-1)} - \cdots \tag{19}$$

(Ü 7.2.5), so daß sich nach Addition entsprechender Ausdrücke für die übrigen Teilintervalle die folgende *Potenzreihenentwicklung der Mittelpunktsregel* ergibt:

$$g^{(0)}(h^2) := \frac{b-a}{N} \sum_{n=1}^{N} f_{n-(1/2)} = I(f) - \sum_{k=1}^{K} (1 - 2^{1-2k})\, B_{2k} \frac{h^{2k}}{(2k)!} \times \left(f^{(2k-1)}(b) - f^{(2k-1)}(a)\right) + O(h^{2K+2}), \qquad f \in C^{2K+1}[a, b]. \tag{20}$$

Nebenbei sei bemerkt, daß die Euler-MacLaurinsche Formel (18) im Spezialfall $K = 1$ auf die *verbesserte Trapezregel* (7.1.56), (7.1.57) zurückführt. Falls sich die Werte der höheren Ableitungen $f'''(x)$, $f^{(5)}(x)$, ... in den Randpunkten $x = a$ und $x = b$ leicht bestimmen lassen, können weitere Summanden zur Korrektur von $Q_N^{(1)}(f)$ verwendet werden. Ebenso kann man mit Hilfe der ersten Summanden aus (20) eine *verbesserte Mittelpunktsregel* angeben, zum Beispiel für $K = 1$

$$Q_N^*(f) := \frac{b-a}{N} \sum_{n=1}^{N} f_{n-(1/2)} - \frac{(b-a)^2}{12N^2} (f_0' - f_N'). \tag{21}$$

Beispiel 7.2.3. Für das Fehlerintegral $\sqrt{2\pi}\,\Phi(1)$ aus Beispiel 7.1.11 liefert die zusammengesetzte Trapezregel mit $h := 1/2$ den groben Näherungswert $Q_2^{(1)} = 0.842881$. Wir verbessern ihn mit Hilfe von $(18)_{K=3}$. Es ist $f'(t) = -t\,\mathrm{e}^{-t^2/2}$, $f'''(t) = (-t^3 + 3t)\,\mathrm{e}^{-t^2/2}$ und $f^{(5)}(t) = (-t^5 + 10t^3 - 15t)\,\mathrm{e}^{-t^2/2}$, also folgt

$$0.842881 + \mathrm{e}^{-1/2} \left(\frac{1}{6 \cdot 2! \cdot 4} + \frac{2}{30 \cdot 4! \cdot 16} + \frac{6}{42 \cdot 6! \cdot 64}\right) = I(f) + O(h^8),$$

woraus sich der mit $Q_8^H(f)$ aus Beispiel 7.1.11 übereinstimmende Näherungswert 0.855624 ergibt.

Mittelpunktsregel und zusammengesetzte Trapezregel besitzen, wenn man $t := h$ setzt, Potenzreihenentwicklungen der Gestalt (1). Dabei ist, wie man aus (18) und (20) abliest,

$$d_k^{(1)} := \frac{1}{(2k)!} B_{2k}\left(f^{(2k-1)}(b) - f^{(2k-1)}(a)\right), \qquad k = 1, 2, \ldots,$$

und

$$d_k^{(0)} := -(1 - 2^{1-2k})\, d_k^{(1)}, \qquad k = 1, 2, \ldots. \tag{22}$$

Für $h \to 0$, also $N \to \infty$, haben die Restglieder der beiden Quadraturformeln die Gestalt

$$R_N^{(1)}(f) := Q_N^{(1)}(f) - I(f) = d_1^{(1)} h^2 + O(h^4) \tag{23}$$

und

$$R_N^{(0)}(f) := Q_N^{(0)}(f) - I(f) = -\frac{1}{2} d_1^{(1)} h^2 + O(h^4). \tag{24}$$

Für hinreichend großes N bilden also $Q_N^{(0)}$ und $Q_N^{(1)}$ auch für nicht konvexe (konkave) Funktionen eine Einschließung für $I(f)$, und die gemittelten Werte

$$M_{N1} := (2Q_N^{(0)} + Q_N^{(1)})/3 = I(f) + O(h^4) \tag{25}$$

besitzen eine höhere Konvergenzordnung als $Q_N^{(0)}$ und $Q_N^{(1)}$. Wir legen nun durch

$$h_m := (b - a)/N_m, \qquad N_m < N_{m+1}, \qquad m = 1, 2, \ldots, \tag{26}$$

eine monoton abnehmende Schrittweitenfolge fest, setzen

$$g_{m1}^{(1)} := Q_m^{(1)}(f), \qquad g_{m1}^{(0)} := Q_m^{(0)}(f) \tag{27}$$

und wenden sowohl auf die Folge der zusammengesetzten Trapezformeln als auch auf die Folge der Mittelpunktsformeln die Richardson-Extrapolation an. Dann gilt für den Fehler der extrapolierten Werte $g_{mn}^{(1)}$ für festes n und $m \to \infty$ nach (8), (9)

$$r_{mn}^{(1)} := g_{mn}^{(1)} - I(f) = (-1)^{n-1} \left(\prod_{j=m+1-n}^{m} h_j^2 \right) \left(d_n^{(1)} + O(h^2)\right), \qquad h^2 \in (0, h_{m+1-n}^2), \tag{28}$$

und für den Fehler der $g_{mn}^{(0)}$ wegen (22) und $h_{m+1} < h_m$

$$r_{mn}^{(0)} := g_{mn}^{(0)} - I(f) = -(1 - 2^{1-2n})\, r_{mn}^{(1)} + O(h_{m+1-n}^{2n+2}). \tag{29}$$

Die Fehler haben entgegengesetztes Vorzeichen. Für hinreichend großes m bilden also auch die Elemente der zweiten, dritten, ..., n-ten Spalte der Dreiecksschemata für $g_{mn}^{(0)}$ und $g_{mn}^{(1)}$ Einschließungen für $I(f)$. Das läßt sich für den Abbruchtest ausnutzen. Schließlich kann man analog zu (25) durch eine geeignete Mittelung von $g_{mn}^{(0)}$ und $g_{mn}^{(1)}$ verbesserte Näherungswerte M_{mn} erhalten, denn für

$$M_{mn} := (\beta_n g_{mn}^{(0)} + g_{mn}^{(1)})/(1 + \beta_n), \qquad \beta_n := 2^{2n-1}/(2^{2n-1} - 1), \tag{30}$$

folgt wegen (29)

$$r_{mn}^{(M)} := M_{mn} - I(f) = O(h_{m+1-n}^{2n+2}). \tag{30'}$$

Aus den Fehlerdarstellungen (28), (29) und (30') ist erkennbar, daß die $g_{mn}^{(0)}$-, $g_{mn}^{(1)}$- und die M_{mn}-Spalten um so besser konvergieren, je schneller die Schrittweiten h_m abnehmen. Andererseits wächst der Rechenaufwand bei schneller Schrittweitenverkleinerung durch das Hinzukommen vieler neuer Stützstellen stark an. Diese beiden Tendenzen sind bei der Festlegung der Schrittweitenfolge (26) gegeneinander abzuwägen. Schließlich wird man bestrebt sein, einmal berechnete Funktionswerte in späteren Schritten wiederzuverwenden. Bei der wiederholten *Intervallhalbierung*, die wir schon früher für die zusammengesetzte Trapezregel (Algorithmus 7.1.9) verwendet haben, ergibt sich die Folge

$$N_1 := 1, \qquad N_m := 2N_{m-1}, \qquad m = 2, 3, \ldots. \tag{31}$$

Die Anwendung der Richardson-Extrapolation auf die Folge der zu (31), (26) gehörenden zusammengesetzten Trapezregeln geht auf ROMBERG [1] zurück und wird deshalb auch *Romberg-Verfahren* genannt. Wegen $\gamma_{m,m+1-n} := h_m^2(h_{m+1-n}^2 - h_m^2) = 1/(4^{n-1} - 1)$ erhält (8) in diesem Fall die Gestalt

$$g_{mn} := g_{m,n-1} + (g_{m,n-1} - g_{m-1,n-1})/(4^{n-1} - 1), \qquad n = 2(1)m, \quad m = 2, 3, \ldots. \tag{32}$$

Der *Rechenaufwand*, gemessen in Funktionsberechnungen, verdoppelt sich bei jedem Schritt, wächst also wie 2^m. Eine langsamere Zunahme ergibt sich, wenn man die Folge

$$N_1 := 1, \qquad N_2 := 2, \qquad N_3 := 3, \qquad N_m := 2N_{m-2}, \qquad m = 4, 5, \ldots, \tag{33}$$

oder die Folge

$$N_m := m, \qquad m = 1(1)5, \qquad N_m := 2N_{m-3}, \qquad m = 6, 7, \ldots, \tag{34}$$

wählt. Grob gesprochen wächst der Rechenaufwand im Fall (33) wie $2^{m/2}$ und im Fall (34) wie $2^{m/3}$.

Im folgenden Algorithmus sind die Rechenschritte für die Folge (33) zusammengestellt. Die Anzahl der Extrapolationen je Zeile kann durch Vorgabe einer *maximalen Spaltenanzahl NE* ($NE \geqq 3$) beschränkt werden. Ist die Glattheit des Integranden bekannt, so wählt man

$$NE := K, \qquad \text{falls } f \in \mathbb{C}^{2K+1}[a, b]. \tag{35}$$

Der Algorithmus endet, wenn eine relative Genauigkeitsschranke E unterschritten,

$$|g_{mn}^{(1)} - g_{mn}^{(0)}|/|g_{mn}^{(0)}| < E,$$

oder eine maximale Zeilenzahl ME überschritten wird. Ausgegeben werden die zuletzt berechnete Einschließung und der zugehörige, nach (30) berechnete Mittelwert M_{mn}. Die Mittelpunktsformeln $Q_m^{(0)}$ sind für gerade und ungerade m unterschiedlich programmiert (vgl. Schritt 5 und Schritt 6), weil man im ungeraden Fall die Anzahl der Funktionsberechnungen durch Verwendung von $Q_{m-3}^{(0)}$ um ein Drittel reduzieren kann.

Algorithmus 7.2.4. Verallgemeinertes Romberg-Verfahren zur Schrittweitenfolge (26), (33) QURO (f, a, b, E, ME, NE, $\boldsymbol{t}$, $\boldsymbol{g0}$, $\boldsymbol{g1}$)

---

f	Integrand, muß als Unterprogramm vorliegen
a, b	Integrationsgrenzen
E	Schranke für den relativen Fehler
ME	maximale Zeilenzahl ($ME \geqq 3$, ungerade)
NE	maximale Spaltenzahl ($NE \geqq 3$)
$\boldsymbol{t} := (t_1, \ldots, t_{ME})$	Quadrate der Schrittweiten
$\boldsymbol{g0} := (g0_1, \ldots, g0_{ME})$	extrapolierte Werte zur Mittelpunktsformel
$\boldsymbol{g1} := (g1_1, \ldots, g1_{ME})$	extrapolierte Werte zur Trapezformel

1 Anlaufrechnung

$H := b - a,\ t_1 := H \cdot H$	aktuelle Schrittweiten
$HA := H/2,\ t_2 := HA \cdot HA$	und Schrittweitenquadrate
$HN := H/3,\ t_3 := HN \cdot HN$	
$QA := H \cdot f(a + HA),\ g0_1 := QA$	erste Mittelpunkts- und
$g1_1 := HA \cdot \big(f(a) + f(b)\big)$	Trapezregel
$x := a + HA/2$	
$Q0 := HA \cdot \big(f(x) + f(x + HA)\big),\ g0_2 := Q0$	zweite Mittelpunkts- und
$Q1 := (QA + g1_1)/2, \quad g1_2 := Q1$	Trapezregel
$x := a + HN/2$	
$QN := HN \cdot \big(f(x) + f(x + 2 \cdot HN)\big) + QA/3$	dritte Mittelpunkts- und
$g0_3 := QN$	Trapezregel
$x := a + HN$	
$g1_3 := HN \cdot f\big((x) + f(x + HN)\big) + g1_1/3$	

$M = 2(2)ME$

2 Richardson-Extrapolation

$k = M(1)M + 1$

$je := 1$

falls $k > NE$, dann $je := k + 1 - NE$

$j = k - 1(-1)je$

$\gamma := t_k/(t_j - t_k)$

$g0_j := g0_{j+1} + (g0_{j+1} - g0_j) \cdot \gamma$

$g1_j := g1_{j+1} + (g1_{j+1} - g1_j) \cdot \gamma$

3 Genauigkeitstest

$q := |g0_{je} - g1_{je}|$, $p := |g0_{je}|$

falls $p > E$, dann $q := q/p$

falls $q < E$, dann Schritt 8

falls $M + 3 \geqq ME$, dann Schritt 7

4 Berechnung der neuen Trapezformeln

$Q1 := (Q1 + Q0)/2$, $g1_{M+2} := Q1$ — Trapezformel $Q^{(1)}_{M+2}(f)$

$g1_{M+3} := (g1_{M+1} + QN)/2$ — Trapezformel $Q^{(1)}_{M+3}(f)$

5 Berechnung der Mittelpunktsformel $Q^{(0)}_{M+2}(f)$

$QA := Q0$

$HA := HA/2$, $H := HA/2$

$t_{M+2} := HA \cdot HA$

$xa := a + H$, $xe := b - H$, $Q0 := 0$

$x = xa(HA)xe$

$Q0 := Q0 + f(x)$

$Q0 := Q0 \cdot HA$, $g0_{M+2} := Q0$ — Mittelpunktsformel $Q^{(0)}_{M+2}(f)$

6 Berechnung der Mittelpunktsformel $Q^{(0)}_{M+3}(f)$

$HN := HN/2$, $H := HA \cdot 2$

$t_{M+3} := HN \cdot HN$

$xa := a + HA$, $xe := b - HA$, $QN := 0$

$x = xa(H)xe$

$QN := QN + f(x - HN) + f(x + HN)$

$QN := QN \cdot HN + QA/3$, $g0_{M+3} := QN$ — Mittelpunktsformel $Q^{(0)}_{M+3}(f)$

7 drucke „Genauigkeit nicht erreicht"

8 Mittelung der letzten Einschließung

$k := \min(M + 1, NE)$, $\gamma := 4^k/2$, $\gamma := \gamma/(\gamma - 1)$

$Q0 := (\gamma \cdot g0_{je} + g1_{je})/(1 + \gamma)$

drucke $g0_{je}$, $Q0$, $g1_{je}$

Der Rechenaufwand des m-ten Zyklus (Doppelschrittes) setzt sich zusammen aus $2 \cdot 2^{m/2}$ Funktionsberechnungen in den Schritten 5 und 6 sowie etwa $6m$ wesentlichen Rechenoperationen im Extrapolationsschritt (vgl. auch B 7.2.2, Ü 7.2.8 bis Ü 7.2.13). *Speicherplatz* wird für drei ME-Vektoren und einige skalare Größen benötigt.

Beispiel 7.2.5. Mit Hilfe von Algorithmus 7.2.4 berechnen wir erneut den Flächeninhalt des Viertelkreises $f(x) := \sqrt{1 - x^2}$, $0 \leqq x \leqq 1$ (vgl. Beispiel 7.1.10). In Tab. 7.2.3 sind die zu einer Einschließung gehörenden Werte $g^{(0)}_{mn}$ und $g^{(1)}_{mn}$ jeweils untereinander gesetzt (Ergebnisse einer zehnstelligen Gleitpunktrechnung, auf vier Stellen gerundet). Das Verfahren konvergiert, obwohl die in den Entwicklungen (18), (19) auftretenden Ableitungen im rechten Randpunkt nicht existieren.

Tab. 7.2.3. Mit Hilfe von Algorithmus 7.2.4 berechnete Einschließungen für den Flächeninhalt des Viertelkreises

m	N_m	$g_{m1}^{(0)}$ $g_{m1}^{(1)}$	$g_{m2}^{(0)}$ $g_{m2}^{(1)}$	$g_{m3}^{(0)}$ $g_{m3}^{(1)}$	$g_{m4}^{(0)}$ $g_{m4}^{(1)}$	$g_{m5}^{(0)}$ $g_{m5}^{(1)}$	$g_{m6}^{(0)}$ $g_{m6}^{(1)}$	M_{66}
1	1	0.8660						
		0.5000						
2	2	0.8148	0.7978					
		0.6830	0.7440					
3	3	0.8016	0.7910	0.7902				
		0.7294	0.7665	0.7693				
4	4	0.7960	0.7888	0.7880	0.7879			
		0.7489	0.7740	0.7766	0.7771			
5	6	0.7912	0.7874	0.7869	0.7868	0.7867		
		0.7655	0.7788	0.7803	0.7808	0.7809		
6	8	0.7892	0.7866	0.7863	0.7862	0.7862	0.7862	
		0.7725	0.7814	0.7823	0.7826	0.7827	0.7828	0.7845

7.2.3. Anwendung auf die numerische Differentiation

Ableitungen differenzierbarer Funktionen können, wie aus der Analysis bekannt ist und auch schon früher von uns benutzt wurde (vgl. (4.1.3), (6.1.51)), durch Differenzenquotienten (Steigungen) angenähert werden. Aus der Taylor-Entwicklung einer hinreichend oft differenzierbaren Funktion $f(x)$

$$f_1 := f(x_0 + h) = f_0 + hf_0' + \frac{h^2}{2!} f_0'' + \frac{h^3}{3!} f_0''' + \cdots \tag{36}$$

ergibt sich

$$f_0' = (f_1 - f_0)/h - \frac{h}{2!} f_0'' - \frac{h^2}{3!} f_0''' - \cdots. \tag{37}$$

Ersetzt man in (36) h durch $-h$,

$$f_{-1} := f(x_0 - h) = f_0 - hf_0' + \frac{h^2}{2!} f_0'' - \frac{h^3}{3!} f_0''' + - \cdots \tag{38}$$

und subtrahiert diese Entwicklung von (36), so erhält man die genauere (und symmetrische) Formel

$$f_0' = \frac{f_1 - f_{-1}}{2h} - \frac{h^2}{3!} f_0''' - \frac{h^4}{5!} f_0^{(5)} - \cdots. \tag{39}$$

Näherungen mit noch höherer Fehlerordnung ergeben sich, wenn man weitere Punkte $x_2 := x_0 + 2h, x_{-2} := x_0 - 2h, \ldots$ hinzunimmt und die entsprechenden Entwicklungen

$$f_2 := f(x_0 + 2h) = f_0 + 2hf_0' + 4\frac{h^2}{2!} f_0'' + 8\frac{h^3}{3!} f_0''' + \cdots, \tag{40}$$

$$f_{-2} := f(x_0 - 2h) = f_0 - 2hf_0' + 4\frac{h^2}{2!} f_0'' - 8\frac{h^3}{3!} f_0''' + - \cdots \tag{41}$$

geeignet mit (36), (38) kombiniert. Zum Beispiel bestätigt man leicht

$$f_0' = \frac{-f_2 + 8f_1 - 8f_{-1} + f_{-2}}{12h} + \frac{h^4}{30} f_0^{(5)} + \frac{17h^6}{3780} f_0^{(7)} + \cdots. \tag{42}$$

Analog kann man Differenzenapproximationen für höhere Ableitungen herleiten (Ü 7.2.17, B 7.2.5). Durch Addition von (36) und (38) und Umstellung nach f_0'' erhält man

$$f_0'' = \frac{f_1 - 2f_0 + f_{-1}}{h^2} - 2\frac{h^2}{4!} f_0^{(4)} + 2\frac{h^4}{6!} f_0^{(6)} - \cdots. \tag{43}$$

Kombiniert man (36), (38) so mit (40) und (41), daß sich alle Ableitungen ungerader Ordnung und die Terme mit $f_0^{(4)}$ kompensieren, so folgt

$$f_0'' = \frac{-f_2 + 16f_1 - 30f_0 + 16f_{-1} - f_{-2}}{12h^2} + \frac{h^4}{90} f_0^{(6)} + \frac{h^6}{1008} f_0^{(8)} + \cdots. \tag{44}$$

Wenn man die Differenzenquotienten in (37), (39), (42), (43) oder (44) unmittelbar zur Approximation von f_0' beziehungsweise f_0'' verwendet, so wird der Diskretisierungsfehler für hinreichend kleine h im wesentlichen durch den ersten der angegebenen Korrekturterme bestimmt. Verbesserte Näherungswerte lassen sich durch Extrapolation gewinnen, denn die Darstellungen für die Differenzenquotienten nehmen für $I := f_0'$ beziehungsweise $I := f_0''$ und $t := h$ im Fall (37) und $t := h^2$ in den übrigen Fällen die Gestalt (1) an.

Beispiel 7.2.6. Wir berechnen, wieviel Prozent Kraftstoff eingespart wird, wenn man auf der Autobahn statt der zulässigen 100 km/h nur 80 km/h fährt. Der Kraftstoffverbrauch ist proportional zu der Kraft, die aufgewendet werden muß, um Reibungs- und Luftwiderstand zu überwinden. Da Kraft = Masse × Beschleunigung ist, brauchen wir nur diejenige Beschleunigung (als zeitliche Ableitung der Geschwindigkeit) zu bestimmen, die nötig ist, um 100 beziehungsweise 80 km/h aufrechtzuerhalten. Sie ist entgegengesetzt gleich der Verzögerung, die eintritt, wenn man auskuppelt und den Wagen rollen läßt. Wir lesen in beiden Fällen ab, auf wieviel km/h die Geschwindigkeit in 5 s zurückgeht und erhalten daraus mit (36) in erster Näherung

$$v_0' \approx \frac{v_1 - v_0}{h} = \frac{(88 - 100)\ \text{km/h}}{5\ \text{s}} = -2.4(1/3.6)\ \text{m/s}^2,$$

$$v_0' \approx \frac{(72 - 80)\ \text{km/h}}{5\ \text{s}} = -1.6(1/3.6)\ \text{m/s}^2.$$

Die zum Aufrechterhalten der Reisegeschwindigkeit erforderliche Beschleunigung sinkt von $0.6\bar{6}$ auf $0.4\bar{4}$, also um 33%. Da der Kraftstoffverbrauch proportional zur Beschleunigung ist (der Proportionalitätsfaktor liegt in Abhängigkeit von Wagenform und Wirtschaftlichkeit des Motors in der Regel zwischen 16 und 12), sinkt er im gleichen Verhältnis. Ist eine Stoppuhr an Bord und will man seine Mitfahrer beschäftigen, so kann man durch Extrapolation verbesserte Werte für die Verzögerung bestimmen. Wir schreiben die Zeiten auf, nach deren Ablauf die Geschwindigkeit jeweils um 5 km/h abgesunken ist:

100	95	90	85	km/h
0	1.9	4.1	6.5	s

80	75	70	65	km/h
0	2.9	6.8	10.7	s

Im ersten Fall erhält man zu den Schrittweiten $h_1 := 6.5$, $h_2 := 4.1$, $h_3 := 1.9$ (monoton fallend angeordnet!) die Näherungswerte $g_{11} := (85 - 100)/6.5$, $g_{21} := (90 - 100)/4.1$ und $g_{31} := (95 - 100)/1.9$. Wir benutzen sie als Stützwerte für ein Interpolationspolynom zweiten Grades $p_2(h)$ und erhalten mit Hilfe des Neville-Algorithmus das erste Dreiecksschema aus Tab. 7.2.4. Das zweite bezieht sich auf die Startgeschwindigkeit von 80 km/h. Die verbesserten Verzögerungswerte sind $-2.85(1/3.6)\ \text{m/s}^2 = -0.792\ \text{m/s}^2$ und $-2.02(1/3.6)\ \text{m/s}^2 = -0.561\ \text{m/s}^2$, die Abnahme der erforderlichen Beschleunigung liegt bei 29%.

Tab. 7.2.4. Verbesserte Berechnung der Beschleunigungswerte durch Extrapolation

h_n	g_{n1}	g_{n2}	g_{n3}	h_n	g_{n1}	g_{n2}	g_{n3}
6.5	−2.31			10.7	−1.40		
4.1	−2.44	−2.66		6.8	−1.47	−1.59	
1.9	−2.63	−2.79	−2.85	2.9	−1.72	−1.90	−2.02

Beispiel 7.2.7. Die Extrapolation mit Hilfe von Interpolationspolynomen kann auch zur genäherten Bestimmung von Ableitungswerten tabellarisch gegebener Funktionen benutzt werden. Wir berechnen die erste Ableitung der Riemannschen Zeta-Funktion $\zeta(x) := \sum_{n=1}^{\infty} n^{-x}$ an der Stelle $x = 2$. Dazu entnehmen wir einer Tabelle (Jahnke, Emde, Lösch [1], S. 41) die Funktionswerte für Argumente aus der Umgebung dieses Punktes

x	1.4	1.6	1.8	1.9	2.0	2.1	2.2	2.4	2.6
$\zeta(x)$	3.106	2.286	1.882	1.750	1.645	1.560	1.491	1.383	1.305

und erhalten für $\zeta'(2)$ zu den Schrittweiten $h_1 := 0.6$, $h_2 := 0.4$, $h_3 := 0.2$ und $h_4 := 0.1$ nach (39) die in Tab. 7.2.5 mit g_{n1} bezeichneten Näherungswerte, $g_{n1} := (\zeta(2 + h_n) - \zeta(2 - h_n))/(2h_n)$. Da in der Potenzreihenentwicklung von $(f_1 - f_{-1})/(2h)$ nur gerade h-Potenzen auftreten, setzen wir wie bei der zusammengesetzten Trapezregel $t := h^2$ und bestimmen das durch die vier Punkte (h_n^2, g_n), $n = 0(1)3$, festgelegte Interpolationspolynom $p_3(t)$ an der Stelle $t = 0$. Mit Hilfe von (8) ergeben sich die in Tab. 7.2.5 angegebenen g_{mn} und schließlich $g_{44} = -0.9418 \approx \zeta'(2)$.

Tab. 7.2.5. Näherungsweise Berechnung von $\zeta'(2)$ durch Extrapolation

h_n	h_n^2	g_{n1}	g_{n2}	g_{n3}	g_{n4}
0.6	0.36	−1.5008			
0.4	0.16	−1.1288	−0.8311		
0.2	0.04	−0.9775	−0.9271	−0.9391	
0.1	0.01	−0.9500	−0.9408	−0.9418	$-0.9418 \approx \zeta'(2)$

7.2.4. Bemerkungen

B 7.2.1. Methoden der *Konvergenzverbesserung* langsam konvergierender Folgen (und der Konvergenzerzeugung im Fall divergenter Folgen) finden sich bereits in den klassischen Lehrbüchern von Knopp [1] und Hardy [1]. Eine große Zahl weiterer Verfahren (u. a. die *Richardson-Extrapolation*, der *Δ^2-Prozeß von* Aitken, die *Shanks-Transformation*, die man auch *ε-Algorithmus von* Wynn nennt) werden in den Büchern von Brezinski [1, 2] (vgl. auch Krylov, Bobkov, Monastyrnij [1], Bd. 2, S. 286ff.) beschrieben. Bei Brezinski [2] sind auch numerische Beispiele, Anwendungen und FORTRAN-Programme angegeben. Ersetzt man die Potenzen t^k im Ansatz (1) durch vorgegebene Folgen t_{kn}, so kann man eine Näherung E_{kn} für I durch Lösung des Systems

$$g_{n+i} = E_{nk} + d_1 \cdot t_{1,n+i} + d_2 \cdot t_{2,n+i} + \cdots + d_K \cdot t_{K,n+i}, \qquad i = 0(1)K,$$

erhalten. Diese, als *E-Algorithmus* bezeichnete verallgemeinerte Richardson-Extrapolation enthält die meisten bekannten Extrapolationsverfahren als Spezialfälle (Brezinski [3], [4], vgl. auch Ortloff [1], Ortloff, Böhm [1]).

B 7.2.2. Grundlegende Untersuchungen zum *Romberg-Verfahren* findet man bei Bauer, Rutishauser, Stiefel [1]. Unter anderem wird dort gezeigt: Für Riemann-integrierbare Funktionen konvergieren die Spalten und die Diagonale des Dreieckschemas gegen $I(f)$. Ist f aus $\mathbf{C}^{2K}(0, 1)$, so gilt für die Elemente der k-ten Spalte ($k \leq K$)

$$|g_{mk} - I| \leq 2^{(k+1-2m)k} B_{2k} f^{(2k)}(\xi)/(2k)!, \qquad 0 \leq \xi \leq 1.$$

Ist f analytisch, so konvergieren die Diagonalen superlinear, d. h. asymptotisch schneller als jede geometrische Folge. Die Ergebnisse gelten für alle Schrittweitenfolgen mit $h_k/h_{k+1} > c > 1$. Das verallgemeinerte Romberg-Verfahren mit der Folge (33) erwies sich bei Testrechnungen (BULIRSCH [1]) den Folgen $N_m := m$ und (31) überlegen, wenn man Rechenaufwand, erreichte Genauigkeit und numerische Stabilität insgesamt betrachtet. Auf Grund dieser Tests wird (33) meist *Bulirsch-Folge* genannt, obwohl eine Schrittweitenfolge $h_n = h_{n-2}/2$ bereits früher von RUTISHAUSER [1] (allerdings zur numerischen Differentiation) benutzt wurde. Die vorgeschlagene Folge (34) ist bezüglich der Anzahl der benötigten Funktionsberechnungen noch etwas günstiger als die Bulirsch-Folge, ohne die numerische Anfälligkeit der Folge $N_m := m$ zu besitzen.

B 7.2.3. Zum (asymptotisch) monotonen Verhalten der Folgen (g_{mn}), n fest, und der asymptotischen Einschließung des Grenzwerts findet man Untersuchungen bei BULIRSCH, STOER [2], J. W. SCHMIDT [2], J. ALBRECHT [2] und JETTER [1].

B 7.2.4. Von BULIRSCH und STOER wurde gezeigt, daß die Extrapolation mit Hilfe einer interpolierenden rationalen Funktion (vgl. (6.1.53))

$$g(t) := \frac{c_0 + c_1 t + \cdots + c_K t^K}{d_0 + d_1 t + \cdots + d_L t^L}, \qquad K = L \text{ oder } K = L - 1,\ t := h^2,$$

bei Quadraturverfahren häufig bessere Ergebnisse liefert als die Polynomextrapolation. Der Neville-Schritt im Algorithmus ist dazu durch

$$g_{i,k+1} := g_{i,k} + (g_{i,k} - g_{i-1,k}) \Big/ \left[\frac{h_{i-k+1}^2}{h_i^2}\left(1 - \frac{g_{i,k} - g_{i-1,k}}{g_{i,k} - g_{i-1,k-1}}\right) - 1\right]$$

zu ersetzen. Die Rekursion wird dadurch zweistufig. Sie verwendet nicht nur die Näherungen aus der letzten, sondern auch noch aus der vorletzten Spalte des Dreiecksschemas. Verknüpft werden jeweils die folgenden vier Werte

$$\begin{array}{llll} g_{i-1,k-1} & \text{---}\ g_{i-1,k} & \text{———}\!\!\rceil & \\ \llcorner\!\!\text{———} & g_{i,k} & \text{———} & g_{i,k+1} \end{array}$$

Ein FORTRAN-Programm dazu findet man bei BULIRSCH, STOER [1] (vgl. auch STOER [1], S. 112).

B 7.2.5. Die Formeln (37), (39), (42), (43), (44) zur *numerischen Differentiation* (weitere Differenzenapproximationen für Ableitungen bis zur vierten Ordnung findet man bei COLLATZ [2], S. 538–539) lassen sich auch herleiten, indem man ein Interpolationspolynom $p_N(x_0 + s \cdot h) = c_0 + c_1 s + \cdots + c_N s^N$ durch $N + 1$ der Stützpunkte $(x_0 + n \cdot h, f_n)$ oder $(x_0 \pm n \cdot h, f_{\pm n})$ legt und das Interpolationspolynom differenziert (vgl. auch B 6.1.5, B 6.2.3):

$$f_0' \approx p_N'(x_0) = c_1/h, \qquad f_0'' \approx p_N''(x_0) = 2c_2/h^2, \ldots.$$

Sind die Funktionswerte f_n fehlerbehaftet, so ist es günstiger, mehr als $N + 1$ Stützstellen zu verwenden und $p_N(x_0 + s \cdot h)$ als Ausgleichspolynom (vgl. (3.1.14)) zu bestimmen (Ü 7.2.19).

B 7.2.6. Die *numerische Integration* ist ein stabiler Prozeß. Durch die Summenbildung werden Fehler der Funktionswerte ausgeglichen. Dagegen ist die *numerische Differentiation* eine *schlecht konditionierte Aufgabe.* Eine Fehleranalyse der Formel (39) für die erste Ableitung f_0' liefert, wenn wir den Differenzenquotienten als Funktion von f_1, f_{-1} und h auffassen, $F(f_1, f_{-1}, h) := (f_1 - f_{-1})/(2h)$, und (1.2.25) verwenden, für den relativen Gesamtfehler den Ausdruck $\varepsilon_F + \dfrac{f_1}{f_1 - f_{-1}}\,\varepsilon_{f_1} - \dfrac{f_{-1}}{f_1 - f_{-1}}\,\varepsilon_{f_{-1}} - \varepsilon_h$. Durch die bei der Differenzenbildung auftretende Auslöschung werden die relativen Fehler ε_{f_1} und $\varepsilon_{f_{-1}}$ verstärkt. Als Beispiel berechnen wir in zehnstelliger Gleitpunktarithmetik einen Näherungswert für die erste Ableitung von $f(x) := \sin x$ an der Stelle $x = \pi/3$. Mit $h := 10^{-6}$ ist $f_0' \approx (0.8660259034 - 0.8660249038)/(2 \cdot 10^{-6}) = 0.4998000000$. Der Näherungswert hat einen relativen Fehler von $-4 \cdot 10^{-4}$. Für eine zehnstellige Rechnung ist das ein sehr schlechtes Ergebnis.

B 7.2.7. Konvergenzuntersuchungen zur Anwendung der Extrapolationsvorschrift (8) (mit $t_m := h_m^2$) auf die Folge der f_0'-Näherungen

$$g_{m1} := \frac{f(x_0 + \alpha h_m) - f(x_0 - \beta h_m)}{(\alpha + \beta)\, h_m}, \qquad \alpha \neq \beta,$$

findet man bei ENGELS [2]. Dabei wird für die Schrittweitenfolge wie in B 7.2.2 $h_m/h_{m+1} > c > 1$ vorausgesetzt. Darüber hinaus wird gezeigt, daß man auch im Fall der numerischen Differentiation analog zum Algorithmus 7.2.4 durch Extrapolation Einschließungen für f_0' berechnen kann (vgl. auch ENGELS [1]).

7.2.5. Übungsaufgaben

Ü 7.2.1. Mit Hilfe von (8) beschleunige man die Konvergenz der Zahlenfolge (g_{m1}) mit $g_{m1} := \dfrac{m+1}{m}$. Als Nullfolge verwende man (t_m) mit $t_m := 1/m$.

Ü 7.2.2. Man zeige: Die durch (17) definierten Bernoullischen Zahlen lassen sich rekursiv aus $b_1 := -1/2$, $b_{2k+1} := -\dfrac{1}{2k+2} \sum\limits_{n=1}^{k} \binom{2k+2}{2n-1} b_{2n-1}$, $B_{2k} := -\dfrac{1}{2k+1}\left(2b_{2k+1} + \sum\limits_{n=1}^{k} \binom{2k+1}{2n-1} b_{2n-1}\right)$, $k = 1(1)K$, berechnen.

Ü 7.2.3. Man zeige: Die durch (17) definierten Bernoullischen Zahlen treten auf, wenn man die Funktion $g(t) := t/(e^t - 1)$ in eine Potenzreihe entwickelt

$$t/(e^t - 1) = \sum_{n=0}^{\infty} B_n t^n/n!.$$

Ü 7.2.4. Man beweise die folgende Ungleichung für die Bernoullischen Zahlen

$$\frac{2}{(2\pi)^{2k}} < \frac{(-1)^{k-1}}{(2k)!} B_{2k} < \frac{2}{(2\pi)^{2k}(1 - 2^{1-2k})}.$$

Ü 7.2.5. Man zeige: Die Entwicklungskoeffizienten $B'_{2k} := \dfrac{2^{2k-1} - 1}{2^{2k-1}} B_{2k}$ für die Mittelpunktsregel (vgl. (19)) ergeben sich aus (17), wenn man die Rekursion mit den Werten $B_n := (2^{n-1} - n)/2^n$, $n = 2(1)2K + 1$, startet.

Ü 7.2.6. Man beweise: Die durch Richardson-Extrapolation aus den zusammengesetzten Trapezregeln $Q_{N/2}^{(1)}$ und $Q_N^{(1)}$ entstehende Quadraturformel ist identisch mit der Simpson-Regel $Q_N^{(2)}$ (vgl. (7.1.54)).

Ü 7.2.7. Man programmiere Algorithmus 7.2.4.

Ü 7.2.8. Analog zu Algorithmus 7.2.4 schreibe und programmiere man einen Algorithmus, der die Schrittweitenfolge (26), (31), also die Extrapolationsvorschrift (32), verwendet (klassisches Romberg-Verfahren).

Ü 7.2.9. Analog zu Algorithmus 7.2.4 schreibe und programmiere man einen Algorithmus, der die Schrittweitenfolge (26), (34) verwendet.

Ü 7.2.10. Man integriere die Funktionen aus Ü 7.1.15 mit Hilfe der Extrapolationsalgorithmen aus Ü 7.2.7, Ü 7.2.8 und Ü 7.2.9. Dabei verwende man einheitlich die Genauigkeitsschranke $E := 10^{-8}$. Welcher Algorithmus kommt mit der geringsten Anzahl von Funktionsberechnungen aus?

Ü 7.2.11. Mit Hilfe der drei Extrapolationsalgorithmen integriere man die Funktionen a) $f(x) := x \cos(3x)$ über $[0, \pi]$, b) $f(x) := 1/x$ über $[1, 2]$, c) $f(x) = e^{x^2} \sin(e^{x^2})$ über $[0, 2.1]$ (vgl. JETTER [1]). Die exakten Werte sind $-2/9$, ln 2 und 0.67193358....

Ü 7.2.12. Man berechne die für M Zeilen des Algorithmus 7.2.4, des *Romberg-Verfahrens* und des Algorithmus aus Ü 7.2.9 erforderliche Gesamtanzahl von Funktionsberechnungen.

Ü 7.2.13. Mit M_1, M_2 und M_3 bezeichnen wir solche Zeilenzahlen, für die die drei Algorithmen aus Ü 7.2.7 bis Ü 7.2.9 eine annähernd gleiche Anzahl von Funktionsberechnungen benötigen. Man schätze die zugehörigen Extrapolationsfehler $r_{mn}^{(1)}$ und $r_{mn}^{(0)}$ (vgl. (28), (29)) ab. Welches der drei Verfahren ist am günstigsten, wenn man annimmt, daß die Ableitungen $|f^{(2k-1)}(b) - f^{(2k-1)}(a)|$ eine einheitliche Schranke besitzen?

Ü 7.2.14. Man modifiziere den Algorithmus 7.2.4 durch Austausch des Neville-Algorithmus (Schritt 2) gegen den numerisch stabileren Algorithmus 6.1.8. Hinweis. Man berechne die Koeffizienten $d_m^{(N)}$ rekursiv aus den $d_m^{(N-1)}$ (vgl. (6.1.9)).

Ü 7.2.15. Man vergleiche die numerische Stabilität der Algorithmen aus Ü 7.2.7 und Ü 7.2.14.

Ü 7.2.16. Man zeige: Die Romberg-Näherungen g_{mn} können als *Riemann-Summen* interpretiert werden (vgl. B 7.1.3, Baker [1]).

Ü 7.2.17. Mit Hilfe der Taylor-Entwicklungen (36), (38), (40), (41) leite man Näherungsformeln für f_0''' und $f_0^{(4)}$ her.

Ü 7.2.18. Man bestimme das Interpolationspolynom $p_4(x_0 + sh)$ zu den fünf Stützpunkten $((x_0 \pm nh, f(x_0 \pm nh))$, $N = 0(1)2$, und berechne $p_4'(x_0)$ als Näherung für f_0'. Man vergleiche das Ergebnis mit (42).

Ü 7.2.19. Durch Differentiation des Ausgleichspolynoms $p_2(x_0 + sh)$ zu den fünf Stützpunkten aus Ü 7.2.18 leite man die Näherungsformel $f_0' \approx p_2'(x_0) = (2f_2 + f_1 - f_{-1} - 2f_{-2})/(10h)$ her.

Ü 7.2.20. Mit Hilfe von Näherungswerten für die Funktion $f(x) := \sin x$ aus einer vierstelligen sin-Tafel berechne man $f'(\pi/3)$ näherungsweise mit Hilfe von (37), (39), (42) und Ü 7.2.19 und vergleiche die erzielte Genauigkeit (B 7.2.6).

Ü 7.2.21. Durch numerische Differentiation (mit Konvergenzbeschleunigung durch Extrapolation) bestimme man die Krümmung des Einheitskreises $f(x) := \sqrt{1 - x^2}$ im Punkt $x = 1/2$ auf vier Stellen genau. Welcher Wert muß sich ergeben?

7.3. Gauß-Quadraturen

7.3.1. Offene Gauß-Formeln

Die Quadraturformeln aus den Vorlesungen 7.1 und 7.2 sind (mit Ausnahme der verbesserten Trapezregel und der Euler-MacLaurinschen Formeln (7.2.18) und (7.2.20), die auch Ableitungen enthalten) gewichtete Summen von Funktionswerten

$$Q_N(f) = \sum_{n=0}^{N} q_n^{(N)} f(x_n^{(N)}). \tag{1}$$

Dabei wurden die Stützstellen $x_n^{(N)}$ bisher meist äquidistant gewählt. Das ist für die Handrechnung und für tabellarisch gegebene Integranden zweckmäßig, für die Maschine, die die benötigten Funktionswerte mit Hilfe eines Unterprogramms berechnet, aber ziemlich belanglos. Wir fassen die Stützstellen deshalb im folgenden als freie Parameter auf und versuchen, sie so festzulegen, daß der Quadraturfehler möglichst klein wird.

Beispiel 7.3.1. Die Quadraturformel

$$Q_1(f) := q_0 f(x_0) + q_1 f(x_1) \tag{2}$$

hat dann die vier frei wählbaren Parameter q_0, q_1, x_0, x_1 (auf den oberen Index 1 haben wir zur Vereinfachung der Schreibweise verzichtet). Wir können also vier Forderungen stellen und verlangen (nach Gauss [1]), daß der Quadraturfehler für die vier Potenzen 1, x, x^2 und x^3 verschwindet. Das heißt, die vier Potenzen sollen von (2) exakt integriert werden:

$$Q_1(x^n) = \int_{-1}^{1} x^n \, dx, \qquad n = 0(1)3. \tag{3}$$

Der Einfachheit halber wählen wir $[-1, 1]$ als Integrationsgebiet. Ansatz (2) und Forderung (3) liefern das folgende nichtlineare Gleichungssystem

$$\begin{aligned} q_0 \cdot 1 + q_1 \cdot 1 &= 2, & q_0 \cdot x_0 + q_1 \cdot x_1 &= 0, \\ q_0 \cdot x_0^2 + q_1 \cdot x_1^2 &= 2/3, & q_0 \cdot x_0^3 + q_1 \cdot x_1^3 &= 0. \end{aligned} \tag{4}$$

Wenn man den uninteressanten Fall $x_0 = x_1$ ausschließt, in dem sich (2) auf eine Quadraturformel mit lediglich einer Stützstelle reduziert, erhält man die eindeutige Lösung $q_0 = q_1 = 1$,

$-x_0 = x_1 = \sqrt{1/3} = 0.57735\ldots$, und damit die einfachste *Gauß-Legendresche Quadraturformel*

$$Q_1(f) = f\left(-\sqrt{1/3}\right) + f\left(\sqrt{1/3}\right). \tag{5}$$

Sie integriert Potenzen bis zum dritten Grad (und demzufolge auch beliebige Linearkombinationen dieser Potenzen, also alle Polynome aus $\mathbb{P}^4[-1, 1]$) exakt: Die Gauß-Legendre-Formel (5) hat den *algebraischen Genauigkeitsgrad* $K = 3$. Für die Trapezregel (7.1.36), die ebenfalls zwei Funktionswerte verwendet, galt dagegen nur $K = 1$ (vgl. (7.1.45)). Die Gauß-Legendre-Stützstellen besitzen eine interessante Eigenschaft. Sie sind Nullstellen eines Polynoms zweiten Grades, das (über dem Intervall $[-1, 1]$ und bezüglich der Gewichtsfunktion $\omega(x) = 1$) orthogonal zu allen Polynomen ersten Grades ist. Um das einzusehen, braucht man nur

$$w_2(x) := (x - x_0)\,(x - x_1) = x^2 - 1/3 \tag{6}$$

zu bilden und die Orthogonalitätsrelation

$$\int_{-1}^{1} w_2(x)\, p_1(x)\, dx = \int_{-1}^{1} (x^2 - 1/3)\,(a_0 + a_1x)\, dx = 0 \tag{7}$$

nachzuprüfen. Diese Eigenschaft ist charakteristisch, das heißt, sie kann zur Definition der Stützstellen verwendet werden, denn ein zu allen Polynomen aus $\mathbb{P}^2[-1, 1]$ orthogonales Polynom zweiten Grades ist bis auf einen Normierungsfaktor, der auf die Nullstellen keinen Einfluß hat, eindeutig bestimmt. Nach Ü 6.4.6 sind x_0 und x_1 also die beiden Nullstellen des *Legendreschen Polynoms* $P_2(x) := (3x^2 - 1)/2$.

Die allgemeine Quadraturformel (1) enthält $2N + 2$ freie Parameter, man kann deshalb fordern, daß Polynome bis zum Maximalgrad $2N + 1$ exakt integriert werden (*Gaußsche Forderung*)

$$Q_N(p_{2N+1}) = I(p_{2N+1}), \qquad p_{2N+1} \in \mathbb{P}^{2N+2}[a, b]. \tag{8}$$

Die Bestimmung der Stützstellen aus einem nichtlinearen Gleichungssystem der Gestalt (4) ist für große N kompliziert und numerisch nicht stabil (B 7.3.4), wir benutzen statt dessen eine Orthogonalitätsrelation analog zu (7).

Zuvor wollen wir die Problemstellung etwas verallgemeinern und das gesuchte Integral (7.1.3) in der Form

$$I(f) := \int_a^b \omega(x)\, f(x)\, dx \tag{9}$$

schreiben. Wir spalten also vom ursprünglichen Integranden eine Gewichtsfunktion $\omega(x)$ ab ($\omega(x) \geqq 0$, wobei das Gleichheitszeichen höchstens über einer Menge vom Maß Null gelten darf, vgl. (6.4.6) und Definition 6.4.3), und fassen I als Funktional auf, das nur noch auf den verbleibenden Faktor $f(x)$ wirkt (B 7.3.6). Ersetzt man nun $f(x)$ wie früher durch ein Interpolationspolynom $p_N(x)$ in der Lagrangeschen Darstellung (6.1.12) und integriert über $[a, b]$, so ergibt sich für die Gewichte statt (7.1.32) jetzt

$$q_n^{(N)} := \int_a^b \omega(x)\, L_n^{(N)}(x)\, dx, \tag{10}$$

wobei die Lagrangeschen Basispolynome $L_n^{(N)}(x)$ die Gestalt (6.1.11) haben. Für die noch unbekannten Stützstellen $x_n^{(N)}$ wählen wir die $N + 1$ Nullstellen des Polynoms $(N + 1)$-ten Grades aus der Menge der über $[a, b]$ und bezüglich der Gewichtsfunktion $\omega(x)$ orthogonalen Polynome. Damit sind die $2N + 2$ Parameter von (1) festgelegt. Wir zeigen, daß $Q_N(f)$ die Gaußsche Forderung (8) erfüllt.

Satz 7.3.2 (Stützstellen der Gauß-Quadraturformeln). a) *Die Quadraturformel* (1) *integriert genau dann sämtliche Polynome von höchstens* $(2N + 1)$*-tem Grad exakt, wenn das mit den Stützstellen* $x_n^{(N)}$, $n = 0(1)N$, *gebildete Polynom* $w_{N+1}(x) := \prod_{n=0}^{N} (x - x_n^{(N)})$ *orthogonal zu allen Polynomen von höchstens* N*-tem Grad ist,*

$$I(w_{N+1}p_N) := \int_a^b \omega(x)\, w_{N+1}(x)\, p_N(x)\, \mathrm{d}x = 0, \qquad p_N \in \mathbb{P}^{N+1}[a, b], \tag{11}$$

und die Gewichte aus (10) *berechnet werden.* b) *Die durch* (11) *festgelegten Nullstellen von* $w_{N+1}(x)$ *sind sämtlich einfach und aus dem Intervall* $[a, b]$.

Beweis. Es gelte (8). Dann folgt, da das Produkt $w_{N+1}(x) \cdot p_N(x)$ ein Polynom von höchstens $(2N + 1)$-tem Grad ist,

$$I(w_{N+1}p_N) = Q_N(w_{N+1}p_N) = \sum_{n=0}^{N} q_n^{(N)} w_{N+1}(x_n^{(N)})\, p_N(x_n^{(N)}).$$

In der Summe ist aber jeder Summand gleich Null, denn $w_{N+1}(x)$ verschwindet für jedes $x := x_n^{(N)}$. Also gilt (11). Zum Beweis der Gegenrichtung gehen wir von einem beliebigen Polynom $p_{2N+1}(x)$ aus und dividieren es durch $w_{N+1}(x)$. Dabei bleibt ein Restpolynom $r_N(x)$ von höchstens N-tem Grad: $p_{2N+1}(x) = w_{N+1}(x)\, p_N(x) + r_N(x)$. Integrieren wir diese Zerlegung zuerst exakt und dann näherungsweise mit Hilfe von (1), so ergibt sich wegen (11)

$$I(p_{2N+1}) = I(w_{N+1}p_N) + I(r_N) = I(r_N)$$

und wegen $w_{N+1}(x_n^{(N)}) = 0$, $n = 0(1)N$,

$$Q_N(p_{2N+1}) = Q_N(w_{N+1}p_N) + Q_N(r_N) = Q_N(r_N).$$

Das Restpolynom $r_N(x)$ wird nun aber wie jedes Polynom vom Höchstgrad N durch (1), (10) exakt integriert, $Q_N(r_N) = I(r_N)$, unabhängig davon, welche Stützstellen gewählt wurden. Daraus folgt die Behauptung (8). Den Beweis zur Behauptung b) führen wir indirekt: Fielen mindestens zwei der Nullstellen von $w_{N+1}(x)$ zusammen, zum Beispiel $x_{N-1}^{(N)} = x_N^{(N)}$, dann besäße $w_{N+1}(x)$ die Darstellung $w_{N+1}(x) = w_{N-1}(x)\,(x - x_N^{(N)})^2$, und das Produkt $w_{N+1}(x)\, w_{N-1}(x) = w_{N-1}^2(x)\,(x - x_N^{(N)})^2$, ein Polynom von $(2N)$-tem Grad, hätte in $[a, b]$ durchgehend ein positives Vorzeichen. Demzufolge würde das Integral

$$\int_a^b \omega(x)\, w_{N+1}(x)\, w_{N-1}(x)\, \mathrm{d}x$$

positiv, im Widerspruch zur Orthogonalitätsrelation (11). Lägen nur $k + 1$ von den $N + 1$ Nullstellen (o. B. d. A. seien es $x_0^{(N)}, x_1^{(N)}, \ldots, x_k^{(N)}$, $k < N$) im Intervall $[a, b]$, so hätte das Produkt $w_{k+1}(x) \cdot w_{N+1}(x)$ in $[a, b]$ keine Vorzeichenwechsel, und das Integral über $w_{N+1}(x)\, w_{k+1}(x)$ wäre, erneut im Widerspruch zu (11), verschieden von Null. ∎

Zur Herleitung des *Quadraturfehlers der Gauß-Formeln* benutzen wir den Interpolationsfehler des durch die Forderungen

$$p_{2N+1}(x_n^{(N)}) = f_n, \qquad p'_{2N+1}(x_n^{(N)}) = f'_n, \qquad n = 0(1)N, \tag{12}$$

eindeutig festgelegten *Hermiteschen Interpolationspolynoms* (vgl. Ü 6.2.1 und Ü 6.2.3)

$$p_{2N+1}(x) - f(x) = -\frac{1}{(2N + 2)!}\, w_{N+1}^2(x)\, f^{(2N+2)}\big(\xi(x)\big), \qquad f \in C^{2N+2}[a, b],$$

wobei wir f als hinreichend glatt voraussetzen. Integrieren wir beide Seiten der letzten Gleichung

$$I(p_{2N+1}) - I(f) = -\frac{1}{(2N+2)!} \int_a^b \omega(x)\, w_{N+1}^2(x)\, f^{(2N+2)}\big(\xi(x)\big)\, dx, \tag{13}$$

ersetzen $I(p_{2N+1})$ mit Hilfe von (8) durch $Q_N(p_{2N+1})$ und berücksichtigen, daß $Q_N(p_{2N+1})$ wegen der Interpolationsforderungen (12) mit $Q_N(f)$ übereinstimmt,

$$Q_N(p_{2N+1}) = \sum_{n=0}^{N} q_n^{(N)} p_{2N+1}(x_n^{(N)}) = \sum_{n=0}^{N} q_n^{(N)} f(x_n^{(N)}) = Q_N(f),$$

so ergibt sich, wenn man auf das in (13) rechts stehende Integral noch den verallgemeinerten Mittelwertsatz (7.1.15) anwendet, das *Restglied für Gauß-Quadraturen* in der Gestalt

$$R_N(f) := Q_N(f) - I(f) = d_N \cdot f^{(2N+2)}(\xi_0), \qquad \xi_0 \in [a, b], \tag{14}$$

mit

$$d_N := -\frac{1}{(2N+2)!} \int_a^b \omega(x)\, w_{N+1}^2(x)\, dx. \tag{15}$$

Zur Berechnung der Konstanten d_N eignet sich (15) nicht besonders gut. Einfacher ist, (14) für eine Funktion aufzuschreiben, deren $(2N+2)$-te Ableitung konstant und bekannt ist. Für $f(x) := x^{2N+2}$ ergibt sich aus (14)

$$d_N = \frac{1}{(2N+2)!} R_N(x^{2N+2}) = \frac{1}{(2N+2)!} \left(Q_N(x^{2N+2}) - \int_a^b \omega(x)\, x^{2N+2}\, dx \right). \tag{16}$$

Man braucht also lediglich die Quadraturformel auf die Testfunktion x^{2N+2} anzuwenden und das Integral über x^{2N+2} zu berechnen.

Beispiel 7.3.3. Für die *Gauß-Legendresche Quadraturformel* (5) ergibt sich mit $f(x) := x^4$ im Intervall $[-1, 1]$

$$d_1 = \frac{1}{4!} \left(\left(\frac{1}{-\sqrt{3}} \right)^4 + \left(\frac{1}{\sqrt{3}} \right)^4 - \int_{-1}^{1} x^4\, dx \right) = \frac{1}{24} \left(\frac{2}{9} - \frac{2}{5} \right) = -\frac{1}{135}$$

und damit das *Restglied*

$$R_1(f) = -\frac{1}{135} f^{(4)}(\xi_0), \qquad \xi_0 \in [-1, 1]. \tag{17}$$

Mit Hilfe der Fehlerformel (14) läßt sich beweisen, daß die $Q_N(f)$ ein Quadraturverfahren bilden:

Satz 7.3.4 (Konvergenz der Gauß-Quadraturformeln). *Genügen die Stützstellen der Quadraturformel* (1) *der Relation* (11) *und bestimmt man die zugehörigen Gewichte aus* (10), *so konvergiert die Folge der Werte* $Q_N(f)$ *für jede Funktion* f *aus* $C[a, b]$ *gegen* $I(f)$.

Beweis. Um Satz 7.1.12 anwenden zu können, muß nachgewiesen werden, daß die Gewichte nicht negativ sind und ihre Summe unabhängig von N ist. Dazu integrieren wir die Quadrate der Lagrangeschen Basispolynome $L_m^{(N)}(x)$ mit Hilfe von (1). Sie sind Polynome $(2N)$-ten Grades, werden also exakt integriert. Folglich gilt, wenn man noch

$L_m^{(N)}(x_n) = \delta_{m,n}$ verwendet (vgl. (6.1.8)), für jedes m

$$0 < \int_a^b \omega(x) \, [L_m^{(N)}(x)]^2 \, \mathrm{d}x = \sum_{n=0}^{N} q_n^{(N)} [L_m^{(N)}(x_n^{(N)})]^2 = q_m^{(N)}. \tag{18}$$

Für die Summe der $q_n^{(N)}$ ergibt sich durch Integration des Polynoms nullten Grades $f(x) := 1$ die von N unabhängige Konstante

$$\sum_{n=0}^{N} q_n^{(N)} = \int_a^b \omega(x) \, \mathrm{d}x =: c > 0. \tag{19}$$

Also ist die Voraussetzung a) des Satzes 7.1.12 erfüllt. Die Voraussetzung b) gilt wegen (14) ebenfalls, denn für jedes Polynom $p_k(x)$ verschwinden die Ableitungen $p_k^{(2N+2)}(x)$, sobald N größer als $(k - 2)/2$ wird.

Wir stellen alle Schritte zusammen, die bei Benutzung einer Gauß-Quadraturformel erforderlich sind.

Algorithmus 7.3.5. Gauß-Quadratur QUGAU (f, a, b, Δ, E)

---

f	Integrand, muß als Unterprogramm vorliegen
a, b	Integrationsgrenzen
Δ, E	absolute und relative Genauigkeitsschranke
1	Wähle eine geeignete Gewichtsfunktion $\omega(x)$ und ein geeignetes normiertes Intervall $([-1, 1], [0, \infty), (-\infty, \infty))$ in Abhängigkeit vom Integranden $f(x)$ und vom Integrationsintervall $[a, b]$,
2	transformiere $[a, b]$ auf das normierte Intervall,
3	bestimme die für $\|R_N(f)\| \leqq \Delta$ erforderliche Stützstellenzahl $N + 1$ durch Abschätzung des Restglieds $R_N(f)$, ist dies nicht möglich, so wähle N willkürlich,
4	beschaffe die Stützstellen $x_k^{(N)}$ aus einer Tabelle oder mit Hilfe eines Unterprogramms,
5	beschaffe die Gewichte $q_k^{(N)}$ aus einer Tabelle, oder berechne sie aus (10) oder einer anderen geeigneten Formel (vgl. B 7.3.2),
6	berechne $Q_N(f)$ aus (1),
7	falls N in Schritt 3 willkürlich gewählt wurde, setze $M := N$, $Q_M := Q_N$ und wiederhole die Schritte 4 bis 6 mit einer größeren Stützstellenzahl $N + 1$, $N > M$; falls $\|Q_N - Q_M\|/\|Q_N\| > E$, wiederhole Schritt 7.

In dieser Form ist der Algorithmus noch nicht für den Rechner geeignet. Soll er programmiert werden, so beschränkt man sich zweckmäßig auf die Schritte 4 bis 7 und auf jeweils eine feste Klasse orthogonaler Polynome und stellt die benötigten Stützstellen und Gewichte entweder auf einem externen Speicher oder durch Unterprogramme (vgl. B 7.3.2) zur Verfügung.

Für die *Gauß-Čebyšev-Quadratur erster Art* (mit der Gewichtsfunktion $\omega(x) := (1 - x^2)^{-1/2}$ und dem Integrationsintervall $(-1, 1)$) können die *Stützstellen* geschlossen angegeben werden,

$$-x_n^{(N)} = x_{N-n}^{(N)} = \cos\left(n + \frac{1}{2}\right) h, \qquad h := \frac{\pi}{N+1}, \qquad n = 0(1)[N/2]. \tag{20}$$

Die *Gewichte* sind in diesem Fall unabhängig von den Stützstellen:

$$q_n^{(N)} := h, \qquad n = 0(1)N. \tag{21}$$

Das Restglied hat die Gestalt (Ü 7.3.7)

$$R_N(f) = -\frac{\pi}{2^{2N+1}(2N+2)!} f^{(2N+2)}(\xi), \qquad \xi \in (-1, 1). \tag{22}$$

Für die *Gauß-Čebyšev-Quadratur zweiter Art* (mit der Gewichtsfunktion $\omega(x) := (1 - x^2)^{1/2}$ und dem Integrationsintervall $[-1, 1]$) ergeben sich die *Stützstellen* und *Gewichte* aus

$$\begin{aligned} -x_n^{(N)} &= x_{N-n}^{(N)} = \cos(n+1)\,h, \qquad h := \frac{\pi}{N+2}, \\ q_n^{(N)} &= q_{N-n}^{(N)} = \frac{\pi}{N+2}\sin^2(n+1)\,h, \qquad n = 0(1)[N/2], \end{aligned} \tag{23}$$

und das Restglied hat die Gestalt (Ü 7.3.7)

$$R_N(f) = -\frac{\pi}{2^{2N+3}(2N+2)!} f^{(2N+2)}(\xi), \qquad \xi \in (-1, 1). \tag{24}$$

Im Fall gerader N kann man für die Stützstellen und Gewichte der Gauß-Legendre-Quadratur folgende Näherungswerte verwenden (Ü 7.3.5):

$$\begin{aligned} -\tilde{x}_n^{(N)} &= \tilde{x}_{N-n}^{(N)} := \sin(nh), \qquad h := \frac{2\pi}{2N+3}, \qquad n = 0(1)N/2, \\ \tilde{q}_n^{(N)} &= \tilde{q}_{N-n}^{(N)} := \frac{1}{\bar{q}^{(N)}}\cos(nh), \qquad \bar{q}^{(N)} := \frac{1}{2} + \sum_{n=1}^{N/2}\cos(nh). \end{aligned} \tag{25}$$

Für einige weitere wichtige Klassen von Gauß-Quadraturformeln sind Stützstellen und Gewichte sowie Formeln zur Berechnung der Gewichte und zur Abschätzung des Quadraturfehlers in Tab. 7.3.1 zusammengestellt.

Beispiel 7.3.6. Wir benutzen die *Gauß-Hermite-Quadratur*, um das *Poisson-Integral* aus Beispiel 7.1.11 zu berechnen. Mit der Substitution $t = \sqrt{2}\cdot x$ ergibt sich $\int_{-\infty}^{\infty} e^{-t^2/2}\,dt = \sqrt{2}\int_{-\infty}^{\infty} e^{-x^2}\,dx$. Das ist ein Integral der Gestalt (9) mit $(a, b) := (-\infty, \infty)$, $\omega(x) := e^{-x^2}$ und $f(x) := 1$. Sämtliche Ableitungen von f verschwinden, also liefert bereits die erste Gauß-Hermite-Formel den (bis auf Rundungsfehler von $q_k^{(1)}$) exakten Wert $\sqrt{2}\,Q_1(1) = \sqrt{2}\cdot 2\cdot 0.8862269255 = 2.506628274 \approx \sqrt{2\pi}$.

Beispiel 7.3.7. Die in äquidistanten Zeitpunkten gemessenen Geschwindigkeiten des Windjammers aus Beispiel 7.1.1 sind für eine Gauß-Formel nicht geeignet. Wenn der Kapitän aber von vornherein vorhat, die Gauß-Legendre-Quadraturformel $Q_3(f)$ zu verwenden, kann er die Meß-Zeitpunkte darauf einstellen. Wegen $\int_6^{54} v(t)\,dt = 24\int_{-1}^{1} v(30 + 24\tau)\,d\tau$ muß die Geschwindigkeit am ersten Tag um 9^{20} Uhr und um 21^{50} Uhr, am zweiten Tag um 14^{10} Uhr und am dritten um 2^{40} Uhr gemessen werden. Es sei $v_0 := 3.5$ kn, $v_1 := 6.5$ kn, $v_2 := 7$ kn und $v_3 := 8.5$ kn. Dann ergibt (sich für die zurückgelegte Strecke ein Näherungswert von $24Q_3(v) = 24(0.348(3.5 + 8.5) + 0.652\,(6.5 + 7)) \approx 311$ sm.

Tab. 7.3.1. Gauß-Quadraturen (vgl. auch Ü 5.2.15)

N	$x_k^{(N)}$	$q_k^{(N)}$	Erläuterungen
1	$\pm 1/\sqrt{3}$	1.0	Gauß-Legendre-Quadratur:
2	0	8/9	Intervall: $[-1, 1]$
	$\pm\sqrt{3/5}$	5/9	Gewichtsfunktion: $\omega(x) := 1$
3	± 0.3399810436	0.6521451549	Gewichte:
	± 0.8611363116	0.3478548451	$q_n^{(N)} := 2/((N+1)\, P_N(x_n^{(N)})\, P'_{N+1}(x_n^{(N)}))$
4	0	0.5688888889	Restglied:
	± 0.5384691301	0.4786286705	
	± 0.9061798459	0.2369268851	$R_N(f) := -\dfrac{2^{2N+3}((N+1)!)^4}{(2N+3)\,((2N+2)!)^3}$
			$\times f^{(2N+2)}(\xi) \quad \xi \in [-1, 1]$
1	$2-\sqrt{2}$	$1/(4-2\sqrt{2})$	Gauß-Laguerre-Quadratur:
	$2+\sqrt{2}$	$1/(4+2\sqrt{2})$	Intervall: $[0, \infty)$
2	0.4157745568	0.7110930099	Gewichtsfunktion: $\omega(x) := e^{-x}$
	2.2942803603	0.2785177336	
	6.2899450829	0.0103892565 0	Gewichte:
3	0.3225476896	0.6031541043	$q_n^{(N)} := 1/\left(x_n^{(N)}(L'_{N+1}(x_n^{(N)}))^2\right)$
	1.7457611012	0.3574186924	Restglied:
	4.5366202969	0.0388879085	$R_N(f) := \dfrac{((N+1)!)^2}{(2N+2)!} f^{(2N+2)}(\xi),\ \xi \in [0, \infty)$
	9.3950709123	0.000539294705 6	
1	$\pm 1/\sqrt{2}$	$\sqrt{\pi}/2$	Gauß-Hermite-Quadratur
2	0	$2\sqrt{\pi}/3$	Intervall: $(-\infty, \infty)$
	$\pm\sqrt{3/2}$	$\sqrt{\pi}/6$	Gewichtsfunktion: $\omega(x) := e^{-x^2}$
3	± 0.5246476233	0.8049140900	Gewichte:
	± 1.6506801239	0.08131283544	$q_n^{(N)} := 2^{N+2}(N+1)!\,\sqrt{\pi}\,(H'_{N+1}(x_n^{(N)}))^{-2}$
4	0	0.9453087205	Restglied:
	± 0.9585724646	0.3936193232	$R_N(f) := -\dfrac{(N+1)!\,\sqrt{\pi}}{2^{N+1}(2N+2)!} f^{(2N+2)}(\xi),$
	± 2.0201828705	0.01995324206	$\xi \in (-\infty, \infty)$

7.3.2. Halboffene und geschlossene Gauß-Formeln

Für spezielle Verwendungszwecke, z. B. die Lösung von Differentialgleichungsproblemen, ist es wünschenswert, nicht alle $N+1$ Stützstellen als freie Parameter aufzufassen, sondern einige von ihnen fest vorzugeben. Am häufigsten sind das die Randpunkte des Integrationsintervalls. Man spricht dann von *Quadraturformeln vom Lobatto-Typ*

$$Q_N(f) = \sum_{n=0}^{N-2} q_n^{(N)} f(x_n^{(N)}) + q_{N-1}^{(N)} f(a) + q_N^{(N)} f(b). \tag{26}$$

Schreibt man nur den rechten Randpunkt vor, so erhält man eine rechtsseitige *Radau-Formel*

$$Q_N(f) = \sum_{n=0}^{N-1} q_n^{(N)} f(x_n^{(N)}) + q_N^{(N)} f(b). \tag{27}$$

Analog heißt (27) linksseitige Radau-Formel, wenn man b durch a ersetzt. Allgemein haben *Gauß-Formeln mit (einigen) vorgeschriebenen Stützstellen*

$$x_{M+k}^{(N)} := a_k^{(N)}, \qquad k = 1(1)N - M, \quad M < N, \tag{28}$$

die Gestalt

$$Q_N(f) = \sum_{n=0}^{M} q_n^{(N)} f(x_n^{(N)}) + \sum_{n=1}^{N-M} q_{M+n}^{(N)} f(a_n^{(N)}). \tag{29}$$

Sie enthalten $M + 1$ unbekannte Stützstellen und $N + 1$ unbekannte Gewichte, also insgesamt $M + N + 2$ freie Parameter, so daß man analog zur Gaußschen Forderung (8) die Bedingung

$$Q_N(p_{M+N+1}) = I(p_{M+N+1})$$

stellen und in Verallgemeinerung von Satz 7.3.2 den folgenden Satz beweisen kann (Ü7.3.17).

Satz 7.3.8. *Die Quadraturformel* (29) *integriert genau dann sämtliche Polynome von höchstens* $(M + N + 1)$*-tem Grad exakt, wenn* (28) *gilt, das mit den Stützstellen* $x_n^{(N)}$, $n = 0(1)M$, *gebildete Polynom* $w_{M+1}(x) := \prod_{n=0}^{M} (x - x_n^{(N)})$ *für jedes Polynom* $p_M(x)$ *von höchstens* M*-tem Grad der Relation*

$$\int_a^b \omega(x)\, v_{N-M}(x)\, w_{M+1}(x)\, p_M(x)\, \mathrm{d}x = 0 \tag{30}$$

genügt und die Gewichte wie bisher aus (10) *berechnet werden. Dabei bezeichnet* $v_{N-M}(x)$ *das mit den vorgegebenen Stützstellen gebildete Polynom*

$$v_{N-M}(x) := \prod_{k=1}^{N-M} (x - a_k^{(N)}). \tag{31}$$

Wenn $v_{N-M}(x)$ in $[a, b]$ sein Vorzeichen nicht wechselt (also wenn der Lobatto- oder der Radau-Typ vorliegt oder $v_{N-M}(x)$ mehrfache Nullstellen gerader Vielfachheit besitzt), können die gesuchten Stützstellen wie früher als Nullstellen orthogonaler Polynome bestimmt werden, wobei die Gewichtsfunktion jetzt die Gestalt $\overline{\omega}(x) := (\operatorname{sgn} v_{N-M}(x)) \times \omega(x)\, v_{N-M}(x)$ hat.

Beispiel 7.3.9. Wir bestimmen die erste linksseitige Radau-Quadraturformel zum Intervall $[-1, 1]$ und zur Gewichtsfunktion $\omega(x) := 1$. Es ist $M := 0$, $a_1^{(1)} := -1$ und $v_1(x) := x + 1$. Die gesuchte Stützstelle $x_0^{(1)}$ ist die Wurzel des (über dem Intervall $[-1, 1]$ und bezüglich der Gewichtsfunktion $\overline{\omega}(x) := x + 1$) orthogonalen Polynoms $p_1(x)$. Wir setzen $p_0(x) := 1$ und erhalten mit dem Ansatz $p_1(x) := x + c_0$ aus der Orthogonalitätsforderung $\int_{-1}^{1} (x + 1)(x + c_0)\, \mathrm{d}x = 0$ den Wert $c_0 := -1/3$, also $p_1(x) = x - 1/3$, und damit die Stützstelle $x_0^{(1)} := 1/3$. Die zugehörigen Gewichte $q_0^{(1)}$ und $q_1^{(1)}$ ergeben sich nach (10) durch Integration der zugehörigen linearen *Lagrangeschen Basispolynome* $L_0^{(1)}(x)$ und $L_1^{(1)}(x)$. Die einfachste *linksseitige Radau-Quadraturformel* hat folglich die Gestalt

$$Q_1(f) = \frac{1}{2} f(-1) + \frac{3}{2} f(1/3). \tag{32}$$

Sie ist exakt für Polynome bis zum Höchstgrad 2.

Allgemein ergeben sich für die *linksseitigen Radau-Quadraturformeln* zum Gewicht $\omega(x) := 1$ und zum Intervall $[-1, 1]$,

$$Q_N(f) = \frac{2}{(N+1)^2} f(-1) + \sum_{n=0}^{N-1} q_n^{(N)} f(x_n^{(N)}), \tag{33}$$

die *Stützstellen* als Nullstellen der Polynome

$$\big(P_{N+1}(x) - P_N(x)\big)/(x-1), \tag{34}$$

wobei die $P_N(x)$ die *Legendreschen Polynome* (vgl. Tab. 6.4.1, S. 146) bezeichnen, die *Gewichte* aus

$$q_n^{(N)} = \frac{1}{(N+1)^2} \frac{1 - x_n^{(N)}}{P_N^2(x_n)} = \frac{1}{(1 - x_n^{(N)})\big(P_N'(x_n)\big)^2} \tag{35}$$

und das *Restglied* aus

$$R_N(f) = -\frac{(N+1)\,(N!)^4\, 2^{2N+1}}{\big((2N+1)!\big)^3} f^{(2N+1)}(\xi), \qquad \xi \in (-1, 1), \tag{36}$$

(Ü 7.3.18 bis Ü 7.3.20, vgl. auch DAVIS, RABINOWITZ [1], S. 79). Durch Orthogonalisierung der Potenzen x^n bezüglich der Gewichtsfunktion $\bar\omega(x) := v_2(x) = (x+1)(x-1)$ erhält man für *die Lobatto-Quadraturformeln* zum Gewicht $\omega(x) := 1$ und zum Intervall $[-1, 1]$

$$Q_N(f) = \frac{N}{N(N+1)} \big(f(-1) + f(1)\big) + \sum_{n=0}^{N-2} q_n^{(N)} f(x_n^{(N)}) \tag{37}$$

die *Stützstellen* $x_n^{(N)}$ als Nullstellen von $P_N'(x)$, also als Extrema der *Legendreschen Polynome*, die *Gewichte* aus

$$q_n^{(N)} := \frac{2}{N(N+1)\,P_N^2(x_n^{(N)})} \tag{38}$$

und das *Restglied* aus

$$R_N(f) := \frac{\big((N-1)!\big)^4 N^3 (N+1)\, 2^{2N+1}}{(2N+1)\big((2N)!\big)^3} f^{(2N)}(\xi), \qquad \xi \in (-1, 1) \tag{39}$$

(vgl. Ü 7.3.21, Ü 7.3.22).

7.3.3. Vergrößerung der Stützstellenzahl

Will man nach der Berechnung von $Q_M(f)$ zu einer Gauß-Formel $Q_N(f)$ mit höherer Stützstellenzahl $(N > M)$ übergehen (Schritt 7 im Algorithmus 7.3.5), so müssen im Gegensatz zur zusammengesetzten Trapezregel und den darauf aufbauenden Extrapolationsverfahren sämtliche Funktionswerte $f(x_n^{(N)})$ neu bestimmt werden, denn alle (von Null verschiedenen) Stützstellen $x_m^{(M)}$ und $x_n^{(N)}$ sind paarweise voneinander verschieden. In der Literatur finden sich eine Reihe von Vorschlägen, diesen Mangel zu beseitigen. Allerdings muß das in jedem Fall mit einer Verringerung des hohen algebraischen Genauigkeitsgrads der Gauß-Formeln bezahlt werden.

PATTERSON wählt eine Gauß-Formel $Q_N(f)$ mit $N + 1 = 2^K + 1$ Stützstellen, verwendet davon aber (wie beim Gardinenaufhängen die Haken) zunächst nur die beiden äußeren Punkte $x_0^{(N)}$ und $x_N^{(N)}$, nimmt dann den mittleren Punkt $x_{N/2}^{(N)}$ hinzu, wodurch zwei

Teilintervalle entstehen, von denen er im nächsten Schritt wieder die mittleren Stützstellen (also $x_{N/4}^{(N)}$ und $x_{3N/4}^{(N)}$) herausgreift, usf. Die Stützstellen sind nicht äquidistant, so daß die Gewichte für die zugehörigen Interpolationsquadraturen nicht wie bei den Newton-Cotes-Formeln von vornherein angegeben werden können, sondern jeweils aus (10) zu berechnen sind. Numerisch läßt sich das realisieren, indem man die Lagrangeschen Basispolynome $L_n^{(k)}(x)$ aufstellt und sie mit Hilfe einer Gauß-Formel mit einem algebraischen Genauigkeitsgrad von mindestens k integriert. Die mit den ausgewählten Stützstellen und den dazu berechneten Gewichten gebildeten Interpolationsquadraturen $Q_k(f)$, $k = 1, 2, 4, 8, \ldots$, haben (für $k > 1$) natürlich nur den algebraischen Genauigkeitsgrad $k + 1$. Erst für $k = N = 2^K$ wird der hohe Genauigkeitsgrad $2N + 1$ der Gauß-Formeln erreicht. Abgebrochen wird das Verfahren, wenn sich zwei aufeinanderfolgende Näherungen $Q_k(f)$ im Rahmen der gewünschten Genauigkeit nicht mehr unterscheiden.

Eine zweite Möglichkeit der Vergrößerung der Stützstellenzahl beruht auf Satz 7.3.8. Man nimmt die $M + 1$ Stützstellen $x_n^{(M)}$, $n = 0(1)M$, einer Gauß-Formel $Q_M(f)$ als vorgeschriebene Stützstellen für eine Formel höherer Ordnung. KRONROD geht von $Q_M(f)$ durch Hinzunahme von $M + 2$ neuen Stützstellen zu einer Gauß-Formel $Q_N(f)$ mit $N = 2M + 2$ über,

$$Q_N(f) = \sum_{n=0}^{M+1} g_n^{(N)} f(x_n^{(N)}) + \sum_{n=0}^{M} g_{M+2+n}^{(N)} f(x_n^{(M)}). \tag{40}$$

Sie hat zusammen mit den $2M + 3$ neu zu bestimmenden Gewichten insgesamt $3M + 5$ freie Parameter, integriert also Polynome bis zum Grad $3M + 4$ exakt. Die Berechnung der Stützstellen und Gewichte und der Nachweis, daß die $x_n^{(N)}$ reell, einfach und aus $[a, b]$ sind, ist relativ aufwendig (vgl. DAVIS, RABINOWITZ [1], S. 82ff., KRONROD [1], ENGELS [3], S. 331ff., PIESSENS, BRANDERS [1], NUMATH II [1]).

7.3.4. Bemerkungen

B 7.3.1. Gauß-Formeln besitzen den *höchstmöglichen algebraischen Genauigkeitsgrad*, liefern also bei einer fest vorgegebenen Anzahl von Funktionsberechnungen die genauesten Näherungswerte. Ferner haben sie den Vorteil, daß sie durch Wahl geeigneter Gewichtsfunktionen auch an *singuläre Integranden* und *unendliche Integrationsintervalle* angepaßt werden können. Von Nachteil sind der relativ hohe Speicher- und Programmieraufwand für die Beschaffung der Stützstellen und Gewichte und die Schwierigkeiten beim Übergang zu höheren Stützstellenzahlen.

Für hinreichend glatte Integranden wird man deshalb in der Praxis die leichter zu programmierenden Extrapolationsverfahren vorziehen (vgl. auch B 7.1.5). Untersuchungen zum *Vergleich von Quadraturverfahren* findet man u. a. bei FÖRSTER [1, 2] und BRASS, SCHMEISSER [1].

B 7.3.2. Weitere Details zu *orthogonalen Polynomen* und zur *Gauß-Quadratur* findet man in den bereits genannten Werken (B 6.4.5, B 7.1.1) insbesondere bei ABRAMOWITZ, STEGUN [1] und bei STROUD, SECREST [1]. Die zuletzt genannten Autoren geben Stützstellen und Gewichte für die in Tab. 7.3.2 aufgelisteten Klassen von Gauß-Quadraturformeln an. Zur *Gauß-Jacobi-Quadratur* ($\omega(x) := (1 - x)^\alpha x^\beta$, $[a, b] := [-1, 1]$) wurden von KRYLOV, LUGIN, JANOVIČ [1] Stützstellen, Gewichte und Restglieder für $\alpha, \beta = -0.9(0.1)3.0$ und $N = 1(1)8$ berechnet. Zur *verallgemeinerten Gauß-Laguerre-Quadratur* ($\omega(x) := x^\alpha e^{-x}$, $[a, b] := [0, \infty)$) findet man Stützstellen und Gewichte für $\alpha = 0$, $N + 1 = 4(4)32$ und $\alpha = 1(1)5$, $N + 1 = 4(4)16$ bei RABINOWITZ, WEISS [1]. Diese Aufzählung ist bei weitem nicht vollständig.

B 7.3.3. Die durch die Orthogonalitätsrelation (11) eindeutig festgelegten *Gaußschen Stützstellen* sind sämtlich reell und haben überdies die Eigenschaft $x_k^{(N+1)} < x_k^{(N)} < x_{k+1}^{(N+1)}$, $k = 0(1)N$. Das heißt, die Nullstellen von p_N trennen die Nullstellen des nächsthöheren orthogonalen Polynoms p_{N+1}. Zum Beweis dieses Sachverhalts kann man die Determinantendarstellung der orthogonalen Polynome (vgl. Ü 7.3.16) verwenden, durch die die Nullstellenbestimmung der Polynome auf ein Eigenwertproblem für symmetrische tridiagonale Matrizen zurückgeführt wird (vgl. z. B. STOER [1], S. 120ff.).

B 7.3.4. Die *algebraische Methode* (*Methode der unbestimmten Koeffizienten*), d. h., die Bestimmung der Gewichte und Stützstellen aus einem nichtlinearen Gleichungssystem der Gestalt (4) skizzieren DAVIS, RABINOWITZ ([1], S. 85ff.): Man eliminiert zunächst die Gewichte und führt das Ausgangssystem in ein lineares Gleichungssystem für die Koeffizienten c_n des Polynoms $w_{N+1}(x) := c_0 + c_1x + \cdots + c_{N+1}x^{N+1}$ über. Die Stützstellen werden anschließend als Nullstellen dieses Polynoms berechnet. Dabei können Instabilitäten auftreten, da sich kleine Ungenauigkeiten der Koeffizienten unter Umständen erheblich auf die Wurzeln auswirken (vgl. Beispiel 4.1.4). Die zugehörigen Gewichte werden zum Schluß aus (10) berechnet.

Tab. 7.3.2. Intervalle und Gewichtsfunktionen für die von STROUD, SECREST [1] tabellierten Stützstellen und Gewichte

$[a, b]$	$\omega(x)$	Parameter	Stützstellenanzahl
$[-1, 1]$	1	—	$N + 1 = 2(1)64(4)96(8)168, 256, 384, 512$
$[-1, 1]$	$(1 - x^2)^\alpha$	$\alpha = -\frac{1}{2}, \frac{1}{2}, 1, \frac{3}{2}$	$N + 1 = 2(1)20$
$[-1, 1]$	$(1 + x)^\beta$	$\beta = 1$	$N + 1 = 2(1)30$
		$\beta = 2(1)4$	$N + 1 = 2(1)20$
$[-1, 1]$	$\|x\|^\alpha$	$\alpha = 1(1)4$	$N + 1 = 2(1)20$
$(-\infty, \infty)$	e^{-x^2}	—	$N + 1 = 2(1)64(4)96(8)136$
$[0, \infty)$	e^{-x}	—	$N + 1 = 2(1)32(4)68$
$(-\infty, \infty)$	$\|x\|^\alpha e^{-x^2}$	$\alpha = 1(1)3$	$N + 1 = 2(1)20$
$(-\infty, \infty)$	$\|x\|^\alpha e^{-\|x\|}$	$\alpha = 1(1)3$	$N + 1 = 2(1)20$
$(0, 1]$	$\ln(1/x)$	—	$N + 1 = 2(1)16$
$[-1, 1]$	1 (Lobatto)	$x := \pm 1$	$N + 1 = 2(1)32(4)96$
$[-1, 1]$	1 (Radau)	$x := -1$	$N + 1 = 2(1)19(4)47$

B 7.3.5. Für die Abschätzung des *Quadraturfehlers* mit Hilfe der angegebenen Restglied-Darstellungen werden höhere Ableitungen des Integranden (oder eines Faktors des Integranden) benötigt. Das bereitet im allgemeinen große Schwierigkeiten. Wenn der Integrand aber aus Polynomen und elementaren Funktionen zusammengesetzt ist, deren Ableitungen bis zu einer beliebigen Ordnung geschlossen angegeben werden können, lassen sich die $f^{(k)}(x)$ maschinell berechnen. Zum Beispiel gilt für Produkte die folgende Verallgemeinerung der *Leibnizschen Regel*

$$\frac{d^n}{dx^n}(g(x)\,h(x)) = \sum_{j=0}^{n} \binom{n}{j} g^{(j)}(x)\,h^{(n-j)}(x).$$

Die Bestimmung höherer Ableitungen mit Hilfe von Rechenanlagen ist auch in anderen Zusammenhängen nützlich (GIBBONS [1], MAESS [1], WANNER [1]). Wir verweisen in diesem Zusammenhang auf neuere Untersuchungen zur Formelmanipulation (BUCHBERGER, COLLINS, LOOS [1], RALL [1], HORN, HORN [1], KLONOWER, KOFER [1], MÄTZEL, NEHRKORN [1]).

Neben den angegebenen Restformeln findet man in der Literatur auch *ableitungsfreie Restgliedabschätzungen* (vgl. DAVIS, RABINOWITZ [1], S. 257ff., ENGELS [3], S. 124ff., AKRIVIS [1], AKRIVIS, BURGSTALLER [1]), eine solche ergibt sich unmittelbar aus der Ungleichung (7.1.58): Ist $p_k(x)$ ein Polynom, das sich von $f(x)$ höchstens um δ_p unterscheidet $\|p_k - f\|_\infty := \max_{x\in[a,b]} |p_k(x) - f(x)| \leqq \delta_p$, und ist $Q_N(f)$ eine Quadraturformel, die $p_k(x)$ exakt integriert, so folgt

$$|R_N(f)| \leqq \left(b - a + \sum_{n=0}^{N} |q_n^{(N)}|\right) \cdot \delta_p.$$

Die Schranke ist allerdings oft recht grob. Für die Praxis am günstigsten sind Algorithmen, die Einschließungen für das gesuchte Integral liefern. Andernfalls rechnet man mit mindestens zwei verschiedenen Schrittweiten (Stützstellenzahlen) und benutzt die *Runge-Schätzung* des Fehlers (vgl. (7.2.3)).

B 7.3.6. Die multiplikative Aufspaltung des Integranden (vgl. (9)) ist nicht nur im Zusammenhang mit den Gauß-Formeln von Interesse. Man spricht allgemein von *Produktintegration*, wenn man den Integranden $f(x)$ in zwei Faktoren, meist einen glatten $g(x)$ und einen weniger glatten

$h(x)$ (z. B. mit Singularitäten am Rand des Intervalls) zerlegt und sowohl Quadraturformel als auch Restglied als Funktional von g auffaßt. Der Faktor $h(x)$ beeinflußt dann ebenso wie die Gewichtsfunktion $\omega(x)$ in (10) und (15) lediglich die Koeffizienten $q_n^{(N)}$ und d_N, die ein für allemal berechnet werden können und anschließend für neue Integranden mit demselben Faktor $h(x)$, aber einem beliebigen anderen Faktor $g(x)$ zur Verfügung stehen. Zur Anwendung der Produkt-Integration auf Integralgleichungen verweisen wir auf Fenyö, Stolle ([1], S. 153ff.).

B 7.3.7. Quadraturformeln bilden die Grundlage einer wichtigen Klasse von numerischen Lösungsverfahren für lineare und nichtlineare Integralgleichungen. Sie werden *Quadraturformel-Methoden* genannt (Fenyö, Stolle [1], S. 122ff., Michlin, Smolizki [1], S. 257ff.). Wir beschränken uns auf lineare Integralgleichungen, z. B. *Fredholmsche Integralgleichungen erster* oder *zweiter Art*

$$\int_a^b K(s,t)\, x(t)\, dt = g(s), \qquad x(s) - \mu \int_a^b K(s,t)\, x(t)\, dt = g(t),$$

in denen der Kern $K(s, t)$ für $a \leqq s,\ t \leqq b$ integrierbar und die rechte Seite $g(t)$ stetig sein möge. Ersetzt man das Integral durch eine Quadraturformel $Q_N(f)$ mit den Stützstellen $t_n^{(N)}$, $n = 0(1)N$, und schreibt die dann in der Variablen s noch stetig geltende Gleichung an den diskreten Stellen $s = t_m^{(N)}$, $m = 0(1)N$, auf, so ergibt sich für die Fredholmsche Integralgleichung erster Art als *Diskretisierung* das lineare Gleichungssystem

$$\sum_{n=0}^{N} q_n^{(N)} K(t_m^{(N)}, t_n^{(N)})\, x(t_n^{(N)}) = g(t_m^{(N)}), \qquad m = 0(1)N,$$

und für eine homogene Fredholmsche Integralgleichung zweiter Art ($g(t) := 0$) das Eigenwertproblem

$$x(t_m^{(N)}) - \mu \sum_{n=0}^{N} q_n^{(N)} K(t_m^{(N)}, t_n^{(N)})\, x(t_n^{(N)}) = 0, \qquad m = 0(1)N.$$

Unter gewissen Voraussetzungen über den Kern kann man die eindeutige Lösbarkeit dieser algebraischen Aufgaben nachweisen und den Lösungsvektor $\boldsymbol{x} := (x(t_0^{(N)}), \ldots, x(t_N^{(N)}))$ beziehungsweise die Eigenwerte und die zugehörigen Eigenvektoren mit Hilfe der numerischen Methoden aus den Kapiteln 2 und 4 bestimmen. Es muß jedoch darauf hingewiesen werden, daß eine naive Anwendung von Quadraturformelmethoden auf Integralgleichungen erster Art nur bei kleinem N sinnvolle Ergebnisse liefert. Für größere N verweisen wir auf die Spezialliteratur zu *nichtkorrekt gestellten Problemen* (vgl. Tichonov, Arsenin [1], Hofmann [1]). Durch Interpolation (vielfach werden Splines verwendet, vgl. die Abschnitte 6.2.3. und 6.2.4.) läßt sich abschließend aus den diskreten Werten $x(t_n^{(N)})$ eine stetige Funktion $p(s)$ als Näherung für die gesuchte Lösung $x(s)$ konstruieren. Auf den Fehler $p(s) - x(s)$ haben das Restglied $R_N(f)$ der verwendeten Quadraturformel, das numerische Lösungsverfahren und der Interpolationsfehler $r_N(s)$ Einfluß (Ü 7.3.24).

7.3.5. Übungsaufgaben

Ü 7.3.1. Man schreibe einen Algorithmus für die Gauß-Čebyšev-Quadratur erster Art (vgl. (20), (21)) und integriere mit seiner Hilfe $g(x) := \dfrac{\sin(5e^{x^2})}{\sqrt{1-x^2}}$ über dem Intervall $[-1, 1]$.

Ü 7.3.2. Mit Hilfe der Gauß-Čebyšev-Quadratur zweiter Art $Q_1(f)$ (vgl. (23)) berechne man den Flächeninhalt des Halbkreises $g(x) := \sqrt{1-x^2}$, $-1 \leqq x \leqq 1$. Wie groß ist der Quadraturfehler?

Ü 7.3.3. Man schreibe einen Algorithmus für eine *zusammengesetzte Gauß-Legendre-Quadratur*: Zerlege $[a, b]$ in N gleiche Teilintervalle $[x_{n-1}, x_n]$, transformiere jedes Teilintervall auf $[-1, 1]$ und wende die Gauß-Legendre-Formel $Q_4(f)$ an, berechne die Summe der Teilresultate, vergrößere N und wiederhole das Verfahren, bis sich zwei aufeinanderfolgende Näherungen im Rahmen der gewünschten Genauigkeit nicht mehr unterscheiden.

Ü 7.3.4. Man integriere die Funktionen aus Ü 7.1.15 mit Hilfe des Algorithmus aus Ü 7.3.3.

Ü 7.3.5. Man schreibe einen Algorithmus, der die genäherten Gauß-Legendre-Stützstellen und -Gewichte (25) verwendet. Man schätze den Quadraturfehler ab.

Ü 7.3.6. Man integriere die Funktionen aus Ü 7.1.15 mit Hilfe des Algorithmus aus Ü 7.3.5 und vergleiche den Rechenaufwand mit dem aus Ü 7.1.15 und Ü 7.3.4.

Ü 7.3.7. Mit Hilfe der in Tab. 6.4.1 angegebenen Darstellungen orthogonaler Polynome und der allgemeinen Fehlerformel (14), (15) leite man Restglieddarstellungen für die Gauß-Legendre-, Gauß-Čebyšev-, Gauß-Laguerre- und Gauß-Hermite-Quadratur (vgl. (22), (24) und Tab. 7.3.1) her.

Ü 7.3.8. Man zeige: Besitzt eine Quadraturformel $Q_N(f)$ über dem Intervall $-1 \leqq t \leqq 1$ einen Quadraturfehler der Gestalt $R_N(f) := d_N f^{(k)}(\tau)$, $\tau \in [-1, 1]$, so ergibt sich für ein beliebiges endliches Intervall $a \leqq x \leqq b$ das transformierte Restglied $R_N^{[a,b]}(f) := d_N \left(\frac{b-a}{2}\right)^{k+1} f^{(k)}(\xi)$, $\xi \in [a, b]$.

Ü 7.3.9. Man beweise die *Christoffelsche Identität* für Legendresche Polynome

$$(t - x) \sum_{n=0}^{N} (2n + 1)\, P_n(x)\, P_n(t) = (N + 1)\left(P_{N+1}(t)\, P_N(x) - P_N(t)\, P_{N+1}(x)\right).$$

Hinweis. Man multipliziere die Rekursionsvorschrift der Legendreschen Polynome (vgl. Tab. 6.4.1) mit $P_n(t)$ und schreibe die so entstandene Relation noch einmal mit vertauschten Argumenten x und t auf.

Ü 7.3.10. Mit Hilfe der Christoffelschen Identität aus Ü 7.3.9 beweise man die Formel aus Tab. 7.3.1 für die Gewichte $q_n^{(N)}$ der Gauß-Legendre-Quadratur.

Ü 7.3.11. In Verallgemeinerung von Ü 7.3.9 beweise man die *Christoffel-Darbouxsche Identität*

$$(t - x) \sum_{n=0}^{N} p_n(x)\, p_n(t)/k_n^2 = \left(p_{N+1}(x)\, p_N(t) - p_N(x)\, p_{N+1}(t)\right)/k_N^2 .$$

Dabei seien die $p_n(x)$ über einem vorgegebenen Intervall $[a, b]$ und bezüglich einer vorgegebenen Gewichtsfunktion $\omega(x)$ orthogonal und so normiert, daß der Höchstkoeffizient gleich Eins ist, k_n bezeichne ihre 2,ω-Norm: $k_n^2 := \int_a^b \omega(x)\, p_n^2(x)\, dx$ (vgl. Ü 6.4.7).

Ü 7.3.12. Man beweise: Bezeichnen die $p_N(x)$, $N = 1, 2, \ldots$, die in Ü 7.3.11 erklärten allgemeinen orthogonalen Polynome, so besitzen die Gewichte $q_n^{(N)}$ der zugehörigen Gauß-Quadraturformeln die Darstellungen $q_n^{(N)} = k_N^2/(p'_{N+1}(x_n^{(N)})\, p_N(x_n^{(N)})) = -k_{N+1}^2/(p'_{N+1}(x_n^{(N)})\, p_{N+2}(x_n^{(N)}))$.

Ü 7.3.13. Mit Hilfe der $q_n^{(N)}$-Formel aus Ü 7.3.12 leite man die in (21), (23) und Tab. 7.3.1 angegebenen Formeln für die Gewichte der Gauß-Legendre-, Gauß-Čebyšev-, Gauß-Laguerre- und Gauß-Hermite-Quadratur her.

Ü 7.3.14. Zu welchen Uhrzeiten müssen die Temperaturen gemessen werden, wenn die Tagesmitteltemperatur (0 bis 24 Uhr oder 6 bis 18 Uhr) näherungsweise mit Hilfe einer *Gauß-Legendre-Formel* $Q_4(f)$ bestimmt werden soll?

Ü 7.3.15. Man untersuche, ob sich die *Gauß-Laguerre-Formeln* zur numerischen Integration von $\int_1^\infty e^{-t^2/2}\, dt$ eignen. Hinweis. Man transformiere das Integral auf die Gestalt $\int_0^\infty e^{-x} f(x)\, dx$ und schätze die Ableitungen von $f(x)$ ab.

Ü 7.3.16. Mit Hilfe der Rekursionsvorschrift aus Ü 6.4.7 beweise man, daß die Nullstellen orthogonaler Polynome $p_N(x)$ sämtlich einfach und reell sind. Hinweis. Man zeige, daß die $p_N(x)$ in der Gestalt

$$p_N(x) := \det \begin{pmatrix} x - a_1 & b_2 & & & \\ b_2 & x - a_2 & b_3 & & \\ & \ddots & \ddots & \ddots & \\ & & b_{N-1} & x - a_{N-1} & b_N \\ & & & b_N & x - a_N \end{pmatrix}$$

geschrieben werden können und benutze die Kenntnisse über Eigenwerte symmetrischer Matrizen.

Ü 7.3.17. Man beweise Satz 7.3.8.

Ü 7.3.18. Mit Hilfe der Rekursionsformel der Legendreschen Polynome (vgl. Tab. 6.4.1) beweise man durch vollständige Induktion, daß die Differenz zweier aufeinanderfolgender Legendrescher Polynome $P_N(x)$ und $P_{N+1}(x)$ durch $x - 1$ teilbar ist.

Ü 7.3.19. Man beweise, daß die Nullstellen des Polynoms $(P_{N+1}(x) - P_N(x))/(x - 1)$ der Orthogonalitätsrelation (30) (mit $\omega(x) := 1$, $[a, b] := [-1, 1]$, $v_{N-M}(x) := x + 1$) genügen, also Stützstellen für die *Radau-Quadratur* (33) sind.

Ü 7.3.20. Man leite die Formeln (35) und (36) für die Gewichte $q_n^{(N)}$ und das Restglied $R_N(f)$ der *Radau-Quadratur* her.

Ü 7.3.21. Man beweise, daß die Extrema des Legendre-Polynoms $P_N(x)$ der Orthogonalitätsrelation (30) (mit $\omega(x) := 1$, $[a, b] := [-1, 1]$, $v_{N-M}(x) := x^2 - 1$) genügen, also Stützstellen für die *Lobatto-Quadratur* (37) sind.

Ü 7.3.22. Man leite die Formeln (38) und (39) für die Gewichte $q_n^{(N)}$ und das Restglied $R_N(f)$ der *Lobatto-Quadratur* her.

Ü 7.3.23. Man zeige: Wählt man die Knoten $-x_0^{(1)} = x_1^{(1)} := 1/\sqrt{3}$ als vorgeschriebene Stützstellen, so ergeben sich für die Stützstellen und Gewichte der *Gauß-Kronrod-Formel* $(40)_{M=1}$ die Werte

$$-x_0^{(4)} = x_2^{(4)} := \sqrt{6/7}, \qquad x_1^{(4)} := 0, \qquad -x_3^{(4)} = x_4^{(4)} := 1/\sqrt{3},$$

$$q_0^{(4)} = q_2^{(4)} := 98/495, \qquad q_1^{(4)} := 28/45, \qquad q_3^{(4)} = q_4^{(4)} := 27/55.$$

Ü 7.3.24. Man löse die Integralgleichung $x(s) - \frac{4}{\pi} \int\limits_0^{\pi/2} \cos(s - t)\, x(t)\, dt = \frac{2}{\pi} \cos s$ näherungsweise mit Hilfe der Quadraturformelmethode (B 7.3.7). Dabei verwende man a) die *zusammengesetzte Trapezregel* (7.1.47) mit $N := 8$ über dem Gesamtintervall und b) die *Gauß-Legendre-Quadratur* $Q_4(f)$ über den beiden Teilintervallen $[0, \pi/4]$ und $[\pi/4, \pi/2]$. Mit Hilfe des als Störung der rechten Seite des linearen Gleichungssystems aufzufassenden Quadraturfehlers schätze man den Fehler der berechneten Werte $x(t_m)$ ab. Durch *kubische Spline-Interpolation* bestimme man Näherungsfunktionen $q(s)$ und schätze ihren Fehler ab. Man vergleiche das Resultat mit der exakten Lösung $x(s) := \sin s$ (vgl. Fenyö, Stolle [1], S. 128).

7.4. Kubatur

7.4.1. Problemstellung

Beispiel 7.4.1. Um die maximal zulässige Laufzeit von Motoren im Flugzeughangar aus Beispiel 6.3.4 (Abb. 6.3.5, S. 128) festlegen zu können, soll sein Volumen bestimmt werden. Über jedem der 18 Teildreiecke $\triangle_m \sim (P_i, P_j, P_l)$ aus Abb. 6.3.4 ist die Dachfläche durch ein Ebenenstück der Gestalt

$$p_{3,m}(x, y) := f_i + (f_j - f_i)\, s + (f_l - f_i)\, t \tag{1}$$

definiert (vgl. (6.3.16)). Dabei variieren die Parameter s und t im Einheitsdreieck $\triangle' \sim (P_1', P_2', P_3')$

$$\triangle' := \{s, t; 0 \leqq s \leqq 1, 0 \leqq t \leqq 1 - s\}. \tag{2}$$

Das Volumen des durch die Grundfläche $\triangle_m$ und die Dachfläche (1) begrenzten dreikantigen Prismas (vgl. Abb. 6.3.1, S. 123), das natürlich auch elementargeometrisch berechnet werden könnte (Ü 7.4.1), läßt sich durch ein zweifaches Integral beschreiben:

$$\iint\limits_{\triangle_m} p_{3,m}(x, y)\, dx\, dy.$$

Zu seiner Berechnung benutzen wir die lineare Variablentransformation (6.3.7). Aus der Analysis ist bekannt, daß das *Flächenelement* $dx\, dy$ bei einer *Variablensubstitution* mit der *Funktional-*

matrix der Transformation zu multiplizieren ist:

$$dx\,dy = J_m\,ds\,dt, \qquad J_m := \det\begin{pmatrix} x_j - x_i & x_l - x_i \\ y_j - y_i & y_l - y_i \end{pmatrix}. \tag{3}$$

Damit erhält man

$$\begin{aligned} C_{3,m}(f) &:= \iint_{\Delta m} p_{3,m}(x, y)\,dx\,dy \\ &= J_m \cdot \int_{s=0}^{1} \int_{t=0}^{1-s} (f_i + (f_j - f_i)\,s + (f_l - f_i)\,t)\,dt\,ds \\ &= J_m \cdot \int_0^1 \left[(f_i + (f_j - f_i)\,s)\,(1 - s) + (f_l - f_i)\,\frac{(1-s)^2}{2}\right] ds \end{aligned}$$

und durch nochmalige Integration schließlich die *Prismenregel*

$$C_{3,m}(f) = \frac{J_m}{2} \cdot \frac{f_i + f_j + f_l}{3}. \tag{4}$$

Das Volumen des Prismas ergibt sich also erwartungsgemäß aus

$$\text{Volumen} = \text{Grundfläche} \cdot \text{mittlere Höhe}. \tag{5}$$

Das von der Polyederfläche der Gesamtkonstruktion (Abb. 6.3.5) eingeschlossene Volumen erhält man durch Summation über die 18 Teildreiecke (mit insgesamt 16 Knoten):

$$\begin{aligned} C_{16}^{(3)}(f) := \sum_{m=1}^{18} C_{3,m}(f) &= [4 \cdot 0.4^2(0.4 + 0.55) + 0.4 \cdot 1.2 \cdot 3(0.4 + 0.55) \\ &\quad + 2 \cdot 0.4 \cdot 0.6(0.4 + 2 \cdot 0.55 + 2 \cdot 0.5 + 0.64) + 0.6 \cdot 1.2 \cdot 3(0.55 + 0.64) \\ &\quad + 2 \cdot 0.4 \cdot 1.0(2 \cdot 0.4 + 2 \cdot 0.5 + 0.64) + 1.0 \cdot 1.2 \cdot 3(0.4 + 0.64)]/6 \\ &\approx 1.958. \end{aligned}$$

Beispiel 7.4.2. Um das Volumen des aus Hyparflächenstücken zusammengesetzten Hangars aus Abb. 6.3.6 zu bestimmen, integrieren wir über jedem Teilrechteck $\square_m \sim (P_i, P_j, P_l, P_n)$ die zugehörige interpolierende Funktion $p_{4,m}(x, y)$. Durch die Substitution (6.3.7) geht $\square_m$ in das Einheitsquadrat $\square' \sim (P_1', P_2', P_3', P_4')$ über,

$$\square' := \{s, t;\, 0 \leqq s \leqq 1,\, 0 \leqq t \leqq 1\}, \tag{6}$$

so daß sich für s und t in diesem Fall konstante Integrationsgrenzen ergeben,

$$\begin{aligned} C_{4,m}(f) &:= \iint_{\square_m} p_{4,m}(x, y)\,dx,\,dy \\ &= J_m \cdot \int_0^1 \int_0^1 ((1 - s)\,(1 - t)\,f_i + s(1 - t)\,f_j + (1 - s)\,tf_l + stf_n)\,ds\,dt, \end{aligned}$$

und man durch Integration der vier bilinearen Basisfunktionen die *Prismenregel*

$$C_{4,m}(f) = J_m \cdot \frac{f_i + f_j + f_l + f_n}{4} \tag{7}$$

erhält. Das Volumen des vierkantigen Prismas zwischen der Grundfläche $\square_m$ und dem Hyparflächenstück $p_{4,m}(x, y)$ ergibt sich also ebenfalls nach der Regel (5). Die Summation über die 9 Teilrechtecke (mit insgesamt 16 Knoten) liefert schließlich das gesuchte Gesamtvolumen

$$\begin{aligned} C_{16}^{(4)}(f) := \sum_{m=1}^{9} C_{4,m}(f) &= [2 \cdot 0.4^2(0.8 + 0.55) + 0.4 \cdot 1.2(0.8 + 1.1) \\ &\quad + 2 \cdot 0.4 \cdot 0.6(0.4 + 0.55 + 0.5 + 0.64) + 0.6 \cdot 1.2(1.1 + 1.28) \\ &\quad + 2 \cdot 0.4 \cdot 1.0(0.5 + 0.64 + 0.40) + 1.0 \cdot 1.2(1.28 + 0.8)]/4 \approx 1.947. \end{aligned}$$

Kubatur ist die Volumenbestimmung räumlicher Gebiete. Bei beliebigen, nicht notwendig ebenen Begrenzungsflächen führt diese Aufgabe, erforderlichenfalls nach Zerlegung des Gesamtgebiets in Teilbereiche, auf die Berechnung des Volumens der Säule unterhalb einer (der Einfachheit als stetig vorausgesetzten) Funktion zweier Veränderlicher (Abb. 7.4.1),

$$z := f(x, y), \qquad (x, y) \in G \subset \mathbb{D}. \tag{8}$$

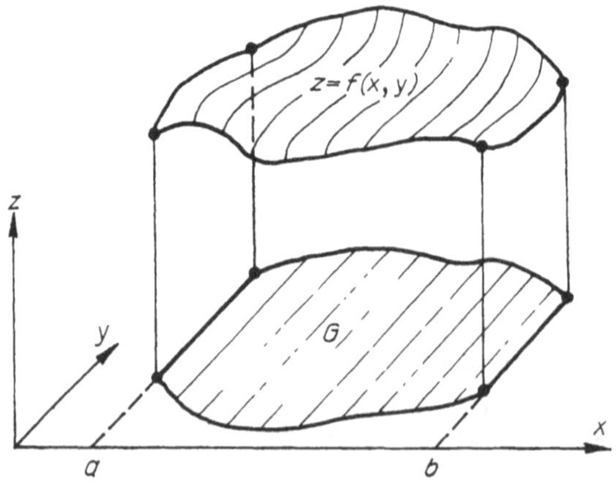

Abb. 7.4.1. Integration einer Funktion zweier Veränderlicher

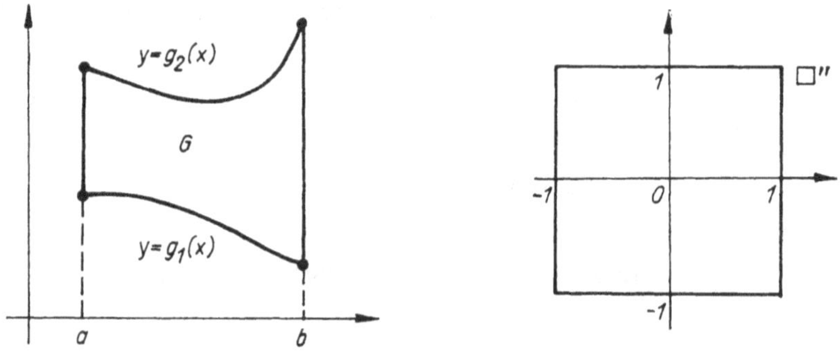

Abb. 7.4.2. Transformation eines Normalbereichs auf das Quadrat □''

Dabei setzen wir weiterhin voraus, daß das (einfach zusammenhängende) Integrationsgebiet ein durch $a \leqq x \leqq b$ und die beiden stetigen Kurven $y = g_1(x)$ und $y = g_2(x)$ beschriebener *Normalbereich* ist (vgl. Abb. 7.4.2):

$$G := \{x, y; a \leqq x \leqq b, g_1(x) \leqq y \leqq g_2(x)\}. \tag{9}$$

(Ebensogut können natürlich auch die Integrationsgrenzen für y konstant, $c \leqq y \leqq d$, und die für x variabel sein $h_1(y) \leqq x \leqq h_2(y)$). Das gesuchte Volumen ist dann der Wert des Doppelintegrals

$$I(f) := \iint\limits_G f(x, y) \, dG. \tag{10}$$

Übersichtliche Kubaturformeln erhält man, wenn man *Einheitsbereiche*, das *Einheitsdreieck* (*Simplex*) $\triangle'$, das *Einheitsquadrat* $\square'$ oder das Quadrat $\square''$

$$\square'' := \{s, t;\ -1 \leqq s \leqq 1,\ -1 \leqq t \leqq 1\}, \tag{11}$$

oder etwas allgemeiner die *Elementarbereiche* (Abb. 7.4.3)

$$\begin{aligned} \triangle_h' &:= \{s, t; 0 \leqq s \leqq h, 0 \leqq t \leqq h - s\}, \\ \square_h' &:= \{s, t; 0 \leqq s \leqq h, 0 \leqq t \leqq h\}, \\ \square_h'' &:= \{s, t;\ -h \leqq s \leqq h,\ -h \leqq t \leqq h\} \end{aligned} \tag{11'}$$

zugrunde legt. Wir untersuchen deshalb zunächst, wie allgemeinere Integrationsgebiete auf diese Bereiche abgebildet werden können.

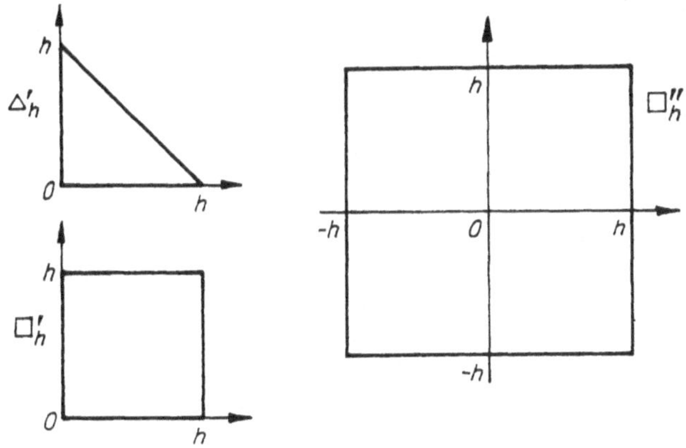

Abb. 7.4.3. Elementarbereiche für die numerische Integration (*Kubatur*)

7.4.2. Transformation auf Einheitsbereiche

Neben der linearen Substitution (6.3.7) bis (6.3.9) können auch *nichtlineare Variablentransformationen*

$$x = x(s, t), \qquad y = y(s, t),$$

$$\mathrm{d}x\,\mathrm{d}y = J \cdot \mathrm{d}s\,\mathrm{d}t, \qquad J := \det \begin{pmatrix} \dfrac{\partial x}{\partial s} & \dfrac{\partial x}{\partial t} \\[2ex] \dfrac{\partial y}{\partial s} & \dfrac{\partial y}{\partial t} \end{pmatrix} \tag{12}$$

verwendet werden. Dabei müssen die Funktionen $x(s, t)$ und $y(s, t)$ über dem Integrationsgebiet mindestens einmal stetig differenzierbar sein, und die Funktionaldeterminante J darf dort nirgends verschwinden. Wir betrachten zwei wichtige Spezialfälle.

Für die Transformation eines *Dreiecks* $\triangle_m \sim (P_i, P_j, P_l)$ *mit einer krummlinigen Seite* P_jP_l auf das Einheitsdreieck $\triangle'$ nehmen wir an, daß sich die drei Punkte P_i, P_j, P_l bereits in der gewünschten Lage (0, 0), (1, 0), (0, 1) befinden (Abb. 7.4.4). Das kann man durch die lineare Abbildung (6.3.7) stets erreichen. Die nichtlineare Randkurve sei durch $y = g(x)$, $g \in C^1[0, 1]$, gegeben. Dann hat die gesuchte Transformation die folgende

Gestalt (Ü 7.4.2)

$$x = s, \qquad y = s + g(s) + t - 1, \qquad J = 1, \tag{13}$$

und das Integral geht in

$$\iint_{\Delta_m} f(x, y)\, dx\, dy = \int_{s=0}^{1} \int_{t=0}^{1-s} f\big(s, s + g(s) + t - 1\big)\, dt\, ds \tag{14}$$

über. Für die *Transformation des Normalbereichs* (9) auf das Quadrat □'' eignet sich (vgl. Ü 6.1.25, Ü 7.4.3)

$$x = \frac{b+a}{2} + \frac{b-a}{2}\, s, \qquad y = \frac{g_2(x) + g_1(x)}{2} + \frac{g_2(x) - g_1(x)}{2}\, t,$$
$$J = \frac{b-a}{4}\big(g_2(x) - g_1(x)\big). \tag{15}$$

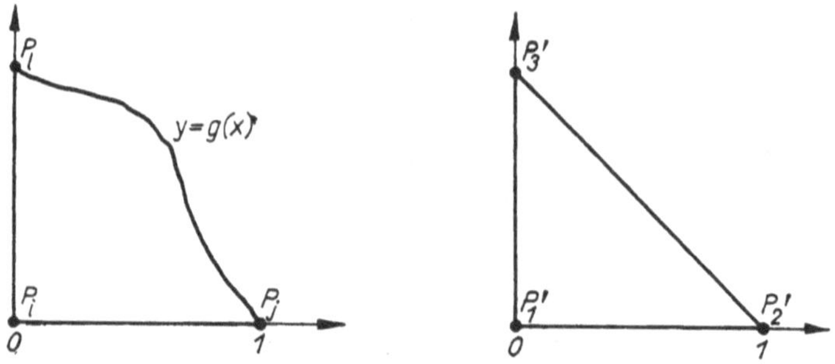

Abb. 7.4.4. Transformation eines krummlinig berandeten Dreiecks auf das Einheitsdreieck △'

Das Integral (10) wird dabei zu

$$I(f) = \frac{b-a}{4} \int_{s=-1}^{1} \big[g_2\big(x(s)\big) - g_1\big(x(s)\big)\big] \int_{t=-1}^{1} f\big(x(s), y(s, t)\big)\, dt\, ds. \tag{16}$$

Beispiel 7.4.3. Für das von zwei Kreisbögen und zwei Strecken begrenzte Gebiet

$$G := \{x, y;\ -1 \leqq x \leqq 1,\ g_1(x) := \sqrt{1 - x^2} \leqq y \leqq g_2(x) := \sqrt{4 - x^2}\}$$

(vgl. Abb. 7.4.5) hat die Transformation (15) die Gestalt

$$x = s, \qquad y = \frac{1}{2}(g_2 + g_1) + \frac{t}{2}(g_2 - g_1), \qquad J = \frac{1}{2}(g_2 - g_1),$$

und das Integral geht über in

$$I(f) = \frac{1}{2} \int_{s=-1}^{1} \int_{t=-1}^{1} (g_2 - g_1)\, f\left(s, \frac{1}{2}(g_2 + g_1) + \frac{t}{2}(g_2 - g_1)\right) dt\, ds,$$

wobei $g_1 := g_1(s) = \sqrt{1 - s^2}$ und $g_2 := g_2(s) = \sqrt{4 - s^2}$ jetzt Funktionen der Variablen s sind.

Ist das Integrationsgebiet G in Polarkoordinaten gegeben,

$$G := \{\varphi, r;\ \varphi_a \leqq \varphi \leqq \varphi_b,\ r_1(\varphi) \leqq r \leqq r_2(\varphi)\} \tag{17}$$

(Abb. 7.4.6), so läßt es sich durch

$$\varphi = \varphi_a + s(\varphi_b - \varphi_a), \qquad r = r_1(\varphi) + t\big(r_2(\varphi) - r_1(\varphi)\big) \tag{18}$$

auf das Einheitsquadrat abbilden. Die Determinante der Funktionalmatrix

$$J = (\varphi_b - \varphi_a)\,\big(r_2(\varphi) - r_1(\varphi)\big) \tag{19}$$

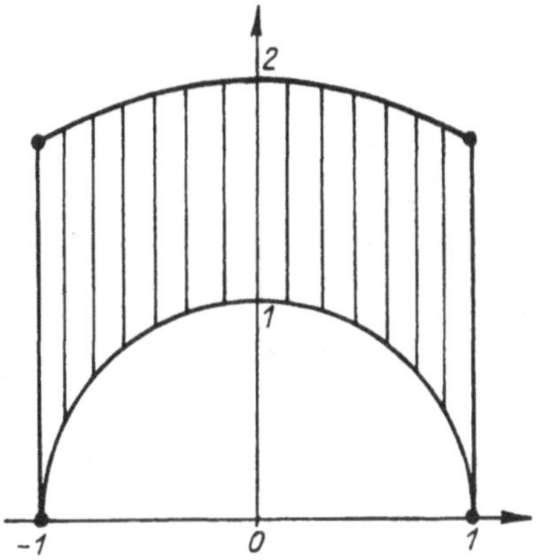

Abb. 7.4.5. Integrationsgebiet aus Beispiel 7.4.3

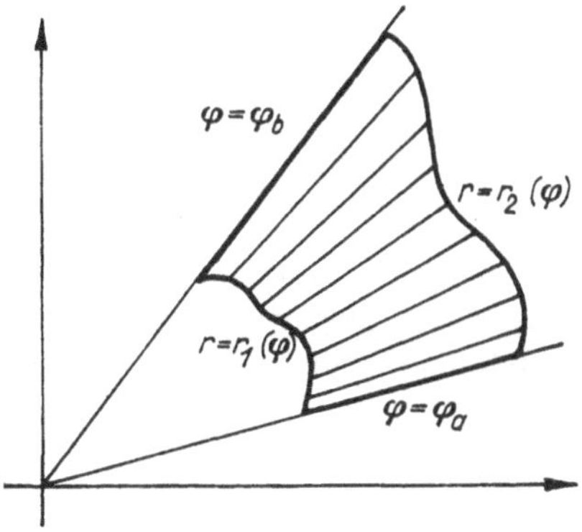

Abb. 7.4.6. Normalbereich in Polarkoordinaten

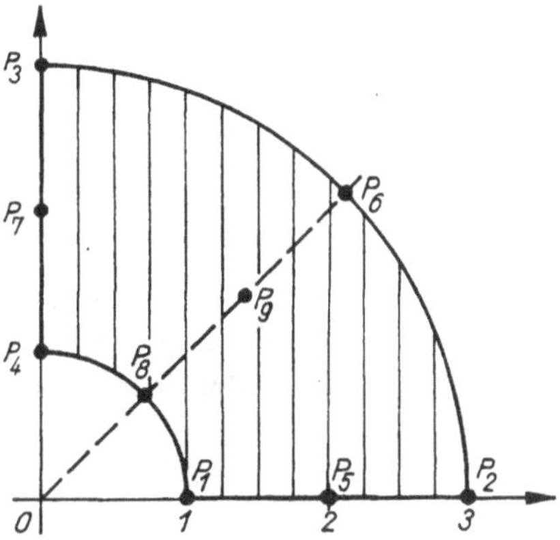

Abb. 7.4.7. Viertelkreisring aus Beispiel 7.4.4

ist regulär, wenn sich die Kurvenbögen $r = r_1(\varphi)$ und $r = r_2(\varphi)$ nicht schneiden. Das Integral $I(f)$ erhält dann die Gestalt

$$I(f) = (\varphi_b - \varphi_a) \int_{s=0}^{1} r_2\big(\varphi(s)\big) - r_1\big(\varphi(s)\big) \int_{t=0}^{1} f\big(\varphi(s), r(s, t)\big)\, dt\, ds. \tag{20}$$

Beispiel 7.4.4. Wir bilden den Viertelkreisring aus Abb. 7.4.7 auf das Einheitsquadrat ab. Mit $\varphi_a := 0$, $\varphi_b := \pi/2$, $r_1(\varphi) := 1$ und $r_2(\varphi) := 3$ ergibt sich

$$I(f) := \pi \int_{s=0}^{1} \int_{t=0}^{1} f\left(s \cdot \frac{\pi}{2},\, 1 + 2t\right) dt\, ds.$$

Häufig ist in der Praxis für die Randkurven $y = g(x)$ beziehungsweise $y = g_1(x)$ und $y = g_2(x)$ kein geschlossener analytischer Ausdruck vorhanden. Dann ist es zweckmäßig, einige Punkte des Gebietes und ihre Bildpunkte festzulegen und die Abbildung $x = x(s, t)$, $y = y(s, t)$ durch *Interpolationspolynome* anzunähern.

Abb. 7.4.8 zeigt ein krummlinig berandetes Dreieck $\triangle \sim (P_1, P_2, P_3)$, in dem außer den Eckpunkten noch jeweils ein Punkt auf jeder Dreiecksseite markiert wurde. Soll $\triangle$ so auf das Einheitsdreieck $\triangle'$ abgebildet werden, daß jeweils P_j in P'_j, $j = 1(1)6$, über-

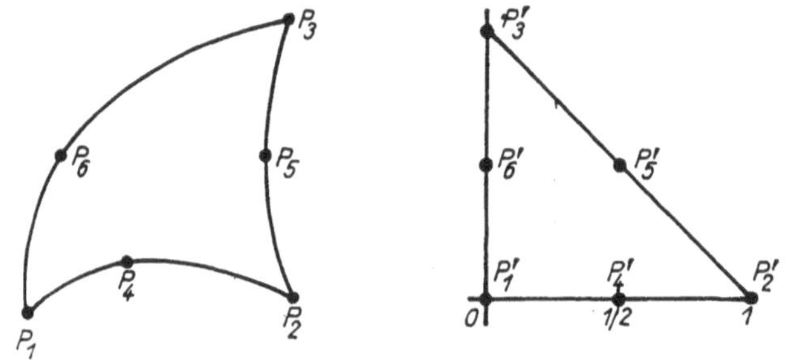

Abb. 7.4.8. Genäherte Abbildung eines krummlinig berandeten Dreiecks auf das Einheitsdreieck $\triangle'$

geht, so ergeben sich die sechs Forderungen

$$\begin{aligned} &x_1 = x(0, 0), \quad x_2 = x(1, 0), \quad x_3 = x(0, 1), \quad x_4 = x\left(\frac{1}{2}, 0\right), \\ &x_5 = x\left(\frac{1}{2}, \frac{1}{2}\right), \quad x_6 = x\left(0, \frac{1}{2}\right) \end{aligned} \tag{21}$$

für die x-Werte und entsprechende sechs Forderungen für die y-Werte. Man kann also jeweils einen sechsgliedrigen Interpolationsansatz der Gestalt (6.3.26) verwenden und erhält analog zu (6.3.28) für die gesuchten Abbildungsfunktionen die Näherungen

$$\tilde{x}(s, t) := \sum_{n=1}^{6} x_n \psi_n^{(6)}(s, t), \qquad \tilde{y}(s, t) := \sum_{n=1}^{6} y_n \psi_n^{(6)}(s, t). \tag{22}$$

Dabei sind die $\psi_n^{(6)}(s, t)$ die in Ü 6.3.8 berechneten und dort mit $\psi_{n,m}^{(6)}(x, y)$ bezeichneten lokalen quadratischen Basispolynome für das Einheitsdreieck $\triangle'$:

$$\begin{aligned} &\psi_1^{(6)}(s, t) = (s + t - 1)\,(2s + 2t - 1), && \psi_2^{(6)}(s, t) = s(2s - 1), \\ &\psi_3^{(6)}(s, t) = t(2t - 1), && \psi_4^{(6)}(s, t) = 4s(1 - s - t), \\ &\psi_5^{(6)}(s, t) = 4st, && \psi_6^{(6)}(s, t) = 4t(1 - s - t). \end{aligned} \tag{23}$$

Die Funktionen $\tilde{x}(s, t)$ und $\tilde{y}(s, t)$ sind als Abbildung geeignet, wenn die zugehörige Funktionalmatrix $\tilde{J}$ für alle (s, t) aus $\triangle'$ nicht singulär ist. Das analytische Nachprüfen kann man vermeiden, indem man vom Rechner ein hinreichend feines Netz von Kurven $s = \text{const}$ und $t = \text{const}$ in das Ausgangsdreieck $\triangle$ einzeichnen läßt. Wenn sich zwei Kurven derselben Schar schneiden, wird die Funktionalmatrix singulär. Gleichzeitig läßt sich dabei beurteilen, wie gut die vorgegebene Berandung durch die interpolierenden Parabelbögen angenähert wird, die sich für $s = 0$, $t = 0$ und $s + t = 1$ aus (22) ergeben. Die Approximation hängt von der Wahl der Zwischenpunkte P_4, P_5, P_6 auf den Dreiecksseiten ab. Als Faustregel gilt: Bei gleichmäßig gekrümmten Dreiecksseiten legt man den Zwischenpunkt in die Seitenmitte, bei ungleichmäßig gekrümmten Seiten verschiebt man ihn zu dem stärker gekrümmten Teil (Ü 7.4.6).

In ähnlicher Weise können *krummlinig berandete Vierecke* näherungsweise auf Quadrate abgebildet werden (Abb. 7.4.9). Außer den vier Eckpunkten P_j, $j = 1(1)4$, legen wir auf jeder Viereckseite einen Zwischenpunkt P_n, $n = 5(1)8$, und, um auf neun Forderungen für die neun Parameter eines *biquadratischen Ansatzes* (vgl. (6.3.29)) zu kommen, noch einen Punkt P_9 im Inneren des Vierecks fest, am günstigsten den Schwerpunkt. Als Bildpunkte wählen wir die Eckpunkte, die Seitenmittelpunkte und den Mittelpunkt des Quadrats $\square'$. Mit Hilfe der neun biquadratischen Basispolynome $\psi_n^{(9)}(s, t)$, $n = 1(1)9$,

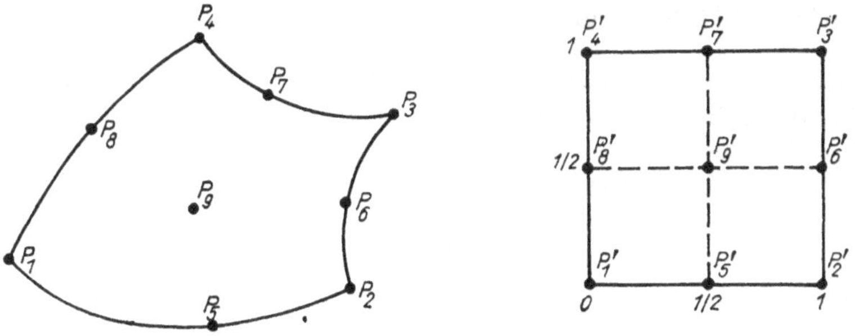

Abb. 7.4.9. Genäherte Abbildung eines krummlinig berandeten Vierecks auf das Einheitsviereck $\square'$

die man als tensorielles Produkt aus den quadratischen Basispolynomen $\psi_m^{(3)}(s) := L_{m-1}^{(2)}(s)$, $m = 1(1)3$, zu den drei Stützstellen $s_0 := 0$, $s_1 := 1$, $s_2 := 1/2$ erhält,

$$\begin{pmatrix} \psi_4^{(9)} & \psi_7^{(9)} & \psi_3^{(9)} \\ \psi_8^{(9)} & \psi_9^{(9)} & \psi_6^{(9)} \\ \psi_1^{(9)} & \psi_5^{(9)} & \psi_2^{(9)} \end{pmatrix} = \begin{pmatrix} -t + 2t^2 \\ 4t - 4t^2 \\ 1 - 3t + 2t^2 \end{pmatrix} \cdot (1 - 3s + 2s^2, 4s - 4s^2, -s + 2s^2) \tag{24}$$

kann man die gesuchte Abbildung in der Form

$$\tilde{x}(s, t) := \sum_{n=1}^{9} x_n \psi_n^{(9)}(s, t), \qquad \tilde{y}(s, t) := \sum_{n=1}^{9} y_n \psi_n^{(9)}(s, t) \tag{25}$$

schreiben. Durch Einsetzen der Werte $s = 0(1/2)1$ und $t = 0(1/2)1$ überzeugt man sich leicht, daß (25) die gewünschte Zuordnung liefert. Einfacher als ein analytisches Nachprüfen der Bedingung $\tilde{J} \neq 0$ ist auch hier das Einzeichnen eines Netzes von Kurven $s = \text{const}$ und $t = \text{const}$ in das Ausgangsviereck.

Beispiel 7.4.5. Wir bilden den Viertelkreisring aus Beispiel 7.4.4 mit Hilfe von (25) näherungsweise auf das Quadrat $\square'$ ab. Die Koordinaten der neun festzulegenden Punkte sind aus der Abb. 7.4.7 abzulesen:

n	1	2	3	4	5	6	7	8	9
x_n	1	3	0	0	2	3c	0	c	2c
y_n	0	0	3	1	0	3c	2	c	2c

wobei $c := \cos \frac{\pi}{4} = \sin \frac{\pi}{4} = \frac{1}{2} \sqrt{2}$ ist. Damit ergibt sich aus (24), (25)

$$\begin{aligned} \tilde{x}(s, t) &= (1 + 2s) \left(1 + \left(2\sqrt{2} - 3\right) t + \left(2 - 2\sqrt{2}\right) t^2\right), \\ \tilde{y}(s, t) &= (1 + 2s) \left(\left(2\sqrt{2} - 1\right) t + \left(2 - 2\sqrt{2}\right) t^2\right). \end{aligned} \tag{26}$$

Den Seiten $P_1'P_2'$ ($t = 0$, $0 \leqq s \leqq 1$) und $P_4'P_3'$ ($t = 1$, $0 \leqq s \leqq 1$) entsprechen exakt die Radienstücke P_1P_2 und P_4P_3. Die Seiten $P_1'P_4'$ ($s = 0$, $0 \leqq t \leqq 1$) und $P_2'P_3'$ ($s = 1$, $0 \leqq t \leqq 1$ sind dagegen Bilder der Parabelbögen

$$x_1(t) := 1 + \left(2\sqrt{2} - 3\right) t + \left(2 - 2\sqrt{2}\right) t^2, \qquad y_1(t) := \left(2\sqrt{2} - 1\right) t + \left(2 - 2\sqrt{2}\right) t^2$$

und

$$x_2(t) := 3 \cdot x_1(t), \qquad y_2(t) := 3 \cdot y_1(t).$$

Statt des Viertelkreisrings wird also ein Viereck abgebildet, das durch die beiden Radienstücke und die beiden Parabelbögen begrenzt wird. Die Abweichungen liegen im Rahmen der Zeichengenauigkeit (maximal 1% relative Abweichung in radialer Richtung).

7.4.3. Newton-Cotes-Kubatur

Wie im ebenen erhält man auch im räumlichen Fall die einfachsten numerischen Integrationsformeln durch Integration von Interpolationspolynomen. In einem Gebiet G, $G \subset \mathbb{R}^2$, seien N Stützstellen (Knoten) P_n, $n = 1(1)N$, vorgegeben und N globale Basispolynome $\varphi_m^{(N)}(x, y)$ mit der Eigenschaft

$$\varphi_m^{(N)}(P_n) = \delta_{m,n}, \qquad m, n = 1(1)N, \tag{27}$$

erklärt (P_n schreiben wir gelegentlich abkürzend anstelle der Koordinaten des Punktes). Dann kann jede über G definierte Funktion $f = f(x, y)$, von der die Werte

$$f_n := f(P_n), \qquad n = 1(1)N, \tag{28}$$

bekannt sind, durch

$$p(x, y) := \sum_{n=1}^{N} f_n \varphi_n^{(N)}(x, y) \tag{29}$$

interpoliert werden (vgl. (6.3.16), (6.3.22)). Durch Integration ergibt sich die Interpolationskubaturformel

$$C_N(f) := \iint_G p(x, y)\,\mathrm{d}x\,\mathrm{d}y = \sum_{n=1}^{N} f_n q_n^{(N)} \tag{30}$$

mit den Gewichten

$$q_n^{(N)} := \iint_G \varphi_n^{(N)}(x, y)\,\mathrm{d}x\,\mathrm{d}y. \tag{31}$$

Ist das Integrationsgebiet G ein achsenparalleles Rechteck, also das kartesische Produkt eines x-Intervalls $[a, b]$ und eines y-Intervalls $[c, d]$, so kann man die Berechnung der Gewichte durch Wahl von achsenparallel angeordneten (und in irgendeiner Weise durchnumerierten) Gitterpunkten

$$\begin{aligned} &P_n \sim (x_l, y_m), \qquad l = 0(1)L, \qquad m = 0(1)M, \qquad n = 1(1)N, \\ &N := (L + 1)(M + 1), \end{aligned} \tag{32}$$

(vgl. Abb. 7.4.9, S. 237, und Abb. 7.4.10) auf den eindimensionalen Fall zurückführen. Verwendet man nämlich in x-Richtung Lagrangesche Basispolynome $L_l^{(L)}(x)$ und in y-Richtung Lagrangesche Basispolynome $L_m^{(M)}(y)$, so läßt sich das interpolierende Polynom (29) in der Gestalt

$$p(x, y) := \sum_{l=0}^{L} \sum_{m=0}^{M} f(x_l, y_m)\, L_l^{(L)}(x)\, L_m^{(M)}(y) \tag{33}$$

schreiben. Die Integration über G zerfällt in das Produkt zweier Integrale über Funktionen von nur je einer Variablen und liefert die Kubaturformel

$$C_N(f) := \sum_{l=0}^{L} \sum_{m=0}^{M} f(x_l, y_m) \left(\int_a^b L_l^{(L)}(x)\,\mathrm{d}x \right) \left(\int_c^d L_m^{(M)}(y)\,\mathrm{d}y \right) = \sum_{n=1}^{N} f_n q_l^{(L)} q_m^{(M)}. \quad (34)$$

Dabei haben wir die Integrale der Lagrangeschen Basispolynome analog zu (7.1.32) mit $q_l^{(L)}$ und $q_m^{(M)}$ bezeichnet. Die Gesamtheit der Kubaturgewichte $q_n^{(N)}$ aus (30) ergibt sich also in diesem Fall als dyadisches Produkt aus zwei Vektoren von Quadraturgewichten

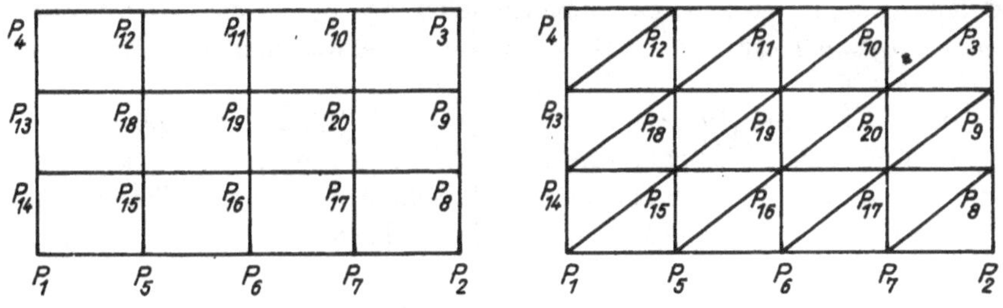

Abb. 7.4.10. Rechtecks- und Dreiecksgitter für ein rechteckiges Integrationsgebiet ($L = 4$, $M = 3$)

$q_l^{(L)}$ und $q_m^{(M)}$. Der Zusammenhang zwischen n und l, m wird durch die zugrunde gelegte Numerierung der Punkte festgelegt (vgl. (32)). Bei äquidistanter Unterteilung des x- und des y-Intervalls sind die $q_l^{(L)}$ und die $q_m^{(M)}$ Gewichte der Newton-Cotes-Quadraturformeln (vgl. (7.1.43) und Tab. 7.1.1). Für das Integrationsgebiet $G := \square_h'$ ist $a = c = 0$, $b = d = h$, $L = M = 1$, $q_0^{(1)} = q_1^{(1)} = h/2$ und $N = 4$. Damit erhält man die Gewichte

$$\begin{pmatrix} q_1^{(1)} \\ q_0^{(1)} \end{pmatrix} \cdot \left(q_0^{(1)}\ q_1^{(1)}\right) = \frac{h^2}{4} \begin{pmatrix} 1 & 1 \\ 1 & 1 \end{pmatrix} \quad (35)$$

und folglich die (bereits aus Beispiel 7.4.2 bekannte) *Newton-Cotes-Kubaturformel* (*zweidimensionale Trapezregel*)

$$C_4^{\square}(f) := h^2 \cdot [(f(0,0) + f(h,0) + f(0,h) + f(h,h)]/4. \quad (36)$$

Für das Integrationsgebiet $G := \square_h''$ ist $-a = -c = b = d = h$, $L = M = 2$, $q_0^{(2)} = q_2^{(2)} = h/3$, $q_1^{(2)} = 4h/3$ und $N = 9$. Damit erhält man die Gewichte

$$\begin{pmatrix} q_2^{(2)} \\ q_1^{(2)} \\ q_0^{(2)} \end{pmatrix} \cdot \left(q_0^{(2)} q_1^{(2)} q_2^{(2)}\right) = \frac{h^2}{9} \begin{pmatrix} 1 & 4 & 1 \\ 4 & 16 & 4 \\ 1 & 4 & 1 \end{pmatrix} \quad (37)$$

und folglich die *Newton-Cotes-Kubaturformel* (*zweidimensionale Kepler-Regel*)

$$C_9^{\square}(f) := (2h)^2 \cdot \big[f(-h,-h) + f(h,-h) + f(h,h) + f(-h,h) + 4\big(f(0,-h) + f(h,0) + f(0,h) + f(-h,0)\big) + 16 f(0,0)\big]/36. \quad (38)$$

In derselben Weise lassen sich auch die 3/8-Regel, die geschlossenen Newton-Cotes-Formeln höheren Grades und die offenen Newton-Cotes-Formeln auf den mehrdimensionalen Fall übertragen (Ü 7.4.26).

Zum *Vergleich von Kubaturformeln* benutzen wir wie bei den Quadraturformeln den algebraischen Genauigkeitsgrad.

Definition 7.4.6. Integriert eine Kubaturformel $C_N(f)$ alle Monome $x^m y^n$, $m + n \leqq K$, und damit alle Polynome in x und y von höchstens K-tem Grad exakt,

$$C_N(x^m y^n) = I(x^m y^n), \qquad m + n \leqq K, \tag{39}$$

und gibt es ein Monom $x^m y^n$ mit $m + n > K$ und $C_N(x^m y^n) \neq I(x^m y^n)$, so heißt K der *algebraische Genauigkeitsgrad von* $C_N(f)$.

Da die Trapez- und die Kepler-Regel höchstens für lineare bzw. kubische Polynome exakt sind, integrieren ihre zweidimensionalen Analoga höchstens bilineare bzw. bikubische Polynome exakt. Sie haben also den algebraischen Genauigkeitsgrad $K = 1$ bzw. $K = 3$.

Wir untersuchen den *Fehler einer Kubaturformel* $C_N(f)$ mit dem algebraischen Genauigkeitsgrad K über den Elementarbereichen (11'). Dazu setzen wir voraus, daß der Integrand mindestens $(K + 1)$-mal stetig nach beiden Variablen differenzierbar ist und entwickeln ihn an der Stelle (0, 0) in eine Taylor-Reihe

$$\begin{aligned} f(s, t) &= f + (sf_s + tf_t) + \frac{1}{2!}(s^2 f_{ss} + 2st f_{st} + t^2 f_{tt}) + \cdots \\ &\quad + \frac{1}{k!}\sum_{j=0}^{k}\binom{k}{j} s^{k-j}t^j \frac{\partial^k f}{\partial s^{k-j}\,\partial t^j} + \cdots. \end{aligned} \tag{40}$$

Integriert man nun $f(s, t)$ näherungsweise mit Hilfe von $C_N(f)$ und subtrahiert das exakte Integral, so heben sich die Terme mit Ableitungen bis zur K-ten Ordnung heraus, da die zugehörigen Monome $s^{k-j}t^j$ von $C_N(f)$ exakt integriert werden. Die Differenz von genähertem und exaktem Integral der Monome höheren Grades bezeichnen wir mit

$$R_N^{m,n} := C_N(s^m t^n) - I(s^m t^n). \tag{41}$$

Dann kann der Kubaturfehler, wenn wir uns auf die Angabe des führenden (ersten) Fehlerterms beschränken, in der Form

$$\begin{aligned} R_N(f) &:= R_N\, s^m t^n) := C_N(f) - I(f) \\ &= \frac{1}{(K+1)!}\sum_{j=0}^{K+1}\binom{K+1}{j} R_N^{K+1-j,j}\frac{\partial^{K+1} f}{\partial s^{K+1-j}\,\partial t^j} + \cdots \end{aligned} \tag{42}$$

geschrieben werden. Über $\square_h'$ und $\square_h''$ lassen sich die Integrale der Monome, die man auch *Momente* nennt, leicht ausrechnen

$$\begin{aligned} I^{\square'}(s^m t^n) &:= \int_0^h \int_0^h s^m t^n \, ds\, dt = h^2 \cdot \frac{h^{m+n}}{(m+1)(n+1)}, \\ I^{\square''}(s^m t^n) &:= \int_{-h}^{h}\int_{-h}^{h} s^m t^n \, ds\, dt \\ &= (2h)^2 \cdot \frac{h^{m+n}}{(m+1)(n+1)} \cdot \begin{cases} 1, & \text{falls } m, n \text{ gerade}, \\ 0 & \text{sonst.} \end{cases} \end{aligned} \tag{43}$$

Für $C_4^{\square\prime}$ und $C_9^{\square\prime\prime}$ ergibt sich

$$C_4^{\square\prime}(s^m t^n) = h^2 \cdot h^{m+n} \cdot \begin{cases} 1, & \text{falls } m = n = 0, \\ 1/2, & \text{falls } m = 0 \text{ oder } n = 0, \\ 1/4, & \text{falls } m, n \geqq 1, \end{cases}$$

$$C_9^{\square\prime\prime}(s^m t^n) = (2h)^2 \cdot h^{m+n} \cdot \begin{cases} 1/3, & \text{falls } m, n \text{ gerade und } mn = 0, \\ 1/9, & \text{falls } m, n \text{ gerade und } mn \neq 0, \\ 0 & \text{sonst.} \end{cases} \tag{44}$$

Damit erhält man aus (42) die folgenden Darstellungen für den *Fehler der zweidimensionalen Trapez- und der zweidimensionalen Kepler-Regel*

$$R_4^{\square\prime}(f) := C_4^{\square\prime}(f) - I^{\square\prime}(f) = h^2 \cdot \left[\frac{h^2}{12}(f_{ss} + f_{tt}) + O(h^3)\right], \tag{45}$$

$$R_9^{\square\prime\prime}(f) := C_9^{\square\prime\prime}(f) - I^{\square\prime\prime}(f) = (2h)^2 \cdot \left[\frac{h^4}{180}(f_{ssss} + f_{tttt}) + O(h^6)\right]. \tag{46}$$

Zur Herleitung von *Interpolationskubaturformeln über dreieckigen Integrationsgebieten* sind in (29) bis (31) die früher berechneten Basispolynome über Dreiecken zu verwenden. Ein *dreigliedriger* (*linearer*) *Interpolationsansatz* (vgl. (6.3.16)) führt nach Integration der drei linearen Basispolynome auf die bereits aus Beispiel 7.4.1 bekannte *Prismenregel* als einfachste *Newton-Cotes-Kubatur über Dreiecken*. Wir schreiben sie hier für das Elementardreieck Δ_h' auf (vgl. Ü 7.4.8):

$$C_3^{\Delta\prime}(f) := \frac{h^2}{2}\big(f(0,0) + f(h,0) + f(0,h)\big)/3. \tag{47}$$

Wegen des zugrunde liegenden linearen Interpolationsansatzes ist ihr algebraischer Genauigkeitsgrad $K = 1$. Zur Anwendung der Fehlerformel (42) benötigen wir die Momente

$$\begin{aligned} I^{\Delta\prime}(s^m t^n) &:= \int_{s=0}^{h} \int_{t=0}^{h-s} s^m t^n \,\mathrm{d}t\,\mathrm{d}s = h^{m+n+2} \int_{u=0}^{1} \int_{v=0}^{1-u} u^m v^n \,\mathrm{d}v\,\mathrm{d}u \\ &= \frac{h^{m+n+2}}{n+1} \int_0^1 u^m (1-u)^{n+1}\,\mathrm{d}u = \frac{h^2}{2} \cdot \frac{2h^{m+n}}{n+1} \sum_{j=0}^{n+1} \frac{(-1)^j}{m+1+j} \binom{n+1}{j} \end{aligned} \tag{48}$$

und ihre von $C_3^{\Delta\prime}(f)$ gelieferten Näherungswerte

$$C_3^{\Delta\prime}(s^m) = C_3^{\Delta\prime}(t^m) = \frac{h^2}{2} \cdot \frac{h^m}{3}, \quad C_3^{\Delta\prime}(s^m t^n) = 0, \quad \text{falls } m, n \geqq 1.$$

Damit ergibt sich

$$R_3^{\Delta\prime}(f) := C_3^{\Delta\prime}(f) - I^{\Delta\prime}(f) = \frac{h^2}{2} \cdot \left[\frac{h^2}{12}(f_{ss} - f_{st} + f_{tt}) + O(h^3)\right]. \tag{49}$$

Für einen *sechsgliedrigen* (*quadratischen*) *Interpolationsansatz* über Δ' (vgl. (6.3.28), Abb. 6.3.7 und (22)) sind die Basisfunktionen (23) zu integrieren. Dabei genügt es aus Symmetriegründen, nur jeweils ein Integral für das Gewicht eines Eckpunktes und eines

Seitenmittelpunktes zu berechnen (Ü 7.4.11):

$$q_1^{(6)} = q_2^{(6)} = q_3^{(6)} = \int_{s=0}^{1} \int_{t=0}^{1-s} (2t^2 - t) \, dt \, ds = 0,$$

$$q_4^{(6)} = q_6^{(6)} = q_5^{(6)} = 4 \int_{s=0}^{1} \int_{t=0}^{1-s} st \, dt \, ds = 1/6.$$

Die Newton-Cotes-Kubaturformel über Δ' mit dem algebraischen Genauigkeitsgrad $K = 2$ ist also wegen der drei verschwindenden Gewichte de facto auch nur eine Drei-Punkt-Formel. Wir übertragen sie mit Hilfe der Substitution $u := sh$, $v := th$ (vgl. Ü 7.4.8) ebenso wie $C_3^{\Delta}{}'$ auf das Elementardreieck Δ_h':

$$C_6^{\Delta}{}'(f) = \frac{h^2}{2} \left[f\left(\frac{h}{2}, 0\right) + f\left(\frac{h}{2}, \frac{h}{2}\right) + f\left(0, \frac{h}{2}\right) \right] \Big/ 3. \tag{50}$$

Für den zugehörigen Kubaturfehler gilt (Ü 7.4.13):

$$R_6^{\Delta}{}'(f) := C_6^{\Delta}{}'(f) - I^{\Delta}{}'(f) = \frac{h^2}{2} \cdot \left\{ \frac{h^3}{720} \left[3(f_{sst} + f_{stt}) - 7(f_{sss} + f_{ttt}) \right] + O(h^4) \right\}. \tag{51}$$

Mit Hilfe von $C_6^{\Delta}{}'(f)$ läßt sich eine Fünf-Punkt-Formel für das Elementarquadrat $\Box_h''$ herleiten. Dazu teilen wir $\Box_h''$ durch Einzeichnen der Diagonale von $(-h, h)$ nach $(h, -h)$ in zwei Dreiecke und wenden auf jedes von ihnen die Formel $C_6^{\Delta}{}'(f)$ an, wobei wir h durch $2h$ ersetzen und die Koordinaten der Knoten geeignet abändern:

$$C_5^{\Box}{}''(f) := (2h)^2 \left[f(0, -h) + f(h, 0) + f(0, h) + f(-h, 0) + 2f(0, 0) \right]/6. \tag{52}$$

Offenbar ist

$$C_5^{\Box}{}''(s^m) = C_5^{\Box}(t^m) = (2h)^2 \cdot h^m/3$$

und

$$C_5^{\Box}{}''(s^m t^n) = 0, \qquad \text{falls } m, n \geqq 1,$$

so daß $C_5^{\Box}{}''(f)$ ebenso wie $C_9^{\Box}{}''(f)$ den algebraischen Genauigkeitsgrad $K = 3$ besitzt und wir für den Kubaturfehler die Darstellung

$$R_5^{\Box}{}''(f) := C_5^{\Box}{}''(f) - I^{\Box}{}''(f) = (2h)^2 \cdot \left\{ \frac{h^4}{180} \left(f_{ssss} + f_{tttt} - \frac{5}{6} f_{sstt} \right) + O(h^6) \right\} \tag{53}$$

erhalten.

Für eine Newton-Cotes-Kubaturformel über Δ_h' mit dem algebraischen Genauigkeitsgrad $K = 3$ benötigt man einen zehngliedrigen (kubischen) Interpolationsansatz (Ü 7.4.14). Seine Integration liefert

$$\begin{aligned} C_{10}^{\Delta}{}'(f) := \frac{h^2}{2} \Bigg\{ & 54 f\left(\frac{h}{3}, \frac{h}{3}\right) + 4[f(0, 0) + f(h, 0) + f(0, h)] \\ & + 9 \left[f\left(\frac{h}{3}, 0\right) + f\left(\frac{2h}{3}, \frac{h}{3}\right) + f\left(\frac{2h}{3}, \frac{h}{3}\right) + f\left(\frac{h}{3}, \frac{2h}{3}\right) \right. \\ & \left. + f\left(0, \frac{2h}{3}\right) + f\left(0, \frac{h}{3}\right) \right] \Bigg\} \Big/ 120. \end{aligned} \tag{54}$$

Der Kubaturfehler hat die Gestalt

$$R_{10}^{\triangle'}(f) = \frac{h^2}{2}\,[c \cdot h^4 + O(h^5)], \tag{55}$$

wobei die Größe c von den vierten Ableitungen des Integranden f abhängt (Ü 7.4.15).

Bei einem 15gliedrigen Ansatz (einem Polynom vierten Grades in s und t) und bei Polynomansätzen von sechstem und höherem Grad treten negative Gewichte auf. Die zugehörigen Kubaturformeln sind deshalb für die numerische Rechnung ungeeignet.

Ebenso wie im eindimensionalen Fall ist es nicht sinnvoll, Newton-Cotes-Formeln für große K herzuleiten, da für $K \to \infty$ keine Konvergenz zu erwarten ist. Man verwendet statt dessen über Teilbereichen Formeln niedrigen Grades.

7.4.4. Zusammengesetzte Newton-Cotes Kubatur

Der Einfachheit halber setzen wir wieder voraus, daß das Integrationsgebiet ein achsenparalleles Rechteck in der (x,y)-Ebene ist, $G := [a, b] \times [c, d]$. Durch Einführung der Schrittweiten $h := (b - a)/L$ in x-Richtung und $k := (d - c)/M$ in y-Richtung (Abb. 7.4.10, S. 239) zerlegen wir es in $L \cdot M$ Teilrechtecke $[x_{l-1}, x_l] \times [y_{m-1}, y_m]$, $l = 1(1)L$, $m = 1(1)M$, die wir jeweils durch $x = x_{l-1} + sh$, $y = y_{m-1} + tk$ auf das Einheitsquadrat abbilden. Die Determinante der Funktionalmatrix ist $J = h \cdot k$. Wenden wir nun auf jedes der Teilrechtecke die Newton-Cotes-Formel $(36)_{h=1}$ an, so ergibt sich die *zusammengesetzte Newton-Cotes-Kubatur für Rechteckgebiete* mit kongruenter Rechteckzerlegung

$$C_N^{(4)}(f) := \frac{hk}{4}\left\{\sum_{j=1}^{4} f(P_j) + 2\sum_{j=5}^{2(L+M)} f(P_j) + 4\sum_{j=2(L+M)+1}^{N} f(P_j)\right\}. \tag{56}$$

Sie hat den algebraischen Genauigkeitsgrad $K = 1$. Die erste Summe enthält die Funktionswerte der vier Eckpunkte (P_1 bis P_4), die zweite die der übrigen Randpunkte (P_5 bis $P_{2(L+M)}$) und die letzte die aller inneren Gitterpunkte ($P_{2(M+N)+1}$ bis P_N, $N = (L + 1) \times (M + 1)$, vgl. Abb. 7.4.10).

Zerlegt man das Rechteckgebiet G in kongruente Dreiecke mit dem Flächeninhalt $J/2 = hk/2$, so ergibt sich durch Summation der auf jedes Teildreieck anzuwendenden (geeignet transformierten) Kubaturformel $C_3^{\triangle'}(f)$ die zusammengesetzte Newton-Cotes-Kubatur für Rechteckgebiete mit kongruenter Dreieckszerlegung

$$\begin{aligned} C_N^{(3)}(f) = \frac{hk}{6}\Bigg[&2\big(f(P_1) + f(P_3) + f(P_2) + f(P_4)\big) \\ &+ 3\sum_{j=5}^{2(L+M)} f(P_j) + 6\sum_{j=2(L+M)+1}^{N} f(P_j)\Bigg]. \end{aligned} \tag{57}$$

Zur Untersuchung des Fehlers der zusammengesetzten Kubaturformeln (56) und (57) setzen wir vereinfachend $h = k$ (vgl. Ü 7.4.18). Dann kann in jedem Teilquadrat (Teildreieck) die Fehlerformel (45) (bzw. (49)) angewendet werden. Der Gesamtfehler ergibt sich durch Summation über die Fehler der Teilgebiete. Die dabei auftretenden Summen über f_{ss}, f_{st} und f_{tt} lassen sich wie im eindimensionalen Fall mit Hilfe des Zwischenwertsatzes durch einen Mittelwert ersetzen (vgl. (7.1.25)),

$$\sum_{j=1}^{L\cdot M} h^2 f_{ss}(P_j') = F_G \cdot f_{xx}, \qquad f \in C^2(G), \tag{58}$$

wobei P'_j einen Punkt aus dem Teilquadrat, $F_G := (b - a)(d - c)$ den Flächeninhalt des Integrationsgebiets G und f_{xx} den Wert der Ableitung in einem nicht näher bekannten Punkt aus G bezeichnet. Damit ergibt sich

$$R_N^{(4)}(f) := C_N^{(4)}(f) - I(f) = (b - a)(d - c) \cdot \left[\frac{h^2}{12}(f_{xx} + f_{yy}) + O(h^3)\right], \tag{59}$$

$$R_N^{(3)}(f) := C_N^{(3)}(f) - I(f) = (b - a)(d - c) \cdot \left[\frac{h^2}{12}(f_{xx} - f_{xy} + f_{yy}) + O(h^3)\right]. \tag{60}$$

Die $C_N^{(3)}(f)$ und die $C_N^{(4)}(f)$ konvergieren also, zumindest für Funktionen mit beschränkten zweiten partiellen Ableitungen, für $h \to 0$ gegen $I(f)$. Darüber hinaus läßt sich für hinreichend glatte Funktionen zeigen, daß beide Kubaturformeln Entwicklungen nach Potenzen von h besitzen,

$$C_N^{(3)}(f) = I(f) + c_1h + c_2h^2 + c_3h^3 + \cdots, \tag{61}$$

$$C_N^{(4)}(f) = I(f) + d_1h^2 + d_2h^4 + d_3h^6 + \cdots, \tag{62}$$

so daß die Richardson-Extrapolation anwendbar ist. Bei wiederholter Intervallhalbierung (Romberg-Verfahren) wächst die Anzahl der Funktionsberechnungen wie 2^{2j}. Aus diesem Grund ist es günstiger, in x- und y-Richtung Zerlegungsfolgen der Gestalt (7.2.26), (7.2.33) oder (7.2.26), (7.2.34) zu verwenden. Im ersten Fall wächst der Rechenaufwand wie 2^j, im zweiten wie $2^{2j/3}$ (vgl. Ü 7.4.19 bis Ü 7.4.23).

7.4.5. Gauß-Kubatur

Für die Gauß-Kubatur über Rechteckgebieten sind keine neuen Überlegungen nötig. Gauß-Quadraturen sind spezielle Interpolationsquadraturen, also erhält man die Gewichte für die Kubatur über dem Quadrat $\square_h''$, indem man analog zu (35) und (37) das tensorielle Produkt der aus Tab. 7.3.1 bekannten Gewichte berechnet. Die ersten beiden (auf das Quadrat $\square_h''$ transformierten) *Gauß-Legendre-Kubaturformeln* sind demzufolge

$$C_4^{\square''}(f) = (2h)^2\,[f(-c, -c) + f(c, -c) + f(c, c) + f(-c, c)]/4, \quad c := h/\sqrt{3}, \tag{63}$$

$$\begin{aligned} C_9^{\square''}(f) = (2h)^2 \big(&25[f(-d, -d) + f(d, -d) + f(d, d) + f(-d, d)] \\ &+ 40[f(0, -d) + f(d, 0) + f(0, d) + f(-d, 0)] + 64f(0, 0)\big)/324, \end{aligned} \tag{64}$$

$$d := h \cdot \sqrt{3/5}.$$

Ihr algebraischer Genauigkeitsgrad ist $K = 3$ beziehungsweise $K = 5$. Für die Gauß-Kubatur über dem Elementarquadrat $\square_h'$ sind die Stützstellen mit Hilfe von

$$u := (h + s)/2, \qquad v := (h + t)/2 \tag{65}$$

umzurechnen und die Gewichte durch 4 zu dividieren.

Beispiel 7.4.7. Wir integrieren die Glockenfunktion $f(x, y) := e^{-x^2-y^2}$ über dem Quadrat $\square''$ näherungsweise mit Hilfe von $(64)_{h=1}$. Wegen der Symmetrie des Integranden ergibt sich

$$C_9^{\square''}(e^{-x^2-y^2}) = (100e^{-6/5} + 160e^{-3/5} + 64e^0)/81 = 2.2460.$$

Wir wiederholen die Rechnung mit halbierter Schrittweite. Wegen der Symmetrie des Integranden genügt es, das Integral über dem ersten Quadranten, also über $\square'$, zu berechnen und das Ergebnis mit 4 zu multiplizieren. Dadurch wird die für $\square'$ erforderliche Division der Gewichte kompensiert, und wir erhalten mit $u_{1,2} := \left(1 \pm \sqrt{3/5}\right)/2$, $u_3 := 1/2$ für das Gesamtgebiet

$$4 \cdot C_9^{\square\prime}(e^{-x^2-y^2}) = \left[25\left(e^{-2u_1^2} + 2e^{-u_1^2-u_2^2} + e^{-2u_2^2}\right)\right.$$

$$\left. + 40\left(2e^{-u_1^2-u_3^2} + 2e^{-u_2^2-u_3^2}\right) + 64e^{-2u_3^2}\right]/81 = 2.2309.$$

Die relative Abweichung der beiden Näherungswerte beträgt etwa 0.68%. Das ist zwar keine präzise Fehlerabschätzung, kann aber als Anhaltspunkt für die Größenordnung des Fehlers angesehen werden.

In derselben einfachen Weise wie die Gauß-Legendre-Quadratur können auch die übrigen Klassen von Gauß-Quadraturen auf den zweidimensionalen Fall ausgedehnt werden, falls das Integrationsgebiet ein kartesisches Produkt zweier Intervalle ist. Für Integrale der Gestalt

$$I(f) := \int_{-\infty}^{\infty} \int_{-\infty}^{\infty} e^{-x^2-y^2} f(x, y) \, dx \, dy \tag{66}$$

erhält man zum Beispiel mit Hilfe von Tab. 7.3.1 die einfachste *Gauß-Hermite-Kubaturformel*

$$C_4(f) := \frac{\pi}{4} \left[f(-c, -c) + f(c, -c) + f(c, c) + f(-c, c)\right], \quad c := 1/\sqrt{2}. \tag{67}$$

Ihr algebraischer Genauigkeitsgrad ist $K = 3$.

Beispiel 7.4.8. Die Formel (67) integriert Polynome bis zum Grad 3 exakt, so daß sich mit $f(x, y) := 1$ für das Integral $I(1)$ der exakte Wert $C_4(1) = \frac{\pi}{4}(1 + 1 + 1 + 1) = \pi$ ergibt.

Auch gemischte Formeln lassen sich bilden, wenn die Gewichtsfunktion in faktorisierter Form vorliegt. Für Integrale der Gestalt

$$I(f) := \int_{-\infty}^{\infty} e^{-x^2} \int_{-1}^{1} (1 - y^2)^{-1/2} f(x, y) \, dy \, dx \tag{68}$$

eignen sich zum Beispiel *Gauß-Hermite-Čebyšev-Kubaturformeln*, die einfachste ist

$$C_4(f) := \pi^{3/2}/4[f(-c, -d) + f(c, -d) + f(c, d) + f(-c, d)] \tag{69}$$

mit $c := 1/\sqrt{2}$, $d := \cos(\pi/4)$ und $K = 3$.

Für Integrationsgebiete, die nicht als kartesisches Produkt von Intervallen dargestellt werden können, ist die Herleitung von Gauß-Formeln komplizierter. Wir beschränken uns auf einige Beispiele zur Integration über Δ_h' und verwenden die *Methode der unbestimmten Koeffizienten* (vgl. Abb. 7.4.11, Beispiel 7.3.1 und B 7.3.4):

Eine *Einpunkt-Kubaturformel* $C_1^{\Delta\prime} := q_1 f(s_1, t_1)$ enthält die drei freien Parameter q_1, s_1 und t_1. Wir können also drei Forderungen stellen und verlangen, daß die drei Monome 1, s, t eines Polynoms ersten Grades in zwei Veränderlichen über Δ_h' exakt integriert werden. Das führt zu dem folgenden nichtlinearen Gleichungssystem

$$q_1 = h^2/2, \qquad q_1 s_1 = h^3/6, \qquad q_1 t_1 = h^3/6,$$

dessen Lösung unmittelbar abgelesen werden kann. Man erhält die einfachste Kubaturformel über $\triangle_h'$

$$C_1^{\triangle'}(f) := \frac{h^2}{2} f\left(\frac{h}{3}, \frac{h}{3}\right). \tag{70}$$

Sie hat den algebraischen Genauigkeitsgrad $K = 1$.

Eine *Zweipunkt-Kubaturformel* $C_2^{\triangle'}(f) := q_1 f(s_1, t_1) + q_2 f(s_2, t_2)$ enthält sechs Parameter. Wir können also sechs Forderungen stellen und verlangen, daß zusätzlich noch die drei Monome zweiten Grades s^2, st und t^2 exakt integriert werden. Das führt zu dem nicht-

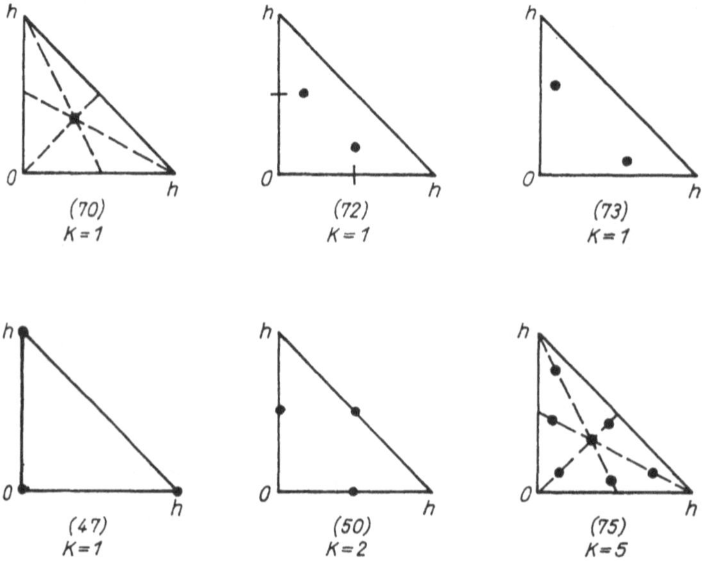

Abb. 7.4.11. Knoten für die Kubaturformeln über dem Elementardreieck $\triangle_h'$

linearen Gleichungssystem

$$\begin{aligned} q_1 + q_2 &= h^2/2, & q_1 s_1^2 + q_2 s_2^2 &= h^4/12, \\ q_1 s_1 + q_2 s_2 &= h^3/6, & q_1 s_1 t_1 + q_2 s_2 t_2 &= h^4/24, \\ q_1 t_1 + q_2 t_2 &= h^3/6, & q_1 t_1^2 + q_2 t_2^2 &= h^4/12. \end{aligned} \tag{71}$$

Berücksichtigt man aber, daß das Einheitsdreieck symmetrisch zur Geraden $s = t$ ist und die Kubaturformel demzufolge auch symmetrisch in s und t sein sollte, fordert man also $s_1 = t_2$, $s_2 = t_1$, $q_1 = q_2$ oder $s_1 = t_1$, $s_2 = t_2$, so zeigt sich, daß nicht alle sechs Forderungen erfüllt werden können. Die Formel

$$C_{2,1}^{\triangle'}(f) = \frac{h^2}{2}\left[f\left(\frac{h}{6}, \frac{h}{2}\right) + f\left(\frac{h}{2}, \frac{h}{6}\right)\right]\Big/ 2 \tag{72}$$

integriert 1, s, t und st, also alle bilinearen Funktionen exakt, die Formel

$$C_{2,2}^{\triangle'}(f) := \frac{h^2}{2}\,[f(s_1, s_2) + f(s_2, s_1)]/2, \qquad s_{1,2} := \frac{h}{3}\left(1 \pm \frac{1}{\sqrt{2}}\right), \tag{73}$$

ist exakt für jede Linearkombination von 1, s, t, s^2 und t^2. Im Sinne von Definition 7.4.6 haben beide nur den algebraischen Genauigkeitsgrad $K = 1$.

Zur Fehleruntersuchung kann man (für hinreichend glatte Funktionen) wieder die Darstellung (42) verwenden. Wegen (48) und

$$C_{2,1}^{\triangle'}(s^2) = C_{2,1}^{\triangle'}(t^2) = \frac{h^4}{4}\left(\frac{1}{36} + \frac{1}{4}\right), \qquad C_{2,2}^{\triangle'}(st) = \frac{h^4}{36}$$

ergibt sich für (72) und (73) der *Kubaturfehler*

$$\begin{aligned} R_{2,1}^{\triangle'}(f) &= \frac{h^2}{2}\left[-\frac{h^2}{72}(f_{ss} + f_{tt}) + O(h^3)\right], \\ R_{2,2}^{\triangle'}(f) &= \frac{h^2}{2}\left[-\frac{h^2}{36} f_{st} + O(h^3)\right]. \end{aligned} \tag{74}$$

Eine *Drei-Punkt-Kubaturformel* enthält neun freie Parameter. Verlangt man jedoch wieder eine symmetrische Lage der Punkte,

$$P_1 \sim (u, v), \qquad P_2 \sim (v, u), \qquad P_3 \sim (w, w),$$

so bleiben nur sechs Parameter übrig, und man kann höchstens Polynome bis zum Grad $K = 2$ exakt integrieren. Eine Drei-Punkt-Formel, die das leistet, haben wir aber bereits früher kennengelernt (vgl. (50)).

Abschließend geben wir (ohne Beweis) eine *Sieben-Punkt-Kubaturformel* für das Elementardreieck $\triangle_h'$ an (ABRAMOWITZ, STEGUN [1], SCHWARZ [1], S. 107):

$$\begin{aligned} C_7^{\triangle'}(f) := \frac{h^2}{2}\Big\{270 f\left(\frac{h}{3}, \frac{h}{3}\right) &+ \left(155 + \sqrt{15}\right)\left[f(s_1, s_1) + f(t_2, s_1) + f(s_1, t_2)\right] \\ &+ \left(155 - \sqrt{15}\right)\left[f(s_2, s_2) + f(t_1, s_2) + f(s_2, t_1)\right]\Big\}\Big/ 2400 \end{aligned} \tag{75}$$

mit

$$s_{1,2} := h \cdot \left(6 \pm \sqrt{15}\right)/21, \qquad t_{1,2} := h \cdot \left(9 \pm 2 \cdot \sqrt{15}\right)/21.$$

Sie hat den algebraischen Genauigkeitsgrad $K = 5$, der *Kubaturfehler* besitzt also eine Darstellung der Gestalt

$$R_7^{\triangle'}(f) = \frac{h^2}{2}\left[c \cdot h^6 + O(h^7)\right]$$

mit einer von den sechsten partiellen Ableitungen von f abhängenden Konstante c.

7.4.6. Bemerkungen

B 7.4.1. Der Übergang von der Quadratur zur Kubatur bringt eine Reihe qualitativ neuer Probleme. Während es im Eindimensionalen nur drei wesentlich voneinander verschiedene Integrationsgebiete (endliches, einseitig unendliches und zweiseitig unendliches Intervall) gibt, können Integrationsgebiete in der Ebene oder im Raum nicht mehr in so einfacher Weise klassifiziert werden. Auch die Vielfalt der Integranden wird größer. Schließlich wachsen die technischen Probleme mit der Dimension, die Funktionsberechnungen werden aufwendiger, und ihre Anzahl nimmt bei Gebietsverfeinerung überlinear zu. Aus diesen Gründen besitzen Kubaturformeln in der Regel einen engeren Anwendungsbereich als Quadraturformeln. Aus Platzgründen haben wir uns darauf beschränkt, einige Konstruktionsprinzipien für Kubaturformeln über quadratischen und dreieckigen Integrationsgebieten zu erläutern. In der Literatur (vgl. B 7.1.1; insbesondere STROUD

[1] und ENGELS [3]) findet man eine große Zahl weiterer Formeln für diese und andere spezielle (von Kreisen, Polygonen oder Parabeln begrenzte) Integrationsgebiete.

Andere Konstruktionsprinzipien beruhen auf der Verwendung von Ableitungen des Integranden, auf der Forderung nach einheitlichen Gewichten (Mittelwertsformeln) oder der Forderung, daß der Kubaturfehler auf einer Klasse von Funktionen minimal wird (vgl. auch SOBOLEV [1], [2]).

B 7.4.2. Die Fehlerformel (42) stützt sich auf den ersten von der Kubaturformel $C_N(f)$ nicht mehr exakt integrierten Term der Taylor-Entwicklung des Integranden, den *führenden Fehlerterm.* Das ist nur gerechtfertigt, wenn die Taylor-Glieder hinreichend schnell abnehmen. Eine Abschätzung des Fehlers wird möglich, wenn man den $(K + 1)$-ten Term durch irgendeine Darstellung des Restglieds ersetzt. Verwendet man eine Integraldarstellung, so spricht man im eindimensionalen Fall von der *Peano-Kern-Methode* und im mehrdimensionalen von der *Methode der Sardschen Kerne.* Für Funktionen aus $C^{K+1}[0, 1]$ gilt identisch in x (Ü 7.4.30)

$$f(x) = \sum_{k=0}^{K} \frac{x^k}{k!} f^{(k)}(0) + \frac{1}{K!} \int_0^1 (x - t)_+^K f^{(K+1)}(t) \, dt, \tag{76}$$

wobei

$$(x - t)_+^K := \begin{cases} (x - t)^k & \text{für} \quad x \geqq t, \\ 0 & \text{für} \quad x < t, \end{cases} \tag{77}$$

die auch in der Theorie der Splines verwendete Abkürzung für den positiven Teil der Potenz von $x - t$ ist. Hat eine Quadraturformel $Q_N(f)$ den algebraischen Genauigkeitsgrad K, so werden die Taylor-Glieder bis zur Ordnung K exakt integriert, und es ergibt sich

$$R_N(f) := Q_N(f) - I(f) = \frac{1}{K!} R_N \left(\int_0^1 (x - t)_+^K f^{(K+1)}(t) \, dt \right).$$

Wegen der Stetigkeit des Integranden (für $K > 0$) und der Linearität der Funktionale $Q_N(f)$ und $I(f)$ kann man R_N unter das Integral ziehen und erhält schließlich die *Peano-Kern-Darstellung* des Quadraturfehlers

$$R_N(f) = \frac{1}{K!} \int_0^1 R_N^x((x - t)_+^K) f^{(K+1)}(t) \, dt, \tag{78}$$

wobei der obere Index x bei R_N andeutet, daß das Restfunktional R_N auf $(x - t)_+^K$ als Funktion von x anzuwenden ist. Um für eine konkrete Quadraturformel eine Abschätzung zu erhalten, müssen der Peano-Kern $R_N^x((x - t)_+^K)$ und eine Betragsschranke für $f^{(K+1)}(x)$ bestimmt werden. Bei Funktionen zweier Veränderlicher geht man von der (für $K = 1$ gültigen) Entwicklung

$$\begin{aligned} f(x, y) = {} & f(0, 0) + x f_x(0, 0) + y f_y(0, 0) + \int_0^1 (x - s)_+ f_{xx}(s, 0) \, ds \\ & + \int_0^1 (y - t)_+ f_{yy}(0, t) \, dt + \int_0^x \int_0^y f_{xy}(s, t) \, dt \, ds \end{aligned} \tag{79}$$

aus, die sich durch partielle Integration auf höhere K ausdehnen läßt, und bestimmt Sardsche Kerne der Gestalt

$$\begin{aligned} & R_N^{x,y}((x - s)_+^{K-j} y^j), \qquad R_N^{x,y}((y - t)_+^{K-j} x^j), \qquad j = 0(1)[K/2], \\ & R_N^{x,y}((x - s)_+^j (y - t)_+^k), \qquad j := [K/2], \qquad k := [(K - 1)/2], \end{aligned} \tag{80}$$

und Betragsschranken für die partiellen Ableitungen $(K + 1)$-ter Ordnung (vgl. ENGELS [3], S. 93ff.)

B 7.4.3. Analog zum Satz 7.1.12 gilt für die *Konvergenz von Kubaturformeln*: Die Folge der von einer Kubaturformel der Gestalt (30) gelieferten Näherungswerte $C_N(f)$ konvergiert genau dann für jede stetige Funktion $f(x, y)$ gegen $I(f)$, wenn die Gewichte $q_n^{(N)}$ einer Abschätzung $\sum_{n=1}^{N} |q_n^{(N)}| \leqq S$

mit einer von N unabhängigen Konstante S genügen und $C_N(p_n)$ für jedes Polynom $p_n(x, y)$ konvergiert. Den Beweis kann man mit Hilfe des *Banach-Steinhaus-Theorems* führen (ENGELS [3], S. 191).

B 7.4.4. Kubaturformeln für Integrationsgebiete aus dem drei- oder mehrdimensionalen Raum lassen sich in derselben Weise herleiten wie im Fall $G \subset \mathbb{R}^2$. Ist das Gebiet ein kartesisches Produkt von drei Intervallen (also ein achsenparalleles Parallelepiped im $\mathbb{R}^3$), so erhält man die Gewichte der Kubaturformeln wieder als tensorielles Produkt aus den Gewichten der Quadraturformeln entsprechenden Genauigkeitsgrades. Läßt sich G nicht als kartesisches Produkt darstellen, so müssen die Stützstellen und Gewichte mit Hilfe der Methode der unbestimmten Koeffizienten berechnet werden (Ü 7.4.32).

B 7.4.5. Neben den hier besprochenen deterministischen Methoden zur genäherten Integralberechnung findet man in der Literatur auch *stochastische Kubaturverfahren.* Sie benutzen *Zufallszahlen* (oder genauer: von Rechnern erzeugte Pseudozufallszahlen) und werden *Monte-Carlo-Methoden, Quasi-Monte-Carlo-Methoden* oder *zahlentheoretische Methoden* genannt (vgl. HLAWKA [1], KOROBOV [1], [2], ZAREMBA [1], [2], [3]). Wir erläutern das Prinzip zuerst am Beispiel der Quadratur, wobei wir uns das Integrationsintervall und den Integranden so normiert denken, daß $0 \leqq x \leqq 1$ und $0 \leqq f(x) \leqq 1$ $(f \in C[a, b])$ gilt. Dem gesuchten Integral entspricht dann geometrisch diejenige Teilfläche des Einheitsquadrates $\square'$, die unterhalb der Kurve $y = f(x)$ liegt. Durch einen (Pseudo-) Zufallsgenerator wird nun eine Folge von in $\square'$ gleichverteilten Punkten (x_n, y_n), $0 \leqq x_n, y_n \leqq 1$, $n = 1(1)K$, erzeugt und jeweils nachgeprüft, ob der aktuelle Punkt zu der zu berechnenden Fläche gehört oder nicht. Der Quotient aus der Anzahl L der Punkte, die zur Fläche gehören, und der Gesamtanzahl K der Testpunkte liefert (für hinreichend großes K) einen Näherungswert für das gesuchte Integral $I(f)$:

$L := 0$	Anzahl der zur Fläche gehörenden Punkte
⎡ $n = 1(1)K$	
⎢ $x :=$ RANF	Pseudozufallszahl aus [0, 1]
⎢ $y :=$ RANF	Pseudozufallszahl aus [0, 1]
⎣ falls $y \leqq f(x)$, dann $L := L + 1$	
$I := L/K$	Näherungswert für $I(f)$

Für den Fall der Kubatur setzen wir voraus, daß das Integrationsgebiet G Teilmenge des Einheitsquadrats $\square'$ ist und die Funktionswerte $f(x, y)$ wieder zwischen Null und Eins liegen. Erzeugt man nun eine Folge von (im Einheitswürfel) gleichverteilten Punkten (x_n, y_n, z_n), $0 \leqq x_n, y_n, z_n \leqq 1$, $n = 1(1)K$, und zählt mit Hilfe eines Parameters L diejenigen von ihnen, für die $(x_n, y_n) \in G$ und $z_n \leqq f(x_n, y_n)$ gilt, so liefert der Quotient L/K einen Näherungswert für das Integral $\int_G f(x, y)\, dG$.

Ein Nachteil der Monte-Carlo-Methoden liegt in ihrer langsamen Konvergenz (zur Konvergenzbeschleunigung vgl. BACHVALOV [1], S. 307ff.), von Vorteil ist dagegen, daß der Übergang zu höheren Dimensionen keine wesentlichen Schwierigkeiten bereitet (vgl. TSUDA [1], Ü 7.4.33 und Ü 7.4.34).

7.4.7. Übungsaufgaben

Ü 7.4.1. Man berechne das Volumen des Prismas aus Beispiel 7.4.1 mit Hilfe der Formel

$$V = \frac{1}{6} \begin{bmatrix} x_1 & y_1 & z_1 \\ x_2 & y_2 & z_2 \\ x_3 & y_3 & z_3 \end{bmatrix}$$

für das Volumen eines Tetraeders, das vom Nullpunkt und den drei Punkten $P_i \sim (x_i, y_i, z_i)$ aufgespannt wird.

Ü 7.4.2. Man bestätige, daß (13) die in Abb. 7.4.4 dargestellte Transformation bewirkt.

Ü 7.4.3. Man bestätige, daß (15) den Normalbereich (9) auf das Quadrat $\square''$ abbildet.

Ü 7.4.4. Man gebe eine Transformation an, die den Normalbereich (9) auf das Einheitsquadrat $\square'$ abbildet.

Ü 7.4.5. Man transformiere das teilweise krummlinig berandete Dreieck $\triangle := \{(x, y); 1 \leqq x \leqq 2, 0 \leqq y \leqq \ln x\}$ auf das Einheitsdreieck $\triangle'$.

Ü 7.4.6. Man transformiere das krummlinig berandete Dreieck $\triangle := \{(x, y); 0 \leqq x \leqq 1, y = 5\sqrt{1 - x^2}\}$ näherungsweise mit Hilfe von (22) auf $\triangle'$. Man bestimme denjenigen Punkt P_5 auf der gekrümmten Dreiecksseite, für den $s + t = 1$ den Ellipsenbogen am besten approximiert (vgl. Abb. 7.4.8, S. 236).

Ü 7.4.7. Man zeige, daß die Newton-Cotes-Formel $C_9^{\square}(f)$ (vgl. (38)) alle Monome $x^m y^n$ mit $0 \leqq m, n \leqq 3$ und demzufolge alle bikubischen Polynome exakt integriert.

Ü 7.4.8. Man gebe Variablentransformationen an, mit deren Hilfe sich Kubaturformeln für $\square'$ (oder $\triangle'$) in Kubaturformeln für $\square_h'$ (oder $\triangle_h'$) überführen lassen.

Ü 7.4.9. Man gebe Variablentransformationen an, mit deren Hilfe sich Kubaturformeln für $\square''$ in Kubaturformeln für $\square'$ und $\square_h'$ überführen lassen.

Ü 7.4.10. Man transformiere die Kubaturformeln (47), (50), (70), (72), (73) und (75) auf das gleichseitige Dreieck $P_1P_2P_3$ mit $P_1 \sim (0, 0)$, $P_{2,3} \sim \left(-\frac{h}{2}, \pm\frac{h}{2}\sqrt{3}\right)$.

Ü 7.4.11. Man weise nach, daß von den lokalen Basisfunktionen $\psi_m^{(M)}(s, t)$, $m = 1(1)M$, $M := (K + 1)(K + 2)/2$, eines Interpolationsansatzes K-ten Grades über dem Einheitsdreieck $\triangle'$ aus Symmetriegründen (vgl. B 6.3.2) nur jeweils K wesentlich voneinander verschieden sind. Man gebe Transformationen an, mit deren Hilfe man die übrigen erhält.

Ü 7.4.12. Wie verhält sich der *algebraische Genauigkeitsgrad* einer Kubaturformel bei einer nichtlinearen Variablentransformation?

Ü 7.4.13. Man leite die Fehlerformel (51) her.

Ü 7.4.14. Man bestimme lokale kubische Basispolynome $\psi_n^{(10)}(s, t)$ für die Interpolation über dem Elementardreieck $\triangle_h'$ und bestimme durch Integration die Gewichte der zugehörigen Kubaturformel $C_{10}^{\triangle'}(f)$ (vgl. Ü 7.4.11).

Ü 7.4.15. Man bestimme den führenden Fehlerterm der Kubaturformel $C_{10}^{\triangle'}(f)$ aus Ü 7.4.14.

Ü 7.4.16. Man gebe die Kubaturformel an, die sich durch Integration der biquadratischen Spline-Interpolierenden (6.3.37), (6.3.38) ergibt.

Ü 7.4.17. Man gebe die Kubaturformel an, die sich durch Integration der bikubischen Spline-Interpolierenden (Ü 6.3.15, Ü 6.3.16) ergibt.

Ü 7.4.18. Man verallgemeinere die Fehlerformeln (59) und (60) auf den Fall $h \neq k$. Hinweis. Man setze $k := \gamma h$.

Ü 7.4.19. Es sei $g_{1,1} := C_4^{(4)}(f)$, $g_{2,1} := C_9^{(4)}(f)$, $g_{3,1} := C_{25}^{(4)}(f)$, ... die Folge der durch Intervallhalbierung aus $C_4^{(4)}(f)$ entstehenden Kubaturformeln. Man bestimme die Gewichte der durch *Richardson-Extrapolation* entstehenden neuen Kubaturformeln $g_{2,2}$, $g_{3,2}$ und $g_{3,3}$.

Ü 7.4.20. Man schreibe einen *Romberg-Algorithmus*, der die Kubaturformel (56) und die Schrittweitenfolge $N_k := (M_k + 1)^2$, $L_k = M_k = 2M_{k-1}$ benutzt.

Ü 7.4.21. Man schreibe einen verallgemeinerten Romberg-Algorithmus, der die Kubaturformel (56) und die Schrittweitenfolge $N_k := (M_k + 1)^2$, $L_k = M_k = 2M_{k-2}$ (vgl. (7.2.33) verwendet.

Ü 7.4.22. Man schreibe einen verallgemeinerten Romberg-Algorithmus, der die Kubaturformel (56) und die Schrittweitenfolge $N_k := (M_k + 1)^2$, $L_k = M_k = 2M_{k-3}$ (vgl. (7.2.34)) verwendet.

Ü 7.4.23. Man schreibe einen Romberg-Algorithmus, der die Kubaturformel (57) und die Schrittweitenfolge aus Ü 7.4.20 verwendet. Man beachte, daß die Potenzreihenentwicklung von $C_N^{(3)}(f)$ nicht nur gerade h-Potenzen enthält (vgl. (61)).

Ü 7.4.24. Man teste die Algorithmen mit Hilfe der folgenden Beispiele und vergleiche den für gleiche Genauigkeitsanforderungen benötigten Rechenaufwand:

a) $G := [0, 1] \times [0, 1]$, $f(x, y) := x^m y^n$, $m, n = 0(1)20$,

b) $G := [0, 1] \times [0, 1]$, $f(x, y) := 1/(1 + kx^m y^n)$, $k, m, n = 0(1)20$,

c) $G := [0, 2\pi] \times [0, 2\pi]$, $f(x, y) := xy^2 \sin(30x + 2y) \cos(3x + 20y)$.

Ü 7.4.25. Man untersuche, ob man den Algorithmus aus Ü 7.4.21 analog zum Algorithmus 7.2.4 so modifizieren kann, daß er (asymptotisch) Einschließungen des gesuchten Integrals liefert (vgl. ANTES [1]).

Ü 7.4.26. Man übertrage die 3/8-Regel und die ersten beiden offenen Newton-Cotes-Formeln auf den zweidimensionalen Fall. Man gebe den algebraischen Genauigkeitsgrad für die erhaltenen Kubaturformeln an.

Ü 7.4.27. Man gebe Stützstellen und Gewichte für die Lobatto- und die Radau-Kubaturen $C_N^{\square''}(f)$ mit dem Genauigkeitsgrad $K = 2$, $K = 3$ und $K = 4$ über dem Quadrat $\square''$ an.

Ü 7.4.28. Man bestimme eine Kubaturformel vom Grad $K = 2$ für den Viertelkreisring aus Abb. 7.4.7.

Ü 7.4.29. Man bestimme eine Kubaturformel vom Grad $K = 2$ für das Integrationsgebiet aus Abb. 7.4.5.

Ü 7.4.30. Man beweise die Identität (76). Hinweis. Man gehe von $f(x) = f(0) + \int\limits_0^x f'(t)\,dt$ aus, integriere partiell, ersetze $xf'(x)$ durch $x\left(f'(0) + \int\limits_0^x f''(t)\,dt\right)$, integriere erneut partiell, usw.

Ü 7.4.31. Man bestimme die Gauß-Legendre-Kubaturformel mit dem algebraischen Genauigkeitsgrad $K = 3$ für den Einheitswürfel.

Ü 7.4.32. Man bestimme Kubaturformeln, die alle Polynome $p_k(x, y, z)$ vom Grad $k = 1$ und $k = 2$ über dem (dreidimensionalen) Simplex G,

$$G := \{x, y, z;\ 0 \leqq x \leqq 1,\ 0 \leqq y \leqq 1 - x,\ 0 \leqq z \leqq 1 - x - y\},$$

exakt integrieren.

Ü 7.4.33. Man schreibe einen *Monte-Carlo-Algorithmus* (vgl. B 7.4.5) zur genäherten Integration einer stetigen Funktion f mit $0 \leqq c \leqq f(x) \leqq d < \infty$ über einem beliebigen endlichen Intervall $[a, b]$ und teste ihn anhand von Beispielen aus Tab. 7.1.4.

Ü 7.4.34. Man schreibe einen *Monte-Carlo-Algorithmus* zur genäherten Integration einer stetigen Funktion f von N Veränderlichen mit $0 \leqq c \leqq f(\boldsymbol{x}) \leqq d < \infty$ über einem beliebigen endlichen Integrationsgebiet G, $G \in \mathbb{R}^N$, und teste ihn anhand der Beispiele aus Ü 7.4.24 und Ü 7.4.32.

8. Anfangswertaufgaben für gewöhnliche Differentialgleichungen

8.1. Explizite Einschrittverfahren

8.1.1. Problemstellung

Beispiel 8.1.1. Wir lösen die früher gestellte Aufgabe (vgl. Ü 1.1.1), aus der Fallzeit eines Steins die Tiefe eines Brunnens zu bestimmen. Dazu bezeichnen wir den vom Stein zum Zeitpunkt t zurückgelegten Weg mit $y(t)$, seine Geschwindigkeit im Zeitpunkt t mit $y'(t)$ und seine Beschleunigung mit $y''t)$. Sehen wir vom Luftwiderstand ab, so wirkt auf den Stein nur die konstante Erdbeschleunigung $g \approx 9.81\ [\mathrm{m} \cdot \mathrm{s}^{-2}]$. Wir erhalten also, wenn wir y vom Brunnenrand nach unten orientieren, die Differentialgleichung $y'' = g$. Integrieren wir beide Seiten über dem Intervall $[t_0, t]$, so folgt $y'(t) - y'(t_0) = g \cdot (t - t_0)$ und nach nochmaliger Integration

$$y(t) - y(t_0) = y'(t_0) \cdot (t - t_0) + g \cdot (t - t_0)^2/2.$$

Zur Startzeit $t := t_0$ befand sich der Stein im Anfangspunkt $y(t_0) = 0$ und hatte die Anfangsgeschwindigkeit $y'(t_0) = 0$. Zum Zeitpunkt $t := T$ des Aufpralls ($T := t_0 + 2.1$ [s]) ergibt sich also für die zurückgelegte Wegstrecke

$$y(T) = g \cdot (T - t_0)^2/2 \approx 9.81 \cdot 2.1^2/2 \approx 22\ [\mathrm{m}]$$

und für die erreichte Geschwindigkeit

$$y'(T) = g \cdot (T - t_0) \approx 9.81 \cdot 2.1 \approx 21\ [\mathrm{m/s}]\ (\approx 75\ [\mathrm{km/h}]).$$

Erfahrungsgemäß beginnt bei solchen Geschwindigkeiten der Luftwiderstand bereits eine Rolle zu spielen, so daß wir für größere Fallzeiten die Differentialgleichung abändern müssen. Aus der Experimentalphysik ist bekannt, daß der Luftwiderstand mit dem Quadrat der Geschwindigkeit wächst und proportional zur *Schattenfläche* A des Körpers (das heißt zur Querschnittsfläche senkrecht zur Bewegungsrichtung) ist. Er wirkt der Beschleunigung entgegen, also ergibt sich

$$y'' = g - \alpha A y'^2. \tag{1}$$

Der Proportionalitätsfaktor α hat die Gestalt $\alpha := \frac{1}{2} c_W \varrho_L / m$. Dabei bezeichnet ϱ_L die Dichte der Luft, m die Masse des fallenden Körpers und c_W den Widerstandsbeiwert, der von der Form des Körpers abhängt. Durch den Korrekturterm ist die Differentialgleichung nichtlinear geworden und analytisch nicht mehr in so einfacher Weise wie $y'' = g$ zu lösen (Ü 8.1.1a)).

Beispiel 8.1.2. Wir betrachten zwei Tierarten eines ökologischen Systems, von denen die erste der zweiten als Nahrung dient. Ihre Populationen zum Zeitpunkt t bezeichnen wir mit $y(t)$ bzw. $z(t)$. Die Wachstumsrate (Wachstumsgeschwindigkeit), bezogen auf das Individuum, ergibt sich aus der Differenz von Geburts- und Sterberate. Für die erste Population sei genügend Nahrung vorhanden, so daß eine konstante Geburtsrate α angenommen werden kann. Die Sterberate nimmt dagegen proportional zur zweiten Population zu:

$$y'/y = \alpha - \beta \cdot z, \qquad \alpha, \beta > 0. \tag{2}$$

Für die zweite Tierart wächst die Geburtsrate proportional zur vorhandenen Nahrung (also zur ersten Population), während die Sterberate konstant ist:

$$z'/z = \gamma \cdot y - \delta, \qquad \gamma, \delta > 0. \tag{3}$$

Das ökologische System (Räuber-Beute-Modell) wird demnach durch zwei gekoppelte nichtlineare Differentialgleichungen erster Ordnung (die Volterra-Lotka-Gleichungen) beschrieben. Zum Zeitpunkt $t_0 := 0$ sei der Bestand der beiden Tierarten bekannt, $y(t_0) = y_0$, $z(t_0) = z_0$. Gefragt wird nach der zeitlichen Entwicklung der Populationen (Abb. 8.1.1, vgl. auch Ü 8.1.1b)).

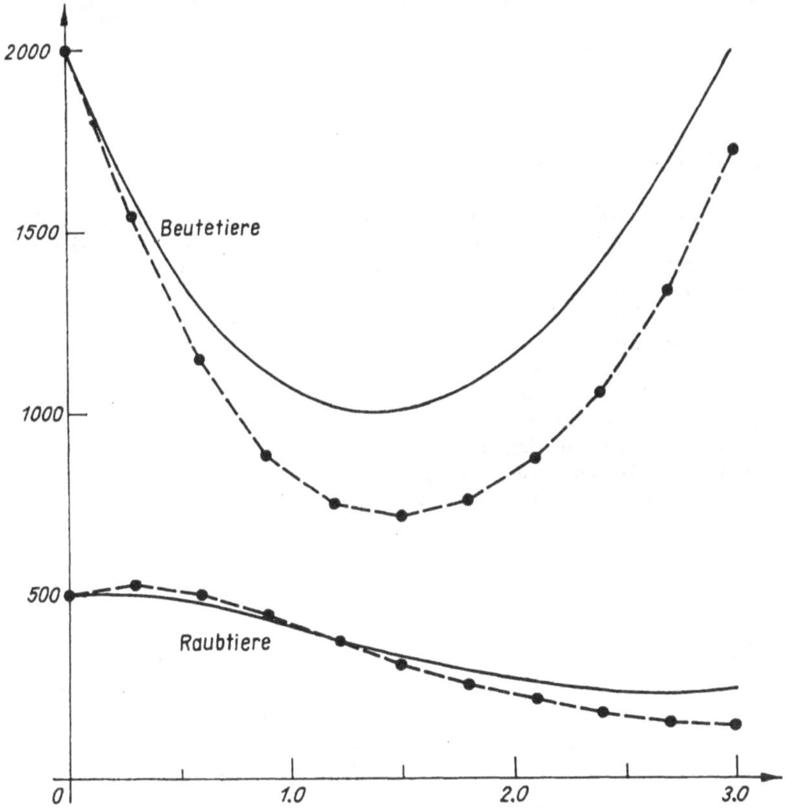

Abb. 8.1.1. Populationsentwicklung zweier Tierarten eines Ökosystems

Ebenso wie die beiden Beispiele führen zahlreiche Aufgaben aus den Wirtschafts-, Technik- und Naturwissenschaften auf Differentialgleichungen. Gesucht ist eine über einem Intervall $[a, b]$ erklärte skalare oder vektorielle Funktion $\boldsymbol{y}$ einer reellen Veränderlichen x,

$$\boldsymbol{y} : \mathbb{D}_y \to \mathbb{R}^N, \qquad \mathbb{D}_y := [a, b] \subset \mathbb{R}^1, \tag{4}$$

die gemeinsam mit ihren Ableitungen $\boldsymbol{y}', \boldsymbol{y}'', \ldots, \boldsymbol{y}^{(K)}$ einer Differentialgleichung der impliziten Gestalt (vgl. Griepentrog, März [1])

$$\boldsymbol{F}(x, \boldsymbol{y}, \boldsymbol{y}', \ldots, \boldsymbol{y}^{(K)}) = \boldsymbol{0} \tag{5}$$

oder, nach der höchsten Ableitung umgestellt, der expliziten Gestalt

$$\boldsymbol{y}^{(K)} = \boldsymbol{f}(x, \boldsymbol{y}, \boldsymbol{y}', \ldots, \boldsymbol{y}^{(K-1)}) \tag{6}$$

genügt. Dabei bezeichnet K die Ordnung der Differentialgleichung. Da man Differentialgleichungen höherer Ordnung durch Einführung von Hilfsfunktionen $\boldsymbol{u} := \boldsymbol{y}'$, $\boldsymbol{v} := \boldsymbol{y}''$, ... stets auf ein System von Differentialgleichungen erster Ordnung zurückführen kann (Ü 8.1.2), beschränken wir uns im folgenden auf solche Systeme. In expliziter Form haben sie die Gestalt

$$\boldsymbol{y}' = \boldsymbol{f}(x, \boldsymbol{y}) \tag{7}$$

oder ausführlich, in Komponentenschreibweise

$$\begin{aligned} y_1' &= f_1(x, y_1, y_2, \ldots, y_N), \\ y_2' &= f_2(x, y_1, y_2, \ldots, y_N), \\ &\vdots \\ y_N' &= f_N(x, y_1, y_2, \ldots, y_N). \end{aligned} \tag{8}$$

Beispiel 8.1.3. Im Spezialfall $N = 1$ kann man sich leicht geometrisch einen Überblick über die Lösungsgesamtheit verschaffen. Durch (7) wird dann nämlich jedem Punkt (x, y) des Definitionsgebietes der rechten Seite f eine Richtung (ein Anstieg) y' zugeordnet. Man braucht also bloß in hinreichend vielen Gitterpunkten (x_j, y_j) den Anstieg zu berechnen und das so entstehende *Richtungsfeld*, das heißt die Gesamtheit der *Richtungselemente* (x_j, y_j, y_j'), auf dem Bildschirm darzustellen (Ü 8.1.3). Wenn die Kurven $f(x, y) = c$, $c = \text{const.}$, längs derer y' konstant ist, eine einfache Gestalt (Geraden, Kreise, ...) besitzen, kann man, insbesondere wenn kein Rechner zur Verfügung steht, zunächst diese sogenannten Isoklinen zeichnen und auf ihnen jeweils den zugehörigen konstanten Anstieg c eintragen (Ü 8.1.4). In Abb. 8.1.2 sind zwei Richtungsfelder geometrisch dargestellt, das erste zeigt die von der Differentialgleichung $y' = 1 - y^2$ in einem äquidistanten Punktgitter definierten Anstiege, das zweite die Isoklinen und Anstiege zur Differentialgleichung $y' = x^2 + y^2$. Die gestrichelten Linien kennzeichnen Lösungskurven.

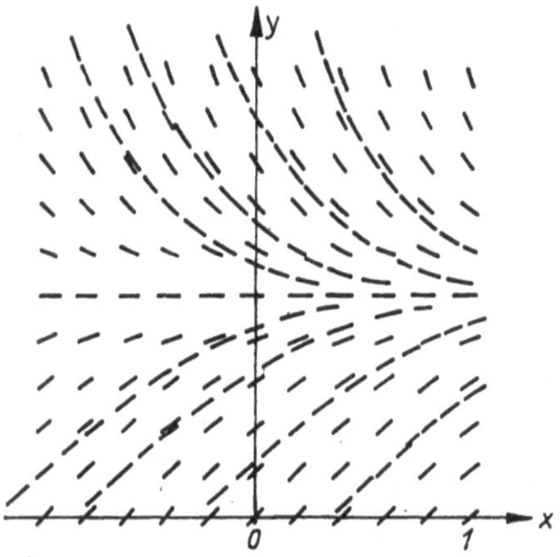

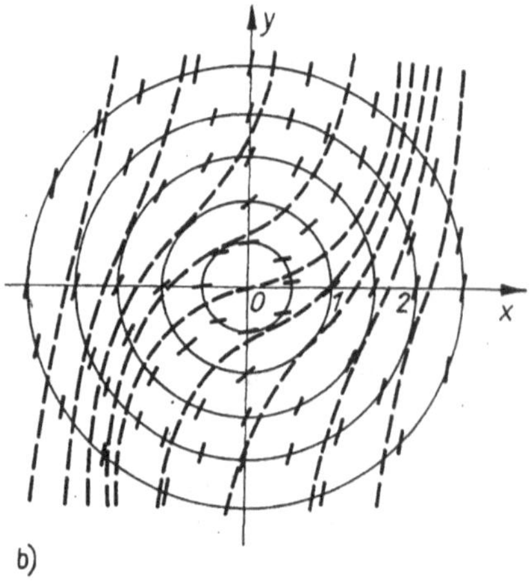

Abb. 8.1.2. a) Richtungsfeld der Differentialgleichung $y' = 1 - y^2$, b) Isoklinen und Richtungsfeld der Differentialgleichung $y' = x^2 + y^2$

Bei konkreten Aufgaben interessiert man sich im allgemeinen weniger für die Gesamtheit aller Lösungen, als vielmehr für eine einzelne Lösung, die den Verlauf eines im Punkt $(x_0, \boldsymbol{y}^{(0)})$ beginnenden Prozesses beschreibt. Zusätzlich zur Differentialgleichung gibt man also noch eine *Anfangsbedingung*

$$\boldsymbol{y}(x_0) = \boldsymbol{y}^{(0)}, \tag{9}$$

vor und nennt (7), (9) dann *Anfangswertproblem* (*Cauchysches Problem*) *für ein System gewöhnlicher Differentialgleichungen erster Ordnung.* Eine hinreichende Bedingung dafür, daß durch jeden Punkt des Definitionsgebietes der rechten Seite $\boldsymbol{f}$ genau eine Lösungskurve verläuft, ist aus der Analysis bekannt:

Satz 8.1.4 (Picard, Lindelöf). *Die Funktion* $\boldsymbol{f}$ *sei auf ihrem Definitionsgebiet*

$$\mathbb{D}_f := \{(x, \boldsymbol{y});\, a \leqq x \leqq b, \boldsymbol{y} \in \mathbb{D} \subset \mathbb{R}^N\} \tag{10}$$

stetig und genüge für alle x *aus* $[a, b]$ *bezüglich ihrer zweiten Variablen einer Lipschitz-Bedingung*

$$\|\boldsymbol{f}(x, \boldsymbol{y}) - \boldsymbol{f}(x, \boldsymbol{z})\| \leqq L\, \|\boldsymbol{y} - \boldsymbol{z}\| \qquad \text{für alle } \boldsymbol{y}, \boldsymbol{z} \text{ aus } \mathbb{D}. \tag{11}$$

Dann existiert zu jedem $(x_0, \boldsymbol{y}^{(0)})$ *aus* $\mathbb{D}_f$ *genau eine Lösung* $\boldsymbol{y}$ *des Anfangswertproblems* (7), (9). *Sie ist auf* $[a, b]$ *stetig differenzierbar.*

Die Voraussetzung (11) ist insbesondere erfüllt, wenn alle ersten partiellen Ableitungen $\partial f_j / \partial y_n$ existieren und auf $\mathbb{D}_f$ beschränkt sind (vgl. (5.3.8) und (5.3.10)).

8.1.2. Polygonzug- und Euler-Heun-Verfahren

Numerische Lösungsverfahren für das Anfangswertproblem (7), (9) ergeben sich, wenn man beide Seiten der Differentialgleichung über dem Intervall $[x_0, x_0 + h]$ integriert,

$$\boldsymbol{y}(x_0 + h) - \boldsymbol{y}(x_0) = \int_{x_0}^{x_0+h} \boldsymbol{f}\big(x, \boldsymbol{y}(x)\big)\, \mathrm{d}x, \tag{12}$$

und das Integral auf der rechten Seite näherungsweise mit einer der *Quadraturformeln* aus Kapitel 7 auswertet. Die einfachste (aber auch gröbste) Näherung liefert die *Rechteckregel* $\underline{Q}_1^{(0)}(f)$ (vgl. (7.1.20))

$$\int_{x_0}^{x_0+h} \boldsymbol{f}\big(x, \boldsymbol{y}(x)\big)\, \mathrm{d}x \approx h \cdot \boldsymbol{f}\big(x_0, \boldsymbol{y}(x_0)\big). \tag{13}$$

Aus (12) erhält man damit an der Stelle $x_1 := x_0 + h$ statt des gesuchten exakten Wertes $\boldsymbol{y}(x_1)$ nur einen Näherungswert, den wir mit $\tilde{\boldsymbol{y}}(x_1)$ oder auch kürzer mit $\boldsymbol{y}^{(1)}$ bezeichnen wollen. Nehmen wir $(x_1, \boldsymbol{y}^{(1)})$ als Anfangspunkt für das nächste Integrationsintervall und wiederholen das Vorgehen, so ergibt sich das folgende *Polygonzugverfahren* (*vorwärts genommenes Euler-Verfahren*)

$$x_0, \boldsymbol{y}^{(0)}, h \qquad\qquad \text{Anfangswerte und Schrittweite}$$

$$\left[\begin{array}{l} m = 0(1)M - 1 \\ \boldsymbol{k} := \boldsymbol{f}(x_m, \boldsymbol{y}^{(m)}) \\ x_{m+1} := x_m + h, \quad \boldsymbol{y}^{(m+1)} := \boldsymbol{y}^{(m)} + h \cdot \boldsymbol{k}, \end{array}\right. \tag{14}$$

das Näherungsvektoren $\boldsymbol{y}^{(m)}$, $m = 1(1)M$, für die Werte des Funktionsvektors $\boldsymbol{y}(x)$ an den Stellen $x_m := x_0 + m \cdot h$ liefert. Der Schrittzähler wurde bei $\boldsymbol{y}$ als oberer Index geschrieben, um Verwechslungen mit der Komponentennumerierung zu vermeiden. Der Vektor $\boldsymbol{k}$ wird *Zuwachs- oder Steigungsvektor* genannt.

Beispiel 8.1.5. Die Bezeichnung *Polygonzugverfahren* wird verständlich, wenn man Lösungsverlauf und Näherung (der Einfachheit halber für den Fall $N = 1$) geometrisch darstellt: $y = y^{(0)} + (x - x_0)\, f(x_0, y^{(0)})$ ist die *Punktrichtungsgleichung* der Geraden durch $(x_0, y^{(0)})$ mit dem Anstieg $y'(x_0) = f(x_0, y^{(0)})$. Beim Polygonzugverfahren wird diese Gerade bis zum Wert $x := x_1$ als Näherung für die gesuchte Lösungskurve $y = y(x)$ benutzt. Im Punkt $(x_1, y^{(1)})$ berechnet man mit Hilfe der Differentialgleichung (7) einen neuen Anstieg $y'(x_1) := f(x_1, y^{(1)})$ und setzt die Näherungslösung nun in dieser Richtung fort. So entsteht ein Polygonzug, der für eine hinreichend kleine Schrittweite, die auch von Schritt zu Schritt wechseln kann, eine brauchbare Näherung für die Lösung des Anfangswertproblems darstellt (Abb. 8.1.1).

Man kann das Polygonzugverfahren verwenden, um die Lösungskomponenten y_n, $n = 1(1)N$, als Funktionen von x auf dem Bildschirm darzustellen (Ü 8.1.5). Die Schrittweite h ist dann klein (z. B. gleich dem Pixelabstand in horizontaler Richtung) zu wählen, so daß die Polygonzüge den Lösungsverlauf ausreichend genau approximieren (zum Einfluß der Rundungsfehler vgl. (55)).

Beispiel 8.1.6. Für die Tierarten aus Beispiel 8.1.2 seien die Anfangsbestände $y(0) := 2000$ und $z(0) := 500$ sowie die empirisch bestimmten Geburts- und Sterberaten $\alpha := 1.75$, $\beta := 0.005$, $\gamma := 0.0006$, $\delta := 1.05$ vorgegeben. Das Polygonzugverfahren (14) hat, wenn wir entsprechend den Bezeichnungen in Beispiel 8.1.2 für die unabhängige Veränderliche t und für die Komponenten der Vektorfunktion $\boldsymbol{y}$ wieder y und z schreiben, die Gestalt

$$t_{m+1} := t_m + h, \quad y_{m+1} := (1 + (\alpha - \beta z_m)\, h)\, y_m, \quad z_{m+1} := (1 + (\gamma y_m - \delta)\, h)\, z_m.$$

Mit der Schrittweite $h := 0.3$ erhält man die in Abb. 8.1.1 gestrichelt gezeichneten Polygonzüge. Qualitativ wird der Verlauf zwar richtig wiedergegeben, aber besonders bei der ersten Komponente treten bereits nach wenigen Schritten erhebliche Abweichungen auf, deshalb wiederholen wir die Rechnung mit der feineren Schrittweite $h := 0.1$. Tab. 8.1.1 enthält die auf 4 Stellen gerundeten Ergebnisse einer 10stelligen Rechnung (der obere Wert gehört jeweils zur Schrittweite $h = 0.3$, der untere zu $h = 0.1$). Die Differenz von gröberem und feinerem Wert kann zur Fehlerschätzung verwendet werden (vgl. (7.2.5) und Ü 8.1.19).

Tab. 8.1.1. Polygonzugverfahren für das Differentialgleichungssystem (2), (3)

t_m	0	0.3	0.6	0.9	1.2	1.5	1.8	2.1	2.4	2.7	3.0
y_m	2000	1550	1149	884.1	752.5	719.6	761.6	871.9	1057	1334	1727
		1568	1236	1032	936.7	925.4	985.6	1115	1319	1607	1984
z_m	500	522.5	503.7	449.2	379.2	311.1	253.3	208.3	175.4	153.5	142.0
		509.1	481.9	432.4	376.2	323.2	278.3	243.5	219.2	206.0	205.2

Zur Approximation des Integrals in (12) können statt der Rechteckregel auch andere (genauere) Quadraturformeln verwendet werden, z. B. die *Mittelpunktsregel* (7.1.21)

$$Q_1^{(0)}(\boldsymbol{f}) := h \cdot \boldsymbol{f}\left(x_0 + \frac{h}{2}, \boldsymbol{y}\left(x_0 + \frac{h}{2}\right)\right) \tag{15}$$

oder die Trapezregel (7.1.46)

$$Q_1^{(1)}(\boldsymbol{f}) := \frac{h}{2}\left[\boldsymbol{f}(x_0, \boldsymbol{y}(x_0)) + \boldsymbol{f}(x_0 + h, \boldsymbol{y}(x_0 + h))\right]. \tag{16}$$

Allerdings tritt dabei eine (für Differentialgleichungen typische) Schwierigkeit auf. Es werden Funktionswerte $\boldsymbol{y}\left(x_0 + \frac{h}{2}\right)$ beziehungsweise $\boldsymbol{y}(x_0 + h)$ benötigt, die noch gar nicht bekannt sind. Am einfachsten hilft man sich dadurch, daß man sie durch Näherungswerte $\boldsymbol{y}^{(0)} + \frac{h}{2}\boldsymbol{f}(x_0, \boldsymbol{y}^{(0)})$ bzw. $\boldsymbol{y}^{(0)} + h \cdot \boldsymbol{f}(x_0, \boldsymbol{y}^{(0)})$ ersetzt, die vom *Polygonzugverfahren* geliefert werden. Verfährt man in jedem Intervall $[x_m, x_{m+1}]$ in dieser Weise, so ergibt sich statt der Zuwachsberechnung in (14) im ersten Fall

$$\begin{aligned} &\boldsymbol{k}^{(1)} := \boldsymbol{f}(x_m, \boldsymbol{y}^{(m)}), \qquad \boldsymbol{k}^{(2)} := \boldsymbol{f}\left(x_m + \frac{h}{2}, \boldsymbol{y}^{(m)} + \frac{h}{2}\boldsymbol{k}^{(1)}\right), \\ &\boldsymbol{k} := \boldsymbol{k}^{(2)} \end{aligned} \tag{17}$$

und im zweiten

$$\begin{aligned} &\boldsymbol{k}^{(1)} := \boldsymbol{f}(x_m, \boldsymbol{y}^{(m)}), \qquad \boldsymbol{k}^{(2)} := \boldsymbol{f}(x_m + h, \boldsymbol{y}^{(m)} + h \cdot \boldsymbol{k}^{(1)}), \\ &\boldsymbol{k} := (\boldsymbol{k}^{(1)} + \boldsymbol{k}^{(2)})/2. \end{aligned} \tag{18}$$

Die so aus (14) entstehenden Näherungsmethoden heißen *verbessertes* (*modifiziertes*) *Polygonzugverfahren* und *Euler-Heun-Verfahren*. Sie werden *zweistufig* genannt, weil der Zuwachs $\boldsymbol{k}$ in zwei Stufen (über $\boldsymbol{k}^{(1)}$ und $\boldsymbol{k}^{(2)}$) bestimmt wird. Mit Hilfe der *Kepler-Regel*, der 3/8-*Regel* oder anderer *Newton-Cotes-Formeln höheren Grades* lassen sich weitere numerische Integrationsverfahren für das Anfangswertproblem (7), (9) herleiten. Um sie vergleichen und werten zu können, führen wir einige Begriffe ein.

Definition 8.1.7. Jede für die Startwerte x_0, $\boldsymbol{y}^{(0)}$ und eine beliebige Schrittweitenfolge (h_m) mit $h_0 + h_1 + \cdots + h_{M-1} = b - a$ auf dem Punktgitter

$$\mathbb{I}_M := \{x_m; x_0 := a, x_{m+1} := x_m + h_m, m = 0(1)M-1\} \tag{19}$$

erklärte Rekursionsvorschrift

$$\left[\begin{array}{l} m = 0(1)M-1 \\ \boldsymbol{k} := \boldsymbol{g}(x_m, \boldsymbol{y}^{(m)}; h_m) \\ x_{m+1} := x_m + h_m, \boldsymbol{y}^{(m+1)} := \boldsymbol{y}^{(m)} + h_m\boldsymbol{k} \end{array}\right. \tag{20}$$

nennt man *Einschrittverfahren*. Es heißt *konsistent* (*zum Anfangswertproblem* (7), (9)), falls die *Zuwachsfunktion* (*Verfahrensfunktion*) $\boldsymbol{g}$ für alle $(x, \boldsymbol{y}, h)$ aus

$$\mathbb{D}_g := \{(x, \boldsymbol{y}, h); (x, \boldsymbol{y}) \in \mathbb{D}_f, 0 \leqq h \leqq h_M \leqq b - a\} \tag{21}$$

definiert ist und dort der Bedingung

$$\lim_{h \to 0} \boldsymbol{g}(x, \boldsymbol{y}; h) = \boldsymbol{f}(x, \boldsymbol{y}) \tag{22}$$

genügt.

Beim Polygonzugverfahren stimmt die Zuwachsfunktion mit $\boldsymbol{f}$ überein,

$$\boldsymbol{g}^{(P)}(x, \boldsymbol{y}; h) := \boldsymbol{f}(x, \boldsymbol{y}), \tag{23}$$

also ist (22) trivialerweise erfüllt. Für das *verbesserte Polygonzugverfahren* und das *Euler-Heun-Verfahren* ergeben sich aus (17) und (18)

$$\boldsymbol{g}^{(VP)}(x, \boldsymbol{y}; h) := \boldsymbol{f}\left(x + \frac{h}{2}, \boldsymbol{y} + \frac{h}{2}\boldsymbol{f}(x, \boldsymbol{y})\right) \tag{24}$$

und

$$\boldsymbol{g}^{(EH)}(x, \boldsymbol{y}; h) := [\boldsymbol{f}(x, \boldsymbol{y}) + \boldsymbol{f}(x + h, \boldsymbol{y} + h \cdot \boldsymbol{f}(x, \boldsymbol{y}))]/2, \tag{25}$$

womit (22) ebenfalls sofort bestätigt werden kann. Es handelt sich also in allen drei Fällen um konsistente Einschrittverfahren. Um die Güte der Konsistenz beurteilen zu können, führen wir den Begriff der *Konsistenzordnung* ein. Dazu schreiben wir das Einschrittverfahren (20) mit $h_m =: h$, $\boldsymbol{y}^{(m)} =: \tilde{\boldsymbol{y}}(x)$ und $\boldsymbol{y}^{(m+1)} =: \tilde{\boldsymbol{y}}(x+h)$ in der Gestalt

$$\frac{\tilde{\boldsymbol{y}}(x+h) - \tilde{\boldsymbol{y}}(x)}{h} - \boldsymbol{g}\big(x, \tilde{\boldsymbol{y}}(x); h\big) = 0 \tag{26}$$

und untersuchen den Defekt, der sich ergibt, wenn man in (26) statt $\tilde{\boldsymbol{y}}(x)$ die exakte Lösung $\boldsymbol{y}(x)$ einsetzt:

$$\boldsymbol{R}(\boldsymbol{y}) := \frac{\boldsymbol{y}(x+h) - \boldsymbol{y}(x)}{h} - \boldsymbol{g}\big(x, \boldsymbol{y}(x); h\big). \tag{27}$$

Dabei setzen wir voraus, daß $\boldsymbol{f}$ hinreichend oft partiell differenzierbar ist, so daß die Lösung $\boldsymbol{y}$ in der Umgebung jedes Punktes aus $[a, b]$ in eine *Taylor-Reihe* entwickelt werden kann:

$$\boldsymbol{y}(x+h) = \boldsymbol{y}(x) + h\boldsymbol{y}'(x) + \frac{h^2}{2}\boldsymbol{y}''(x) + \cdots. \tag{28}$$

Da $\boldsymbol{y}$ der Differentialgleichung (7) genügt, ist $\boldsymbol{y}'(x) = \boldsymbol{f}\big(x, \boldsymbol{y}(x)\big)$. Daraus erhält man durch Differentiation nach x unter Berücksichtigung der Kettenregel

$$\begin{aligned}
\boldsymbol{y}''(x) &= \mathrm{D}\boldsymbol{f}\big(x, \boldsymbol{y}(x)\big) = \boldsymbol{f}_x + \boldsymbol{f}_y \cdot \boldsymbol{y}', \\
\boldsymbol{y}'''(x) &= \mathrm{D}^2\boldsymbol{f}\big(x, \boldsymbol{y}(x)\big) = \mathrm{D}\boldsymbol{f}_x + (\mathrm{D}\boldsymbol{f}_y)\cdot \boldsymbol{y}' + \boldsymbol{f}_y \cdot \boldsymbol{y}'', \\
\boldsymbol{y}^{(4)}(x) &= \mathrm{D}^3\boldsymbol{f}\big(x, \boldsymbol{y}(x)\big) = \mathrm{D}^2\boldsymbol{f}_x + (\mathrm{D}^2\boldsymbol{f}_y)\cdot \boldsymbol{y}' + 2(\mathrm{D}\boldsymbol{f}_y)\cdot \boldsymbol{y}'' + \boldsymbol{f}_y \cdot \boldsymbol{y}''', \\
&\ \,\vdots
\end{aligned} \tag{29}$$

wobei wir zur Vereinfachung der Schreibweise den Differentiationsoperator $\dfrac{\mathrm{d}}{\mathrm{d}x}$ mit D abgekürzt und auf der rechten Seite überall die Argumente $\big(x, \boldsymbol{y}(x)\big)$ weggelassen haben. Bereits im skalaren Fall ($N = 1$) werden die Ausdrücke sehr umfangreich. Im mehrdimensionalen Fall ist zu beachten, daß $\boldsymbol{f}, \boldsymbol{f}_x, \boldsymbol{f}_{xx}, \ldots$ Vektoren, $\boldsymbol{f}_y, \boldsymbol{f}_{xy}, \boldsymbol{f}_{xxy}, \ldots$ Matrizen, ... sind, so daß die Produkte zu Summen, Doppelsummen, usw. werden, wenn man zu Komponenten übergeht (Ü 8.1.8). Mit (28) und (29) erhält $\boldsymbol{R}(\boldsymbol{y})$ die Gestalt

$$\begin{aligned}
\boldsymbol{R}(\boldsymbol{y}) &= \sum_{j=0}^{J-1} \frac{h^j}{(j+1)!}\mathrm{D}^j\boldsymbol{f}\big(x, \boldsymbol{y}(x)\big) + \boldsymbol{e}\cdot O(h^J) - \boldsymbol{g}\big(x, \boldsymbol{y}(x); h\big), \\
\boldsymbol{e} &:= (1, 1, \ldots, 1)^{\mathsf{T}}.
\end{aligned} \tag{30}$$

Ist nun $\boldsymbol{g}$ gleich der Zuwachsfunktion $\boldsymbol{g}^{(\mathrm{P})}$ des Polygonzugverfahrens (vgl. (23)), so wird der erste Summand der Potenzreihe kompensiert, und es folgt $\boldsymbol{R}^{(\mathrm{P})}(\boldsymbol{y}) = \boldsymbol{e}\cdot O(h)$. Für die Zuwachsfunktion $\boldsymbol{g} := \boldsymbol{g}^{(\mathrm{VP})}$ des verbesserten Polygonzugverfahrens ergibt sich aus (24) durch Taylor-Entwicklung nach h

$$\boldsymbol{g}^{(\mathrm{VP})}(x, \boldsymbol{y}; h) = \boldsymbol{f}(x, \boldsymbol{y}) + \frac{h}{2}\boldsymbol{f}_x(x, \boldsymbol{y}) + \boldsymbol{f}_y(x, \boldsymbol{y})\cdot\frac{h}{2}\boldsymbol{f}(x, \boldsymbol{y}) + \boldsymbol{e}\cdot O(h^2),$$

so daß in (30) jetzt die ersten beiden Summanden der Potenzreihe kompensiert werden und sich $\boldsymbol{R}^{(\mathrm{VP})}(\boldsymbol{y}) = \boldsymbol{e}\cdot O(h^2)$ ergibt. Das gleiche Resultat erhält man auch für die Zuwachsfunktion $\boldsymbol{g} := \boldsymbol{g}^{(\mathrm{EH})}$ des Euler-Heun-Verfahrens (Ü 8.1.9).

Definition 8.1.8. Kompensiert die an der Stelle $(\boldsymbol{x}, \boldsymbol{y})$ in eine Taylor-Reihe nach h entwickelte Zuwachsfunktion $\boldsymbol{g}(x, \boldsymbol{y}; h)$ die ersten p Summanden der Taylor-Reihe von $(\boldsymbol{y}(x+h) - \boldsymbol{y}(x))/h$, gilt also für den Defekt

$$\boldsymbol{R}(\boldsymbol{y}) = \boldsymbol{d}(x)\, h^p + \boldsymbol{e} \cdot O(h^{p+1}), \qquad \boldsymbol{d}(x) := \frac{1}{(p+1)!} \mathrm{D}^p \boldsymbol{f} - \frac{1}{p!} \frac{\mathrm{d}^p \boldsymbol{g}}{\mathrm{d}h^p}, \tag{31}$$

wo $\boldsymbol{y}$ die Lösung des Anfangswertproblems (7), (9) bezeichnet, so nennt man p die *Konsistenzordnung des Einschrittverfahrens* (20).

Das Polygonzugverfahren besitzt also die Konsistenzordnung $p = 1$, das verbesserte Polygonzugverfahren und das Euler-Heun-Verfahren haben dagegen die Konsistenzordnung $p = 2$.

8.1.3. Explizite Runge-Kutta-Formeln

Bei der Herleitung von Einschrittverfahren höherer Konsistenzordnung geht man meist nicht von einer Quadraturformel, sondern unmittelbar von der Forderung (31) aus, wobei $\boldsymbol{R}(\boldsymbol{y})$ durch (27) definiert ist. Für die Konsistenzordnung 4 reicht ein vierstufiger Ansatz (B 8.1.2), den wir in Verallgemeinerung von (17) und (18) in der Form

$$\begin{aligned}
\boldsymbol{k}^{(1)} &:= \boldsymbol{f}(x_m, \boldsymbol{y}^{(m)}),\\
\boldsymbol{k}^{(2)} &:= \boldsymbol{f}(x_m + a_2 h, \boldsymbol{y}^{(m)} + b_{21}\boldsymbol{k}^{(1)} h),\\
\boldsymbol{k}^{(3)} &:= \boldsymbol{f}\big(x_m + a_3 h, \boldsymbol{y}^{(m)} + (b_{31}\boldsymbol{k}^{(1)} + b_{32}\boldsymbol{k}^{(2)})\, h\big),\\
\boldsymbol{k}^{(4)} &:= \boldsymbol{f}\big(x_m + a_4 h, \boldsymbol{y}^{(m)} + (b_{41}\boldsymbol{k}^{(1)} + b_{42}\boldsymbol{k}^{(2)} + b_{43}\boldsymbol{k}^{(3)})\, h\big),\\
\boldsymbol{k} &:= \boldsymbol{g}(x_m, \boldsymbol{y}^{(m)}; h) := c_1\boldsymbol{k}^{(1)} + c_2\boldsymbol{k}^{(2)} + c_3\boldsymbol{k}^{(3)} + c_4\boldsymbol{k}^{(4)},
\end{aligned} \tag{32}$$

oder kürzer in Gestalt des folgenden Koeffizientenschemas (vgl. auch B 8.2.3)

$$\begin{array}{c|cccc}
0 & & & & \\
a_2 & b_{21} & & & \\
a_3 & b_{31} & b_{32} & & \\
a_4 & b_{41} & b_{42} & b_{43} & \\
\hline
 & c_1 & c_2 & c_3 & c_4
\end{array}
\; =: \;
\begin{array}{c|c}
\boldsymbol{a} & \boldsymbol{B} \\
\hline
 & \boldsymbol{c}^{\mathrm{T}}
\end{array} \tag{33}$$

schreiben, wobei analog zu (17), (18)

$$a_2 = b_{21}, \qquad a_3 = b_{31} + b_{32}, \qquad a_4 = b_{41} + b_{42} + b_{43} \tag{34}$$

gelten soll (Ü 8.1.10). Weitere 8 Bestimmungsgleichungen für die unbekannten Koeffizienten des Ansatzes (32) erhält man, wenn man die durch (32) definierte Zuwachsfunktion nach h-Potenzen entwickelt und fordert, daß sich in (30) die Terme bis zur Ordnung h^3 (einschließlich) kompensieren. Das Absolutglied der h-Entwicklung von $\boldsymbol{g}(x, \boldsymbol{y}; h)$ hat die Gestalt $(c_1 + c_2 + c_3 + c_4)\, \boldsymbol{f}(x, \boldsymbol{y})$, denn an der Stelle $h = 0$ sind alle $\boldsymbol{k}^{(i)}$ gleich $\boldsymbol{f}$. Der Vergleich mit dem Absolutglied der Summe in (30) liefert

$$c_1 + c_2 + c_3 + c_4 = 1. \tag{35}$$

Für den Koeffizienten der ersten h-Potenz ist die erste Ableitung $\frac{\mathrm{d}\boldsymbol{g}}{\mathrm{d}h} = \sum_{i=1}^{4} c_i \frac{\mathrm{d}}{\mathrm{d}h} \boldsymbol{k}^{(i)}$ an der Stelle $h = 0$ zu berechnen. Für die $\boldsymbol{k}^{(i)}$ ergibt sich

$$\frac{\mathrm{d}}{\mathrm{d}h} \boldsymbol{k}^{(1)} = 0, \quad \frac{\mathrm{d}}{\mathrm{d}h} \boldsymbol{k}^{(i)} = \boldsymbol{f}_x a_i + \boldsymbol{f}_y \cdot \sum_{j=1}^{i-1} b_{ij} \boldsymbol{k}^{(j)} + \boldsymbol{f}_y h \sum_{j=1}^{i-1} b_{ij} \frac{\mathrm{d}}{\mathrm{d}h} \boldsymbol{k}^{(j)}, \quad i = 2, 3, 4;$$

und für $h = 0$ wegen (34)

$$\frac{\mathrm{d}}{\mathrm{d}h} \boldsymbol{k}^{(i)} = a_i \cdot (\boldsymbol{f}_x + \boldsymbol{f}_y \boldsymbol{f}), \qquad i = 2, 3, 4.$$

Damit liefert der Koeffizientenvergleich mit dem zweiten Summanden in (30)

$$c_2 a_2 + c_3 a_3 + c_4 a_4 = 1/2. \tag{36}$$

In derselben Weise sind die zweite und dritte Ableitung von $\boldsymbol{g}$ an der Stelle $h = 0$ zu berechnen und mit den entsprechenden Termen der Summe in (30) zu vergleichen (Ü 8.1.11):

$$\begin{aligned}
&h^2(f_{xx} + 2f_{xy}f + f_{yy}f^2): && \frac{1}{2}(c_2 a_2^2 + c_3 a_3^2 + c_4 a_4^2) = \frac{1}{6},\\
&h^2 f_y(f_x + f_y f): && c_3 b_{32} a_2 + c_4(b_{42} a_2 + b_{43} a_3) = \frac{1}{6},\\
&h^3(f_{xxx} + 3f_{xxy}f + 3f_{xyy}f^2 + f_{yyy}f^3): && \frac{1}{6}(c_2 a_2^3 + c_3 a_3^3 + c_4 a_4^3) = \frac{1}{24},\\
&h^3 3(f_{xy} + f_{yy}f)(f_x + f_y f): && \frac{1}{3}\big(c_3 a_3 b_{32} a_2 + c_4 a_4(b_{42} a_2 + b_{43} a_3)\big) = \frac{1}{24},\\
&h^3 f_y(f_{xx} + 2f_{xy}f + f_{yy}f^2): && \frac{1}{2}\big(c_3 b_{32} a_2^2 + c_4(b_{42} a_2^2 + b_{43} a_3^2)\big) = \frac{1}{24},\\
&h^3 f_y^2(f_x + f_y f): && c_4 b_{43} b_{32} a_2 = \frac{1}{24}.
\end{aligned} \tag{37}$$

(Die Ausdrücke auf der linken Seite beziehen sich auf den skalaren Fall $N = 1$.) Die 13 unbekannten Koeffizienten des Schemas (33) sind durch die 4 linearen Gleichungen (34), (35) und die 7 nichtlinearen Gleichungen (36), (37) noch nicht eindeutig festgelegt. Man kann die überzähligen Freiheitsgrade benutzen, um einige zusätzliche Forderungen zu erfüllen. In Tab. 8.1.2 sind fünf Lösungen angegeben. Das *klassische Runge-Kutta-Verfahren* ist für die Handrechnung besonders gut geeignet, weil drei der Koeffizienten verschwinden und der Ansatz (32) dadurch eine sehr einfache Gestalt annimmt, die *Gill-Modifikation* ist bezüglich der Rundungsfehler günstiger (Ü 8.1.12). Die Bezeichnung *3/8-Regel* wurde gewählt, weil das Integrationsverfahren im Spezialfall, daß die rechte Seite $\boldsymbol{f}$ der Differentialgleichung (7) nicht von $\boldsymbol{y}$ abhängt, auf die Quadraturformel gleichen Namens zurückführt (vgl. auch Tab. 7.1.1, S. 192, und Ü 8.1.13). Die Koeffizienten der *Kuntzmann-Formel* wurden so bestimmt, daß sich in (30) noch einige Terme der Ordnung h^4 kompensieren.

Durch Hinzunahme von nur einem weiteren Zuwachs $k^{(5)}$ kann man die *Konsistenzordnung* noch nicht erhöhen (B 8.1.2). Erst mit einem sechsstufigen Ansatz, der analog zu (32) aufzuschreiben ist, läßt sich $p = 5$ erreichen. Zur Bestimmung der 26 unbekannten Parameter eines solchen Ansatzes erhält man analog zu (34), (35) sechs lineare und

Tab. 8.1.2. Koeffizienten für einige explizite Runge-Kutta-Formeln der Konsistenzordnung 4

0				
1/2	1/2			
1/2	0	1/2		
1	0	0	1	
	1/6	1/3	1/3	1/6

klassische Runge-Kutta-Formel

0				
1/3	1/3			
2/3	−1/3	1		
1	1	−1	1	
	1/8	3/8	3/8	1/8

3/8-Regel

0				
1/2	1/2			
1/2	1/4	1/4		
1	0	−1	2	
	1/6	0	2/3	1/6

vierstufige England-Formel

0				
1/2	1/2			
1/2	$c - 1/2$	$1 - c$		
1	0	$-c$	$1 + c$	
	1/6	$(1 - c)/3$	$(1 + c)/3$	1/6

Gill-Modifikation der Runge-Kutta-Formel
$\left(c := 1/\sqrt{2}\right)$

0				
2/5	2/5			
3/5	−3/20	3/4		
1	19/44	−15/44	40/44	
	55/360	125/360	125/360	55/360

Kuntzmann-Formel

Tab. 8.1.3. Koeffizienten für einige explizite Runge-Kutta-Formeln der Konsistenzordnung 5

$\frac{1}{3}$	$\frac{1}{3}$					
$\frac{2}{5}$	$\frac{4}{25}$	$\frac{6}{25}$				
1	$\frac{1}{4}$	$-\frac{12}{4}$	$\frac{15}{4}$			
$\frac{2}{3}$	$\frac{6}{81}$	$\frac{90}{81}$	$-\frac{50}{81}$	$\frac{8}{81}$		
$\frac{4}{5}$	$\frac{6}{75}$	$\frac{36}{75}$	$\frac{10}{75}$	$\frac{8}{75}$	0	
	$\frac{23}{192}$	0	$\frac{125}{192}$	0	$-\frac{81}{192}$	$\frac{125}{192}$

Nyström-Formel

0						
$\frac{1}{8}$	$\frac{1}{8}$					
$\frac{1}{4}$	0	$\frac{1}{4}$				
$\frac{1}{2}$	$\frac{1}{2}$	−1	1			
$\frac{3}{4}$	$\frac{3}{16}$	0	0	$\frac{9}{16}$		
1	$-\frac{5}{7}$	$\frac{4}{7}$	$\frac{12}{7}$	$-\frac{12}{7}$	$\frac{8}{7}$	
	$\frac{7}{90}$	0	$\frac{32}{90}$	$\frac{12}{90}$	$\frac{32}{90}$	$\frac{7}{90}$

Butcher-Formel

0						
$\frac{1}{2}$	$\frac{1}{2}$					
$\frac{1}{2}$	$\frac{1}{4}$	$\frac{1}{4}$				
1	0	−1	2			
$\frac{2}{3}$	$\frac{7}{27}$	$\frac{10}{27}$	0	$\frac{1}{27}$		
$\frac{1}{5}$	$\frac{28}{625}$	$-\frac{1}{5}$	$\frac{546}{625}$	$\frac{54}{625}$	$-\frac{378}{625}$	
	$\frac{14}{336}$	0	0	$\frac{35}{336}$	$\frac{162}{336}$	$\frac{125}{336}$

sechsstufige England-Formel

0						
$\frac{1}{2}$	$\frac{1}{2}$					
$\frac{1}{4}$	$\frac{3}{16}$	$\frac{1}{16}$				
$\frac{1}{2}$	0	0	$\frac{1}{2}$			
$\frac{3}{4}$	0	$-\frac{3}{16}$	$\frac{6}{16}$	$\frac{9}{16}$		
1	$\frac{1}{7}$	$\frac{4}{7}$	$\frac{6}{7}$	$-\frac{12}{7}$	$\frac{8}{7}$	
	$\frac{7}{90}$	0	$\frac{32}{90}$	$\frac{12}{90}$	$\frac{32}{90}$	$\frac{7}{90}$

Lawson-Formel

aus dem Taylor-Abgleich analog zu (36), (37) weitere 16 nichtlineare Gleichungen. Lösungen dieses Systems findet man in Tab. 8.1.2. Bei dem vorletzten Parametersatz stimmen die ersten 4 Steigungen (d. h. die ersten vier Zeilen des Schemas) mit denen der *vierstufigen England-Formel* überein; man sagt, die vierstufige ist in eine sechsstufige Formel eingebettet. In Tab. 8.1.4 ist eine fünfstufige Runge-Kutta-Formel mit der Konsistenzordnung $p = 4$ angegeben, die in eine sechsstufige Formel der Konsistenzordnung $p = 5$ eingebettet ist. Mit Hilfe solcher *eingebetteter Formeln* kann man mit relativ geringem Aufwand Fehlerschätzungen durchführen und damit die Schrittweite steuern.

Tab. 8.1.4. Koeffizienten einer Runge-Kutta-Formel der Konsistenzordnung 5, in die eine Formel der Konsistenzordnung 4 eingebettet ist (Dormand, Prince, vgl. Hairer, Nørsett, Wanner [1], S. 171)

0							
$\frac{1}{5}$	$\frac{1}{5}$						
$\frac{3}{10}$	$\frac{3}{40}$	$\frac{9}{40}$					
$\frac{4}{5}$	$\frac{44}{45}$	$-\frac{56}{15}$	$\frac{32}{9}$				
$\frac{8}{9}$	$\frac{19372}{6561}$	$-\frac{25360}{2187}$	$\frac{64448}{6561}$	$-\frac{212}{729}$			
1	$\frac{9017}{3168}$	$-\frac{355}{33}$	$\frac{46732}{5247}$	$\frac{49}{176}$	$-\frac{5103}{18656}$		
1	$\frac{35}{384}$	0	$\frac{500}{1113}$	$\frac{125}{192}$	$-\frac{2187}{6784}$	$\frac{11}{84}$	
$p = 4$	$\frac{35}{384}$	0	$\frac{500}{1113}$	$\frac{125}{192}$	$-\frac{2187}{6784}$	$\frac{11}{84}$	0
$p = 5$	$\frac{5179}{57600}$	0	$\frac{7571}{16695}$	$\frac{393}{640}$	$-\frac{92097}{339200}$	$\frac{187}{2100}$	$\frac{1}{40}$

Beispiel 8.1.9. Mit Hilfe des *klassischen Runge-Kutta-Verfahrens* berechnen wir die Geschwindigkeit, die ein Fallschirmspringer erreicht, solange der Schirm noch geschlossen ist. Dazu setzen wir in der Differentialgleichung (1) $y' := v$ und nehmen vereinfachend an, daß die Dichte der Luft konstant ($\varrho_L := 1.225$ [kg/m³]) und die Geschwindigkeit zum Zeitpunkt des Absprungs gleich Null ist. Für die Schattenfläche des Fallschirmspringers gelte $A =: 1$ [m²], für seine Masse $m := 100$ [kg], der Widerstandsbeiwert sei $c_W := 0.5$. Dann ergibt sich das Anfangswertproblem

$$v' = g - \beta v^2, \qquad v(0) = 0, \qquad \text{mit } g := 9.80665, \qquad \beta := 0.0030625. \tag{38}$$

Dazu liefert der erste Schritt des *klassischen Runge-Kutta-Verfahrens* (vgl. (32) und Tab. 8.1.2) mit der Schrittweite $h := 2$ die Werte

$x_0 = 0$	$v^{(0)} = 0$	$k^{(1)} = 9.80665$
$x_0 + \frac{h}{2} = 1$	$v^{(0)} + \frac{h}{2} k^{(1)} = 9.80665$	$k^{(2)} = 9.51213$
$x_0 + \frac{h}{2} = 1$	$v^{(0)} + \frac{h}{2} k^{(2)} = 9.51213$	$k^{(3)} = 9.52955$
$x_0 + h = 2$	$v^{(0)} + hk^{(3)} = 18.0591$	$k^{(4)} = 8.69420$
	$k = (k^{(1)} + 2k^{(2)} + 2k^{(3)} + k^{(4)})/6$	$= 9.43070$
$x_1 = x_0 + h = 2$	$v^{(1)} = v^{(0)} + hk = 18.8614$	

Die Ergebnisse der folgenden Schritte (10stellige Rechnung, auf 6 Stellen gerundet) sind in Tab. 8.1.5 zusammengestellt, wobei wir auf die Angabe der Zwischenresultate verzichtet haben. Zum Vergleich ist jeweils der (ebenfalls auf 6 Stellen gerundete) exakte Wert $v(x_m) := \sqrt{g/\beta}\tanh\left(\sqrt{g\beta}\,x_m\right)$ angegeben (Ü 8.1.1 a)). Nach 16 Sekunden hat der Fallschirmspringer also eine Geschwindigkeit von ca. 56 [m/s], das heißt etwas über 200 [km/h] erreicht (vgl. Abb. 8.1.3). Die Maximalgeschwindigkeit ist $v_{\max} := \sqrt{g/\beta} = 56.5877$ [m/s] $\approx$ 204 [km/h]. (Das kann man auch unmittelbar aus der Differentialgleichung (38) ablesen, die $v \equiv v_{\max}$ als stationäre Lösung besitzt.)

Tab. 8.1.5. Runge-Kutta-Verfahren für die Differentialgleichung (38) des Fallschirmspringers

x_m	$v^{(m)}$	$v(x_m)$	x_m	$v^{(m)}$	$v(x_m)$	x_m	$v^{(m)}$	$v(x_m)$
0	0	0	6	43.9998	44.0144	12	54.8356	54.8471
2	18.8614	18.8639	8	49.9145	49.9317	14	55.7029	55.7107
4	33.9465	33.9545	10	53.1438	53.1590	16	56.1426	56.1475

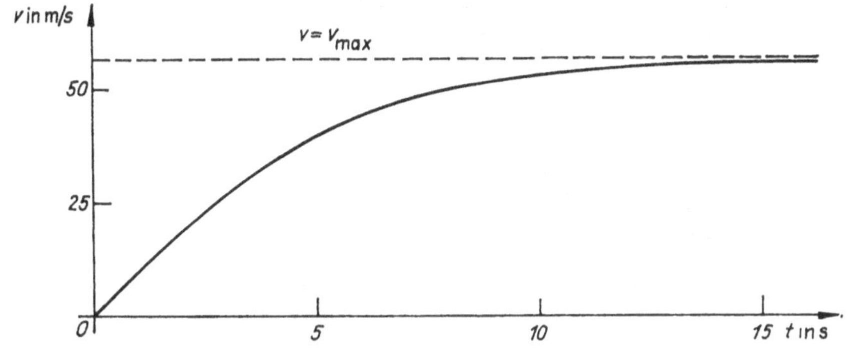

Abb. 8.1.3. Lösung der Geschwindigkeitsdifferentialgleichung für den Fallschirmspringer

8.1.4. Schätzung des lokalen Diskretisierungsfehlers

Einschrittverfahren benutzen zur Berechnung der neuen Näherung x_{m+1}, $\boldsymbol{y}^{(m+1)}$ nur die Ergebnisse x_m, $\boldsymbol{y}^{(m)}$ des unmittelbar vorangegangenen Schrittes (und nicht die in früheren Schritten berechneten Werte x_j, $\boldsymbol{y}^{(j)}$, $j < m$). Der Rechenaufwand je Schritt ist also unabhängig davon, ob man im gesamten Integrationsintervall $[a, b]$ eine einheitliche Schrittweite $h := (b - a)/M$ oder von Schritt zu Schritt wechselnde h_m, $m = 0(1)M-1$, verwendet. Es liegt deshalb nahe, die h_m so festzulegen, daß der in jedem Schritt unvermeidbar neu hinzukommende Fehler während der gesamten Rechnung annähernd in gleicher Größenordnung bleibt. Er wird *lokaler Diskretisierungsfehler* (*Abbruchfehler, Abschneidefehler*) genannt (vgl. B 8.1.6). Man kann ihn bestimmen, wenn man die m-te Näherung als exakt ansieht, $\boldsymbol{y}^{(m)} = \boldsymbol{y}(x_m)$, und Rundungsfehler unberücksichtigt läßt. Dann ergibt sich mit (20)

$$\lambda^{(m+1)} := \boldsymbol{y}^{(m+1)} - \boldsymbol{y}(x_{m+1}) = \boldsymbol{y}(x_m) + h_m\boldsymbol{g}\big(x_m, \boldsymbol{y}(x_m); h_m\big) - \boldsymbol{y}(x_{m+1})$$

und wegen (27) und (31)

$$\lambda^{(m+1)} := -h\boldsymbol{R}(\boldsymbol{y})|_{x=x_m} = -\boldsymbol{d}(x_m)\,h_m^{p+1} + \boldsymbol{e}\cdot O(h_m^{p+2}). \tag{39}$$

Die Ordnung des lokalen Diskretisierungsfehlers (die lokale Fehlerordnung) ist also um Eins höher als die Konsistenzordnung des Verfahrens. Wir geben nun verschiedene Möglichkeiten an, den lokalen Fehler zu schätzen: Wird ein Verfahren der Konsistenzordnung p benutzt, das in ein Verfahren der Konsistenzordnung $p + 1$ eingebettet ist, so gilt für die lokalen Fehler der beiden Verfahren

$$\begin{aligned} \boldsymbol{\lambda}_{(1)}^{(m+1)} &= \boldsymbol{y}_{(1)}^{(m+1)} - \boldsymbol{y}(x_{m+1}) = -\boldsymbol{d}(x_m)\, h_m^{p+1} + \boldsymbol{e} \cdot O(h_m^{p+2}), \\ \boldsymbol{\lambda}_{(2)}^{(m+1)} &= \boldsymbol{y}_{(2)}^{(m+1)} - \boldsymbol{y}(x_{m+1}) = \boldsymbol{e} \cdot O(h_m^{p+2}). \end{aligned} \tag{40}$$

Durch Subtraktion ergibt sich daraus

$$\boldsymbol{y}_{(1)}^{(m+1)} - \boldsymbol{y}_{(2)}^{(m+1)} = -\boldsymbol{d}(x_m)\, h_m^{p+1} + \boldsymbol{e} \cdot O(h_m^{p+2})$$

und folglich für den lokalen Fehler des eingebetteten (gröberen) Einschrittverfahrens

$$\boldsymbol{\lambda}_{(1)}^{(m+1)} = \boldsymbol{y}_{(1)}^{(m+1)} - \boldsymbol{y}_{(2)}^{(m+1)} + \boldsymbol{e} \cdot O(h_m^{p+2}). \tag{41}$$

Die Differenz der beiden Näherungen liefert also eine *Schätzung des Fehlers*. Sie wird häufig mit ***est*** (engl. *estimate* — schätzen) bezeichnet. Im Fall der 4- und 6stufigen England-Formel (Tab. 8.1.2 und Tab. 8.1.3) ist speziell

$$\boldsymbol{y}_{(1)}^{(m+1)} = \boldsymbol{y}^{(m)} + h_m(\boldsymbol{k}^{(1)} + 4\boldsymbol{k}^{(3)} + \boldsymbol{k}^{(4)})/6$$

und

$$\boldsymbol{y}_{(2)}^{(m+1)} = \boldsymbol{y}^{(m)} + h_m(14\boldsymbol{k}^{(1)} + 35\boldsymbol{k}^{(4)} + 162\boldsymbol{k}^{(5)} + 125\boldsymbol{k}^{(6)})/336.$$

Daraus erhält man für den *lokalen Fehler der eingebetteten England-Formel der Konsistenzordnung* $p = 4$ die Schätzung

$$\boldsymbol{est} := h_m(42\boldsymbol{k}^{(1)} + 224\boldsymbol{k}^{(3)} + 21\boldsymbol{k}^{(4)} - 162\boldsymbol{k}^{(5)} - 125\boldsymbol{k}^{(6)})/336. \tag{42}$$

In derselben Weise ergibt sich für den *lokalen Fehler der eingebetteten Runge-Kutta-Formel der Konsistenzordnung* $p = 5$ (aus Tab. 8.1.4) die Schätzung

$$\begin{aligned} \boldsymbol{est} := h_m \cdot [(&\boldsymbol{k}^{(1)}/11520 - \boldsymbol{k}^{(3)}/3339 + \boldsymbol{k}^{(4)}/384) \cdot 71 - 17253\boldsymbol{k}^{(5)}/67840 \\ &+ 22\boldsymbol{k}^{(6)}/105 - \boldsymbol{k}^{(7)}/8]/5 \end{aligned} \tag{43}$$

Beide Fehlerschätzungen benötigen keine zusätzlichen Funktionsberechnungen (Unterprogrammaufrufe), sondern kommen mit den Steigungen $\boldsymbol{k}^{(i)}$ aus, die für das Verfahren mit der höheren Konsistenzordnung ohnehin berechnet werden.

Ist die verwendete Formel nicht in ein Einschrittverfahren höherer Konsistenzordnung eingebettet, so hilft man sich, indem man die Rechnung mit halbierter Schrittweite wiederholt und die beiden Näherungen miteinander vergleicht (*Runge-Schätzung des Fehlers*, vgl. Abschnitt 7.2.1.). Dabei wird angenommen, daß sich $\boldsymbol{d}(x)$ beim Übergang von x_m zum Zwischenpunkt $x_m + h_m/2$ höchstens um $O(h_m^{p+2})$ ändert. Dann entsteht in den zwei $(h_m/2)$-Schritten der lokale Fehler

$$\boldsymbol{\lambda}_{(2)}^{(m+1)} = \boldsymbol{y}_{(2)}^{(m+1)} - \boldsymbol{y}(x_{m+1}) = -2\boldsymbol{d}(x_m)\,(h_m/2)^{p+1} + \boldsymbol{e} \cdot O(h_m^{p+2}),$$

woraus sich nach Subtraktion von der ersten Gleichung (40)

$$\boldsymbol{y}_{(1)}^{(m+1)} - \boldsymbol{y}_{(2)}^{(m+1)} = -\boldsymbol{d}(x_m)\,(h_m/2)^{p+1}\,(2^p - 1) + \boldsymbol{e} \cdot O(h_m^{p+2}),$$

und damit für den lokalen Fehler des genaueren (mit der halbierten Schrittweite erzielten) Ergebnisses $\boldsymbol{y}_{(2)}^{(m+1)}$ die Schätzung

$$\boldsymbol{est} := (\boldsymbol{y}_{(1)}^{(m+1)} - \boldsymbol{y}_{(2)}^{(m+1)})/(2^p - 1) \tag{44}$$

ergibt. Für das *klassische Runge-Kutta-Verfahren* (und alle Einschrittverfahren mit der gleichen Konsistenzordnung $p = 4$) liefert (44) die *lokale Fehlerschätzung*

$$\boldsymbol{est} := (\boldsymbol{y}_{(1)}^{(m+1)} - \boldsymbol{y}_{(2)}^{(m+1)})/15. \tag{45}$$

Im Gegensatz zu (42) und (43) benötigen (44) und (45) wegen der Doppelrechnung mit unterschiedlichen Schrittweiten zusätzliche Funktionsberechnungen. Dieser Mehraufwand wird aber dadurch kompensiert, daß sich die Fehlerschätzungen im Sinne der *Richardson-Extrapolation* zur Verbesserung der genaueren Runge-Kutta-Näherung $\boldsymbol{y}_{(2)}^{(m+1)}$ verwenden lassen (Ü 8.1.17):

$$\boldsymbol{y}_{(3)}^{(m+1)} := \boldsymbol{y}_{(2)}^{(m+1)} + (\boldsymbol{y}_{(2)}^{(m+1)} - \boldsymbol{y}_{(1)}^{(m+1)})/(2^p - 1). \tag{46}$$

8.1.5. Gills Runge-Kutta-Modifikation mit Schrittweitensteuerung und Richardson-Extrapolation

Zur Illustration schreiben wir einen Algorithmus, der die Schätzung (45) des lokalen Fehlers zur Schrittweitensteuerung und zur Extrapolation benutzt. Als Einschrittverfahren der Konsistenzordnung $p = 4$ verwenden wir dabei die Gill-Modifikation des Runge-Kutta-Verfahrens (Tab. 8.1.2, S. 261). Ein Schritt dieses Verfahrens wird von dem folgenden Unterprogramm ausgeführt: Ausgehend von dem zum Argument $t := x_m$ gehörenden Näherungsvektor $\boldsymbol{u} := \boldsymbol{y}^{(m)}$ berechnet es den zum nächsten Argument $t + h := x_{m+1}$ gehörenden Näherungsvektor $\boldsymbol{u} + h \cdot \boldsymbol{k} := \boldsymbol{y}^{(m+1)}$. Um nicht sämtliche $\boldsymbol{k}^{(i)}$ gesondert speichern zu müssen, wird ein Korrekturvektor $\boldsymbol{q}$ eingeführt, mit dessen Hilfe $\boldsymbol{y}^{(m)} + \sum b_{ij}\boldsymbol{k}^{(j)}$ jeweils aus dem Näherungsvektor $\boldsymbol{y}^{(m)} + \sum b_{i-1,j}\boldsymbol{k}^{(j)}$ des vorangegangenen Teilschritts berechnet werden kann (vgl. (32)). Der Algorithmus kommt dann mit drei Vektoren aus: $\boldsymbol{u}$ für den aktuellen $\boldsymbol{y}$-Vektor, $\boldsymbol{k}$ für den aktuellen Zuwachs, zu dessen Berechnung ein Unterprogramm für die N Komponenten der rechten Seite $\boldsymbol{f}$ des Differentialgleichungssystems (7) zu schreiben ist, und $\boldsymbol{q}$ für den Korrekturvektor. Als Hilfsgrößen werden $a1 := c := 1/\sqrt{2}$, $a2 := 1 - c$, $a3 := 1 + c$ und $a4 := 1/6$ benötigt. Der Übersichtlichkeit halber ist der Algorithmus als Geradeausprogramm (also ohne Schleifen) geschrieben.

Algorithmus 8.1.10. Gill-Modifikation des Runge-Kutta-Verfahrens
GILL ($t, h, \boldsymbol{u}, \boldsymbol{f}, a1, a2, a3, a4$)

---

t, h	Argument, Schrittweite
$\boldsymbol{u} := (u_1, u_2, \ldots, u_N)$	Näherungsvektor für $\boldsymbol{y}(t)$
$\boldsymbol{f} := (f_1, f_2, \ldots, f_N)$	rechte Seite der Differentialgleichung (durch Unterprogramme bereitzustellen)
$\boldsymbol{k}, \boldsymbol{q}$	Hilfsvektoren zur Berechnung der Zuwachsfunktion
$\boldsymbol{q} := h \cdot \boldsymbol{f}(t, \boldsymbol{u})$	$h \cdot \boldsymbol{k}^{(1)}$
$t := t + h/2$	$x_m + h/2$
$\boldsymbol{u} := \boldsymbol{u} + \boldsymbol{q}/2$	$\boldsymbol{y}^{(m)} + h \cdot \boldsymbol{k}^{(1)}/2$
$\boldsymbol{k} := h \cdot \boldsymbol{f}(t, \boldsymbol{u})$	$h \cdot \boldsymbol{k}^{(2)}$
$\boldsymbol{k} := (\boldsymbol{k} - \boldsymbol{q}) \cdot a2$	
$\boldsymbol{u} := \boldsymbol{u} + \boldsymbol{k}$	$\boldsymbol{y}^{(m)} + \left(c - \frac{1}{2}\right) \cdot h \cdot \boldsymbol{k}^{(1)} + (1 - c) \cdot h \cdot \boldsymbol{k}^{(2)}$

$\boldsymbol{q} := 2 \cdot \boldsymbol{k} + \boldsymbol{q} \cdot a1$	
$\boldsymbol{k} := h \cdot \boldsymbol{f}(t, \boldsymbol{u})$	$h \cdot \boldsymbol{k}^{(3)}$
$\boldsymbol{k} := (\boldsymbol{k} - \boldsymbol{q}) \cdot a3$	
$\boldsymbol{u} := \boldsymbol{u} + \boldsymbol{k}$	$\boldsymbol{y}^{(m)} - c \cdot h \cdot \boldsymbol{k}^{(2)} + (1 + c) \cdot h \cdot \boldsymbol{k}^{(3)}$
$\boldsymbol{q} := (2 \cdot \boldsymbol{k} - \boldsymbol{q} \cdot a1) \cdot 2$	
$t := t + h/2$	$x_m + h$
$\boldsymbol{k} := h \cdot \boldsymbol{f}(t, \boldsymbol{u})$	$h \cdot \boldsymbol{k}^{(4)}$
$\boldsymbol{k} := (\boldsymbol{k} - \boldsymbol{q}) \cdot a4$	
$\boldsymbol{u} := \boldsymbol{u} + \boldsymbol{k}$	$\boldsymbol{y}^{(m)} + \left(h \cdot \boldsymbol{k}^{(1)} + (2 - 2c) \cdot h \cdot \boldsymbol{k}^{(2)} + (2 + 2c) \cdot h \cdot \boldsymbol{k}^{(3)} + h \cdot \boldsymbol{k}^{(4)}\right)/6$

Der *Rechenaufwand* setzt sich aus $4N$ Funktionsaufrufen und weiteren $13N$ Multiplikationen zusammen.

Im folgenden Algorithmus wird das Unterprogramm GILL benutzt, um über einem vorgegebenen Intervall $[a, b]$ punktweise eine Näherungslösung für das Anfangswertproblem (7), (9) zu bestimmen. Vorzugeben sind der Startvektor $\boldsymbol{y} := \boldsymbol{y}^{(0)}$ an der Stelle $x := x_0 = a$, eine Schrittweite h sowie maxtol und mintol als obere bzw. untere Schranke für den mit Hilfe von (45) zu schätzenden relativen Fehler norm $:= \|\boldsymbol{est}\|_1/\|\boldsymbol{v}\|_1$. Durch einen GILL-Schritt mit der Schrittweite h und zwei GILL-Schritte mit der Schrittweite $h/2$ werden $\boldsymbol{u}$ und $\boldsymbol{v}$ als gröberer und feinerer Näherungsvektor für die Lösung $\boldsymbol{y}$ an der Stelle $x + h$ berechnet. Ist norm $\leqq$ maxtol, so wird $\boldsymbol{v} := \boldsymbol{v} + (\boldsymbol{v} - \boldsymbol{u})/15$ als Näherung akzeptiert. (Falls norm sogar kleiner als mintol ausfällt, wird außerdem die Schrittweite für den nächstfolgenden Schritt verdoppelt.) Übersteigt norm dagegen die obere Schranke maxtol, so muß die Rechnung mit halbierter Schrittweite neu begonnen werden. Dabei läßt sich der vorher an der Zwischenstelle $x + h/2$ berechnete Näherungsvektor $\boldsymbol{w}$ als grobe Näherung $\boldsymbol{u}$ verwenden. Zusätzlich wird vor jedem Schritt getestet, ob $x + h$ noch im Intervall $[a, b]$ liegt. Andernfalls wird $h := b - x$ als Schrittweite für das letzte Teilintervall gewählt.

Algorithmus 8.1.11. Lösung des Anfangswertproblems (7), (9) mit Hilfe der Gill-Modifikation des Runge-Kutta-Verfahrens mit Schrittweitensteuerung und Richardson-Extrapolation GRK (a, b, $\boldsymbol{y}$, h, mintol, maxtol)

	a, b, h	Intervallgrenzen und Schrittweite für x
	$\boldsymbol{y} := (y_1, y_2, \ldots, y_N)$	Anfangswerte
	$\boldsymbol{f} := (f_1, f_2, \ldots, f_N)$	rechte Seite der Differentialgleichung
	mintol, maxtol	untere und obere Schranke für $\|\boldsymbol{est}\|_1$
	$\boldsymbol{u}, \boldsymbol{v}, \boldsymbol{w}$	Hilfsvektoren
	$a1 := 1/\sqrt{2}$, $a2 := 1 - a1$	Konstanten für das Unterprogramm
	$a3 := 1 + a1$, $a4 := 1/6$	GILL (Algorithmus 8.1.10)
	$x := a$	erstes Argument
1	$\boldsymbol{u} := \boldsymbol{y}$, $t := \boldsymbol{x}$	Start des h-Schrittes
	falls $x + h > b$, dann $h := b - x$	
	GILL (t, $h1$, $\boldsymbol{u}$, $\boldsymbol{f}$, $a1$, $a2$, $a3$, $a4$)	$\boldsymbol{u}$ erste Näherung für $\boldsymbol{y}(x + h)$
2	$\boldsymbol{v} := \boldsymbol{y}$, $t := x$	Start der beiden $(h/2)$-Schritte
	$h1 := h/2$	

GILL $(t, h1, \boldsymbol{v}, \boldsymbol{f}, a1, a2, a3, a4)$	
$\boldsymbol{w} := \boldsymbol{v}$	$\boldsymbol{w}$ Näherung für $\boldsymbol{y}(x + h/2)$
GILL $(t, h1, \boldsymbol{v}, \boldsymbol{f}, a1, a2, a3, a4)$	$\boldsymbol{v}$ zweite Näherung für $\boldsymbol{y}(x + h)$
norm := 0, normv := 0	
$m = 1(1)N$	Richardson-Extrapolation
est := $(v_m - u_m)/15$	$\boldsymbol{v} := \boldsymbol{v} + (\boldsymbol{v} - \boldsymbol{u})/15$
$v_m := v_m +$ est	und Schätzung des relativen
norm := norm + |est|	lokalen Fehlers
normv := normv + $\|v_m\|$	norm := $\dfrac{\\|\boldsymbol{v} - \boldsymbol{u}\\|_1}{15(10^{-3} + \\|\boldsymbol{v}\\|_1)}$
norm := norm/(0.001 + normv)	
falls norm > maxtol, dann $h := h/2$, $\boldsymbol{u} := \boldsymbol{w}$ und Schritt 2	
falls norm < mintol, dann $h := h \cdot 2$	
$x := t$, $\boldsymbol{y} := \boldsymbol{v}$, drucke x, $\boldsymbol{y}$	verbesserte Näherung für $\boldsymbol{y}(x + h)$
falls $x < b$, dann Schritt 1	

Der *Rechenaufwand* besteht je Teilintervall im wesentlichen aus drei GILL-Schritten und N Divisionen für die Extrapolation. *Speicherplatz* wird zusätzlich zum Bedarf des Unterprogramms (Algorithmus 8.1.10) noch für drei weitere N-Vektoren benötigt. Das Verfahren liefert Näherungsvektoren für $\boldsymbol{y}(x_0), \boldsymbol{y}(x_1), \ldots, \boldsymbol{y}(x_M)$, wobei die Argumente $a = x_0 < x_1 < \cdots < x_M = b$ im Intervall $[a, b]$ nicht äquidistant verteilt sind und die Anzahl M von vornherein nicht angegeben werden kann. Werden Werte $y_n(\xi)$ der Lösungskomponenten y_n an Zwischenstellen ξ benötigt, die verschieden von x_m, $m = 0(1)M$, sind, so müssen Interpolationsmethoden zu Hilfe genommen werden (vgl. Kap. 6 und SARAFYAN [1]).

Beispiel 8.1.12. Wir wenden den Algorithmus 8.1.11 auf die als System

$$y_1' = y_2, \qquad y_2' = g - \alpha A y_2^2, \qquad y_1(0) = y_2(0) = 0$$

geschriebene Differentialgleichung (1) eines vom Luftwiderstand gebremsten fallenden Körpers an. Dabei sei wie in Beispiel 8.1.9 $g := 9.80665$ und $\beta := \alpha A = 0.0030625$. Als Integrationsintervall wählen wir $[a, b] := [0, 30]$ und als Parameter für die Schrittweitensteuerung mintol $:= 10^{-5}$ und maxtol $:= 10^{-4}$. Der als Startschrittweite vorzugebende Wert h (für die Rechnung wurde $h := 0.1$ gesetzt) hat nur Einfluß auf die Anlaufrechnung: Ist h zu groß, so muß der erste Schritt mehrfach mit jeweils halbierter Schrittweite wiederholt werden, bis der geschätzte relative Fehler innerhalb des Toleranzintervalls liegt. Ein Teil der (mit 6stelliger Gleitpunktrechnung erzielten und auf 5 Stellen gerundeten) Ergebnisse ist in Tab. 8.1.6 zusammengestellt. Zum Vergleich sind auch die (ebenfalls auf 5 Stellen gerundeten) exakten Werte $y_1(x_m) = \frac{1}{\beta} \ln \cosh\left(\sqrt{g\beta}\, x_m\right)$ und $y_2(x_m) = \sqrt{g/\beta} \tanh\left(\sqrt{g\beta}\, x_m\right)$ angegeben.

8.1.6. Globaler Fehler, Konvergenz

Bei der Schätzung des lokalen Diskretisierungsfehlers (vgl. (39)) hatten wir angenommen, daß der Näherungswert $\boldsymbol{y}^{(m)}$ des vorangegangenen Schrittes mit dem exakten Wert $\boldsymbol{y}(x_m)$ übereinstimmt, sein absoluter Fehler $\boldsymbol{\delta}^{(m)} := \boldsymbol{y}^{(m)} - \boldsymbol{y}(x_m)$ also gleich Null ist. Tatsächlich trifft das nur im Anfangspunkt x_0 zu. In allen folgenden Schritten kommt zu dem neu *erzeugten Fehler* (den wir, wie bei Differentialgleichungsproblemen üblich, auch weiterhin als lokalen Diskretisierungsfehler bezeichnen wollen) noch der *fortgepflanzte Fehler*, d. h. die Auswirkung des Fehlers von $\boldsymbol{y}^{(m)}$, hinzu. Für den *absoluten Fehler der*

Tab. 8.1.6. Gill-Runge-Kutta-Verfahren mit Schrittweitensteuerung für das Differentialgleichungssystem des Fallschirmspringers

x_m	$y_1^{(m)}$	$y_1(x_m)$	$y_2^{(m)}$	$y_2(x_m)$
0.0	0.0	0.0	0.0	0.0
0.20781	0.20817	0.21171	2.0371	2.0371
0.39531	0.75619	0.76566	3.8708	3.8706
0.62031	1.8643	1.8831	6.0603	6.0599
0.79531	3.0626	3.0917	7.7512	7.7503
1.0203	5.0354	5.0781	9.9045	9.9029
2.0703	20.455	20.581	19.484	19.474
3.0203	42.616	42.825	27.202	27.181
4.0203	73.267	73.565	34.120	34.082
6.0203	152.10	152.54	44.166	44.093
8.1203	251.63	252.18	50.290	50.189
10.520	376.83	377.40	53.817	53.711
12.120	463.87	464.39	55.008	54.917
14.520	596.97	597.46	55.939	55.855
16.920	731.66	732.08	56.323	56.267
20.120	912.17	912.54	56.519	56.482
24.920	1183.6	1183.9	56.578	56.568
30.000	1471.1	1471.3	56.587	56.584

Näherung $\boldsymbol{y}^{(m+1)}$, den man auch *globalen Diskretisierungsfehler* nennt, gilt also

$$\boldsymbol{\delta}^{(m+1)} := \boldsymbol{y}^{(m+1)} - \boldsymbol{y}(x_{m+1}) = \boldsymbol{y}^{(m)} + h\boldsymbol{g}(x_m, \boldsymbol{y}^{(m)}; h) - \boldsymbol{y}(x_{m+1}),$$

und, wenn man auf der rechten Seite noch

$$-\boldsymbol{y}(x_m) + \boldsymbol{y}(x_m) - h\boldsymbol{g}\big(x_m, \boldsymbol{y}(x_m); h\big) + h\boldsymbol{g}\big(x_m, \boldsymbol{y}(x_m); h\big) = \boldsymbol{O}$$

addiert und die Terme geeignet zusammenfaßt,

$$\boldsymbol{\delta}^{(m+1)} = \boldsymbol{\delta}^{(m)} + \boldsymbol{\lambda}^{(m+1)} + h\big[\boldsymbol{g}(x_m, \boldsymbol{y}^{(m)}; h) - \boldsymbol{g}\big(x_m, \boldsymbol{y}(x_m); h\big)\big], \tag{47}$$

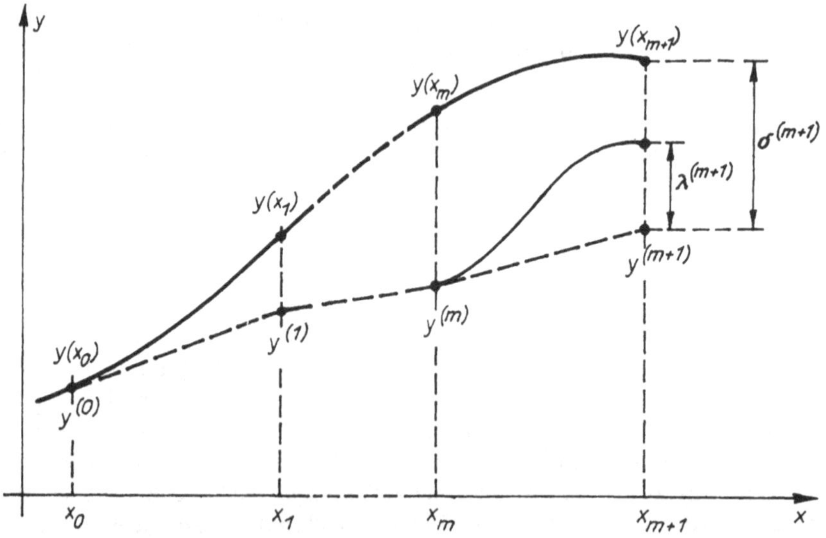

Abb. 8.1.4. Lokaler und globaler Diskretisierungsfehler

(vgl. Abb. 8.1.4). Wir setzen nun voraus, daß die Zuwachsfunktion $\boldsymbol{g}$ des Einschrittverfahrens (20) für alle x aus $[a, b]$, alle hinreichend kleinen h und alle Vektoren $\boldsymbol{u}$ und $\boldsymbol{v}$ aus einer gewissen Umgebung der Lösung $\boldsymbol{y}$ einer *Lipschitz-Bedingung*

$$\|\boldsymbol{g}(x, \boldsymbol{u}; h) - \boldsymbol{g}(x, \boldsymbol{v}; h)\| \leqq K \|\boldsymbol{u} - \boldsymbol{v}\| \tag{48}$$

genügt und sich der lokale Diskretisierungsfehler $\lambda^{(m+1)}$ für alle m einheitlich durch

$$\|\lambda^{(m+1)}\| := \|\boldsymbol{d}(x_m)\, h^{p+1} + \boldsymbol{e} \cdot O(h^{p+2})\| \leqq H h^{p+1} \tag{49}$$

abschätzen läßt. Dann erhält man aus (47) die folgende rekursive Abschätzung für den globalen Diskretisierungsfehler des Einschrittverfahrens (20)

$$\|\delta^{(m+1)}\| \leqq (1 + hK)\, \|\delta^{(m)}\| + H h^{p+1}, \qquad \|\delta^{(0)}\| := 0. \tag{50}$$

Mit den Abkürzungen $A := 1 + hK$ und $B := H h^{p+1}$ ergibt sich daraus

$$\begin{aligned}
\|\delta^{(1)}\| &\leqq B, \\
\|\delta^{(2)}\| &\leqq A\, \|\delta^{(1)}\| + B \leqq (A + 1)\, B, \\
\|\delta^{(3)}\| &\leqq A(A + 1)\, B + B = (A^2 + A + 1)\, B, \\
&\;\vdots \\
\|\delta^{(m)}\| &\leqq (A^{m-1} + A^{m-2} + \cdots + A + 1)\, B = \frac{A^m - 1}{A - 1}\, B,
\end{aligned}$$

und schließlich, wenn man für A und B wieder die ursprünglichen Ausdrücke einsetzt,

$$\|\delta^{(m)}\| \leqq \frac{1}{K} \big((1 + hK)^m - 1\big)\, H h^p. \tag{51}$$

Für praktische Zwecke ist diese Fehlerabschätzung zu grob. Die Fehlerschranke nimmt für wachsende m in jedem Schritt nahezu um den Faktor $1 + hK$ zu.

Wir untersuchen, wie sich der globale Fehler verhält, wenn man in einem festen Intervall $[a, b]$ gleichzeitig die Schrittweite gegen Null und die Schrittanzahl gegen ∞ streben läßt. Der Einfachheit halber legen wir dabei eine äquidistante Schrittweite $h := (b - a)/M$ zugrunde. Da die Exponentialfunktion e^x stärker wächst als die Gerade $1 + x$, gilt $1 + hK \leqq e^{hK}$ und folglich

$$(1 + hK)^m \leqq e^{hKm} = e^{(b-a)Km/M} \leqq e^{(b-a)K}.$$

Damit ergibt sich aus (51)

$$\|\delta^{(m)}\| \leqq \frac{1}{K} (e^{(b-a)Km/M} - 1)\, H h^p \leqq \frac{1}{K} (e^{(b-a)K} - 1)\, H h^p, \tag{52}$$

die Ordnung des globalen Diskretisierungsfehlers $\delta^{(m)}$ *des Einschrittverfahrens* (20) *ist also gleich der Konsistenzordnung* p; für $h \to 0$ nimmt der Fehler wie h^p ab. Theoretisch kann $\delta^{(m)}$ folglich durch Wahl einer hinreichend kleinen Schrittweite h beliebig klein gemacht werden:

Satz 8.1.13 (Konvergenz des Einschrittverfahrens (20)). *Genügt die Zuwachsfunktion* $\boldsymbol{g}$ *des Einschrittverfahrens* (20) *einer Lipschitz-Bedingung* (48) *und läßt sich der lokale Diskretisierungsfehler durch* (49) *abschätzen, so konvergieren die Näherungen* $\boldsymbol{y}^{(m)}$ *für* $h \to 0$ *gegen die exakten Werte* $\boldsymbol{y}(x_m)$.

Praktisch muß man aber berücksichtigen, daß die Schrittanzahl M bei Verkleinerung von h anwächst und die *Rundungsfehler* bei einer sehr großen Zahl von Schritten nicht mehr vernachlässigt werden können. Mit $\tilde{\boldsymbol{y}}^{(m)}$ bezeichnen wir den (bereits rundungsfehlerbehafteten) Näherungsvektor für $\boldsymbol{y}(x_m)$ und mit $\boldsymbol{\delta}^{(m)} := \tilde{\boldsymbol{y}}^{(m)} - \boldsymbol{y}(x_m)$ den zugehörigen *absoluten Gesamtfehler*. Das Ergebnis des nächsten Schrittes schreiben wir mit Hilfe eines Modifikators $1 + \varepsilon$ wie früher (vgl. (1.2.1)) in der Form $\tilde{\boldsymbol{y}}^{(m+1)} = (1 + \varepsilon)\, \boldsymbol{y}^{(m+1)}$. Dabei ist $\boldsymbol{y}^{(m+1)}$ derjenige Vektor, der sich bei rundungsfehlerfreier Rechnung aus $\tilde{\boldsymbol{y}}^{(m)}$ ergeben würde, und ε der relative Fehler, der von der Rundung verursacht wird (und von der Größenordnung der relativen Maschinengenauigkeit eps ist). Für den *absoluten Gesamtfehler* von $\tilde{\boldsymbol{y}}^{(m+1)}$ erhält man damit

$$\boldsymbol{\delta}^{(m+1)} := \tilde{\boldsymbol{y}}^{(m+1)} - \boldsymbol{y}(x_{m+1}) = \boldsymbol{y}^{(m+1)} - \boldsymbol{y}(x_{m+1}) + \varepsilon \boldsymbol{y}^{(m+1)}$$

und nach Übergang zu Normen und unter Verwendung der Abschätzung (50) für $\|\boldsymbol{y}^{(m+1)} - \boldsymbol{y}(x_{m+1})\|$ schließlich

$$\|\boldsymbol{\delta}^{(m+1)}\| := \|\tilde{\boldsymbol{y}}^{(m+1)} - \boldsymbol{y}(x_{m+1})\| \leqq (1 + hK)\, \|\boldsymbol{\delta}^{(m)}\| + Hh^{p+1} + C\varepsilon, \tag{53}$$

wo C eine einheitliche Normschranke für die Näherungsvektoren $\boldsymbol{y}^{(m)}$ bezeichnen möge:

$$\|\boldsymbol{y}^{(m)}\| \leqq C, \qquad m = 0(1)M. \tag{54}$$

Die rekursive Fehlerabschätzung (53) für den absoluten Gesamtfehler unterscheidet sich von der entsprechenden Ungleichung (50) für den globalen Diskretisierungsfehler nur durch den angefügten Summanden $C\varepsilon$. Man braucht also nur $B := Hh^{p+1} + C\varepsilon$ zu setzen, um analog zu (52) eine *obere Schranke für den absoluten Gesamtfehler* zu erhalten:

$$\|\boldsymbol{\delta}^{(m)}\| \leqq \frac{1}{K}\, (\mathrm{e}^{(b-a)K} - 1)\, (Hh^p + C\varepsilon/h). \tag{55}$$

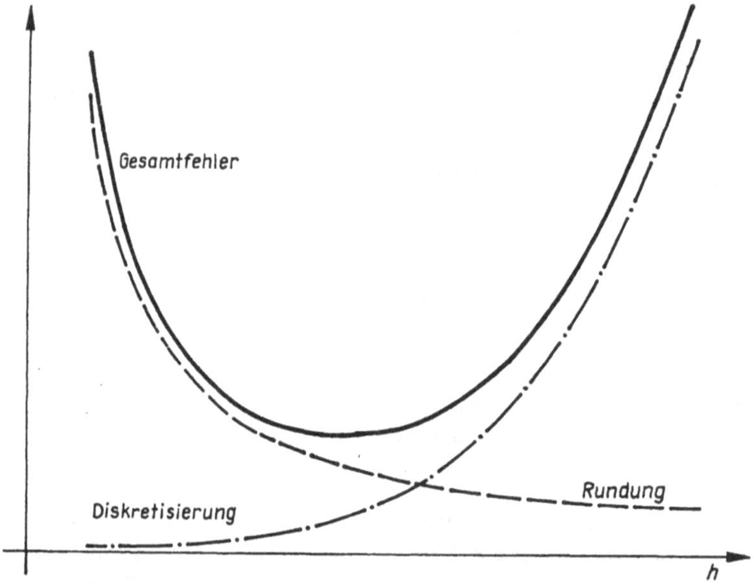

Abb. 8.1.5. Schrittweitenabhängigkeit von Diskretisierungs-, Rundungs- und Gesamtfehler

Dem für $h \to 0$ wie h^p abnehmenden Diskretisierungsfehler wirkt also der wie $1/h$ anwachsende Rundungsfehler entgegen (Abb. 8.1.5). Das Optimum der Fehlerschranke läßt sich leicht bestimmen, indem man das Minimum der Funktion $\varphi(h) := Hh^p + C\varepsilon/h$ berechnet. Es ergibt sich

$$\varphi'(h) = h^{-2}(Hh^{p+1}\,p - C\varepsilon) \doteq 0, \tag{56}$$

also

$$h_{\text{opt}} := \sqrt[p+1]{\frac{C\varepsilon}{Hp}}. \tag{57}$$

Mit Hilfe von (56) kann man überprüfen, ob sich die gewählte Schrittweite in der Nähe von h_{opt} befindet. Die in Abschn. 8.1.4 hergeleiteten Schätzungen (**est**) für den lokalen Diskretisierungsfehler sind Näherungswerte für Hh^{p+1}, und $C\varepsilon$ ist eine Schranke für den je Schritt auftretenden absoluten Rundungsfehler. Wenn also $p \cdot$ **est** von der Größenordnung dieses Rundungsfehlers ist, bringt eine weitere Verkleinerung der Schrittweite keinen Genauigkeitsgewinn mehr.

8.1.7. Bemerkungen

B 8.1.1. Die *Literatur* zur numerischen Lösung des Anfangswertproblems (7), (9) ist sehr umfangreich. Neben den bereits mehrfach zitierten Numerik-Lehrbüchern von Bachvalov [1], Krylov, Bobkov, Monastyrnyj [2], Meinardus, Merz [1], Ralston [1], Stoer, Bulirsch [1] und Werner, Schaback [1] verweisen wir auf die Spezialliteratur Collatz [2], Babuška, Prager, Vitašek [1], Gear [1], Grigorieff [1], Lambert [1], Stetter [1], P. Albrecht [1] und Hairer, Nørsett, Wanner [1] sowie den Übersichtsartikel von Gear [2]. Zur Lösung von Anfangswertaufgaben mit Methoden der Intervallberechnung vergleiche man Nickel [1] und Oelschlägel, Wiebigke [1] sowie die dort angegebene Literatur.

B 8.1.2. Bei den Runge-Kutta-Formeln niedriger Konsistenzordnung ($p \leqq 4$) stimmt die Anzahl s der Stufen ($\boldsymbol{k}^{(i)}$-Berechnungen) mit p überein. Für die Konsistenzordnung $p = 5$ sind bereits 6 Stufen und (wie von Butcher [1] gezeigt wurde) für $p > 6$ sogar $s \geqq p + 2$ Stufen erforderlich. In der folgenden Tabelle sind für $p = 1(1)8$ die Anzahl (s) der erforderlichen Stufen, die Anzahl (Koeff $:= s^2/2 + 3s/2 - 1$) der unbekannten Koeffizienten und die Anzahl der zu deren Bestimmung analog zu (34), (35) und (36), (37) erforderlichen linearen (lin $:= s$) und nichtlinearen (nichtl) Bedingungsgleichungen angegeben (vgl. Wanner [1], S. 95):

p	1	2	3	4	5	6	7	8
s	1	2	3	4	6	7	9	10
Koeff	1	4	8	13	26	34	53	64
lin	1	2	3	4	6	7	9	10
nichtl	—	1	3	7	16	36	84	199

B 8.1.3. Wenn die Ableitungen (29) bis zur Ordnung p existieren und sich leicht (maschinell) berechnen lassen (vgl. Mätzel, Nehrkorn [1]), kann man die nach dem p-ten Term abgebrochene *Taylor-Reihe* (28)

$$\boldsymbol{y}^{(m+1)} := \boldsymbol{y}^{(m)} + \sum_{k=0}^{p-1} \frac{h_m^{k+1}}{(k+1)!}\,[D^k\boldsymbol{f}]_{x:=x_m}$$

auch unmittelbar als numerisches Integrationsverfahren der Konsistenzordnung p benutzen (Obreschkoff-Verfahren, vgl. Ü 8.1.20 und Gibbons [1], Maess [1], [2], Wanner [1]). Für $p = 1$ führt diese *Methode der Taylor-Entwicklung* (die auch *Lie-Reihen-Methode* genannt wird) auf das Polygonzugverfahren zurück.

B 8.1.4. In den Anwendungen kann der Fall auftreten, daß für die Lösung des Anfangswertproblems (7), (9) (z. B. mit Hilfe eines trigonometrischen oder Potenzreihenansatzes) bereits eine

Näherungslösung $\tilde{\boldsymbol{y}}$ in analytischer Form gefunden wurde. Soll die Genauigkeit von $\tilde{\boldsymbol{y}}$ nun numerisch weiter erhöht werden, so wendet man das Integrationsverfahren zweckmäßig nicht auf das Ausgangssystem (7), sondern auf das Anfangswertproblem

$$\boldsymbol{z}'(x) = \boldsymbol{f}(x, \tilde{\boldsymbol{y}} + \boldsymbol{z}) - \tilde{\boldsymbol{y}}'(x) =: \boldsymbol{F}(x, \boldsymbol{z}), \qquad \boldsymbol{z}(x_0) := \boldsymbol{y}(x_0) - \tilde{\boldsymbol{y}}(x_0)$$

für die Differenzfunktion $\boldsymbol{z} := \boldsymbol{y} - \tilde{\boldsymbol{y}}$ an. Wir erläutern das Vorgehen an dem Fall, daß $\tilde{\boldsymbol{y}}$ eine Teilsumme der Taylor-Reihe von $\boldsymbol{y}$ an der Stelle $x = x_0$ ist:

$$\boldsymbol{y}(x) := \boldsymbol{y}(x_0) + \sum_{k=0}^{q-1} \frac{(x - x_0)^{k+1}}{(k + 1)!} [D^k\boldsymbol{f}]_{x=x_0}.$$

Für $x = x_0$ stimmen dann die ersten q Ableitungen von $\boldsymbol{y}$ und $\tilde{\boldsymbol{y}}$ überein, d. h., die Ableitungen von $\boldsymbol{z}$ verschwinden bis zur Ordnung q einschließlich. Man kann nun durch einen Runge-Kutta-Ansatz versuchen, die nächsten Taylor-Glieder abzugleichen. Von FEHLBERG [1], [2] stammt der folgende Parametersatz

$$\begin{array}{c|ccc}
1 & & & \\
\dfrac{q+1}{q+3} & \dfrac{(q+1)^q}{(q+3)^{q+1}} & & \\
1 & -\dfrac{1}{q+1} & \dfrac{2(q+3)^q}{(q+1)^{q+1}} & \\
\hline
 & 0 & \dfrac{1}{2(q+2)}\left(\dfrac{q+3}{q+1}\right)^{q+1} & \dfrac{1}{2(q+2)}
\end{array}$$

für ein dreistufiges Runge-Kutta-Verfahren mit der Konsistenzordnung $p = q + 3$ (Ü 8.1.21, vgl. KIESEWETTER, MAESS [1]).

B 8.1.5. *Differentialgleichungen höherer Ordnung* kann man durch Einführung von Hilfsfunktionen auf Systeme von Differentialgleichungen erster Ordnung zurückführen (vgl. (6) und Ü 8.1.2). Das hat den Vorteil, daß sich dann Computerprogramme verwenden lassen, die für solche Systeme entwickelt wurden. Wenn aber wiederholt Aufgaben desselben speziellen Typs auftreten, kann es u. U. wirtschaftlicher sein, für diese Problemklasse auch spezielle Runge-Kutta-Formeln zu benutzen. Für Differentialgleichungen 2. Ordnung $y'' = f(x, y, y')$ findet man z. B. bei ZURMÜHL ([1], S. 426) einen vierstufigen Formelsatz, der *Runge-Kutta-Nyström-Verfahren* genannt wird. Er läßt sich auch für Systeme von Differentialgleichungen 2. Ordnung verwenden. Das Rundungsfehlerverhalten solcher spezieller Formeln muß allerdings gesondert untersucht werden. Zahlenbeispiele zeigen nämlich, daß es ungünstiger sein kann als bei Lösungsverfahren für das entsprechende System erster Ordnung. Für den Spezialfall $y'' = f(x, y)$ vergleiche man FEHLBERG [3].

B 8.1.6. Als *lokaler Diskretisierungsfehler* (*Abschneidefehler, Ersetzungsfehler*) wird in der Literatur häufig auch die Größe $\boldsymbol{\tau}^{(m+1)} := \boldsymbol{\lambda}^{(m+1)}/h$ bezeichnet. Bei dieser Definition stimmt die lokale Fehlerordnung mit der Konsistenzordnung des Verfahrens überein. Man muß aber beachten, daß $\boldsymbol{\tau}^{(m+1)}$ nicht den (lokalen) Fehler der Approximation der Lösung $y(x + h)$, sondern den der ersten Ableitung $y'(x + h)$ angibt. Als *Schranke* für die Norm des geschätzten *lokalen Diskretisierungsfehlers* **est** sind in der Literatur folgende Varianten üblich

tol := abstol (absoluter Fehlertest),

tol := h · abstol (absoluter Fehlertest pro Einheitsschritt),

tol := $\|\boldsymbol{y}^{(m+1)}\|$ · reltol (relativer Fehlertest),

tol := $\|\boldsymbol{y}^{(m+1)}\|$ · reltol + abstol (gemischter Fehlertest).

Der in Algorithmus 8.1.11 verwendete Test mit tol := $(\|\boldsymbol{y}^{(m+1)}\| + 10^{-3})$ · maxtol ist eine Modifikation des gemischten Fehlertests. Zur *automatischen Fehlerkontrolle* vgl. auch LAMBERT [2], STETTER [3], STETTER, WEINMÜLLER [1] und zur *Schätzung des globalen Fehlers* HAIRER, LUBICH [1].

B 8.1.7. Bei der *Schrittweitensteuerung* im Algorithmus 8.1.11 ist nur ein Übergang zur doppelten oder zur halben Schrittweite vorgesehen. Bei einer erforderlichen Schrittweitenverkleinerung hat man dabei den Vorteil, den bereits berechneten Näherungswert an der Stelle $x_m + h/2$ als grobe

Näherung für den nächsten Schritt verwenden zu können. Bei Verfahren, die nicht auf einer Doppelrechnung mit unterschiedlichen Schrittweiten beruhen (z. B. dem *eingebetteten Verfahren* aus Tab. 8.1.4), ist eine derartige Einschränkung nicht sinnvoll. Gesucht wird eine neue Schrittweite, für die der lokale Diskretisierungsfehler (39) kleiner als tol bleibt, für die also (bis auf $O(h_{\text{neu}}^{p+2})$)

$$\|\boldsymbol{d}(x_m)\| \cdot h_{\text{neu}}^{p+1} < \text{tol} \tag{58}$$

gilt. Der mit der alten Schrittweite berechnete Vektor $\boldsymbol{est}$ liefert für den führenden Fehlerterm die Schätzung

$$\|\boldsymbol{d}(x_m)\| \cdot h_{\text{alt}}^{p+1} = \|\boldsymbol{est}\|. \tag{59}$$

Aus (58) und (59) erhält man durch Elimination von $\|\boldsymbol{d}(x_m)\|$ die Ungleichung $\|\boldsymbol{est}\| \cdot (h_{\text{neu}}/h_{\text{alt}})^{p+1} < \text{tol}$. Sie ist erfüllt, wenn man für die neue Schrittweite

$$h_{\text{neu}} := 0.9 \cdot h_{\text{alt}} \cdot (\text{tol}/\|\boldsymbol{est}\|)^{1/(p+1)} \tag{60}$$

wählt.

B 8.1.8. *Testrechnungen* zum Vergleich von numerischen Verfahren zur Lösung des Anfangswertproblems (7), (9) findet man bei Enright, Hull [1], Hairer, Nørsett, Wanner [1], Pötschke [1], [2] und Stetter [4].

8.1.8. Übungsaufgaben

Ü 8.1.1. a) Man gebe einen analytischen Ausdruck für die Lösung der Differentialgleichung (1) an. (Hinweis: Man setze $y' := v$ und löse zunächst die dadurch entstehende Riccatische Differentialgleichung für die Geschwindigkeit v. b) Man zeige, daß das Differentialgleichungssystem (2), (3) das erste Integral $\gamma y - \delta \ln y + \beta z - \alpha \ln z = \text{const}$ besitzt.

Ü 8.1.2. Man schreibe die Differentialgleichung $y'' = g(x, y, y')$ als System zweier Differentialgleichungen erster Ordnung.

Ü 8.1.3. Gegeben seien eine explizite Differentialgleichung erster Ordnung $y' = f(x, y)$, ein x-Intervall $[a, b]$ und ein y-Intervall $[c, d]$. Man schreibe ein Programm für die Bildschirmdarstellung des Richtungsfeldes der Differentialgleichung über dem Rechteck $[a, b] \times [c, d]$.

Ü 8.1.4. Mit Hilfe des Computerprogramms aus Ü 8.1.3 oder mit Hilfe der Isoklinenmethode (vgl. Beispiel 8.1.3) bestimme man im Quadrat $[-1, 1] \times [-1, 1]$ Richtungsfelder für $y' = f(x, y)$ mit $f(x, y) := y, -y, y - x, \alpha - y^2, \alpha + y^2, x \cdot y, -x \cdot y, x^2 + y^2, \alpha - x^2 - y^2, y^{2/3}, (y^2 - \alpha)^{1/2}, x/(x - y), (x - y)/y$. Dabei bezeichnet α einen reellen Parameter.

Ü 8.1.5. Man programmiere das Polygonzugverfahren (14) und stelle mit seiner Hilfe den Kurvenverlauf der Komponenten $y_n(x)$, $n = 1(1)N$, der Lösung des Anfangswertproblems (7), (9) auf dem Bildschirm graphisch dar.

Ü 8.1.6. Man ersetze die $\boldsymbol{k}$-Berechnung im Programm von Ü 8.1.5 durch (17) bzw. (18).

Ü 8.1.7. Man teste die drei Programme aus Ü 8.1.5 und Ü 8.1.6 anhand von Anfangswertproblemen (7), (9) für ausgewählte Funktionen aus Ü 8.1.4 und geeignete Anfangsbedingungen.

Ü 8.1.8. Analog zu (29) berechne man $\boldsymbol{y}''(x)$ und $\boldsymbol{y}'''(x)$ explizit für ein System von zwei Differentialgleichungen erster Ordnung ($N = 2$).

Ü 8.1.9. Man weise nach, daß das *Euler-Heun-Verfahren* die Konsistenzordnung 2 besitzt.

Ü 8.1.10. Man zeige: Die Forderung (34) sichert, daß im Fall des trivialen Differentialgleichungssystems $\boldsymbol{y}' = \boldsymbol{e} := (1, 1, \ldots, 1)^T$ alle Komponenten der drei Zwischenresultate $\boldsymbol{y}^{(m)} + hb_{21}\boldsymbol{k}^{(1)}$, $\boldsymbol{y}^{(m)} + h(b_{31}\boldsymbol{k}^{(1)} + b_{32}\boldsymbol{k}^{(2)})$ und $\boldsymbol{y}^{(m)} + h(b_{41}\boldsymbol{k}^{(1)} + b_{42}\boldsymbol{k}^{(2)} + b_{43}\boldsymbol{k}^{(3)})$ gleich den entsprechenden Komponenten der exakten Werte $\boldsymbol{y}(x_m + a_2h)$, $\boldsymbol{y}(x_m + a_3h)$ beziehungsweise $\boldsymbol{y}(x_m + a_4h)$ sind.

Ü 8.1.11. Man leite die Formeln (37) zur Bestimmung der Koeffizienten des *vierstufigen Runge-Kutta-Ansatzes* (32) her.

Ü 8.1.12. Man vergleiche das Rundungsfehlerverhalten des *klassischen Runge-Kutta-Verfahrens* mit dem der *Gill-Modifikation*.

Ü 8.1.13. Man zeige: Hängt $\boldsymbol{f}(x, \boldsymbol{y})$ in (7) nicht von $\boldsymbol{y}$ ab, so reduzieren sich die beiden in Tab. 8.1.2 angegebenen Varianten des Runge-Kutta-Verfahrens auf die *Kepler-Regel*.

Ü 8.1.14. Man berechne die Länge der Fallstrecke, die der Fallschirmspringer aus Beispiel 8.1.9 in den ersten 16 Sekunden und in jeder weiteren Sekunde zurücklegt.

Ü 8.1.15. Man programmiere die Algorithmen 8.1.10 und 8.1.11.

Ü 8.1.16. Man schreibe das Differentialgleichungssystem $y_1'' = -y_1/(y_1^2 + y_2^2)^{3/2}$, $y_2'' = -y_2/(y_1^2 + y_2^2)^{3/2}$ mit den Anfangsbedingungen $y_1(0) = 1$, $y_1'(0) = 0$, $y_2(0) = 0$, $y_2'(0) = 1$ (vgl. Shampine, Gordon [1]) als System erster Ordnung und löse es im Intervall $[0, 50]$ näherungsweise mit Hilfe des Programms aus Ü 8.1.15.

Ü 8.1.17. Analog zu den Algorithmen 8.1.10 und 8.1.11 schreibe man Algorithmen für die *eingebetteten England-Formeln* aus Tab. 8.1.2 und 8.1.3 und die *eingebetteten Runge-Kutta-Formeln* aus Tab. 8.1.4, wobei die lokalen Fehlerschätzungen (42) und (43) zur Schrittweitensteuerung zu verwenden sind.

Ü 8.1.18. Anhand von Beispielen vergleiche man die Algorithmen aus Ü 8.1.15 und Ü 8.1.17 bezüglich des benötigten Rechenaufwands und der erzielten Genauigkeit.

Ü 8.1.19. Analog zu (45) schätze man den *lokalen Fehler des Polygonzugverfahrens* (Konsistenzordnung $p = 1$) für den Fall, daß Näherungswerte $\boldsymbol{y}_1^{(m)}$ zu der Schrittweite $h_1 := h$ und Näherungswerte $\boldsymbol{y}_2^{(m)}$ zu der Schrittweite $h_2 := h/3$ vorliegen. Mit Hilfe dieser Fehlerschätzung verbessere man die Werte aus Tab. 8.1.1.

Ü 8.1.20. Für das Anfangsproblem (38) aus Beispiel 8.1.9 bestimme man eine Näherungslösung mit Hilfe der *Taylor-Reihen-Methode* der Konsistenzordnung $p = 5$ (vgl. B 8.1.3).

Ü 8.1.21. Für das Anfangswertproblem (38) bestimme man durch Taylor-Entwicklung bis zur Ordnung $q = 5$ eine Näherungslösung $\tilde{y}$ und berechne dazu eine Korrektur $z := v - \tilde{y}$ mit Hilfe des *Runge-Kutta-Fehlberg-Verfahrens* aus B 8.1.4.

8.2. Implizite Einschrittverfahren

8.2.1. Problemstellung, steife Systeme

Das *Polygonzugverfahren* (als einfachstes explizites Runge-Kutta-Verfahren) ergibt sich, wenn man die Differentialgleichung $\boldsymbol{y}' = \boldsymbol{f}(x, \boldsymbol{y})$ von x_m bis x_{m+1} integriert,

$$\boldsymbol{y}(x_{m+1}) = \boldsymbol{y}(x_m) + \int_{x_m}^{x_{m+1}} \boldsymbol{f}(x, \boldsymbol{y}(x))\, dx, \tag{1}$$

und das Integral auf der rechten Seite mit Hilfe der *Rechteckregel* $Q_1^{(0)}(f)$ annähert (vgl. (7.1.20) und (8.1.12)–(8.1.14)). Verwendet man aber die Rechteckregel $\bar{Q}_1^{(0)}(f)$, also den Wert des Integranden am rechten Randpunkt des Teilintervalls, so ergibt sich für die Näherung $y^{(m+1)}$ im Punkt $x_{m+1} := x_m + h$ die Vorschrift

$$\boldsymbol{y}^{(m+1)} = \boldsymbol{y}^{(m)} + h\boldsymbol{f}(x_{m+1}, \boldsymbol{y}^{(m+1)}). \tag{2}$$

Sie heißt *implizite* (*rückwärts genommene*) *Euler-Formel* und beschreibt einen Schritt des einfachsten *impliziten Runge-Kutta-Verfahrens*. Ihre *Konsistenzordnung* ist wie die des Polygonzugverfahrens gleich Eins, wie man durch Vergleich mit der noch nach $\boldsymbol{y}(x_{m+1})$ umzustellenden Taylor-Formel

$$\boldsymbol{y}(x_m) = \boldsymbol{y}(x_{m+1} - h) = \boldsymbol{y}(x_{m+1}) - h\boldsymbol{f}(x_{m+1}, \boldsymbol{y}(x_{m+1})) + \frac{h^2}{2} D\boldsymbol{f}|_{x=x_{m+1}} + \boldsymbol{e}O(h^3)$$

leicht bestätigt. Offensichtlich ist (2) kein expliziter Ausdruck für $\boldsymbol{y}^{(m+1)}$. Die neue Näherung muß vielmehr durch Lösung des im allgemeinen nichtlinearen Gleichungssystems

$$\boldsymbol{F}(\boldsymbol{y}) := \boldsymbol{y}^{(m)} - \boldsymbol{y} + h\boldsymbol{f}(x_{m+1}, \boldsymbol{y}) = \boldsymbol{0} \tag{3}$$

bestimmt werden (vgl. Abschnitt 8.2.4.). Der Rechenaufwand je Schritt ist infolgedessen bei impliziten Runge-Kutta-Verfahren erheblich höher als bei expliziten. Sie sind nur konkurrenzfähig, wenn sie mit einer wesentlich geringeren Schrittanzahl auskommen, also bereits mit einer sehr viel größeren Schrittweite eine ausreichende Genauigkeit liefern. Wir geben einige Beispiele für Probleme an, bei denen dies zutrifft.

Beispiel 8.2.1. Als einfachstes Modellproblem betrachten wir die skalare homogene lineare Differentialgleichung erster Ordnung

$$y' = \mu y. \tag{4}$$

Zur Anfangsbedingung $y(0) = 1$ gehört die (für negatives μ exponentiell abklingende) Lösung $y = e^{\mu x}$. Das *explizite Euler-Verfahren* hat in diesem Spezialfall die Gestalt

$$y^{(m+1)} = y^{(m)} + \mu h y^{(m)} = (1 + \mu h)^{m+1}\, y^{(0)}$$

und liefert offenbar nur dann eine monoton abnehmende Folge von Näherungswerten, wenn h der Bedingung $-1 < \mu h < 0$ genügt. Im Fall $\mu := -100$ müßten z. B. im Integrationsintervall $[0, 5]$ mit einer Schrittweite $h < 1/100$ mehr als 500 Schritte des Polygonzugverfahrens ausgeführt werden, obwohl die exakte Lösung nach einer kurzen Übergangsphase nahezu konstant ist ($y(x) \approx 0$). Das *implizite Euler-Verfahren* $y^{(m+1)} = y^{(m)} + \mu h y^{(m+1)}$ führt dagegen auf die Rekursion

$$y^{(m+1)} = \frac{1}{1 - \mu h}\, y^{(m)} = (1 - \mu h)^{-m-1}\, y^{(0)}$$

und liefert für beliebige h eine Folge von Näherungen, die den Lösungsverlauf bereits bei einer sehr groben Schrittweite qualitativ richtig wiedergeben. In Tab. 8.2.1 sind die ersten fünf mit $h = 1$ berechneten Näherungswerte $y^{(m)}$ den zugehörigen exakten Werten $y(x_m)$ gegenübergestellt.

Tab. 8.2.1. Genäherte Lösung des Anfangswertproblems $y' = -100y$, $y(0) = 1$ mit Hilfe des *impliziten Euler-Verfahrens* (Schrittweite $h = 1$)

x_m	0	1	2	3	4	5
$y^{(m)}$	1	$9.90 \cdot 10^{-3}$	$9.80 \cdot 10^{-5}$	$9.71 \cdot 10^{-7}$	$9.61 \cdot 10^{-9}$	$9.57 \cdot 10^{-11}$
$y(x_m)$	1	$< 10^{-45}$	0	0	0	0

Beispiel 8.2.2. Das homogene lineare Differentialgleichungssystem

$$\boldsymbol{y}' = \boldsymbol{A}\boldsymbol{y} \tag{5}$$

läßt sich leicht auf den skalaren Fall (4) zurückführen: Wir nehmen vereinfachend an, daß die Matrix $\boldsymbol{A}$ diagonalisierbar ist (vgl. (4.1.26)), und bezeichnen die Eigenwerte von $\boldsymbol{A}$ mit $\alpha_1, \alpha_2, \ldots, \alpha_N$ und die Transformationsmatrix mit $\boldsymbol{T}$,

$$\boldsymbol{T}^{-1}\boldsymbol{A}\boldsymbol{T} = \hat{\boldsymbol{A}} := \mathbf{diag}\,(\alpha_1, \alpha_2, \ldots, \alpha_N).$$

Dann geht (5) durch $\hat{\boldsymbol{y}} := \boldsymbol{T}^{-1}\boldsymbol{y}$ in das zerfallende System $\hat{y}_n' = \alpha_n \hat{y}_n$, $n = 1(1)N$, mit den Lösungskomponenten $\hat{y}_n(x) = e^{\alpha_n x}\hat{y}_n(0)$ über. Das *explizite Euler-Verfahren* hat für das Ausgangssystem (5) die Gestalt

$$\boldsymbol{y}^{(m+1)} = (\boldsymbol{I}_N + h\boldsymbol{A})\, \boldsymbol{y}^{(m)} = \cdots = (\boldsymbol{I}_N + h\boldsymbol{A})^{m+1}\, \boldsymbol{y}^{(0)} \tag{6}$$

und zerfällt nach der Ähnlichkeitstransformation in N entkoppelte skalare Rekursionen:

$$\hat{y}_n^{(m+1)} = (1 + h\alpha_n)\, \hat{y}_n^{(m)} = \cdots = (1 + h\alpha_n)^{m+1}\, \hat{y}_n^{(0)}. \tag{7}$$

Das *implizite Euler-Verfahren* läßt sich für das Ausgangssystem (5) in der Form

$$\boldsymbol{y}^{(m+1)} = (\boldsymbol{I}_N - h\boldsymbol{A})^{-1}\, \boldsymbol{y}^{(m)} = \cdots = (\boldsymbol{I}_N - h\boldsymbol{A})^{-m-1}\, \boldsymbol{y}^{(0)} \tag{8}$$

oder in der transformierten Gestalt

$$\hat{y}_n^{(m+1)} = \frac{1}{1 - h\alpha_n} \hat{y}_n^{(m)} = \cdots = (1 - h\alpha_n)^{-m-1} \hat{y}_n^{(0)}, \qquad n = 1(1)N, \tag{9}$$

schreiben. Es sei nun $N = 2$ und

$$\boldsymbol{A} := \begin{pmatrix} -50 & 49 \\ 49 & -50 \end{pmatrix}, \quad \boldsymbol{y}(0) := \begin{pmatrix} 2 \\ 0 \end{pmatrix}, \quad \boldsymbol{T} := \frac{1}{2}\begin{pmatrix} 1 & 1 \\ 1 & -1 \end{pmatrix}, \quad \hat{\boldsymbol{A}} := \begin{pmatrix} -1 & 0 \\ 0 & -99 \end{pmatrix}.$$

Die beiden Lösungskomponenten haben dann die Gestalt $y_1(x) = e^{-x} + e^{-99x}$, $y_2(x) = e^{-x} - e^{-99x}$ und verhalten sich nach einer sehr kurzen Übergangsphase wie e^{-x}, nehmen also für wachsende x monoton gegen Null ab. Die vom *expliziten Euler-Verfahren* gelieferten Näherungen $\boldsymbol{y}^{(m)} = \boldsymbol{T}\hat{\boldsymbol{y}}^{(m)}$ lassen sich wegen (7) in der Form

$$y_1^{(m)} := (1 - h)^m + (1 - 99h)^m, \qquad y_2^{(m)} := (1 - h)^m - (1 - 99h)^m$$

schreiben und konvergieren für $m \to \infty$ offenbar nur dann, wenn $|1 - 99h| < 1$ bleibt, h also kleiner als $2/99$ gewählt wird. Das *implizite Euler-Verfahren*

$$y_1^{(m)} := (1 + h)^{-m} + (1 + 99h)^{-m}, \qquad y_2^{(m)} := (1 + h)^{-m} - (1 + 99h)^{-m}$$

liefert dagegen für jede beliebige Schrittweite konvergente (und von einem gewissen m ab monoton abnehmende) Näherungsfolgen.

Beispiel 8.2.3. In der technischen Chemie wird die zeitliche Änderung der Konzentrationen $y(t)$ und $z(t)$ zweier in einem diskontinuierlichen Rührkessel miteinander reagierender Stoffe durch ein Differentialgleichungssystem der Gestalt

$$y' = -\beta y z, \qquad z' = -(\gamma z + \beta y)\, z \tag{10}$$

beschrieben. Für die Parameter β und γ seien die Werte $\beta := 7.15$ und $\gamma := 3.51$ vorgegeben. Wir nehmen weiter an, daß die beiden Stoffe im molaren Verhältnis von 10:1 eingesetzt werden und im Anfangszeitpunkt $t = 0$ die Konzentrationen $y(0) := 19.7$ und $z(0) := 1.97$ besitzen. Das *explizite Euler-Verfahren*

$$y^{(m+1)} = [1 - h\beta z^{(m)}]\, y^{(m)}, \qquad z^{(m+1)} = [1 - h(\gamma z^{(m)} + \beta y^{(m)})]\, z^{(m)}$$

liefert nur dann qualitativ richtige (also monoton abnehmende) Konzentrationen, wenn die Terme in den eckigen Klammern positiv bleiben, also wenn $h_{m+1} < \min\left(1/(\beta z^{(m)}), 1/(\gamma z^{(m)} + \beta y^{(m)})\right) < 0.0068$ gewählt wird. Das *implizite Euler-Verfahren*, das man nach leichter Umformung in der Gestalt

$$y^{(m+1)} = y^{(m)}/[1 + h\beta z^{(m+1)}], \qquad z^{(m+1)} = z^{(m)}/[1 + h(\gamma z^{(m+1)} + \beta y^{(m+1)})]$$

schreiben kann, liefert dagegen für jedes h monoton abnehmende Folgen $(y^{(m)})$ und $(z^{(m)})$. Bei der Wahl der Schrittweite kann man sich also in diesem Fall allein von den Genauigkeitsanforderungen leiten lassen.

In allen drei Beispielen spricht man von *steifem Lösungsverhalten.*

Definition 8.2.4. Das lineare Differentialgleichungssystem (5) heißt *steif*, wenn alle Eigenwerte der Matrix $\boldsymbol{A}$ einen negativen Realteil besitzen und die Größenordnung der Eigenwerte sehr unterschiedlich ist, das heißt, wenn für den *Steifheitsquotienten* q gilt

$$q := \frac{\max\limits_{n=1(1)N} |\mathrm{Re}\,(\alpha_n)|}{\min\limits_{n=1(1)N} |\mathrm{Re}\,(\alpha_n)|} \gg 1.$$

Die Grenze zwischen steifen und nichtsteifen Problemen ist nicht streng festgelegt und hängt auch vom verwendeten Lösungsverfahren ab. Im allgemeinen nennt man eine Aufgabe mit einem Steifheitsquotienten in der Größenordnung von 10 schwach steif und spricht erst für $q \approx 10^2, 10^3, \ldots$ von steifen Problemen.

Auf nichtlineare Systeme läßt sich die Definition im allgemeinen nur dadurch übertragen, daß man die rechte Seite in Teilintervallen durch eine lineare Funktion (z. B. mit der Funktionalmatrix $(\partial f_i/\partial y_j)$ als Matrix $\boldsymbol{A}$) approximiert. Die Eigenwerte und der Steifheitsquotient hängen dann von der Lösung $\boldsymbol{y}$ und von x ab (vgl. auch B 8.2.2). Ein solches Vorgehen ist allerdings nur gerechtfertigt, wenn sich die Funktionalmatrix in den Teilintervallen nur wenig ändert.

8.2.2. Allgemeine Darstellung impliziter Runge-Kutta-Formeln

Ersetzt man das Integral in (1) durch die Tangententrapezregel (Mittelpunktsregel) $Q_1^{(0)}(f)$ mit Restglied (vgl. Tab. 7.1.2, S. 192), so folgt

$$\boldsymbol{y}(x_{m+1}) = \boldsymbol{y}(x_m) + h\boldsymbol{f}\left(x_m + \frac{h}{2}, \boldsymbol{y}\left(x_m + \frac{h}{2}\right)\right) + \boldsymbol{e}O(h^3). \tag{11}$$

Für das zweite Argument von $\boldsymbol{f}$ gilt, wenn $\boldsymbol{y}$ mindestens zweimal stetig differenzierbar ist,

$$\boldsymbol{y}\left(x_m + \frac{h}{2}\right) = \frac{\boldsymbol{y}(x_m) + \boldsymbol{y}(x_{m+1})}{2} + \boldsymbol{e}O(h^2) \tag{12}$$

(vgl. Ü 8.2.2). Man kann es also durch den führenden Term auf der rechten Seite von (12) ersetzen, ohne die Fehlergrößenordnung in (11) zu verschlechtern. Dadurch ergibt sich die *implizite Mittelpunktsregel*

$$\boldsymbol{y}^{(m+1)} = \boldsymbol{y}^{(m)} + h\boldsymbol{f}\left(\frac{x_m + x_{m+1}}{2}, \frac{\boldsymbol{y}^{(m)} + \boldsymbol{y}^{(m+1)}}{2}\right). \tag{13}$$

Sie läßt sich, wenn man wie früher durch $\boldsymbol{k}^{(1)} := (\boldsymbol{y}^{(m+1)} - \boldsymbol{y}^{(m)})/h$ eine Steigung definiert, auch in der Gestalt

$$\begin{aligned} \boldsymbol{k}^{(1)} &= \boldsymbol{f}\left(x_m + \frac{h}{2}, \boldsymbol{y}^{(m)} + \frac{h}{2}\boldsymbol{k}^{(1)}\right), \\ x_{m+1} &:= x_m + h, \qquad \boldsymbol{y}^{(m+1)} := \boldsymbol{y}^{(m)} + h\boldsymbol{k}^{(1)} \end{aligned} \tag{14}$$

schreiben. Das Verfahren hat, obwohl es nur einstufig ist, die Konsistenzordnung $p = 2$. In jedem Teilschritt ist das (im allgemeinen nichtlineare) Gleichungssystem $\boldsymbol{F}(\boldsymbol{k}) := \boldsymbol{k} - \boldsymbol{f}\left(x_m + \frac{h}{2}, \boldsymbol{y}^{(m)} + \frac{h}{2}\boldsymbol{k}\right) = \boldsymbol{O}$ zu lösen.

Das implizite Analogon zum *Euler-Heun-Verfahren* ist die Trapezregel. Man erhält sie, wenn man die (ebenso benannte) Quadraturformel $Q_1^{(1)}(f)$ (vgl. (7.1.46)) auf das Integral in (1) anwendet:

$$\boldsymbol{y}^{(m+1)} = \boldsymbol{y}^{(m)} + \frac{h}{2}\left[\boldsymbol{f}(x_m, \boldsymbol{y}^{(m)}) + \boldsymbol{f}(x_{m+1}, \boldsymbol{y}^{(m+1)})\right]. \tag{15}$$

Da der Quadraturfehler der Trapezregel von der Ordnung h^3 ist (vgl. Tab. 7.1.1, S. 192), besitzt (15) wie (14) die Konsistenzordnung $p = 2$. Zur Vereinheitlichung der Schreibweise führen wir auch hier Steigungen ein und erhalten damit für die *Trapezformel* endgültig die Form

$$\begin{aligned} &\boldsymbol{k}^{(1)} := \boldsymbol{f}(x_m, \boldsymbol{y}^{(m)}), \qquad \boldsymbol{k}^{(2)} := \boldsymbol{f}\left(x_m + h, \boldsymbol{y}^{(m)} + \frac{h}{2}\boldsymbol{k}^{(1)} + \frac{h}{2}\boldsymbol{k}^{(2)}\right), \\ &\boldsymbol{k} := \frac{1}{2}\boldsymbol{k}^{(1)} + \frac{1}{2}\boldsymbol{k}^{(2)}, \\ &x_{m+1} := x_m + h, \qquad \boldsymbol{y}^{(m+1)} := \boldsymbol{y}^{(m)} + h\boldsymbol{k}. \end{aligned} \tag{16}$$

Die Steigung $\boldsymbol{k}$ ergibt sich als Linearkombination zweier $\boldsymbol{k}^{(j)}$, das Verfahren ist also zweistufig.

Analog zu (16) definieren wir die Steigungen für ein *s-stufiges implizites Runge-Kutta-Verfahren* durch das nichtlineare Gleichungssystem

$$\boldsymbol{k}^{(i)} = \boldsymbol{f}\left(x_m + ha_i, \boldsymbol{y}^{(m)} + \sum_{j=1}^{s} hb_{ij}\boldsymbol{k}^{(j)}\right) \tag{17}$$

und berechnen die neue Näherung $(x_{m+1}, \boldsymbol{y}^{(m+1)})$ dann aus

$$\begin{aligned} &\boldsymbol{k} := \boldsymbol{g}(x_m, \boldsymbol{y}^{(m)}, \boldsymbol{y}^{(m+1)}; h) := \sum_{i=1}^{s} c_i\boldsymbol{k}^{(i)}, \\ &x_{m+1} := x_m + h, \qquad \boldsymbol{y}^{(m+1)} := \boldsymbol{y}^{(m)} + h\boldsymbol{k}. \end{aligned} \tag{18}$$

Die Koeffizienten schreiben wir wieder in Gestalt eines Schemas,

$$\text{z. B. für } s = 3 \quad \begin{array}{c|ccc} a_1 & b_{11} & b_{12} & b_{13} \\ a_2 & b_{21} & b_{22} & b_{23} \\ a_3 & b_{31} & b_{32} & b_{33} \\ \hline & c_1 & c_2 & c_3 \end{array} \quad \text{und allgemein} \quad \begin{array}{c|c} \boldsymbol{a} & \boldsymbol{B} \\ \hline & \boldsymbol{c}^{\mathrm{T}} \end{array}. \tag{19}$$

Offenbar sind die expliziten Runge-Kutta-Verfahren in (17), (18) als Spezialfall enthalten (vgl. B 8.2.3).

Definition 8.2.5. Das durch (17), (18) definierte Runge-Kutta-Verfahren heißt *explizit*, wenn die Koeffizientenmatrix $\boldsymbol{B}$ zur Berechnung der $\boldsymbol{k}^{(i)}$ eine streng untere Dreiecksmatrix ist ($b_{ij} = 0$ für $j \geqq i$), es heißt *diagonal-implizit*, wenn $\boldsymbol{B}$ eine untere Dreiecksmatrix ist ($b_{ij} = 0$ für $j > i$) und die Hauptdiagonale von Null verschiedene Elemente enthält und *implizit*, wenn auch oberhalb der Hauptdiagonalen von $\boldsymbol{B}$ Nichtnullelemente auftreten.

Ein s-stufiger impliziter Runge-Kutta-Ansatz hat also $s^2 + 2s$ unbekannte Parameter. Zu ihrer Bestimmung kann man analog zu (8.1.34) bis (8.1.37) fordern, daß die a_i gleich den Zeilensummen der b_{ij} sind (vgl. Ü 8.1.10) und die Koeffizienten der Potenzreihenentwicklungen der Zuwachsfunktion $\boldsymbol{g}$ bis zur Ordnung $p - 1$ mit denen der Taylor-Formel für $\big(\boldsymbol{y}(x + h) - y(\boldsymbol{x})\big)/h$ übereinstimmen.

Mit etwas weniger Aufwand lassen sich die Koeffizienten aus den folgenden Ersatzbedingungen berechnen (vgl. B 8.2.4):

$$B(q)\colon \quad \sum_{j=1}^{s} a_j^{k-1}c_j = \frac{1}{k}, \qquad k = 1(1)q, \tag{20}$$

$$C(q)\colon \quad \sum_{j=1}^{s} a_j^{k-1}b_{ij} = \frac{1}{k}a_i^k, \qquad i = 1(1)s,\ k = 1(1)q, \tag{21}$$

$$D(r)\colon \quad \sum_{i=1}^{s} a_i^{l-1}c_ib_{ij} = \frac{1}{l}c_j(1 - a_j^l), \qquad j = 1(1)s,\ l = 1(1)r. \tag{22}$$

Die Bedingung (20), die für $k = 1(1)4$ die Forderungen (8.1.35), (8.1.36), (8.1.37$_1$) und (8.1.37$_3$) als Spezialfälle enthält, gestattet eine anschauliche Interpretation. Die Integration der trivialen Differentialgleichung

$$y' = f(x), \qquad x_m := 0, \qquad y^{(m)} := 0 \tag{23}$$

mit Hilfe des s-stufigen Runge-Kutta-Verfahrens (17), (18) führt auf die Quadraturformel

$$x_{m+1} = h, \qquad y^{(m+1)} = h \sum_{j=1}^{s} c_j f(h \cdot a_j) \tag{24}$$

mit den Stützstellen $h \cdot a_j$ und den Gewichten $h \cdot c_j$ (vgl. (7.3.1)). Ist speziell $f(x) := x^{k-1}$, so gilt für die Näherung $y^{(m+1)}$ und den exakten Wert $y(x_{m+1})$

$$y^{(m+1)} = h^k \sum_{j=1}^{s} c_j a_j^{k-1}, \qquad y(x_{m+1}) = \frac{1}{k} h^k.$$

Die Bedingung (20) besagt also, daß die vom Verfahren gelieferte Näherung in diesem Fall gleich dem exakten Wert des Integrals ist:

Lemma 8.2.6. *Ein s-stufiges Runge-Kutta-Verfahren integriert Polynome bis zum Grad $q - 1$ genau dann exakt, wenn die Bedingung $B(q)$ erfüllt ist.*

Da ein Runge-Kutta-Verfahren der Konsistenzordnung p Polynome bis zum Grad $p - 1$ trivialerweise (nämlich auf Grund der Definition von p) exakt integriert, gilt weiter

Lemma 8.2.7. *Ein s-stufiges Runge-Kutta-Verfahren der Konsistenzordnung p genügt der Bedingung $B(p)$.*

Das heißt, $B(p)$ ist eine notwendige Bedingung dafür, daß das Verfahren die Konsistenzordnung p besitzt.

Zur Motivierung der Bedingung (21) betrachten wir die in jedem Schritt zu berechnenden Zwischenresultate

$$\boldsymbol{y}^{(m,i)} := \boldsymbol{y}^{(m)} + h \sum_{j=1}^{s} b_{ij} \boldsymbol{k}^{(j)}, \tag{25}$$

die bei der $\boldsymbol{k}^{(i)}$-Berechnung als zweites Argument von $\boldsymbol{f}$ auftreten (vgl. (17)). Verlangt man, daß die $\boldsymbol{y}^{(m,i)}$ im Fall der trivialen Differentialgleichung $y' = x^{k-1}$ mit den Werten der exakten Lösung $y(x) := \frac{1}{k} x^k$ an den Zwischenstellen $x = x_m + a_i h$ übereinstimmen, so erhält man für $h := 1$ wegen $k^{(j)} := f(a_j) = a_j^{k-1}$ die Gleichungen (21).

Die Bedingung (22) hängt in vielfältiger Weise mit (20) und (21) zusammen (Ü 8.2.3):

Lemma 8.2.8. *Sind die Koeffizienten a_i eines s-stufigen Runge-Kutta-Ansatzes paarweise verschieden und die c_i verschieden von Null, so gilt:* a) *Aus $B(2s)$ und $C(s)$ folgt $D(s)$;* b) *aus $B(2s)$ und $D(s)$ folgt $C(s)$;* c) *aus $D(r)$, $B(1)$ und $C(1)$ folgt $B(r + 1)$.*

Abschließend geben wir zwei Bedingungen dafür an, daß das Verfahren (17), (18) die Konsistenzordnung p besitzt.

Satz 8.2.9. *Sind die Koeffizienten a_i eines s-stufigen Runge-Kutta-Verfahrens paarweise verschieden und die c_i verschieden von Null, so gilt:* a) *Die Bedingungen $B(p)$, $C(q)$ und $D(r)$ (mit $p \leqq \min(q + r + 1, 2q + 2)$) sind hinreichend für die Konsistenzordnung p;* b) *die Bedingungen $B(p)$, $C(p/2)$, $D(p/2)$ (mit $p := 2s$) sind notwendig und hinreichend für die Konvergenzordnung p.*

Zum Beweis vgl. Butcher [1].

8.2.3. Einige Klassen impliziter Runge-Kutta-Verfahren

Nach Satz 7.3.2 integriert eine Quadraturformel $Q_{s-1}(f)$ Polynome bis zum Grad $2s - 1$ exakt, wenn man Nullstellen gewisser zugeordneter orthogonaler Polynome p_s als Stützstellen verwendet. Wir transformieren die in Tab. 7.3.1, S. 223, für die Gewichtsfunktion $\omega(x) := 1$ und das Intervall $[-1, 1]$ angegebenen Nullstellen der *Legendreschen Polynome* und die zugehörigen Gewichte auf das Intervall $[0, 1]$

$$a_i := (1 + x_{i-1}^{(s-1)})/2, \qquad c_i := q_{i-1}^{(s-1)}/2, \qquad i = 1(1)s, \tag{26}$$

(vgl. Ü 8.2.4). Damit haben wir bereits Stützstellen ha_i und Gewichte hc_i für den s-stufigen Runge-Kutta-Schritt über dem Intervall $[x_m, x_m + h]$ bestimmt, die nach Lemma 8.2.6 die Bedingung $B(2s)$ erfüllen. Die noch unbekannten Koeffizienten b_{ij} berechnen wir zeilenweise aus den s linearen Gleichungssystemen, die sich für $q = s$ und $i = 1(1)s$ aus (21) ergeben. In allen Systemen tritt als Koeffizientenmatrix die Vandermondesche Matrix $V_{s-1} := (a_j^{k-1})_{j,k=1(1)s}$ auf. Da die a_j paarweise verschieden sind, ist sie regulär (vgl. (6.1.7)), so daß die b_{ij} eindeutig bestimmt werden können. Die so gefundenen Koeffizienten a_i, b_{ij} und c_i erfüllen die Bedingungen $B(2s)$ und $C(s)$ und nach Lemma 8.2.8a) auch $D(s)$. Wegen Satz 8.2.9b) definieren sie also ein implizites Runge-Kutta-Verfahren der höchstmöglichen Konsistenzordnung $p = 2s$. Es wird *s-stufiges Gauß-Legendre-Verfahren* genannt.

Beispiel 8.2.10. Wir bestimmen die *zweistufige Gauß-Legendre-Formel.* Nach (7.3.5) ist $x_0^{(1)} = -1/\sqrt{3}$, $x_1^{(1)} = 1/\sqrt{3}$ und $q_0^{(1)} = q_1^{(1)} = 1$, also nach (26)

$$a_1 := \left(1 - 1/\sqrt{3}\right)/2, \qquad a_2 := \left(1 + 1/\sqrt{3}\right)/2, \qquad c_1 = c_2 = 1/2. \tag{27}$$

Die beiden Gleichungssysteme für die Koeffizienten b_{11}, b_{12} sowie b_{21}, b_{22} ergeben sich aus (21) mit $q = s = 2$:

$$\begin{aligned} b_{11} + \quad b_{12} &= a_1, & b_{21} + \quad b_{22} &= a_2, \\ a_1 b_{11} + a_2 b_{12} &= \frac{1}{2} a_1^2, & a_1 b_{21} + a_2 b_{22} &= \frac{1}{2} a_2^2. \end{aligned}$$

Sie haben die Lösungen $b_{11} = 1/4$, $b_{12} = 1/4 - 1/\left(2\sqrt{3}\right)$ sowie $b_{21} = 1/4 + 1/\left(2\sqrt{3}\right)$, $b_{22} = 1/4$.

Die Koeffizienten der *dreistufigen Gauß-Legendre-Formel* findet man in Tab. 8.2.2 (vgl. Ü 8.2.5). Auch die Stützstellen und Gewichte der halboffenen oder der geschlossenen Gauß-Quadraturformeln sind für implizite Runge-Kutta-Verfahren geeignet. Die maxi-

Tab. 8.2.2. Koeffizienten einiger *Gauß-Legendre-Formeln*

$\frac{1}{2}$	$\frac{1}{2}$
	1

$s = 1$
$p = 2,$

$\frac{1}{2} - \alpha$	$\frac{1}{4}$	$\frac{1}{4} - \alpha$
$\frac{1}{2} + \alpha$	$\frac{1}{4} + \alpha$	$\frac{1}{4}$
	$\frac{1}{2}$	$\frac{1}{2}$

$s = 2, \quad p = 4, \quad \alpha := 1/\left(2\sqrt{3}\right)$

$\frac{1}{2} - \alpha$	$\frac{5}{36}$	$\frac{2}{9} - \frac{2\alpha}{3}$	$\frac{5}{36} - \frac{\alpha}{3}$
$\frac{1}{2}$	$\frac{5}{36} + \frac{5\alpha}{12}$	$\frac{2}{9}$	$\frac{5}{36} - \frac{5\alpha}{12}$
$\frac{1}{2} + \alpha$	$\frac{5}{36} + \frac{\alpha}{3}$	$\frac{2}{9} + \frac{2\alpha}{3}$	$\frac{5}{36}$
	$\frac{5}{18}$	$\frac{8}{18}$	$\frac{5}{18}$

$s = 3, \quad p = 6, \quad \alpha := \frac{1}{2}\sqrt{\frac{3}{5}}$

mal erreichbare Konsistenzordnung stimmt wieder mit dem *algebraischen Genauigkeitsgrad* der zugrunde liegenden Gauß-Formeln überein, ist also im ersten Fall gleich $2s - 1$ und im zweiten gleich $2s - 2$.

Beispiel 8.2.11. Wir bestimmen das zweistufige Runge-Kutta-Verfahren zur *linksseitigen Radau-Quadraturformel.* Mit den Stützstellen und Gewichten aus (7.3.32) ergibt sich wegen (26)

$$a_1 := (1 + (-1))/2 = 0, \qquad a_2 := (1 + 1/3)/2 = 2/3, \qquad c_1 := 1/4, \qquad c_2 := 3/4.$$

Zur Berechnung der Koeffizienten b_{ij} verwenden wir diesmal die Bedingungen $D(2)$, also (22) mit $r = s = 2$:

$$\begin{aligned} c_1b_{11} + c_2b_{21} &= c_1(1 - a_1), & c_1b_{12} + c_2b_{22} &= c_2(1 - a_2), \\ a_1c_1b_{11} + a_2c_2b_{21} &= \frac{1}{2}\, c_1(1 - a_1^2), & a_1c_1b_{12} + a_2c_2b_{22} &= \frac{1}{2}\, c_2(1 - a_2^2), \end{aligned}$$

und erhalten $b_{11} = b_{21} = 1/4$ sowie $b_{12} = -1/4$, $b_{22} = 5/12$. Die so gefundenen Koeffizienten b_{ij} erfüllen zusammen mit den a_i und c_i die Bedingungen $B(3)$ und $D(2)$ und, wie man sich leicht überzeugt, auch die Zeilensummenbedingung $C(1)$. Offensichtlich genügen die natürlichen Zahlen $p = 3$, $q = 1$ und $r = 2$ der Bedingung $p \leqq \min\,(q + r + 1, 2q + 2)$. Nach Satz 8.2.9a) definieren die Koeffizienten also ein zweistufiges implizites Runge-Kutta-Verfahren der Konsistenzordnung $p = 3$. Es wird *zweistufiges Radau-IA-Verfahren* genannt.

Im Gegensatz zu den Gauß-Legendre-Formeln sind die Radau-Formeln nicht eindeutig bestimmt. Anstelle von $D(2)$ hätte man im letzten Beispiel auch $C(2)$ fordern können. Das daraus resultierende Verfahren hat aber schlechtere Stabilitätseigenschaften (Ü 8.2.8, Ü 8.2.9).

Bei den *rechtsseitigen Radau-Formeln* wird der rechte Randpunkt des Intervalls als Stützstelle festgelegt ($a_s := 1$), die übrigen ergeben sich als Nullstellen geeigneter orthogonaler Polynome (oder einfacher aus den Stützstellen der linksseitigen Formeln durch Spiegelung am Intervallmittelpunkt 1/2). Die in Tab. 8.2.3 angegebenen Koeffizienten

Tab. 8.2.3. Koeffizienten einiger *Radau-IA- und Radau-IIA-Formeln*

$$\begin{array}{c|c} 0 & 1 \\ \hline & 1 \end{array} \qquad \begin{array}{c|cc} 0 & \frac{1}{4} & -\frac{1}{4} \\ \frac{2}{3} & \frac{1}{4} & \frac{5}{12} \\ \hline & \frac{1}{4} & \frac{3}{4} \end{array} \qquad \begin{array}{c|ccc} 0 & \frac{1}{9} & -\frac{1}{18} - \frac{5\alpha}{9} & -\frac{1}{18} + \frac{5\alpha}{9} \\ \frac{3}{5} - \alpha & \frac{1}{9} & \frac{11}{45} + \frac{7\alpha}{36} & \frac{11}{45} - \frac{43\alpha}{36} \\ \frac{3}{5} + \alpha & \frac{1}{9} & \frac{11}{45} + \frac{43\alpha}{36} & \frac{11}{45} - \frac{7\alpha}{36} \\ \hline & \frac{1}{9} & \frac{4}{9} + \frac{5\alpha}{18} & \frac{4}{9} - \frac{5\alpha}{18} \end{array}$$

$$\begin{array}{c|c} 1 & 1 \\ \hline & 1 \end{array} \qquad \begin{array}{c|cc} \frac{1}{3} & \frac{5}{12} & -\frac{1}{12} \\ 1 & \frac{3}{4} & \frac{1}{4} \\ \hline & \frac{3}{4} & \frac{1}{4} \end{array} \qquad \begin{array}{c|ccc} \frac{2}{5} - \alpha & \frac{11}{45} - \frac{7\alpha}{36} & \frac{37}{225} - \frac{169\alpha}{180} & -\frac{2}{225} + \frac{2\alpha}{15} \\ \frac{2}{5} + \alpha & \frac{37}{225} + \frac{169\alpha}{180} & \frac{11}{45} + \frac{7\alpha}{36} & -\frac{2}{225} - \frac{2\alpha}{15} \\ 1 & \frac{4}{9} - \frac{5\alpha}{18} & \frac{4}{9} + \frac{5\alpha}{18} & \frac{1}{9} \\ \hline & \frac{4}{9} - \frac{5\alpha}{18} & \frac{4}{9} + \frac{5\alpha}{18} & \frac{1}{9} \end{array}$$

$s = 1$, $p = 1$ $\qquad$ $s = 2$, $p = 3$ $\qquad$ $s = 3$, $p = 5$, $\alpha := \frac{1}{5}\sqrt{\frac{3}{2}}$

der rechtsseitigen Radau-Formeln wurden aus den Bedingungen $B(2s-1)$ und $C(s)$ bestimmt (Ü 8.2.10). Die resultierenden impliziten Runge-Kutta-Methoden heißen *Radau-IIA-Verfahren.*

Schließlich geben wir die Koeffizienten einiger *Lobatto-Formeln* an. Die Quadraturverfahren desselben Namens sind *geschlossene Gauß-Formeln,* enthalten also beide Randpunkte des Integrationsintervalls als Stützstellen. Folglich ist stets $a_1 = 0$ und $a_s = 1$. Die inneren Stützstellen a_i und die Gewichte c_i können (wegen des algebraischen Genauigkeitsgrads $2s-2$) aus der Forderung $B(2s-2)$ oder aus der Transformation der Lobatto-Stützstellen und -Gewichte analog zu (26) berechnet werden. Für die Bestimmung der b_{ij} gibt es verschiedene Möglichkeiten, z. B. kann man $C(s)$ oder $D(s)$ oder $C(s-1)$ und $b_{i1} = c_1$ $(i = 1(1)s)$ fordern. Die aus diesen drei Bedingungen resultierenden Koeffizienten definieren die *Lobatto-IIIA-, -IIIB- und -IIIC-Formeln* (vgl. Tab. 8.2.4). Als triviales Beispiel (ohne innere Stützstellen) kann man die implizite *Trapez-*

Tab. 8.2.4. Koeffizienten einiger Lobatto-IIIA-, -IIIB- und -IIIC-Formeln

$$
\begin{array}{c|cc}
0 & 0 & 0 \\
1 & \frac{1}{2} & \frac{1}{2} \\
\hline
 & \frac{1}{2} & \frac{1}{2}
\end{array}
\qquad
\begin{array}{c|ccc}
0 & 0 & 0 & 0 \\
\frac{1}{2} & \frac{5}{24} & \frac{1}{3} & -\frac{1}{24} \\
1 & \frac{1}{6} & \frac{2}{3} & \frac{1}{6} \\
\hline
 & \frac{1}{6} & \frac{2}{3} & \frac{1}{6}
\end{array}
\qquad
\begin{array}{c|cccc}
0 & 0 & 0 & 0 & 0 \\
\frac{1}{2}-\alpha & \frac{11}{120}+\frac{\alpha}{12} & \frac{5}{24}-\frac{\alpha}{12} & \frac{5}{24}-\frac{13\alpha}{12} & \frac{-1}{120}+\frac{\alpha}{12} \\
\frac{1}{2}+\alpha & \frac{11}{120}-\frac{\alpha}{12} & \frac{5}{24}+\frac{\alpha}{12} & \frac{5}{24}+\frac{13\alpha}{12} & \frac{-1}{120}-\frac{\alpha}{12} \\
1 & \frac{1}{12} & \frac{5}{12} & \frac{5}{12} & \frac{1}{12} \\
\hline
 & \frac{1}{12} & \frac{5}{12} & \frac{5}{12} & \frac{1}{12}
\end{array}
$$

$$
\begin{array}{c|cc}
0 & \frac{1}{2} & 0 \\
1 & \frac{1}{2} & 0 \\
\hline
 & \frac{1}{2} & \frac{1}{2}
\end{array}
\qquad
\begin{array}{c|ccc}
0 & \frac{1}{6} & -\frac{1}{6} & 0 \\
\frac{1}{2} & \frac{1}{6} & \frac{1}{3} & 0 \\
1 & \frac{1}{6} & \frac{5}{6} & 0 \\
\hline
 & \frac{1}{6} & \frac{2}{3} & \frac{1}{6}
\end{array}
\qquad
\begin{array}{c|cccc}
0 & \frac{1}{12} & \frac{-1}{24}-\frac{5\alpha}{12} & \frac{-1}{24}+\frac{5\alpha}{12} & 0 \\
\frac{1}{2}-\alpha & \frac{1}{12} & \frac{5}{24}+\frac{\alpha}{12} & \frac{5}{24}-\frac{13\alpha}{12} & 0 \\
\frac{1}{2}+\alpha & \frac{1}{12} & \frac{5}{24}+\frac{13\alpha}{12} & \frac{5}{24}-\frac{\alpha}{12} & 0 \\
1 & \frac{1}{12} & \frac{11}{24}-\frac{5\alpha}{12} & \frac{11}{24}+\frac{5\alpha}{12} & 0 \\
\hline
 & \frac{1}{12} & \frac{5}{12} & \frac{5}{12} & \frac{1}{12}
\end{array}
$$

$$
\begin{array}{c|cc}
0 & \frac{1}{2} & -\frac{1}{2} \\
1 & \frac{1}{2} & \frac{1}{2} \\
\hline
 & \frac{1}{2} & \frac{1}{2}
\end{array}
\qquad
\begin{array}{c|ccc}
0 & \frac{1}{6} & \frac{-1}{3} & \frac{1}{6} \\
\frac{1}{2} & \frac{1}{6} & \frac{5}{12} & \frac{-1}{12} \\
1 & \frac{1}{6} & \frac{2}{3} & \frac{1}{6} \\
\hline
 & \frac{1}{6} & \frac{2}{3} & \frac{1}{6}
\end{array}
\qquad
\begin{array}{c|cccc}
0 & \frac{1}{12} & \frac{-5\alpha}{6} & \frac{5\alpha}{6} & \frac{-1}{12} \\
\frac{1}{2}-\alpha & \frac{1}{12} & \frac{1}{4} & \frac{1}{6}-\frac{7\alpha}{6} & \frac{\alpha}{6} \\
\frac{1}{2}+\alpha & \frac{1}{12} & \frac{1}{6}+\frac{7\alpha}{6} & \frac{1}{4} & \frac{-\alpha}{6} \\
1 & \frac{1}{12} & \frac{5}{12} & \frac{5}{12} & \frac{1}{12} \\
\hline
 & \frac{1}{12} & \frac{5}{12} & \frac{5}{12} & \frac{1}{12}
\end{array}
$$

$s = 2,\ p = 2$ $\qquad$ $s = 3,\ p = 4$ $\qquad$ $s = 4,\ p = 6,\ \alpha := 1/(2\sqrt{5})$

regel zu den Lobatto-IIIA-Formeln zählen. In Tab. 8.2.5 ist zusammengestellt, welchen Ersatzbedingungen die Koeffizienten der 6 behandelten impliziten Verfahrensklassen genügen. Man erkennt, daß die Voraussetzung $p \leqq \min(q + r + 1, 2q + 2)$ in allen Fällen erfüllt ist. Folglich besitzen die Verfahren nach Satz 8.2.9a) die angegebene Konsistenzordnung p.

Tab. 8.2.5. Konsistenzordnung und erfüllte Ersatzbedingungen $B(p)$, $C(q)$ und $D(r)$ für einige s-stufige implizite Runge-Kutta-Verfahren

Bezeichnung	p	$B(p)$	$C(q)$	$D(r)$
Gauß-Legendre	$2s$	$B(2s)$	$C(s)$	$D(s)$
Radau IA	$2s - 1$	$B(2s - 1)$	$C(s - 1)$	$D(s)$
Radau IIA	$2s - 1$	$B(2s - 1)$	$C(s)$	$D(s - 1)$
Lobatto IIIA	$2s - 2$	$B(2s - 2)$	$C(s)$	$D(s - 2)$
Lobatto IIIB	$2s - 2$	$B(2s - 2)$	$C(s - 2)$	$D(s)$
Lobatto IIIC	$2s - 2$	$B(2s - 2)$	$C(s - 1)$	$D(s - 1)$

8.2.4. Implementierung impliziter Runge-Kutta-Verfahren

Den Hauptaufwand bei der *numerischen Realisierung impliziter Verfahren* kostet die in jedem Schritt erforderliche Lösung des nichtlinearen Gleichungssystems (17) mit sN Gleichungen für sN Unbekannte, also die Lösung eines Nullstellenproblems der Gestalt

$$\boldsymbol{F}(\boldsymbol{k}^{(1)}, \ldots, \boldsymbol{k}^{(s)}) := \begin{pmatrix} \boldsymbol{F}^{(1)} \\ \vdots \\ \boldsymbol{F}^{(s)} \end{pmatrix} = O \quad \text{mit}$$
$$\boldsymbol{F}^{(i)} := \boldsymbol{k}^{(i)} - \boldsymbol{f}\left(x_m + ha_i, \boldsymbol{y}^{(m)} + h \sum_{j=1}^{s} b_{ij} \boldsymbol{k}^{(j)}\right). \tag{28}$$

Die (nicht triviale) Frage nach der eindeutigen Existenz einer Lösung lassen wir hier außer acht (B 8.2.6). *Gesamt- oder Einzelschrittverfahren* (vgl. Abschnitt 5.3.1) führen nur unter stark einschränkenden Voraussetzungen über $\boldsymbol{f}$ ans Ziel. Also bleibt als Lösungsmethode für den allgemeinen Fall nur das relativ aufwendige *Newton-Verfahren*: Man startet mit einem Gesamtvektor $\boldsymbol{k}_{sN}$ der Dimension sN, dessen s Teilvektoren $\boldsymbol{k}^{(i)}$ man sich z. B. durch

$$\boldsymbol{k}^{(i)} = \boldsymbol{f}\left(x_m + ha_i, \boldsymbol{y}^{(m)} + h \sum_{j=1}^{s} b_{ij} \boldsymbol{f}(x_m + ha_j, \boldsymbol{y}^{(m)})\right) \tag{29}$$

beschaffen kann, und berechnet dann wiederholt Korrekturvektoren $\boldsymbol{\delta}$ aus dem linearen Gleichungssystem

$$\boldsymbol{A} \cdot \boldsymbol{\delta} = -\boldsymbol{F}(\boldsymbol{k}^{(1)}, \boldsymbol{k}^{(2)}, \ldots, \boldsymbol{k}^{(s)}). \tag{30}$$

Dabei ist $\boldsymbol{A}$ die Funktionalmatrix von $\boldsymbol{F}$. Sie ist vom Format $sN \times sN$ und hat die folgende Blockstruktur

$$\boldsymbol{A} := \boldsymbol{F}'(\boldsymbol{k}^{(1)}, \ldots, \boldsymbol{k}^{(s)}) := \boldsymbol{I}_{sN} - h \begin{pmatrix} b_{11}\boldsymbol{f}'_{(1)} & \cdots & b_{1s}\boldsymbol{f}'_{(s)} \\ \vdots & & \vdots \\ b_{s1}\boldsymbol{f}'_{(1)} & \cdots & b_{ss}\boldsymbol{f}'_{(s)} \end{pmatrix}, \tag{31}$$

wo $f'_{(i)}$ die Funktionalmatrix von f im Punkt $(x_m + ha_i, y^{(m,i)})$ bezeichnet (vgl. (25)). Der Rechenaufwand je Teilschritt läßt sich (auf Kosten der Konvergenzgeschwindigkeit) dadurch verringern, daß man f' nur in einem Punkt (zum Beispiel in $(x_m, y^{(m)})$ oder in $\left(x_m + h, y^{(m)} + h \sum_{j=1}^{s} c_j k^{(j)}\right)$ mit den aktuellen Näherungswerten $k^{(j)}$) berechnet und von A eine LU-Zerlegung herstellt, die — im Sinne des vereinfachten Newton-Verfahrens — über mehrere Iterationsschritte konstant gehalten wird.

Noch geringer wird der Aufwand im Fall *diagonal-impliziter Runge-Kutta-Verfahren* (vgl. Definition 8.2.5). Die Matrix A hat dann eine untere Block-Dreiecksgestalt

$$A := \begin{pmatrix} A_{11} & & & \\ -A_{21} & A_{22} & & \\ \vdots & \cdot & \cdot & \\ -A_{s1} & \cdots & -A_{s,s-1} & A_{ss} \end{pmatrix} \tag{32}$$

mit

$$A_{ii} := I_N - hb_{ii}f', \qquad A_{ij} := hb_{ij}f', \qquad i = 1(1)s, \quad j = 1(1)i-1, \tag{33}$$

so daß die Teilvektoren $\delta^{(i)}$ des Korrekturvektors δ aus je einem linearen $N \times N$-Gleichungssystem bestimmt werden können. Dabei ist es besonders günstig, wenn alle Diagonalelemente des Koeffizientenschemas (19) einen einheitlichen Wert besitzen (der wegen der ersten Zeilensummenbedingung mit a_1 übereinstimmen muß):

$$a_1 = b_{11} = b_{22} = \cdots = b_{ss}. \tag{34}$$

Ein- und dieselbe LU-Zerlegung des Diagonalblocks kann nun für die Berechnung aller s Teilvektoren $\delta^{(i)}$ verwendet werden:

$$\begin{aligned} &A_{11}\delta^{(1)} = (I_N - ha_1 f')\,\delta^{(1)} = LU\delta^{(1)} = -F^{(1)} \\ &\left[\begin{aligned} &i = 2(1)s \\ &LU\delta^{(i)} = -F^{(i)} + hf' \sum_{j=1}^{i-1} b_{ij}\delta^{(j)}. \end{aligned}\right. \end{aligned} \tag{35}$$

Zu beachten ist allerdings, daß die Anzahl der freien Parameter im Koeffizientenschema (19) wegen der Zusatzforderungen (34) und $b_{ij} = 0$ für $j > i$ um $s(s+1)/2$ abnimmt. Demzufolge kann man auch nur eine geringere Konsistenzordnung erreichen.

Beispiel 8.2.12. Diagonal-implizite Verfahren mit einheitlichen Diagonalelementen heißen Nørsett-Verfahren. Das Koeffizientenschema für die *zweistufige Nørsett-Formel* hat die Gestalt

$$\begin{array}{c|cc} 1/2+\alpha & 1/2+\alpha & \\ 1/2-\alpha & -2\alpha & 1/2+\alpha \\ \hline & 1/2 & 1/2 \end{array} \tag{36}$$

Sie besitzt für jedes reelle α die Konsistenzordnung $p = 2$, wie man durch Einsetzen in die ersten vier Bedingungen aus Ü 8.2.6 oder in $B(2)$, $C(1)$ und $D(1)$ leicht bestätigt. Die Ordnung $p = 3$ erreicht man, wenn man die Taylor-Abgleichsbedingungen der Ordnung h^2 hinzunimmt oder $B(3)$ verlangt. Der Parameter α muß dann Lösung der quadratischen Gleichung $\alpha^2 - \alpha + 1/6 = 0$ sein: $\alpha = \alpha_{1,2} := \pm 1/\left(2\sqrt{3}\right)$. Die *dreistufigen Nørsett-Formeln* haben die Koeffizienten

$$\begin{array}{c|ccc} 1/2+\alpha & 1/2+\alpha & & \\ 1/2 & -\alpha & 1/2+\alpha & \\ 1/2-\alpha & 1+2\alpha & -1-4\alpha & 1/2+\alpha \\ \hline & 1/(24\alpha^2) & 1-1/(12\alpha^2) & 1/(24\alpha^2) \end{array} \tag{37}$$

und erreichen die Konsistenzordnung $p = 4$, wenn α Wurzel der kubischen Gleichung $\alpha^3 - \alpha/4 - 1/24 = 0$, also gleich $\alpha_1 := \left(1/\sqrt{3}\right) \cos(\pi/18)$ oder gleich $\alpha_{2,3} := -\alpha_1/2 \pm (1/2) \sin(\pi/18)$ ist (Ü 8.2.12). Für $s > 3$ sind keine Nørsett-Formeln mit $p \geqq s + 1$ bekannt (vgl. B 8.2.7).

Den geringsten Aufwand je Schritt benötigt eine von ROSENBROCK [1] vorgeschlagene *Modifikation der diagonal-impliziten Verfahren.* Dabei begnügt man sich je Runge-Kutta-Schritt mit der ersten Newton-Näherung. Statt des nichtlinearen Systems (17) wird das linearisierte System

$$\begin{aligned}
\boldsymbol{k}^{(1)} &= \boldsymbol{f}(x_m, \boldsymbol{y}^{(m)}) + h\beta \boldsymbol{f}'\boldsymbol{k}^{(1)},\\
\boldsymbol{k}^{(2)} &= \boldsymbol{f}(x_m + ha_2, \boldsymbol{y}^{(m)} + hb_{21}\boldsymbol{k}^{(1)}) + h\beta_{21}\boldsymbol{f}'\boldsymbol{k}^{(1)} + h\beta\boldsymbol{f}'\boldsymbol{k}^{(2)},\\
&\vdots\\
\boldsymbol{k}^{(s)} &= \boldsymbol{f}\left(x_m + ha_s, \boldsymbol{y}^{(m)} + h\sum_{j=1}^{s-1} b_{sj}\boldsymbol{k}^{(j)}\right) + h\boldsymbol{f}'\sum_{j=1}^{s-1}\beta_{sj}\boldsymbol{k}^{(j)} + h\beta\boldsymbol{f}'\boldsymbol{k}^{(s)},
\end{aligned} \tag{38}$$

gelöst. Hier ist $\boldsymbol{f}'$ die im Punkt $(x_m, \boldsymbol{y}^{(m)})$ berechnete Funktionalmatrix von $\boldsymbol{f}(.,\boldsymbol{y})$ (oder eine mit Hilfe von Differenzenquotienten berechnete Approximation, vgl. Abschnitt 5.3.3.). Die mit β_{ij} bezeichneten Parameter vor den linearen Summanden brauchen nicht mit den b_{ij} im zweiten Argument von $\boldsymbol{f}$ übereinzustimmen. Die Diagonalelemente β_{ii} sollen — wie bei den Nørsett-Formeln — den gleichen Wert haben ($\beta_{ii} = \beta$ für $i = 1(1)s$), damit alle $\boldsymbol{k}^{(i)}$ aus linearen Gleichungssystemen mit ein und derselben Koeffizientenmatrix $\boldsymbol{LU} := \boldsymbol{I}_N - h\beta\boldsymbol{f}'$ berechnet werden können. In der zweiten Gleichung von (38) verbleibt, wenn man den letzten Term nach links gebracht hat, auf der rechten Seite noch das Produkt $\boldsymbol{f}' \cdot \boldsymbol{k}^{(1)}$. Die zu seiner Berechnung erforderlichen N^2 Multiplikationen kann man vermeiden, wenn man auf beiden Seiten $\hat{\beta}_{21}\boldsymbol{k}^{(1)}$ (mit $\hat{\beta}_{21} := \beta_{21}/\beta$) addiert und $\boldsymbol{k}^{(2)} + \hat{\beta}_{21}\boldsymbol{k}^{(1)}$ als neuen unbekannten Vektor ansieht. Verfährt man in den folgenden Gleichungen ebenso, so nimmt (38) die Gestalt

$$\begin{aligned}
(\boldsymbol{I}_N - h\beta\boldsymbol{f}')\,\boldsymbol{k}^{(1)} &= \boldsymbol{LU}\boldsymbol{k}^{(1)} = \boldsymbol{f}(x_m, \boldsymbol{y}^{(m)}),\\
\boldsymbol{LU}(\boldsymbol{k}^{(2)} + \hat{\beta}_{21}\boldsymbol{k}^{(1)}) &= \boldsymbol{f}(x_m + ha_2, \boldsymbol{y}^{(m)} + hb_{21}\boldsymbol{k}^{(1)}) + \hat{\beta}_{21}\boldsymbol{k}^{(1)}\\
&\vdots\\
\boldsymbol{LU}\left(\boldsymbol{k}^{(s)} + \sum_{j=1}^{s-1}\hat{\beta}_{sj}\boldsymbol{k}^{(j)}\right) &= \boldsymbol{f}\left(x_m + ha_s, \boldsymbol{y}^{(m)} + h\sum_{j=1}^{s-1} b_{sj}\boldsymbol{k}^{(j)}\right) + \sum_{j=1}^{s-1}\hat{\beta}_{sj}\boldsymbol{k}^{(j)}
\end{aligned} \tag{39}$$

mit $\hat{\beta}_{ij} := \beta_{ij}/\beta$ an. Schließlich wird der endgültige Zuwachs aus den $\boldsymbol{k}^{(j)}$ linear kombiniert. Um die *Schrittweite* wie im Fall der expliziten Runge-Kutta-Verfahren in Abhängigkeit vom *lokalen Fehler* steuern zu können, benutzt man *eingebettete Verfahren*, bei denen die Formeln höherer Konsistenzordnung die $\boldsymbol{k}^{(j)}$ der Formeln niedrigerer Ordnung weiterverwenden:

$$\begin{aligned}
\boldsymbol{y}_{(q)}^{(m+1)} &:= \boldsymbol{y}^{(m)} + h\sum_{j=1}^{t} c_j^{(q)}\boldsymbol{k}^{(j)},\\
\boldsymbol{y}_{(q)}^{(m+1)} &:= \boldsymbol{y}^{(m)} + h\sum_{j=1}^{s} c_j^{(p)}\boldsymbol{k}^{(j)}, \qquad p > q,\ s > t.
\end{aligned} \tag{40}$$

Beispiel 8.2.13. Ohne die relativ aufwendige Herleitung geben wir den Parametersatz für das *eingebettete modifizierte diagonal-implizite Runge-Kutta-Verfahren* der Konsistenzordnung 4 an, das in der Literatur GRKV4-Verfahren genannt wird (B 8.2.8). Es ist für das Anfangswertproblem

$$\boldsymbol{y}' = \boldsymbol{f}(\boldsymbol{y}), \qquad \boldsymbol{y}(x_0) := \boldsymbol{y}^{(0)} \tag{41}$$

eines autonomen Differentialgleichungssystems geschrieben (bei dem die rechte Seite $\boldsymbol{f}$ nicht explizit von x abhängt). Das bedeutet aber keine wesentliche Einschränkung, denn das allgemeine Differentialgleichungssystem $\boldsymbol{y}' = \boldsymbol{f}(x, \boldsymbol{y})$ kann durch Hinzufügen einer $(N + 1)$-ten Komponente $y_{N+1} := x$ und der zugehörigen trivialen Differentialgleichung $y'_{N+1} = 1$, $y_{N+1}(0) := x_0$ leicht auf den autonomen Fall zurückgeführt werden.

Die Parameter ordnen wir analog zu (19) in folgendem Schema an:

$$\begin{array}{c|cccc cccc}
0 & & & & & \beta & & & \\
a_2 & b_{21} & & & & \hat{\beta}_{21} & \beta & & \\
a_3 & b_{31} & b_{32} & & & \hat{\beta}_{31} & \hat{\beta}_{32} & \beta & \\
a_4 & b_{41} & b_{42} & b_{43} & & \hat{\beta}_{41} & \hat{\beta}_{42} & \hat{\beta}_{43} & \beta \\
\hline
 & c_1^{(1)} & & & & & & & \\
 & c_1^{(2)} & c_2^{(2)} & & & & & & \\
 & c_1^{(3)} & c_2^{(3)} & c_3^{(3)} & & & & & \\
 & c_1^{(4)} & c_2^{(4)} & c_3^{(4)} & c_4^{(4)} & & & &
\end{array} \tag{42}$$

Die a_i treten nicht auf, weil $\boldsymbol{f}$ nicht explizit von x abhängt. Die b_{ij} $(i = 2(1)4,\ j = 1(1)i - 1)$ haben die Werte

b_{ij}	0.438			
	0.796 920 457 938	0.073 079 542 061 5		(43)
	0.796 920 457 938	0.073 079 542 061 5	0.000	

Offenbar stimmen die b_{4j} mit den b_{3j} überein. Das hat den Vorteil, daß die Funktionswerte $\boldsymbol{f}(\boldsymbol{y})$ in den letzten beiden Zwischenschritten (also für $\boldsymbol{y} := \boldsymbol{y}^{(m,3)}$ und $\boldsymbol{y} := \boldsymbol{y}^{(m,4)}$) übereinstimmen, so daß man je Runge-Kutta-Schritt einen Funktionsaufruf spart. Statt der β_{ij} geben wir gleich die durch $\beta := 0.395$ dividierten Werte $\hat{\beta}_{ij}$ $(i = 2(1)4,\ j = 1(1)i - 1)$ an:

$\hat{\beta}_{ij}$	−1.943 474 418 947			
	−2.156 140 060 106	1.323 967 820 729		(44)
	0.730 286 353 278	0.222 839 056 552	−0.854 151 495 258	

Die Koeffizienten $c_j^{(i)}$ für die Linearkombinationen der $\boldsymbol{k}^{(j)}$ haben die Werte

$c_j^{(i)}$	1				
	1.318 498 004 195	−0.318 498 004 195			(45)
	0.346 325 833 758	0.285 693 175 712	0.367 980 990 530		
	0.199 293 275 701	0.482 645 235 674	0.068 061 488 625 6	0.25	

Wir stellen die wesentlichen Schritte des auf den Daten von Beispiel 8.2.13 beruhenden GRKV4-Verfahrens zu einem Algorithmus zusammen. Zur Schrittweitensteuerung berechnen wir für $\boldsymbol{y}^{(m+1)}$ die vier Näherungen $\boldsymbol{w}^{(m,p)} := \boldsymbol{y}^{(m+1)}_{(p)}$ mit den Konsistenzordnungen $p = 1(1)4$ (vgl. (40)). Eine gewichtete Norm der Differenzen $\boldsymbol{w}^{(m,p)} - \boldsymbol{w}^{(m,p-1)}$ mit den reziproken Gewichten

$$q_j := \max_m \left(1, |w_j^{(m,4)}|\right), \qquad j = 1(1)N, \tag{46}$$

dient zur lokalen Fehlerschätzung

$$\text{est}\,(i) := \sum_{j=1}^{N} |w_j^{(m,i+1)} - w_j^{(m,i)}|/q_j, \qquad i = 1(1)3. \tag{47}$$

Man benutzt also den *absoluten Fehler,* solange alle Komponenten der Näherungen $\boldsymbol{w}^{(m,4)}$ betragsmäßig kleiner als Eins bleiben. Anderenfalls wird die j-te Komponente $(j = 1(1)N)$ des Differenzvektors durch das Betragsmaximum aller bis zum m-ten Schritt aufgetretenen j-ten Komponenten $w_j^{(m,4)}$ dividiert. Aus den nach (8.1.60) zu den drei Fehlerschätzungen est (i) gehörenden neuen Schrittweiten

$$h(i) := 0.9 \cdot h \cdot \left(\text{tol}/\text{est}\,(i)\right)^{1/(i+1)} \tag{48}$$

wird das Maximum

$$h_{\text{neu}} := h(j) = \max_{i=1(1)3} h(i) \tag{49}$$

berechnet. Übersteigt der zu h_{neu} gehörende Fehler est (j) den zulässigen Wert tol, so ist der Schritt mit der verkleinerten Schrittweite h_{neu} zu wiederholen. Anderenfalls wird der Vektor $\boldsymbol{w}^{(m,j)}$ als neue Näherung $\boldsymbol{y}^{(m+1)}$ akzeptiert und die Rechnung mit h_{neu} fortgesetzt. Um zu starke h-Änderungen zu vermeiden, wird zusätzlich

$$h/10 \leqq h_{\text{neu}} \leqq h \cdot 10 \tag{50}$$

gefordert.

Algorithmus 8.2.14. Integration autonomer steifer Differentialgleichungssysteme $\boldsymbol{y}' = \boldsymbol{f}(\boldsymbol{y})$ mit Hilfe des modifizierten diagonal-impliziten Runge-Kutta-Verfahrens GRKV 4 (N, xa, xb, $\boldsymbol{y}$, h, $\boldsymbol{f}$, $\boldsymbol{f}'$, MAX, tol)

N	Dimension
xa, xb	Intervallgrenzen
$\boldsymbol{y} := (y_1, y_2, \ldots, y_N)$	Vektor der Anfangswerte $y_j(xa)$
h	Startschrittweite (z. B. $h := 10^{-3}$)
MAX	maximale Schrittanzahl
tol	Fehlerschranke für Schrittweitensteuerung
$\boldsymbol{f}, \boldsymbol{f}'$	Unterprogramme zur Berechnung des Vektors der rechten Seite der Differentialgleichung und der Matrix der ersten partiellen Ableitungen
$\boldsymbol{K} := (\boldsymbol{k}^{(1)}, \boldsymbol{k}^{(2)}, \boldsymbol{k}^{(3)}, \boldsymbol{k}^{(4)})$	Matrix der vier Steigungsvektoren
$\boldsymbol{W} := (\boldsymbol{w}^{(1)}, \boldsymbol{w}^{(2)}, \boldsymbol{w}^{(3)}, \boldsymbol{w}^{(4)})$	Matrix der Näherungsvektoren $\boldsymbol{y}_{(i)}^{(m+1)}$
$\boldsymbol{q} := (1, 1, \ldots, 1)$	Gewichtsvektor zur Normberechnung
$\boldsymbol{p}, \boldsymbol{kk}, \boldsymbol{z}$	Hilfsvektoren

1 $x := xa$	Startwert
$m = 1(1)\text{MAX}$	Schrittzähler
drucke h, x, $\boldsymbol{y}$	
falls $x \geqq xb$, dann stop	
falls $x + h > xb$, dann $h := xb - x$	
2 $\boldsymbol{A} := \boldsymbol{f}'(\boldsymbol{y})$	Funktionalmatrix
$\boldsymbol{A} := \boldsymbol{I}_N - h \cdot 0.395 \cdot \boldsymbol{A}$	Matrix $\boldsymbol{I}_N - h\beta\boldsymbol{f}'$

	$z := f(y)$	rechte Seite
	GEL $(1, N, A, z)$	Lösung der Gleichung $(39)_1$
	$k^{(1)} := z$	durch LU-Aufspaltung (Algorithmus 2.2.2)
3	$i = 2(1)4$	
	falls $i \neq 4$, dann $v := f\left(y + h \cdot \sum_{j=1}^{i-1} b_{ij} k^{(j)}\right)$	
	$kk := \sum_{j=1}^{i-1} \beta_{ij} k^{(j)}$	
	$z := v + kk$	Berechnung der Steigungen $k^{(2)}$, $k^{(3)}$ und $k^{(4)}$
	VUR (N, A, p, z)	durch Vorwärts- und Rückwärtselimination
	$k^{(i)} := z - kk$	(Algorithmus 2.3.7)
4	$w^{(4)} := y + h \cdot \sum_{j=1}^{4} c_j^{(4)} k^{(j)}$	Berechnung der Näherungsvektoren $y_{(i)}^{(m+1)}$
	$j = 1(1)N$	
	$q(j) := \max\left(q(j), \lvert w_j^{(4)} \rvert\right)$	
	$i = 3(-1)1$	
	$w^{(i)} := y + h \cdot \sum_{j=1}^{i} c_j^{(i)} k^{(j)}$	
	est $(i) := \sum_{j=1}^{N} \lvert w_j^{(i+1)} - w_j^{(i)} \rvert / q(j)$	
	$h(i) := 0.9 \cdot h \cdot \left(\text{tol}/\text{est}\,(i)\right)^{1/(i+1)}$	
5	$h_{\text{neu}} := \max\left(h(1), h(2), h(3)\right)$	Festlegung der neuen Schrittweite und der
	$i = 1(1)3$	Näherung für $y(x + h)$
	falls $h = h(i)$, dann $j := i$	
	falls $h_{\text{neu}} > h \cdot 10$, dann $h_{\text{neu}} := h \cdot 10$	
	falls $h_{\text{neu}} < h/10$, dann $h_{\text{neu}} := h/10$	
	falls est $(j) >$ tol, dann $h := h_{\text{neu}}$ und Rücksprung 2	
	$x := x + h,\ h := h_{\text{neu}},\ y := w^{(j)}$	
	drucke: Intervallende $x = xb$ nach MAX Schritten noch nicht erreicht.	

Der *Rechenaufwand* besteht je Runge-Kutta-Schritt aus drei Funktionswertberechnungen $f(y)$, einer A-Berechnung (dabei können statt der partiellen Ableitungen wie bei der Regula falsi für Systeme auch Differenzenquotienten verwendet werden, vgl. Abschnitt 5.3.3.) und dem algebraischen Aufwand des Gauß-Algorithmus, dreier zusätzlicher Vorwärts- und Rückwärtseliminationen und einiger Produkte Skalar mal Vektor.

8.2.5. Stabile Lösungen

Beispiel 8.2.15. Für die Geschwindigkeitsberechnung des Fallschirmspringers hatten wir in Beispiel 8.1.9 den Anfangswert $v(0) = v_0 = 0$ vorgegeben. Aus physikalischen Gründen ist anzunehmen, daß man, abgesehen von einer gewissen Übergangsphase, keinen wesentlich anderen Lösungsverlauf erhält, wenn der Fallschirmspringer nach unten ($\tilde{v}(0) = \tilde{v}_0 > 0$) oder durch einen Schleudersitz nach oben aus dem Flugzeug herauskatapultiert wird ($\tilde{v}(0) = \tilde{v}_0 < 0$). Geometrisch kann man diese Vermutung bestätigen, indem man das Richtungsfeld der Differentialgleichung $v' = g - \beta v^2$ zeichnet (es unterscheidet sich qualitativ nicht von dem in Abb. 8.1.2a), S. 254, dargestellten). Analytisch erhält man für die Differenz $\delta(x) := \tilde{v}(x) - v(x)$ der beiden zur gestörten ($\tilde{v}_0 \neq 0$) und zur ungestörten Anfangsbedingung ($v_0 = 0$) gehörenden Lösung, wenn man die allgemeine Lösungsdarstellung $v(x) = \sqrt{g/\beta}\,\tanh\left(\sqrt{g\beta}\,x + \operatorname{artanh}\left(\sqrt{\beta/g}\,v_0\right)\right)$ aus Ü 8.1.1a) und das

Additionstheorem

$$\tanh (a + b) = (\tanh a + \tanh b)/(1 + \tanh a \cdot \tanh b)$$

verwendet,

$$\delta(x) = \tilde{v}_0 \cdot \left[1 - \left(\tanh\left(\sqrt{g\beta}\, x\right)\right)^2\right] \Big/ \left(1 + \frac{\beta}{g}\, \tilde{v}_0 \cdot v(x)\right).$$

Da $\tanh x = (1 - e^{-2x})/(1 + e^{-2x})$ mit zunehmendem x gegen Eins strebt, geht die Störung $\delta(x)$ gegen Null. Man nennt die Lösung v in einem solchen Fall *stabil* (gegenüber Störungen der Anfangsbedingung) und die Differentialgleichung *dissipativ.*

Im folgenden bezeichne $\boldsymbol{y}$ die Lösung des Anfangswertproblems (8.1.7), (8.1.9) und $\tilde{\boldsymbol{y}}$ die des gestörten Problems

$$\tilde{\boldsymbol{y}}' = \boldsymbol{f}(x, \tilde{\boldsymbol{y}}), \qquad \tilde{\boldsymbol{y}}(x_0) = \tilde{\boldsymbol{y}}^{(0)}. \tag{51}$$

Die Störung $\boldsymbol{\delta}(x) := \tilde{\boldsymbol{y}}(x) - \boldsymbol{y}(x)$ genügt dann der Differentialgleichung

$$\boldsymbol{\delta}' = \boldsymbol{f}(x, \boldsymbol{y} + \boldsymbol{\delta}) - \boldsymbol{f}(x, \boldsymbol{y}), \qquad \boldsymbol{\delta}(x_0) := \tilde{\boldsymbol{y}}^{(0)} - \boldsymbol{y}^{(0)}. \tag{52}$$

In der Theorie der gewöhnlichen Differentialgleichungen (vgl. B 8.2.9) nennt man die Lösung $\boldsymbol{y}$ *(schwach) stabil,* wenn die Störung $\boldsymbol{\delta}(x)$ für $x \to \infty$ beschränkt bleibt und *asymptotisch stabil,* wenn $\boldsymbol{\delta}(x)$ für $x \to \infty$ gegen den Nullvektor strebt. Im Fall des *skalaren linearen Modellproblems* (4) wird (52) zu $\delta' = \mu\delta$ und hat die Lösung

$$\delta(x) = e^{(x-x_0)\mu}\, \delta(x_0).$$

Also ist $y(x)$ asymptotisch stabil, wenn μ negativ ist (oder einen negativen Realteil besitzt). Ähnlich einfach ist die Stabilitätsanalyse im Fall des *Modellproblems* (5). Die Lösung der Differentialgleichung (52) hat dann die Gestalt

$$\boldsymbol{\delta}(x) = e^{(x-x_0)\boldsymbol{A}}\, \boldsymbol{\delta}(x_0) \tag{53}$$

mit

$$e^{t\boldsymbol{A}} := \boldsymbol{I}_N + t\boldsymbol{A} + \frac{t^2}{2!}\boldsymbol{A}^2 + \cdots. \tag{54}$$

Bezeichnet $\boldsymbol{T}$ wieder die Matrix, die $\boldsymbol{A}$ auf Diagonalform transformiert (vgl. Beispiel 8.2.2), so kann man (53) nach Multiplikation mit $\boldsymbol{T}^{-1}$ in der Gestalt

$$\hat{\boldsymbol{\delta}}(x) := \boldsymbol{T}^{-1}\boldsymbol{\delta}(x) = \boldsymbol{T}^{-1} e^{(x-x_0)\boldsymbol{A}}\, \boldsymbol{T}\boldsymbol{T}^{-1}\boldsymbol{\delta}(x_0) = e^{(x-x_0)\hat{\boldsymbol{A}}}\, \hat{\boldsymbol{\delta}}(x_0) \tag{55}$$

schreiben. Für die Komponenten des transformierten Störungsvektors $\hat{\boldsymbol{\delta}}$ gilt also

$$\hat{\delta}_n(x) = e^{(x-x_0)\alpha_n}\, \hat{\delta}_n(x_0), \tag{56}$$

so daß alle $\hat{\delta}_n(x)$ und damit auch alle $\delta_n(x)$ gegen Null streben, wenn sämtliche Eigenwerte α_n der Koeffizientenmatrix $\boldsymbol{A}$ negative Realteile besitzen:

$$\mu := \max_{n=1(1)N} \operatorname{Re}(\alpha_n) < 0. \tag{57}$$

Für den allgemeinen Fall einer (in $\boldsymbol{y}$) nichtlinearen rechten Seite $\boldsymbol{f}(x, \boldsymbol{y})$ läßt sich das Stabilitätsverhalten der Lösung für $x \to \infty$ nicht mehr in so einfacher Weise beurteilen. Man beschränkt sich deshalb auf ein endliches Integrationsintervall $[a, b]$.

Definition 8.2.16 (Dissipativität und Kontraktivität). Das Differentialgleichungssystem $\boldsymbol{y}' = \boldsymbol{f}(x, \boldsymbol{y})$ heißt im Intervall $[a, b]$ *dissipativ,* wenn sich die zu zwei verschiedenen Anfangswerten $\boldsymbol{y}(x_0)$ und $\tilde{\boldsymbol{y}}(x_0)$ gehörenden Lösungen $\boldsymbol{y}$ und $\tilde{\boldsymbol{y}}$ *kontraktiv* verhalten, das heißt, wenn für die Vektoren $\boldsymbol{y}(x)$ und $\tilde{\boldsymbol{y}}(x)$ in irgendeiner Vektornorm gilt

$$\|\tilde{\boldsymbol{y}}(x_m) - \boldsymbol{y}(x_m)\| \leqq \|\tilde{\boldsymbol{y}}(x_0) - \boldsymbol{y}(x_0)\| \qquad \text{für alle } x_0, x_m \text{ mit } a \leqq x_0 \leqq x_m \leqq b. \tag{58}$$

Eine hinreichende Bedingung für Kontraktivität erhält man, wenn sich die Differentialgleichung (z. B. mit Hilfe der Taylor-Formel) in der Gestalt

$$\boldsymbol{y}' = \boldsymbol{f}(x, \boldsymbol{y}) = \boldsymbol{A}\boldsymbol{y} + \boldsymbol{r}(x, \boldsymbol{y}) \tag{59}$$

mit einer diagonalisierbaren konstanten Matrix $\boldsymbol{A}$ und einer lipschitz-beschränkten Nichtlinearität,

$$\|\boldsymbol{r}(x, \boldsymbol{u}) - \boldsymbol{r}(x, \boldsymbol{v})\| \leqq l\, \|\boldsymbol{u} - \boldsymbol{v}\|, \qquad \boldsymbol{u}, \boldsymbol{v} \in \mathbb{D} \subset \mathbb{R}^N \tag{60}$$

schreiben läßt. Mit (59) geht (52) in $\boldsymbol{\delta}' = \boldsymbol{A}\boldsymbol{\delta} + \boldsymbol{r}(x, \boldsymbol{y} + \boldsymbol{\delta}) - \boldsymbol{r}(x, \boldsymbol{y})$ über. Nach der Methode der Variation der Konstanten erhält man daraus für die Störung $\boldsymbol{\delta}$ die Gleichung

$$\boldsymbol{\delta}(x) = \mathrm{e}^{(x-x_0)\boldsymbol{A}}\, \boldsymbol{\delta}(x_0) + \int_{x_0}^{x} \mathrm{e}^{(x-t)\boldsymbol{A}} \left[\boldsymbol{r}\big(t, \boldsymbol{y}(t) + \boldsymbol{\delta}(t)\big) - \boldsymbol{r}\big(t, \boldsymbol{y}(t)\big)\right] \mathrm{d}t. \tag{61}$$

Um die Ergebnisse (55), (56) des linearen Falls verwenden zu können, benutzen wir zur Abschätzung die durch

$$\|\boldsymbol{v}\|_T := \|\boldsymbol{T}^{-1}\boldsymbol{v}\| \tag{62}$$

definierte Vektornorm (vgl. Ü 8.2.15) mit der zugeordneten Matrixnorm

$$\|\boldsymbol{B}\|_T := \|\boldsymbol{T}^{-1}\boldsymbol{B}\boldsymbol{T}\|, \tag{63}$$

wobei $\|\cdot\|$ die ∞-, 1- oder 2-Norm (vgl. (2.1.23), (2.1.24), (2.1.27)) bezeichnet. Für die Matrix $\mathrm{e}^{t\boldsymbol{A}}$ ergibt sich für positive t

$$\|\mathrm{e}^{t\boldsymbol{A}}\|_T = \|\mathrm{e}^{t\hat{\boldsymbol{A}}}\| = \max_{n=1(1)N} (\mathrm{e}^{t\alpha_n}) = \mathrm{e}^{t\mu}, \tag{64}$$

und die Lipschitz-Bedingung (60) erhält in der T-Norm die Gestalt (vgl. Ü 8.2.15)

$$\|\boldsymbol{r}(x, \boldsymbol{u}) - \boldsymbol{r}(x, \boldsymbol{v})\|_T \leqq \operatorname{cond}(\boldsymbol{T}) \cdot l \cdot \|u - v\|_T, \tag{65}$$

wo cond ($\boldsymbol{T}$) die relative Konditionszahl (vgl. Definition 2.6.5) der Transformationsmatrix $\boldsymbol{T}$ ist. Mit (64) und (65) ergibt sich aus der mit $\boldsymbol{T}^{-1}$ multiplizierten Gleichung (61)

$$\|\boldsymbol{\delta}(x)\|_T \leqq \mathrm{e}^{(x-x_0)\mu}\, \|\boldsymbol{\delta}(x_0)\|_T + \operatorname{cond}(\boldsymbol{T}) \cdot l \cdot \int_{x_0}^{x} \mathrm{e}^{(x-t)\mu}\, \|\boldsymbol{\delta}(t)\|_T\, \mathrm{d}t. \tag{66}$$

Multipliziert man noch mit $\mathrm{e}^{-x\mu}$ und wendet auf die so entstehende Relation für die Funktion $\varphi(x) := \mathrm{e}^{-x\mu}\, \|\boldsymbol{\delta}(x)\|_T$ das *Gronwallsche Lemma* (Ü 8.2.16) an, so folgt $\varphi(x) \leqq \varphi(x_0)\, \mathrm{e}^{(x-x_0)\operatorname{cond}(\boldsymbol{T})l}$ und damit für $\|\boldsymbol{\delta}(x)\|_T$ schließlich

$$\|\boldsymbol{\delta}(x)\|_T \leqq \|\boldsymbol{\delta}(x_0)\|_T\, \mathrm{e}^{(x-x_0)(\mu + \operatorname{cond}(\boldsymbol{T})l)}. \tag{67}$$

Also gilt

Satz 8.2.17. *Läßt sich die rechte Seite des Differentialgleichungssystems* $\boldsymbol{y}' = \boldsymbol{f}(x, \boldsymbol{y})$ *über dem Intervall* $[a, b]$ *in der Form* $\boldsymbol{A}\boldsymbol{y} + \boldsymbol{r}(x, \boldsymbol{y})$ *schreiben, wo* $\boldsymbol{A}$ *eine (mit der Transformationsmatrix* $\boldsymbol{T}$*) diagonalisierbare konstante Matrix bezeichnet und die Funktion* $\boldsymbol{r}$

einer Lipschitz-Bedingung (60) *genügt, und gilt für die Realteile der Eigenwerte von* $\boldsymbol{A}$

$$\mu := \max_{n=1(1)N} \operatorname{Re}(\alpha_n) < -\operatorname{cond}(\boldsymbol{T}) \cdot l, \tag{68}$$

so ist das Differentialgleichungssystem über dem Intervall $[a, b]$ *dissipativ.*

Beispiel 8.2.18. Wir schreiben die Geschwindigkeitsdifferentialgleichung (8.1.38) in der Gestalt $v' = -0.28v + r(v)$ mit $r(v) := g + 0.28v - \beta v^2$. Dann ist $r'(v) = 0.28 - 2\beta v$. Im Zeitintervall $[4, 30]$ bleibt v nach Tab. 8.1.6 (S. 268) in $(33.9, 57)$. Man erhält demzufolge die Abschätzung

$$|r'(v)| \leqq \max(|0.28 - 2\beta \cdot 33.9|, |0.28 - 2\beta \cdot 57|) < 0.073,$$

das heißt die Lipschitz-Konstante $l := 0.073$. Da es sich um eine eindimensionale Aufgabe handelt, benötigt man keine Hauptachsentransformation. Wegen $\boldsymbol{T} = (1)$, $\operatorname{cond}(\boldsymbol{T}) = 1$, $\mu = < 0.28 < -l = -0.073$ ist die Differentialgleichung nach Satz 8.2.17 im Intervall $[4, 30]$ dissipativ. (Dieses Ergebnis ist uns bereits aus Beispiel 8.2.15 bekannt, wurde dort aber mit Hilfe der exakten Lösung hergeleitet.)

Eine weitere hinreichende Bedingung für die Kontraktivität der Lösungen des Anfangswertproblems läßt sich mit Hilfe einer einseitigen Lipschitz-Bedingung herleiten.

Definition 8.2.19 (einseitige Lipschitz-Bedingung). Genügt die rechte Seite $\boldsymbol{f}$ für jedes feste x aus $[a, b]$ und alle $\boldsymbol{u}, \boldsymbol{v}$ aus $\mathbb{D} \subset \mathbb{R}^N$ (vgl. (8.1.10)) einer Ungleichung

$$\big(\boldsymbol{f}(x, \boldsymbol{u}) - \boldsymbol{f}(x, \boldsymbol{v}), \boldsymbol{u} - \boldsymbol{v}\big) \leqq l(x)\,(\boldsymbol{u} - \boldsymbol{v}, \boldsymbol{u} - \boldsymbol{v}), \tag{69}$$

wo $(.,.)$ ein Skalarprodukt im $\mathbb{R}^N$ und l eine auf $[a, b]$ definierte stückweise stetige reellwertige Funktion bezeichnet, so heißt (69) *einseitige Lipschitz-Bedingung* und der Wert $l(x)$ *einseitige Lipschitz-Konstante* für $\boldsymbol{f}(x, .)$.

Die Ungleichung (69) ist eine Abschwächung der üblichen Lipschitz-Bedingung: Aus (8.1.11) folgt (69), die Umkehrung gilt nicht (vgl. Ü 8.2.17).

Um die *Kontraktivität* nachzuweisen, schätzen wir die Differenz $\boldsymbol{\delta}(x) := \tilde{\boldsymbol{y}}(x) - \boldsymbol{y}(x)$ in der vom Skalarprodukt $(.,.)$ induzierten Vektornorm $\|.\|$ ab. Dazu führen wir die Hilfsfunktionen $\varphi(x) := \big(\boldsymbol{\delta}(x), \boldsymbol{\delta}(x)\big) = \|\boldsymbol{\delta}(x)\|^2$, $\mu(x) := \int_{x_0}^{x} l(x)\,dx$ und $\omega(x) := \varphi(x)\,e^{-2\mu(x)}$ ein. Für die erste Ableitung von $\omega(x)$ gilt dann

$$\omega'(x) = [\varphi'(x) - 2l(x)\,\varphi(x)]\,e^{-2\mu(x)}.$$

Die Differenz in der eckigen Klammer ist nicht positiv, denn φ' läßt sich wegen (52) in der Gestalt $\varphi'(x) = 2\big(\boldsymbol{\delta}'(x), \boldsymbol{\delta}(x)\big) = 2\big(\boldsymbol{f}(x, \tilde{\boldsymbol{y}}) - \boldsymbol{f}(x, \boldsymbol{y}), \tilde{\boldsymbol{y}} - \boldsymbol{y}\big)$ schreiben und nach (69) abschätzen: $\varphi'(x) \leqq 2l(x)\,\varphi(x)$. Folglich gilt $\omega'(x) \leqq 0$, das heißt, die Funktion $\omega(x)$ nimmt monoton ab, es ist $\omega(x) \leqq \omega(x_0)$ für $x \geqq x_0$. Daraus erhält man, wenn man mit $e^{2\mu(x)}$ multipliziert, $\mu(x_0) = 0$ berücksichtigt und durch Wurzelziehen zur Norm $\|.\|$ übergeht, schließlich für jedes $x := x_m \geqq x_0$

$$\|\boldsymbol{\delta}(x_m)\| \leqq \|\boldsymbol{\delta}(x_0)\|\,e^{\mu(x)} \qquad \text{für} \qquad a \leqq x_0 \leqq x_m \leqq b. \tag{70}$$

Diese Ungleichung zeigt, welche Bedeutung die einseitige Lipschitz-Konstante für die Kontraktivität der Lösungen besitzt.

Satz 8.2.20. *Genügt die rechte Seite* $\boldsymbol{f}$ *über dem Intervall* $[a, b]$ *einer einseitigen Lipschitz-Bedingung* (69) *und ist das Integral über die einseitigen Lipschitz-Konstanten* $l(x)$ *dort* *nicht positiv*

$$\mu(x) := \int_{x_0}^{x_m} l(x)\,\mathrm{d}x \leqq 0\,, \qquad a \leqq x_0 \leqq x_m \leqq b\,, \tag{71}$$

so ist das Differentialgleichungssystem $\boldsymbol{y}' = \boldsymbol{f}(x, \boldsymbol{y})$ *über dem Intervall* $[a, b]$ *dissipativ.*

Für $\boldsymbol{f}(x, \boldsymbol{y}) := \boldsymbol{A}\boldsymbol{y}$, das heißt im Spezialfall des Modellproblems (5), wird (69) mit $\boldsymbol{w} := \boldsymbol{u} - \boldsymbol{v}$ zu

$$(\boldsymbol{A}\boldsymbol{w}, \boldsymbol{w})/(\boldsymbol{w}, \boldsymbol{w}) \leqq l\,. \tag{72}$$

Die einseitige Lipschitz-Konstante l ist dann also eine obere Schranke für den *Rayleigh-Quotienten* der Matrix $\boldsymbol{A}$. Ihr kleinster Wert wird *logarithmische Norm von* $\boldsymbol{A}$ genannt,

$$\nu(\boldsymbol{A}) := \max_{\boldsymbol{w} \neq \boldsymbol{O}} (\boldsymbol{A}\boldsymbol{w}, \boldsymbol{w})/(\boldsymbol{w}, \boldsymbol{w})\,. \tag{73}$$

(Diese Bezeichnung ist etwas irreführend, denn die Zahl $\nu(\boldsymbol{A})$ erfüllt nicht alle Normaxiome, insbesondere kann sie negativ werden, vgl. B 8.2.10 und Ü 8.2.19.)

Ist $\boldsymbol{f}$ (als Funktion von $\boldsymbol{y}$) stetig differenzierbar, so kann man die einseitige Lipschitz-Bedingung (69) durch die häufig leichter nachzuprüfende Bedingung

$$\nu\big(\boldsymbol{f}'(x, \boldsymbol{w})\big) \leqq l(x) \tag{74}$$

ersetzen (Ü 8.2.18). Verwendet man in (72) das euklidische Skalarprodukt, so wird (74) zu

$$\lambda_{\max}\big(\boldsymbol{f}'(x, \boldsymbol{w}) + \boldsymbol{f}'(x, \boldsymbol{w})^{\mathrm{T}}\big)/2 \leqq l(x)\,, \tag{75}$$

wo $\lambda_{\max}(\boldsymbol{A})$ den größten Eigenwert von $\boldsymbol{A}$ bezeichnet (Ü 8.2.20).

Beispiel 8.2.21. Für das Differentialgleichungssystem aus Beispiel 8.1.2 und Beispiel 8.1.6 ergibt sich

$$(\boldsymbol{f}' + \boldsymbol{f}'^{\mathrm{T}})/2 = \begin{pmatrix} \alpha - \beta z & (-\beta y + \gamma z)/2 \\ (-\beta y + \gamma z)/2 & \gamma y - \delta \end{pmatrix}.$$

Solange $\alpha + \gamma y \leqq \delta + \beta z$ und $4(\alpha\gamma y - \alpha\delta + \beta\delta z) \leqq (\gamma z + \beta y)^2$ bleibt, sind beide Eigenwerte nicht positiv und die Lösungen folglich kontraktiv.

8.2.6. Stabile Lösungsverfahren

Wendet man ein numerisches Lösungsverfahren auf ein dissipatives System an, so sollte sich die Kontraktivität der Lösungen auf die Näherungen übertragen.

Definition 8.2.22 (Kontraktivität von Lösungsverfahren). Das Einschrittverfahren (17), (18) heißt (für eine gegebene Klasse von Differentialgleichungssystemen) *numerisch kontraktiv*, wenn

$$\|\tilde{\boldsymbol{y}}^{(m+1)} - \boldsymbol{y}^{(m+1)}\| \leqq \varkappa\, \|\tilde{\boldsymbol{y}}^{(m)} - \boldsymbol{y}^{(m)}\| \qquad \text{für alle } h \leqq h_0 \tag{76}$$

gilt, wobei $\tilde{\boldsymbol{y}}^{(m)}$ und $\boldsymbol{y}^{(m)}$ die von demselben Verfahren zu verschiedenen Anfangswerten $\tilde{\boldsymbol{y}}^{(0)}$ und $\boldsymbol{y}^{(0)}$ gelieferten Näherungen und $\varkappa$ eine Konstante aus $(0, 1]$ bezeichnen. Ist $\varkappa$ kleiner als Eins, so spricht man von *strenger Kontraktivität.* Gilt (76) für alle Schrittweiten $h < \infty$, so heißt das Verfahren *uneingeschränkt kontraktiv.*

Wir stellen einige Klassen von dissipativen Differentialgleichungssystemen zusammen, für die sich die Kontraktivität der Einschrittverfahren nachweisen läßt.

Definition 8.2.23. Das reele Differentialgleichungssystem $\boldsymbol{y}' = \boldsymbol{f}(x, \boldsymbol{y})$ gehört

zur Klasse A, falls $\boldsymbol{f}(x, \boldsymbol{y}) := \mu \boldsymbol{y}$ und $\mu < 0$,

zur Klasse AN, falls $\boldsymbol{f}(x, \boldsymbol{y}) := \mu(x)\, \boldsymbol{y}$ und $\mu(x) < 0$ für alle x aus $[a, b]$,

zur Klasse B, falls $\boldsymbol{f}(x, \boldsymbol{y}) := \boldsymbol{f}(\boldsymbol{y})$ und $\big(\boldsymbol{f}(\boldsymbol{u}) - \boldsymbol{f}(\boldsymbol{v}), \boldsymbol{u} - \boldsymbol{v}\big) \leqq 0$,

zur Klasse BN, falls $\big(\boldsymbol{f}(x, \boldsymbol{u}) - \boldsymbol{f}(x, \boldsymbol{v}), \boldsymbol{u} - \boldsymbol{v}\big) \leqq 0$ für alle x aus $[a, b]$, und

zur Klasse F, falls $\boldsymbol{f}(x, \boldsymbol{y}) := \boldsymbol{A}\boldsymbol{y} + \boldsymbol{r}(x, \boldsymbol{y})$ mit (60) und (68) gilt.

Die Bezeichnungen sind auch für den komplexen Fall verwendbar, wenn man in den Ungleichungen μ, $\mu(x)$ und $(.,.)$ durch $\operatorname{Re}(\mu)$, $\operatorname{Re}\big(\mu(x)\big)$, $\operatorname{Re}(.,.)$ ersetzt.

Offenbar sind die Klassen A, AN und B Teilmengen der Klasse BN, und die Differentialgleichungssysteme aus BN erfüllen die Voraussetzungen von Satz 8.2.20. Folglich sind die Systeme der ersten vier Klassen dissipativ. Für die Klasse F folgt die Dissipativität aus Satz 8.2.17. Mit Hilfe der Funktionenklassen A, AN, B und BN lassen sich die zugehörigen in der Literatur für Einschrittverfahren verwendeten Stabilitätsbegriffe auf die Kontraktivität zurückführen.

Definition 8.2.24. Das Einschrittverfahren (17), (18) heißt *A-stabil, AN-stabil, B-stabil, BN-stabil*, wenn es für die entsprechende Klasse von Differentialgleichungssystemen uneingeschränkt kontraktiv ist.

Um Kriterien für die Kontraktivität zu erhalten, schreiben wir das Einschrittverfahren (17), (18) zunächst für Differentialgleichungssysteme der Klasse A auf, im einfachsten Fall für eine skalare Gleichung. Aus (17) (oder (28)) ergibt sich mit $\boldsymbol{f} := \mu y$ das lineare Gleichungssystem

$$\begin{aligned} k^{(1)} &= \mu y^{(m)} + \mu h \sum_{j=1}^{s} b_{1j} k^{(j)}, \\ &\vdots \\ k^{(s)} &= \mu y^{(m)} + \mu h \sum_{j=1}^{s} b_{sj} k^{(j)} \end{aligned} \tag{77}$$

für die Steigungen $k^{(j)}$. Fassen wir sie zu einem Gesamtvektor $\boldsymbol{k}_s := (k^{(1)}, k^{(2)}, \ldots, k^{(s)})^{\mathsf{T}}$ zusammen, so läßt sich die Lösung in der Gestalt

$$\boldsymbol{k}_s = (\boldsymbol{I}_s - \mu h \boldsymbol{B})^{-1}\, \mu y^{(m)} \cdot \boldsymbol{e}$$

schreiben. Damit wird (18) zu

$$y^{(m+1)} = y^{(m)} + h \cdot \mathbf{c}^{\mathsf{T}} \boldsymbol{k}_s =: R(z) \cdot y^{(m)}$$

mit der *Stabilitätsfunktion*

$$R(z) := 1 + z \cdot \mathbf{c}^{\mathsf{T}} (\boldsymbol{I}_s - z \cdot \boldsymbol{B})^{-1} \boldsymbol{e}, \qquad z := \mu h. \tag{78}$$

Für die Differenz zweier Näherungsfolgen $(\tilde{y}^{(m)})$ und $(y^{(m)})$, die zu verschiedenen Startwerten $\tilde{y}^{(0)}$ und $y^{(0)}$ gehören, gilt demnach $|\tilde{y}^{(m+1)} - y^{(m+1)}| = |R(z)| \cdot |\tilde{y}^{(m)} - y^{(m)}|$. Die Bedingung

$$|R(z)| \leqq 1, \quad \operatorname{Re} z \leqq 0, \tag{79}$$

ist also hinreichend dafür, daß das Runge-Kutta-Verfahren (17), (18) A-stabil, d. h. kontraktiv für Differentialgleichungen der Klasse A ist. Im reellen Fall ($\mu < 0$) wird durch (79) eine Teilmenge der reellen Achse, im komplexen Fall ($\operatorname{Re}(\mu) < 0$) ein Teilgebiet der komplexen Ebene definiert,

$$\mathbb{S} := \{z;\, z \in \mathbb{C}^1,\, |R(z)| \leqq 1\}. \tag{80}$$

Es heißt *A-Stabilitätsbereich* des Runge-Kutta-Verfahrens.

Beispiel 8.2.25. Die Stabilitätsfunktionen für das *explizite* und das *implizite Euler-Verfahren* wurden bereits in Beispiel 8.2.1 berechnet. Im ersten Fall ist $R(z) := 1 + z$ und im zweiten $R(z) := (1 - z)^{-1}$. Die Kontraktionsbedingung $|R(z)| \leqq 1$ ist beim Polygonzugverfahren nur für $-2 \leqq z \leqq 0$, also für $h \leqq h_0 := 2/(-\mu)$ erfüllt. Je schneller die exakte Lösung abklingt, um so kleiner muß die Schrittweite gewählt werden. Beim rückwärts genommenen Euler-Verfahren ist dagegen $-1 \leqq 1/(1 - z) \leqq 1$ für jedes negative z erfüllt. Bei negativem μ, also Systemen der Klasse A, ist das *implizite Euler-Verfahren* folglich *uneingeschränkt kontraktiv*. Darüber hinaus sind die Näherungen sogar für nichtdissipative Systeme kontraktiv, falls $z > 2$ ist, also $h > 2/\mu$ gewählt wird.

Ebenso wie das Polygonzugverfahren haben auch alle anderen expliziten Runge-Kutta-Verfahren einen endlichen A-Stabilitätsbereich (Ü 8.2.21) und sind deshalb für steife Differentialgleichungssysteme nicht geeignet.

Für die Klassen AN, B und BN ist es wesentlich komplizierter, die Kontraktivität mit Hilfe der Stabilitätsfunktionen und der Stabilitätsbereiche zu bestimmen. Günstiger ist, dazu den Begriff der algebraischen Stabilität zu benutzen.

Definition 8.2.26 (algebraische Stabilität). Das Runge-Kutta-Verfahren (17), (18) heißt *algebraisch stabil*, wenn die Diagonalmatrix $\boldsymbol{C}$ der Gewichte, $\boldsymbol{C} := \operatorname{diag}(c_1, c_2, \ldots, c_s)$ und die durch $\boldsymbol{M} := \boldsymbol{CB} + \boldsymbol{B}^{\mathrm{T}}\boldsymbol{B} - \boldsymbol{cc}^{\mathrm{T}}$ definierte *Stabilitätsmatrix* positiv semidefinit sind.

Beispiel 8.2.27. Wir berechnen die Stabilitätsmatrix $\boldsymbol{M}$ für die *zweistufige Radau-IA-Formel*. Nach Tab. 8.2.3, S. 284, ist $\boldsymbol{C} = \begin{pmatrix} 1/4 & 0 \\ 0 & 3/4 \end{pmatrix}$ und $\boldsymbol{B} = \begin{pmatrix} 1/4 & -1/4 \\ 1/4 & 5/12 \end{pmatrix}$, also folgt $\boldsymbol{M} = \frac{1}{16}\left[\begin{pmatrix} 1 & -1 \\ 3 & 5 \end{pmatrix} + \begin{pmatrix} 1 & 3 \\ -1 & 5 \end{pmatrix} - \begin{pmatrix} 1 & 3 \\ 3 & 9 \end{pmatrix}\right] = \frac{1}{16}\begin{pmatrix} 1 & -1 \\ -1 & 1 \end{pmatrix}$. Die Stabilitätsmatrix $\boldsymbol{M}$ hat die Eigenwerte $\lambda_1 := 0$ und $\lambda_2 := 1/8$, ist also positiv semidefinit. Folglich ist das zweistufige Radau-IA-Verfahren *algebraisch stabil.*

Der folgende Satz zeigt die Zusammenhänge zwischen den eingeführten Stabilitätsbegriffen.

Satz 8.2.28. *Für jedes Einschrittverfahren* (17), (18) *gilt*

a) *algebraische Stabilität* $\Rightarrow$ *BN-Stabilität* $\Rightarrow$ *B-Stabilität,*
b) *algebraische Stabilität* $\Rightarrow$ *AN-Stabilität* $\Rightarrow$ *A-Stabilität.*

Sind die Stützstellen a_i paarweise verschieden, so gilt auch umgekehrt

a′) *BN-Stabilität* $\Rightarrow$ *algebraische Stabilität,*
b′) *AN-Stabilität* $\Rightarrow$ *algebraische Stabilität.*

Beweis. Wir beschränken uns auf den Beweis der ersten Implikation in a) (vgl. auch Ü 8.2.23). Mit den Abkürzungen $\boldsymbol{\delta}^{(m)} := \tilde{\boldsymbol{y}}^{(m)} - \boldsymbol{y}^{(m)}$, $\boldsymbol{v}^{(i)} := \tilde{\boldsymbol{y}}^{(m,i)} - \boldsymbol{y}^{(m,i)}$ und $\boldsymbol{w}^{(i)} := h\boldsymbol{f}(x_m + ha_i, \tilde{\boldsymbol{y}}^{(m,i)}) - h\boldsymbol{f}(x_m + ha_i, \boldsymbol{y}^{(m,i)})$ folgt aus (17), (18) und (25)

$$\boldsymbol{\delta}^{(m+1)} = \boldsymbol{\delta}^{(m)} + \sum_{i=1}^{s} c_i \boldsymbol{w}^{(i)} \quad \text{und} \quad \boldsymbol{v}^{(i)} = \boldsymbol{\delta}^{(m)} + \sum_{j=1}^{s} b_{ij} \boldsymbol{w}^{(j)}. \tag{81}$$

Damit erhält man für das Normquadrat von $\boldsymbol{\delta}^{(m+1)}$

$$\|\boldsymbol{\delta}^{(m+1)}\|^2 = (\boldsymbol{\delta}^{(m+1)}, \boldsymbol{\delta}^{(m+1)})$$

$$= \|\boldsymbol{\delta}^{(m)}\|^2 + 2\sum_{i=1}^{s} c_i(\boldsymbol{\delta}^{(m)}, \boldsymbol{w}^{(i)}) + \sum_{i=1}^{s}\sum_{j=1}^{s} c_ic_j(\boldsymbol{w}^{(i)}, \boldsymbol{w}^{(j)})$$

und weiter, wenn man $2\sum_{i=1}^{s} c_i(\boldsymbol{v}^{(i)}, \boldsymbol{w}^{(i)})$ addiert und subtrahiert

$$\|\boldsymbol{\delta}^{(m+1)}\|^2 = \|\boldsymbol{\delta}^{(m)}\|^2 + 2\sum_{i=1}^{s} c_i(\boldsymbol{v}^{(i)}, \boldsymbol{w}^{(i)})$$

$$+ 2\sum_{i=1}^{s} c_i(\boldsymbol{\delta}^{(m)} - \boldsymbol{v}^{(i)}, \boldsymbol{w}^{(i)}) + \sum_{i=1}^{s}\sum_{j=1}^{s} c_ic_j(\boldsymbol{w}^{(i)}, \boldsymbol{w}^{(j)}). \quad (82)$$

Ersetzt man die Differenz in der vorletzten Summe mit Hilfe der zweiten Gleichung (81), so ergibt sich eine Doppelsumme, die man durch Vertauschung der Summationsindizes bzw. durch Vertauschung der Faktoren im Skalarprodukt wie folgt schreiben kann:

$$-2\sum_{i=1}^{s}\sum_{j=1}^{s} c_ib_{ij}(\boldsymbol{w}^{(j)}, \boldsymbol{w}^{(i)}) = -\sum_{i=1}^{s}\sum_{j=1}^{s} c_jb_{ji}(\boldsymbol{w}^{(i)}, \boldsymbol{w}^{(j)}) - \sum_{i=1}^{s}\sum_{j=1}^{s} c_ib_{ij}(\boldsymbol{w}^{(i)}, \boldsymbol{w}^{(j)}).$$

Die beiden rechts stehenden Doppelsummen lassen sich mit der Doppelsumme in (82) zusammenfassen:

$$\|\boldsymbol{\delta}^{(m+1)}\|^2 = \|\boldsymbol{\delta}^{(m)}\|^2 + 2\sum_{i=1}^{s} c_i(\boldsymbol{v}^{(i)}, \boldsymbol{w}^{(i)}) - \sum_{i=1}^{s}\sum_{j=1}^{s} (c_ib_{ij} + c_jb_{ji} - c_ic_j)\,(\boldsymbol{w}^{(i)}, \boldsymbol{w}^{(j)}).$$

Die Koeffizienten von $(\boldsymbol{w}^{(i)}, \boldsymbol{w}^{(j)})$ sind offenbar nichts anderes als die Elemente m_{ij} der Stabilitätsmatrix $\boldsymbol{M}$. Wegen der vorausgesetzten positiven Semidefinitheit ist $-\sum_{i=1}^{s}\sum_{j=1}^{s} m_{ij}(\boldsymbol{w}^{(i)}, \boldsymbol{w}^{(j)}) \leqq 0$. Auch die erste Summe ist nicht positiv, denn die Skalarprodukte $(\boldsymbol{v}^{(i)}, \boldsymbol{w}^{(i)}) = (\boldsymbol{w}^{(i)}, \boldsymbol{v}^{(i)})$ haben, ausführlich geschrieben, die Gestalt

$$(\boldsymbol{w}^{(i)}, \boldsymbol{v}^{(i)}) = h\big(\boldsymbol{f}(x_m + ha_i, \tilde{\boldsymbol{y}}^{(m,i)}) - \boldsymbol{f}(x_m + ha_i, \boldsymbol{y}^{(m,i)}), \tilde{\boldsymbol{y}}^{(m,i)} - \boldsymbol{y}^{(m,i)}\big)$$

und sind für Differentialgleichungssysteme der Klasse BN nicht positiv. Also gilt $\|\boldsymbol{\delta}^{(m+1)}\|^2 \leqq \|\boldsymbol{\delta}^{(m)}\|^2$, das Einschrittverfahren (17), (18) ist über der Funktionenklasse BN kontraktiv, also BN-stabil. ∎

Um die Kontraktivität eines Runge-Kutta-Verfahrens für Differentialgleichungssysteme aus den Klassen A, AN, B und BN zu sichern, ist also lediglich nachzuweisen, daß die zugehörige Stabilitätsmatrix $\boldsymbol{M}$ positiv semidefinit ist. Das gelingt (wie in Beispiel 8.2.27) für die übrigen *Radau-IA-Formeln* sowie für die *Gauß-Legendre-*, die *Radau-IIA-* und die *Lobatto-IIIC-Formeln* (Ü 8.2.22). Die *Lobatto-IIIA- und -IIIB-Formeln* sind dagegen nicht algebraisch stabil.

Das Koeffizientenschema (42) der modifizierten diagonal-impliziten Runge-Kutta-Rosenbrock-Verfahren (38), (40) ist nicht von der Gestalt (19), so daß der Begriff der algebraischen Stabilität hier nicht erklärt ist. Für den linearen Fall (Klasse A) läßt sich Kontraktivität nachweisen, indem man analog zu (78) und (80) die Stabilitätsfunktion und den A-Stabilitätsbereich $\mathbb{S}$ bestimmt (Ü 8.2.24). Für den nichtlinearen Fall (Klasse F) benutzen wir die folgende abgeschwächte Kontraktivität:

Definition 8.2.29 (C-Stabilität). **Ein Einschrittverfahren der Gestalt** (17), (18) oder der Gestalt (38), (40) heißt (für eine gegebene Klasse von Differentialgleichungssystemen) *C-stabil*, wenn, unabhängig von der Steifheit der Aufgabe, ein postives h_0 und ein reelles

C_0 existieren, so daß für alle Differentialgleichungssysteme der Klasse und alle h aus $(0, h_0)$ gilt

$$\|\tilde{\boldsymbol{y}}^{(m+1)} - \boldsymbol{y}^{(m+1)}\| \leqq (1 + C_0 h) \|\tilde{\boldsymbol{y}}^{(m)} - \boldsymbol{y}^{(m)}\|.$$

Es wird also (im Fall $C_0 > 0$) ein gewisses Wachstum der Differenz von gestörter und ungestörter Näherung zugelassen. (Für $C_0 \leqq 0$ und $\varkappa := 1 + C_0 h_0 \geqq 0$ führt Definition 8.2.29 auf Definition 8.2.22 zurück.)

Ohne Beweis (vgl. HAIRER, BADER, LUBICH [1]) geben wir einen Satz über die C-Stabilität des Verfahrens (38), (40) an.

Satz 8.2.30. *Das modifizierte diagonal-implizite Runge-Kutta-Rosenbrock-Verfahren ist (für Differentialgleichungssysteme aus der Klasse F) C-stabil mit* $C_0 := \nu(\boldsymbol{A}) + l + O(h)$. *Dabei bezeichnet* $\nu(\boldsymbol{A})$ *die logarithmische Norm von* $\boldsymbol{A}$ *und* l *eine Lipschitz-Konstante des nichtlinearen Anteils der rechten Seite* $\boldsymbol{f}(x, \boldsymbol{y}) := \boldsymbol{A}\boldsymbol{y} + \boldsymbol{r}(x, \boldsymbol{y})$ (vgl. (73) und (60)).

8.2.7. Bemerkungen

B 8.2.1. *Implizite Runge-Kutta-Verfahren* werden von BUTCHER [1] sowie u. a. in den Büchern von GEAR [1], HALL, WATT [1] und STETTER [1] und ausführlich von DEKKER, VERWER [1] behandelt. Eine Zusammenstellung impliziter Formeln (bis zur Stufenzahl $s = 20$) findet man bei GLASMACHER, SOMMER [1]. Von MÄRZ [1] wird eine parameterabhängige Verallgemeinerung der *Trapezregel* vorgeschlagen.

B 8.2.2. *Steife Differentialgleichungsprobleme* treten u. a. in der ***chemischen Reaktionskinetik***, bei der ***Simulation biologischer Prozesse*** und in der *Netzwerkanalyse* auf. Sie scheinen zuerst von CURTISS und HIRSCHFELDER [1] untersucht worden zu sein. Eine Literaturzusammenstellung mit über 150 Titeln findet man bei DEKKER, VERWER [1] (vgl. auch GRIEPENTROG [1], GRIEPENTROG, MÖBIUS [1], STREHMEL, WEINER [1] und ZAVORIN [1]). Die *Definition der Steifheit* mit Hilfe der *Steifheitsquotienten* (vgl. Definition 8.2.4) geht auf LAMBERT [1], S. 231, zurück. Andere Autoren (vgl. z. B. GEAR [1], S. 209) benutzen den Begriff der *Zeitkonstanten*. Das ist die Zeit, in der eine Lösungskomponente um den Faktor 1/e abnimmt. Bei dem diagonalisierten linearen Modellproblem (5) sind die Zeitkonstanten gleich $-1/\alpha_n$, wie man unmittelbar aus (56) abliest. Steife Systeme sind solche mit sehr unterschiedlichen Zeitkonstanten.

B 8.2.3. In den *Koeffizientenschemata* (8.1.33) und (19) der *ex-* und der *impliziten Runge-Kutta-Verfahren* wird gelegentlich auf die Angabe des Stützstellenvektors $\boldsymbol{a} := (a_1, a_2, \ldots, a_s)^{\mathsf{T}}$ verzichtet. Bei autonomen Systemen wird er ohnehin nicht benötigt (vgl. (42)), und für nichtautonome kann man seine Komponenten a_i als Zeilensummen der b_{ij} leicht berechnen. Den *Gewichtsvektor* $\boldsymbol{c}$ fügt man als $(s + 1)$-te Zeile $\boldsymbol{c}^{\mathsf{T}} := (c_1, c_2, \ldots, c_s)$ an die Matrix der b_{ij} an, so daß das Runge-Kutta-Verfahren durch eine $(s + 1) \times s$-Matrix $\boldsymbol{B}$ vollständig beschrieben wird (vgl. STETTER [1], Abschnitt 3.1.1).

B 8.2.4. Zu den von BUTCHER [1] anstelle der *Taylor-Abgleichsbedingungen* eingeführten *Ersatzbedingungen* (engl. *simplifying conditions*) gehört außer (20), (21) und (22) noch eine vierte, von uns nicht benutzte Relation $E(r, q)$: $\sum_{i=1}^{s} \sum_{j=1}^{s} a_i^{l-1} c_i b_{ij} a_j^{k-1} = \frac{1}{k(l + k)}$, $l = 1(1)r$, $k = 1(1)q$. Mit Hilfe der aus den Stützstellen a_i gebildeten Vandermondeschen $s \times (2s)$-Matrix $\boldsymbol{V} := \begin{pmatrix} 1 & a_1 & \cdots & a_1^{2s-1} \\ \vdots & \vdots & & \vdots \\ 1 & a_s & \cdots & a_s^{2s-1} \end{pmatrix}$, der Diagonalmatrix $\boldsymbol{C} := \operatorname{diag}(c_1, \ldots, c_s)$ der Gewichte und der Einheitsvektoren $\boldsymbol{e}_j$ des $\mathbb{R}^{2s}$ lassen sich die Bedingungen auch in vektorieller Form schreiben: $B(q)$: $\boldsymbol{c}^{\mathsf{T}} \boldsymbol{V} \boldsymbol{e}_k = \frac{1}{k}$, $C(q)$: $\boldsymbol{B} \boldsymbol{V} \boldsymbol{e}_k = \frac{1}{k} \boldsymbol{V} \boldsymbol{e}_{k+1}$, $D(r)$: $\boldsymbol{e}_l^{\mathsf{T}} \boldsymbol{V}^{\mathsf{T}} \boldsymbol{C} \boldsymbol{B} = \frac{1}{l} (\boldsymbol{e}^{\mathsf{T}} - \boldsymbol{e}_{l+1}^{\mathsf{T}} \boldsymbol{V}^{\mathsf{T}}) \boldsymbol{C}$, $E(r, q)$: $\boldsymbol{e}_l^{\mathsf{T}} \boldsymbol{V}^{\mathsf{T}} \boldsymbol{C} \boldsymbol{B} \boldsymbol{V} \boldsymbol{e}_k = \frac{1}{k(k + l)}$, wobei überall $k = 1(1)q$ und $l = 1(1)r$ gelten soll. Über Lemma 8.2.6, 8.2.7, 8.2.8 und Satz 8.2.9 hinaus findet man in der Literatur weitere Sätze über den Zusammenhang der Zusatzbedingungen und der Taylor-Abgleichsbedingungen (BURRAGE [2], BUTCHER [1], DEKKER, VERWER [1]).

B 8.2.5. Wenn ein s-stufiges Runge-Kutta-Verfahren den Bedingungen $B(s)$ und $C(s)$ genügt, wird es auch als *Kollokationsverfahren* bezeichnet (vgl. DEKKER, VERWER [1], Remark 3.2.3).

B 8.2.6. Zur *eindeutigen Lösbarkeit* des nichtlinearen Gleichungssystems für die $\boldsymbol{k}^{(j)}$ beziehungsweise für die $\boldsymbol{y}^{(m,i)}$ (vgl. (17) und (25)) zitieren wir ein auf HUNDSDORFER und SPIJKER (1981) zurückgehendes Resultat (vgl. DEKKER, VERWER [1], Corollary 5.3.13): *Ist ein Runge-Kutta-Verfahren algebraisch stabil und irreduzibel, so hat das System* (17) *für alle Differentialgleichungssysteme* $\boldsymbol{y}' = \boldsymbol{f}(x, \boldsymbol{y})$, *deren rechte Seite einer einseitigen Lipschitz-Bedingung* (69) *mit einer negativen einseitigen Lipschitz-Konstanten* l *genügen, eine eindeutige Lösung* (nach DAHLQUIST und JELTSCH (1979) heißt ein Runge-Kutta-Verfahren *irreduzibel*, wenn es keine disjunkten Teilmengen $\mathbb{S}$ und $\mathbb{T}$ der Menge $\{1, 2, \ldots, s\}$ mit $c_j = 0$ für $j \in \mathbb{S}$ und $b_{ij} = 0$ für $i \in \mathbb{T}$ und $j \in \mathbb{S}$ gibt). Für weitere *Existenz- und Eindeutigkeitsaussagen* verweisen wir auf STETTER [1], Section 3.1.2., DEKKER, VERWER [1], Chapter 5, und auf DEKKER [1], der die bei der Lösung des nichtlinearen Gleichungssystems auftretenden Fehler untersucht.

B 8.2.7. Eine gewisse Verallgemeinerung der *Nørsett-Formeln* sind die von BURRAGE [1] eingeführten *eins-impliziten* (engl. *singly-implicit*) Methoden, bei denen die Parametermatrix $\boldsymbol{B}$ nur einen (s-fachen) Eigenwert besitzt. Obwohl $\boldsymbol{B}$ dann keine Dreiecksgestalt mehr besitzt, bleibt der Rechenaufwand vergleichbar mit dem der diagonal-impliziten Verfahren (DEKKER, VERWER [1], Section 3.5.).

B 8.2.8. *Diagonal-implizite* Verfahren werden von einigen Autoren auch *semi-explizit* (HALL, WATT [1], S. 149) oder *semi-implizit* (GRIGORIEFF [1], S. 50) genannt. Andere dagegen nennen die Rosenbrock-Varianten (*ROW-Verfahren*) semi-explizit (LAMBERT [1], S. 247) oder semi-implizit (P. ALBRECHT [1], S. 107). Das *verallgemeinerte diagonal-implizite Runge-Kutta-Verfahren* GRKV4 geht auf KAPS, RENTROP [1], [2] zurück (vgl. auch KAPS, WANNER [1]). *Modifizierte Rosenbrock-Verfahren*, die mit einer genäherten Jacobi-Matrix $\boldsymbol{f}'$ arbeiten, werden von SCHOLZ [1] und VERWER, SCHOLZ, BLOM, LOUTER-NOOL [1] untersucht. Eine *lokale Fehlerschätzung für ROW-Verfahren* mittels einer modifizierten Richardson-Extrapolation, die eine wesentliche Aufwandsenkung pro Schritt ergibt, findet man bei STREHMEL, WEINER [2]. Ein Vergleich von Richardson-Extrapolation und Einbettungstechnik für diese Verfahrensklasse wird von KAPS, POON BUI [1] vorgenommen. Für eine *globale Fehlerschätzung* zu zweistufigen ROW-Verfahren vgl. SCHOLZ [2]. Eine andere Klasse semi-impliziter Methoden sind die adaptiven Runge-Kutta-Verfahren (vgl. STREHMEL, WEINER [1], [3]). Sie beruhen auf einer formalen Linearisierung des Differentialgleichungssystems $\boldsymbol{y}' = \boldsymbol{f}(x, \boldsymbol{y})$ in der Form $\boldsymbol{y}' = \boldsymbol{A}\boldsymbol{y} + \boldsymbol{r}(x, \boldsymbol{y})$ für jedes Teilintervall $[x_m, x_m + h_m]$.

B 8.2.9. Einen Überblick über die verschiedenen, in der qualitativen Theorie der gewöhnlichen Differentialgleichungen üblichen *Stabilitätsbegriffe* sowie Hinweise auf weiterführende Literatur findet man bei REISSIG, SANSONE, CONTI [1], S. 16f. Die zahlreichen bei der numerischen Lösung gewöhnlicher Differentialgleichungen verwendeten Stabilitätsbegriffe konnten nicht annähernd vollständig behandelt werden. Wir verweisen dazu auf die bereits zitierten Monographien von DEKKER, VERWER [1] und HAIRER, NØRSETT, WANNER [1] sowie auf die Spezialliteratur (vgl. z. B. FRANK, SCHNEID, UEBERHUBER [1]–[3], HAIRER [1], KRAAIJEVANGER [1], TÜRKE [1], VELDHUIZEN [1], [2] und VERWER [1], [2]).

B 8.2.10. Nach DAHLQUIST und LOZINSKIJ (1958) wird die *logarithmische Norm* $\nu(\boldsymbol{A})$ für beliebige (einer Vektornorm zugeordnete) Matrixnormen durch

$$\nu_M(\boldsymbol{A}) := \lim_{h \to 0^+} (\|\boldsymbol{I} - h\boldsymbol{A}\|_M - 1)/h \tag{83}$$

definiert (vgl. DEKKER, VERWER [1], formula (1.5.1)). Ist die zugrunde liegende Vektornorm durch ein Skalarprodukt induziert, so führt (83) auf (73) zurück. Eigenschaften der logarithmischen Norm sind in Ü 8.2.19 zusammengestellt (vgl. auch Ü 8.2.20).

B 8.2.11. Testrechnungen zum Vergleich von numerischen Verfahren zur Lösung steifer Differentialgleichungssysteme findet man u. a. bei ENRIGHT, HULL, LINDBERG [1], ZAVORIN [1] und speziell zu Runge-Kutta-Rosenbrock-Verfahren bei VERWER [3].

8.2.8. Übungsaufgaben

Ü 8.2.1. Man integriere das Differentialgleichungssystem (10) aus Beispiel 8.2.3 über dem Intervall [0, 20] mit Hilfe des *impliziten Euler-Verfahrens*, der *impliziten Mittelpunktsregel* und der *Trapezregel* mit verschiedenen Schrittweiten und schätze jeweils den *lokalen Diskretisierungsfehler* (vgl. Abschnitt 8.1.4).

Ü 8.2.2. Man beweise (12) mit Hilfe der Taylor-Formeln für $y(x_m + h/2)$ und $y(x_{m+1} - h/2)$ (vgl. Abschnitt 7.2.3).

Ü 8.2.3. Man beweise Lemma 8.2.8.

Ü 8.2.4. Man zeige: Die von $[-1, 1]$ auf das Intervall $[0, 1]$ transformierten *Legendreschen Polynome* haben die Gestalt

$$P_n(x) = \sum_{j=0}^{n} (-1)^{n-j} \binom{n}{j} \binom{n+j}{j} x^j.$$

Ü 8.2.5. Analog zu Beispiel 8.2.10 bestimme man die Koeffizienten der dreistufigen Gauß-Legendre-Formel.

Ü 8.2.6. Man zeige: Die Zeilensummenbedingung (8.1.34) und die Taylor-Abgleichsbedingungen (8.1.35) bis (8.1.37) lassen sich in der folgenden (auch für den impliziten Fall gültigen) vektoriellen Gestalt schreiben:

für $O(h)$: $\boldsymbol{a} = \boldsymbol{B}\boldsymbol{e}$, $\boldsymbol{c}^{\mathrm{T}}\boldsymbol{e} = 1$, $\boldsymbol{c}^{\mathrm{T}}\boldsymbol{a} = 1/2$;

für $O(h^2)$ zusätzlich: $\boldsymbol{c}^{\mathrm{T}}(\boldsymbol{a} \circ \boldsymbol{a}) = 1/3$, $\boldsymbol{c}^{\mathrm{T}}\boldsymbol{B}\boldsymbol{a} = 1/6$;

für $O(h^3)$ zusätzlich: $\boldsymbol{c}^{\mathrm{T}}(\boldsymbol{a} \circ \boldsymbol{a} \circ \boldsymbol{a}) = 1/4$, $\boldsymbol{c}^{\mathrm{T}}(\boldsymbol{B}\boldsymbol{a}) \circ \boldsymbol{a} = 1/8$, $\boldsymbol{c}^{\mathrm{T}}\boldsymbol{B}(\boldsymbol{a} \circ \boldsymbol{a}) = 1/12$, $\boldsymbol{c}^{\mathrm{T}}\boldsymbol{B}^2\boldsymbol{a} = 1/24$.

Dabei bezeichnet $\boldsymbol{x} \circ \boldsymbol{y}$ das komponentenweise Produkt zweier Vektoren (vgl. (6.5.15)).

Ü 8.2.7. Für einen zweistufigen impliziten Runge-Kutta-Ansatz (17), (18) schreibe man die vektoriellen Bedingungen aus Ü 8.2.6 ausführlich auf und weise nach, daß die in Beispiel 8.2.10 bestimmten Koeffizienten der *zweistufigen Gauß-Legendre-Formel* diesen Bedingungen genügen.

Ü 8.2.8. Analog zu Beispiel 8.2.11 bestimme man eine *linksseitige Radau-Formel*, deren Koeffizienten die Bedingungen $B(3)$ und $C(2)$ erfüllen.

Ü 8.2.9. Man bestimme die *Stabilitätsfunktion* zur *linksseitigen Radau-Formel* aus Ü 8.2.8 und vergleiche sie mit der der *zweistufigen Radau-IA-Formel* aus Beispiel 8.2.11.

Ü 8.2.10. Man bestimme die Koeffizienten der *zwei- und dreistufigen Radau-IIA-Formeln* aus den Forderungen $B(2s - 1)$ und $C(s)$.

Ü 8.2.11. Man bestimme die Koeffizienten der *drei- und vierstufigen Lobatto-IIIC-Formeln* aus den Forderungen $B(2s - 2)$, $C(s - 1)$, $D(s - 1)$ und $b_{i1} = c_1$, $i = 1(1)s$.

Ü 8.2.12. Mit Hilfe der *Taylor-Abgleichsbedingungen* aus Ü 8.2.6 und der Zusatzbedingung $b_{11} = b_{22} = b_{33} = a_1$ bestimme man die Koeffizienten (37) der *dreistufigen Nørsett-Formel* aus Beispiel 8.2.12.

Ü 8.2.13. Man programmiere den Algorithmus 8.2.14 und bestätige mit seiner Hilfe die Resultate aus Beispiel 8.2.15.

Ü 8.2.14. Mit Hilfe des Programms aus Ü 8.2.13 berechne man Näherungslösungen für das *Räuber-Beute-Modell* aus Beispiel 8.1.2. Man vergleiche den Rechenaufwand mit dem des *Gill-Runge-Kutta-Verfahrens* (Algorithmus 8.1.11).

Ü 8.2.15. Man zeige: a) Bezeichnet $\|.\|$ irgendeine Vektornorm und $\boldsymbol{T}$ eine reguläre Matrix, so ist $\|\boldsymbol{v}\|_T := \|\boldsymbol{T}^{-1}\boldsymbol{v}\|$ ebenfalls eine Vektornorm. b) Aus $\|\boldsymbol{u}\| \leqq \|\boldsymbol{v}\|$ folgt $\|\boldsymbol{u}\|_T \leqq \operatorname{cond}(\boldsymbol{T})\, \|\boldsymbol{v}\|_T$ mit $\operatorname{cond}(\boldsymbol{T}) := \|\boldsymbol{T}\| \cdot \|\boldsymbol{T}^{-1}\|$. c) Aus $\|\boldsymbol{u}\|_T \leqq \|\boldsymbol{v}\|_T$ folgt $\|\boldsymbol{u}\| \leqq \operatorname{cond}(\boldsymbol{T})\, \|\boldsymbol{v}\|$.

Ü 8.2.16. Man beweise das *Gronwallsche Lemma*: Sind φ und ψ Funktionen aus $C[a, b]$, und ist α eine reelle Zahl, die für alle x aus $[a, b]$ den Ungleichungen $\psi(x) \geqq 0$, $\varphi(x) \leqq \alpha + \int_a^x \psi(t)\, \varphi(t)\, dt$ genügen, so gilt $\varphi(x) \leqq \alpha \cdot \exp\left[\int_a^x \psi(t)\, dt\right]$.

Ü 8.2.17. Man zeige: Genügt eine Vektorfunktion $\boldsymbol{f}(\boldsymbol{y})$ einer *Lipschitz-Bedingung* $\|\boldsymbol{f}(\boldsymbol{u}) - \boldsymbol{f}(\boldsymbol{v})\| \leqq L\, \|\boldsymbol{u} - \boldsymbol{v}\|$, so genügt sie auch einer einseitigen Lipschitz-Bedingung $(\boldsymbol{f}(\boldsymbol{u}) - \boldsymbol{f}(\boldsymbol{v}), \boldsymbol{u} - \boldsymbol{v}) \leqq l \cdot (\boldsymbol{u} - \boldsymbol{v}, \boldsymbol{u} - \boldsymbol{v})$. Wie hängen die *Lipschitz-Konstanten* L und l zusammen?

Ü 8.2.18. Man zeige: Ist die rechte Seite des Differentialgleichungssystems $\boldsymbol{y}' = \boldsymbol{f}(x, \boldsymbol{y})$ nach $\boldsymbol{y}$ stetig differenzierbar, so sind die *einseitige Lipschitz-Bedingung* (69) und die Bedingung (74) äquivalent.

Ü 8.2.19. Man weise nach, daß die *logarithmische Norm* $\nu(\boldsymbol{A})$ die folgenden Eigenschaften besitzt (DEKKER, VERWER [1], S. 31):

a) $-\|\boldsymbol{A}\| \leqq -\nu(-\boldsymbol{A}) \leqq \operatorname{Re}(\alpha_i) \leqq \nu(\boldsymbol{A}) \leqq \|\boldsymbol{A}\|$, $i = 1(1)N$,

b) $\nu(c\boldsymbol{A}) = c\nu(\boldsymbol{A})$ für alle $c \geqq 0$,

c) $\nu(\boldsymbol{A} + c\boldsymbol{I}) = \nu(A) + c$ für alle reellen c,

d) $\max(\nu(\boldsymbol{A}) - \nu(-\boldsymbol{B}), -\nu(-\boldsymbol{A}) + \nu(\boldsymbol{B})) \leqq \nu(\boldsymbol{A} + \boldsymbol{B}) \leqq \nu(\boldsymbol{A}) + \nu(\boldsymbol{B})$,

e) $\nu(c\boldsymbol{A} + (1 - c)\boldsymbol{B}) \leqq c\nu(\boldsymbol{A}) + (1 - c)\,\nu(\boldsymbol{B})$ für alle c aus $[0, 1]$,

f) $|\nu(\boldsymbol{A}) - \nu(\boldsymbol{B})| \leqq \max(|\nu(\boldsymbol{A} - \boldsymbol{B})|, |\nu(\boldsymbol{B} - \boldsymbol{A})|) \leqq \|\boldsymbol{A} - \boldsymbol{B}\|$,

g) $\|\boldsymbol{A}\boldsymbol{y}\| \geqq \max(-\nu(-\boldsymbol{A}), -\nu(\boldsymbol{A}))\,\|\boldsymbol{y}\|$ für alle $\boldsymbol{y}$ aus $\mathbb{R}^N$,

h) $\nu_T(\boldsymbol{A}) = \nu(\boldsymbol{T}^{-1}\boldsymbol{A}\boldsymbol{T})$, wobei $\nu_T(.)$ mit Hilfe der T-Norm (vgl. (62), (63)) definiert wird,

i) $\|\boldsymbol{A}^{-1}\|^{-1} \leqq \max(-\nu(-\boldsymbol{A}), -\nu(\boldsymbol{A}))$ für alle regulären Matrizen $\boldsymbol{A}$.

Ü 8.2.20. Man zeige: a) Verwendet man in (73) das *Euklidische Skalarprodukt* $(\boldsymbol{u}, \boldsymbol{v})_2 := \boldsymbol{u}^{\mathrm{T}}\boldsymbol{v}$, so gilt $\nu_2(\boldsymbol{A}) := \lambda_{\max}((\boldsymbol{A} + \boldsymbol{A}^{\mathrm{T}})/2)$; dabei bezeichnet $\lambda_{\max}(\boldsymbol{B})$ den größten Eigenwert der Matrix $\boldsymbol{B}$. b) Verwendet man in der allgemeinen Definition der logarithmischen Norm (83) die *Spalten- oder Zeilensummennorm*, so ergibt sich $\nu_1(\boldsymbol{A}) := \max\limits_j \left(a_{jj} + \sum\limits_{\substack{i=1\\ i \neq j}}^{N} |a_{ij}|\right)$ bzw. $\nu_\infty(\boldsymbol{A}) := \max\limits_i \left(a_{ii} + \sum\limits_{\substack{j=1\\ j \neq i}}^{N} |a_{ij}|\right)$.

Ü 8.2.21. Man berechne die *Stabilitätsfunktion* $R(z)$ und den *A-Stabilitätsbereich* für beliebig ausgewählte *explizite Runge-Kutta-Formeln* aus Tab. 8.1.2, Tab. 8.1.3 oder Tab. 8.1.4 (S. 261, 262).

Ü 8.2.22. Mit Hilfe der *Stabilitätsmatrix* $\boldsymbol{M}$ prüfe man, ob die zweistufigen *Gauß-Legendre-, Radau-IIA- sowie Lobatto-IIIA-, -IIIB-* und *-IIIC-Formeln* algebraisch stabil sind.

Ü 8.2.23. Man vervollständige den Beweis von Satz 8.2.28.

Ü 8.2.24. Man berechne die Stabilitätsfunktion $R(z)$ und den A-Stabilitätsbereich für die s-stufigen ($s = 1(1)4$) Runge-Kutta-Rosenbrock-Formeln aus Beispiel 8.2.13.

Literatur

ABRAMOWITZ, M., und I. A. STEGUN (Hrsg.)
[1] Handbook of Mathematical Functions. Nat. Bureau of Standards, Appl. Math. Series No. 55, US Government Printing Office, Washington D. C. 1964.
[2] Pocketbook of Mathematical Functions. Verlag Harri Deutsch, Thun, Frankfurt/Main 1984.
ACHIESER, N. I.
[1] Vorlesungen über Approximationstheorie. Akademie-Verlag, Berlin 1967.
AHLBERG, J. H., E. N. NILSON und J. L. WALSH
[1] The Theory of Splines and Their Applications. Academic Press, New York 1967 (russ. Übers.: Теория сплайнов и её приложения. Мир, Москва 1972).
AKRIVIS, G.
[1] Fehlerabschätzungen für Gauß-Quadraturformeln. Numer. Math. **44** (1984), 261–278.
AKRIVIS, G., und A. BURGSTALLER
[1] Fehlerabschätzungen für nichtsymmetrische Gauß-Quadraturformeln. Numer. Math. **47** (1985), 535–543.
ALBRECHT, J.
[1] Zur simultanen Einkreisung sämtlicher Nullstellen eines Polynoms. Z. Angew. Math. Mech. **43** (1963), 377–379.
[2] Intervallschachtelungen beim Romberg-Verfahren. Z. Angew. Math. Mech. **52** (1972), 433–435.
ALBRECHT, P.
[1] Die numerische Behandlung gewöhnlicher Differentialgleichungen. Akademie-Verlag, Berlin 1979.
[2] Numerical treatment of O. D. Es.: The theory of A-methods. Numer. Math. **47** (1985), 59–87.
ALEFELD, G.
[1] On the convergence of Halley's method. Amer. Math. Mon. **88** (1981) 7, 530–536.
ANTES, H.
[1] Über die vierdimensionale Romberg-Integration mit Schranken. Computing **9** (1972), 45–52.

BABUŠKA, J., M. PRAGER und E. VITAŠEK
[1] Numerical Processes in Differential Equations. Interscience Publ. Prag, J. Wiley & Sons, London 1966.
BACHMANN, K.-H.
[1] Einschließung der Nullstellen von Intervallpolynomen. Beiträge zur Numerischen Mathematik **4** (1975), 23–32.
BACHVALOV, N. S. (Бахвалов, Н. С.)
[1] Численные методы. Наука, Москва 1975.
BAKER, C. T. H.
[1] On the nature of certain quadrature formulas and their errors. SIAM J. Numer. Anal. **5** (1968), 783–804.
BAUER, F. L., H. RUTISHAUSER und E. L. STIEFEL
[1] New aspects in numerical quadrature. Proc. Symp. appl. Math. **15** (1963), 199–218.
BERESIN, I. S., und N. P. SHIDKOW
[1] Numerische Methoden 2. VEB Deutscher Verlag der Wissenschaften, Berlin 1971.
BERG, L.
[1] Numerische Faktorisierung von Polynomen. Z. Angew. Math. Mech. **58** (1978), 245–249.

[2] On the simultaneous calculation of two zeros. Computing **24** (1980), 87–91.
[3] Ein ableitungsfreies Dreistufenverfahren mit quadratischer Konvergenz zur Berechnung von Nullstellen. Rostock. Math. Kolloq. **13** (1980), 119–122.
[4] Stabile Iterationsverfahren beliebiger Ordnung zur Berechnung von Wurzeln. Z. Angew. Math. Mech. **61** (1981), 396–399.
[5] Zur Asymptotik der LR-Aufspaltung Toeplitzscher Bandmatrizen. Rostock. Math. Kolloq. **25** (1984), 37–44.
[6] Abschätzung von Nullstellen eines Polynoms. Z. Angew. Math. Mech. **67** (1987), 57–58.
Blechman, I. I., A. D. Myškis und Ja. G. Panovko
[1] Angewandte Mathematik. VEB Deutscher Verlag der Wissenschaften, Berlin 1984.
Böhmer, K.
[1] Spline-Funktionen. B. G. Teubner, Stuttgart 1974.
Boor, C. de
[1] A Practical Guide to Splines. Springer-Verlag, Berlin, Heidelberg, New York 1978.
Brass, H.
[1] Quadraturverfahren. Vandenhoeck und Ruprecht, Göttingen 1977.
Brass, H., und G. Schmeisser
[1] Error estimates for interpolatory quadrature formulae. Numer. Math. **37** (1981), 371–386.
Braun, M.
[1] Differential Equations and Their Applications. Springer-Verlag, New York, Heidelberg, Berlin 1978.
Brezinski, C.
[1] Accéleration de la Convergence en Analyse Numérique. Lecture Notes in Mathematics, vol. 584. Springer-Verlag, Berlin, Heidelberg, New York 1977.
[2] Algorithmes d'Accéleration de la Convergence. Études Numériques. Editions Technip, Paris 1978.
[3] A general extrapolation algorithm. Numer. Math. **35** (1980), 175–187.
[4] Some new convergence acceleration methods. Math. of Comput. **39** (1982) 159, 133–145.
Broyden, C. G.
[1] A class of methods for solving simultaneous equations. Math. Comput. **19** (1965), 577–593.
Brügner, G.
[1] Einfluß von Rundungsfehlern bei Interpolations-Verfahren. Freiburger Intervall-Berichte **82/4** (1982).
[2] Rounding error analysis of interpolation procedures. Computing **33** (1984), 83–87.
Buchberger, B., G. E. Collins und R. Loos (Hrsg.)
[1] Computer Algebra – Symbolic and Algebraic Computation. Computing Supplementum 4, Springer-Verlag, Wien 1982.
Bulirsch, R.
[1] Bemerkungen zur Romberg-Integration. Numer. Math. **6** (1964), 6–16.
Bulirsch, R., und J. Stoer
[1] Numerical quadrature by extrapolation. Numer. Math. **6** (1964), 413–427.
[2] Asymptotic upper and lower bounds for results of extrapolation methods. Numer. Math. 8 (1966), 93–104.
Burmeister, W.
[1] Die Konvergenzordnung des Fletcher-Powell-Algorithmus. Z. Angew. Math. Mech. **53** (1973), 693–699.
Burmeister, W., W. Hess und J. W. Schmidt
[1] Convex spline interpolants with minimal curvature. Computing **35** (1985), 219–229.
Burmeister, W., und J. W. Schmidt
[1] On the R-order of coupled sequences II, III. Computing **29** (1982), 73–81; **30** (1983), 157–169.
Burrage, K.
[1] A special family of Runge-Kutta methods for solving stiff differential equations. BIT **18** (1978), 22–41.
[2] High order algebraically stable Runge-Kutta methods. BIT **18** (1978), 373–383.
Bus, J. C. P., und T. J. Dekker
[1] Two efficient algorithms with guaranteed convergence for finding a zero of a function. Report NW 13/75, Mathematisch Centrum, Amsterdam 1975.
Butcher, J. C.
[1] Implicit Runge-Kutta processes. Math. Comp. **18** (1964), 50–64.

Carleson, L.
[1] On convergence and growth of partial sums of Fourier series. Acta Math. **116** (1966), 135–157.
Cheney, E. W.
[1] Introduction to Approximation Theory. McGraw-Hill Publ. Co., New York 1966.
Clenshaw, C. W., und A. R. Curtis
[1] A method for numerical integration on an automatic computer. Numer. Math. **2** (1960), 197–205.
Collatz, L.
[1] Funktionalanalysis und numerische Mathematik. Springer-Verlag, Berlin, Göttingen, Heidelberg, 1964.
[2] The Numerical Treatment of Differential Equations. Springer-Verlag, Berlin, Göttingen, Heidelberg 1966.
Collatz, L., und J. Albrecht (Hrsg.)
[1] Aufgaben aus der Angewandten Mathematik I, II. Friedr. Vieweg & Sohn Verlagsges., Braunschweig, und Akademie-Verlag, Berlin 1972, 1973.
Collatz, L., und W. Krabs
[1] Approximationstheorie. Teubner, Stuttgart 1973.
Collatz, L., G. Meinardus und H. Werner (Hrsg.)
[1] Numerische Methoden der Approximationstheorie, Bd. 5. Birkhäuser Verlag, Basel, Stuttgart 1980.
Cooley, J. W., und J. W. Tukey
[1] An algorithm for the machine calculation of complex Fourier series. Math. Comput. **19** (1965), 297–301.
Cooley, J. W., P. A. Lewis und P. D. Welch
[1] Historical notes on the fast Fourier transform. Proc. IEEE **55** (1967), 1675–1677.
Creutzburg, R., und H.-J. Grundmann
[1] Die Fermat-Transformation und ihre Anwendung bei der schnellen Berechnung digitaler Faltungen. Rostocker Math. Kolloq. **24** (1983), 77–98.
Creutzburg, R., und M. Tasche
[1] Zahlentheoretische Transformationen und primitive Einheitswurzeln in einem Restklassenring modulo m. Rostocker Math. Kolloq. **25** (1984), 4–22; **26** (1984), 103–109.
[2] F-Transformation und Faltung in kommutativen Ringen. Elektron. Inf.-Verarb. Kybernetik **21** (1985), 129–149.
[3] Number-theoretic transforms of prescribed length. Math. of Comp. **47** (1986), 693–701.
Curtiss, C. F., und J. O. Hirschfelder
[1] Integration of stiff equations. Proc. Nat. Acad. Sci. USA **38** (1952), 235–243.

Dahlquist, G.
[1] Stability and error bounds in the numerical integration of ordinary differential equations. Trans. Royal Inst. Tech. No. 130, Stockholm 1959.
Davis, P. J., und P. Rabinowitz
[1] Methods of Numerical Integration. Academic Press, New York 1975.
Dekker, K.
[1] Error bounds for the solution to the algebraic equations in Runge-Kutta methods. BIT **24** (1984), 347–356.
Dekker, K., und J. G. Verwer
[1] Stability of Runge-Kutta Methods for Stiff Nonlinear Differential Equations. North-Holland Publ. Co., Amsterdam 1984.
Demidowitsch, B. P., I. A. Maron und E. S. Schuwalowa
[1] Numerische Methoden der Analysis. VEB Deutscher Verlag der Wissenschaften, Berlin 1968.
Dennis, J. E., und R. B. Schnabel
[1] Numerical Methods for Unconstrained Optimization and Nonlinear Equations. Prentice Hall, Englewood Cliffs, N. J., 1983.
Dietze, S., und J. W. Schmidt
[1] Determination of shape preserving spline interpolants with minimal curvature via dual programs. J. Approximation Theory **51** (1987).
Durand, E.
[1] Solutions Numériques des Equations Algébriques, Tome 1. Masson, Paris 1960.

EHRMANN, H.
[1] Konstruktion und Durchführung von Iterationsverfahren höherer Ordnung. Arch. Ration. Mech. Anal. **4** (1959), 65–88.
ENGELS, H.
[1] Fehlereinschließung bei der numerischen Differentiation mit Hilfe des Richardsonschen Prinzips. Z. Angew. Math. Mech. **48** (1968), T59–T61.
[2] Zur Anwendung der Richardson-Extrapolation auf die numerische Differentiation. Computing **8** (1971), 255–271.
[3] Numerical Quadrature and Cubature. Academic Press, London 1980.
ENRIGHT, W. H., und T. E. HULL
[1] Test results on initial value methods for non-stiff ordinary differential equations. SIAM J. Numer. Anal. **13** (1976), 944–961.
ENRIGHT, W. H., T. E. HULL und B. LINDBERG
[1] Comparing numerical methods for stiff systems of ODE's. BIT **15** (1975), 10–48.
ERDÖS, P., und P. VERTÉSI
[1] On almost everywhere divergence of Lagrange interpolation polynomials for arbitrary systems of nodes. Acta Math. Acad. Sci. Hung. **36** (1980), 71–89.

FEHLBERG, E.
[1] New high-order Runge-Kutta formulas with step size control for systems of first- and second-order differential equations. Z. Angew. Math. Mech. **44** (1964), T17–T29.
[2] New high-order Runge-Kutta formulas with an arbitrary small truncation error. Z. Angew. Math. Mech. **46** (1966), 1–16.
[3] Eine Runge-Kutta-Nyström-Formel 9-ter Ordnung mit Schrittweitenkontrolle für Differentialgleichungen $x'' = f(t, x)$. Z. Angew. Math. Mech. **61** (1981), 477–485.
FENYÖ, S., und H. W. STOLLE
[1] Theorie und Praxis der linearen Integralgleichungen, Band 4. VEB Deutscher Verlag der Wissenschaften, Berlin 1984.
FILIPPI, S.
[1] Angenäherte Tschebyscheff-Approximation einer Stammfunktion — eine Modifikation des Verfahrens von Clenshaw und Curtis. Numer. Math. **6** (1964), 320–328.
[2] Ein verallgemeinertes Bairstow-Verfahren zur gleichzeitigen Ermittlung aller Nullstellen eines Polynoms. Beiträge zur Numerischen Mathematik **4** (1975), 83–93.
FÖRSTER, K.-J.
[1] Vergleich der Quadraturformeln vom Newton-Cotes- und vom Gauss-Typ. Z. Angew. Math. Mech. **61** (1981), T279–T280.
[2] Zum Vergleich von Quadraturformeln. Dissertation, TU Braunschweig 1982.
FORSYTHE, G. E., M. A. MALCOLM und C. B. MOLER
[1] Computer Methods for Mathematical Computations. Prentice Hall, Inc., Englewood Cliffs, N.J. 1977 (russ. Übers.: Мир, Москва 1980).
FRANK, R., J. SCHNEID und C. W. UEBERHUBER
[1] The concept of B-convergence. SIAM J. Numer. Anal. **18** (1981), 753–780.
[2] Stability properties of implicit Runge-Kutta methods. SIAM J. Numer. Anal. **22** (1985), 497–514.
[3] Order results for implicit Runge-Kutta methods applied to stiff systems. SIAM J. Numer. Anal. **22** (1985), 515–534.
FRITSCH, F. N., und R. E. CARLSON
[1] Monotone piecewise cubic interpolation. SIAM J. Numer. Anal. **17** (1980), 238–246.

GAUSS, C. F.
[1] Methodus nova integralium valores per approximationem inveniendi. Werke, Bd. 3, S. 163 bis 196. Königliche Gesellschaft der Wissenschaften, Göttingen 1876.
GAUTSCHI, W.
[1] Attenuation factors in practical Fourier analysis. Numer. Math. **18** (1972), 373–400.
GEAR, C. W.
[1] Numerical Initial Value Problems in Ordinary Differential Equations. Prentice Hall, Englewood Cliffs, N. J., 1971.
[2] Numerical solution of ordinary differential equations: Is there anything left to do? SIAM Review **23** (1981), 10–24.

GHIZZETTI, A., und A. OSSICINI
[1] Quadrature Formulae. Akademie-Verlag, Berlin 1970.
GIBBONS, A.
[1] A program for the automatic integration of differential equations using the method of Taylor series. Comput. J. **3** (1960), 108–111.
GILL, S.
[1] A process for step-by-step integration of a differential equation in an automatic digital computing machine. Proc. Cambridge Philos. Soc. **47** (1951), 96–108.
GLASMACHER, W., und D. SOMMER
[1] Implizite Runge-Kutta-Formeln. Forschungsbericht des Landes Nordrhein-Westfalen Nr. 1763, Opladen 1966.
GLOISTEHN, H. H.
[1] Numerische Methoden bei Integralen und gewöhnlichen Differentialgleichungen für programmierbare Taschenrechner (AOS). Friedr. Vieweg & Sohn, Braunschweig, 1982.
GNEDENKO, B. W.
[1] Lehrbuch der Wahrscheinlichkeitsrechnung. Akademie-Verlag, Berlin 1957.
GOERING, H., H.-G. ROOS und L. TOBISKA
[1] Finite-Element-Methode. Akademie-Verlag, Berlin 1985.
GRIEPENTROG, E.
[1] Numerische Integration steifer Differentialgleichungssysteme mit Einschrittverfahren. Beiträge zur Numerischen Mathematik 8 (1980), 59–74.
GRIEPENTROG, E., und R. MÄRZ
[1] Differential-algebraic equations and their numerical treatment. Teubner-Texte zur Mathematik, Bd. 88, B.G. Teubner Verlagsges., Leipzig 1986.
GRIEPENTROG, E., und A. MÖBIUS
[1] Effective realization of numerical integration methods for stiff problems. Z. Angew. Math. Mech. **65** (1985) 11, 561–567.
GRIGORIEFF, R. D.
[1] Numerik gewöhnlicher Differentialgleichungen 1 und 2. B. G. Teubner, Stuttgart 1972 und 1977 (Band 2 unter Mitwirkung von H. J. PFEIFFER).
GROSSMANN, CH., T. RIEDRICH und H. SCHÖNHEINZ (Hrsg.)
[1] Numerical Analysis of Selected Semilinear Differential Equations. Akademie-Verlag, Berlin 1984.
GRZANNA, J.
[1] Zweidimensionale Splineinterpolation über einem Polargitter. J. Approximation Theory **22** (1978), 189–201.
[2] B-splines on polar meshes. J. Approximation Theory **47** (1986).

HACKBUSCH, W.
[1] Theorie und Numerik elliptischer Differentialgleichungen. Teubner Studienbücher Mathematik, B. G. Teubner, Stuttgart 1986.
HAIRER, E.
[1] A note on D-stability. BIT **24** (1984), 383–386.
HAIRER, E., G. BADER und CH. LUBICH
[1] On the stability of semi-implicit methods for ordinary differential equations. BIT **22** (1982), 211–232.
HAIRER, E., und C. LUBICH
[1] Asymptotic expansions for the global error of fixed-stepsize methods. Numer. Math. **45** (1984) 345–360.
HAIRER, E., S. P. NØRSETT und G. WANNER
[1] Solving Ordinary Differential Equations. I, Nonstiff Problems, Springer-Verlag, Berlin, Heidelberg, New York, London, Paris, Tokyo 1987.
HALL, G., und J. M. WATT (Hrsg.)
[1] Modern Numerical Methods for Ordinary Differential Equations. Clarendon Press, Oxford 1976.
HÄMMERLIN, G. (Hrsg.)
[1] Numerische Integration. Birkhäuser Verlag, Basel, Stuttgart 1979.
[2] Numerical Integration. Birkhäuser Verlag, Basel, Stuttgart 1982.
HARDY, G. H.
[1] Divergent Series. Clarendon Press, Oxford 1949.

HAVERKAMP, R.
[1] Zur Konvergenz der Ableitungen von Interpolationspolynomen. Computing **32** (1984), 343 bis 355.
HEINRICH, H.
[1] Einführung in die Praktische Analysis. BSB B. G. Teubner Verlagsges., Leipzig 1963.
[2] Numerische Behandlung nichtlinearer Gleichungen. *In:* LAUGWITZ, D. (Hrsg.), Überblicke Mathematik. Bibliographisches Institut, Mannheim 1969, 99–129.
HENRICI, P.
[1] Elemente der numerischen Analysis, Band 1 und 2. Bibliographisches Institut, Mannheim 1972.
[2] Essentials of Numerical Analysis. John Wiley and Sons, New York 1982.
HESS, W., und J. W. SCHMIDT
[1] Convexity preserving interpolation with exponential splines. Computing **36** (1986), 335–342.
HLAWKA, E.
[1] Zur angenäherten Berechnung mehrfacher Integrale. Monatsh. Math. **66** (1962), 140–151.
HOFMANN, B.
[1] Regularization for applied inverse and ill-posed problems. Teubner-Texte zur Mathematik, Bd. 85, B. G. Teubner Verlagsges., Leipzig 1986.
HORN, B., und D. HORN
[1] Symbolische Differentiation von PL/1-Ausdrücken (Programmdokumentation). Institut für Mathematik der AdW der DDR, Berlin 1981.
HORN, D., H.-G. JAHNKE und H. SANDMANN
[1] Programmpaket zur numerischen Lösung von Anfangswertaufgaben. Technische Universität Dresden, Weiterbildungszentrum für Mathematische Kybernetik und Rechentechnik/Informationsverarbeitung, Heft 56, Dresden 1982.
HOUSEHOLDER, A. S.
[1] The Numerical Treatment of a Single Non-Linear Equation. McGraw-Hill Publ. Co., New York 1970.

IGARASHI, M.
[1] A termination criterion for iterative methods used to find the zeros of polynomials. Math. of Comput. **42** (1984) 165, 165–171.
[2] Practical stopping rule for finding roots of nonlinear equations. J. Comput. Appl. Math. **12 & 13** (1985), 371–380.
ISAACSON, E., und H. B. KELLER
[1] Analyse numerischer Verfahren. Edition Leipzig, Leipzig 1972.

JAHNKE, E., F. EMDE und F. LÖSCH
[1] Tafeln höherer Funktionen. B. G. Teubner, Stuttgart 1960.
JENKINS, M. A., und J. F. TRAUB
[1] Priciples for testing polynomial zerofinding programs. ACM Trans. Math. Software **2** (1975), 26–34.
JETTER, K.
[1] Eine kurze Anmerkung zur Romberg-Integration. Numer. Math. **45** (1984), 275–281.
JUST, G., und D. OELSCHLÄGEL (Hrsg.)
[1] Mathematik für Chemiker. Deutscher Verlag für Grundstoffindustrie, Leipzig 1981.

KANTOROWITSCH, L. W., und G. P. AKILOW
[1] Funktionalanalysis in normierten Räumen. Akademie-Verlag, Berlin 1978.
KAPS, P., S. W. H. POON und T. D. BUI
[1] Rosenbrock methods for stiff ODE's: A comparison of Richardson-extrapolation and embedding technique. Computing **34** (1985), 17–40.
KAPS, P., und P. RENTROP
[1] Generalized Runge-Kutta methods of order four with stepsize control for stiff ordinary differential equations. Numer. Math. **33** (1979), 55–68.
[2] Numerical solution of stiff ODE by generalized Runge-Kutta methods of variable order. Universitätsnotiz Nr. 4, Stj. 1979/80, Institut für Mathematik und Geometrie, Universität Innsbruck 1980.

Kaps, P., und G. Wanner
[1] A study of Rosenbrock-type methods of high order. Numer. Math. **38** (1981), 279–298.
Karlin, S., Ch. A. Micchelli, A. Pinkus und I. J. Schoenberg (Hrsg.)
[1] Studies in Spline Functions and Approximation Theory. Academic Press, New York 1976.
Kazmierczak, H. (Hrsg.)
[1] Erfassung und maschinelle Verarbeitung von Bilddaten. Springer-Verlag, Wien, und Akademie-Verlag, Berlin 1980.
Kerner, I. O.
[1] Ein Gesamtschrittverfahren zur Berechnung der Nullstellen von Polynomen. Numer. Math. **8** (1966), 290–294.
[2] Numerische Mathematik mit Kleinrechnern. Studienbücherei Mathematik für Lehrer, Band 19. VEB Deutscher Verlag der Wissenschaften, Berlin 1985.
Kiełbasiński, A., und H. Schwetlick
[1] Numerische Lineare Algebra – Ein computerorientiertes Lehrbuch. VEB Deutscher Verlag der Wissenschaften, Berlin 1988.
Kiesewetter, H.
[1] Vorlesungen über lineare Approximation. VEB Deutscher Verlag der Wissenschaften, Berlin 1973.
Kiesewetter, H., und G. Maess
[1] Elementare Methoden der numerischen Mathematik. Akademie-Verlag, Berlin 1974.
Klein, W.
[1] Finite Systemtheorie. B. G. Teubner, Stuttgart 1976.
Kleine Enzyklopädie Mathematik. Hrsg. W. Gellert u. a. Bibliographisches Institut, Leipzig 1965.
Kleinmichel, H., W. Koch, C. Richter und K. Schönefeld
[1] Überlinear konvergente Verfahren der nichtlinearen Optimierung. Studientexte der TU Dresden, Hefte I–VI, Dresden 1984.
Klonower, L., und C. Kofer
[1] Ein Algorithmus zur symbolischen Differentiation von Funktionen mit Hilfe eines Rechenautomaten. Wiss. Z. TU Dresden **25** (1976), 189–193.
Knopp, K.
[1] Theorie und Anwendung der unendlichen Reihen. Springer-Verlag, Berlin, Göttingen, Heidelberg 1947.
Knuth, D. E.
[1] The Art of Computer Programming, Vol. 3, Sorting and Searching. Addison-Wesley, Reading, Mass., 1973.
Kommerell, K.
[1] Vorlesungen über analytische Geometrie des Raumes. Koehler & Amelang, Leipzig 1953.
Korobov, N. M. (Коробов, Н. М.)
[1] Приближенное вычисление кратных интегралов с помощю методов теории чисел. Докл. Акад. Наук СССР **115** (1957), 1062–1065.
[2] О некоторых теоретико-численных методах приближенного вычисления кратных интегралов. Успехи мат. наук **14** (1959) 2, 227–230.
Kraaijevanger, J. F. B. M.
[1] *B*-convergence of the implicit midpoint rule and the trapezoidal rule. BIT **25** (1985), 652–666.
Krasnoselski, M. A., u. a.
[1] Näherungsverfahren zur Lösung von Operatorgleichungen. Akademie-Verlag, Berlin 1973.
Kronrod, A. S. (Кронрод, А. С.)
[1] Узлы и веса квадратурных формул. Наука, Москва 1964.
Krylov, V. I. (Крылов, В. И.)
[1] Приближенное вычисление интегралов. Наука, Москва 1967.
Krylov, V. I., V. V. Bobkov und P. I. Monastyrnyj (Крылов, В. И., В. В. Бобков и П. И. Монастырный)
[1] Вычислительные методы высшей математики. Том 1, Изд. Высшая Школа, Минск 1972. Том 2, Наука, Москва 1977.
[2] Начала теории вычислительных методов. Том 1, Дифференциальные уравнения. Том 2, Интерполирование и интегрирование. Том 3, Линейная алгебра и нелинейные уравнения. Наука и техника, Минск 1982, 1983, 1985.

KRYLOV, V. I., V. V. LUGIN und L. A. JANOVIČ (Крылов, В. И., В. В. Лугин и Л. А. Янович)
[1] Таблицы к численному интегрированию функций с степенными особенностями. Изд. Акад. Наук БССР, Минск 1963.
KRYLOV, V. I., und L. T. ŠUL'GINA (Крылов, В. И., и Л. Т. Шульгина)
[1] Справочная книга по численному интегрированию. Наука, Москва 1966.

LAGUERRE, E. N.
[1] Sur une méthode pour obtenir par approximation les racines d'une équation algébrique qui a toutes ses racines réelles. Nouvelles Annales de Math., 2° Série, **19** (1880), 161–171, 193–202.
LAMBERT, J. D.
[1] Computational Methods in Ordinary Differential Equations. John Wiley and Sons, London 1973.
[2] A stable sequence of steplengths for Euler's rule applied to stiff systems of differential equations. Computers & Maths. Appls. **12B** (1986), 1141–1151.
LANGE, F. H.
[1] Signale und Systeme, Band 1. Verlag Technik, Berlin 1975.
LEVIN, M., und J. GIRSHOVICH
[1] Optimal Quadrature Formulas. BSB B. G. Teubner Verlagsges., Leipzig 1979.

MÄRZ, R.
[1] Untersuchung eines parametrischen impliziten Einschrittverfahrens. Beiträge zur Numerischen Mathematik **8** (1980), 85–97.
MAESS, B., und G. MAESS
[1] Interpolating quadratic splines with norm-minimal curvature. Rostocker Math. Kolloq. **26** (1984), 83–88.
MAESS, G.
[1] Quantitative Verfahren zur Bestimmung periodischer Lösungen autonomer nichtlinearer Differentialgleichungen. Abh. Dt. Akad. Wiss., Kl. Math. Phys. Techn. **1965**, Heft 3, Akademie-Verlag, Berlin 1965.
[2] Zur Bestimmung des Restglieds von Lie-Reihen. Wiss. Z. Friedrich-Schiller-Universität Jena, Math.-Nat. Reihe, **14** (1965), 423–425.
[3] Simultane Polynomaufspaltung in Quadratfaktoren. Rostocker Math. Kolloq. **18** (1981), 89–96.
[4] Smooth interpolation of curves and surfaces by quadratic splines with minimal curvature. In: SENDOV, B., R. LAZAROV and P. VASILEVSKI (eds.): Proc. Internat. Conf. Numer. Math. Appl., Bulgarische Akademie der Wissenschaften, Sofia 1985.
MÄTZEL, K., und K. NEHRKORN
[1] Formelmanipulation mit dem Computer. Akademie-Verlag, Berlin 1985.
MARTÍNEZ, J. M.
[1] A quasi-Newton method with modification of one column per iteration. Computing **33** (1984), 353–362.
[2] Solution of nonlinear systems of equations by an optimal projection method. Computing **37** (1986), 59–70.
MEINARDUS, G.
[1] Approximation von Funktionen und ihre numerische Behandlung. Springer-Verlag, Berlin, Göttingen, Heidelberg 1964.
MEINARDUS, G. (Hrsg.)
[2] Approximation in Theorie und Praxis, ein Symposiumsbericht. Bibliographisches Institut, Mannheim 1979.
MEINARDUS, G., und G. MERZ
[1] Praktische Mathematik I und II. Bibliographisches Institut, Mannheim 1979 und 1982.
MICHLIN, S. G.
[1] Fehler in numerischen Prozessen. Akademie-Verlag, Berlin 1985.
MICHLIN, S. G., und CH. L. SMOLIZKI
[1] Näherungsmethoden zur Lösung von Differential- und Integralgleichungen. BSB B. G. Teubner Verlagsges., Leipzig 1969.
MICULA, G.
[1] Theorie und Anwendung von Spline-Funktionen (Literaturverzeichnis). TH Darmstadt, Fachbereich Mathematik Preprint 890, Darmstadt 1985.

Mitsui, T.
[1] A graphical technique for nonlinear algebraic equations. Internat. J. Comput. Math. **13** (1983), 245–261.
Moldenhauer, W.
[1] Einige mathematische Modelle und ihre Verwendung im Schiffbau. Mathematische Schülerzeitschrift alpha **15** (1981), 100–102.
Mönch, W.
[1] Secant methods for sparse systems of nonlinear equations with a special structure. Computing **30** (1983), 213–223.
Moré, J. J., B. S. Garbow und K. E. Hillstrom
[1] Testing unconstrained optimization software. ACM Trans. Math. Software **7** (1981), 17–41.
Muller, D. E.
[1] A method solving algebraic equations using an automatic computer. Math. Tables Aids Comput. **10** (1956), 208–215.

Natanson, I. P.
[1] Konstruktive Funktionentheorie. Akademie-Verlag, Berlin 1955.
Neuman, E.
[1] Convex interpolating splines of arbitrary degree. Part I. *In*: Collatz, Meinardus, Werner [1], 211–222; Part II. BIT **22** (1982), 331–338.
Nickel, K.
[1] Using interval methods for the numerical solution of ODE's. Freiburger Intervall-Berichte **83**/10 (1983), 13–44.
Nikol'skij, S. M. (Никольский, С. М.)
[1] Приближение функций многих переменных и теоремы вложения. Наука, Москва 1969.
[2] Квадратурные формулы. Наука, Москва 1974.
Nørsett, S. P.
[1] Semi-explicit Runge-Kutta methods. Report Mat. Comp. Nr. 6/74, Dept. of Math., University Trondheim 1974.
[2] Runge-Kutta methods with a multiple real eigenvalue only. BIT **16** (1976), 388–393.
NUMATH II
[1] Programmpaket für Verfahren der Numerischen Mathematik. VEB Robotron, Dresden 1985.
Nussbaumer, H. J.
[1] Fast Fourier Transforms and Convolution Algorithmus. Springer-Verlag, Berlin, Heidelberg, New York 1981.

Oelschlägel, D., und V. Wiebigke
[1] Intervallmathematische Behandlung von Anfangswertaufgaben gewöhnlicher Differentialgleichungen. Freiburger Intervallberichte **84**/1 (1984), 51–65.
Ortega, J. M., und W. C. Rheinboldt
[1] Iterative Solution of Nonlinear Equations in Several Variables. Academic Press, New York 1970.
Ortloff, H.
[1] Asymptotisches Verhalten und Konvergenzbeschleunigung von Iterationsfolgen. Numer. Math. **49** (1986), 545–559.
Ortloff, H., und D. Böhm
[1] Algorithmen zur Konvergenzbeschleunigung von Iterationsfolgen und Reihen und ihre Implementierung. Wiss. Z. TH Magdeburg **8** (1985), 120–126.
Ostrowski, A. M.
[1] Solution of Equations and Systems of Equations. Academic Press, New York 1960.
[2] Solution of Equations in Euclidean and Banach Spaces. Academic Press, New York 1973.

Pandian, M. C.
[1] A convergence test and componentwise error estimates for Newton type methods. SIAM J. Numer. Anal. **22** (1985), 779–791.
Paszkowski, St. (Пашковский, С.)
[1] Вычислительные применения многочленов и рядов Чебычева. Наука, Москва 1983.
Patterson, T. N. L.
[1] On some Gauss and Lobatto based integration formulae. Math. Comput. **22** (1968), 877–881.

PETKOVIĆ, M. S., G. V. MILOVANOVIĆ und L. V. STEFANOVIĆ
[1] Some higher-order methods for the simultaneous approximation of multiple zeros. Computers & Math. Appls. **12A** (1986) 9, 951–962.
PIESSENS, R., und M. BRANDERS
[1] A note on the optimal addition of abscissas to quadrature formulas of Gauss and Lobatto type (with FORTRAN-Subroutine). Math. Comput. **28** (1974), 135–139, 344–347.
PIESSENS, R., und E. DE DONCKER
[1] Testing a new one-dimensional quadrature routine. Report TW 24, Appl. Math. Progr. Division, Kathol. Univ. Leuven 1975.
PÖTSCHKE, K., und P. SEIFERT
[1] Numerische Lösung von Anfangswertaufgaben gewöhnlicher Differentialgleichungen, Verfahren und Beispiele. Sekt. Mathematik, Preprint 07-25-78, TU Dresden 1978.
[2] Vergleich numerischer Verfahren zur Lösung von Anfangswertaufgaben gewöhnlicher Differentialgleichungen. Sekt. Mathematik, Preprint 07-26-78, TU Dresden 1978.
PŠENIČNYJ, B. N., und JU. M. DANILIN
[1] Numerische Methoden für Extremalaufgaben. VEB Deutscher Verlag der Wissenschaften, Berlin 1982.

QUADE, W., und L. COLLATZ
[1] Zur Interpolationstheorie der reellen periodischen Funktionen. Sitzungsber. Preuß. Akad. Wiss. **30**(1938), 383–429.

RABINOWITZ, P., und G. WEISS
[1] Tables of weights and abscissas for numerical evaluation of integrals of the form $\int e^{-x}x^n f(x)\,dx$. Math. Tables Aids Comput. **13** (1959), 285–295.
RACK, H.-J., und M. REIMER
[1] The numerical stability of evaluation schemes for polynomials based on the Lagrange interpolation form. BIT **22** (1982), 101–107.
RALL, L. B.
[1] Automatic Differentiation: Techniques and Applications. Springer-Verlag, Berlin, Heidelberg, New York 1981.
RALSTON, A.
[1] A First Course in Numerical Analysis. McGraw-Hill Publ. Co., New York 1965.
RASCH, D.
[1] Einführung in die mathematische Statistik. VEB Deutscher Verlag der Wissenschaften, Berlin 1976.
REISSIG, R., G. SANSONE und R. CONTI
[1] Qualitative Theorie nichtlinearer Differentialgleichungen. Edizioni Cremonese, Roma 1963.
REMEZ, E. JA.
[1] Sur la détermination des polynômes d'approximation de degré donné. Comm. Soc. Math. Kharkov **10** (1934), 41–63.
[2] Sur un procédé convergent d'approximations successives pour déterminer les polynômes d'approximation. Compt. Rend. Acad. Sci. **198** (1934), 2063–2065.
[3] Sur le calcul effectiv des polynômes d'approximation de Tschebyscheff. Compt. Rend. Acad. Sci. **199** (1934), 337–340.
RHEINBOLDT, W. C., und C. K. MESZTENYI
[1] Programs for the solution of large sparse matrix problems based on the arc-graph structure. Univ. Maryland, Comput. Sci. Center, TR-262 (1973).
[2] Further programs for the solution of large sparse sets of linear equations. Univ. Maryland, Comput. Sci. Center, TR-394 (1975).
RICE, J. R.
[1] The Approximation of Functions. Addison-Wesley, Reading, Mass., 1964.
[2] A set of 74 test functions for non-linear equation solvers. Report CSD TR 34, Purdue University, Lafayette, Indiana, 1969.
ROMBERG, W.
[1] Vereinfachte numerische Integration. Norske Vid. Selsk. Skr. (Trondheim) **28** (1955), 30–36.
ROSENBROCK, H. H.
[1] Some general implicit processes for the numerical solution of differential equations. Comput. J. **5** (1963), 329–330.

RUTISHAUSER, H.
[1] Ausdehnung des Rombergschen Prinzips. Numer. Math. **5** (1963), 48–54.
[2] Vorlesungen über Numerische Mathematik, Band 1 und 2. Birkhäuser Verlag, Basel, Stuttgart 1976.
RYSHIK, I. M., und I. S. GRADSTEIN
[1] Summen-, Produkt- und Integraltafeln. 2., ber. Aufl., VEB Deutscher Verlag der Wissenschaften, Berlin 1963.

SAMARSKIJ, A. A. (Самарский, А. А.)
[1] Введение в теорию разностных схем. Наука, Москва 1971.
[2] Theorie der Differenzenverfahren. Geest & Portig, Leipzig 1984.
SAMARSKIJ, A. A., und A. V. GULIN (Самарский, А. А., и А. В. Гулин)
[1] Устойчивость разностных схем. Наука, Москва 1973.
SARAFYAN, D.
[1] Continuous approximate solution of ordinary differential equations and their systems. Computers & Math. Appls. **10** (1984) 2, 139–159.
SASSENFELD, H.
[1] Ein hinreichendes Konvergenzkriterium und eine Fehlerabschätzung für die Iteration in Einzelschritten bei linearen Gleichungen. Z. Angew. Math. Mech. **31** (1951), 92–94.
SCHEMPP, W., und K. ZELLER (Hrsg.)
[1] Multivariate Approximation Theory I, II, III (ISNM 51, 61, 75). Birkhäuser Verlag, Basel, Stuttgart 1979, 1982, 1985.
SCHMEISSER, G., und H. SCHIRMEIER
[1] Praktische Mathematik. Walter de Gruyter, Berlin 1976.
SCHMIDT, J. W.
[1] Eine Übertragung der Regula falsi auf Gleichungen im Banachraum. Z. Angew. Math. Mech. **43** (1963), 1–8 und 97–110.
[2] Asymptotische Einschließung bei konvergenzbeschleunigenden Verfahren I, II. Numer. Math. **8** (1966), 105–113 und **11** (1968), 53–56.
[3] On the R-order of coupled sequences. Computing **26** (1981), 333–342.
[4] Convex interval interpolation with cubic splines. BIT **26** (1986), 377–387.
[5] 1-D Shape preserving spline interpolation: Existence theorems and construction of optimal splines. Preprint 07-01-87, Sektion Mathematik, TU Dresden 1987.
SCHMIDT, J. W., und W. HESS
[1] Schwach verkoppelte Ungleichungssysteme und konvexe Spline-Interpolation. Elem. Math. **39**, 4 (1984), 85–95.
[2] Positive interpolation with rational quadratic splines. Computing **38** (1987), 261–267.
[3] Quadratic and related exponential splines in shape preserving interpolation. J. Computat. Appl. Math. **18** (1987), 321–329.
SCHOLZ, S.
[1] Modifizierte Rosenbrock-Verfahren mit genäherter Jacobi-Matrix. Sektion Math., Techn. Univ., Dresden 1979.
[2] On Stetter's global error estimation in the smooth phase of stiff differential equations. Computing **36** (1986), 43–55.
SCHULTZ, M. H.
[1] Spline Analysis. Prentice Hall, Englewood Cliffs, N. J., 1973.
SCHWARZ, H. R.
[1] Methode der finiten Elemente. B. G. Teubner, Stuttgart 1980.
[2] Numerische Mathematik. B. G. Teubner, Stuttgart 1986.
SCHWETLICK, H.
[1] Numerische Lösung nichtlinearer Gleichungen. VEB Deutscher Verlag der Wissenschaften, Berlin 1978.
[2] Ein neues Prinzip zur Konstruktion implementierbarer, global konvergenter Einbettungsalgorithmen. Beiträge zur Numerischen Mathematik **4** (1975), 215–228.
SHAMPINE, L. F.
[1] Stability of explicit Runge-Kutta-methods. Comput. Math. Appl. **10** (1984), 419–432.
[2] Asymptotic bounds on the errors of one-step methods. Numer. Math. **45** (1984), 201–206.
SHAMPINE, L. F., und C. W. GEAR
[1] A user's view of solving stiff ordinary differential equations. SIAM Review **21** (1979), 1–17.

SHAMPINE, L. F., und M. K. GORDON
[1] Computer Solution of Ordinary Differential Equations. W. E. Freeman, San Francisco 1975.
SHAW, M., und J. F. TRAUB
[1] On the number of multiplications for the evaluation of a polynomial and some of its derivatives. J. Assoc. Comput. Mach. **21** (1974), 161 – 167.
SHRAGER, R. I.
[1] A rapid robust root finder. Math. of Comput. **44** (1985) 169, 151 – 165.
SINGER, I.
[1] Best Approximation in Normed Linear Spaces by Elements of Linear Subspaces. Springer-Verlag, Berlin, Göttingen, Heidelberg 1970.
SOBOLEV, S. L. (Соболев, С. Л.)
[1] Введение в теорию кубатурных формул. Наука, Москва 1974.
[2] Теория кубатурных формул и вычислительная математика (Труды конференции). Наука, Новосибирск 1980.
SPÄTH, H.
[1] Spline-Algorithmen. R. Oldenbourg Verlag, München 1973.
SPECHT, W.
[1] Algebraische Gleichungen mit reellen oder komplexen Koeffizienten. *In*: Enzyklopädie der Math. Wiss. Band I, 1, Heft 3, Teil II, **8**, 1 – 76. B. G. Teubner, Stuttgart 1958.
STEČKIN, S. B., und JU. N. SUBBOTIN (Стечкин, С. Б., и Ю. Н. Субботин)
[1] Добавления. *In*: AHLBERG, NILSON, WALSH [1] (russ. Übersetzung), 270 – 306.
[2] Сплайны в вычислительной математике. Наука, Москва 1976.
STETTER, H. J.
[1] Analysis of Discretization Methods for Ordinary Differential Equations. Springer-Verlag, Berlin, Göttingen, Heidelberg 1973.
[2] Global error estimation in ODE-solvers. *In*: Proc. Conf. Numer. Anal., Dundee, Scotland 1977; Lecture Notes in Math., vol. 630, Springer-Verlag, Berlin, Heidelberg, New York 1978, 179 – 189.
[3] The defect correction principle and discretization methods. Numer. Math. **29** (1978), 425 – 443.
[4] Global error estimation in Adams PC-Codes. ACM Transactions on Math. Software **5** (1979) 4, 415 – 430.
STETTER, H. J., und E. WEINMÜLLER
[1] On the error control in ODE solvers with local extrapolation. Computing **27** (1981), 169 – 177.
STOER, J.
[1] Einführung in die Numerische Mathematik I. Springer-Verlag, Berlin, Göttingen, Heidelberg 1976.
STOER, J., und R. BULIRSCH
[1] Einführung in die Numerische Mathematik II. Springer-Verlag, Berlin, Göttingen, Heidelberg 1973.
[2] Introduction to Numerical Analysis. Springer-Verlag, Berlin, Heidelberg, New York 1980.
STREHMEL, K., und R. WEINER
[1] Behandlung steifer Anfangswertprobleme gewöhnlicher Differentialgleichungen mit adaptiven Runge-Kutta-Methoden. Computing **29** (1982), 153 – 165.
[2] Lokale Fehlerschätzung mittels modifizierter Richardson-Extrapolation in linear impliziten Einschrittverfahren. Computing **33** (1984), 131 – 140.
[3] Nichtlineare Stabilität adaptiver Runge-Kutta-Methoden. Z. Angew. Math. Mech. **63** (1983), 569 – 572.
STROUD, A. H.
[1] Approximate Calculation of Multiple Integrals. Prentice Hall, Englewood Cliffs, N. J., 1971.
[2] Numerical Quadrature and Solution of Ordinary Differential Equations. Springer-Verlag, Berlin, Heidelberg, New York 1974.
STROUD, A. H., und DON SECREST
[1] Gaussian Quadrature Formulas. Prentice Hall, Englewood Cliffs, N. J., 1966.
STUMMEL, F., und K. HAINER
[1] Praktische Mathematik. B. G. Teubner, Stuttgart 1982.
SZABÓ, Z.
[1] Über gleichungslösende Iterationen ohne Divergenzpunkt. Publicationes Mathematicae **20** (1973), 223 – 233; **21** (1974), 285 – 293; **27** (1980), 185 – 200.
SZEGÖ, G.
[1] Orthogonal Polynomials. Amer. Math. Soc., New York 1959.

TAYLOR, W. J.
[1] Method of Lagrangian curvilinear interpolation. J. Res. Natl. Bur. Stand. **35** (1945), 151–155.
TICHONOV, A. N., und V. I. ARSENIN (Тихонов, А. Н., и В. И. Арсенин)
[1] Методы решения некорректных задач. Наука, Москва 1974.
TICHONOV, A. N., und D. P. KOSTOMAROV (Тихонов, А. Н., и Д. П. Костомаров)
[1] Вводные лекции по прикладной математике. Наука, Москва 1984.
TRAUB, J. F.
[1] Iterative Methods for the Solution of Equations. Prentice Hall, Englewood Cliffs, N. J., 1964.
TRAUB, J. F., und H. WOŹNIAKOWSKI
[1] A General Theory of Optimal Algorithms. Academic Press, New York 1980.
TSUDA, T.
[1] Numerical integration of functions of very many variables. Numer. Math. **20** (1973), 377–391.
TÜRKE, H.
[1] Lineare versus nichtlineare Stabilität für Runge-Kutta-Verfahren. Dissertation, Universität Tübingen 1983.

VASILENKO, V. A. (Василенко, В. А.)
[1] Сплайн-Функции: Теория, Алгоритмы, Программы. Наука, Новосибирск 1983.
VASIL'EV, N. I., JU. A. KLOKOV und A. JA. ŠKERSTENA (Васильев, Н. И., Ю. А. Клоков и А. Я. Шкерстена)
[1] Применение полиномов Чебычева в численном анализе. Зинатне, Рига 1984.
VAN VELDHUIZEN, M.
[1] D-stability. SIAM J. Numer. Anal. **18** (1981), 45–64.
[2] On D-stability and B-stability. Numer. Math. **42** (1983), 349–357.
[3] Asymptotic expansions of the global error for the implicit midpoint rule (stiff case). Computing **33** (1984), 185–192.
VERWER, J. G.
[1] An analysis of Rosenbrock methods for nonlinear stiff initial value problems. SIAM J. Numer. Anal. **19** (1981), 155–170.
[2] On the practical value of the notion of BN-stability. BIT **21** (1981), 355–361.
[3] Instructive experiments with some Runge-Kutta-Rosenbrock methods. Computers & Math. Appls. **8** (1982), 217–229.
VERWER, J. G., S. SCHOLZ, J. G. BLOM und M. LOUTER-NOOL
[1] A class of Runge-Kutta-Rosenbrock methods for solving stiff equations. Z. Angew. Math. Mech. **63** (1983), 13–20.

WANNER, G.
[1] Integration gewöhnlicher Differentialgleichungen. Bibliographisches Institut, Mannheim 1969.
WATSON, G. A.
[1] Approximation Theory and Numerical Methods. John Wiley and Sons, New York 1980.
WERNER, H.
[1] Praktische Mathematik I. Springer-Verlag, Berlin, Göttingen, Heidelberg 1975.
WERNER, H., und R. SCHABACK
[1] Praktische Mathematik II. Springer-Verlag, Berlin, Göttingen, Heidelberg 1972.
WERNER, W.
[1] Polynomial interpolation: Lagrange versus Newton. Math. Comput. **43** (1984) 167, 205–217.
WILKINSON, J. H.
[1] Rundungsfehler. Springer-Verlag, Berlin, Göttingen, Heidelberg 1969.
WILLERS, F. A.
[1] Methoden der praktischen Analysis. Walter de Gruyter, Berlin, New York 1971.
WOŹNIAKOWSKI, H.
[1] Polynomial decomposition into quadratic factors with controlled accuracy by Bairstow's method. Zastosow. Mat. Appl. Math. (Warsaw) **11** (1970), 215–220.

ZAREMBA, S. K.
[1] Good lattice points, discrepancy, and numerical integration. Ann. Mat. Pura Appl. **73** (1966), 293–317.
[2] Good lattice points in the sense of HLAWKA, and Monte Carlo integration. Monatsh. Math. **72** (1968), 264–269.

[3] A quasi Monte Carlo method for computing double and other multiple integrals. Aequationes Math. **2** (1968), 8–19.
ZAVORIN, A. N. (Заворин, А. Н.)
[1] Устойчивая итеративная реализация некоторых неявных методов интегрирования. Ж. вычисл. мат. и мат. физ. **19** (1979), 121–128.
ZIENKIEWICZ, O. C.
[1] Die Methode der finiten Elemente. Fachbuchverlag, Leipzig 1975.
ZURMÜHL, R.
[1] Praktische Mathematik für Ingenieure und Physiker. Springer-Verlag, Berlin, Göttingen, Heidelberg 1961.

Sachverzeichnis

Inhalt des ersten Bandes

Vorlesungen über numerische Mathematik I

Lineare Algebra

Kolibri 360 GmbH
Ferdinand-Jühlke-Straße 7
99095 Erfurt, Deutschland
produktsicherheit@kolibri360.de